中国国家标准汇编

2011年修订-37

中国标准出版社　编

中国标准出版社
北　京

图书在版编目(CIP)数据

中国国家标准汇编:2011年修订.37/中国标准出版社编.—北京:中国标准出版社,2012
ISBN 978-7-5066-6949-8

Ⅰ.①中… Ⅱ.①中… Ⅲ.①国家标准-汇编-中国-2011 Ⅳ.①T-652.1

中国版本图书馆CIP数据核字(2012)第197057号

中国标准出版社出版发行
北京市朝阳区和平里西街甲2号(100013)
北京市西城区三里河北街16号(100045)

网址 www.spc.net.cn
总编室:(010)64275323 发行中心:(010)51780235
读者服务部:(010)68523946

中国标准出版社秦皇岛印刷厂印刷
各地新华书店经销

*

开本 880×1230 1/16 印张 36 字数 984 千字
2012年9月第一版 2012年9月第一次印刷

*

定价 220.00 元

出 版 说 明

1.《中国国家标准汇编》是一部大型综合性国家标准全集。自1983年起，按国家标准顺序号以精装本、平装本两种装帧形式陆续分册汇编出版。它在一定程度上反映了我国建国以来标准化事业发展的基本情况和主要成就，是各级标准化管理机构，工矿企事业单位，农林牧副渔系统，科研、设计、教学等部门必不可少的工具书。

2.《中国国家标准汇编》收入我国每年正式发布的全部国家标准，分为“制定”卷和“修订”卷两种编辑版本。

“制定”卷收入上一年度我国发布的、新制定的国家标准，顺延前年度标准编号分成若干分册，封面和书脊上注明“20××年制定”字样及分册号，分册号一直连续。各分册中的标准是按照标准编号顺序连续排列的，如有标准顺序号缺号的，除特殊情况注明外，暂为空号。

“修订”卷收入上一年度我国发布的、被修订的国家标准，视篇幅分设若干分册，但与“制定”卷分册号无关联，仅在封面和书脊上注明“20××年修订-1，-2，-3，……”字样。“修订”卷各分册中的标准，仍按标准编号顺序排列（但不连续）；如有遗漏的，均在当年最后一分册中补齐。需提请读者注意的是，个别非顺延前年度标准编号的新制定的国家标准没有收入在“制定”卷中，而是收入在“修订”卷中。

读者配套购买《中国国家标准汇编》“制定”卷和“修订”卷则可收齐由我社出版的上一年度我国制定和修订的全部国家标准。

3. 由于读者需求的变化，自1996年起，《中国国家标准汇编》仅出版精装本。

4. 2011年我国制修订国家标准共1 989项。本分册为“2011年修订-37”，收入新制修订的国家标准39项。

中国标准出版社
2012年8月

目　　录

目　录

ICS 29.120.99
K 14

中华人民共和国国家标准

GB/T 26872—2011

电触头材料金相图谱

Metallographic atlas of electrical contact materials

2011-07-29 发布 2011-12-01 实施

中华人民共和国国家质量监督检验检疫总局
中国国家标准化管理委员会 发布

前　言

本标准按照GB/T 1.1—2009给出的规则起草。

本标准由中国电器工业协会提出。

本标准由全国电工合金标准化技术委员会(SAC/TC 228)归口。

本标准起草单位:温州宏丰电工合金有限公司、浙江省冶金研究院有限公司、佛山通宝精密合金股份有限公司、桂林电器科学研究院、福达合金材料股份有限公司、温州聚星银触点有限公司、陕西斯瑞工业有限责任公司、天水西电长城合金有限公司、桂林金格电工电子材料科技有限公司、领先大都克(天津)电触头制造有限公司、浙江乐银合金有限公司、中希合金有限公司、绍兴县宏峰化学金属制品厂。

本标准主要起草人:胡跃林、陈晓、丁枢华、霍志文、张红军、刘强、马大号、柏小平、陈强、谢永忠、田军花、王小军、陈静、颜小芳、陈乐生、高晶、陈京生、陈建新、郑元龙、陈达峰。

引　言

电触头材料在开关电器中担负着接通、分断、承载和隔离电流的任务，是开关电器中关键的功能材料，其质量的好坏直接影响开关电器运行的安全、可靠性及寿命。电触头材料产品质量可用金相组织、金相缺陷、化学成分及力学物理性能来表征。金相组织是电触头材料最重要的性能之一，其性能直接影响到开关电器的电气性能、工作可靠性和寿命。金相检测和分析是电触头材料研发和生产中必不可少的重要手段之一。

为提高我国电触头行业的金相检测水平，保证电触头材料的产品质量，本标准共收集了我国正在生产和使用的电触头材料的正常金相组织、常见的典型缺陷以及电触头材料生产中常用原材料粉末颗粒形貌图片共400余幅，基本涵盖了我国生产的各类电触头材料，是金相检测极其重要的参考资料。

电触头材料金相图谱

1 范围

本标准给出了主要电触头材料的正常组织、常见典型缺陷以及原材料粉末颗粒形貌金相图片。

本标准适用于在电触头材料金相检验时对照参考。

2 规范性引用文件

下列文件对于本文件的应用是必不可少的。凡是注日期的引用文件，仅注日期的版本适用于本文件。凡是不注日期的引用文件，其最新版本(包括所有的修改单)适用于本文件。

GB/T 2900.4—2008 电工术语 电工合金

GB/T 26871—2011 电触头材料金相试验方法

3 术语和定义

GB/T 2900.4—2008 界定的以及下列术语和定义适用于本文件。

3.1

铆钉型触头 electrical contact rivet

触头形状为铆钉形，使用时将其铆接在触桥或导电片上的电触头。它分为整体铆钉型触头和复合铆钉型触头。

3.2

整体铆钉型触头 holistic electrical contact rivet

由同种材料制成的铆钉型触头。

3.3

复合铆钉型触头 compound electrical contact rivet

由两种或两种以上材料复合而成的铆钉型触头。

3.4

组织分布不均匀 nonuniform metallographic structure

由于成分偏析而造成氧化物聚集(合金内氧化法)、原始粉末粗大和混粉不均匀(粉末冶金法)、氧化物沿晶界沉淀等原因造成的组织。

3.5

孔隙、气孔 hole;air hole

由于材料密度未达到相应要求或粉末中含气量较大而形成的空洞。

3.6

鼓泡 blister

在材料制造过程中产生孔洞或合金内氧化温度过高以及触头材料与焊接层接合不牢等原因形成的空洞。

3.7

合金夹层 interlayer alloy

在内氧化过程中，因氧化时间、氧化温度或氧气分压等条件不合适，致使中间部位存在的未能氧化的合金层。

3.8

夹层　interlayer

触头材料制造过程中因未能充分烧结或铜、银熔融金属未完全渗透而在内部出现暗色不均匀的部分。

3.9

夹杂物　inclusion

原材料中混入或在生产过程中意外混入的其他物质。

3.10

分层裂纹　crack out of delamination

在轧制、内氧化过程中因应力集中(内氧化法)或成型时压坯内部产生分层(粉末冶金法)而造成的裂纹。

3.11

挤压裂纹　crack out of extrusion

因挤压工艺不正确或材料内部成分严重分布不均匀,在挤压过程中形成的裂纹。

3.12

银带、铜带　banded silver;banded copper

因预烧骨架时存在裂纹,熔渗过程中铜或银沿裂纹渗入而形成的带状金属铜或银。

4　分类

按电触头材料的基体材料分类,常用的电触头材料主要有银基、钨基和铜基三大类。

5　图谱

本图谱均为按 GB/T 26871—2011 试验而获得,表中浸蚀剂按 GB/T 26871—2011 中表 1 编号。

5.1　银基电触头材料

5.1.1　纯银[1)]

纯银电触头材料正常金相组织参见附录 A 中的图 A.1～图 A.6,其说明参见表 A.1。

5.1.2　细晶银[2)]

细晶银电触头材料正常金相组织及典型缺陷参见图 A.7～图 A.12,其说明参见表 A.1。

5.1.3　银铈

银铈电触头材料正常金相组织及典型缺陷参见图 A.13～图 A.22,其说明参见表 A.1。

5.1.4　银铜合金

含稀土元素的银铜合金材料正常金相组织参见图 A.23、图 A.24,其说明参见表 A.1。

1) 纯银系指用纯银制成的电触头材料,行业内简称为“纯银”。

2) 细晶银系指用细晶银制成的电触头材料,行业内简称为“细晶银”。

5.1.5 银铁

银铁电触头材料的正常组织和典型缺陷参见图 A.25～图 A.30,其说明参见表 A.1。

5.1.6 银氧化铜

银氧化铜电触头材料的正常组织和典型缺陷参见图 A.31～图 A.35,其说明参见表 A.1。

5.1.7 银镉合金

银镉合金电触头材料的正常组织参见图 A.36,其说明参见表 A.1。

5.1.8 银氧化镉

银氧化镉电触头材料的正常组织和典型缺陷参见图 A.37～图 A.120,其说明参见表 A.1。

5.1.9 银氧化锡

银氧化锡电触头材料的正常组织和典型缺陷参见图 A.121～图 A.165,其说明参见表 A.1。

5.1.10 银氧化锡氧化铟

银氧化锡氧化铟电触头材料的正常组织和典型缺陷参见图 A.166～图 A.192,其说明参见表 A.1。

5.1.11 银氧化锌

银氧化锌电触头材料的正常组织和典型缺陷参见图 A.193～图 A.216,其说明参见表 A.1。

5.1.12 银镍

银镍电触头材料的正常组织和典型缺陷参见图 A.217～图 A.256,其说明参见表 A.1。

5.1.13 银石墨

银石墨电触头材料的正常组织和典型缺陷参见图 A.257～图 A.280,其说明参见表 A.1。

5.1.14 银碳化钨

银碳化钨电触头材料的正常组织和典型缺陷参见图 A.281～图 A.296,其说明参见表 A.1。

5.2 钨基电触头材料

5.2.1 铜钨

铜钨电触头材料的正常组织和典型缺陷参见附录 B 中的图 B.1～图 B.28,其说明参见表 B.1。

5.2.2 银钨

银钨电触头材料的正常组织和典型缺陷参见图 B.29～图 B.53,其说明参见表 B.1。

5.2.3 钨镍铜

钨镍铜电触头材料的正常组织和典型缺陷参见图 B.54～图 B.56,其说明参见表 B.1。

5.3 铜基电触头材料

5.3.1 铜石墨

铜石墨电触头材料的正常组织和典型缺陷参见附录 C 中的图 C.1～图 C.10,其说明参见表 C.1。

5.3.2 铜碳化钨

铜碳化钨电触头材料的正常组织和典型缺陷参见图 C.11～图 C.16，其说明参见表 C.1。

5.3.3 铜铬

铜铬电触头材料的正常组织和典型缺陷参见图 C.17～图 C.48，其说明参见表 C.1。

5.3.4 铜钨碲

铜钨碲电触头材料的正常组织和典型缺陷参见图 C.49～图 C.56，其说明参见表 C.1。

5.3.5 铜铋铈

铜铋铈电触头材料的正常组织和典型缺陷参见图 C.57、图 C.58，其说明参见表 C.1。

5.3.6 铜铋铝

铜铋铝电触头材料的正常组织和典型缺陷参见图 C.59、图 C.60，其说明参见表 C.1。

5.3.7 铜铋银

铜铋银电触头材料的正常组织和典型缺陷参见图 C.61、图 C.62，其说明参见表 C.1。

5.3.8 铜线[3)]

铜线的正常组织和典型缺陷参见图 C.63、图 C.64，其说明参见表 C.1。

5.4 铆钉型电触头

5.4.1 银/铜复合铆钉

银/铜复合铆钉型电触头正常组织及灯负载烧蚀后照片分别参见附录 D 中的图 D.1～图 D.3，其说明参见表 D.1。

5.4.2 细晶银铆钉型电触头

细晶银整体铆钉型电触头的正常组织参见图 D.4，其说明参见表 D.1。

5.4.3 银镍铆钉型电触头

银镍整体、复合铆钉型电触头的正常组织、典型缺陷和烧蚀后照片分别参见图 D.5～图 D.20，其说明参见表 D.1。

5.4.4 银氧化镉铆钉型电触头

银氧化镉整体、复合铆钉型电触头的正常组织、典型缺陷和烧蚀后的照片参见图 D.21～图 D.35，其说明参见表 D.1。

5.4.5 银氧化锡铆钉型电触头

银氧化锡整体、复合铆钉型电触头的正常组织、典型缺陷和烧蚀后照片参见图 D.36～图 D.42，其说明参见表 D.1。

3） 铜线系指专门用于制造铆钉型电触头的“铜线”。

5.4.6 银氧化锌铆钉型电触头

银氧化锌整体、复合铆钉型电触头的正常组织、典型缺陷参见图 D.43～图 D.48，其说明参见表 D.1。

5.5 原材料

5.5.1 银粉

用于制造电触头材料的银粉颗粒典型形貌参见附录 E 中的图 E.1～图 E.3，其说明参见表 E.1。

5.5.2 镍粉

用于制造电触头材料的镍粉颗粒典型形貌参见图 E.4，其说明参见表 E.1。

5.5.3 银镍粉

用于制造电触头材料的银镍粉颗粒典型形貌参见图 E.5，其说明参见表 E.1。

5.5.4 银镉粉

用于制造电触头材料的银镉粉颗粒典型形貌参见图 E.6、图 E.7，其说明参见表 E.1。

5.5.5 银氧化镉粉

用于制造电触头材料的银氧化镉粉颗粒典型形貌参见图 E.8，其说明参见表 E.1。

5.5.6 银锡粉

用于制造电触头材料的银锡粉颗粒典型形貌参见图 E.9、图 E.10，其说明参见表 E.1。

5.5.7 银氧化锡粉

用于制造电触头材料的银氧化锡粉颗粒典型形貌参见图 E.11、图 E.12，其说明参见表 E.1。

5.5.8 银碳化钨粉

用于制造电触头材料的银碳化钨粉颗粒典型形貌参见图 E.13、图 E.14，其说明参见表 E.1。

5.5.9 石墨粉

用于制造电触头材料的石墨粉颗粒典型形貌参见图 E.15、图 E.16，其说明参见表 E.1。

5.5.10 钨粉

用于制造电触头材料的钨粉颗粒典型形貌参见图 E.17～图 E.20，其说明参见表 E.1。

5.5.11 铬粉

用于制造电触头材料的铬粉颗粒典型形貌参见图 E.21，其说明参见表 E.1。

附 录 A
（资料性附录）
银基电触头材料的金相图及其说明

A.1 银基电触头材料的金相图参见图 A.1～图 A.296，对应的说明参见表 A.1。

表 A.1

图号	材料名称	化学成分	状 态	说 明
A.1	纯银 Ag	Ag≥99.95%	轧制退火	显微组织： 单相银晶粒 浸蚀剂：1#
A.2	纯银 Ag	Ag≥99.95%	轧制退火	显微组织： 单相银晶粒 浸蚀剂：1#
A.3	纯银线 Ag	Ag≥99.95%	挤压、拉丝	显微组织： 单相银晶粒 浸蚀剂：1# （垂直于挤压方向截面）
A.4	纯银线 Ag	Ag≥99.95%	挤压、拉丝	显微组织： 单相银晶粒 浸蚀剂：1# （平行于挤压方向截面）
A.5	纯银线 Ag	Ag≥99.95%	挤压、拉丝	显微组织： 单相银晶粒 浸蚀剂：1# （垂直于挤压方向截面）
A.6	纯银线 Ag	Ag≥99.95%	挤压、拉丝	显微组织： 单相银晶粒 浸蚀剂：1# （平行于挤压方向截面）
A.7	细晶银线 AgNi(0.15)	Ni：0.15%～0.20% Ag：余量	挤压、拉丝	显微组织： 单相银晶粒 浸蚀剂：1# （垂直于挤压方向截面）
A.8	细晶银线 AgNi(0.15)	Ni：0.15%～0.20% Ag：余量	挤压、拉丝	显微组织： 单相银晶粒 浸蚀剂：1# （平行于挤压方向截面）

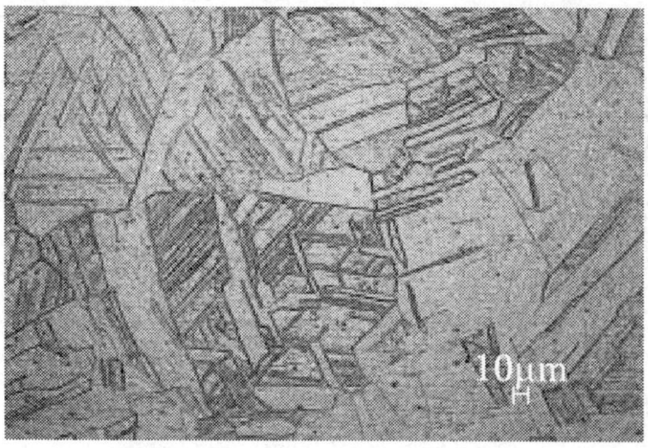

图 A.1　浸蚀　200×

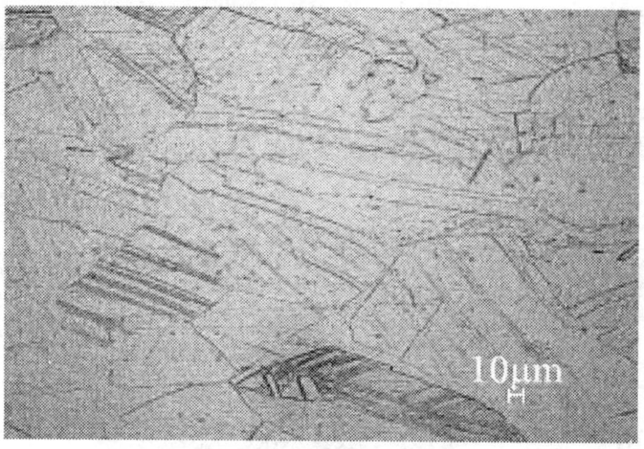

图 A.2　浸蚀　200×

图 A.3　浸蚀　200×

图 A.4　浸蚀　200×

图 A.5　浸蚀　200×

图 A.6　浸蚀　200×

图 A.7　浸蚀　200×

图 A.8　浸蚀　200×

表 A.1(续)

图号	材料名称	化学成分	状　态	说　明
A.9	细晶银线 AgNi(0.15)	Ni:0.15%～0.20% Ag:余量	挤压、拉丝	显微组织: 银基体上有污染 (垂直于挤压方向截面)
A.10	细晶银线 AgNi(0.15)	Ni:0.15%～0.20% Ag:余量	挤压、拉丝	显微组织: 银基体上有污染 (垂直于挤压方向截面)
A.11	细晶银线 AgNi(0.15)	Ni:0.15%～0.20% Ag:余量	挤压、拉丝	显微组织: 单相银晶粒大小不均匀 浸蚀剂:1# (垂直于挤压方向截面)
A.12	细晶银线 AgNi(0.15)	Ni:0.15%～0.20% Ag:余量	挤压、拉丝	显微组织: 单相银晶粒大小不均匀 浸蚀剂:1# (平行于挤压方向截面)
A.13	银铈(0.5)线 AgCe(0.5)	Ce:0.5% Ag:余量	挤压、拉丝	显微组织: 单相银晶粒组织中均匀分布铈质点 浸蚀剂:1# (垂直于挤压方向截面)
A.14	银铈(0.5)线 AgCe(0.5)	Ce:0.5% Ag:余量	挤压、拉丝	显微组织: 单相银晶粒组织中均匀分布铈质点 浸蚀剂:1# (平行于挤压方向截面)
A.15	银铈(0.5)线 AgCe(0.5)	Ce:0.5% Ag:余量	挤压、拉丝	显微组织: 银基体上有污染 (垂直于挤压方向截面)
A.16	银铈(0.5)线 AgCe(0.5)	Ce:0.5% Ag:余量	挤压、拉丝	显微组织: 银基体上有污染 (平行于挤压方向截面)

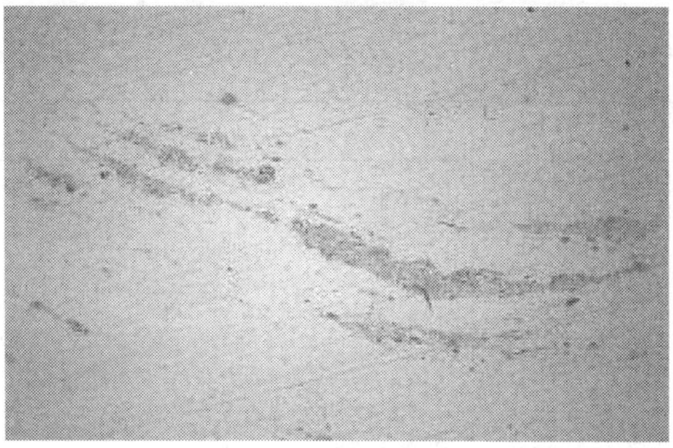

图 A.9 未浸蚀 200×

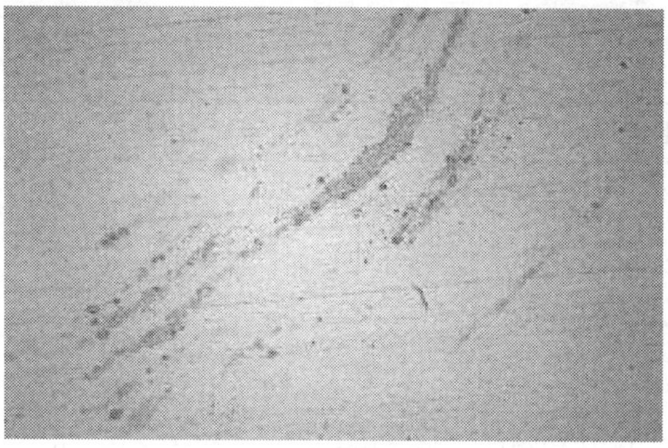

图 A.10 未浸蚀 200×

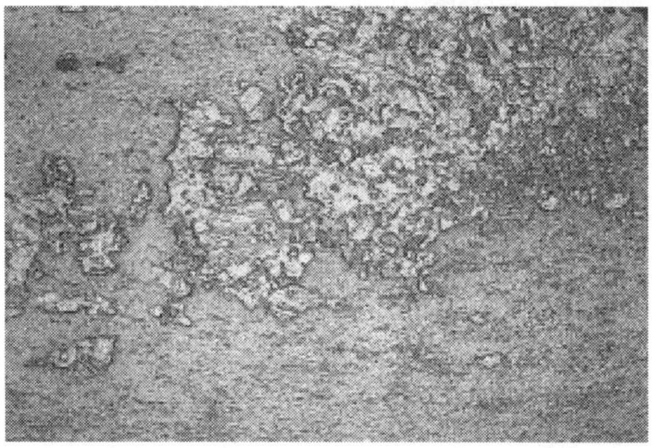

图 A.11 浸蚀 200×

图 A.12 浸蚀 200×

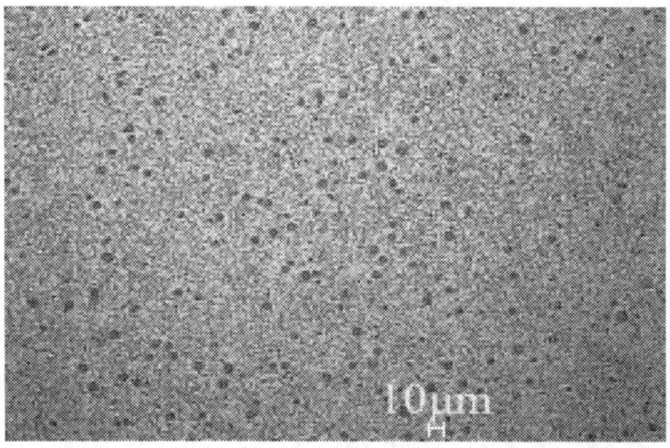

图 A.13 浸蚀 200×

图 A.14 浸蚀 200×

图 A.15 未浸蚀 200×

图 A.16 未浸蚀 200×

表 A.1(续)

图号	材料名称	化学成分	状　　态	说　　明
A.17	银铈(0.5)线 AgCe(0.5)	Ce:0.5% Ag:余量	挤压、拉丝	显微组织: 银基体中铈质点分布不均匀 浸蚀剂:2# (垂直于挤压方向截面)
A.18	银铈(0.5)线 AgCe(0.5)	Ce:0.5% Ag:余量	挤压、拉丝	显微组织: 银基体中铈质点分布不均匀 浸蚀剂:2# (平行于挤压方向截面)
A.19	银铈(0.5)线 AgCe(0.5)	Ce:0.5% Ag:余量	挤压、拉丝	显微组织: 银铈基体上夹杂 (垂直于挤压方向截面)
A.20	银铈(0.5)线 AgCe(0.5)	Ce:0.5% Ag:余量	挤压、拉丝	显微组织: 银铈基体上夹杂 (平行于挤压方向截面)
A.21	银铈(0.5)线 AgCe(0.5)	Ce:0.5% Ag:余量	挤压、拉丝	显微组织: 银铈基体上夹杂 浸蚀剂:2# (平行于挤压方向截面)
A.22	银铈(0.5)线 AgCe(0.5)	Ce:0.5% Ag:余量	挤压、拉丝	显微组织: 银基体上铈质点氧化 (垂直于挤压方向截面)
A.23	含稀土元素银铜合金 AgCu(5)	Cu:5% Si:0.1% Ce:0.1% Fe:0.1% Ag:余量	冷轧退火	显微组织: 以银为主体的银铜合金组织 浸蚀剂:1# (垂直于轧制方向截面)
A.24	含稀土元素银铜合金 AgCu(5)	Cu:5% Si:0.1% Ce:0.1% Fe:0.1% Ag:余量	冷轧退火	显微组织: 以银为主体的银铜合金组织 浸蚀剂:1# (平行于轧制方向截面)

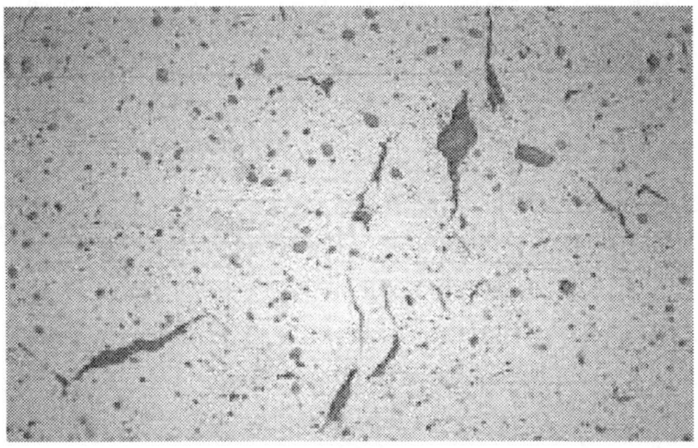

图 A.17 浸蚀 200×

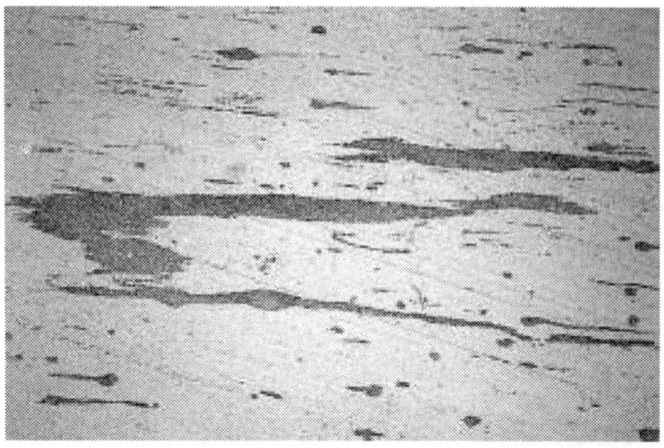

图 A.18 浸蚀 200×

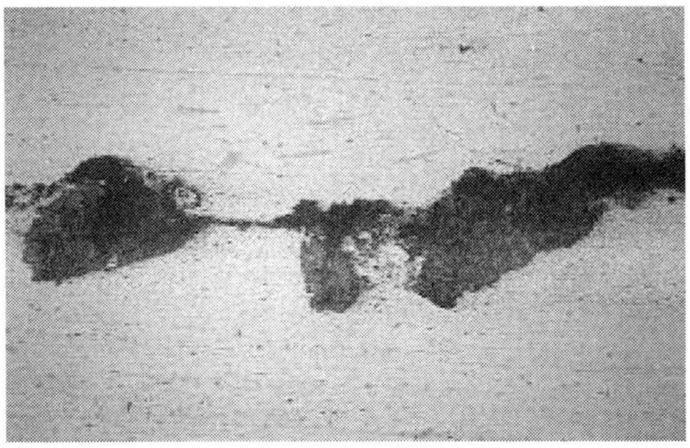

图 A.19 未浸蚀 200×

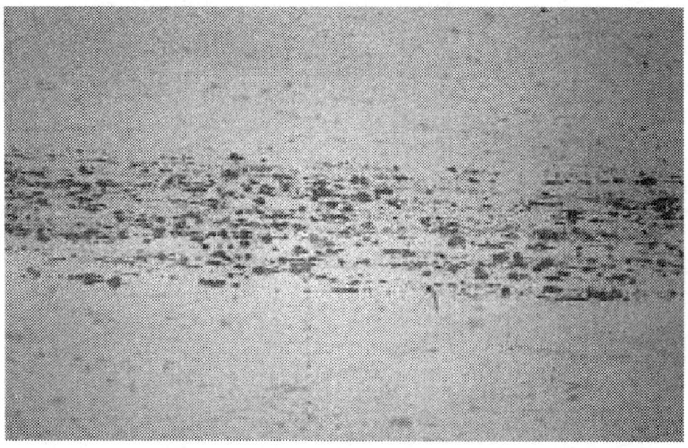

图 A.20 未浸蚀 200×

图 A.21 浸蚀 200×

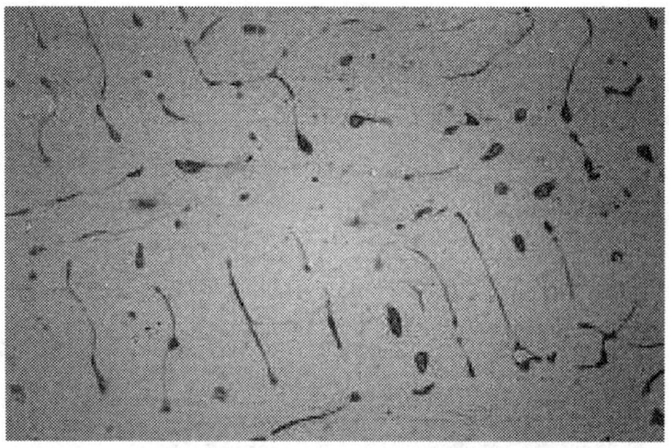

图 A.22 未浸蚀 200×

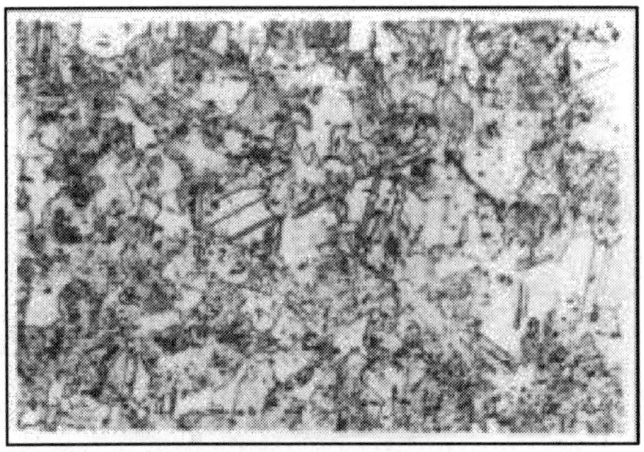

图 A.23 浸蚀 300×

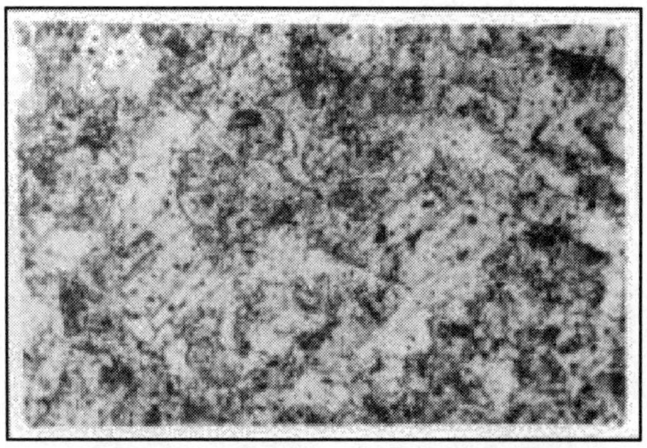

图 A.24 浸蚀 300×

表 A.1(续)

图号	材料名称	化学成分	状　态	说　明
A.25	银铁(7)　片 AgFe(7)	Fe:7% Ag:余量	化学共沉积 制粉、烧结、轧制	显微组织: 银与铁的混合物,深色颗粒为 Fe 白色基体为 Ag 浸蚀剂:4# (垂直于轧制方向截面)
A.26	银铁(7)　片 AgFe(7)	Fe:7% Ag:余量	化学共沉积 制粉、烧结、轧制	显微组织: 银与铁的混合物 浸蚀剂:4# (平行于轧制方向截面)
A.27	银铁(7)　片 AgFe(7)	Fe:7% Ag:余量	化学共沉积 制粉、烧结、轧制	显微组织: 银与铁的混合物 浸蚀剂:4#
A.28	银铁(7)　片 AgFe(7)	Fe:7% Ag:余量	化学共沉积 制粉、烧结、轧制	显微组织: 黑色块为夹杂物 浸蚀剂:4#
A.29	银铁(7)　片 AgFe(7)	Fe:7% Ag:余量	化学共沉积 制粉、烧结、轧制	显微组织: 铁颗粒聚集 浸蚀剂:4# (平行于轧制方向截面)
A.30	银铁(7)　片 AgFe(7)	Fe:7% Ag:余量	化学共沉积 制粉、烧结、轧制	显微组织: 裂纹 浸蚀剂:4# (平行于轧制方向截面)
A.31	银氧化铜(10)　片 AgCuO(10)	CuO:10% Ag:余量	合金内氧化	显微组织: 在银的基体上弥散分布着粗氧化铜质点
A.32	银氧化铜(10)　片 AgCuO(10)	CuO:10% Ag:余量	合金内氧化	显微组织: 在银的基体上弥散分布着细氧化铜质点

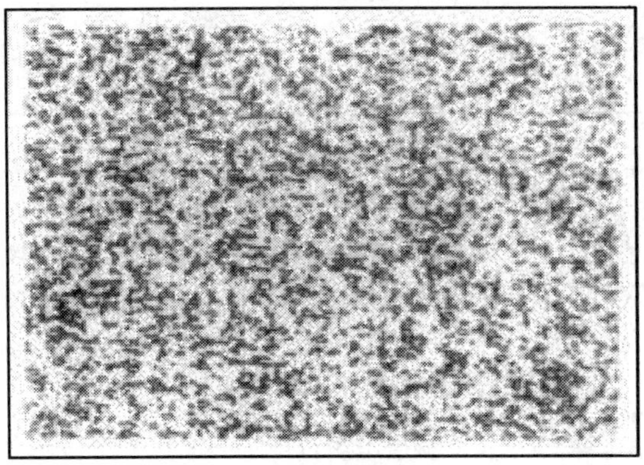

图 A.25　浸蚀　300×

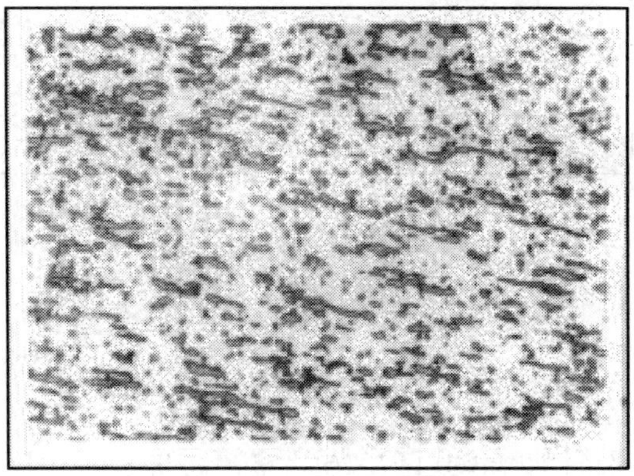

图 A.26　浸蚀　300×

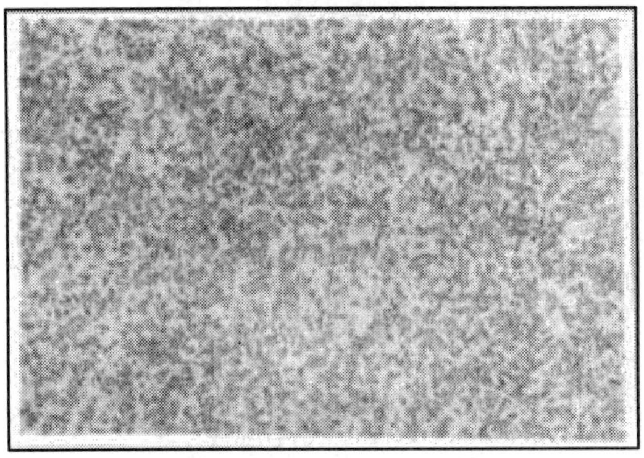

图 A.27　浸蚀　300×

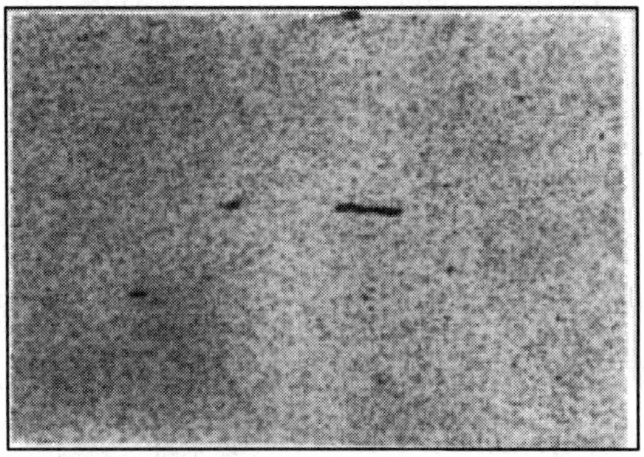

图 A.28　浸蚀　300×

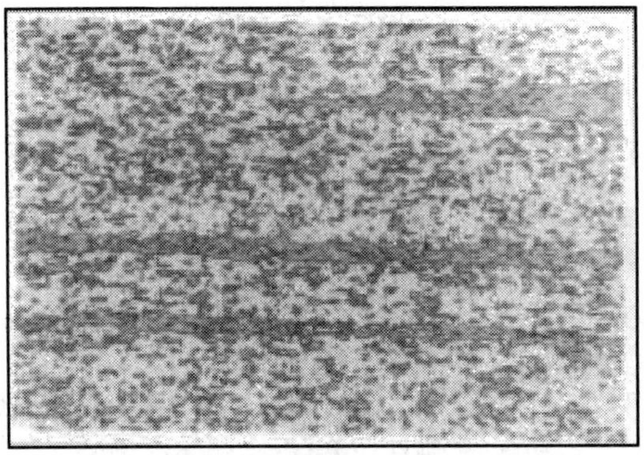

图 A.29　浸蚀　300×

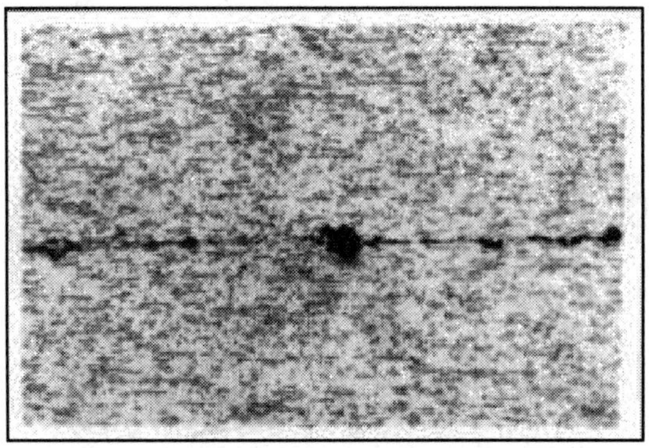

图 A.30　浸蚀　300×

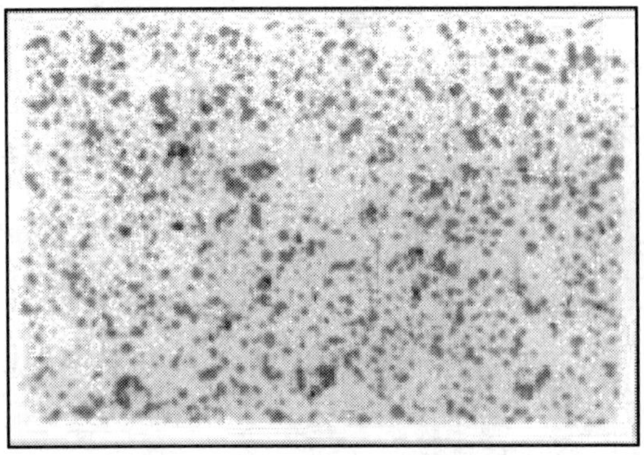

图 A.31　未浸蚀　200×

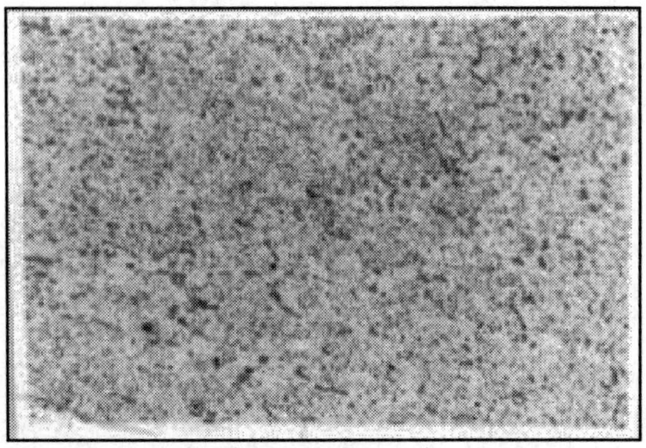

图 A.32　未浸蚀　200×

表 A.1(续)

图号	材料名称	化学成分	状态	说明
A.33	银氧化铜(10) 片 AgCuO(10)	CuO:10% Ag:余量	混粉、烧结	显微组织: 银与氧化铜颗粒的机械混合物
A.34	银氧化铜(10) 片 AgCuO(10)	CuO:10% Ag:余量	混粉、烧结	显微组织: 银与氧化铜颗粒的机械混合物,组织不均匀,银聚集
A.35	银氧化铜(10) 片 AgCuO(10)	CuO:10% Ag:余量	合金内氧化	显微组织: 孔洞
A.36	银镉(10) AgCd(10)	Cd:10% Ag:余量	轧制、退火	显微组织: 单相α固溶体 浸蚀剂:1#
A.37	银氧化镉(8) 片 AgCdO(8)	CdO:8% Ag:余量	合金内氧化 挤压、轧制	显微组织: 银基体上弥散分布粗大氧化镉质点
A.38	银氧化镉(12) 片 AgCdO(12)	CdO:12% Ag:余量	合金内氧化 挤压、轧制	显微组织: 银基体上弥散分布细小氧化镉质点
A.39	银氧化镉(12) 片 AgCdO(12)	CdO:12% Ni:少量 Ag:余量	合金内氧化	显微组织: 在AgCd合金的单相固溶体的晶界上和晶粒内弥散析出氧化镉质点
A.40	银氧化镉(12) 片 AgCdO(12)-T	CdO:12% Sn:少量 In:少量 Ag:余量	合金内氧化	显微组织: 加入锡、铟的AgCd合金内氧化后形成针状的氧化镉质点

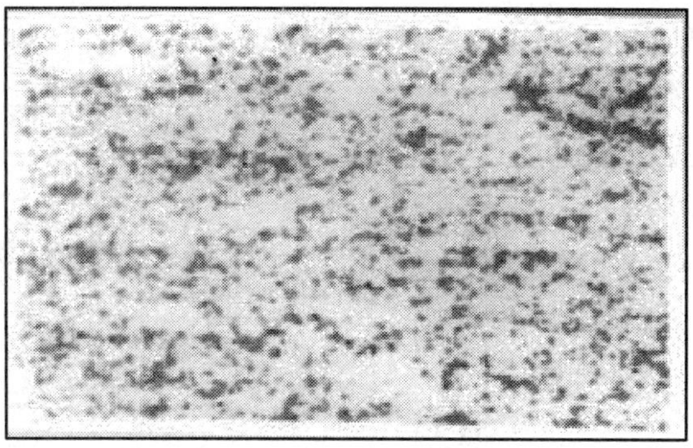

图 A.33　未浸蚀　200×

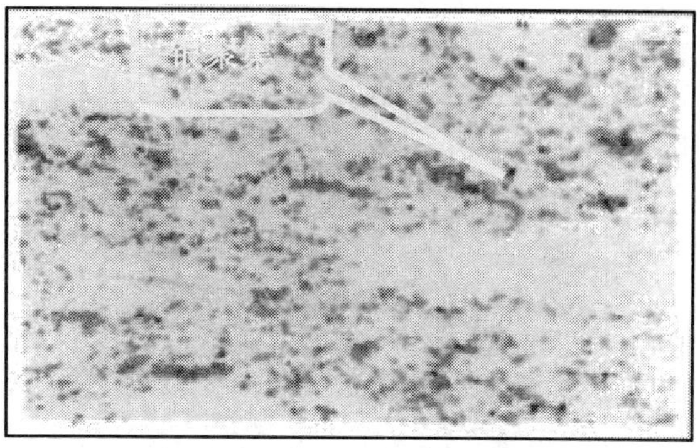

图 A.34　未浸蚀　200×

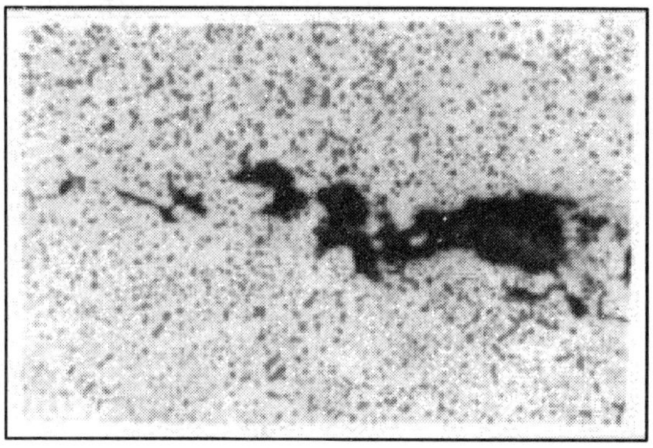

图 A.35　未浸蚀　200×

图 A.36　浸蚀　200×

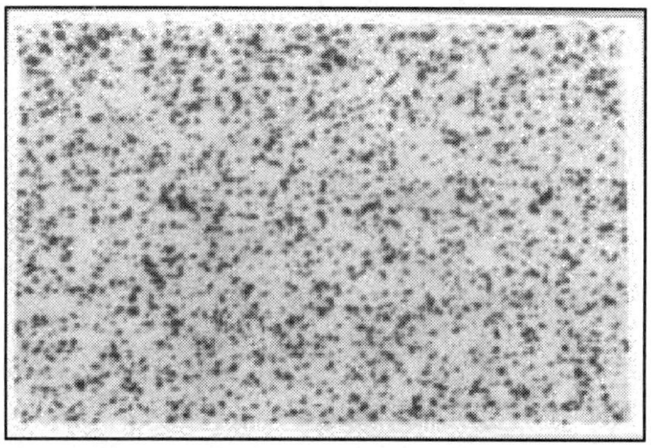

图 A.37　未浸蚀　200×

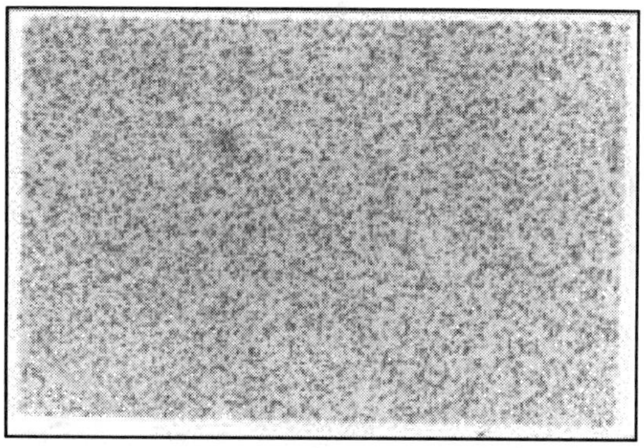

图 A.38　未浸蚀　200×

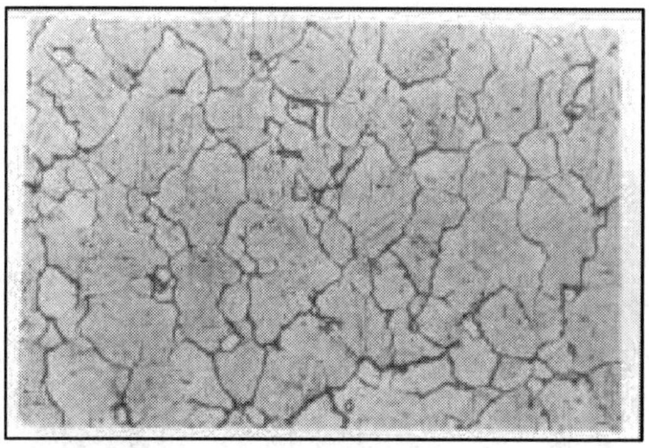

图 A.39　未浸蚀　200×

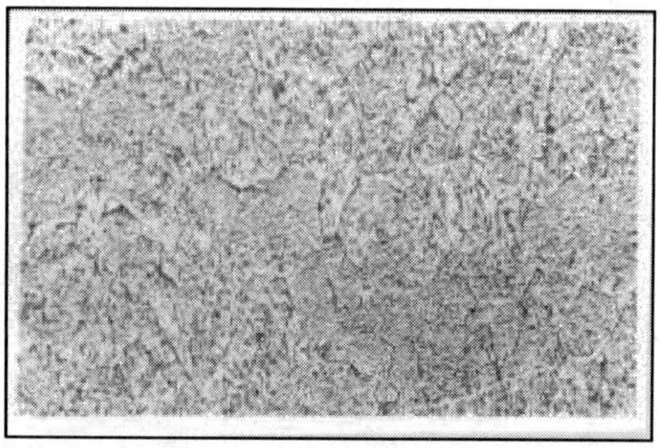

图 A.40　未浸蚀　200×

表 A.1（续）

图号	材料名称	化学成分	状态	说明
A.41	银氧化镉(12) 片 AgCdO(12)-T	CdO:12% Sn:少量 Ni:少量 Zn:少量 Ag:余量	合金内氧化	显微组织： 在 AgCd 合金中加入锡、镍、锌，使合金的晶粒细化，内氧化后获得细小氧化镉质点
A.42	银氧化镉(12) 片 AgCdO(12)-T	CdO:12% Zn:0.25%～0.5% Al:0.005%～0.03% Ag:余量	合金内氧化	显微组织： 在 AgCd 合金中加入锌、铝，内氧化后获得细小氧化镉质点，但晶粒粗大、电阻增大
A.43	银氧化镉(12) 片 AgCdO(12)-T	CdO:12% 添加物:少量 Ag:余量	合金内氧化	显微组织： 在 AgCd 合金的单相固溶体的晶界上和晶粒内弥散析出氧化镉质点
A.44	银氧化镉(12) 片 AgCdO(12)-T	CdO:12% Mg:0.3% Ag:余量	合金内氧化	显微组织： 在 AgCd 合金中加入镁，使合金的晶粒细化，内氧化后氧化镉质点沉积于边界上
A.45	银氧化镉(13) 片 AgCdO(13)-T	CdO:13% 添加物:少量 Ag:余量	合金内氧化	显微组织： 在 AgCd 合金的单相固溶体的晶界上和晶粒内弥散析出氧化镉质点
A.46	银氧化镉(13) 片 AgCdO(13)-T	CdO:13% 添加物:少量 Ag:余量	合金内氧化	显微组织： 在 AgCd 合金的单相固溶体的晶界上和晶粒内弥散析出氧化镉质点
A.47	银氧化镉(14) 片 AgCdO(14)-T	CdO:14% 添加物:少量 Ag:余量	合金内氧化	显微组织： 在 AgCd 合金的单相固溶体的晶界上和晶粒内弥散析出氧化镉质点
A.48	银氧化镉(15) 片 AgCdO(15)-T	CdO:15% 添加物:少量 Ag:余量	合金内氧化	显微组织： 在 AgCd 合金的单相固溶体的晶界上和晶粒内弥散析出氧化镉质点

图 A.41　未浸蚀　200×

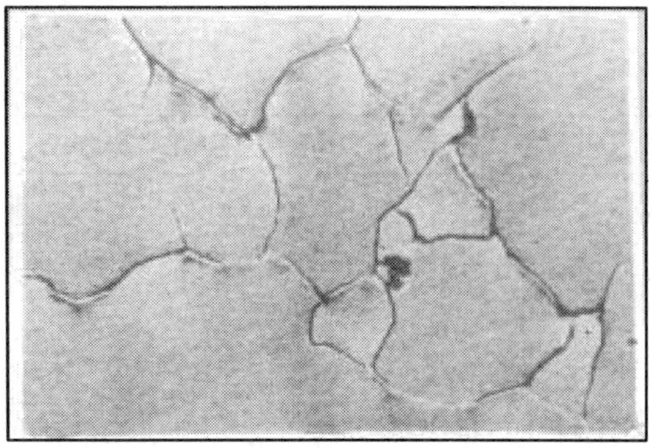

图 A.42　未浸蚀　200×

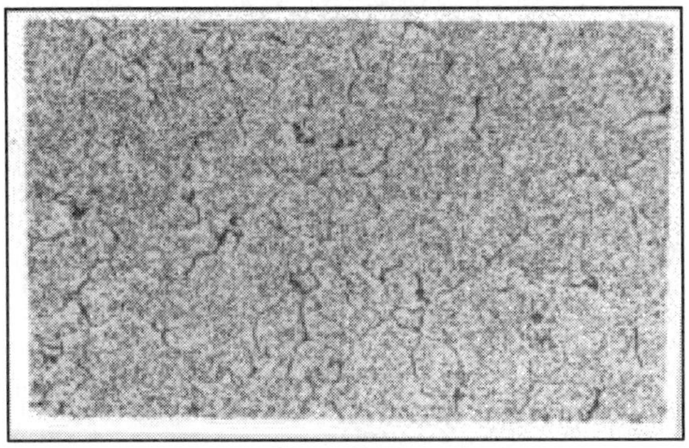

图 A.43　未浸蚀　200×

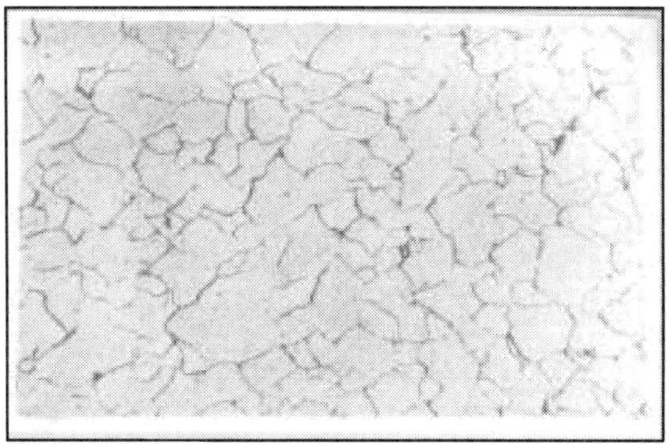

图 A.44　未浸蚀　200×

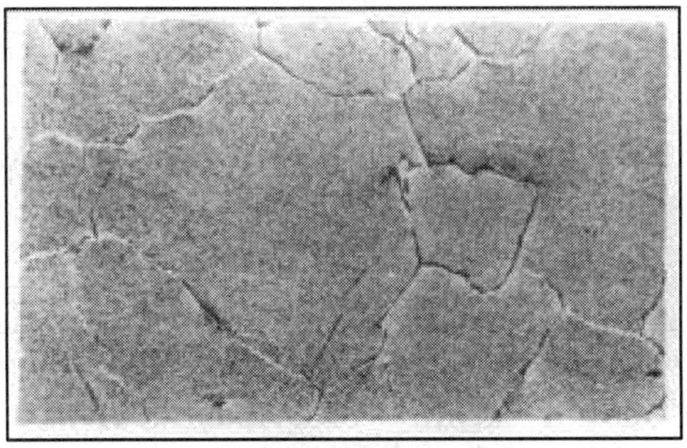

图 A.45　未浸蚀　200×

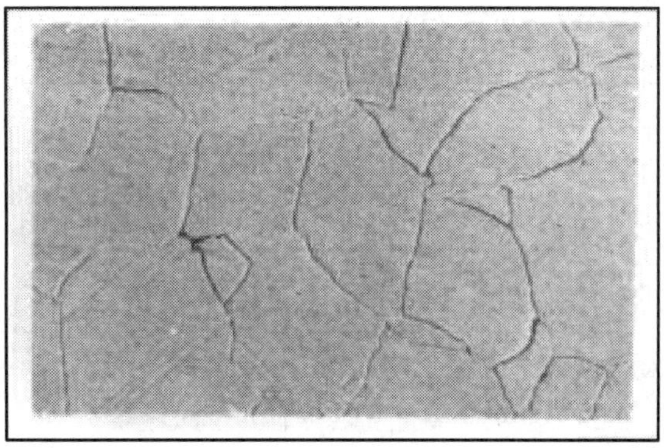

图 A.46　未浸蚀　200×

图 A.47　未浸蚀　200×

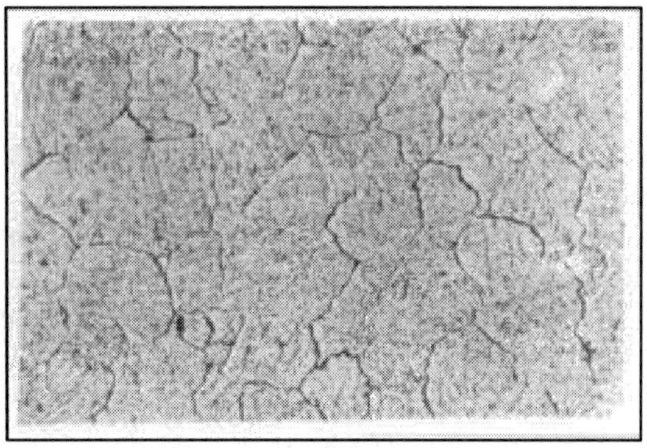

图 A.48　未浸蚀　200×

表 A.1（续）

图号	材料名称	化学成分	状　态	说　明
A.49	银氧化镉(13)　片 AgCdO(13)	CdO:13% Ag:余量	合金内氧化	显微组织： 内氧化过程中因氧化条件(如温度、氧气压波动)发生变化而形成的层状组织
A.50	银氧化镉(12)　片 AgCdO(12)	CdO:12% Ag:余量	合金内氧化	显微组织： 内氧化过程中因氧化条件(如温度、氧气压波动)发生变化而形成的层状组织
A.51	银氧化镉(12)/银　片 AgCdO(12)-T/Ag	CdO:12% 添加物:少量 Ag:余量	合金内氧化	显微组织： 银氧化镉与复银层的复合界面组织
A.52	银氧化镉(12)/银　片 AgCdO(12)-T/Ag	CdO:12% 添加物:少量 Ag:余量	合金内氧化	显微组织： 银氧化镉与复银层的复合界面组织
A.53	银氧化镉(12)　片 AgCdO(12)	CdO:12% Ag:余量	混粉、烧结	显微组织： 银与氧化镉颗粒的机械混合物
A.54	银氧化镉(12)　片 AgCdO(12)	CdO:12% Ag:余量	化学共沉积制粉、烧结	显微组织： 银与氧化镉颗粒的混合物
A.55	银氧化镉(12)　片 AgCdO(12)	CdO:12% Ag:余量	固相扩散粉、烧结	显微组织： 氧化镉颗粒弥散分布于银基体中
A.56	银氧化镉(12)/银　片 AgCdO(12)-T/Ag	CdO:12% Ag:余量	共沉积粉 烧结	显微组织： 银氧化镉与复银层的复合界面

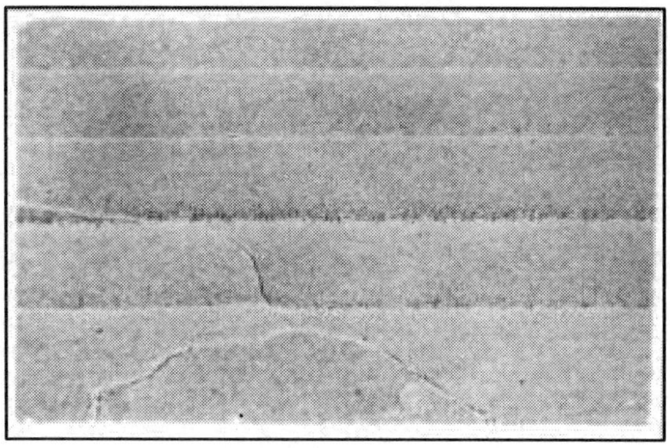

图 A.49　未浸蚀　200×

图 A.50　未浸蚀　200×

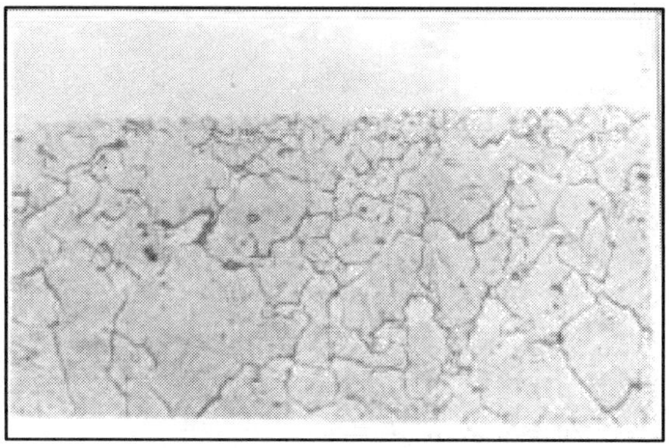

图 A.51　未浸蚀　200×

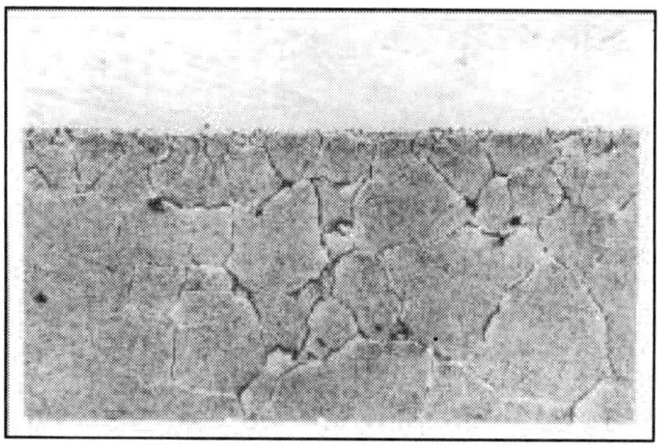

图 A.52　未浸蚀　200×

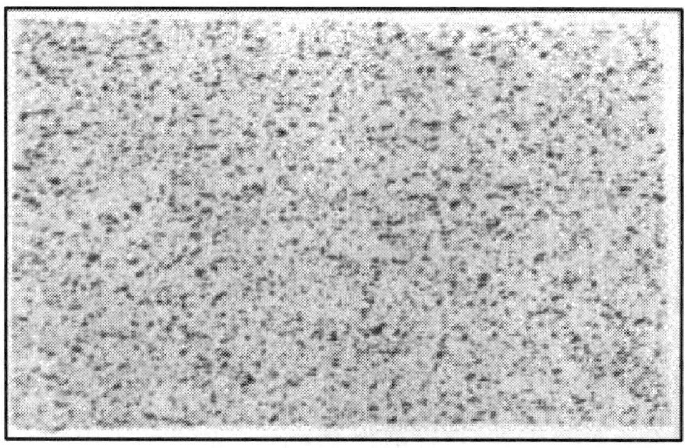

图 A.53　未浸蚀　200×

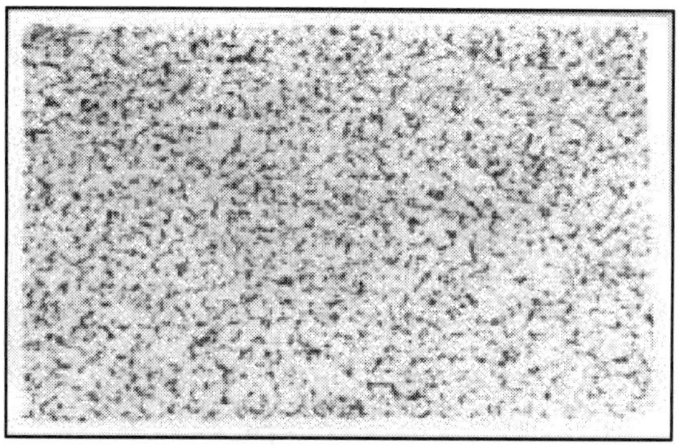

图 A.54　未浸蚀　200×

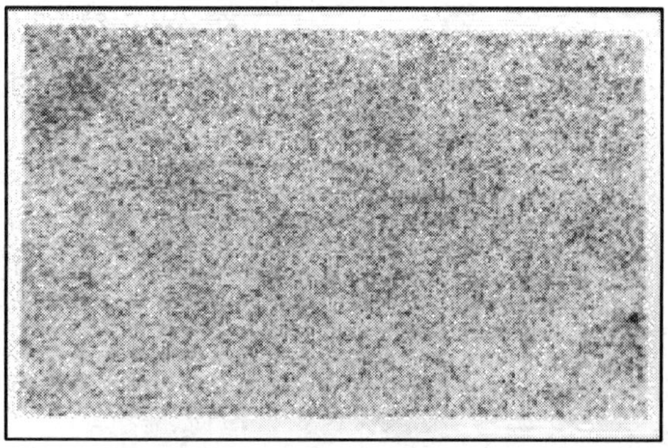

图 A.55　未浸蚀　200×

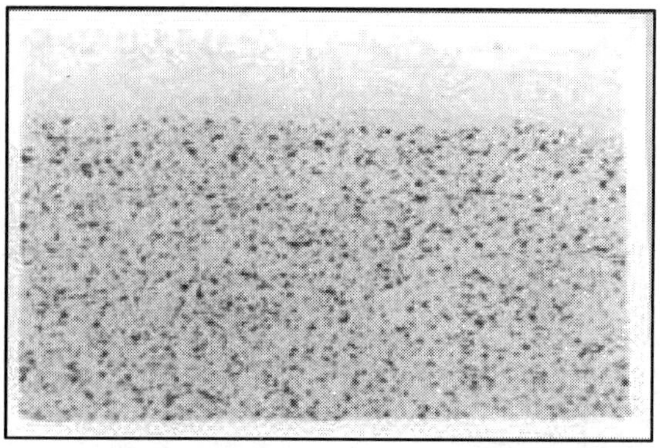

图 A.56　未浸蚀　200×

表 A.1（续）

图号	材料名称	化学成分	状　态	说　明
A.57	银氧化镉(10)　线材 AgCdO(10)	CdO:10% Ag:余量	内氧化法、 挤压、拉丝	显微组织： 银基体上氧化镉质点弥散分布 （垂直于挤压方向截面）
A.58	银氧化镉(10)　线材 AgCdO(10)	CdO:10% Ag:余量	内氧化法、 挤压、拉丝	显微组织： 银基体上氧化镉质点弥散分布 （平行于挤压方向截面）
A.59	银氧化镉(12)　线材 AgCdO(12)	CdO:12% Ag:余量	粉末冶金法、 挤压、拉丝	显微组织： 氧化镉与银的机械混合物 （垂直于挤压方向截面）
A.60	银氧化镉(12)　线材 AgCdO(12)	CdO:12% Ag:余量	粉末冶金法、 挤压、拉丝	显微组织： 氧化镉与银的机械混合物 （平行于挤压方向截面）
A.61	银氧化镉(12)　线材 AgCdO(12)	CdO:12% Ag:余量	内氧化法、 挤压、拉丝	显微组织： 银基体上氧化镉质点弥散分布 （无条纹） （垂直于挤压方向截面）
A.62	银氧化镉(12)　线材 AgCdO(12)	CdO:12% Ag:余量	内氧化法、 挤压、拉丝	显微组织： 银基体上氧化镉质点弥散分布 （无条纹） （平行于挤压方向截面）
A.63	银氧化镉(12)　线材 AgCdO(12)	CdO:12% Ag:余量	内氧化法、 挤压、拉丝	显微组织： 银基体上氧化镉质点弥散分布 （有条纹） （垂直于挤压方向截面）
A.64	银氧化镉(12)　线材 AgCdO(12)	CdO:12% Ag:余量	内氧化法 挤压、拉丝	显微组织： 银基体上氧化镉质点弥散分布 （有条纹） （平行于挤压方向截面）

图 A.57　未浸蚀　200×

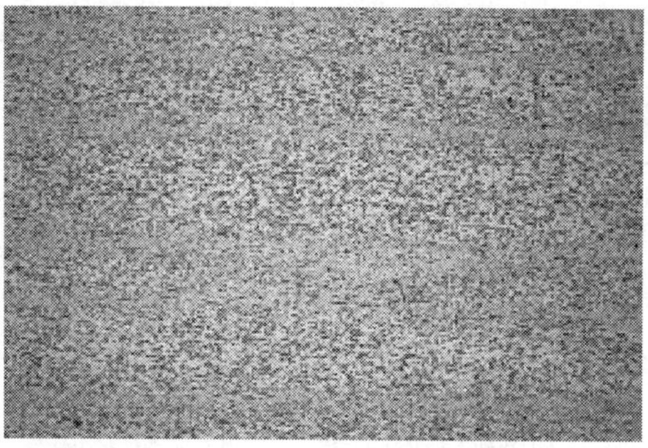

图 A.58　未浸蚀　200×

图 A.59　未浸蚀　200×

图 A.60　未浸蚀　200×

图 A.61　未浸蚀　200×

图 A.62　未浸蚀　200×

图 A.63　未浸蚀　200×

图 A.64　未浸蚀　200×

表 A.1(续)

图号	材料名称	化学成分	状　态	说　明
A.65	银氧化镉(15)　线 AgCdO(15)	CdO:15% Ag:余量	内氧化法 挤压、拉丝	显微组织: 银基体上氧化镉质点弥散分布(无条纹)(垂直于挤压方向截面)
A.66	银氧化镉(15)　线 AgCdO(15)	CdO:15% Ag:余量	内氧化法 挤压、拉丝	显微组织: 银基体上氧化镉质点弥散分布(无条纹)(平行于挤压方向截面)
A.67	银氧化镉(15)　线 AgCdO(15)	CdO:15% Ag:余量	内氧化法 挤压、拉丝	显微组织: 银基体上氧化镉质点弥散分布(有条纹)(垂直于挤压方向截面)
A.68	银氧化镉(15)　线 AgCdO(15)	CdO:15% Ag:余量	内氧化法 挤压、拉丝	显微组织: 银基体上氧化镉质点弥散分布(有条纹)(平行于挤压方向截面)
A.69	银氧化镉(17)　线 AgCdO(17)	CdO:17% Ag:余量	内氧化法 挤压、拉丝	显微组织: 银基体上氧化镉质点弥散分布(无条纹)(垂直于挤压方向截面)
A.70	银氧化镉(17)　线 AgCdO(17)	CdO:17% Ag:余量	内氧化法 挤压、拉丝	显微组织: 银基体上氧化镉质点弥散分布(无条纹) (平行于挤压方向截面)
A.71	银氧化镉(17)　线 AgCdO(17)	CdO:17% Ag:余量	内氧化法 挤压、拉丝	显微组织: 银基体上氧化镉质点弥散分布(有条纹) (垂直于挤压方向截面)
A.72	银氧化镉(17)　线 AgCdO(17)	CdO:17% Ag:余量	内氧化法 挤压、拉丝	显微组织: 银基体上氧化镉质点弥散分布(有条纹) (平行于挤压方向截面)

图 A.65　未浸蚀　200×

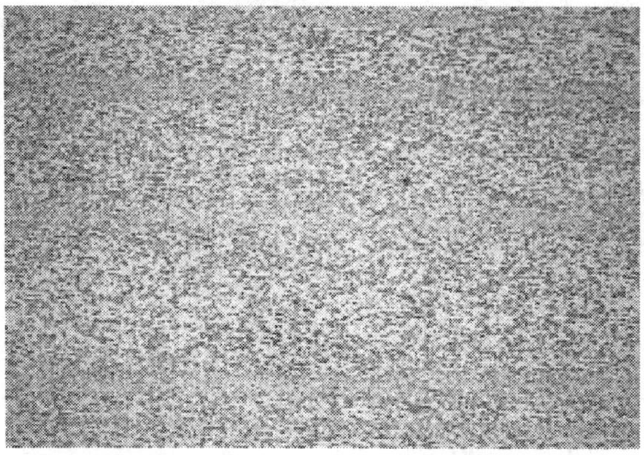

图 A.66　未浸蚀　200×

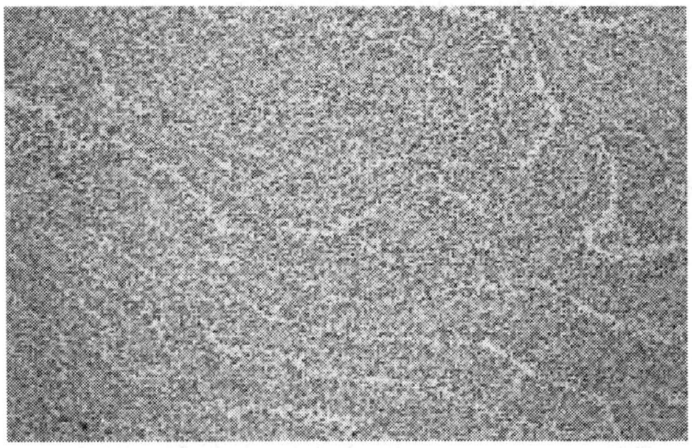

图 A.67　未浸蚀　200×

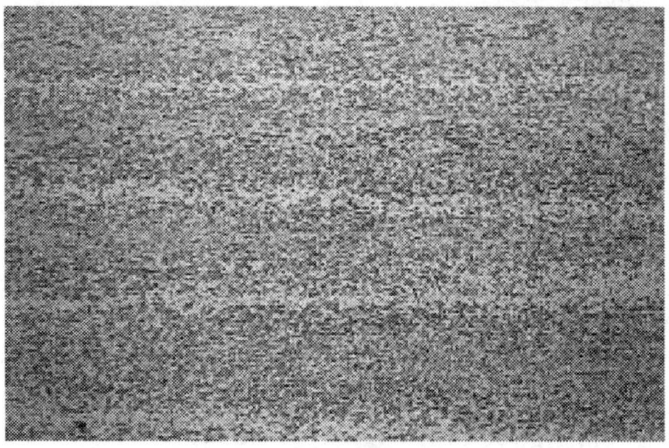

图 A.68　未浸蚀　200×

图 A.69　未浸蚀　200×

图 A.70　未浸蚀　200×

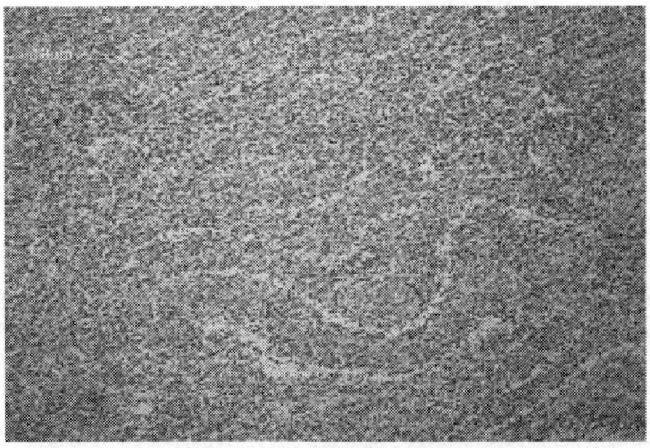

图 A.71　未浸蚀　200×

图 A.72　未浸蚀　200×

表 A.1(续)

图号	材料名称	化学成分	状　态	说　明
A.73	银氧化镉(14)　片 AgCdO(14)-T	CdO:14% 添加物:少量 Ag:余量	合金内氧化	显微组织: 黑粗段为氧化镉在晶界大量沉积
A.74	银氧化镉(12)　片 AgCdO(12)-T	CdO:12% 添加物:少量 Ag:余量	合金内氧化	显微组织: 鼓泡(触头内部含有气孔)
A.75	银氧化镉(12)　片 AgCdO(12)-T	CdO:12% 添加物:少量 Ag:余量	合金内氧化	显微组织: 氧化物分布不均匀
A.76	银氧化镉(12)　片 AgCdO(12)	CdO:12% Ag:余量	合金内氧化	显微组织: 银氧化镉中夹杂物
A.77	银氧化镉(15)　片 AgCdO(15)	CdO:15% Ag:余量	合金内氧化	显微组织: 内氧化过程中所形成的分层裂纹
A.78	银氧化镉(12)　片 AgCdO(12)	CdO:12% Ag:余量	合金内氧化	显微组织: 组织不均匀、氧化物聚集
A.79	银氧化镉(12)　片 AgCdO(12)	CdO:12% Ag:余量	合金内氧化	显微组织: 夹杂及氧化物聚集
A.80	银氧化镉(12)　片 AgCdO(12)	CdO:12% Ag:余量	合金内氧化	显微组织: 组织不均匀、氧化物聚集、裂纹

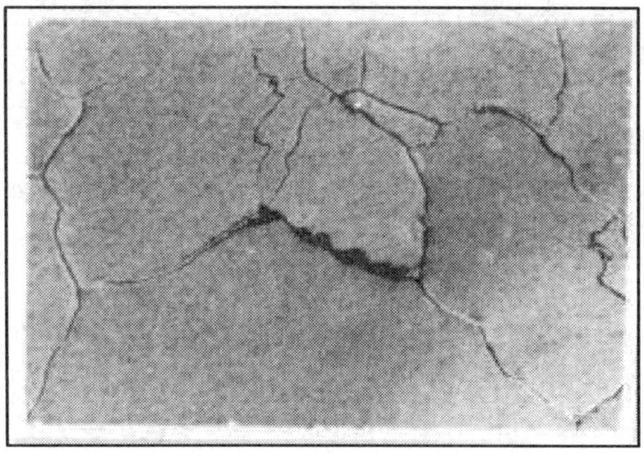

图 A.73 未浸蚀 200×

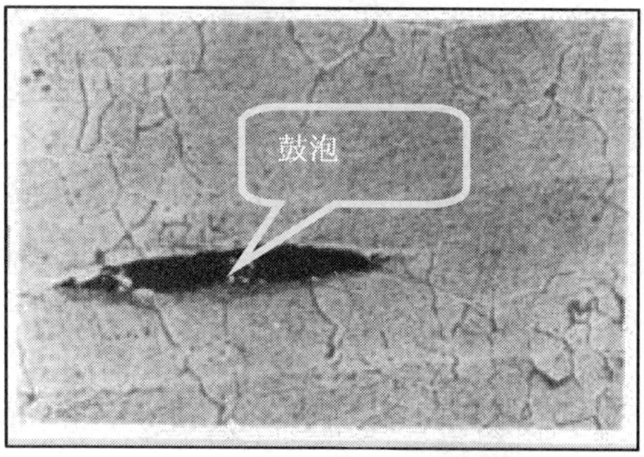

图 A.74 未浸蚀 200×

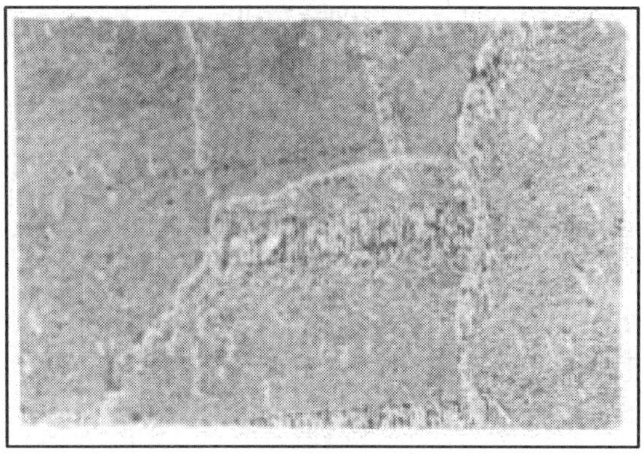

图 A.75 未浸蚀 200×

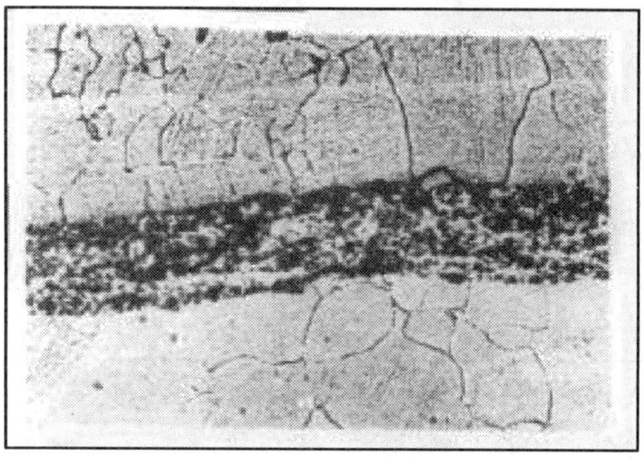

图 A.76 未浸蚀 200×

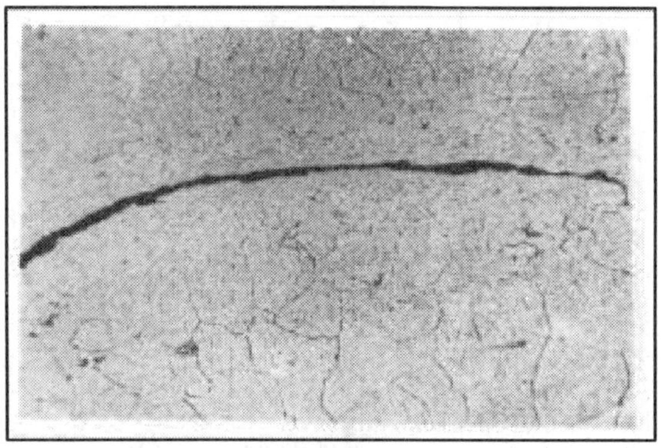

图 A.77 未浸蚀 200×

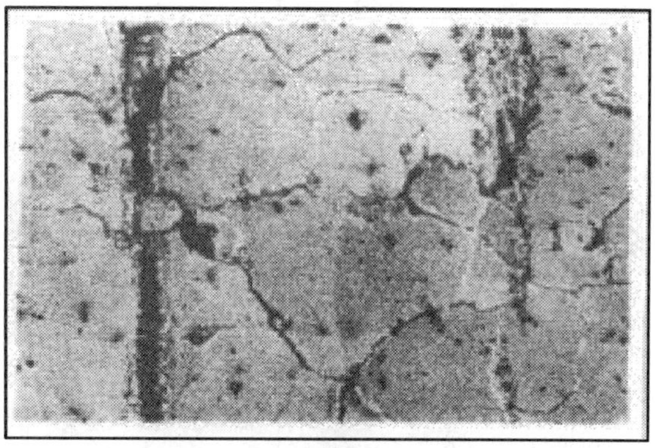

图 A.78 未浸蚀 200×

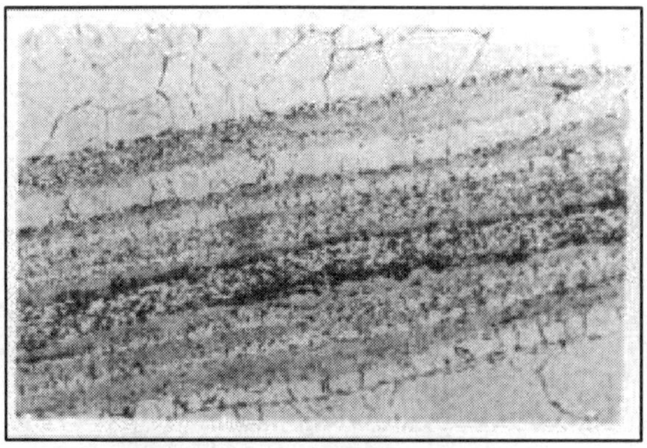

图 A.79 未浸蚀 200×

图 A.80 未浸蚀 200×

表 A.1（续）

图号	材料名称	化学成分	状　态	说　明
A.81	银氧化镉(12)　片 AgCdO(12)	CdO:12% Ag:余量	合金内氧化	显微组织： 氧化物聚集
A.82	银氧化镉(12)　片 AgCdO(12)	CdO:12% Ag:余量	合金内氧化	显微组织： 裂纹
A.83	银氧化镉(12)　片 AgCdO(12)	CdO:12% Ag:余量	合金内氧化	显微组织： 触头断面中心未氧化完全，合金夹层
A.84	银氧化镉(12)　片 AgCdO(12)	CdO:12% Ag:余量	合金内氧化	显微组织： 触头断面中心未氧化完全，合金夹层
A.85	银氧化镉(12)　片 AgCdO(12)	CdO:12% Ag:余量	合金内氧化	显微组织： 触头断面中心未氧化完全，合金夹层
A.86	银氧化镉(12)　片 AgCdO(12)	CdO:12% Ag:余量	合金内氧化	显微组织： 触头断面贫氧化物亮带区
A.87	银氧化镉(12)　片 AgCdO(12)	CdO:12% Ag:余量	合金内氧化	显微组织： 触头断面贫氧化物亮带区
A.88	银氧化镉(12)　片 AgCdO(12)	CdO:12% Ag:余量	合金内氧化	显微组织： 触头断面贫氧化物亮带区

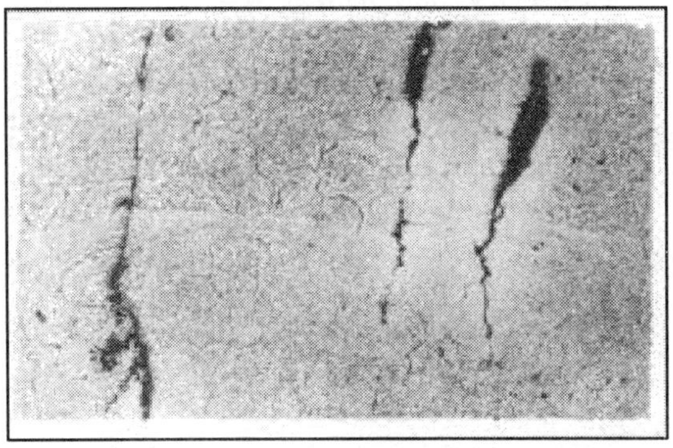

图 A.81　未浸蚀　200×

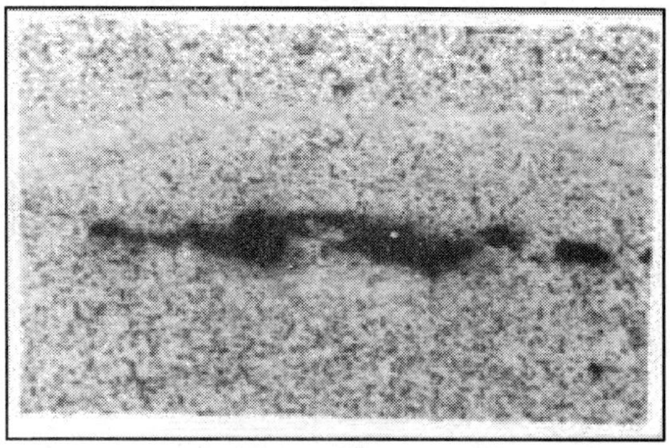

图 A.82　未浸蚀　200×

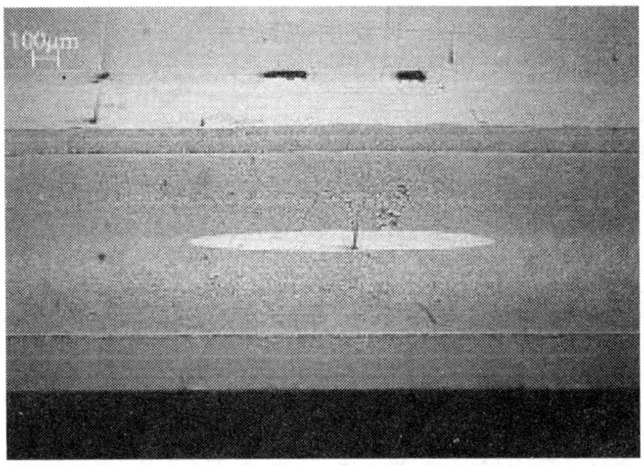

图 A.83　未浸蚀　40×

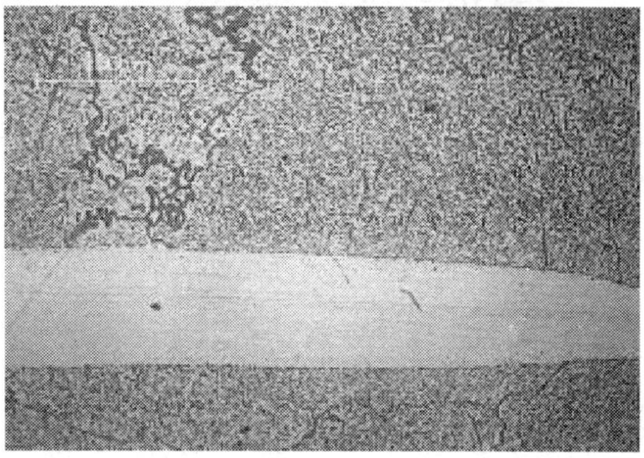

图 A.84　未浸蚀　200×

图 A.85　未浸蚀　200×

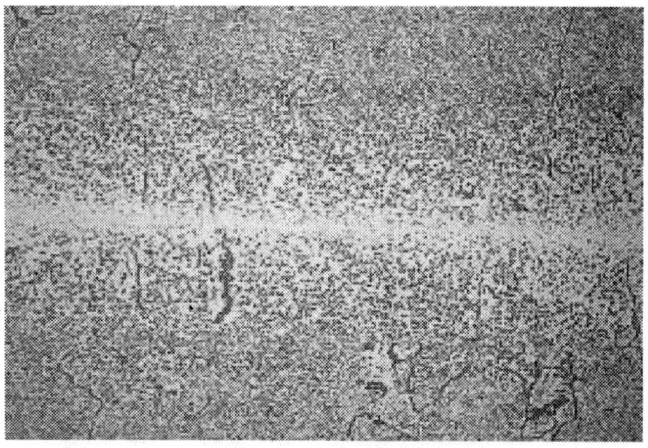

图 A.86　未浸蚀　200×

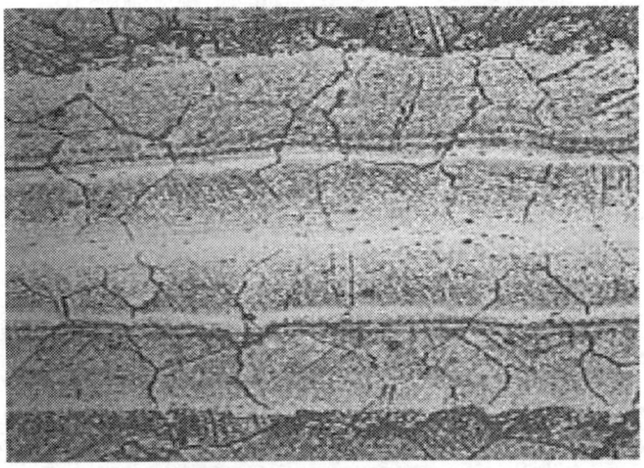

图 A.87　未浸蚀　200×

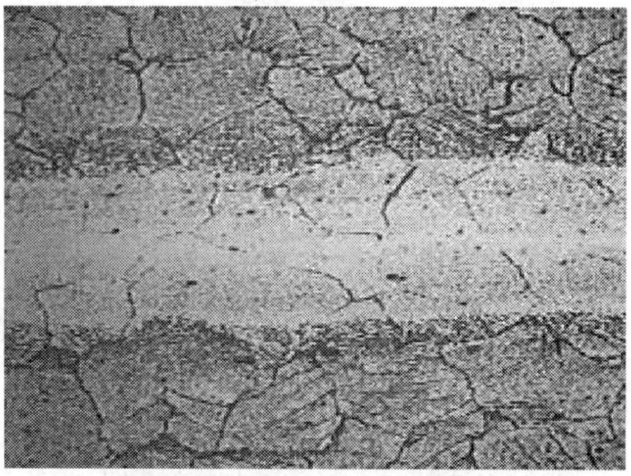

图 A.88　未浸蚀　200×

表 A.1（续）

图号	材料名称	化学成分	状态	说明
A.89	银氧化镉(15)/银 片 AgCdO(15)/Ag	CdO:15% Ag:余量	合金内氧化	显微组织： 银氧化镉(15)与银焊接层复合界面上未复合好的黑色界线
A.90	银氧化镉(12)/银 片 AgCdO(12)/Ag	CdO:12% Ag:余量	合金内氧化	显微组织： 银氧化镉(12)与银焊接层未复合好的界面
A.91	银氧化镉(15) 片 AgCdO(15)	CdO:15% Ag:余量	化学共沉积法制粉压型、烧结	显微组织： 灰块为氧化物聚集
A.92	银氧化镉(12) 片 AgCdO(12)	CdO:12% Ag:余量	混粉、压型、烧结	显微组织： 氧化物聚集
A.93	银氧化镉(12) 线 AgCdO(12)	CdO:12% Ag:余量	粉末冶金法、挤压、拉丝	显微组织： 线材表面鼓包 (平行于挤压方向截面)
A.94	银氧化镉(12) 线 AgCdO(12)	CdO:12% Ag:余量	粉末冶金法、挤压、拉丝	显微组织： 线材表面鼓包、孔隙 (平行于挤压方向截面)
A.95	银氧化镉(12) 线 AgCdO(12)	CdO:12% Ag:余量	粉末冶金法、挤压、拉丝	显微组织： 线材表面污染 (平行于挤压方向截面)
A.96	银氧化镉(12) 线 AgCdO(12)	CdO:12% Ag:余量	粉末冶金法、挤压、拉丝	显微组织： 线材表面污染、开裂 (平行于挤压方向截面)

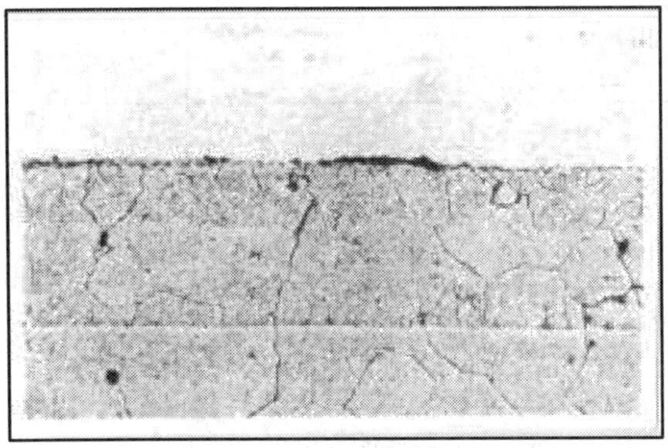

图 A.89　未浸蚀　200×

图 A.90　未浸蚀　200×

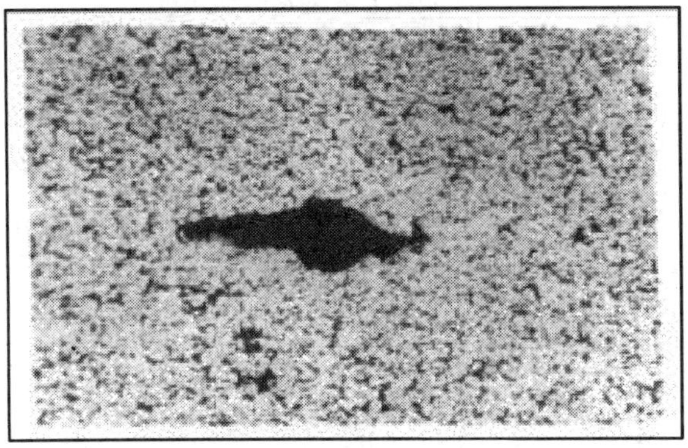

图 A.91　未浸蚀　200×

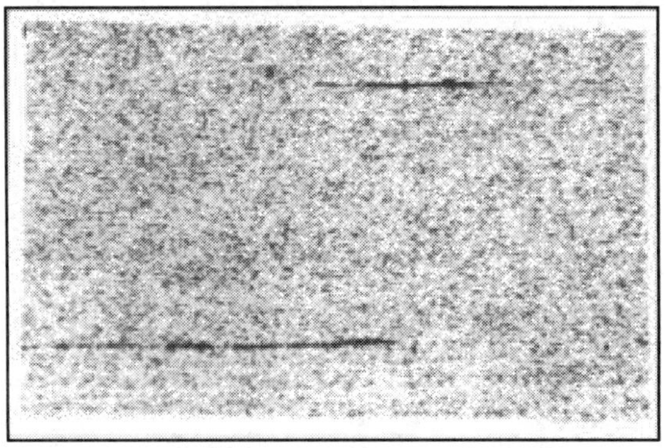

图 A.92　未浸蚀　200×

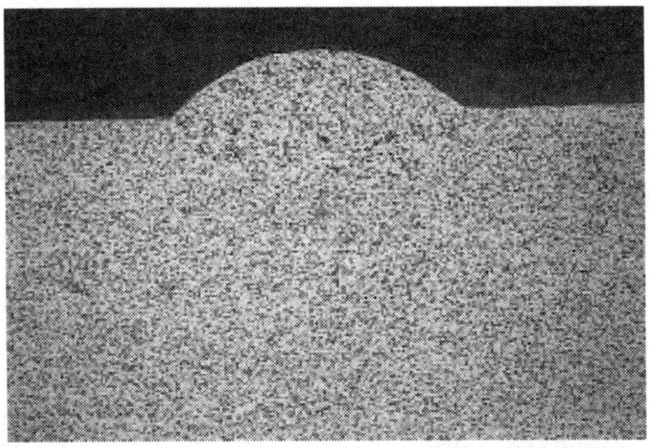

图 A.93　未浸蚀　200×

图 A.94　未浸蚀　100×

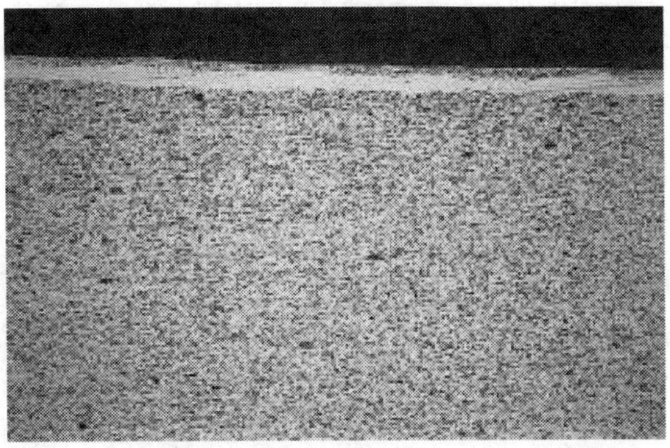

图 A.95　未浸蚀　200×

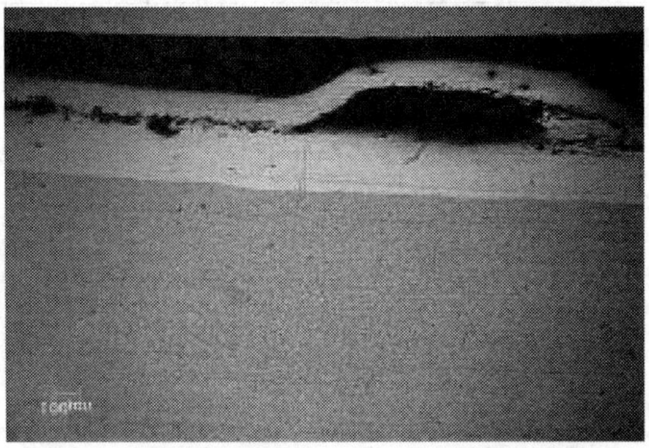

图 A.96　未浸蚀　100×

表 A.1(续)

图号	材料名称	化学成分	状　　态	说　　明
A.97	银氧化镉(10) 线 AgCdO(10)	CdO:10% Ag:余量	粉末冶金法、 挤压、拉丝	显微组织: 氧化物聚集 (平行于挤压方向截面)
A.98	银氧化镉(12) 线 AgCdO(12)	CdO:12% Ag:余量	粉末冶金法、 挤压、拉丝	显微组织: 氧化物聚集 (平行于挤压方向截面)
A.99	银氧化镉(12) 线 AgCdO(12)	CdO:12% Ag:余量	内氧化法 挤压、拉丝	显微组织: 未氧化完全合金夹层 (平行于挤压方向截面)
A.100	银氧化镉(12) 线 AgCdO(12)	CdO:12% Ag:余量	内氧化法 挤压、拉丝	显微组织: 串状夹杂 (平行于挤压方向截面)
A.101	银氧化镉(12) 线 AgCdO(12)	CdO:12% Ag:余量	内氧化法 挤压、拉丝	显微组织: 未氧化完全合金夹层 (垂直于挤压方向截面)
A.102	银氧化镉(12) 线 AgCdO(12)	CdO:12% Ag:余量	内氧化法 挤压、拉丝	显微组织: 夹杂、孔隙 (平行于挤压方向截面)
A.103	银氧化镉(12) 线 AgCdO(12)	CdO:12% Ag:余量	内氧化法 挤压、拉丝	显微组织: 夹杂、孔隙 (平行于挤压方向截面)
A.104	银氧化镉(12) 线 AgCdO(12)	CdO:12% Ag:余量	内氧化法 挤压、拉丝	显微组织: 银聚集 (垂直于挤压方向截面)

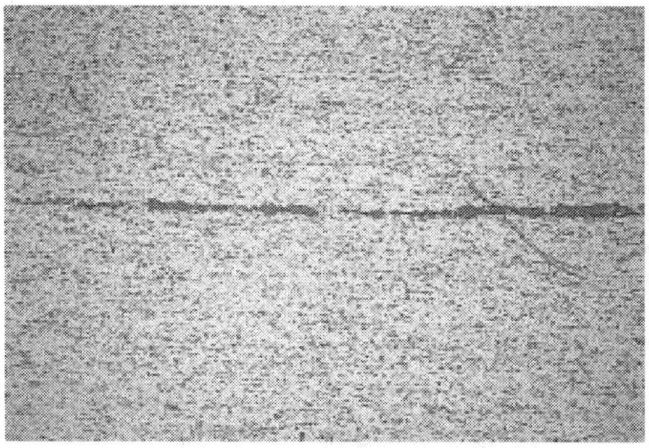

图 A.97 未浸蚀 200×

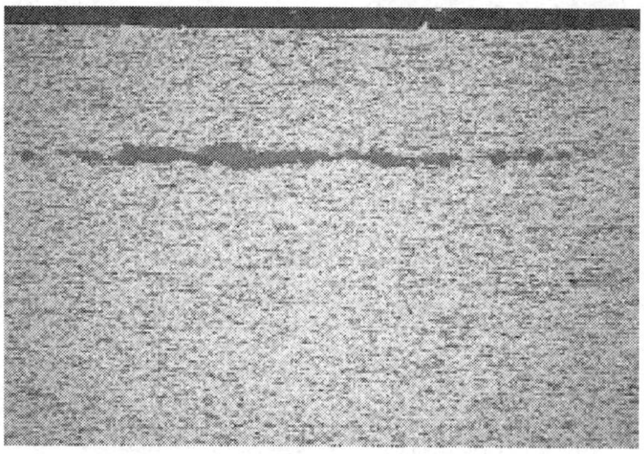

图 A.98 未浸蚀 200×

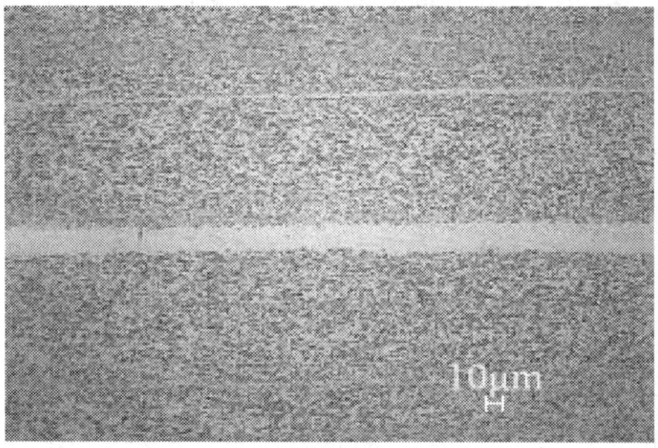

图 A.99 未浸蚀 200×

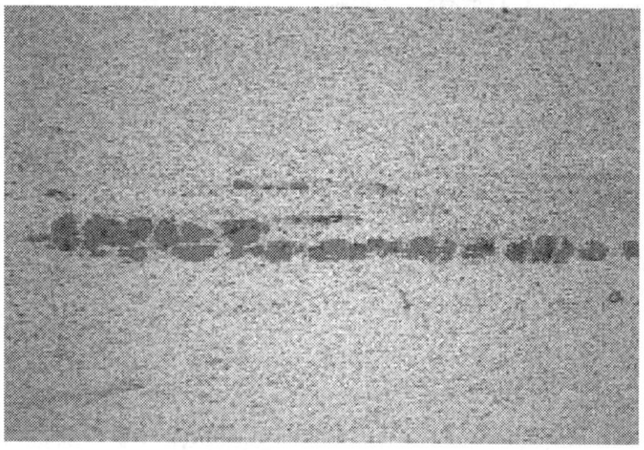

图 A.100 未浸蚀 100×

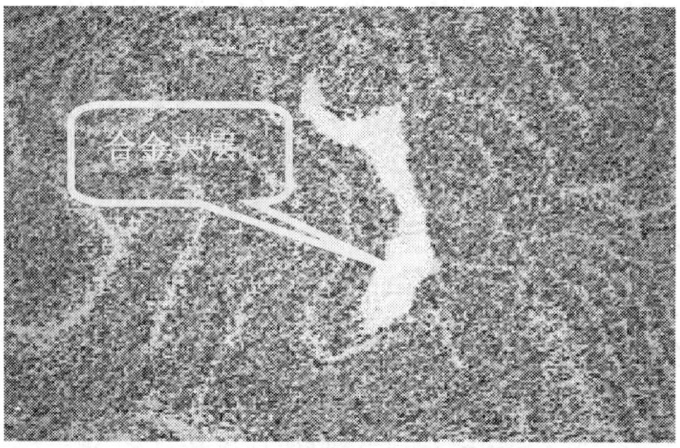

图 A.101 未浸蚀 200×

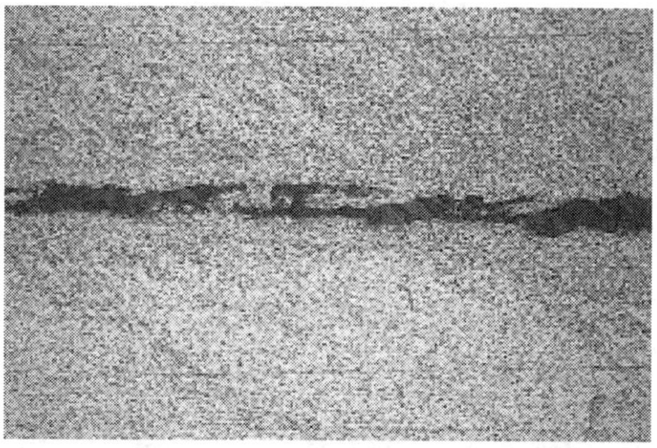

图 A.102 未浸蚀 100×

图 A.103 未浸蚀 200×

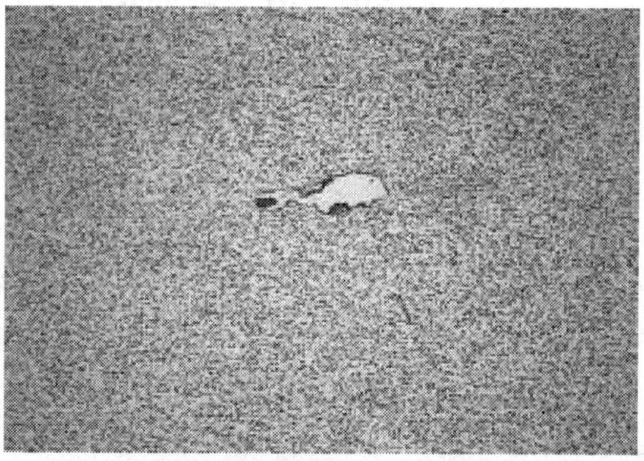

图 A.104 未浸蚀 200×

表 A.1（续）

图号	材料名称	化学成分	状　态	说　明
A.105	银氧化镉(12)　线 AgCdO(12)	CdO:12% Ag:余量	内氧化法 挤压、拉丝	显微组织： 表面污染 (垂直于挤压方向截面)
A.106	银氧化镉(12)　线 AgCdO(12)	CdO:12% Ag:余量	内氧化法 挤压、拉丝	显微组织： 夹杂、裂纹 (垂直于挤压方向截面)
A.107	银氧化镉(12)　线 AgCdO(12)	CdO:12% Ag:余量	内氧化法 挤压、拉丝	显微组织： 夹杂 (垂直于挤压方向截面)
A.108	银氧化镉(12)　线 AgCdO(12)	CdO:12% Ag:余量	内氧化法 挤压、拉丝	显微组织： 未氧化完全合金夹层 (垂直于挤压方向截面)
A.109	银氧化镉(15)　线 AgCdO(15)	CdO:15% Ag:余量	内氧化法 挤压、拉丝	显微组织： 夹杂 (垂直于挤压方向截面)
A.110	银氧化镉(15)　线 AgCdO(15)	CdO:15% Ag:余量	内氧化法 挤压、拉丝	显微组织： 夹杂 (垂直于挤压方向截面)
A.111	银氧化镉(15)　线 AgCdO(15)	CdO:15% Ag:余量	内氧化法 挤压、拉丝	显微组织： 未氧化完全合金夹层 (垂直于挤压方向)
A.112	银氧化镉(15)　线 AgCdO(15)	CdO:15% Ag:余量	内氧化法 挤压、拉丝	显微组织： 未氧化完全合金夹层 (平行于挤压方向)

图 A.105　未浸蚀　100×

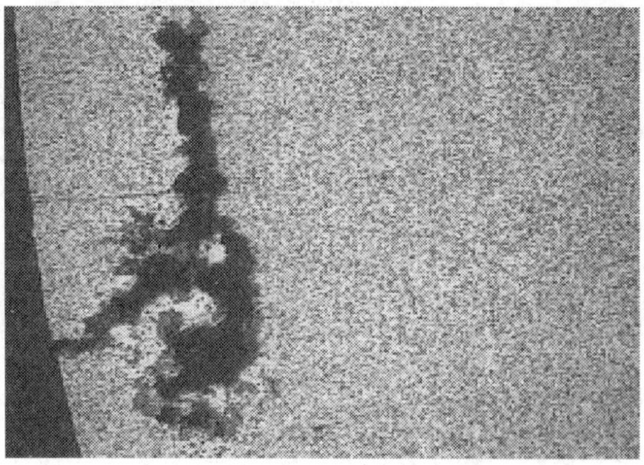

图 A.106　未浸蚀　200×

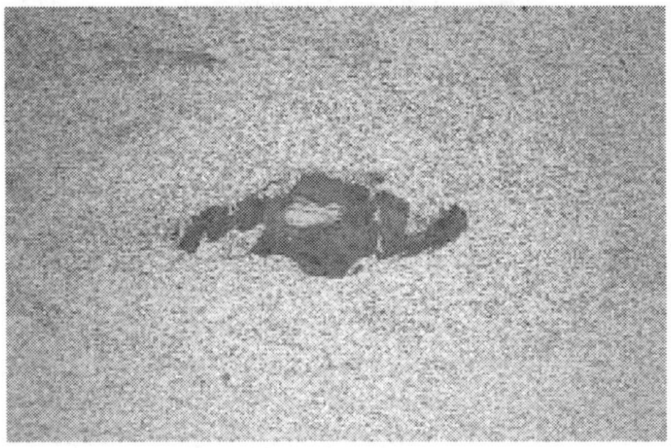

图 A.107　未浸蚀　200×

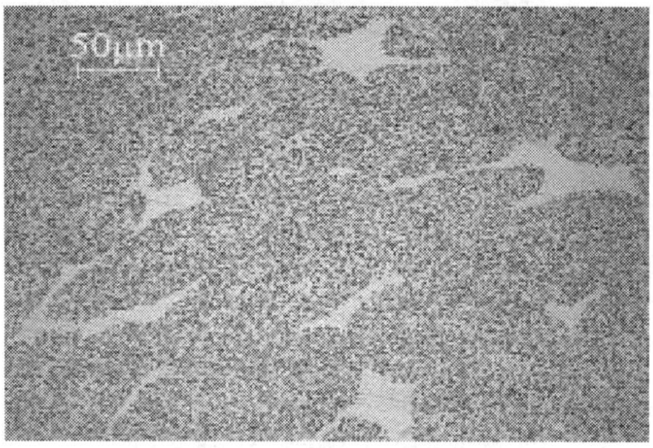

图 A.108　未浸蚀　200×

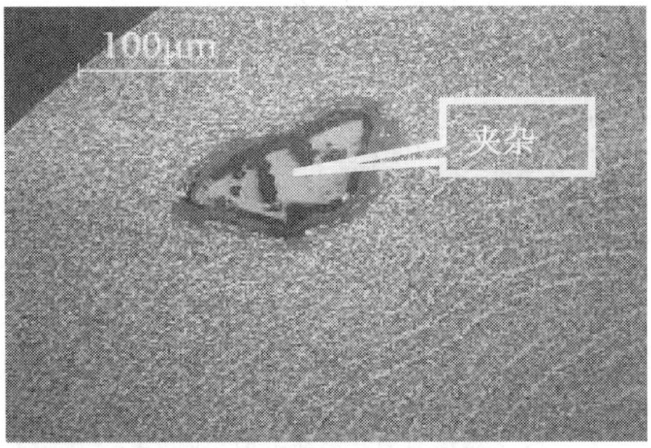

图 A.109　未浸蚀　200×

图 A.110　未浸蚀　200×

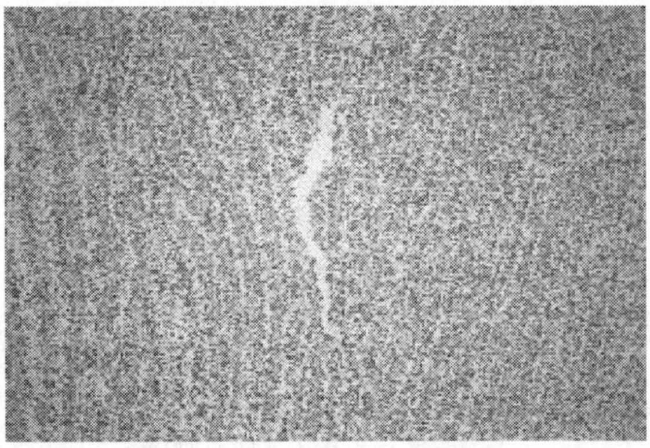

图 A.111　未浸蚀　200×

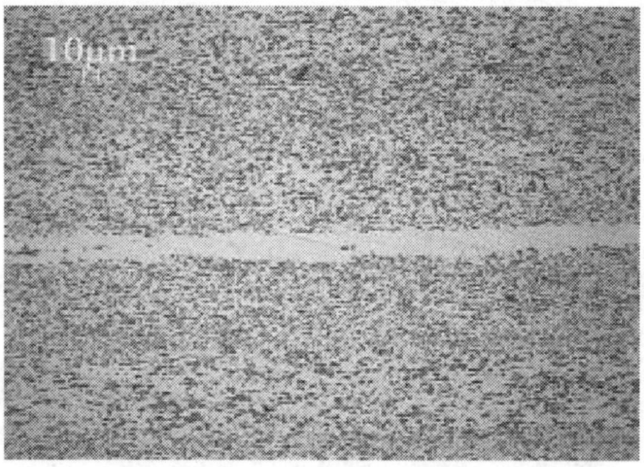

图 A.112　未浸蚀　200×

表 A.1(续)

图号	材料名称	化学成分	状　态	说　明
A.113	银氧化镉(15)　线 AgCdO(15)	CdO:15% Ag:余量	内氧化、挤压、拉丝	显微组织: 表面起皮 (垂直于挤压方向截面)
A.114	银氧化镉(15)　线 AgCdO(15)	CdO:15% Ag:余量	内氧化、挤压、拉丝	显微组织: 表面裂纹 (垂直于挤压方向截面)
A.115	银氧化镉(15)　线 AgCdO(15)	CdO:15% Ag:余量	内氧化、挤压、拉丝	显微组织: 组织不均匀 (垂直于挤压方向截面)
A.116	银氧化镉(15)　线 AgCdO(15)	CdO:15% Ag:余量	内氧化、挤压、拉丝	显微组织: 组织不均匀 (平行于挤压方向截面)
A.117	银氧化镉(15)　线 AgCdO(15)	CdO:15% Ag:余量	内氧化、挤压、拉丝	显微组织: 氧化物聚集 (平行于挤压方向截面)
A.118	银氧化镉(15)　线 AgCdO(15)	CdO:15% Ag:余量	内氧化、挤压、拉丝	显微组织: 污染 (垂直于挤压方向截面)
A.119	银氧化镉(15)　线 AgCdO(15)	CdO:15% Ag:余量	内氧化、挤压、拉丝	显微组织: 氧化物质点的分布类似年轮线的组织 (垂直于挤压方向截面)
A.120	银氧化镉(15)　线 AgCdO(15)	CdO:15% Ag:余量	内氧化、挤压、拉丝	显微组织: 氧化物质点的分布类似斑马条纹线的组织 (平行于挤压方向截面)

图 A.113　未浸蚀　200×

图 A.114　未浸蚀　100×

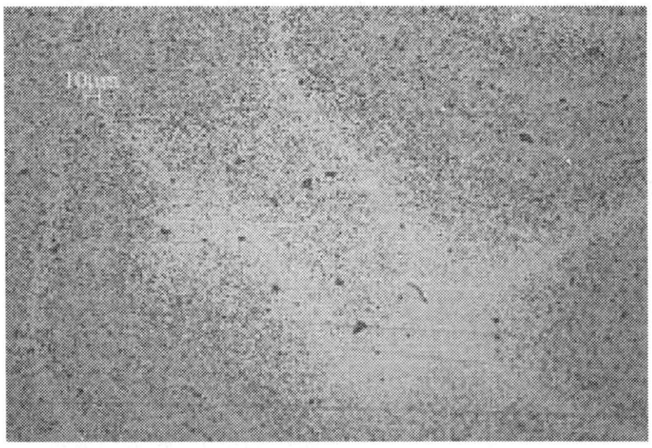

图 A.115　未浸蚀　200×

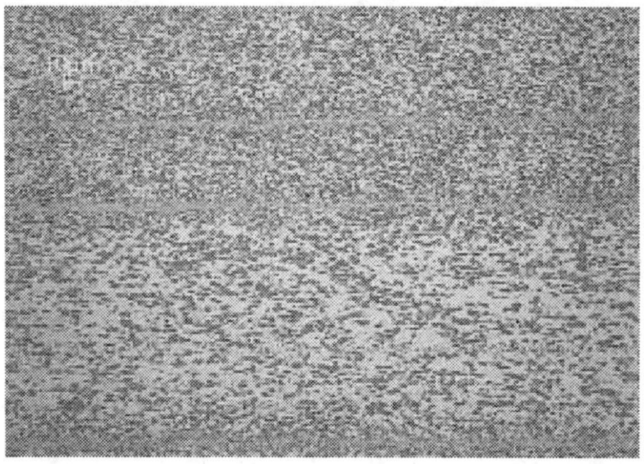

图 A.116　未浸蚀　200×

图 A.117　未浸蚀　200×

图 A.118　未浸蚀　100×

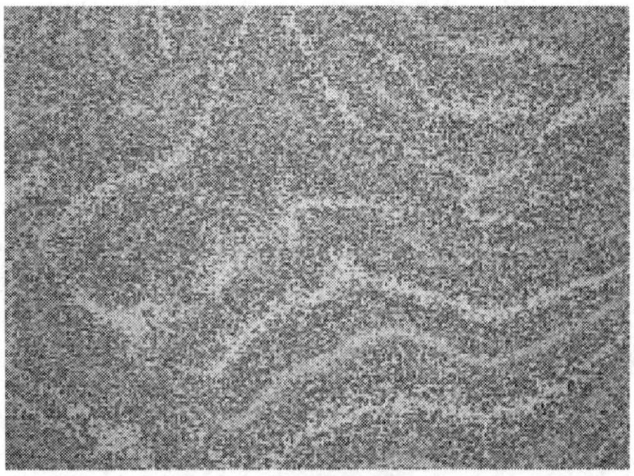

图 A.119　未浸蚀　200×

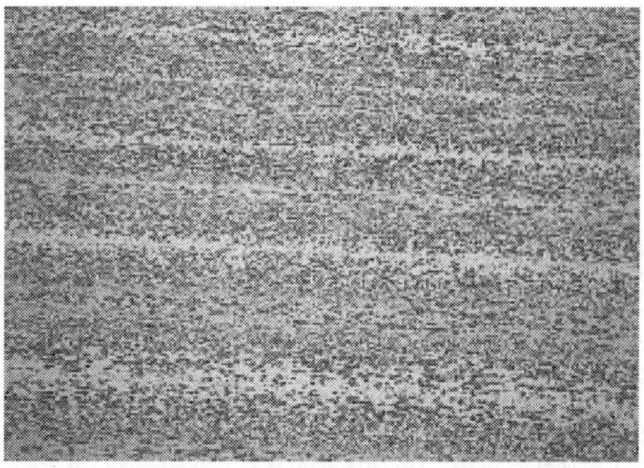

图 A.120　未浸蚀　200×

表 A.1（续）

图号	材料名称	化学成分	状　态	说　明
A.121	银氧化锡(12)　片 $AgSnO_2$(12)-T/Ag	SnO_2：12% 添加物： ≤2.0% Ag 余量	粉末冶金法	显微组织： 银聚、夹杂、孔隙
A.122	银氧化锡(12)　片 $AgSnO_2$(12)-T/Ag	SnO_2：12% 添加物： ≤2.0% Ag 余量	粉末冶金法	显微组织： 组织不均匀
A.123	银氧化锡(12)　片 $AgSnO_2$(12)-T	SnO_2：12% 添加物： ≤2.0% Ag 余量	粉末冶金法、挤压、轧制、落料	显微组织： 片材在落料时产生的边缘裂纹
A.124	银氧化锡(12)　片 $AgSnO_2$(12)-T	SnO_2：12% 添加物： ≤2.0% Ag 余量	粉末冶金法、挤压、轧制、落料	显微组织： 片材在落料时产生的边缘裂纹
A.125	银氧化锡(12)　片 $AgSnO_2$(12)-T/Ag	SnO_2：12% 添加物： ≤2.0% Ag 余量	粉末冶金法、挤压、轧制、落料	显微组织： 片材形貌及银层分布
A.126	银氧化锡(12)　片 $AgSnO_2$(12)-T/Ag	SnO_2：12% 添加物： ≤2.0% Ag 余量	粉末冶金法、挤压、轧制、落料	显微组织： 片材形貌及银层分布
A.127	银氧化锡(12)/Ag/L-Ag15P　三层复合片 $AgSnO_2$(12)/Ag/L-Ag15P	SnO_2：12% Ag 余量 L-Ag15P 焊料	粉末冶金法、挤压、轧制、落料	显微组织： 三层复合片形貌组织
A.128	银氧化锡(12)　片 $AgSnO_2$(12)-T	SnO_2：12% 添加物： ≤2.0% Ag 余量	粉末冶金法	显微组织： 表层聚集物

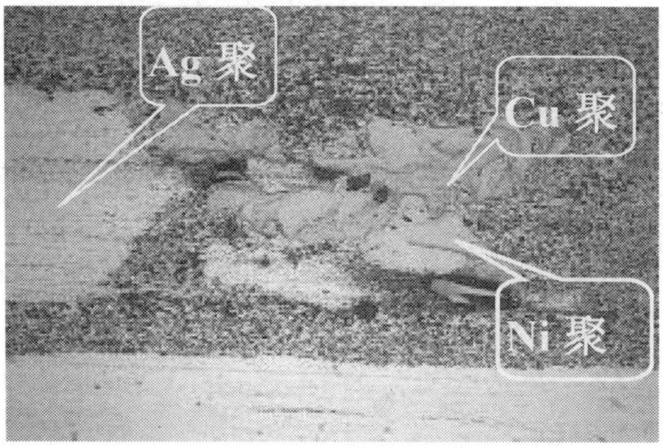

图 A.121　未浸蚀　200×

图 A.122　未浸蚀　200×

图 A.123　未浸蚀　100×

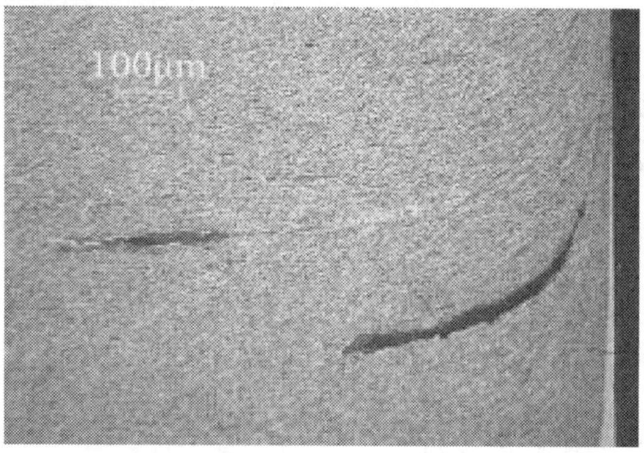

图 A.124　未浸蚀　100×

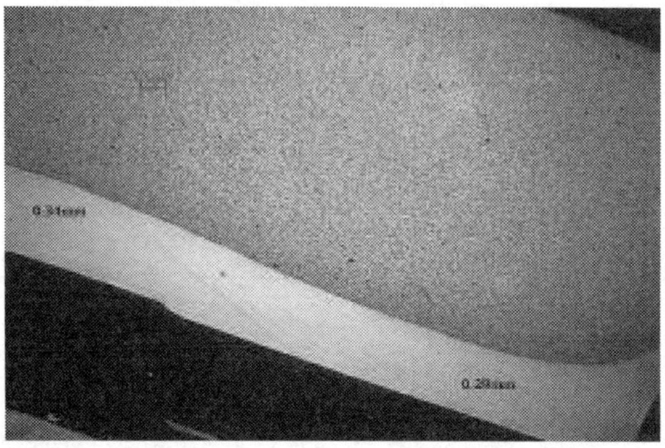

图 A.125　未浸蚀　40×

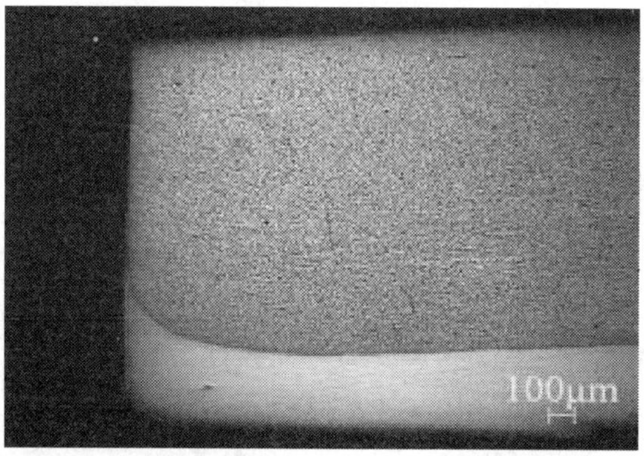

图 A.126　未浸蚀　40×

图 A.127　未浸蚀　100×

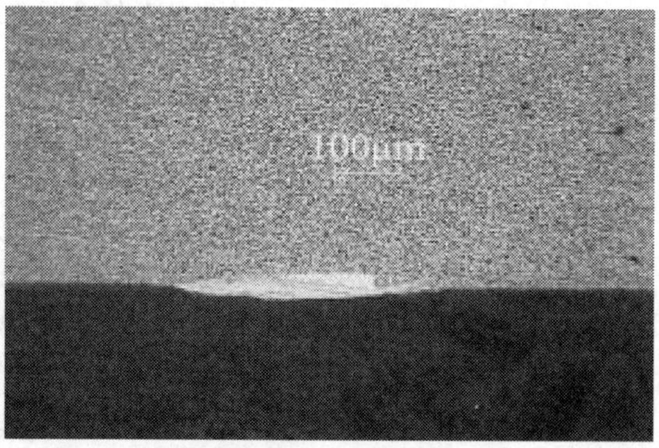

图 A.128　未浸蚀　100×

表 A.1（续）

图号	材料名称	化学成分	状　态	说　明
A.129	银氧化锡(10)　线 $AgSnO_2$(10)	SnO_2:10% Ag:余量	粉末冶金(混粉法)、挤压、拉丝	显微组织： 银与氧化锡颗粒的机械混合物(垂直于挤压方向截面)
A.130	银氧化锡(10)　线 $AgSnO_2$(10)	SnO_2:10% Ag:余量	粉末冶金(混粉法)、挤压、拉丝	显微组织： 银与氧化锡颗粒的机械混合物(平行于挤压方向截面)
A.131	银氧化锡(10)　线材 $AgSnO_2$(10)	SnO_2:10% Ag:余量	粉末冶金(雾化法)、挤压、拉丝	显微组织： 银基体上均匀分布氧化锡颗粒(垂直于挤压方向截面)
A.132	银氧化锡(10)　线 $AgSnO_2$(10)	SnO_2:10% Ag:余量	粉末冶金(雾化法)、挤压、拉丝	显微组织： 银基体上均匀分布氧化锡颗粒(平行于挤压方向截面)
A.133	银氧化锡(12)　线 $AgSnO_2$(12)	SnO_2:12% Ag:余量	粉末冶金(混粉法)、挤压、拉丝	显微组织： 银与氧化锡颗粒的机械混合物(垂直于挤压方向截面)
A.134	银氧化锡(12)　线 $AgSnO_2$(12)	SnO_2:12% Ag:余量	粉末冶金(混粉法)、挤压、拉丝	显微组织： 银与氧化锡颗粒的机械混合物(平行于挤压方向截面)
A.135	银氧化锡(12)　线 $AgSnO_2$(12)	SnO_2:12% Ag:余量	粉末冶金(雾化法)、挤压、拉丝	显微组织： 银基体上均匀分布氧化锡颗粒(垂直于挤压方向截面)
A.136	银氧化锡(12)　线 $AgSnO_2$(12)	SnO_2:12% Ag:余量	粉末冶金(雾化法)、挤压、拉丝	显微组织： 银基体上均匀分布氧化锡颗粒(平行于挤压方向截面)

图 A.129　未浸蚀　200×

图 A.130　未浸蚀　200×

图 A.131　未浸蚀　200×

图 A.132　未浸蚀　200×

图 A.133　未浸蚀　200×

图 A.134　未浸蚀　200×

图 A.135　未浸蚀　200×

图 A.136　未浸蚀　200×

表 A.1（续）

图号	材料名称	化学成分	状　态	说　明
A.137	银氧化锡(14.5)　线 $AgSnO_2$(14.5)	SnO_2:14.5% Ag:余量	粉末冶金(雾化法)、挤压、拉丝	显微组织： 银基体上均匀分布氧化锡颗粒 (垂直于挤压方向截面)
A.138	银氧化锡(14.5)　线 $AgSnO_2$(14.5)	SnO_2:14.5% Ag:余量	粉末冶金(雾化法)、挤压、拉丝	显微组织： 银基体上均匀分布氧化锡颗粒 (平行于挤压方向截面)
A.139	银氧化锡(10)　线 $AgSnO_2$(10)	SnO_2:10% Ag:余量	粉末冶金(混粉法)、挤压、拉丝	显微组织： 表面裂纹 (垂直于挤压方向截面)
A.140	银氧化锡(10)　线 $AgSnO_2$(10)	SnO_2:10% Ag:余量	粉末冶金(雾化法)、挤压、拉丝	显微组织： 夹杂、空洞 (平行于挤压方向截面)
A.141	银氧化锡(10)　线 $AgSnO_2$(10)	SnO_2:10% Ag:余量	粉末冶金(混粉法)、挤压、拉丝	显微组织： 夹杂 (垂直于挤压方向截面)
A.142	银氧化锡(10)　线 $AgSnO_2$(10)	SnO_2:10% Ag:余量	粉末冶金(混粉法)、挤压、拉丝	显微组织： 氧化物聚集、组织不均匀 (平行于挤压方向截面)
A.143	银氧化锡(12)　线 $AgSnO_2$(12)	SnO_2:12% Ag:余量	粉末冶金(混粉法)、挤压、拉丝	显微组织： 组织不均匀 (垂直于挤压方向截面)
A.144	银氧化锡(12)　线 $AgSnO_2$(12)	SnO_2:12% Ag:余量	粉末冶金(混粉法)、挤压、拉丝	显微组织： 组织不均匀 (平行于挤压方向截面)

图 A.137　未浸蚀　200×

图 A.138　未浸蚀　200×

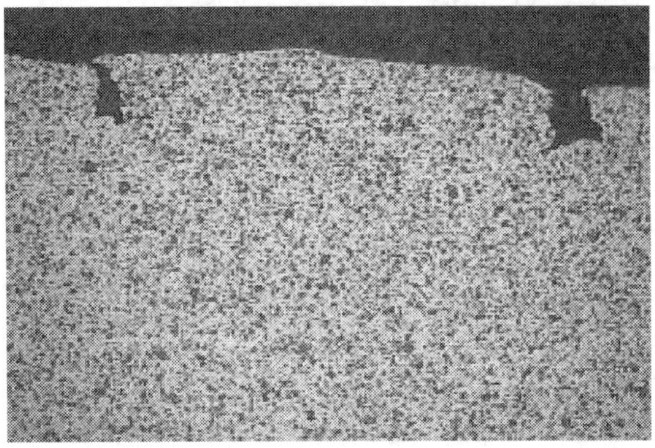

图 A.139　未浸蚀　200×

图 A.140　未浸蚀　200×

图 A.141　未浸蚀　100×

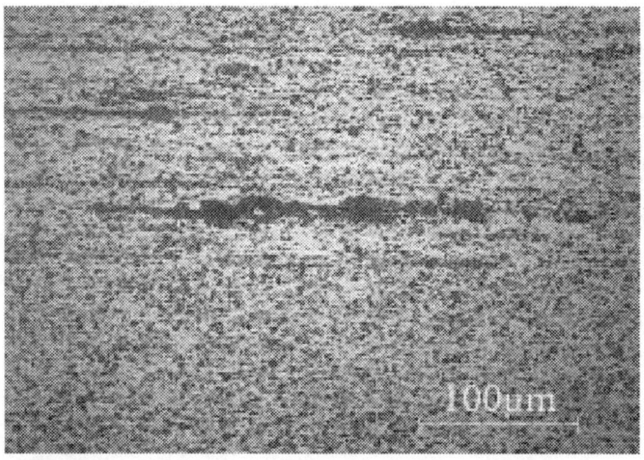

图 A.142　未浸蚀　100×

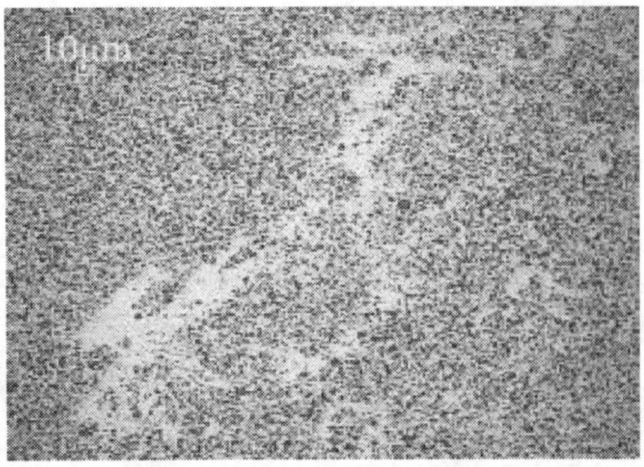

图 A.143　未浸蚀　200×

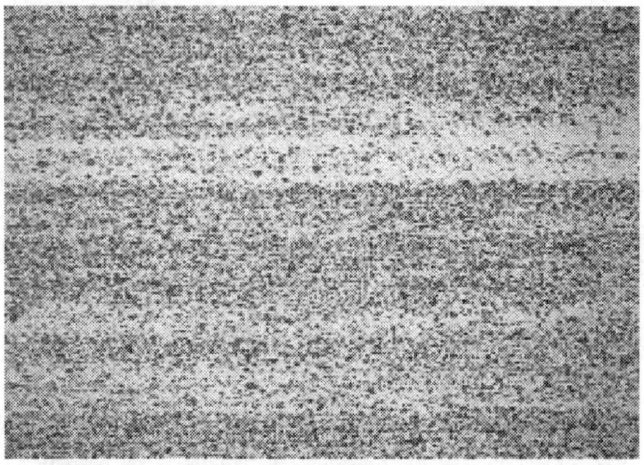

图 A.144　未浸蚀　200×

表 A.1（续）

图号	材料名称	化学成分	状　态	说　明
A.145	银氧化锡(12)　线 $AgSnO_2$(12)	SnO_2:12% Ag:余量	粉末冶金法、挤压、拉丝	显微组织： 表层污染 （垂直于挤压方向截面）
A.146	银氧化锡(12)　线 $AgSnO_2$(12)	SnO_2:12% Ag:余量	粉末冶金法、挤压、拉丝	显微组织： 表层污染 （平行于挤压方向截面）
A.147	银氧化锡(10)　线 $AgSnO_2$(10)	SnO_2:10% Ag:余量	粉末冶金法、挤压、拉丝	显微组织： 夹杂 （垂直于挤压方向截面）
A.148	银氧化锡(10)　线 $AgSnO_2$(10)	SnO_2:10% Ag:余量	粉末冶金法、挤压、拉丝	显微组织： 挤压锭熔化或过烧导致的银聚 （平行于挤压方向截面）
A.149	银氧化锡(10)　线 $AgSnO_2$(10)	SnO_2:10% Ag:余量	粉末冶金法、挤压、拉丝	显微组织： 银带 （垂直于挤压方向截面）
A.150	银氧化锡(10)　线 $AgSnO_2$(10)	SnO_2:10% Ag:余量	粉末冶金法、挤压、拉丝	显微组织： 银带 （平行于挤压方向截面）
A.151	银氧化锡(10)　线 $AgSnO_2$(10)	SnO_2:10% Ag:余量	粉末冶金法、挤压、拉丝	显微组织： 夹杂 （垂直于挤压方向截面）
A.152	银氧化锡(10)　线 $AgSnO_2$(10)	SnO_2:10% Ag:余量	粉末冶金法、挤压、拉丝	显微组织： 裂纹 （平行于挤压方向截面）

图 A.145　未浸蚀　100×

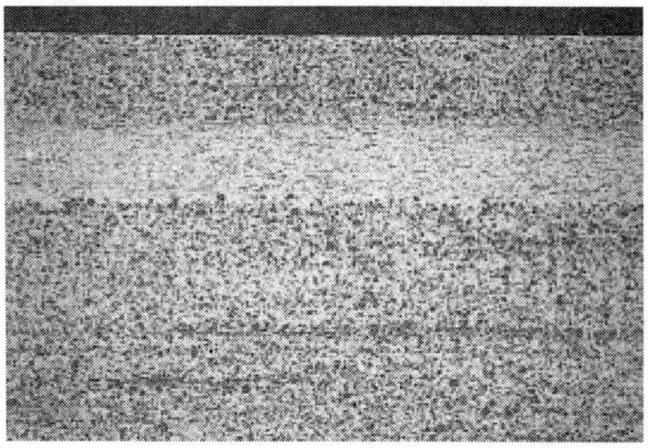

图 A.146　未浸蚀　200×

图 A.147　未浸蚀

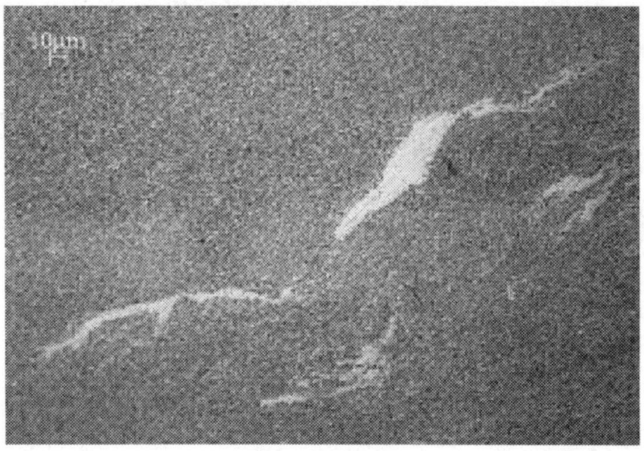

图 A.148　未浸蚀　200×

图 A.149　未浸蚀　175×

图 A.150　未浸蚀　175×

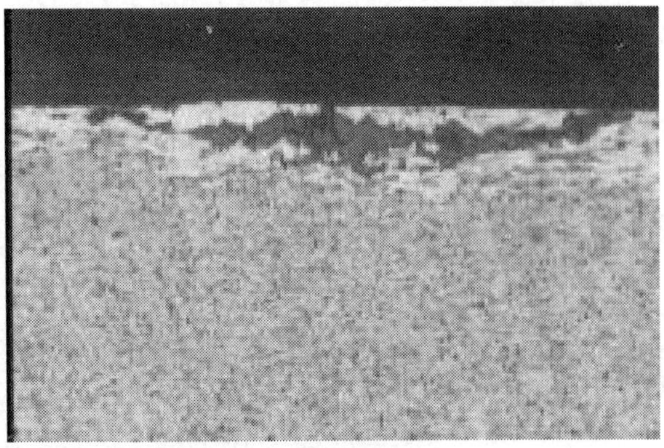

图 A.151　未浸蚀　175×

图 A.152　未浸蚀　175×

表 A.1(续)

图号	材料名称	化学成分	状　态	说　明
A.153	银氧化锡(12)　线 $AgSnO_2$(12)	SnO_2:12% Ag:余量	粉末冶金(雾化法)、挤压、拉丝	显微组织: 过烧 (垂直于挤压方向截面)
A.154	银氧化锡(12)　线 $AgSnO_2$(12)	SnO_2:12% Ag:余量	粉末冶金(雾化法)、挤压、拉丝	显微组织: 过烧 (平行于挤压方向截面)
A.155	银氧化锡(12)　线 $AgSnO_2$(12)	SnO_2:12% Ag:余量	粉末冶金(雾化法)、挤压、拉丝	显微组织: 过烧、熔化 (垂直于挤压方向截面)
A.156	银氧化锡(12)　线 $AgSnO_2$(12)	SnO_2:12% Ag:余量	粉末冶金(雾化法3)、挤压、拉丝	显微组织: 交叉挤压产生的污染 (垂直于挤压方向截面)
A.157	银氧化锡(12)　线 $AgSnO_2$(12)	SnO_2:12% Ag:余量	粉末冶金法、挤压、拉丝	显微组织: 交叉挤压产生的污染 (垂直于挤压方向截面)
A.158	银氧化锡(14.5)　线 $AgSnO_2$(14.5)	SnO_2:14.5% Ag:余量	粉末冶金(雾化法)、挤压、拉丝	显微组织: 交叉挤压产生的污染 (平行于挤压方向截面)
A.159	银氧化锡(14.5)　线 $AgSnO_2$(14.5)	SnO_2:14.5% Ag:余量	粉末冶金(雾化法)、挤压、拉丝	显微组织: 交叉挤压产生的污染 (垂直于挤压方向截面)
A.160	银氧化锡(14.5)　线 $AgSnO_2$(14.5)	SnO_2:14.5% Ag:余量	粉末冶金(雾化法)、挤压、拉丝	显微组织: 交叉挤压产生的污染 (平行于挤压方向截面)

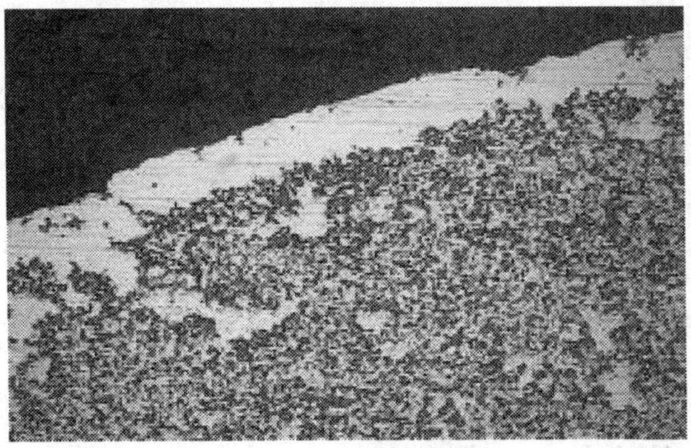

图 A.153　未浸蚀　200×

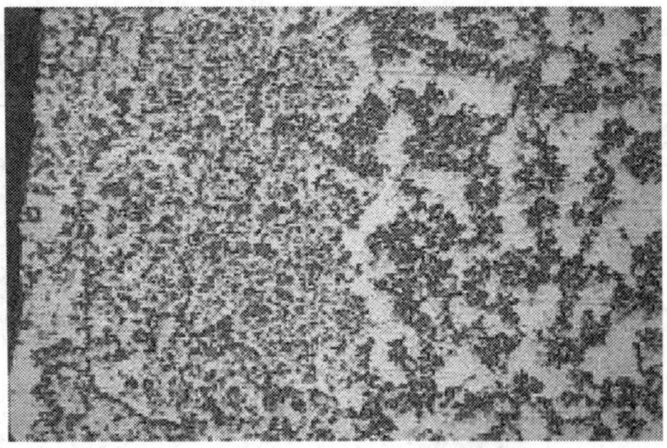

图 A.154　未浸蚀　200×

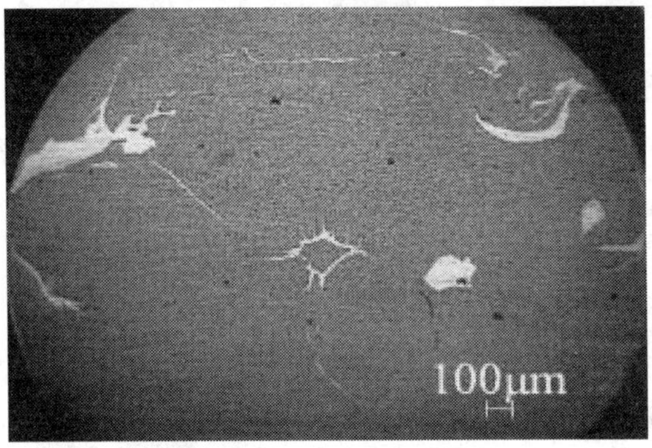

图 A.155　未浸蚀　40×

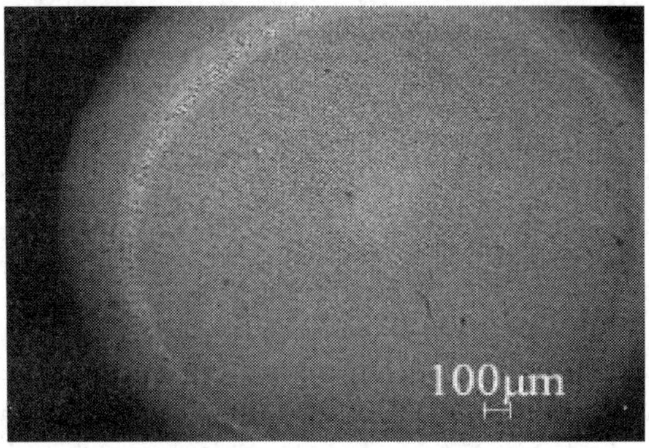

图 A.156　未浸蚀　40×

图 A.157　未浸蚀　175×

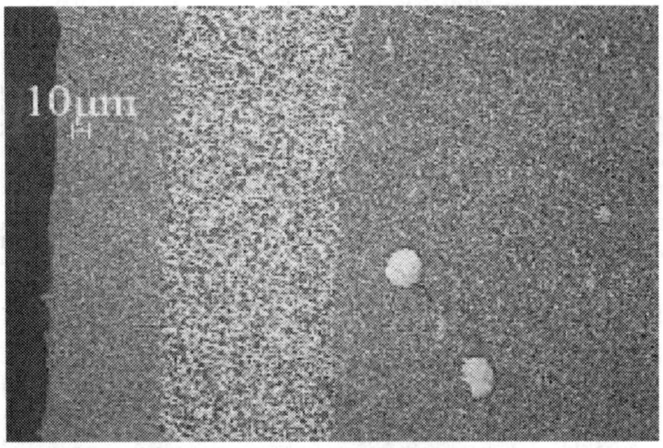

图 A.158　未浸蚀　200×

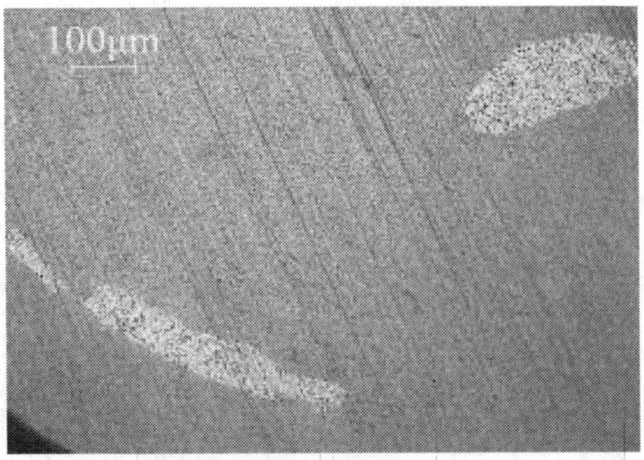

图 A.159　未浸蚀　100×

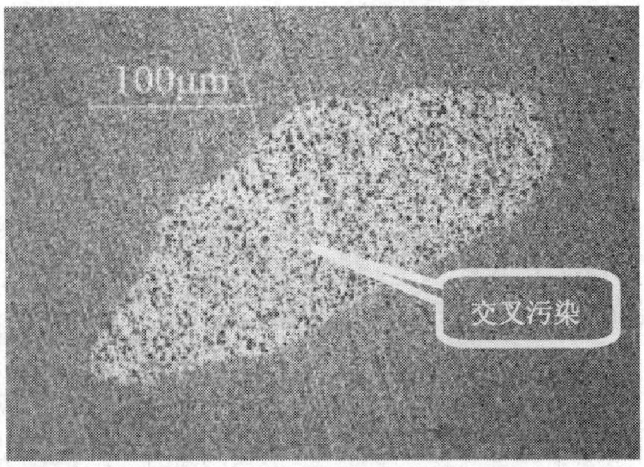

图 A.160　未浸蚀　200×

表 A.1（续）

图号	材料名称	化学成分	状态	说明
A.161	银氧化锡(14.5) 线 $AgSnO_2$(14.5)	SnO_2:14.5% Ag:余量	粉末冶金(雾化法)、挤压、拉丝	显微组织： 过烧、熔化 （垂直于挤压方向截面）
A.162	银氧化锡(14.5) 线 $AgSnO_2$(14.5)	SnO_2:14.5% Ag:余量	粉末冶金(雾化法)、挤压、拉丝	显微组织： 过烧、熔化 （平行于挤压方向截面）
A.163	银氧化锡(14.5) 线 $AgSnO_2$(14.5)	SnO_2:14.5% Ag:余量	粉末冶金(雾化法)、挤压、拉丝	显微组织： 银聚集 （平行于挤压方向截面）
A.164	银氧化锡(14.5) 线 $AgSnO_2$(14.5)	SnO_2:14.5% Ag:余量	粉末冶金(雾化法)、挤压、拉丝	显微组织： 夹杂 （垂直于挤压方向截面）
A.165	银氧化锡(14.5) 线 $AgSnO_2$(14.5)	SnO_2:14.5% Ag:余量	粉末冶金法(雾化粉)、挤压、拉丝	显微组织： 夹杂 （平行于挤压方向截面）
A.166	银氧化锡(8)氧化铟(4) 片 $AgSnO_2(8)In_2O_3(4)$	SnO_2:8.0% In_2O_3:4.0% 添加物总量≤1.0% Ag:余量	合金内氧化	显微组织： 银基体上氧化物沿晶界、晶内针状析出
A.167	银氧化锡(8)氧化铟(4) 片 $AgSnO_2(8)In_2O_3(4)$-T	SnO_2:8.0% In_2O_3:4.0% 添加物总量≤1.0% Ag:余量	合金内氧化	显微组织： 银基体上氧化物沿晶界、晶内析出
A.168	银氧化锡(10)氧化铟(4) 片 $AgSnO_2(10)In_2O_3(4)$-T	SnO_2:10% In_2O_3:4.0% 添加物总量≤1.0% Ag:余量	合金内氧化	显微组织： 银基体上氧化物沿晶界、晶内析出

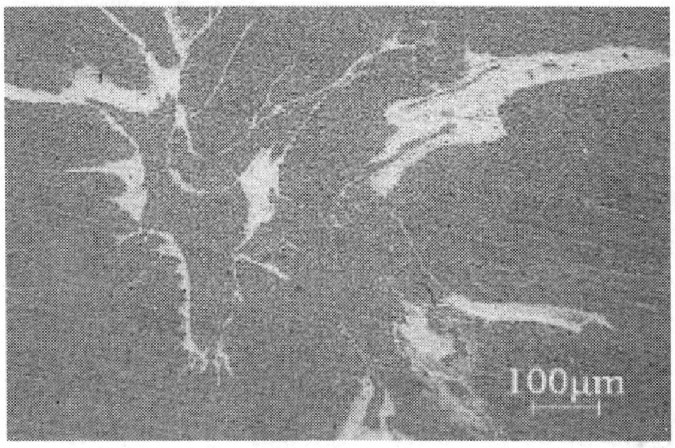

图 A.161　未浸蚀　100×

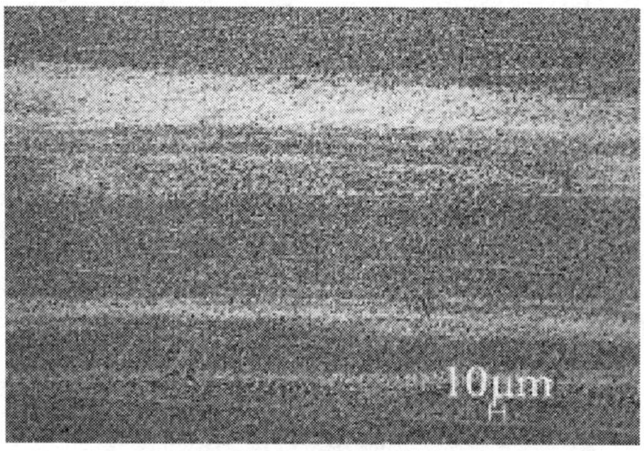

图 A.162　未浸蚀　200×

图 A.163　未浸蚀　200×

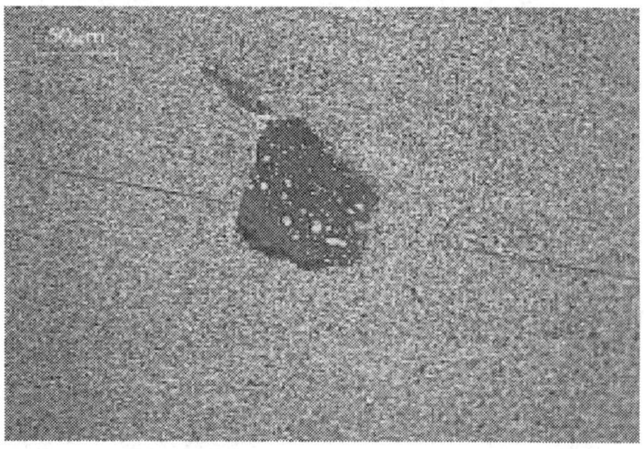

图 A.164　未浸蚀　200×

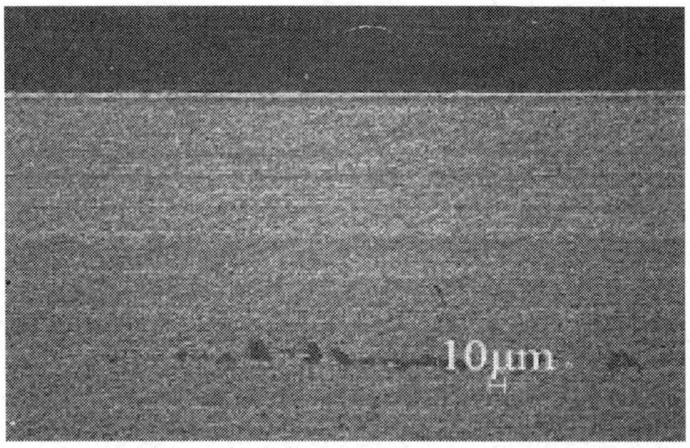

图 A.165　未浸蚀　200×

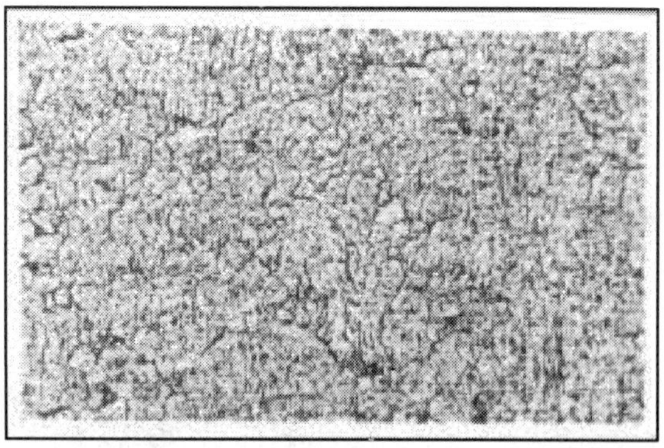

图 A.166　未浸蚀　200×

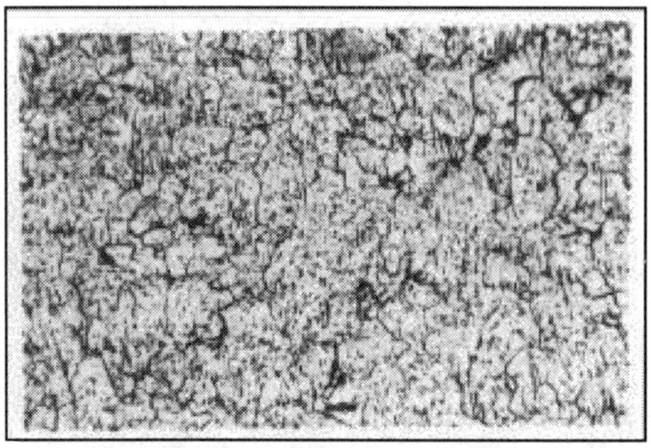

图 A.167　未浸蚀　200×

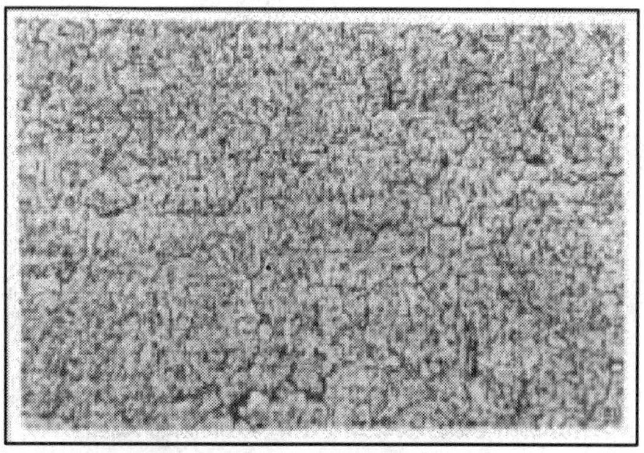

图 A.168　未浸蚀　200×

表 A.1（续）

图号	材料名称	化学成分	状　态	说　明
A.169	银氧化锡(10)氧化铟(4) 片 $AgSnO_2(10)In_2O_3(4)$-T	SnO_2:10% In_2O_3:4.0% 添加物总量≤1.0% Ag:余量	合金内氧化	显微组织： 银基体上氧化物沿晶界、晶内析出
A.170	银氧化锡(9)氧化铟(4) 片 $AgSnO_2(9)In_2O_3(4)$-T	SnO_2:9.0% In_2O_3:4.0% 添加物总量≤1.0% Ag:余量	合金内氧化	显微组织： 氧化物细小弥散，沿晶界有贫氧化物亮带(白色带)
A.171	银氧化锡(9)氧化铟(4) 片 $AgSnO_2(9)In_2O_3(4)$-T	SnO_2:9.0% In_2O_3:4.0% 添加物总量≤1.0% Ag:余量	合金内氧化	显微组织： 氧化物细小弥散，沿晶界有贫氧化物亮带(白色带)
A.172	银氧化锡氧化铟 片 $AgSnO_2In_2O_3$	SnO_2:5.0%～10% In_2O_3:3.0%～4.0% 添加物总量≤1.5%～2.0% Ag:余量	合金内氧化	显微组织： 内氧化过程中因氧化条件(如温度、氧气压波动)发生变化而形成的层状组织
A.173	银氧化锡氧化铟/银 片 $AgSnO_2In_2O_3$/Ag	SnO_2:9.0% In_2O_3:4.0% 添加物总量≤1.0% Ag:余量	合金内氧化	显微组织： 银氧化锡氧化铟与复银层的复合界面
A.174	银氧化锡氧化铟 片 $AgSnO_2In_2O_3$	SnO_2:5.0%～10% In_2O_3:3.0%～4.0% 添加物总量≤1.5%～2.0% Ag:余量	合金内氧化	显微组织： 触头断面中部贫氧化物亮带区
A.175	银氧化锡氧化铟 片 $AgSnO_2In_2O_3$	SnO_2:5.0%～10% In_2O_3:3.0%～4.0% 添加物总量≤1.5%～2.0% Ag:余量	合金内氧化	显微组织： 触头断面中心未氧化完全，合金夹层(白色)
A.176	银氧化锡(9)氧化铟(4) 片 $AgSnO_2(9)In_2O_3(4)$-T	SnO_2:9% In_2O_3:4% 添加物：少量 Ag:余量	合金内氧化	显微组织： 氧化物分布不均匀

图 A.169　未浸蚀　200×

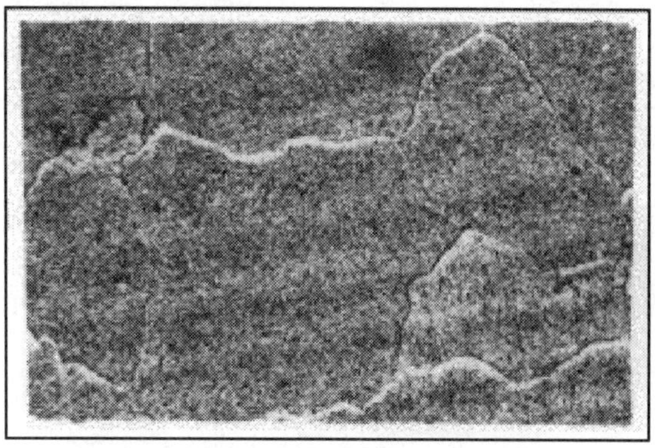

图 A.170　未浸蚀　200×

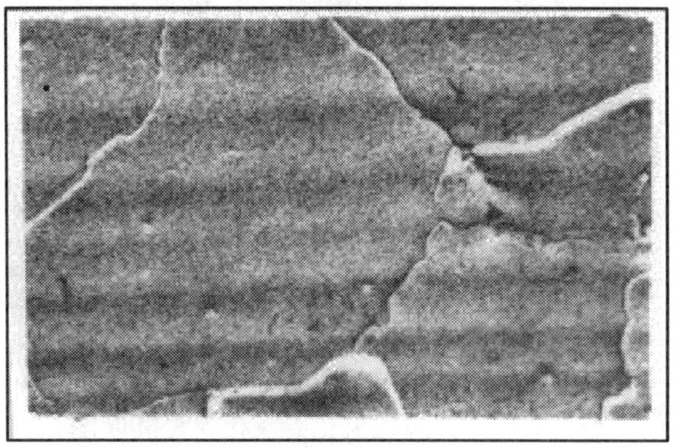

图 A.171　未浸蚀　200×

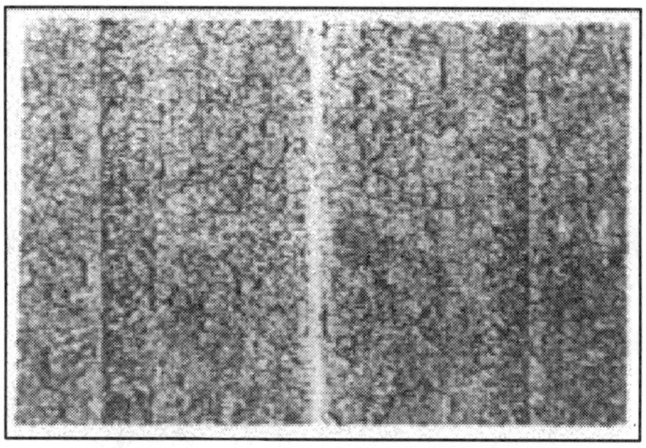

图 A.172　未浸蚀　100×

图 A.173　未浸蚀　200×

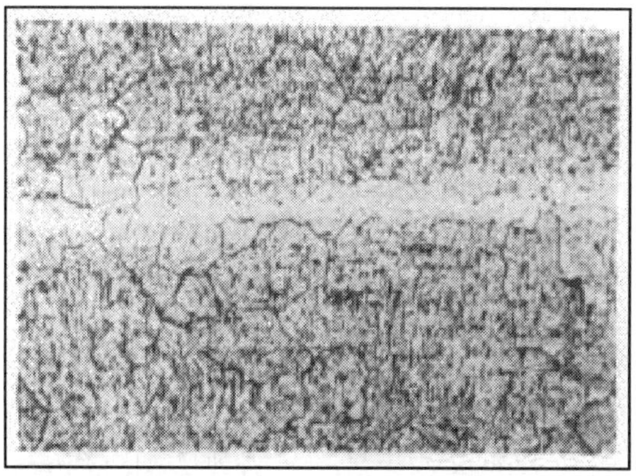

图 A.174　未浸蚀　200×

图 A.175　未浸蚀　100×

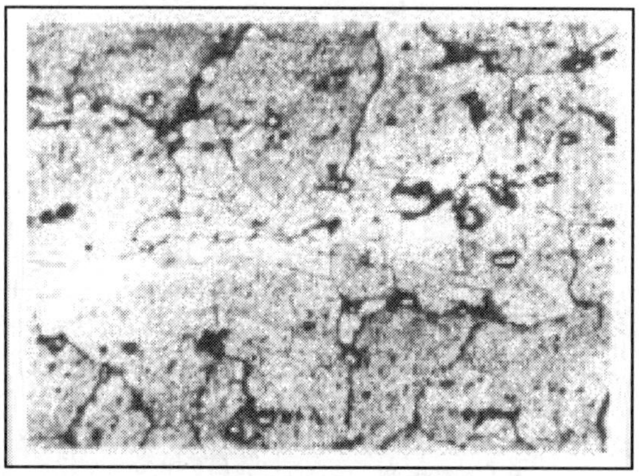

图 A.176　未浸蚀　200×

表 A.1（续）

图号	材料名称	化学成分	状　态	说　明
A.177	银氧化锡氧化铟 $AgSnO_2In_2O_3$	SnO_2:5.0%～10% In_2O_3:3.0%～4.0% 添加物总量： 1.5%～2.0% Ag:余量	合金内氧化	显微组织： 氧化物聚集
A.178	银氧化锡(9)氧化铟(4) 片 $AgSnO_2(9)In_2O_3(4)$-T	SnO_2:9% In_2O_3:4% 添加物：少量 Ag:余量	合金内氧化	显微组织： 氧化物分布不均匀、出现连续的贫氧化物亮带
A.179	银氧化锡(10)氧化铟(4) 片 $AgSnO_2(10)In_2O_3(4)$-T	SnO_2:10% In_2O_3:4% 添加物≤1% Ag:余量	合金内氧化	显微组织： 触头表面形成氧化物聚集层(灰色线条)
A.180	银氧化锡氧化铟/银 片 $AgSnO_2In_2O_3/Ag$	SnO_2:5.0%～10% In_2O_3:3.0%～4.0% 添加物总量:1.5%～2.0% Ag:余量	合金内氧化	显微组织： 银氧化锡氧化铟与银焊接层复合界面出现连续未复合好的黑色界面
A.181	银-氧化锡氧化铟 片 $AgSnO_2In_2O_3$	SnO_2:5.0%～10% In_2O_3:3.0%～4.0% 添加物总量:1.5%～2.0% Ag:余量	合金内氧化	显微组织： 触头断面氧化物聚集及中部贫氧化物亮带区
A.182	银氧化锡(7)氧化铟(3) 线 $AgSnO_2(7)In_2O_3(3)$ (I.O-T)	SnO_2:7.0% In_2O_3:3.0% 添加物≤1.5% 杂质≤0.3% Ag:余量	内氧化、挤压、拉丝	显微组织： 银基体上氧化物颗粒均匀分布(垂直于挤压方向截面)
A.183	银氧化锡(7)氧化铟(3) 线 $AgSnO_2(7)In_2O_3(3)$	SnO_2:7.0% In_2O_3:3.0% 添加物≤1.5% 杂质≤0.3% Ag:余量	内氧化、挤压、拉丝	显微组织： 交叉挤压产生的污染，夹杂(平行于挤压方向截面)
A.184	银氧化锡(7)氧化铟(3) 线 $AgSnO_2(7)In_2O_3(3)$	SnO_2:7.0% In_2O_3:3.0% 添加物≤1.5% 杂质≤0.3% Ag:余量	内氧化、挤压、拉丝	显微组织： 夹杂 (平行于挤压方向截面)

图 A.177　未浸蚀　200×

图 A.178　未浸蚀　200×

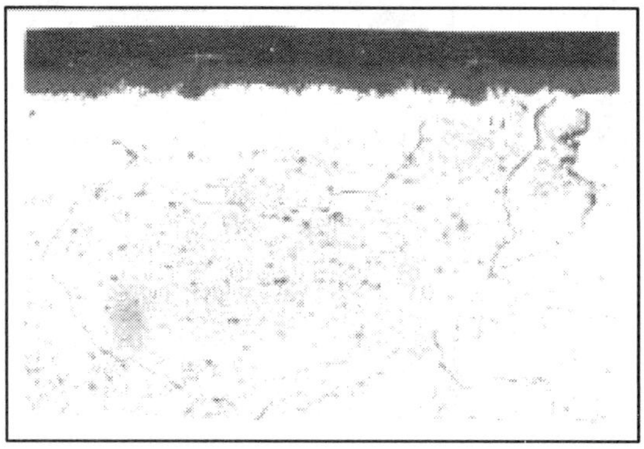

图 A.179　未浸蚀　200×

图 A.180　未浸蚀　200×

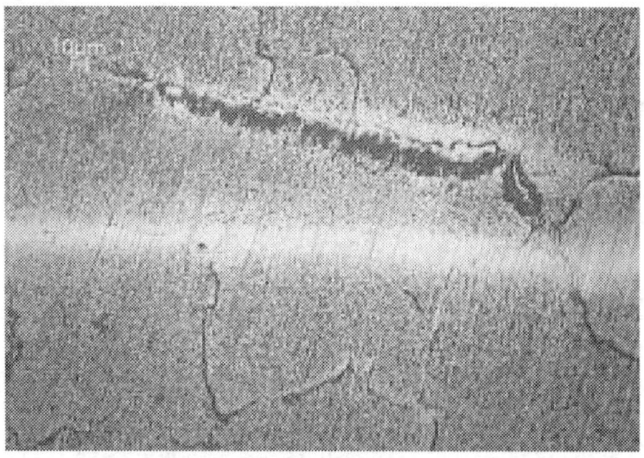

图 A.181　未浸蚀　200×

图 A.182　未浸蚀　200×

图 A.183　未浸蚀　200×

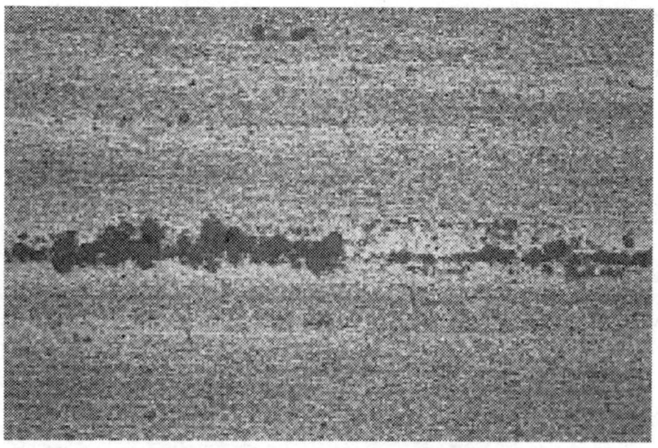

图 A.184　未浸蚀　200×

表 A.1（续）

图号	材料名称	化学成分	状　态	说　明
A.185	银-氧化锡氧化铟(10) 线 $AgSnO_2In_2O_3$(10)	SnO_2 In_2O_3：10% Ag：余量	粉末冶金法 挤压、拉丝	显微组织： 夹杂、裂纹 （平行于挤压方向截面）
A.186	银-氧化锡氧化铟(10) 线 $AgSnO_2In_2O_3$(10)	SnO_2 In_2O_3：10% Ag：余量	粉末冶金法 挤压、拉丝	显微组织： 交叉挤压产生的污染 （平行于挤压方向截面）
A.187	银-氧化锡氧化铟(10) $AgSnO_2In_2O_3$(10)	SnO_2 In_2O_3：10% Ag：余量	粉末冶金法 挤压、拉丝	显微组织： 夹杂 （平行于挤压方向截面）
A.188	银-氧化锡氧化铟(10) $AgSnO_2In_2O_3$(10)	SnO_2 In_2O_3：10% Ag：余量	粉末冶金法 挤压、拉丝	显微组织： 夹杂、孔洞 （平行于挤压方向截面）
A.189	银-氧化锡氧化铟(10) $AgSnO_2In_2O_3$(10)	SnO_2 In_2O_3：10% Ag：余量	粉末冶金法 挤压、拉丝	显微组织： 夹杂 （垂直于挤压方向截面）
A.190	银-氧化锡氧化铟(10) $AgSnO_2In_2O_3$(10)	SnO_2 In_2O_3：10% Ag：余量	粉末冶金法 挤压、拉丝	显微组织： 裂纹 （平行于挤压方向截面）
A.191	银-氧化锡氧化铟(10) $AgSnO_2In_2O_3$(10)	SnO_2 In_2O_3：10% Ag：余量	粉末冶金法 挤压、拉丝	显微组织： 交叉挤压产生的表层污染 （平行于挤压方向截面）
A.192	银-氧化锡氧化铟(10) $AgSnO_2In_2O_3$(10)	SnO_2 In_2O_3：10% Ag：余量	粉末冶金法 挤压、拉丝	显微组织： 交叉挤压产生的表层污染 （垂直于挤压方向截面）

图 A.185　未浸蚀　40×

图 A.186　未浸蚀　200×

图 A.187　未浸蚀　100×

图 A.188　未浸蚀　100×

图 A.189　未浸蚀　175×

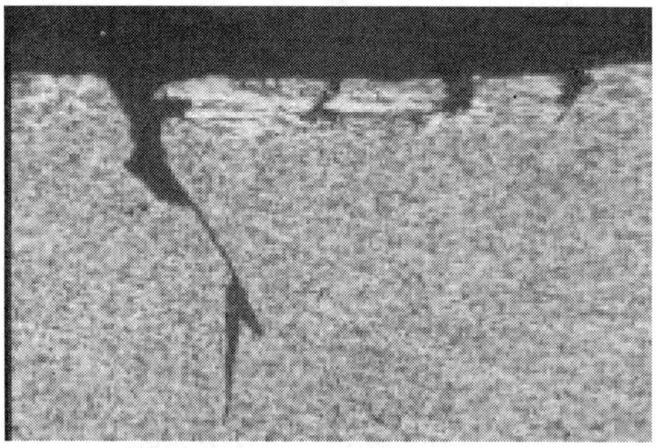

图 A.190　未浸蚀　175×

图 A.191　未浸蚀　175×

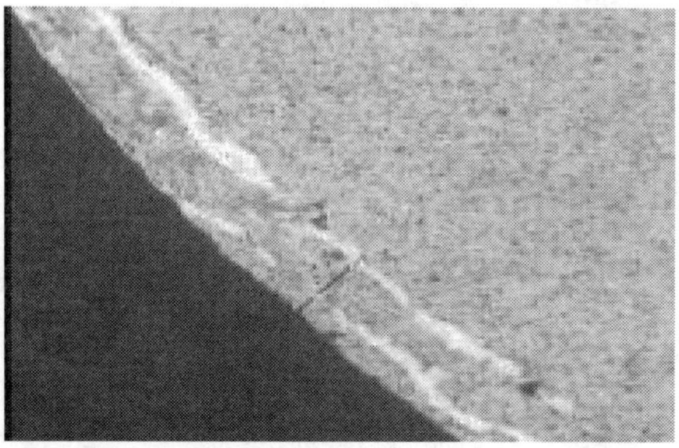

图 A.192　未浸蚀　175×

表 A.1(续)

图号	材料名称	化学成分	状　态	说　明
A.193	银氧化锌(8)　片 AgZnO(8)-T	ZnO:8% 添加物:少量 Ag:余量	合金内氧化	显微组织: 银基体上氧化锌质点沿晶界晶内楔状析出
A.194	银氧化锌(8)/银　片 AgZnO(8)-T/Ag	ZnO:8% 添加物:少量 Ag:余量	合金内氧化	显微组织: 银氧化锌(8)与银焊接层复合界面
A.195	银氧化锌(8)　片 AgZnO(8)	ZnO:8% Ag:余量	合金内氧化	显微组织: 触头断面中部贫氧化物亮带区
A.196	银氧化锌(8)　片 AgZnO(8)	ZnO:8% Ag:余量	混粉、烧结	显微组织: 氧化锌颗粒与银的机械混合物
A.197	银氧化锌(10)　片 AgZnO(10)	ZnO:10% 添加物≤1.0% Ag:余量	合金内氧化	显微组织: 银基体上氧化锌质点沿晶界晶内楔状析出 (与轧制方向垂直截面)
A.198	银氧化锌(10)　片 AgZnO(10)	ZnO:10% 添加物≤1.0% Ag:余量	合金内氧化	显微组织: 银基体上氧化锌质点沿晶界晶内楔状析出 (与轧制方向平行截面)
A.199	银氧化锌(10)　片 AgZnO(10)	ZnO:10% Ag:余量	混粉、烧结	显微组织: 氧化锌颗粒与银的机械混合物
A.200	银氧化锌(10)　片 AgZnO(10)	ZnO:10% Ag:余量	混粉、烧结	显微组织: 氧化锌颗粒与银的机械混合物

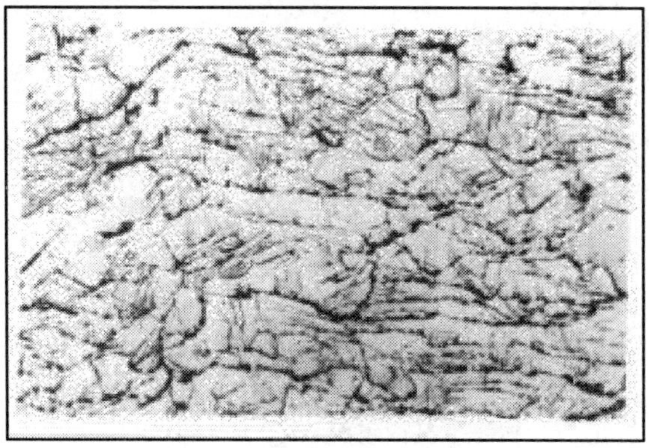

图 A.193　未浸蚀　200×

图 A.194　未浸蚀　200×

图 A.195　未浸蚀　200×

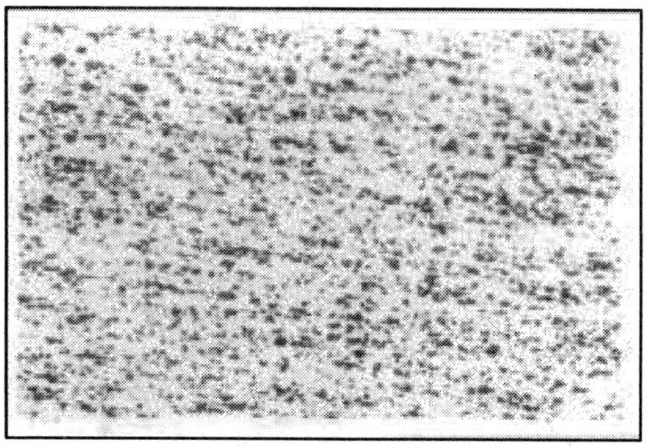

图 A.196　未浸蚀　200×

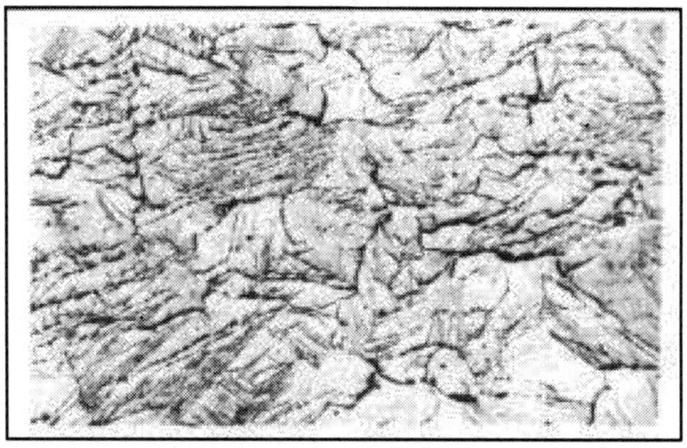

图 A.197　未浸蚀　200×

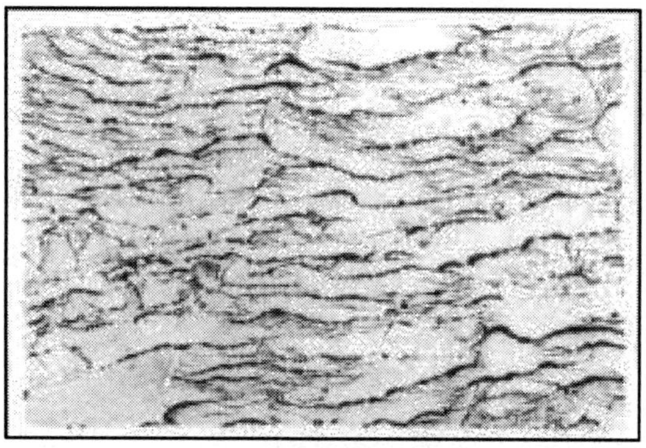

图 A.198　未浸蚀　200×

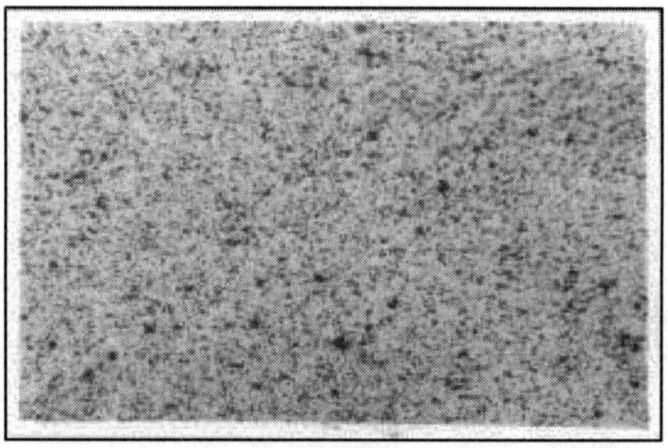

图 A.199　未浸蚀　200×

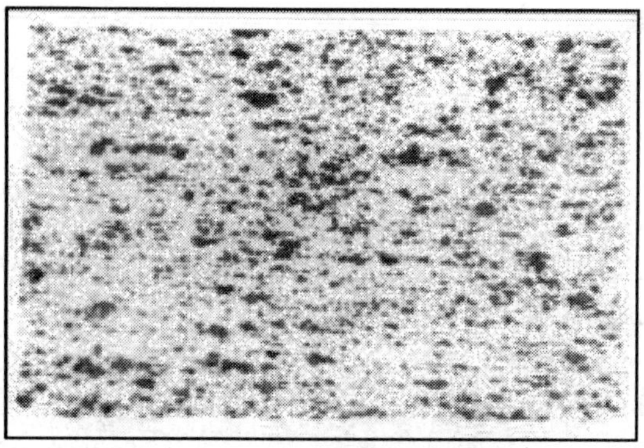

图 A.200　未浸蚀　200×

表 A.1（续）

图号	材料名称	化学成分	状　　态	说　　明
A.201	银氧化锌(8)　片 AgZnO(8)	ZnO:8% Ag:余量	合金内氧化	显微组织： 氧化锌在晶界大量沉淀
A.202	银氧化锌(8)　片 AgZnO(8)	ZnO:10% Ag:余量	合金内氧化	显微组织： 氧化物分布不均匀
A.203	银氧化锌(8)　片 AgZnO(8)	ZnO:8% Ag:余量	合金内氧化	显微组织： 触头断面中心未氧化完全，合金夹层
A.204	银氧化锌/银　片 AgZnO/Ag	ZnO:8%～10% Ag:余量	合金内氧化	显微组织： 银氧化锌与银焊接层未复合好的界面
A.205	银氧化锌(8) AgZnO(8)	ZnO:8% Ag:余量	混分、烧结	显微组织： 氧化物聚集、组织分布不均匀
A.206	银氧化锌 AgZnO	ZnO:8%～10% Ag:余量	混粉、烧结	显微组织： 氧化物聚集
A.207	银氧化锌(8)　线 AgZnO(8)	ZnO:8% Ag:余量	内氧化、挤压、拉丝	显微组织： 银基体上均匀分布氧化锌质点(垂直于挤压方向截面)
A.208	银氧化锌(8)　线 AgZnO(8)	ZnO:8% Ag:余量	内氧化、挤压、拉丝	显微组织： 银基体上均匀分布氧化锌质点(平行于挤压方向截面)

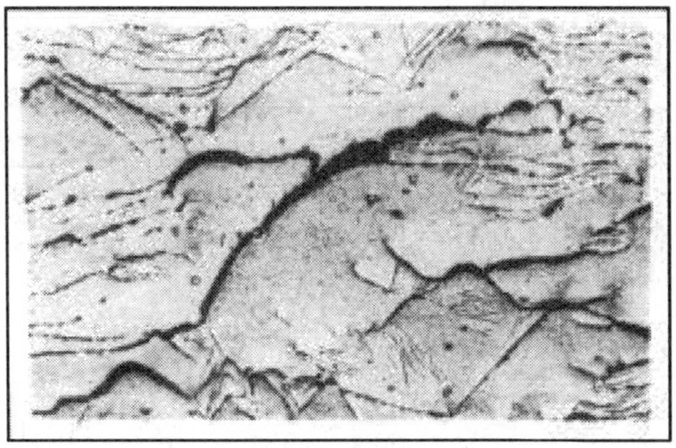

图 A.201　未浸蚀　200×

图 A.202　未浸蚀　200×

图 A.203　未浸蚀　200×

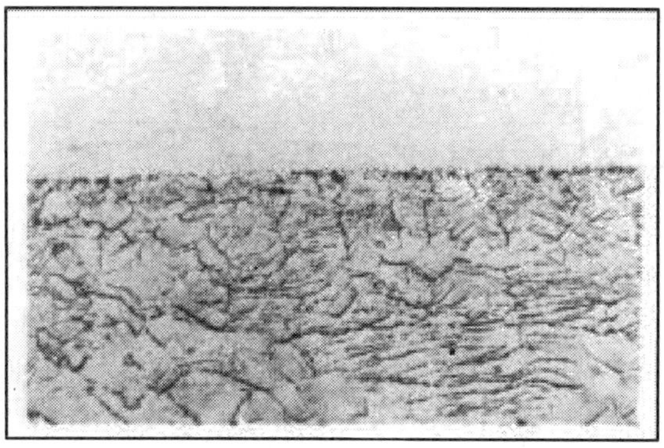

图 A.204　未浸蚀　200×

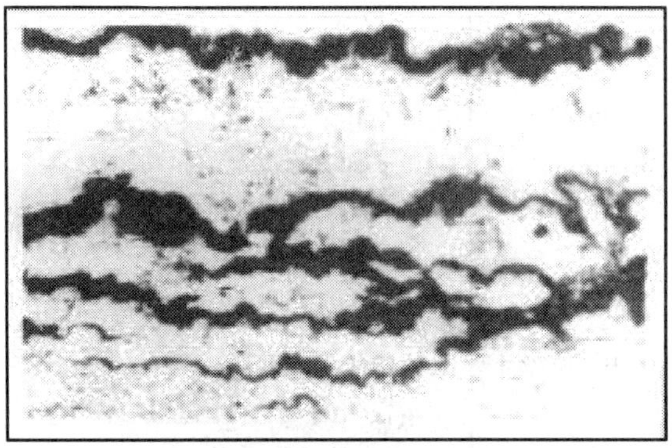

图 A.205　未浸蚀　200×

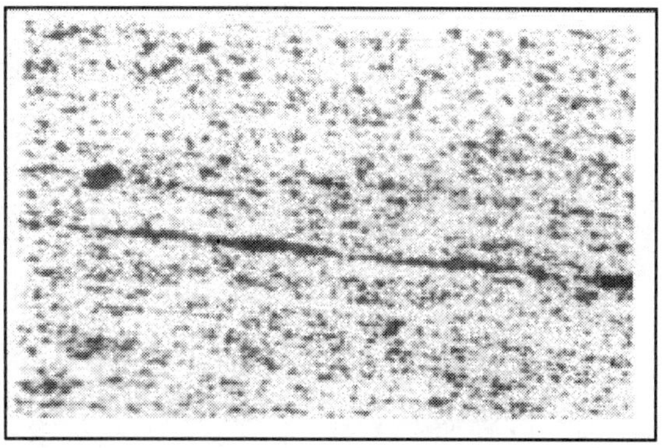

图 A.206　未浸蚀　200×

图 A.207　未浸蚀　200×

图 A.208　未浸蚀　200×

表 A.1（续）

图号	材料名称	化学成分	状　态	说　明
A.209	银氧化锌(10)　线 AgZnO(10)	ZnO:10% Ag:余量	粉末冶金法、挤压、拉丝	显微组织： 银与氧化锌颗粒的机械混合物 （垂直于挤压方向截面）
A.210	银氧化锌(10)　线 AgZnO(10)	ZnO:10% Ag:余量	粉末冶金法、挤压、拉丝	显微组织： 银与氧化锌颗粒的机械混合物 （平行于挤压方向截面）
A.211	银氧化锌(8)　线 AgZnO(8)	ZnO:8% Ag:余量	内氧化、挤压、拉丝	显微组织： 表面污染 （垂直于挤压方向截面）
A.212	银氧化锌(8)　线 AgZnO(10)	ZnO:8% Ag:余量	内氧化、挤压、拉丝	显微组织： 表面裂纹 （垂直于挤压方向截面）
A.213	银氧化锌(8)　线 AgZnO(8)	ZnO:8% Ag:余量	内氧化、挤压、拉丝	显微组织： 表面夹杂 （平行于压制方向截面）
A.214	银氧化锌(10)　线 AgZnO(10)	ZnO:10% Ag:余量	内氧化、挤压、拉丝	显微组织： 银聚 （垂直于挤压方向截面）
A.215	银氧化锌(10)　线 AgZnO(10)	ZnO:10% Ag:余量	粉末冶金法、挤压、拉丝	显微组织： 氧化物聚集、孔洞 （垂直于挤压方向截面）
A.216	银氧化锌(10)　线 AgZnO(10)	ZnO:10% Ag:余量	内氧化、挤压、拉丝	显微组织： 氧化物聚集 （平行于挤压方向截面）

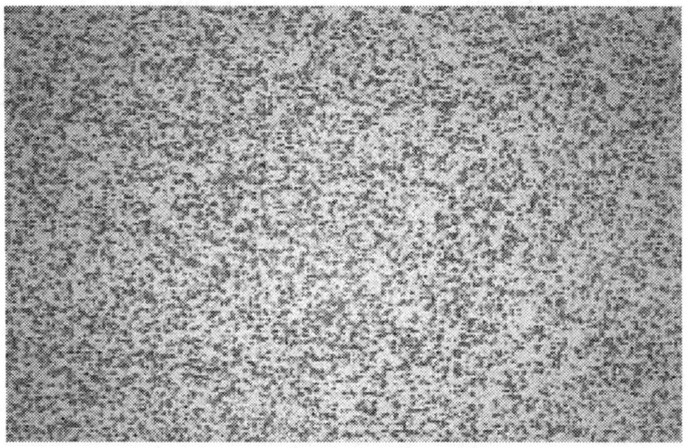

图 A.209　未浸蚀　200×

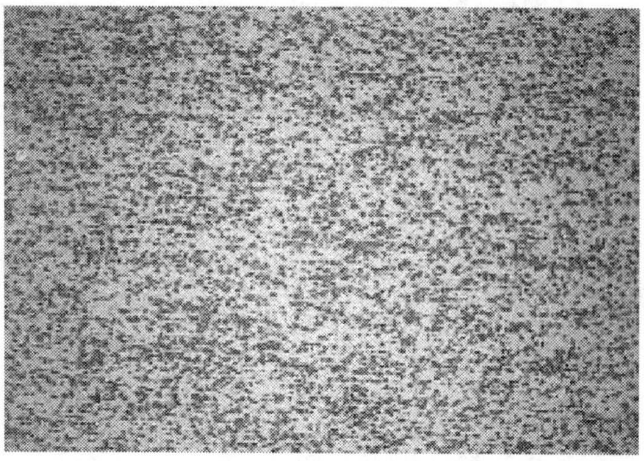

图 A.210　未浸蚀　200×

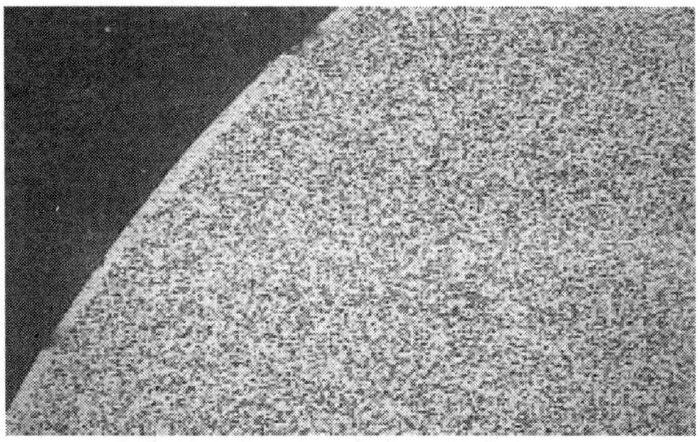

图 A.211　未浸蚀　200×

图 A.212　未浸蚀　200×

图 A.213　未浸蚀　200×

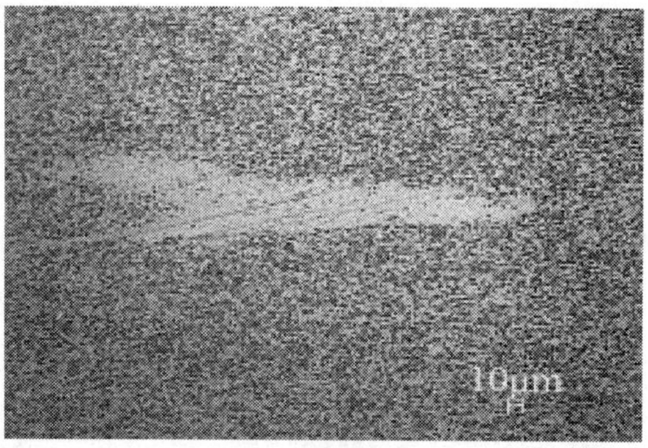

图 A.214　未浸蚀　200×

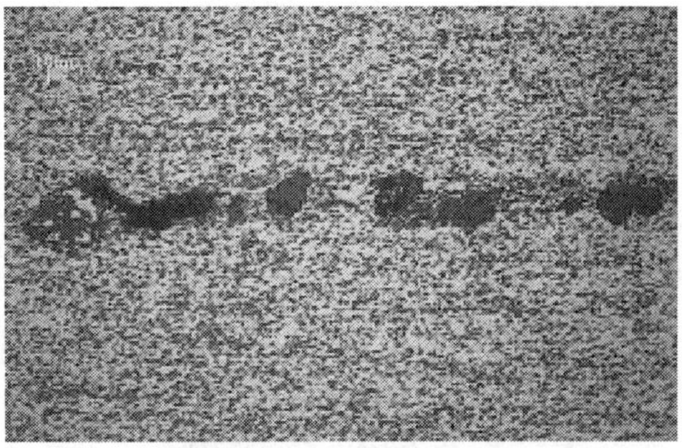

图 A.215　未浸蚀　200×

图 A.216　未浸蚀　200×

表 A.1（续）

图号	材料名称	化学成分	状　态	说　明
A.217	银镍(5)　片 AgNi(5)	Ni:5.0% Ag:余量	烧结、挤压	显微组织： 镍颗粒与银的机械混合物(垂直于压制方向截面) (浸蚀剂:2#)
A.218	银镍(5)　片 AgNi(5)	Ni:5.0% Ag:余量	烧结、挤压	显微组织： 镍颗粒与银的机械混合物(平行于压制方向截面) (浸蚀剂:2#)
A.219	银镍(10)　片 AgNi(10)	Ni:10% Ag:余量	共沉淀制粉、压制、烧结	显微组织： 镍颗粒与银的混合物 (浸蚀剂:2#)
A.220	银镍(10)　片 AgNi(10)	Ni:10% Ag:余量	混粉、烧结	显微组织： 镍颗粒与银的机械混合物 (浸蚀剂:2#)
A.221	银镍(10)　线 AgNi(10)	Ni:10% Ag:余量	烧结、挤压、拉丝	显微组织： 镍颗粒与银的机械混合物 (垂直于挤压方向截面) (浸蚀剂:2#)
A.222	银镍(10)　线 AgNi(10)	Ni:10% Ag:余量	烧结、挤压、拉丝	显微组织： 镍颗粒与银的机械混合物 (平行于挤压方向截面) (浸蚀剂:2#)
A.223	银镍(15)　线 AgNi(15)	Ni:15% Ag:余量	烧结、挤压、拉丝	显微组织： 镍颗粒与银的机械混合物 (垂直于挤压方向截面) (浸蚀剂:2#)
A.224	银镍(15)　线 AgNi(15)	Ni:15% Ag:余量	烧结、挤压、拉丝	显微组织： 镍颗粒与银的机械混合物 (平行于挤压方向截面) (浸蚀剂:2#)

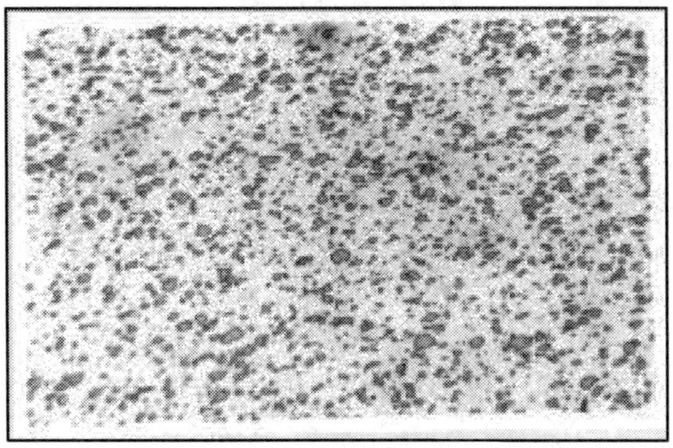

图 A.217　浸蚀　200×

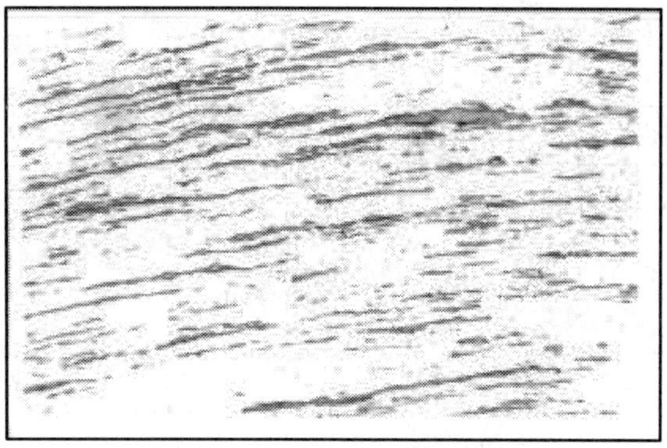

图 A.218　浸蚀　200×

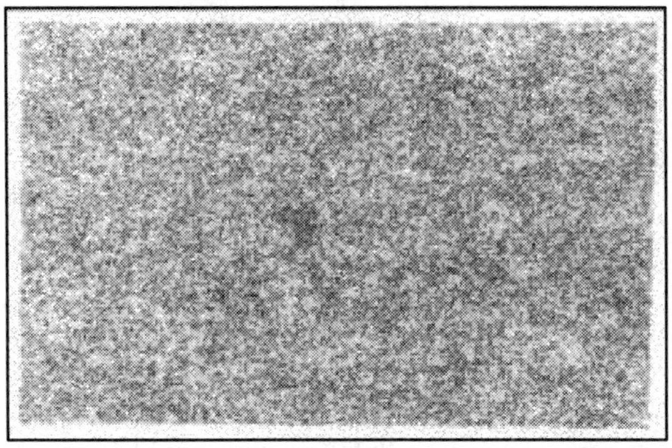

图 A.219　浸蚀　200×

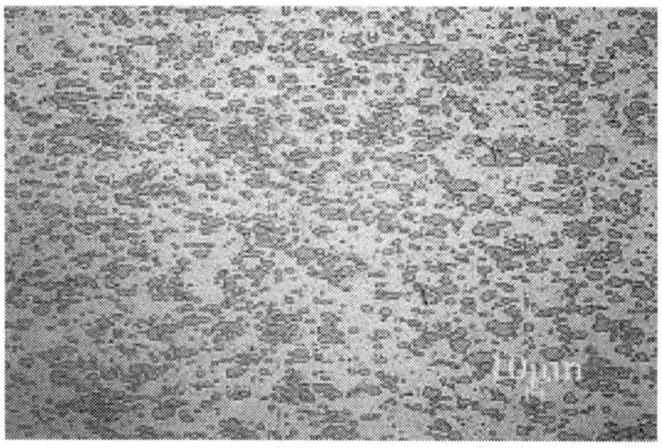

图 A.220　浸蚀　200×

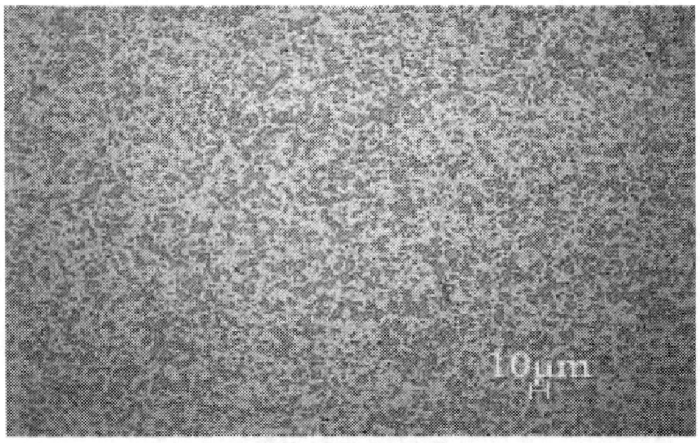

图 A.221　浸蚀　200×

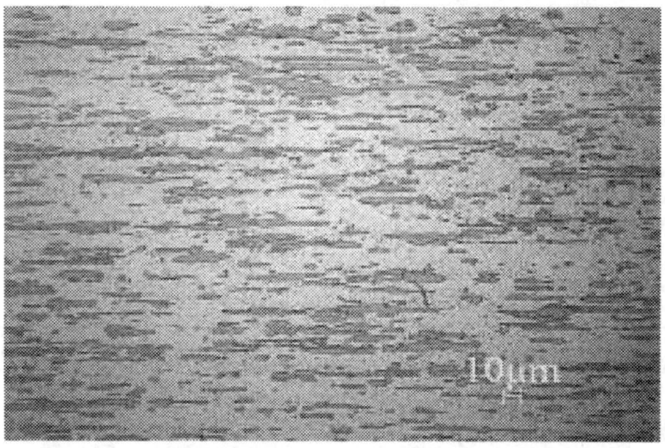

图 A.222　浸蚀　200×

图 A.223　浸蚀　200×

图 A.224　浸蚀　200×

表 A.1(续)

图号	材料名称	化学成分	状　态	说　明
A.225	银镍(20)　线 AgNi(20)	Ni:20% Ag:余量	烧结、挤压、拉丝	显微组织: 镍颗粒与银的机械混合物 (垂直于挤压方向截面) (浸蚀剂:2#)
A.226	银镍(20)　线 AgNi(20)	Ni:20% Ag:余量	烧结、挤压、拉丝	显微组织: 镍颗粒与银的机械混合物 (平行于挤压方向截面) (浸蚀剂:2#)
A.227	AgNi(10)/Fe　片	Ni:10% Ag:余量	混粉、烧结	显微组织: 银镍与铁复合层组织 (浸蚀剂:2#)
A.228	银镍(30)　片 AgNi(30)	Ni:30% Ag:余量	混粉、烧结	显微组织: 镍颗粒与银的机械混合物 (浸蚀剂:2#)
A.229	银镍(30)　片 AgNi(30)	Ni:30% Ag:余量	混粉、烧结	显微组织: 镍颗粒与银的机械混合物 (垂直于压制方向截面) (浸蚀剂:2#)
A.230	银镍(30)　片 AgNi(30)	Ni:30% Ag:余量	混粉、烧结	显微组织: 镍颗粒与银的机械混合物 (平行于压制方向截面) (浸蚀剂:2#)
A.231	银镍(10)　线 AgNi(10)	Ni:10% Ag:余量	烧结、挤压、拉丝	显微组织: 银聚 (垂直于挤压方向截面) (浸蚀剂:2#)
A.232	银镍(10)　线 AgNi(10)	Ni:10% Ag:余量	烧结、挤压、拉丝	显微组织: 银聚 (平行于挤压方向截面) (浸蚀剂:2#)

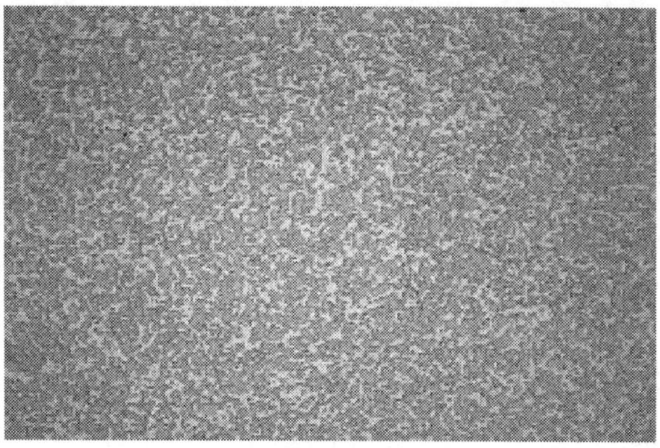

图 A.225　浸蚀　200×

图 A.226　浸蚀　200×

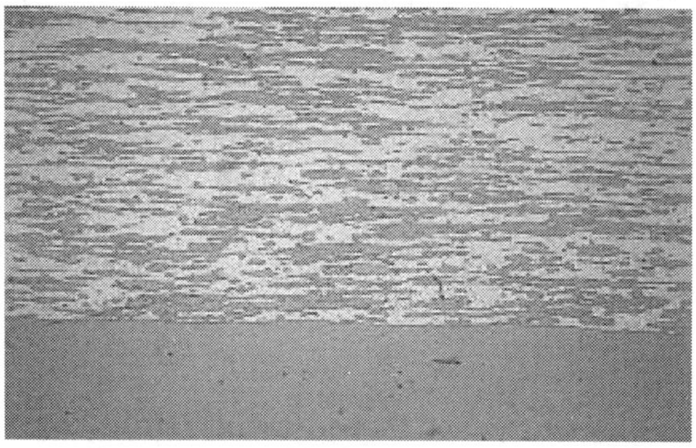

图 A.227　浸蚀　200×

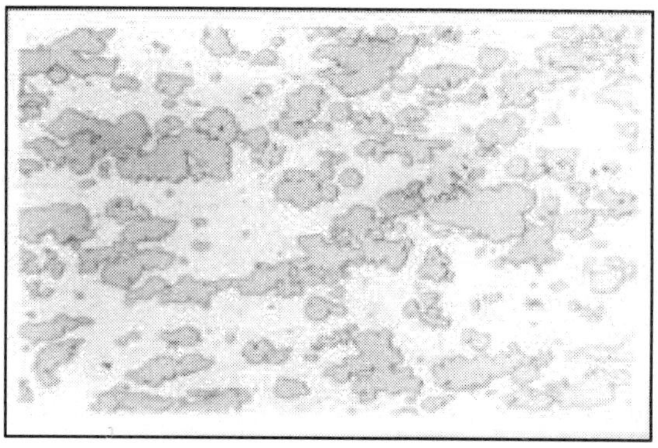

图 A.228　浸蚀　200×

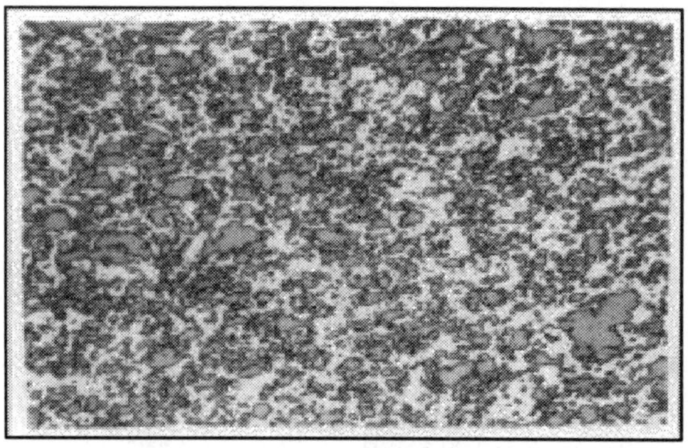

图 A.229　浸蚀　200×

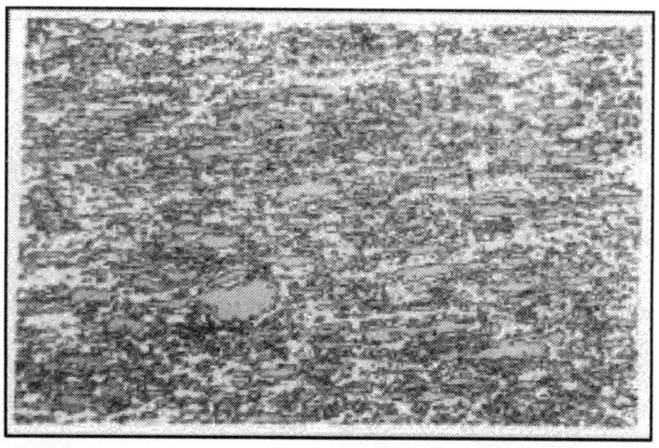

图 A.230　浸蚀　200×

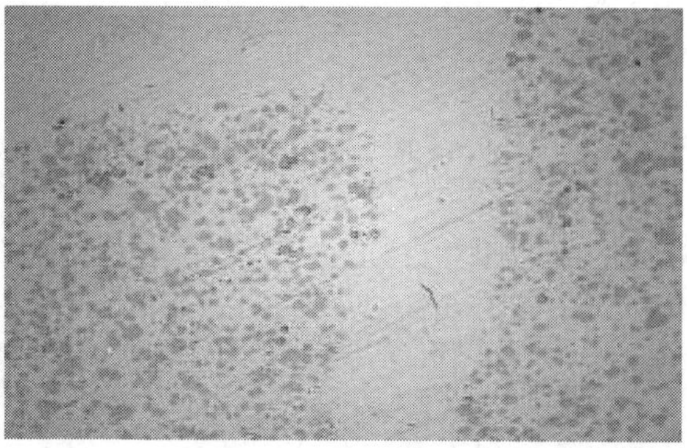

图 A.231　浸蚀　200×

图 A.232　浸蚀　200×

表 A.1(续)

图号	材料名称	化学成分	状　态	说　明
A.233	银镍(10)　片 AgNi(10)	Ni:10% Ag:余量	混粉、烧结	显微组织: 镍颗粒聚集 (浸蚀剂:2#)
A.234	银镍(10)　片 AgNi(10)	Ni:10% Ag:余量	混粉、烧结	显微组织: 镍颗粒聚集 (浸蚀剂:2#)
A.235	银镍(30)　片 AgNi(30)	Ni:30% Ag:余量	混粉、烧结	显微组织: 银聚集 (浸蚀剂:2#)
A.236	银镍(30)　片 AgNi(30)	Ni:30% Ag:余量	混粉、烧结	显微组织: 银聚集 (浸蚀剂:2#)
A.237	银镍(10) AgNi(10)	Ni:10% Ag:余量	烧结、挤压、	显微组织: 镍聚集+挤压裂纹(挤压头) (浸蚀剂:2#)
A.238	银镍(10) AgNi(10)	Ni:10% Ag:余量	混粉、烧结	显微组织: 疏松引起组织不均匀 (浸蚀剂:2#)
A.239	银镍(10)　线 AgNi(10)	Ni:10% Ag:余量	混粉、烧结、拉丝	显微组织: 表层镍颗粒氧化 (垂直于挤压方向截面)
A.240	银镍(10)　线 AgNi(10)	Ni:10% Ag:余量	混粉、烧结、拉丝	显微组织: 表层镍颗粒部分氧化(平行于挤压方向截面)

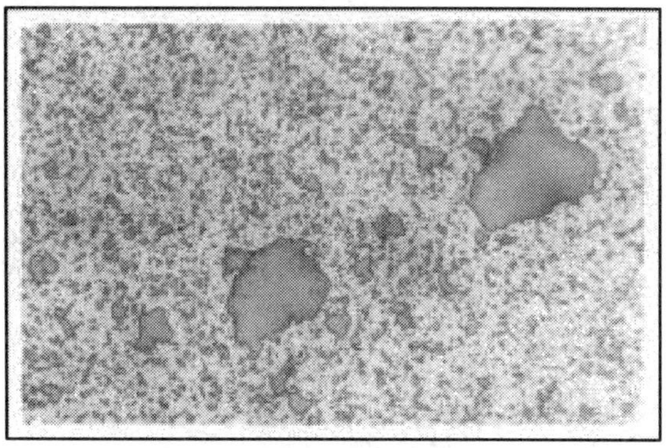

图 A.233 浸蚀 200×

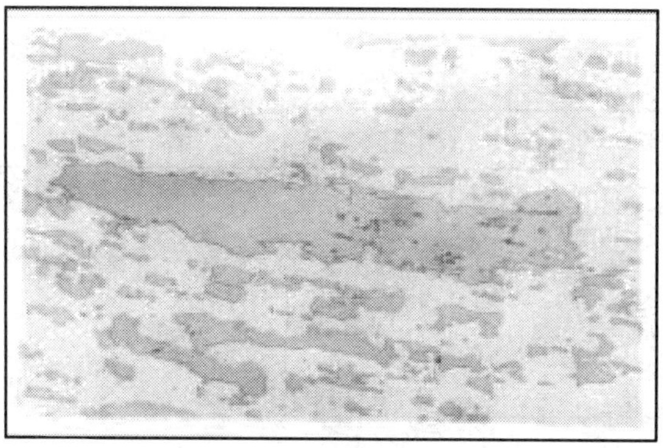

图 A.234 浸蚀 200×

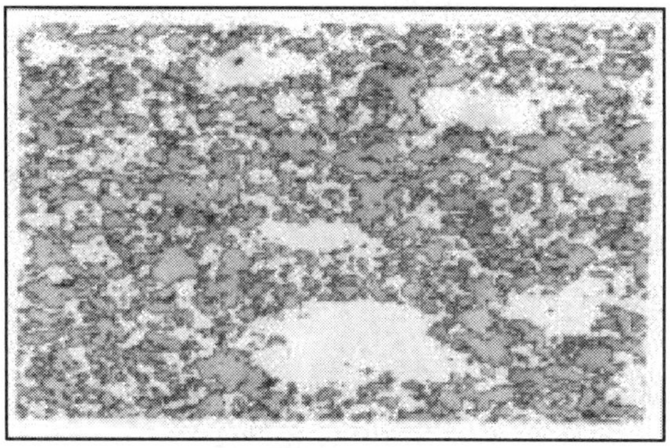

图 A.235 浸蚀 200×

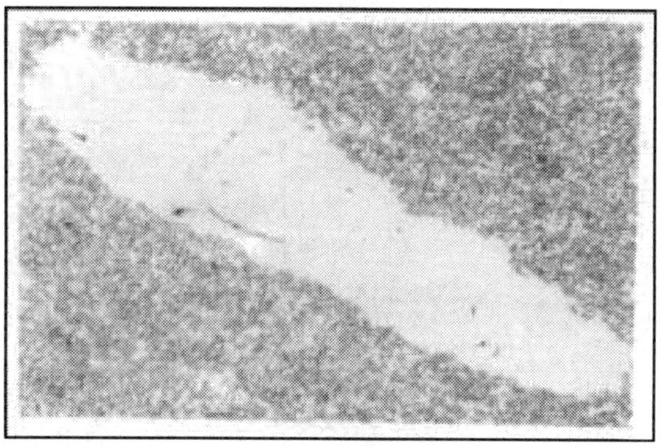

图 A.236 浸蚀 100×

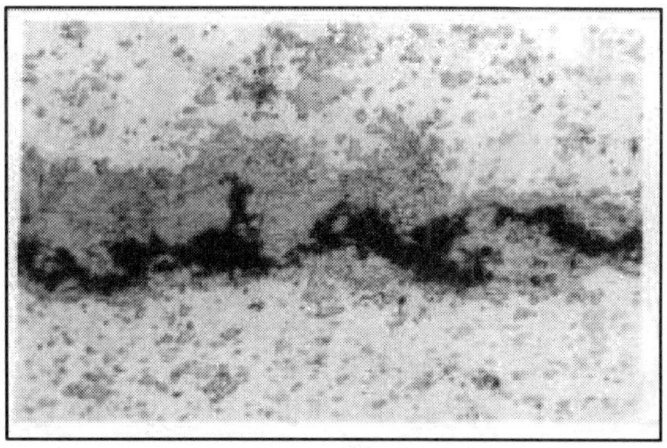

图 A.237 浸蚀 200×

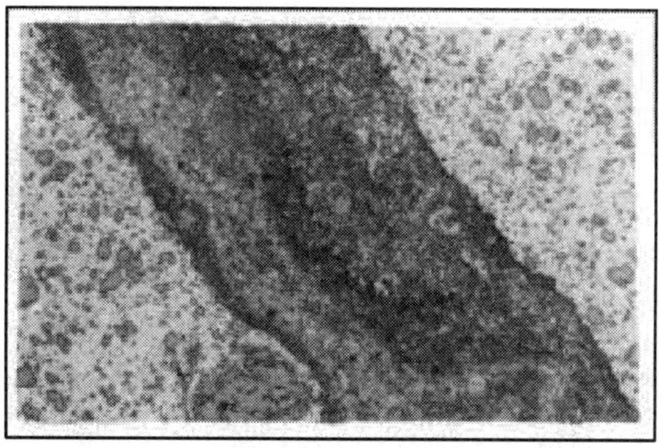

图 A.238 浸蚀 200×

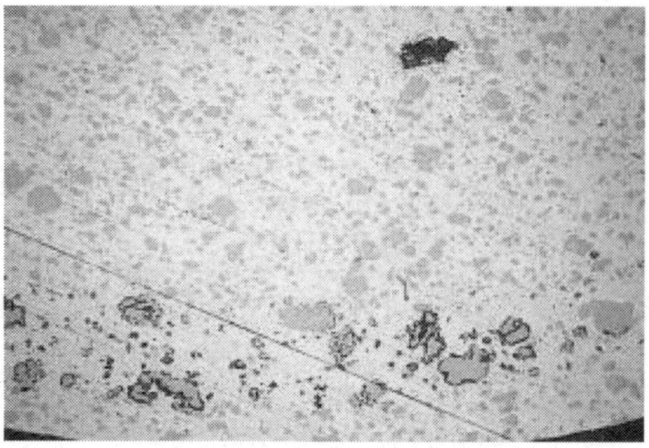

图 A.239 未浸蚀 200×

图 A.240 未浸蚀 200×

表 A.1(续)

图号	材料名称	化学成分	状态	说明
A.241	银镍(5)/铜镍(10) 片 AgNi(5)/CuNi(10)	Ni:5.0% Ag:余量 Ni:10% Cu:余量	轧制复合	显微组织: 银镍与铜镍复合界面上未复合好的黑线 (浸蚀剂:2#)
A.242	银镍(10) 线 AgNi(10)	Ni:10% Ag:余量	烧结、挤压、拉丝	显微组织: 夹杂 (浸蚀剂:2#) (平行于挤压方向截面)
A.243	银镍(20) 线 AgNi(20)	Ni:20% Ag:余量	烧结、挤压、拉丝	显微组织: 表层孔洞、夹杂 (浸蚀剂:2#) (平行于挤压方向截面)
A.244	银镍(10) 线 AgNi(10)	Ni:10% Ag:余量	烧结、挤压、拉丝	显微组织: 组织不均匀 (浸蚀剂:2#) (平行于挤压方向截面)
A.245	银镍(30) 线 AgNi(30)	Ni:30% Ag:余量	烧结、挤压、拉丝	显微组织: 挤压缩孔 (浸蚀剂:2#) (垂直于挤压方向截面)
A.246	银镍(20) 线 AgNi(20)	Ni:20% Ag:余量	烧结、挤压、拉丝	显微组织: 挤压缩孔 (浸蚀剂:2#) (平行于挤压方向截面)
A.247	银镍(10) 线 AgNi(10)	Ni:10% Ag:余量	烧结、挤压、拉丝	显微组织: 裂纹
A.248	银镍(10) 线 AgNi(10)	Ni:10% Ag:余量	烧结、挤压、拉丝	显微组织: 裂纹

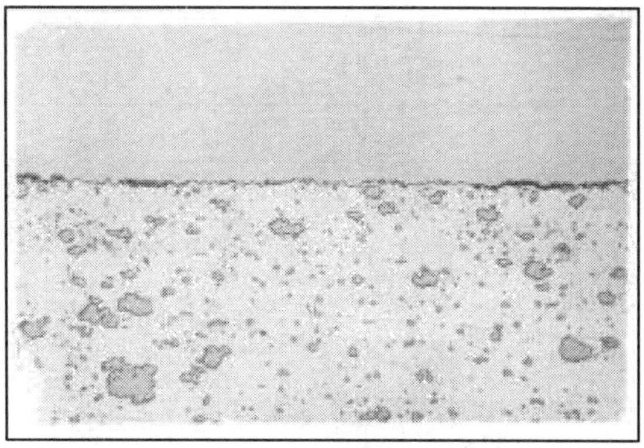

图 A.241　浸蚀　200×

图 A.242　浸蚀　200×

图 A.243　浸蚀　200×

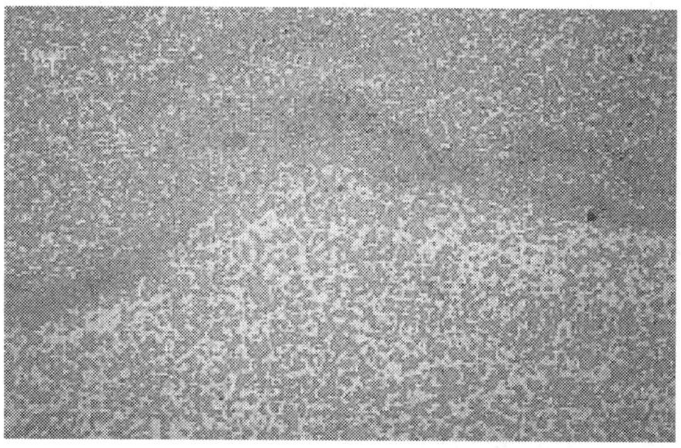

图 A.244　浸蚀　200×

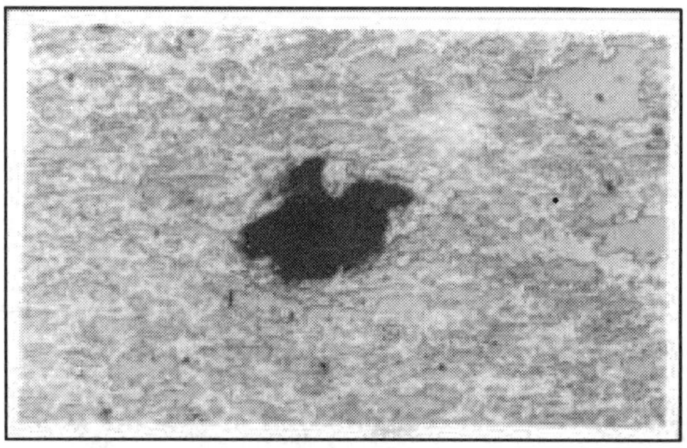

图 A.245　浸蚀　200×

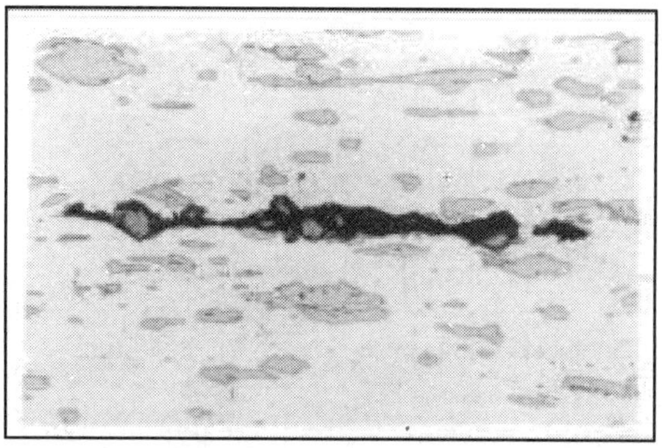

图 A.246　浸蚀　200×

图 A.247　未浸蚀　200×

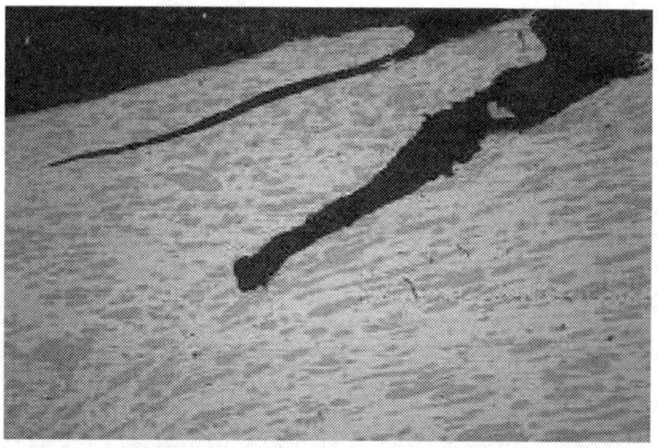

图 A.248　未浸蚀　200×

表 A.1（续）

图号	材料名称	化学成分	状　态	说　明
A.249	银镍(20)石墨(2)　片 AgNi(20)C(2)	Ni:20% C:2.0% Ag:余量	混粉、烧结	显微组织： 镍颗粒与银及石墨的机械混合物 (浸蚀剂:2#)
A.250	银镍(25)石墨(2)　片 AgNi(25)C(2)	Ni:25% C:2.0% Ag:余量	混粉、烧结	显微组织： 镍颗粒与银及石墨的机械混合物 (浸蚀剂:2#)
A.251	银镍(30)石墨(3)　片 AgNi(30)C(3)	Ni:30% C:3.0% Ag:余量	混粉、烧结	显微组织： 镍颗粒与银及石墨的机械混合物 (浸蚀剂:2#)
A.252	银镍(25)石墨(2)　片 AgNi(25)C(2)	Ni:25% C:2.0% Ag:余量	混粉、烧结	显微组织： 石墨聚集 (浸蚀剂:2#)
A.253	银镍(25)石墨(2)　片 AgNi(25)C(2)	Ni:25% C:2.0% Ag:余量	混粉、烧结	显微组织： 镍聚集 (浸蚀剂:2#)
A.254	银镍(25)石墨(2)　片 AgNi(25)C(2)	Ni:25% C:2% Ag:余量	混粉、烧结	显微组织： 银聚集 (浸蚀剂:2#)
A.255	银镍(30)石墨(3)　片 AgNi(30)C(3)	Ni:30% C:3.0% Ag:余量	混粉、烧结	显微组织： 银聚集 (浸蚀剂:2#)
A.256	银镍(30)石墨(3)/银　片 AgNi(30)C(3)/Ag	Ni:30% C:3.0% Ag:余量	混粉、烧结	显微组织： 银镍(30)石墨(3)/Ag 复合层组织 (浸蚀剂:2#)

图 A.249 浸蚀 200×

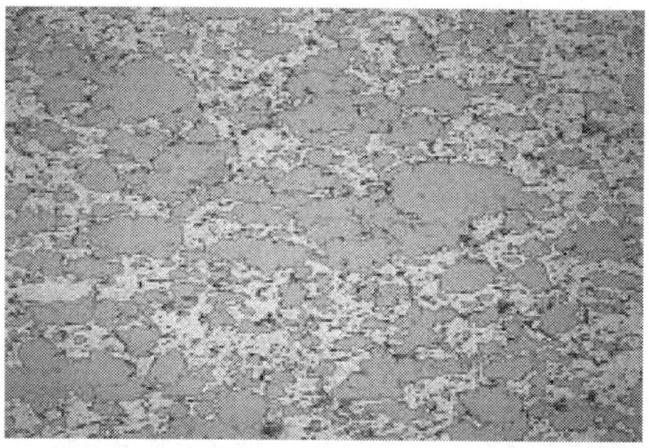

图 A.250 浸蚀 200×

图 A.251 浸蚀 200×

图 A.252 浸蚀 200×

图 A.253 浸蚀 100×

图 A.254 浸蚀 200×

图 A.255 浸蚀 200×

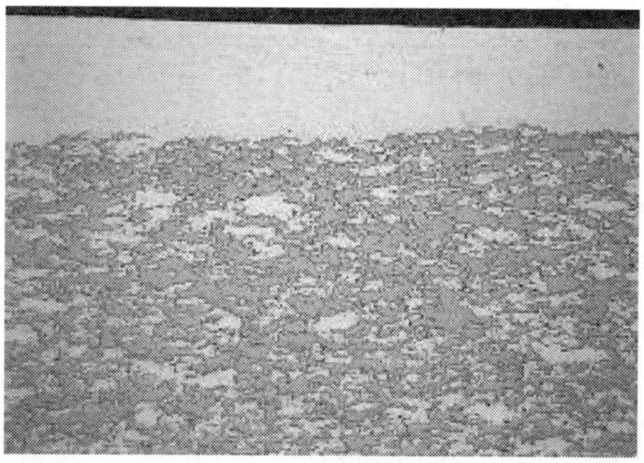

图 A.256 浸蚀 100×

表 A.1（续）

图号	材料名称	化学成分	状　　态	说　　明
A.257	银石墨(3)P AgC(3)P	天然石墨:3.0% Ag:余量	混粉、压型、烧结	显微组织: 银与石墨的机械混合物
A.258	银石墨(5)P AgC(5)P	天然石墨:5.0% Ag:余量	混粉、压型、烧结	显微组织: 银与石墨的机械混合物
A.259	银石墨(3)P AgC(3)P	胶体石墨:3.0% Ag:余量	混粉、压型、烧结、	显微组织: 银与石墨的机械混合物
A.260	银石墨(4)P AgC(4)P	胶体石墨:4.0% Ag:余量	混粉、压型、烧结	显微组织: 银与石墨的机械混合物
A.261	银石墨(5)P AgC(5)P	胶体石墨:5.0% Ag:余量	混粉、压型、烧结	显微组织: 银与石墨的机械混合物
A.262	银石墨(3)镍(7)P AgC(3)Ni(7)P	C:3.0% Ni:7.0% Ag:余量	混粉、压型、烧结	显微组织: 银与石墨、镍的机械混合物
A.263	银石墨(3)Q AgC(3)Q	C:3.0% Ag:余量	烧结、挤压	显微组织: 银与石墨的机械混合物(与纤维方向垂直的截面)
A.264	银石墨(3)Q AgC(3)Q	C:3.0% Ag:余量	烧结、挤压	显微组织: 银与石墨的机械混合物(与纤维方向平行的截面)

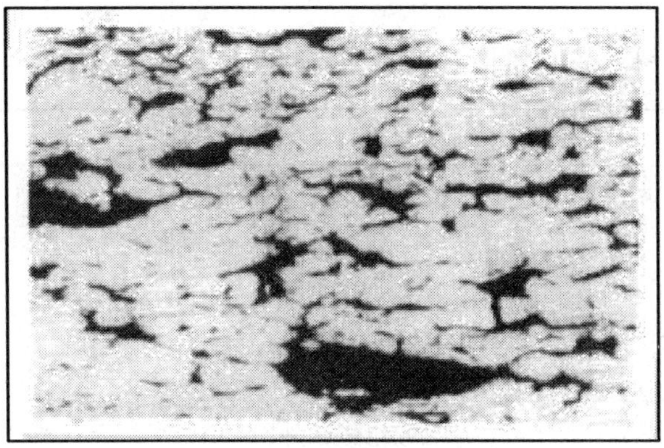

图 A.257　未浸蚀　200×

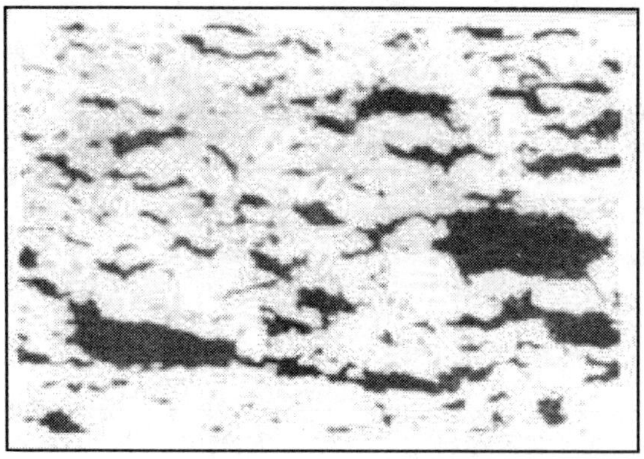

图 A.258　未浸蚀　200×

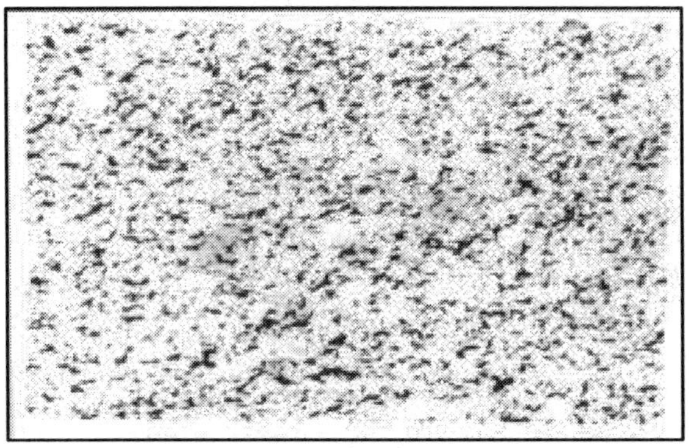

图 A.259　未浸蚀　200×

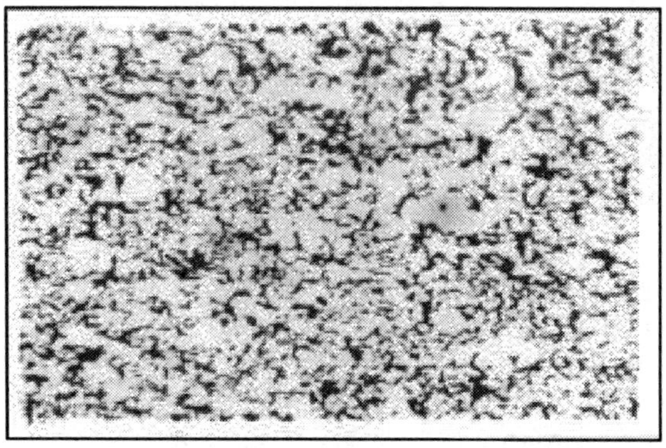

图 A.260　未浸蚀　200×

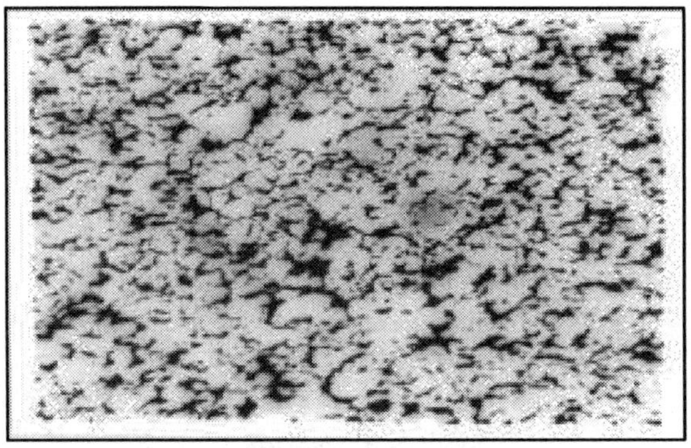

图 A.261　未浸蚀　200×

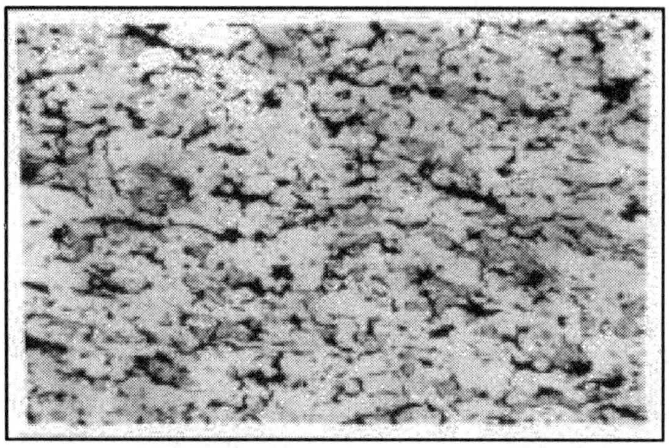

图 A.262　未浸蚀　200×

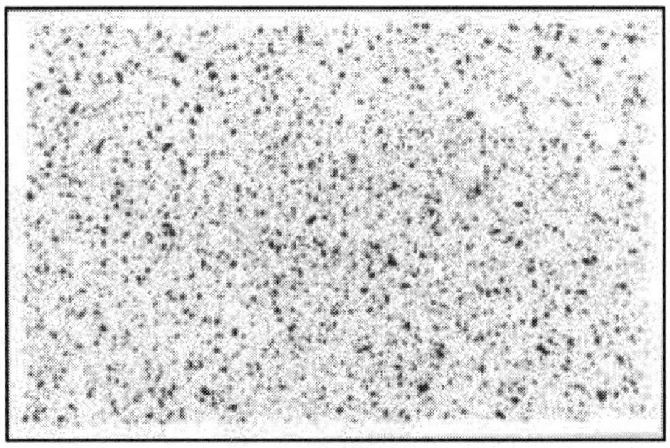

图 A.263　未浸蚀　200×

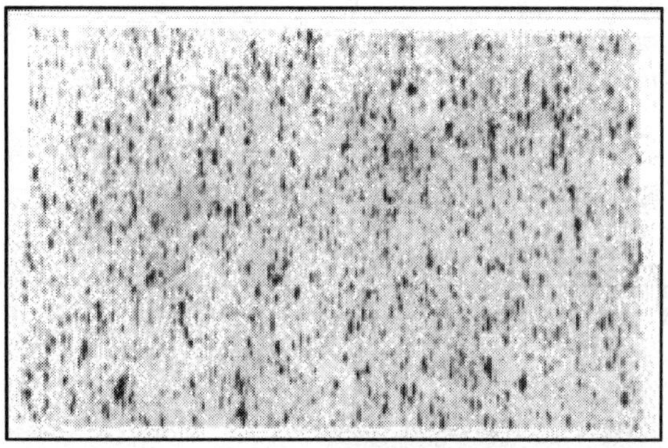

图 A.264　未浸蚀　200×

表 A.1（续）

图号	材料名称	化学成分	状　态	说　明
A.265	银石墨(4)Q AgC(4)Q	C:4.0% Ag:余量	烧结、挤压	显微组织： 银与石墨的机械混合物(与纤维方向垂直的截面)
A.266	银石墨(4)Q AgC(4)Q	C:4.0% Ag:余量	烧结、挤压	显微组织： 银与石墨的机械混合物(与纤维方向平行的截面)
A.267	银石墨(5)Q AgC(5)Q	C:5.0% Ag:余量	烧结、挤压	显微组织： 银与石墨的机械混合物(与纤维方向垂直的截面)
A.268	银石墨(5)Q AgC(5)Q	C:5.0% Ag:余量	烧结、挤压	显微组织： 银与石墨的机械混合物(与纤维方向平行的截面)
A.269	银石墨(10)Q AgC(10)Q	C:10% Ag:余量	烧结、挤压	显微组织： 银与石墨的机械混合物(与纤维方向垂直的截面)
A.270	银石墨(10)Q AgC(10)Q	C:10% Ag:余量	烧结、挤压	显微组织： 银与石墨的机械混合物(与纤维方向平行的截面)
A.271	银石墨(5)Q AgC(5)Q	C:5.0% Ag:余量	烧结、挤压	显微组织： 石墨聚集 (小于 100 μm)
A.272	银石墨(4)Q AgC(4)Q	C:4.0% Ag:余量	烧结、挤压	显微组织： 石墨聚集 (大于 100 μm)

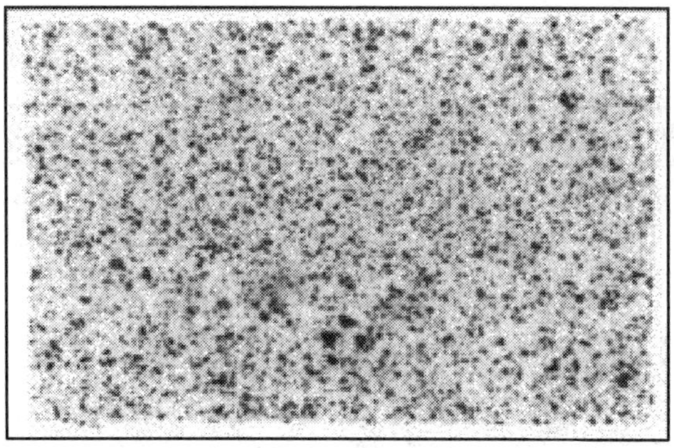

图 A.265　未浸蚀　200×

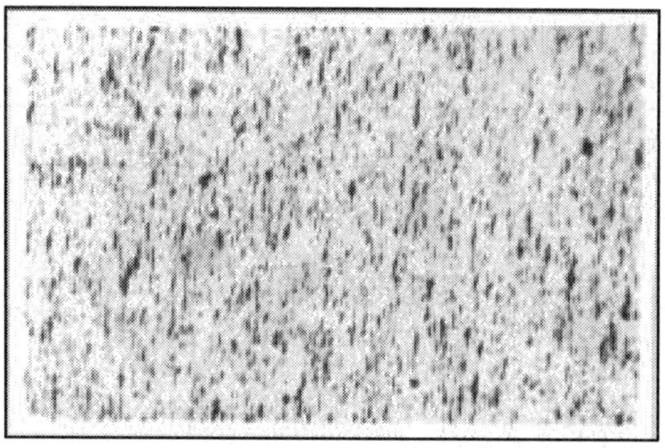

图 A.266　未浸蚀　200×

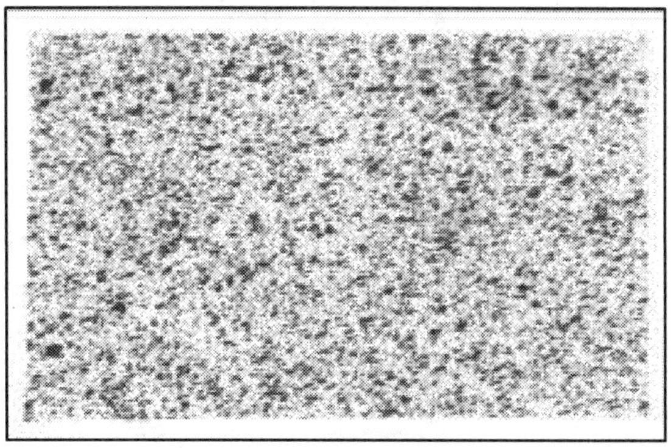

图 A.267　未浸蚀　200×

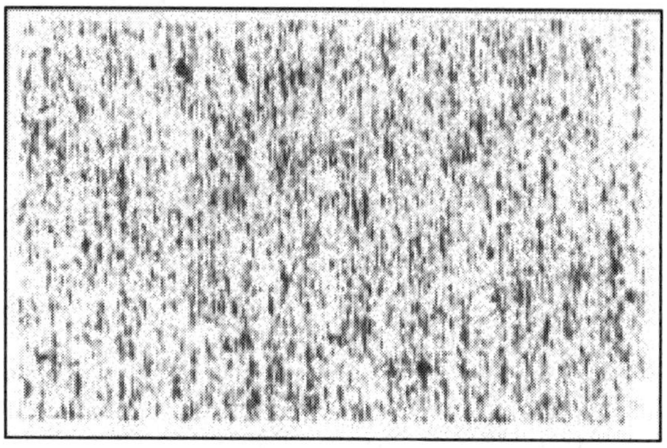

图 A.268　未浸蚀　200×

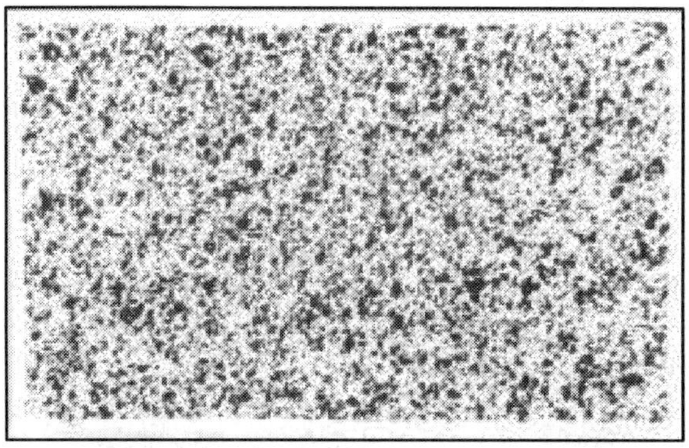

图 A.269　未浸蚀　200×

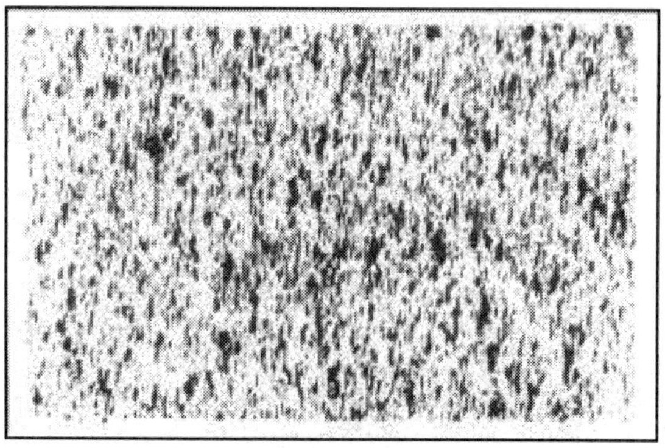

图 A.270　未浸蚀　200×

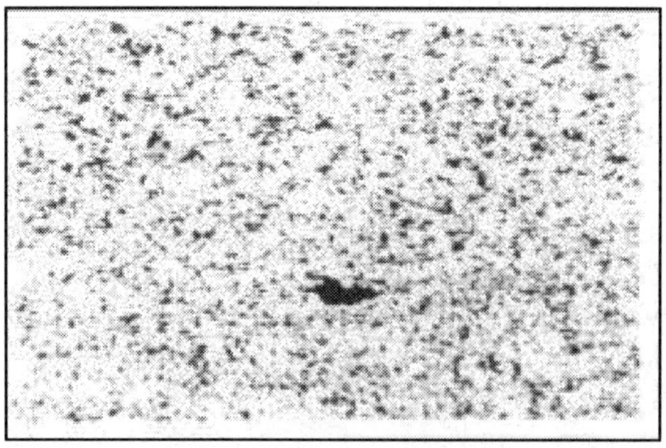

图 A.271　未浸蚀　100×

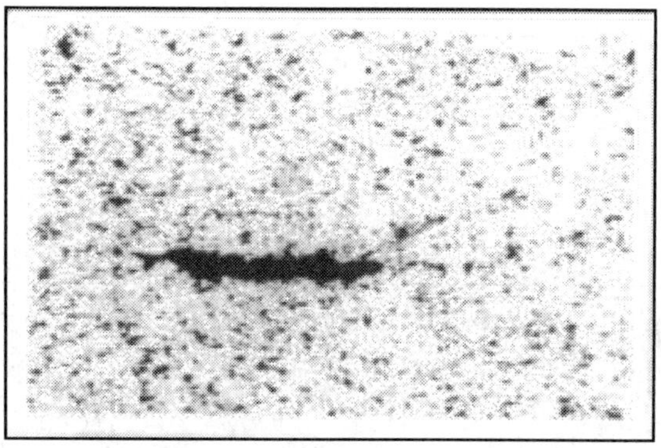

图 A.272　未浸蚀　100×

表 A.1（续）

图号	材料名称	化学成分	状　态	说　明
A.273	银石墨(5)Q AgC(5)Q	C:5.0% Ag:余量	烧结、挤压	显微组织： 夹杂物 （小于 100 μm）
A.274	银石墨(4)Q AgC(4)Q	C:4.0 Ag:余量	烧结、挤压	显微组织： 夹杂物 （大于 100 μm）
A.275	银石墨(5)Q AgC(5)Q	C:5.0% Ag:余量	烧结、挤压	显微组织： 石墨聚集
A.276	银石墨(5)Q AgC(5)P	C:5.0% Ag:余量	压型、烧结	显微组织： 组织不均匀(银聚集)
A.277	银石墨(5)Q AgC(5)Q	C:5.0% Ag:余量	烧结、挤压	显微组织： 银聚集
A.278	银石墨(5)Q AgC(5)Q	C:5.0% Ag:余量	烧结、挤压	显微组织： 银带
A.279	银石墨(5)P AgC(5)P	C:5.0% Ag:余量	压型、烧结	显微组织： 裂纹
A.280	银石墨(5)P AgC(5)P	C:5.0% Ag:余量	压型、烧结	显微组织： 裂纹＋石墨聚集

图 A.273　未浸蚀　100×

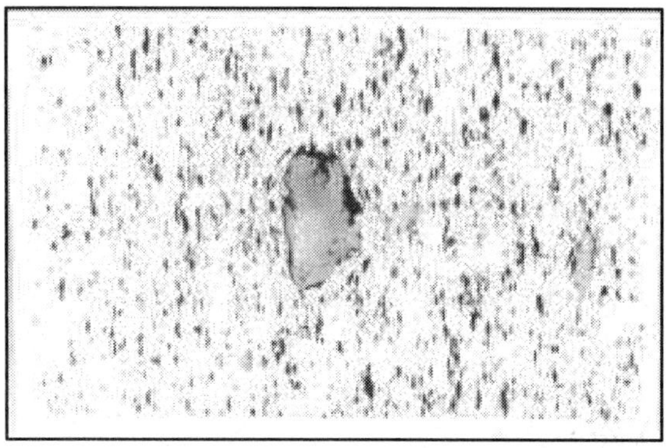

图 A.274　未浸蚀　100×

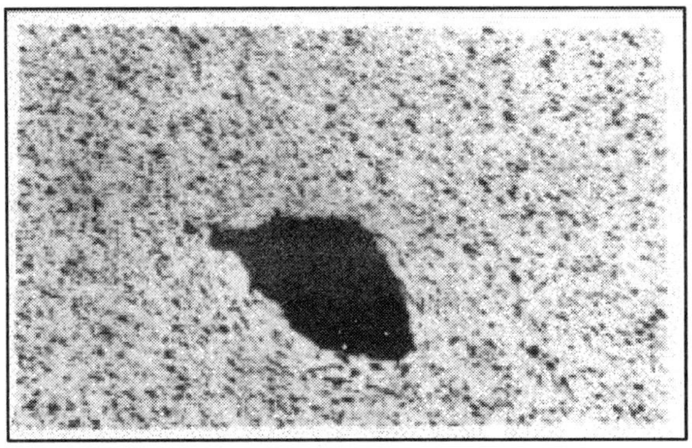

图 A.275　未浸蚀　100×

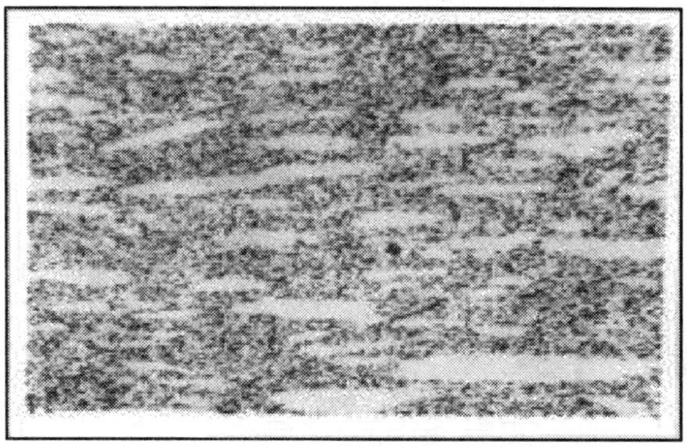

图 A.276　未浸蚀　100×

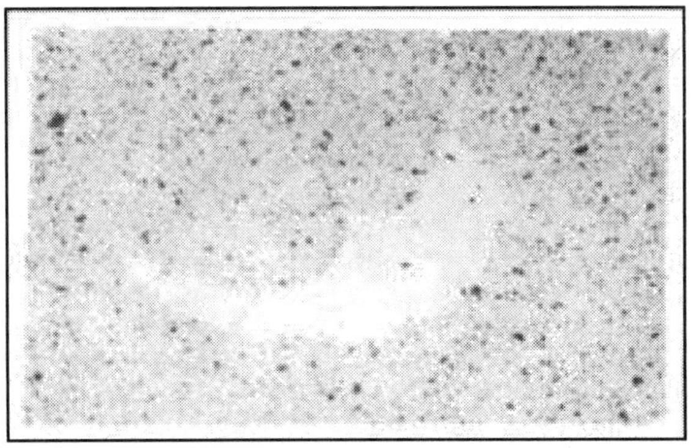

图 A.277　未浸蚀　100×

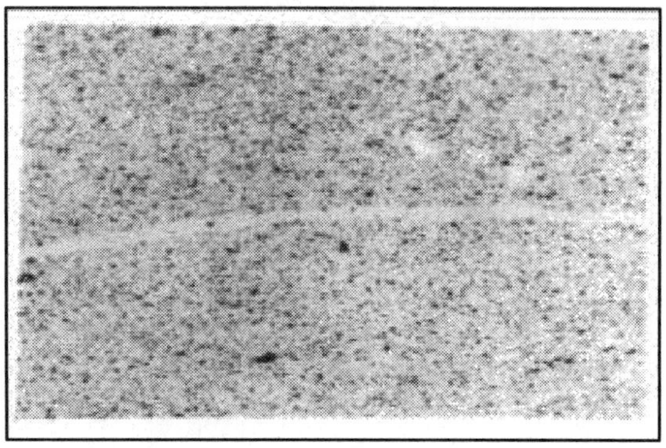

图 A.278　未浸蚀　100×

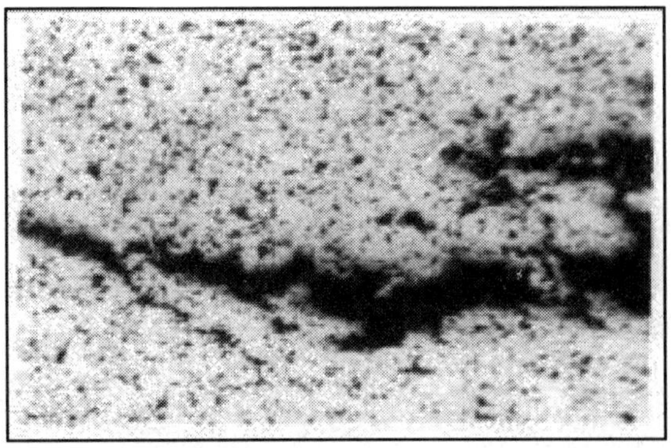

图 A.279　未浸蚀　200×

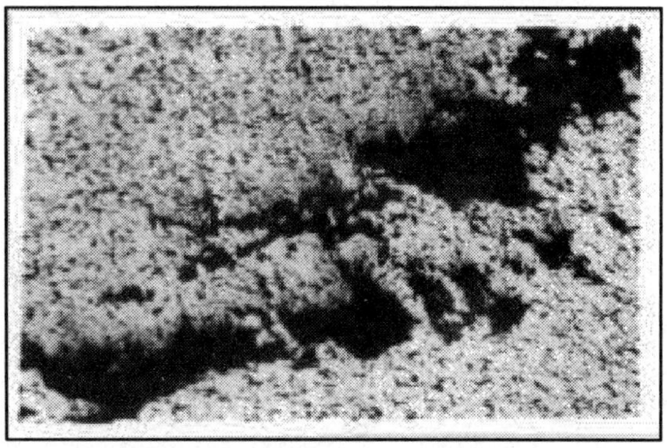

图 A.280　未浸蚀　200×

表 A.1（续）

图号	材料名称	化学成分	状　态	说　明
A.281	银碳化钨(12)石墨(3) 片 AgWC(12)C(3)	WC:12% C:3.0% Ag:余量	混粉、烧结	显微组织： 银与碳化钨、石墨的机械混合物
A.282	银碳化钨(12)石墨(3) 片 AgWC(12)C(3)	WC:12% C:3.0% Ag:余量	混粉、烧结	显微组织： 银与碳化钨、石墨的机械混合物
A.283	银碳化钨(12)石墨(3) 片 AgWC(12)C(3)	WC:12% C:3.0% Ag:余量	混粉、烧结	显微组织： 银与碳化钨、石墨的机械混合物
A.284	银碳化钨(12)石墨(3) 片 AgWC(12)C(3)	WC:12% C:3.0% Ag:余量	混粉、烧结	显微组织： 银与碳化钨、石墨的机械混合物
A.285	银碳化钨(12)石墨(3) 片 AgWC(12)C(3)	WC:12% C:3.0% Ag:余量	混粉、烧结	显微组织： 夹杂物
A.286	银碳化钨(12)石墨(3) 片 AgWC(12)C(3)	WC:12% C:3.0% Ag:余量	混粉、烧结	显微组织： 孔隙
A.287	银碳化钨(12)石墨(3) 片 AgWC(12)C(3)	WC:12% C:3.0% Ag:余量	混粉、烧结	显微组织： 碳化钨及石墨颗粒分布不均匀
A.288	银碳化钨(12)石墨(3) 片 AgWC(12)C(3)	WC:12% C:3.0% Ag:余量	混粉、烧结	显微组织： 碳化钨颗粒聚集及孔隙

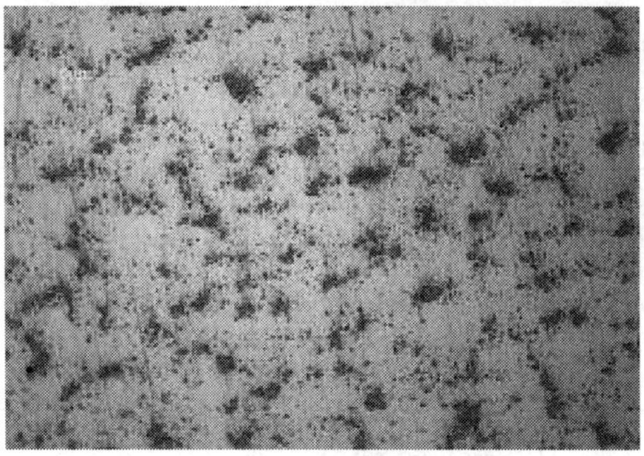

图 A.281　未浸蚀　200×

图 A.282　未浸蚀　200×

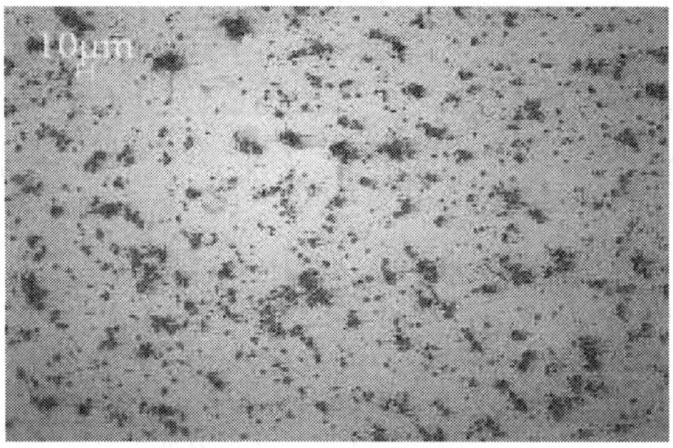

图 A.283　未浸蚀　200×

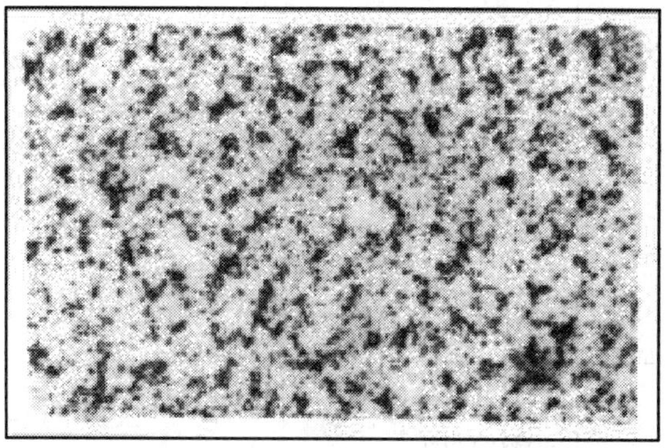

图 A.284　未浸蚀　200×

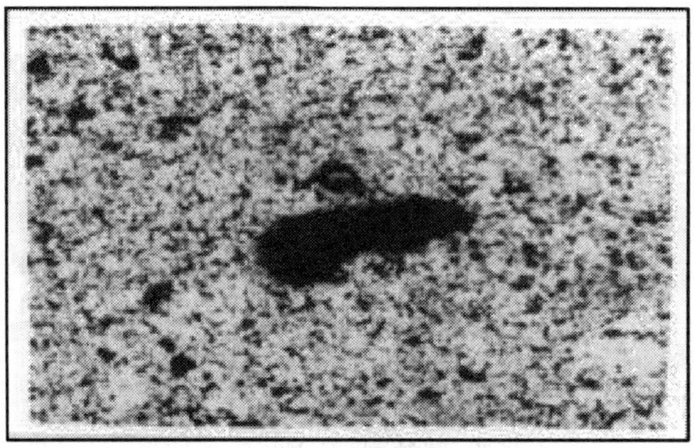

图 A.285　未浸蚀　200×

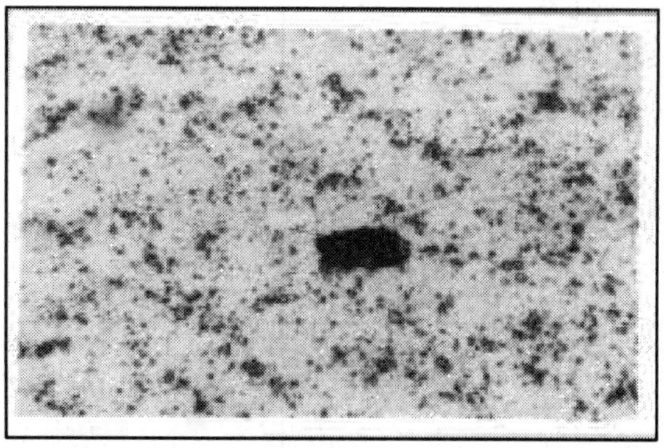

图 A.286　未浸蚀　200×

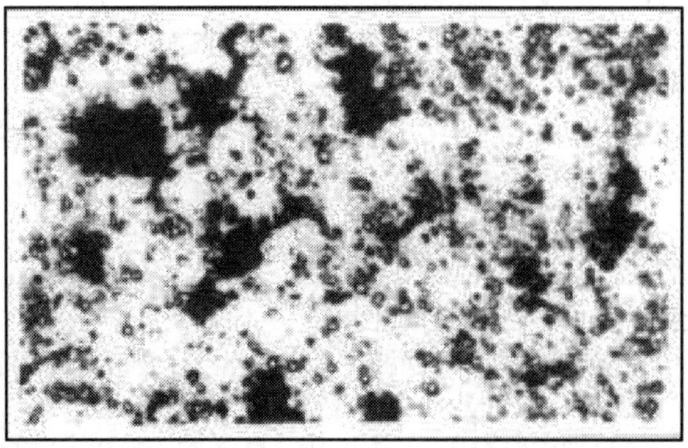

图 A.287　未浸蚀　200×

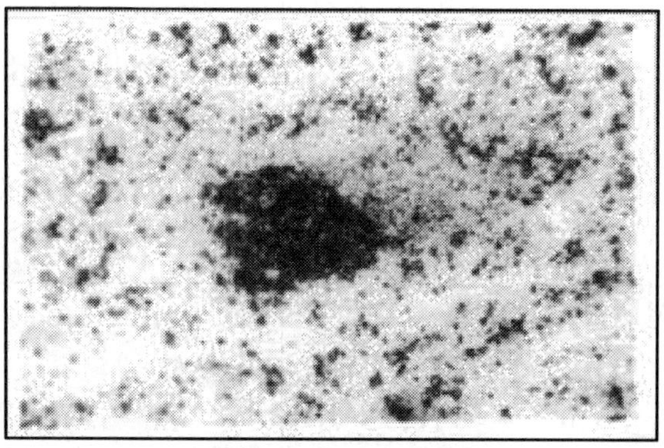

图 A.288　未浸蚀　200×

表 A.1(续)

图号	材料名称	化学成分	状态	说明
A.289	银碳化钨(35) 片 AgWC(35)	WC:35% Ag:余量	熔渗法	显微组织: 银与碳化钨的混合物 (浸蚀剂:2#)
A.290	银碳化钨(40) 片 AgWC(40)	WC:40% Ag:余量	熔渗法	显微组织: 银与碳化钨的混合物 (浸蚀剂:2#)
A.291	银碳化钨(45) 片 AgWC(45)	WC:45% Ag:余量	熔渗法	显微组织: 银与碳化钨的混合物 (浸蚀剂:2#)
A.292	银碳化钨(50) 片 AgWC(50)	WC:50% Ag:余量	熔渗法	显微组织: 银与碳化钨的混合物 (浸蚀剂:2#)
A.293	银碳化钨(60) 片 AgWC(60)	WC:60% Ag:余量	熔渗法	显微组织: 银与碳化钨的混合物 (浸蚀剂:2#)
A.294	银碳化钨(70) 片 AgWC(70)	WC:70% Ag:余量	熔渗法	显微组织: 银与碳化钨的混合物 (浸蚀剂:2#)
A.295	银碳化钨(50) 片 AgWC(50)	WC:50% Ag:余量	熔渗法	显微组织: 碳化钨骨架裂纹导致熔渗富银带
A.296	银碳化钨(50) 片 AgWC(50)	WC:50% Ag:余量	熔渗法	显微组织: 碳化钨骨架裂纹导致熔渗富银带 (浸蚀剂:2#)

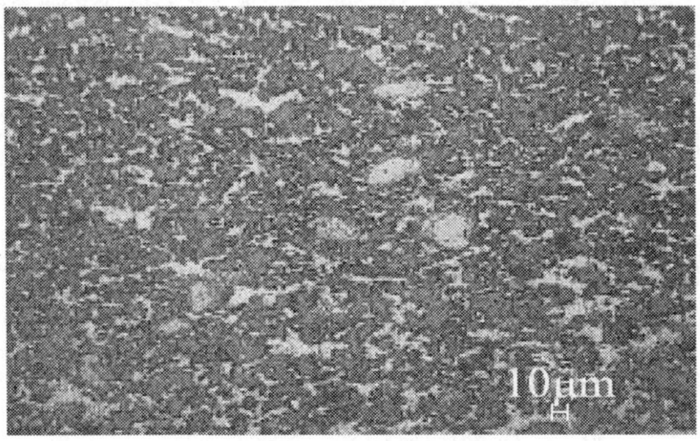

图 A.289 浸蚀 200×

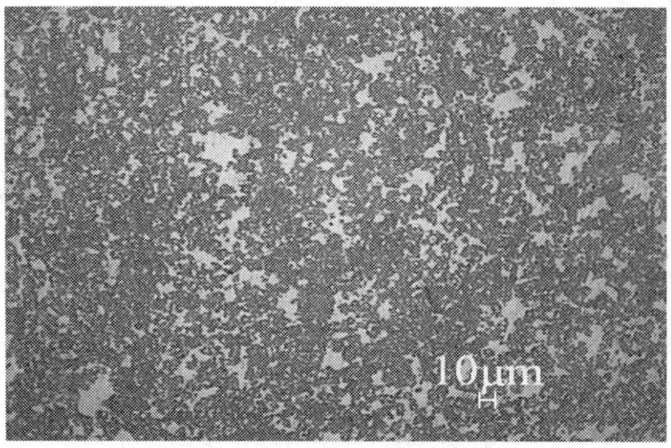

图 A.290 浸蚀 200×

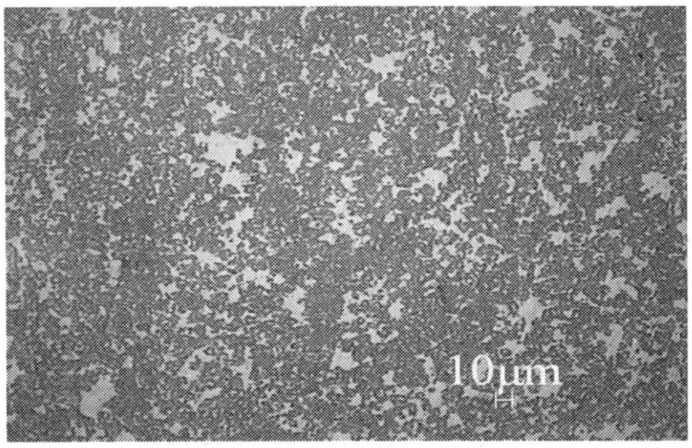

图 A.291 浸蚀 200×

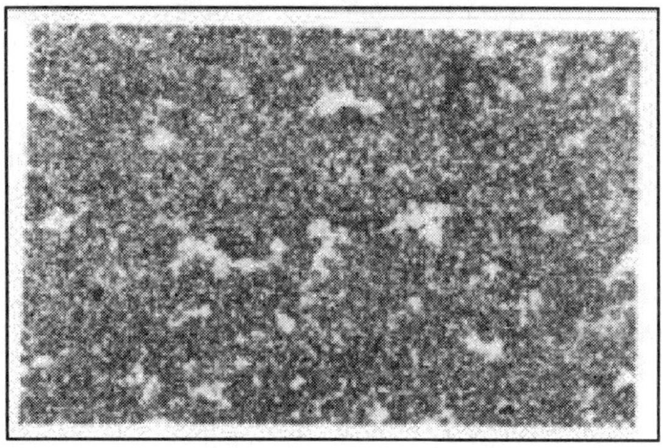

图 A.292 浸蚀 200×

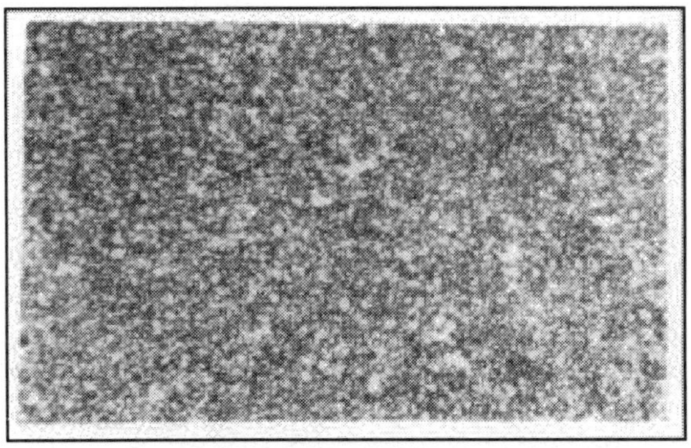

图 A.293 浸蚀 200×

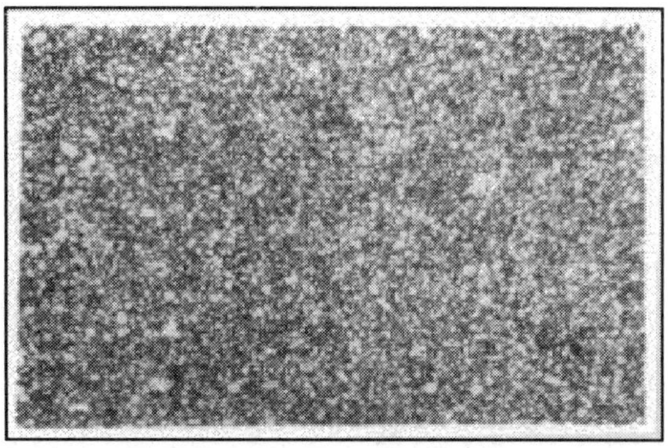

图 A.294 浸蚀 200×

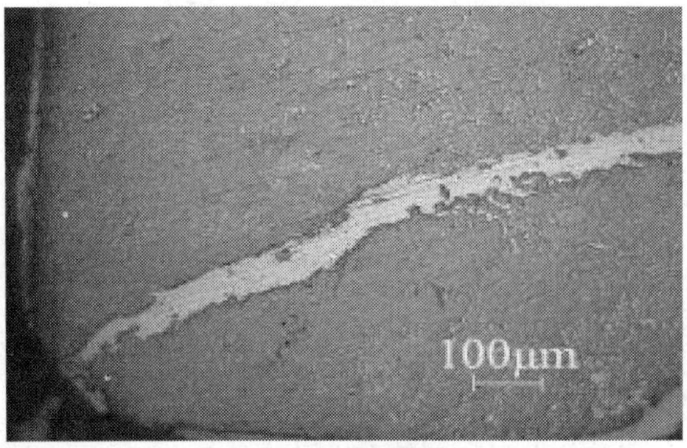

图 A.295 未浸蚀 100×

图 A.296 浸蚀 200×

附 录 B
（资料性附录）
钨基电触头材料金相图及其说明

B.1 钨基电触头材料金相图参见图 B.1～图 B.56，其说明参见表 B.1。

表 B.1

图号	材料名称	化学成分	状 态	说 明
B.1	铜钨(50) CuW(50)	Cu:50% W:余量	混粉、烧结	显微组织： 铜与钨的机械混合物 （浸蚀剂：2#）
B.2	铜钨(55) CuW(55)	Cu:45% W:余量	混粉、烧结	显微组织： 铜与钨的机械混合物 （浸蚀剂：2#）
B.3	铜钨(60) CuW(60)	Cu:40% W:余量	混粉、烧结	显微组织： 铜与钨的机械混合物 （浸蚀剂：2#）
B.4	铜钨(60) CuW(60)	Cu:40% W:余量	混粉、烧结	显微组织： 铜与钨的机械混合物 （浸蚀剂：2#）
B.5	铜钨(60) CuW(60)	Cu:40% W:余量	预烧钨骨架、熔渗	显微组织： 铜与钨的混合物 （浸蚀剂：2#）
B.6	铜钨(65) CuW(65)	Cu:35% W:余量	预烧钨骨架、熔渗	显微组织： 铜与钨的混合物 （浸蚀剂：2#）
B.7	铜钨(65) CuW(65)	Cu:35% W:余量	预烧钨骨架、熔渗	显微组织： 铜与钨的混合物 （浸蚀剂：2#）
B.8	铜钨(70) CuW(70)	Cu:30% W:余量	预烧钨骨架、熔渗	显微组织： 铜与钨的混合物 （浸蚀剂：2#）

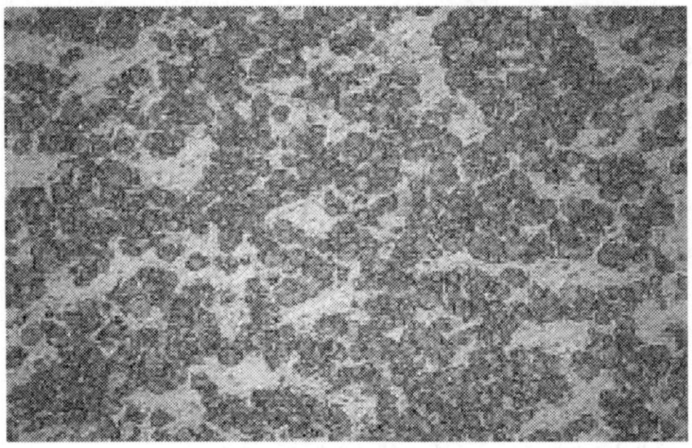

图 B.1 浸蚀 200×

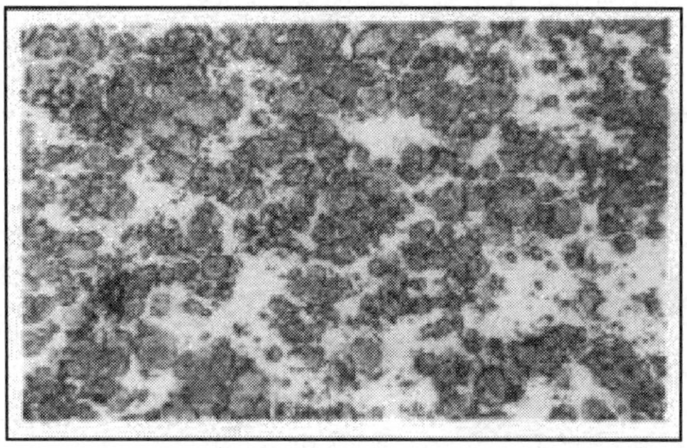

图 B.2 浸蚀 200×

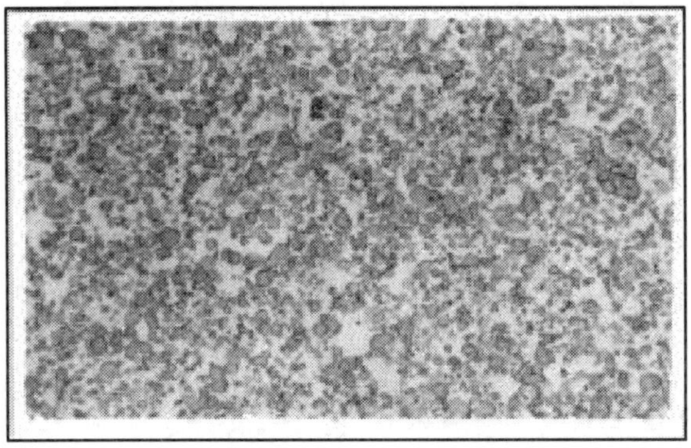

图 B.3 浸蚀 200×

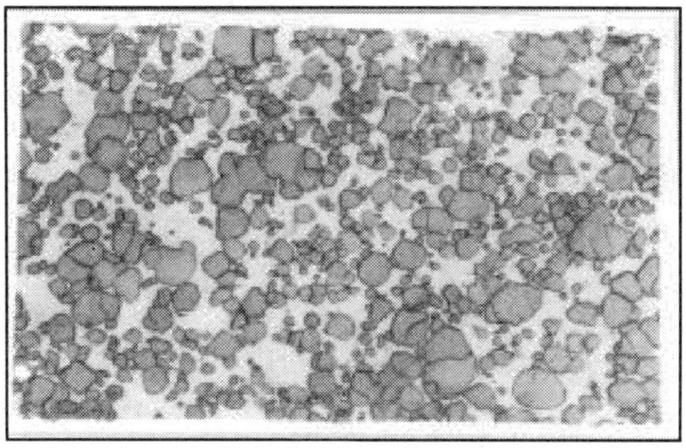

图 B.4 浸蚀 500×

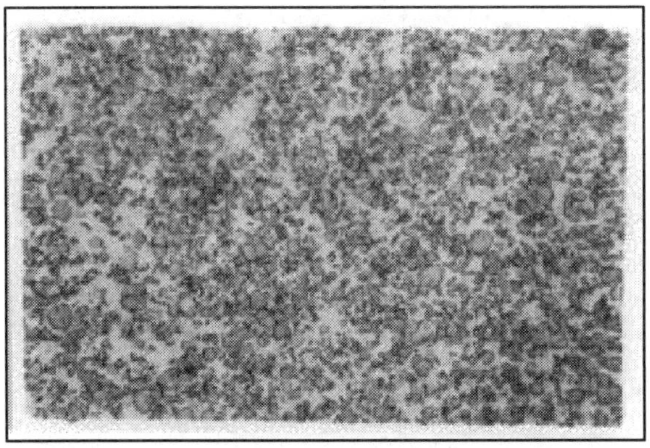

图 B.5 浸蚀 200×

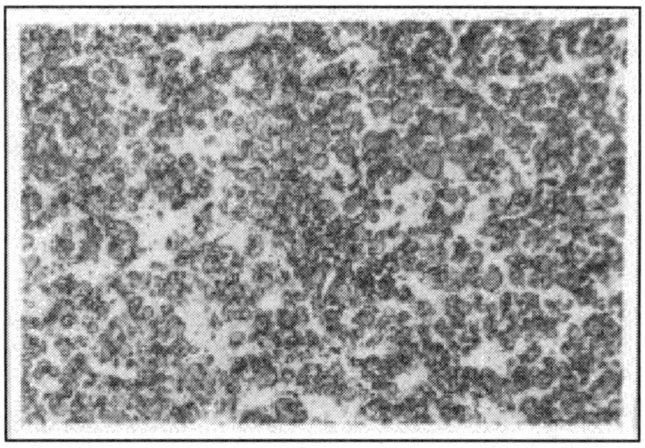

图 B.6 浸蚀 200×

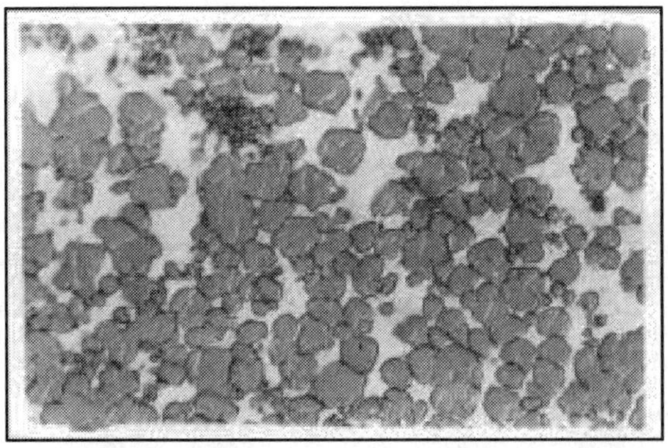

图 B.7 浸蚀 500×

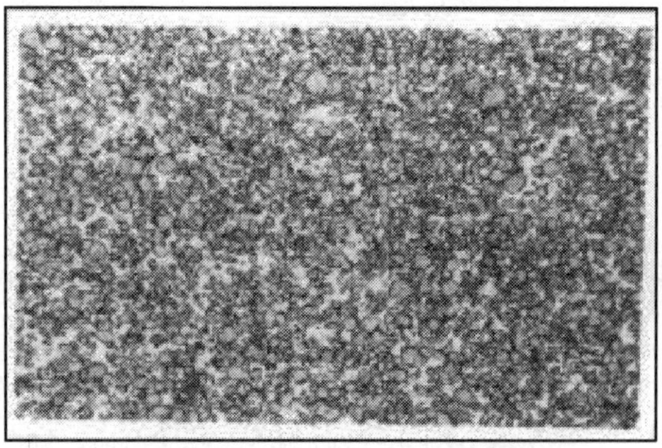

图 B.8 浸蚀 200×

表 B.1（续）

图号	材料名称	化学成分	状　态	说　明
B.9	铜钨(70) CuW(70)	Cu:30% W:余量	预烧钨骨架、熔渗	显微组织： 铜与钨的混合物 (浸蚀剂:2#)
B.10	铜钨(75) CuW(75)	Cu:25% W:余量	预烧钨骨架、熔渗	显微组织： 铜与钨的混合物 (浸蚀剂:2#)
B.11	铜钨(75) CuW(75)	Cu:25% W:余量	预烧钨骨架、熔渗	显微组织： 铜与钨的混合物 (浸蚀剂:2#)
B.12	铜钨(80) CuW(80)	Cu:20% W:余量	预烧钨骨架、熔渗	显微组织： 铜与钨的混合物 (浸蚀剂:2#)
B.13	铜钨(85) CuW(85)	Cu:15% W:余量	预烧钨骨架、熔渗	显微组织： 铜与钨的混合物 (浸蚀剂:2#)
B.14	铜钨(90) CuW(90)	Cu:10% W:余量	预烧钨骨架、熔渗	显微组织： 铜与钨的混合物 (浸蚀剂:2#)
B.15	铜钨(70)/紫铜焊接 CuW(70)/Cu	Cu:10% W:余量	焊接	显微组织： 铜钨(70)与铜的界面
B.16	铜钨(80)触指 CuW(80)/Cu	Cu:10% W:余量	焊接	显微组织： 铜钨(80)与铜的界面

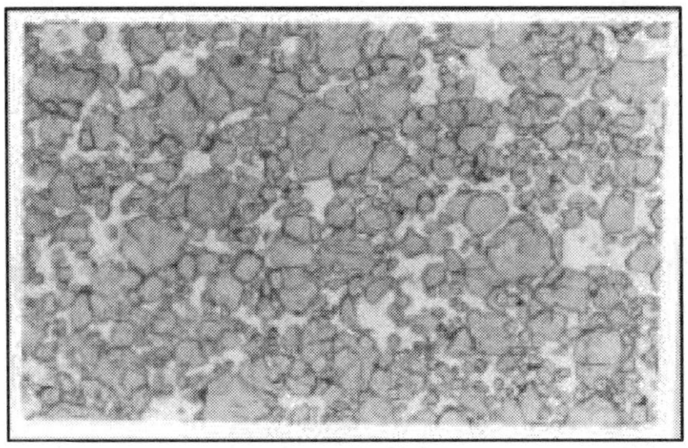

图 B.9　浸蚀　500×

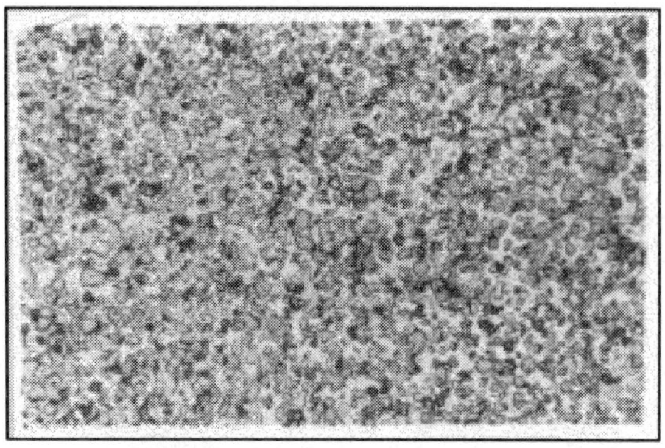

图 B.10　浸蚀　200×

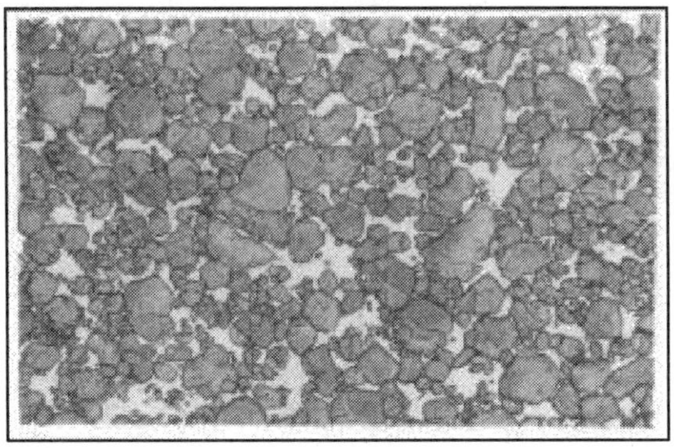

图 B.11　浸蚀　500×

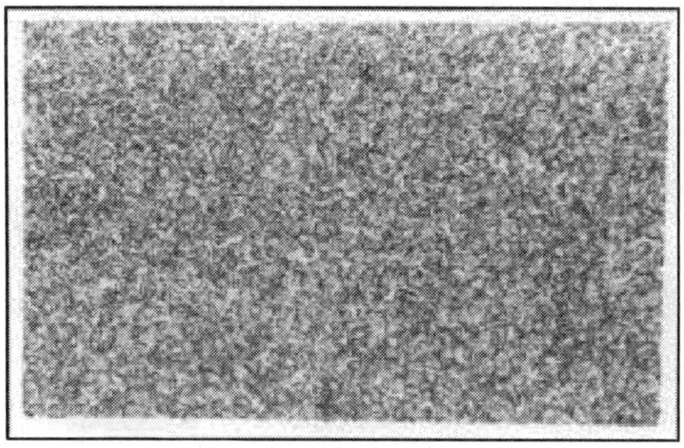

图 B.12　浸蚀　200×

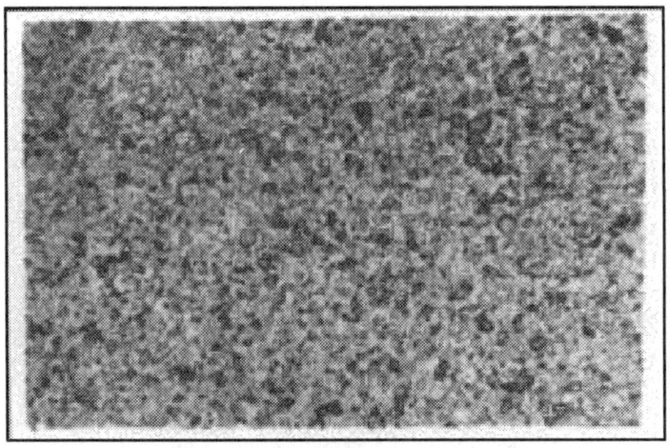

图 B.13　浸蚀　200×

图 B.14　浸蚀　200×

图 B.15　未浸蚀　200×

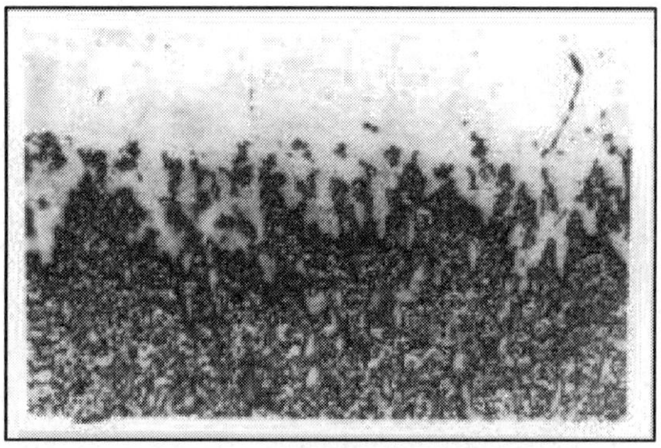

图 B.16　未浸蚀　100×

表 B.1（续）

图号	材料名称	化学成分	状 态	说 明
B.17	铜钨(60) CuW(60)	Cu:40% W:余量	预烧钨骨架、熔渗	显微组织： 气孔、孔隙 (浸蚀剂：2#)
B.18	铜钨(80) CuW(80)	Cu:20% W:余量	预烧钨骨架、熔渗	显微组织： 黑块为夹杂物
B.19	铜钨(40) CuW(40)	Cu:60% W:余量	混粉、烧结	显微组织： 组织不均匀＋孔隙 (浸蚀剂：2#)
B.20	铜钨(60) CuW(60)	Cu:40% W:余量	预烧钨骨架、熔渗	显微组织： 孔隙
B.21	铜钨(70) CuW(70)	Cu:30% W:余量	混粉、烧结	显微组织： 组织不均匀、铜聚集 (浸蚀剂：2#)
B.22	铜钨(65) CuW(65)	Cu:35% W:余量	预烧钨骨架、熔渗	显微组织： 白色块为铜孤岛，即铜聚集，当中黑色为孔隙 (浸蚀剂：2#)
B.23	铜钨(60) CuW(60)	Cu:40% W:余量	预烧钨骨架、熔渗	显微组织： 钨聚集形成闭孔 (浸蚀剂：2#)
B.24	铜钨(65) CuW(65)	Cu:35% W:余量	预烧钨骨架、熔渗	显微组织： 钨聚集 (浸蚀剂：2#)

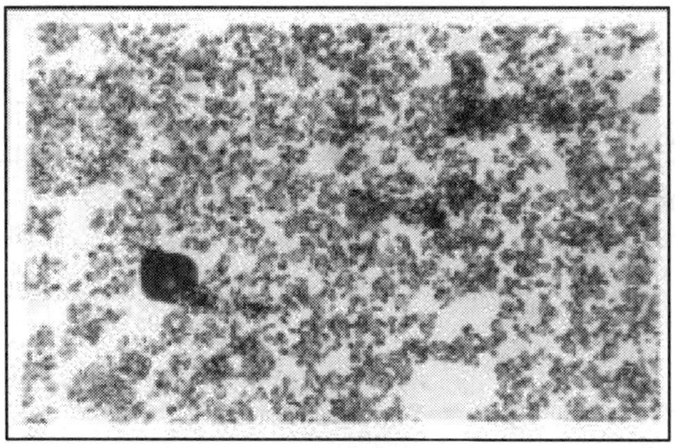

图 B.17　浸蚀　200×

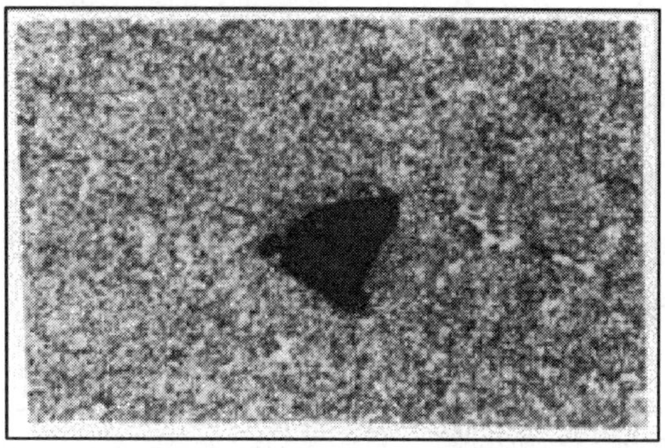

图 B.18　未浸蚀　100×

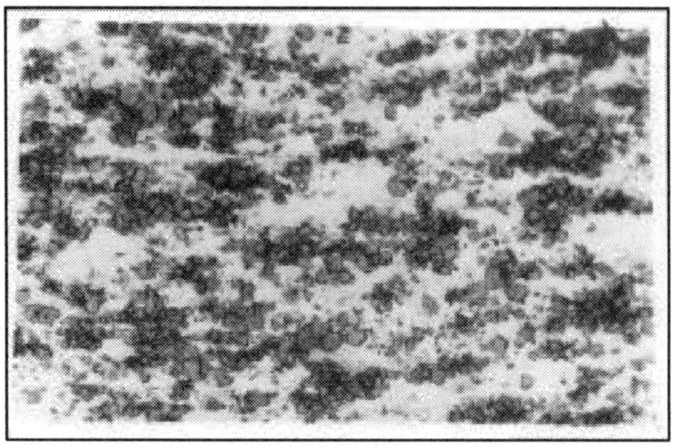

图 B.19　浸蚀　200×

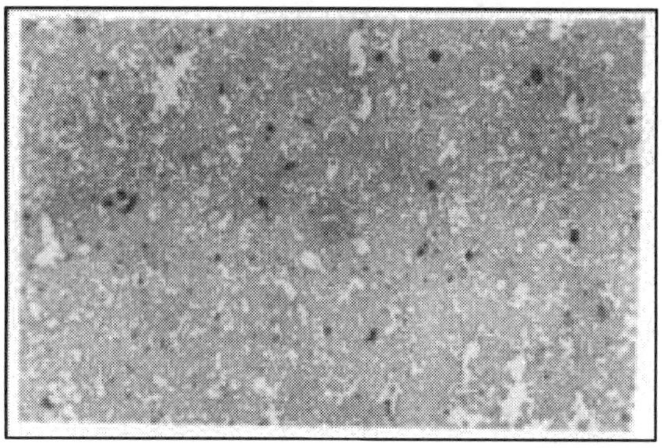

图 B.20　未浸蚀　100×

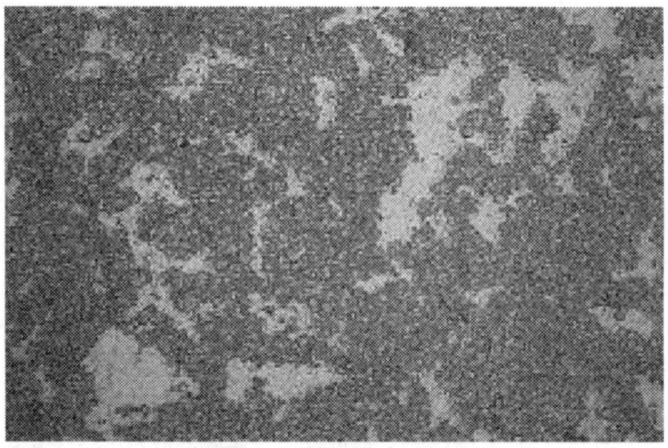

图 B.21　浸蚀　200×

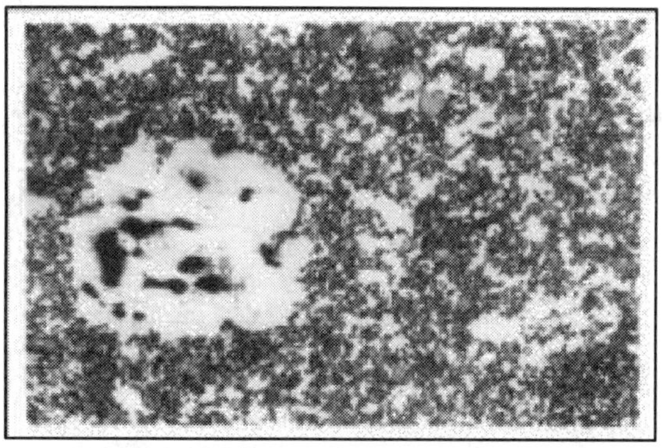

图 B.22　浸蚀　100×

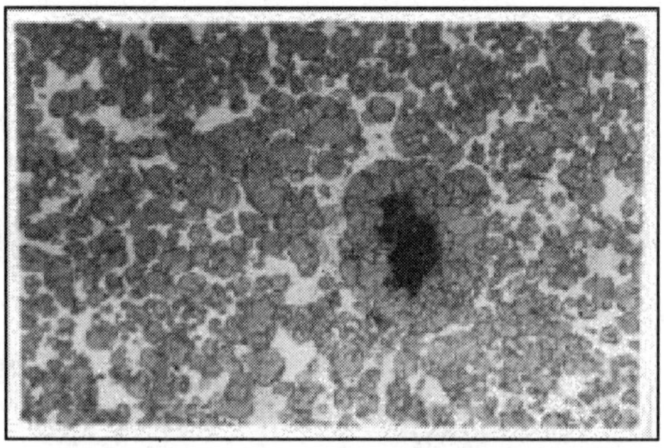

图 B.23　浸蚀　200×

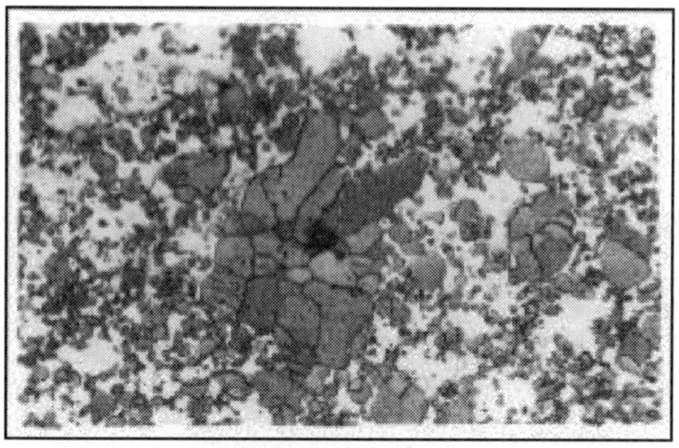

图 B.24　浸蚀　200×

表 B.1(续)

图号	材料名称	化学成分	状　　态	说　　明
B.25	铜钨(80) CuW(80)	Cu:20% W:余量	预烧钨骨架、熔渗	显微组织: 由于钨骨架中出现裂纹,在熔渗过程中,渗铜沿着裂纹而形成铜带 (浸蚀剂:2[#])
B.26	铜钨(80) CuW(80)	Cu:20% W:余量	预烧钨骨架、熔渗	显微组织: 由于钨骨架中出现裂纹,在熔渗过程中,渗铜沿着裂纹而形成铜带、裂纹
B.27	铜钨(80)/铜 CuW(80)/Cu		预烧钨骨架、熔渗	显微组织: 铜钨与铜复合界面气孔
B.28	铜钨(80)/铜整体触头 CuW(80)/Cu		预烧钨骨架、熔渗	显微组织: 黑洞为整体触头的铜导电端的孔洞
B.29	银钨(30) AgW(30)	Ag:70% W:余量	混粉、烧结	显微组织: 银与钨的机械混合物(白色为银) (浸蚀剂:2[#])
B.30	银钨(40) AgW(40)	Ag:60% W:余量	混粉、烧结	显微组织: 银与钨的机械混合物 (浸蚀剂:2[#])
B.31	银钨(50) AgW(50)	Ag:50% W:余量	混粉、烧结	显微组织: 银与钨的机械混合物 (浸蚀剂:2[#])
B.32	银钨(50) AgW(50)	Ag:50% W:余量	预烧钨骨架、熔渗	显微组织: 银与钨的混合物 (浸蚀剂:2[#])

图 B.25　浸蚀　200×

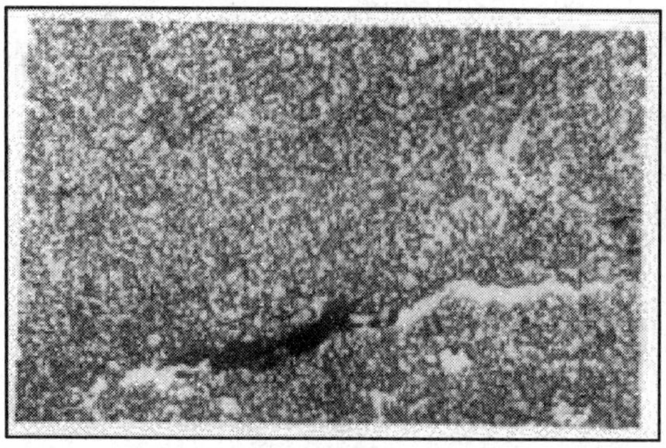

图 B.26　未浸蚀　100×

图 B.27　未浸蚀　100×

图 B.28　未浸蚀　100×

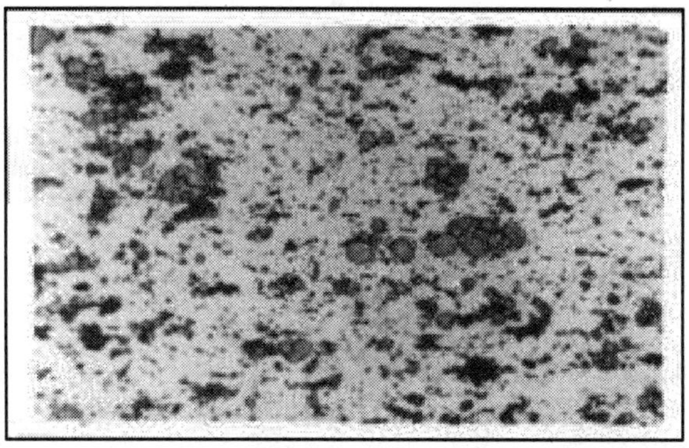

图 B.29　浸蚀　200×

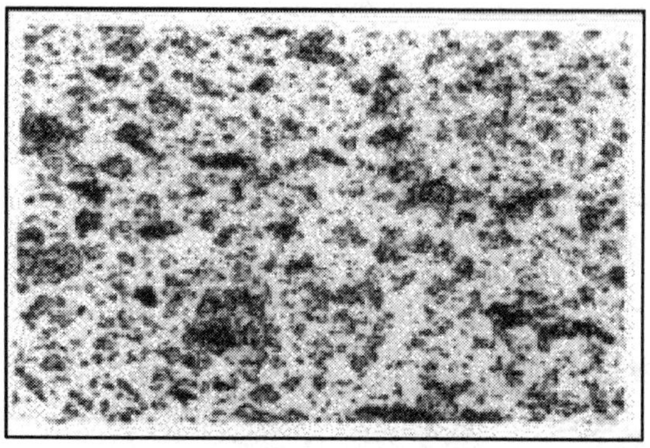

图 B.30　浸蚀　200×

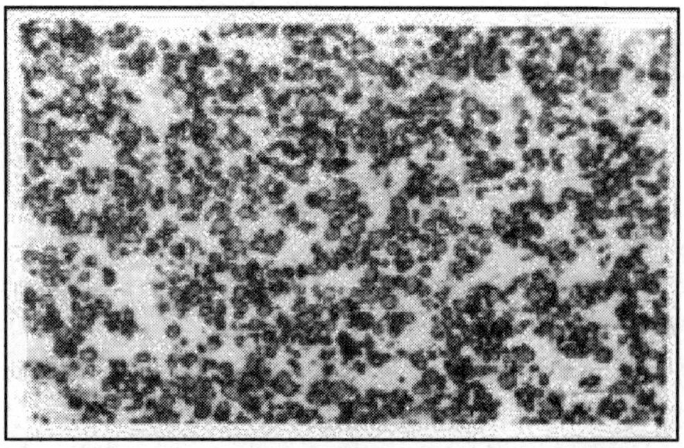

图 B.31　浸蚀　200×

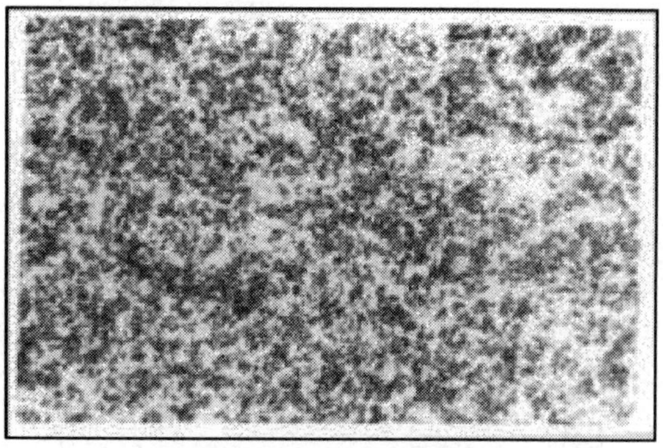

图 B.32　浸蚀　200×

表 B.1(续)

图号	材料名称	化学成分	状　态	说　明
B.33	银钨(60) AgW(60)	Ag:40% W:余量	预烧钨骨架、熔渗	显微组织: 银与钨的混合物 (浸蚀剂:2#)
B.34	银钨(60) AgW(60)	Ag:40% W:余量	预烧钨骨架、熔渗	显微组织: 银与钨的混合物 (浸蚀剂:2#)
B.35	银钨(65) AgW(65)	Ag:35% W:余量	预烧钨骨架、熔渗	显微组织: 银与钨的混合物 (浸蚀剂:2#)
B.36	银钨(65) AgW(65)	Ag:35% W:余量	预烧钨骨架、熔渗	显微组织: 银与钨的混合物 (浸蚀剂:2#)
B.37	银钨(70) AgW(70)	Ag:30% W:余量	预烧钨骨架、熔渗	显微组织: 银与钨的混合物 (浸蚀剂:2#)
B.38	银钨(80) AgW(80)	Ag:20% W:余量	预烧钨骨架、熔渗	显微组织: 银与钨的混合物 (浸蚀剂:2#)
B.39	银钨(30) AgW(30)	Ag:70% W:余量	混粉、烧结	显微组织: 孔隙(黑色部分)
B.40	银钨(40) AgW(40)	Ag:60% W:余量	混粉、烧结	显微组织: 孔隙(黑色部分) (浸蚀剂:2#)

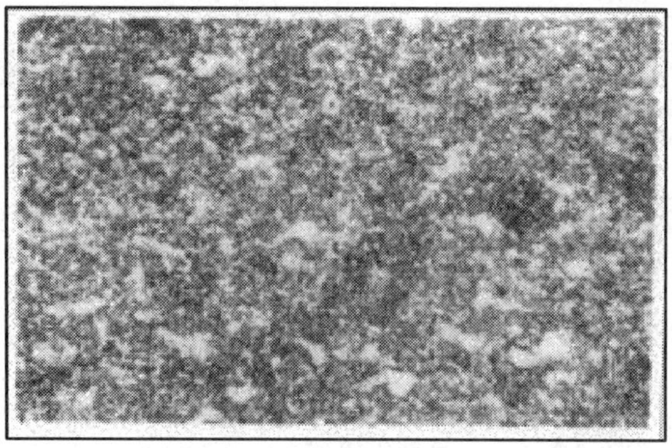

图 B.33　浸蚀　200×

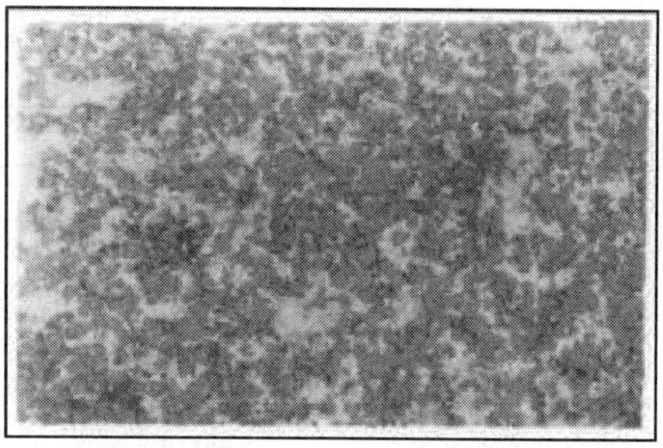

图 B.34　浸蚀　500×

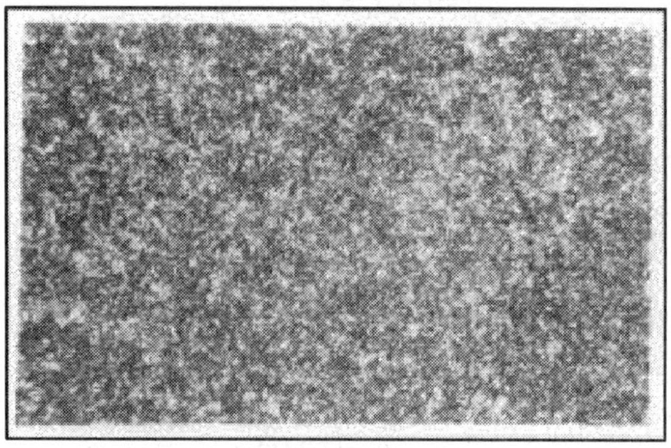

图 B.35　浸蚀　200×

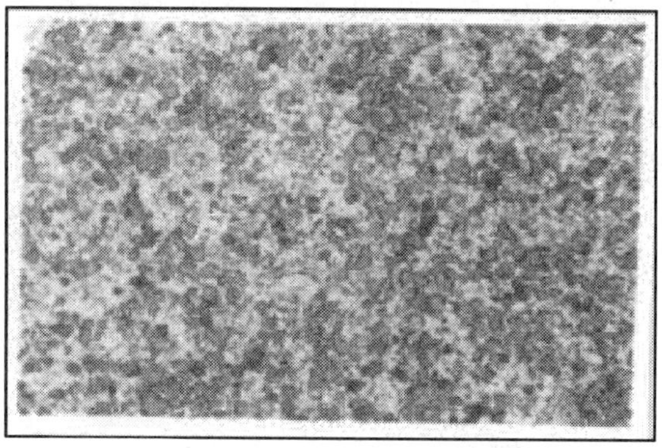

图 B.36　浸蚀　500×

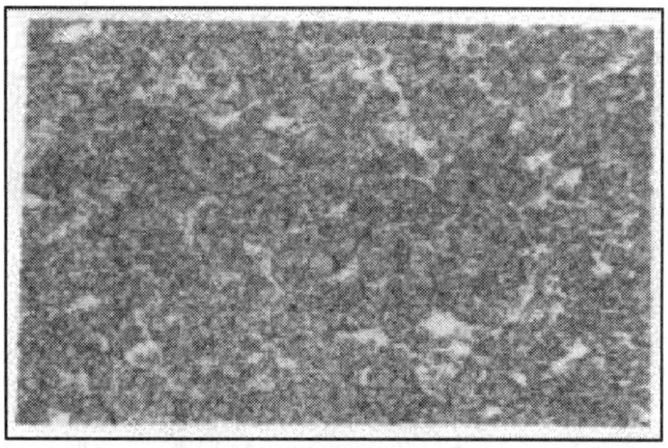

图 B.37　浸蚀　200×

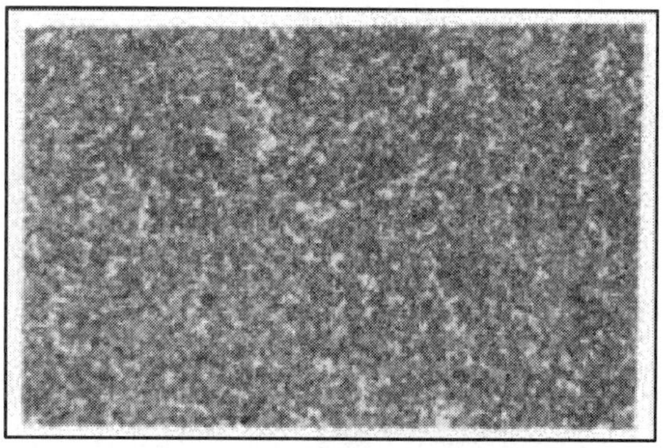

图 B.38　浸蚀　200×

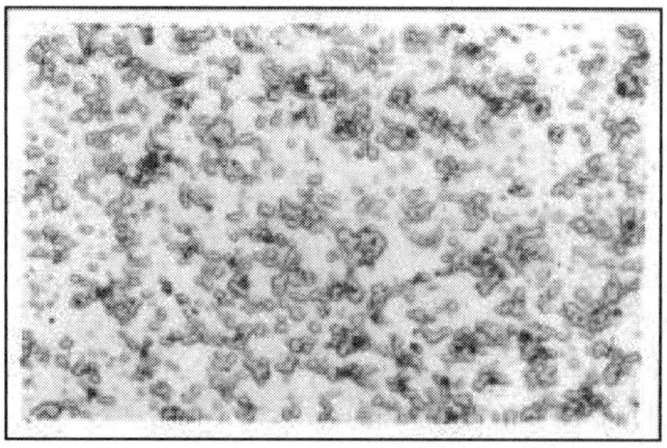

图 B.39　未浸蚀　200×

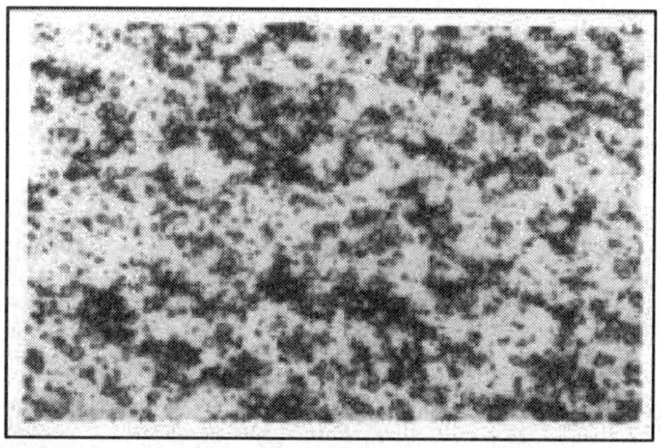

图 B.40　浸蚀　200×

表 B.1（续）

图号	材料名称	化学成分	状　态	说　明
B.41	银钨(40) AgW(40)	Ag:60% W:余量	混粉、烧结	显微组织： 深色长条形为夹杂物
B.42	银钨(70) AgW(70)	Ag:30% W:余量	预烧钨骨架、熔渗	显微组织： 熔渗工艺控制不好，在触头内部中心区域出现夹层。
B.43	银钨(40) AgW(40)	Ag:60% W:余量	混粉、烧结	显微组织： 银聚集(白色块)
B.44	银钨(40) AgW(40)	Ag:60% W:余量	混粉、烧结	显微组织： 银聚集(白色块)及孔隙(黑色部分)
B.45	银钨(70) AgW(70)	Ag:30% W:余量	预烧钨骨架、熔渗	显微组织： 添加物镍聚集及孔洞 (浸蚀剂:2#)
B.46	银钨(70) AgW(70)	Ag:30% W:余量	预烧钨骨架、熔渗	显微组织： 黑色部分为孔洞 (浸蚀剂:2#)
B.47	银钨(65) AgW(65)	Ag:35% W:余量	预烧钨骨架、熔渗	显微组织： 黑色部分为孔隙
B.48	银钨(70) AgW(70)	Ag:30% W:余量	预烧钨骨架、熔渗	显微组织： 孔洞 (浸蚀剂:2#)

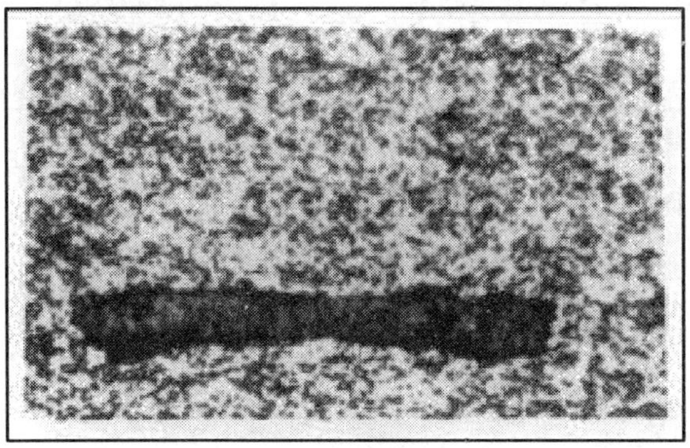

图 B. 41　未浸蚀　100×

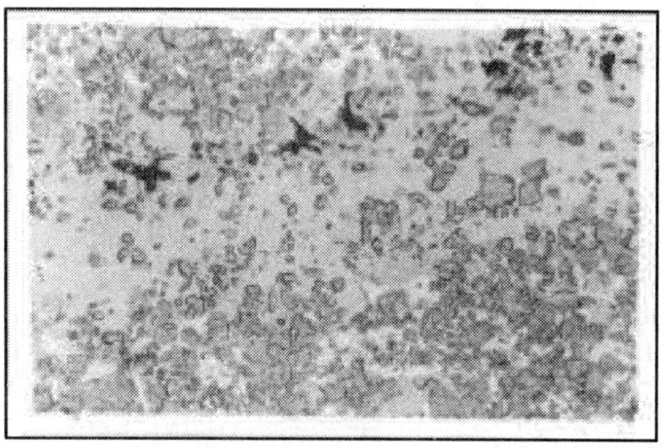

图 B. 42　未浸蚀　500×

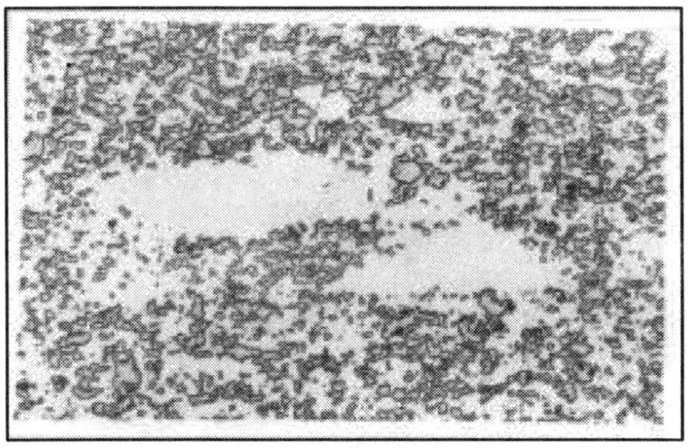

图 B. 43　未浸蚀　100×

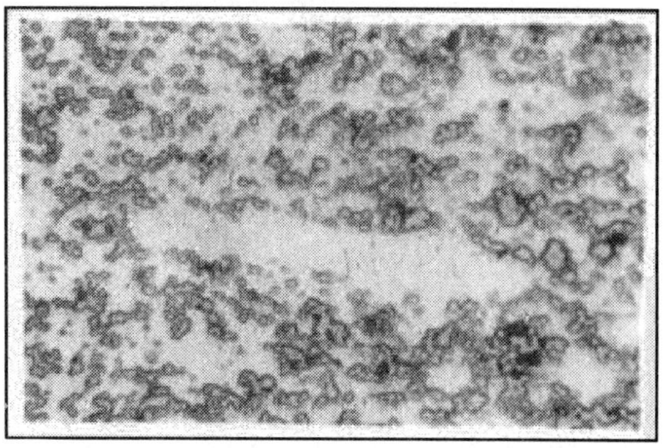

图 B. 44　未浸蚀　200×

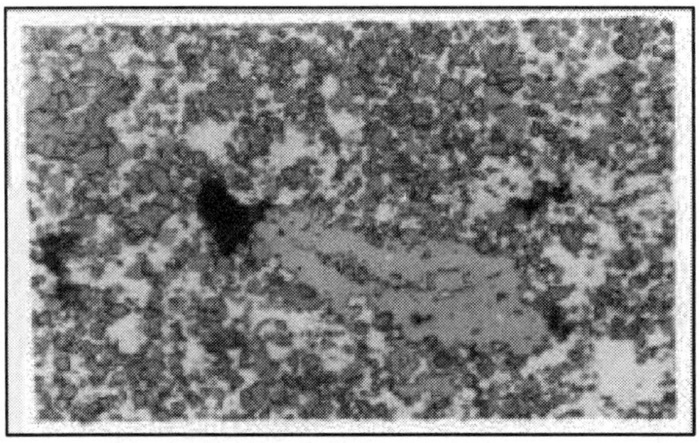

图 B. 45　浸蚀　500×

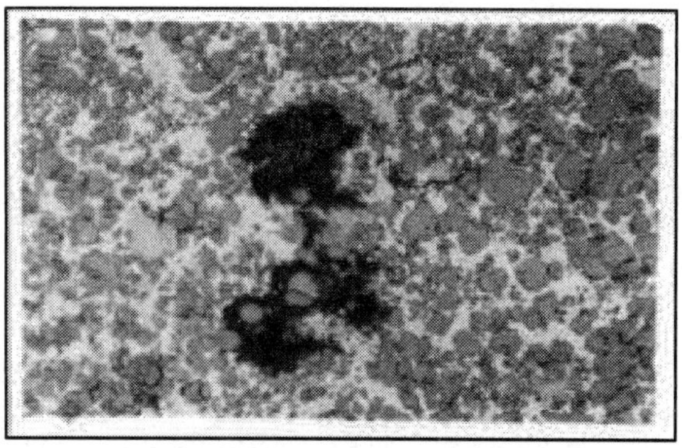

图 B. 46　浸蚀　500×

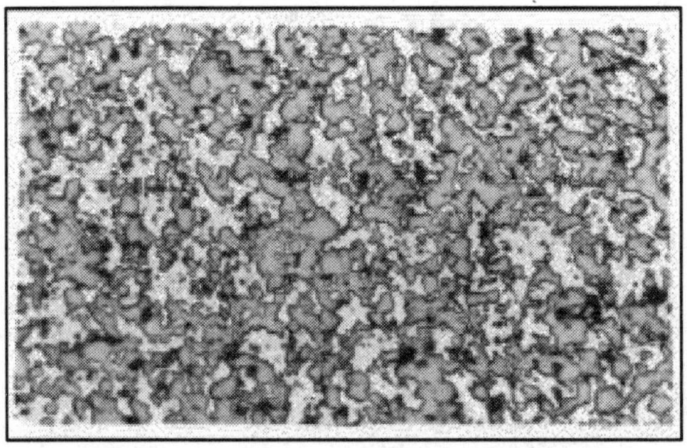

图 B. 47　未浸蚀　100×

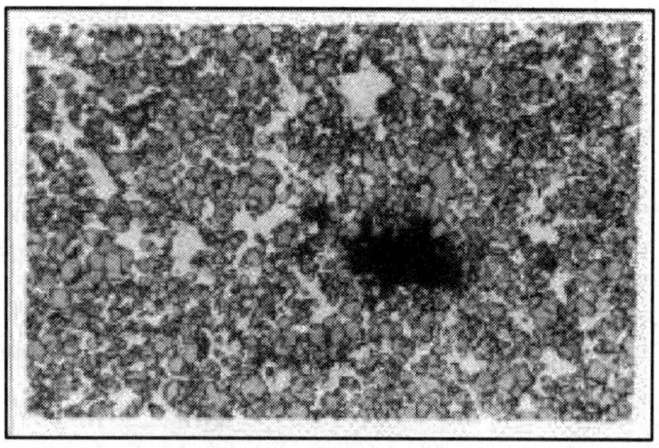

图 B. 48　浸蚀　200×

表 B.1（续）

图号	材料名称	化学成分	状　态	说　明
B.49	银钨(50) AgW(50)	Ag:50% W:余量	混粉、烧结	显微组织： 组织不均匀，银聚集(白色块)
B.50	银钨(80) AgW(80)	Ag:20% W:余量	预烧钨骨架、熔渗	显微组织： 由于钨骨架出现裂纹，在熔渗过程中，渗银沿着裂纹而形成银带。
B.51	银钨(80) AgW(80)	Ag:20% W:余量	预烧钨骨架、熔渗	显微组织： 钨骨架出现枝叉裂纹，且裂纹部分被渗银。
B.52	银钨(70) AgW(70)	Ag:30% W:余量	预烧钨骨架、熔渗	显微组织： 触头产品出现分层裂纹
B.53	银钨(50)/Ag AgW(50)/Ag	Ag:50% W:余量	预烧钨骨架、熔渗	显微组织： 银钨与银复合界面孔洞
B.54	钨镍铜 WNiCu	Ni:9.0% Cu:4.0% W:余量	混粉、烧结	显微组织： 镍铜固熔体与钨颗粒的混合物 (浸蚀剂:2#)
B.55	钨镍铜 WNiCu	Ni:9.0% Cu:4.0% W:余量	混粉、烧结	显微组织： 孔隙 (浸蚀剂:2#)
B.56	钨镍铜 WNiCu	Ni:9.0% Cu:4.0% W:余量	混粉、烧结	显微组织： 孔洞 (浸蚀剂:2#)

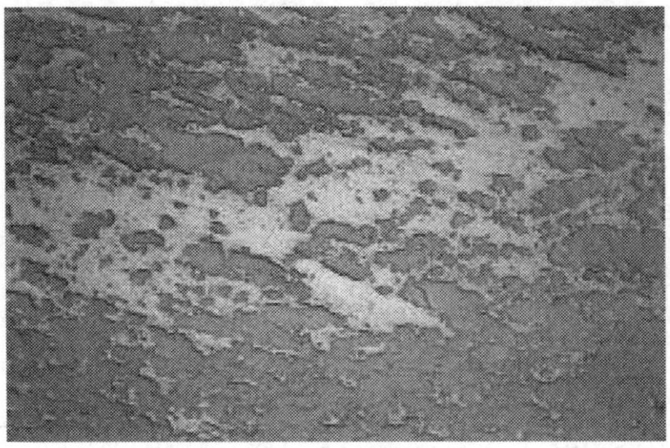

图 B.49　未浸蚀　200×

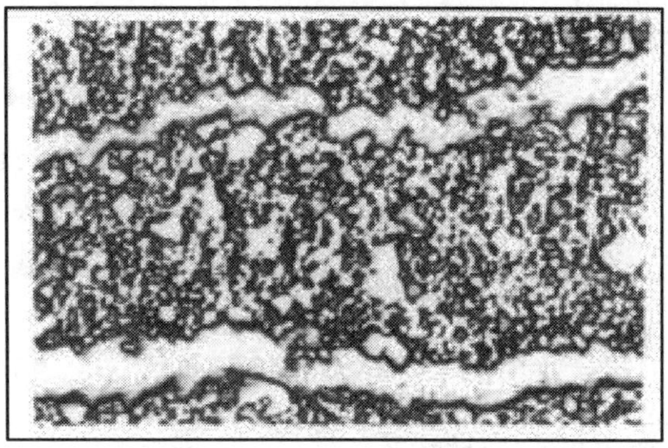

图 B.50　未浸蚀　100×

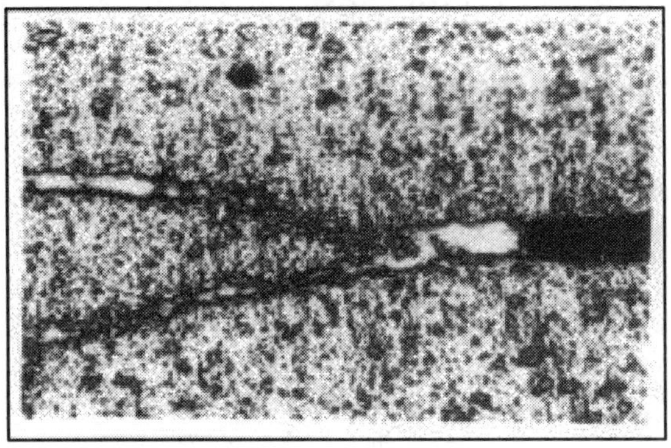

图 B.51　未浸蚀　100×

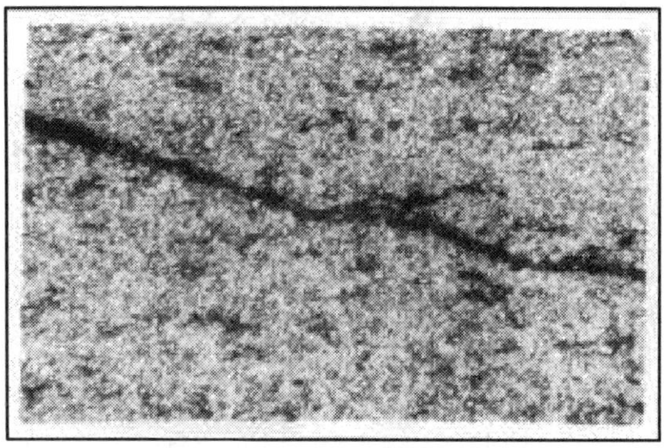

图 B.52　未浸蚀　100×

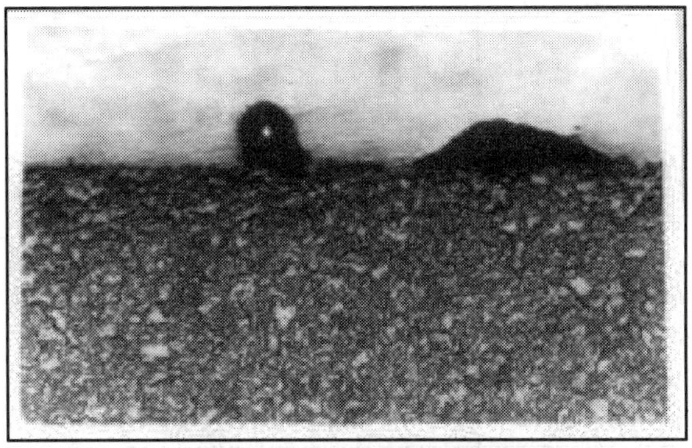

图 B.53　未浸蚀　100×

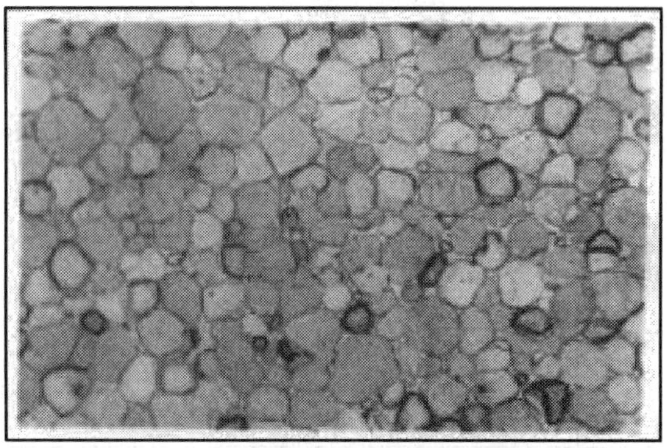

图 B.54　浸蚀　200×

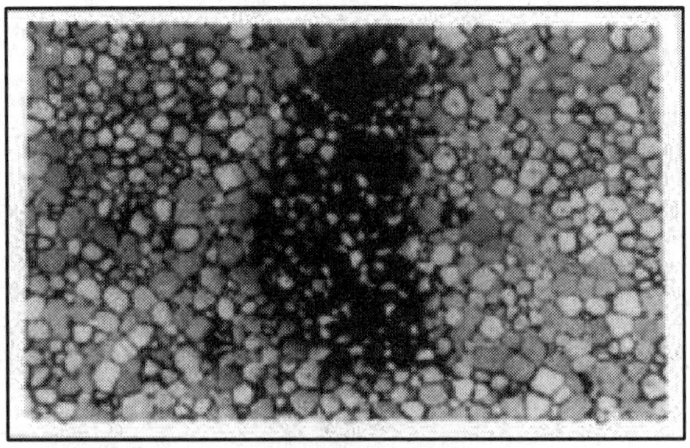

图 B.55　浸蚀　100×

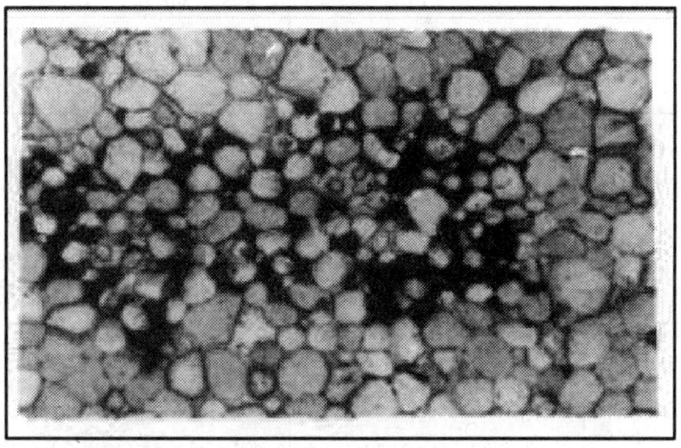

图 B.56　浸蚀　200×

附　录　C
（资料性附录）
铜基电触头材料金相图及其说明

C.1　铜基电触头材料金相图参见图C.1～图C.64，其说明参见表C.1。

表 C.1

图号	材料名称	化学成分	状　　态	说　　明
C.1	铜石墨(2) CuC(2)	C:2% Cu:余量	混粉、烧结	显微组织： 铜与石墨的机械混合物
C.2	铜石墨(3) CuC(3)	C:3% Cu:余量	混粉、烧结	显微组织： 铜与石墨的机械混合物
C.3	铜石墨(4) CuC(4)	C:4% Cu:余量	混粉、烧结	显微组织： 铜与石墨的机械混合物
C.4	铜石墨(5) CuC(5)	C:5% Cu:余量	混粉、烧结	显微组织： 铜与石墨的机械混合物
C.5	铜石墨(6) CuC(6)	C:6% Cu:余量	混粉、烧结	显微组织： 铜与石墨的机械混合物
C.6	铜石墨(10) CuC(10)	C:10% Cu:余量	混粉、烧结	显微组织： 铜与石墨的机械混合物
C.7	铜石墨(3)/铜 CuC(3)/Cu	C:3% Cu:余量	混粉、烧结	显微组织： 铜石墨与铜复合界面
C.8	铜石墨(3) CuC(3)	C:3% Cu:余量	混粉、烧结	显微组织： 石墨分布不均匀

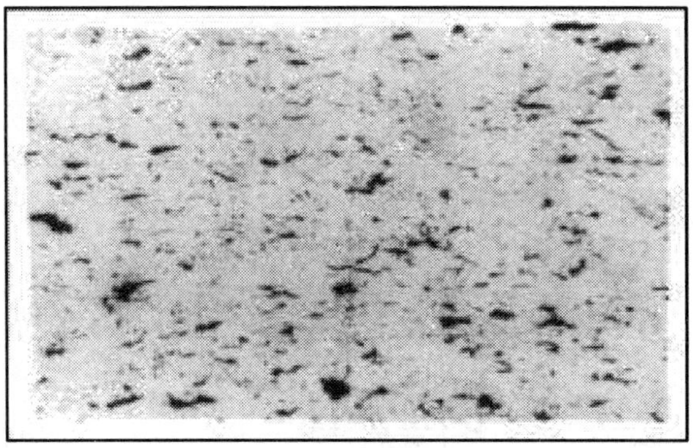

图 C.1 未浸蚀 200×

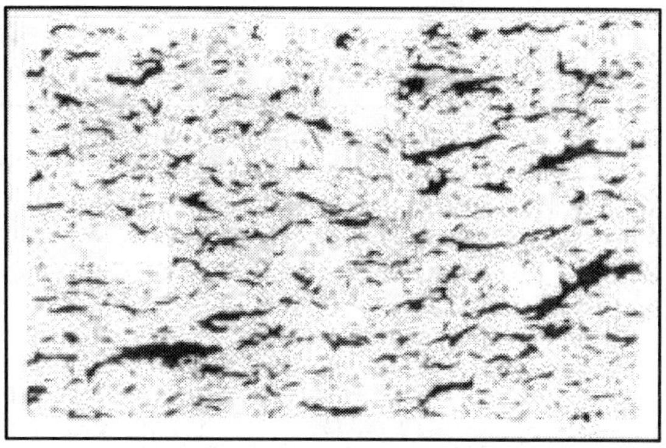

图 C.2 未浸蚀 200×

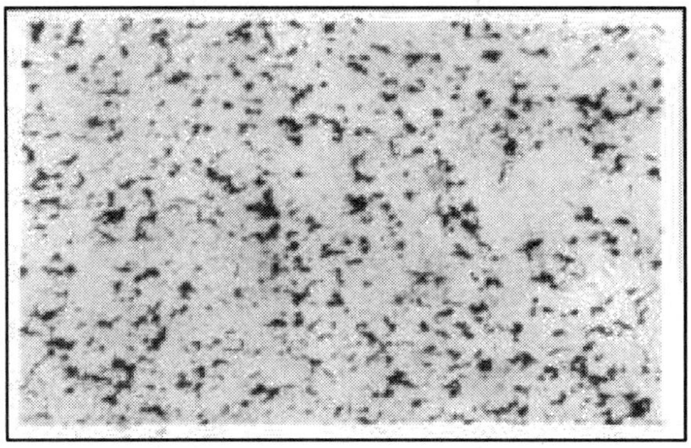

图 C.3 未浸蚀 200×

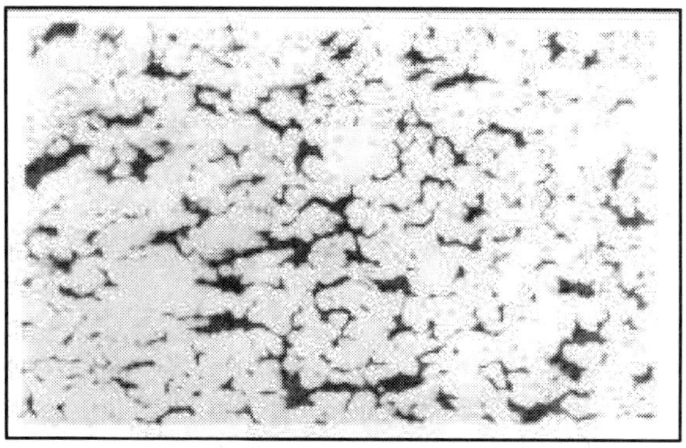

图 C.4 未浸蚀 200×

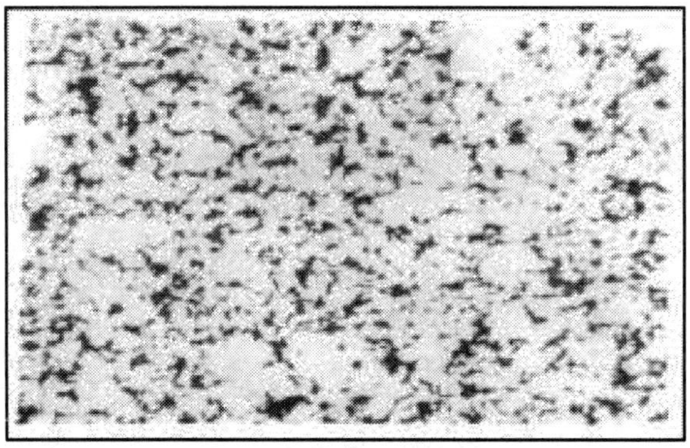

图 C.5 未浸蚀 200×

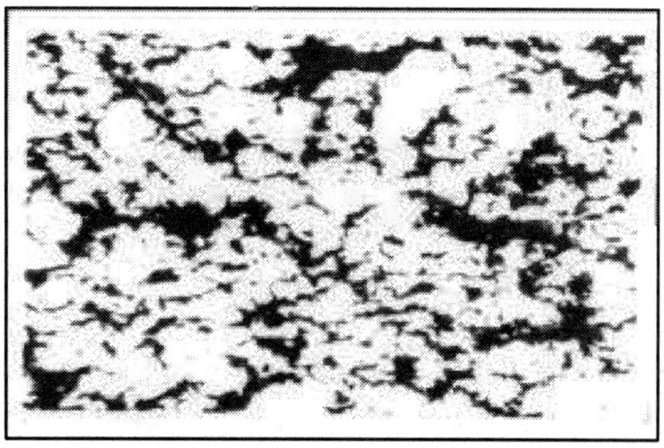

图 C.6 未浸蚀 200×

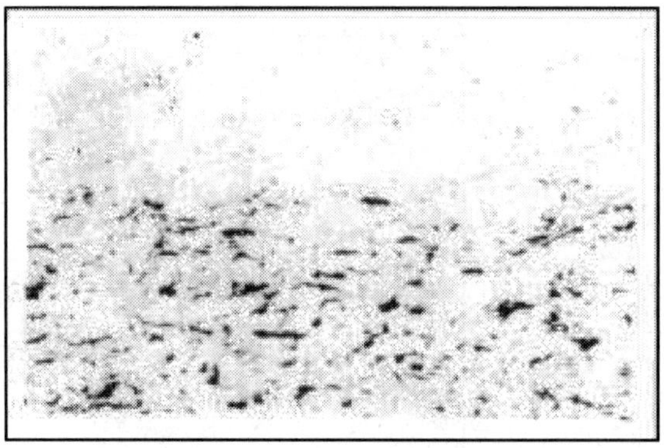

图 C.7 未浸蚀 200×

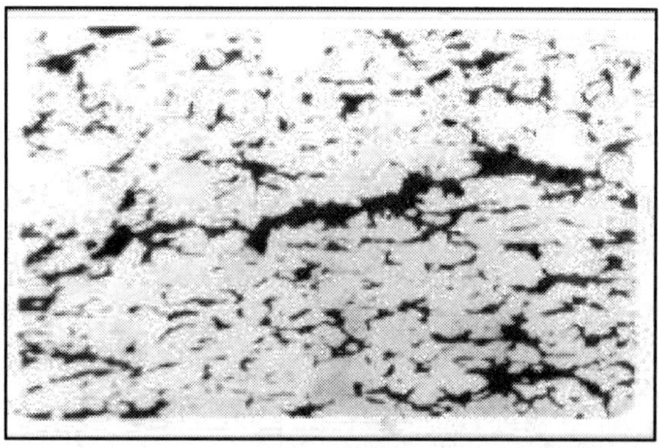

图 C.8 未浸蚀 200×

表 C.1（续）

图号	材料名称	化学成分	状　态	说　明
C.9	铜石墨(3) CuC(3)	C:3% Cu:余量	混粉、烧结	显微组织： 石墨聚集
C.10	铜石墨(4) CuC(4)	C:4% Cu:余量	混粉、烧结	显微组织： 石墨聚集
C.11	铜碳化钨(15) CuWC(15)	WC:15% Cu:余量	混粉、烧结	显微组织： 碳化钨颗粒与铜的机械混合物
C.12	铜碳化钨(20) CuWC(20)	WC:20% Cu:余量	混粉、烧结	显微组织： 碳化钨与铜的机械混合物
C.13	铜碳化钨(65) CuWC(65)	WC:65% Cu:余量	熔渗法	显微组织： 碳化钨与铜的混合物 (浸蚀剂:2#)
C.14	铜碳化钨(12)石墨(3) CuWC(12)C(3)	WC:12% C:3% Cu:余量	混粉、烧结	显微组织： 碳化钨、石墨与铜的机械混合物
C.15	铜碳化钨(12)石墨(3) CuWC(12)C(3)	WC:12% C:3% Cu:余量	混粉、烧结	显微组织： 碳化钨、石墨与铜的机械混合物
C.16	铜碳化钨(12)石墨(3) CuWC(12)C(3)	WC:12% C:3% Cu:余量	混粉、烧结	显微组织： 石墨聚集

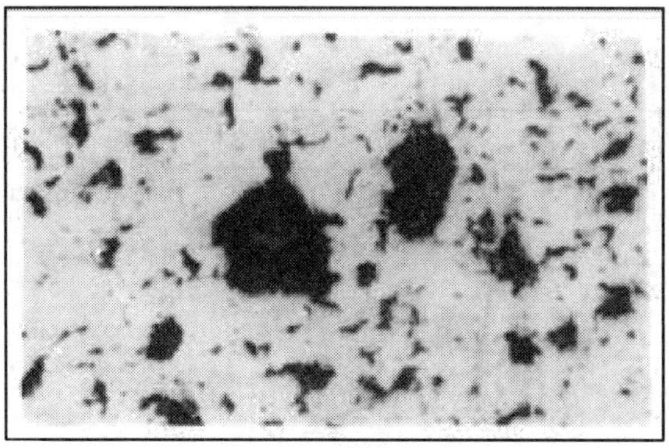

图 C.9　未浸蚀　200×

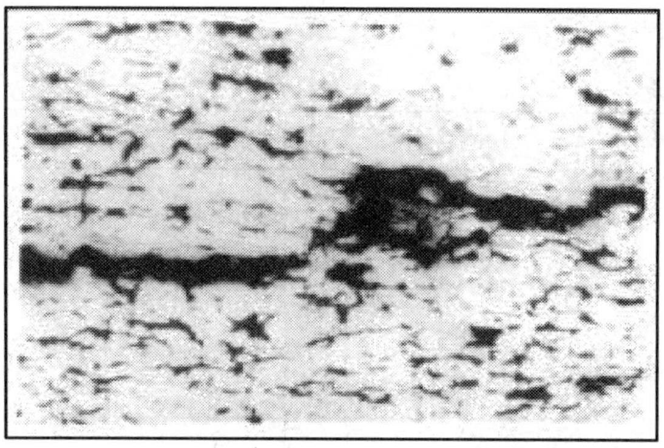

图 C.10　未浸蚀　200×

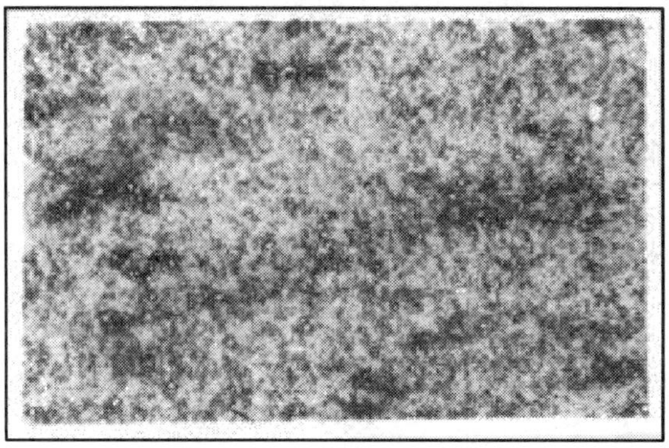

图 C.11　未浸蚀　200×

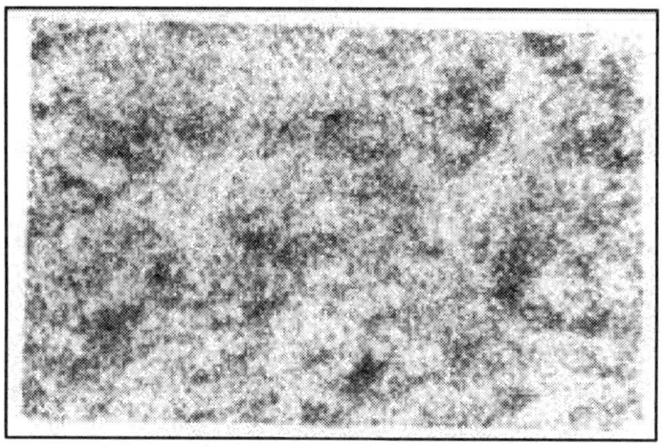

图 C.12　未浸蚀　200×

图 C.13　浸蚀　200×

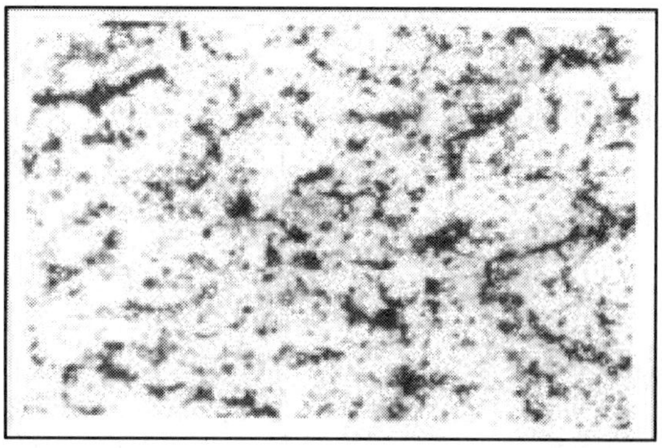

图 C.14　未浸蚀　200×

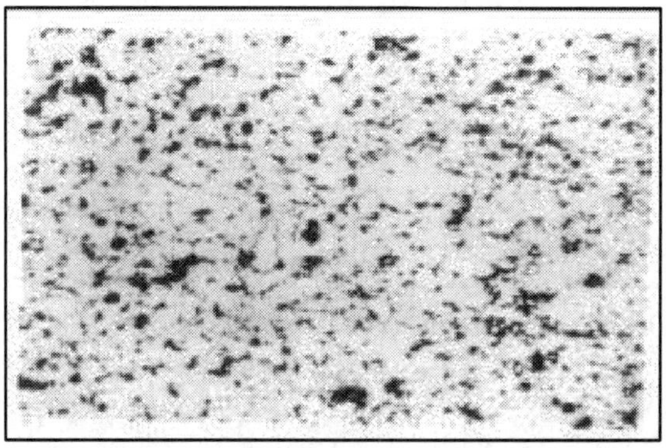

图 C.15　未浸蚀　200×

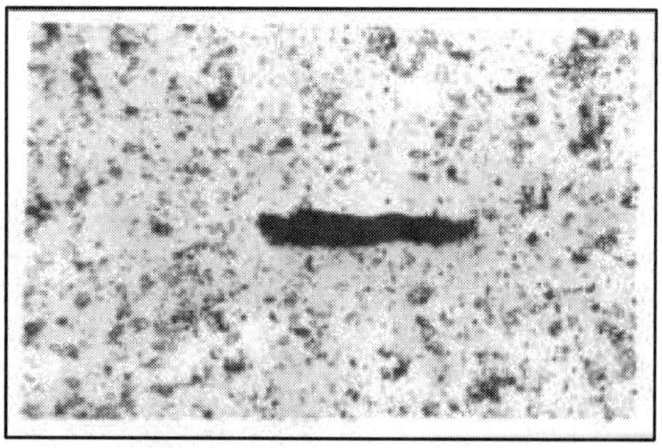

图 C.16　未浸蚀　200×

表 C.1（续）

图号	材料名称	化学成分	状态	说明
C.17	铜铬(25) CuCr(25)	Cr:25% Cu:余量	真空烧结法	显微组织： 铬颗粒与铜的混合物
C.18	铜铬(25) CuCr(25)	Cr:25% Cu:余量	电弧熔炼法	显微组织： 铬颗粒在铜基体上弥散分布
C.19	铜铬(30) CuCr(30)	Cr:30% Cu:余量	电弧熔炼法	显微组织： 铬颗粒在铜基体上弥散分布
C.20	铜铬(35) CuCr(35)	Cr:35% Cu:余量	真空烧结法	显微组织： 铬颗粒与铜的混合物
C.21	铜铬(40) CuCr(40)	Cr:40% Cu:余量	电弧熔炼法	显微组织： 铬颗粒在铜基体上弥散分布
C.22	铜铬(40) CuCr(40)	Cr:40% Cu:余量	真空烧结法	显微组织： 铬颗粒与铜的混合物
C.23	铜铬(45) CuCr(45)	Cr:45% Cu:余量	电弧熔炼法	显微组织： 铬晶粒在铜基体上弥散分布
C.24	铜铬(50) CuCr(50)	Cr:50% Cu:余量	电弧熔炼法	显微组织： 铬颗粒在铜基体上弥散分布

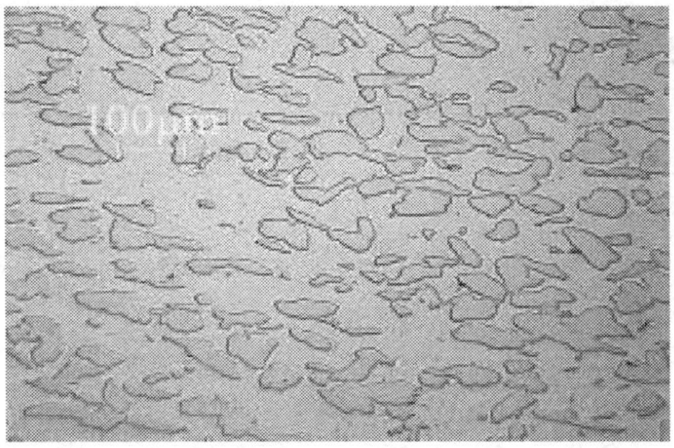

图 C.17　未浸蚀　100×

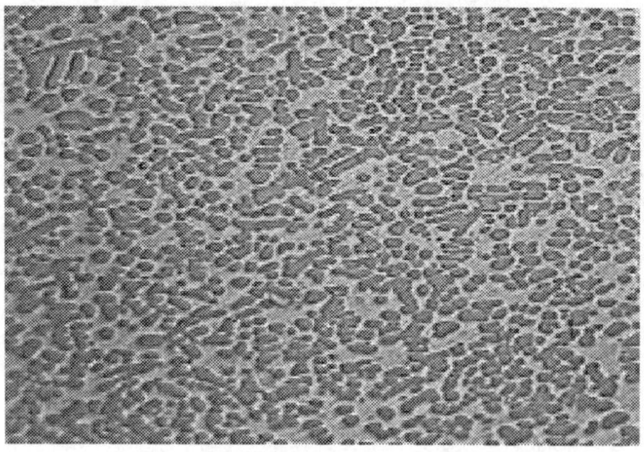

图 C.18　未浸蚀　100×

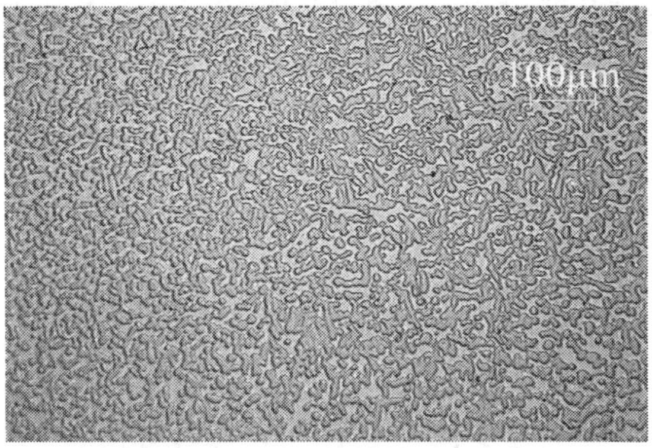

图 C.19　未浸蚀　100×

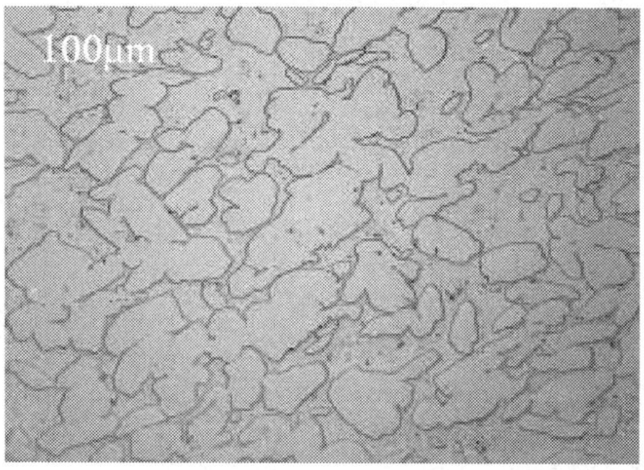

图 C.20　未浸蚀　100×

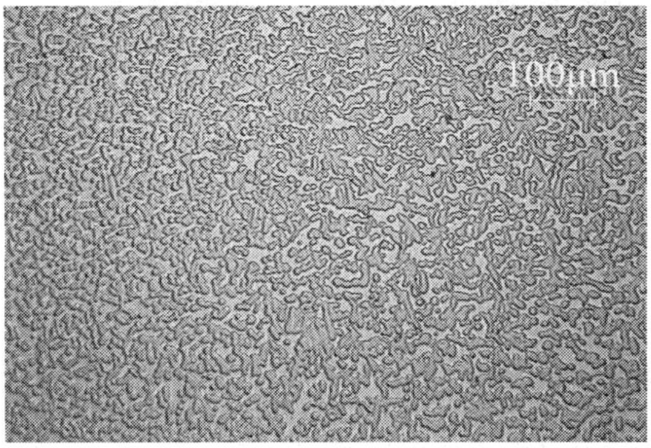

图 C.21　未浸蚀　100×

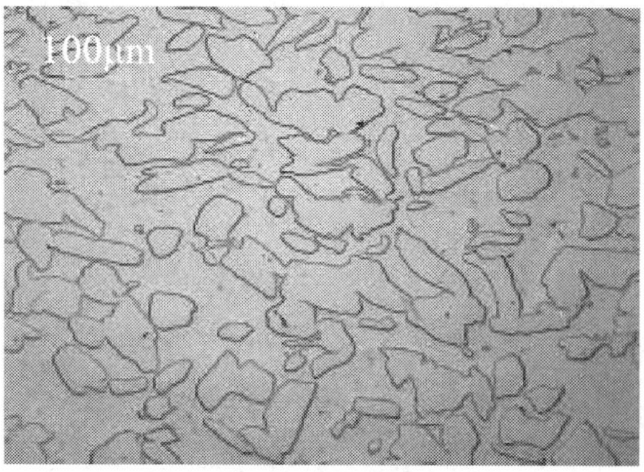

图 C.22　未浸蚀　100×

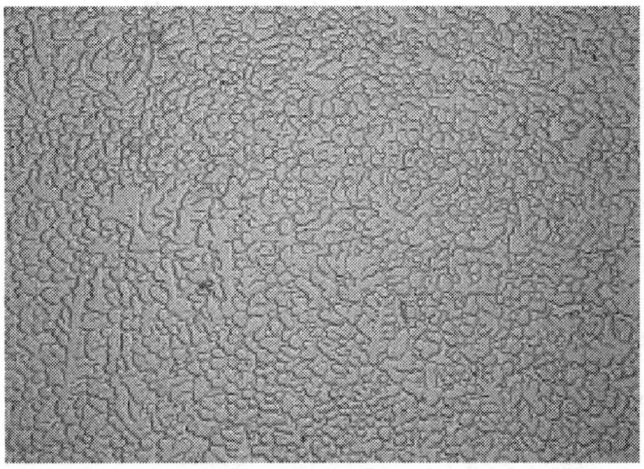

图 C.23　未浸蚀　100×

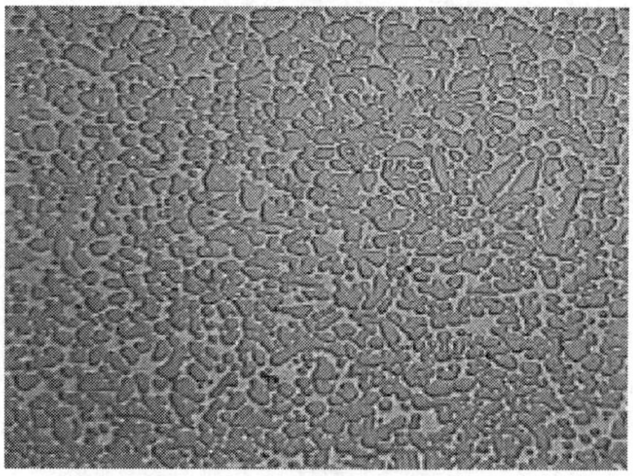

图 C.24　未浸蚀　100×

表 C.1（续）

图号	材料名称	化学成分	状　　态	说　　明
C.25	铜铬(50) CuCr(50)	Cr:50% Cu:余量	真空熔渗法	显微组织： 铬颗粒与铜的混合物
C.26	铜铬(50) CuCr(50)	Cr:50% Cu:余量	真空烧结法	显微组织： 铬颗粒与铜的混合物
C.27	铜铬(25) CuCr(25)	Cr:25% Cu:余量	真空熔铸法	显微组织： 铬颗粒在铜基体上弥散分布
C.28	铜铬(30) CuCr(30)	Cr:30% Cu:余量	真空熔铸法	显微组织： 铬颗粒在铜基体上弥散分布
C.29	铜铬(40) CuCr(40)	Cr:40% Cu:余量	真空熔铸法	显微组织： 铬颗粒在铜基体上弥散分布
C.30	铜铬(25) CuCr(25)	Cr:25% Cu:余量	真空熔铸法	显微组织： 夹杂物及组织分布不均匀
C.31	铜铬(25) CuCr(25)	Cr:25% Cu:余量	真空熔铸法	显微组织： 富铜
C.32	铜铬(30) CuCr(30)	Cr:30% Cu:余量	真空熔铸法	显微组织： 富铬

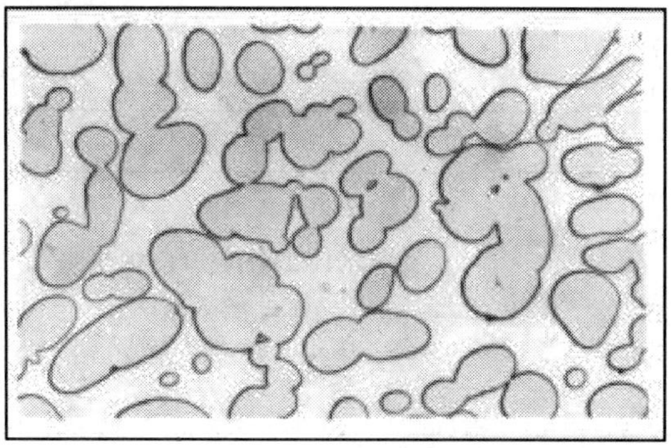

图 C.25　未浸蚀　100×

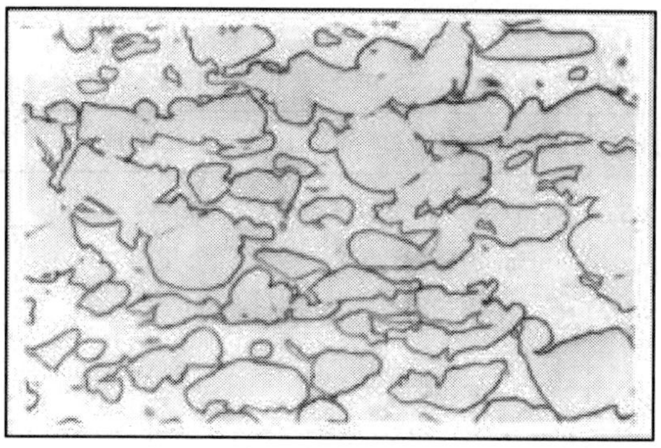

图 C.26　未浸蚀　100×

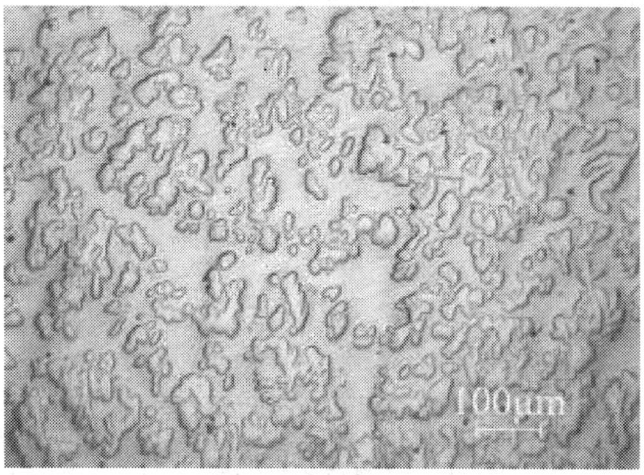

图 C.27　未浸蚀　100×

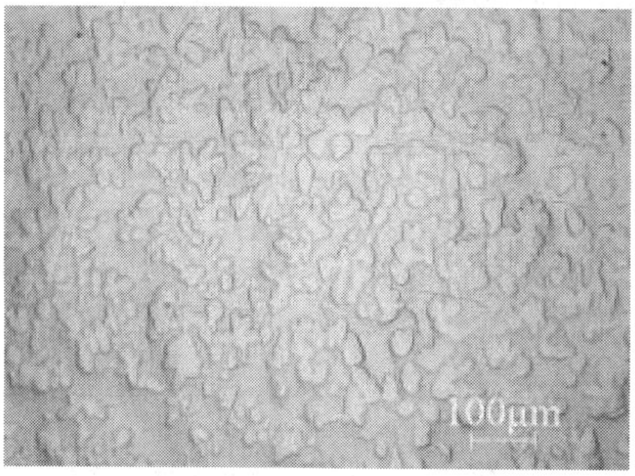

图 C.28　未浸蚀　100×

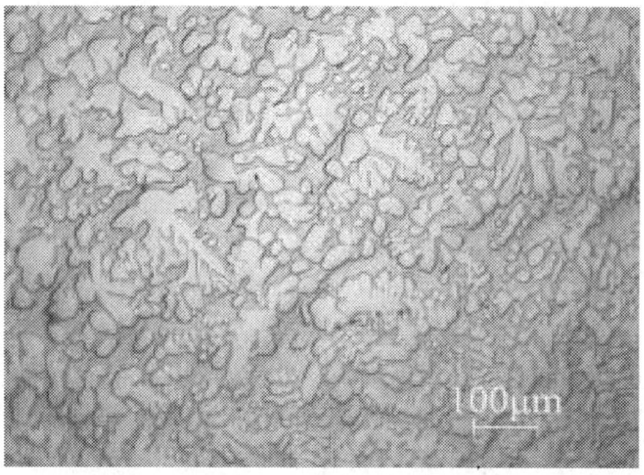

图 C.29　未浸蚀　100×

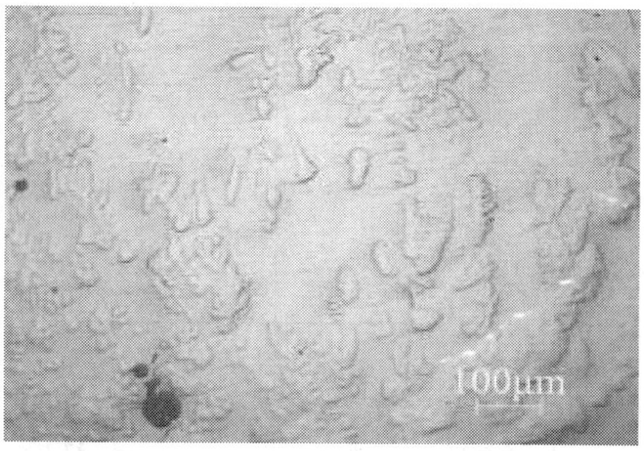

图 C.30　未浸蚀　100×

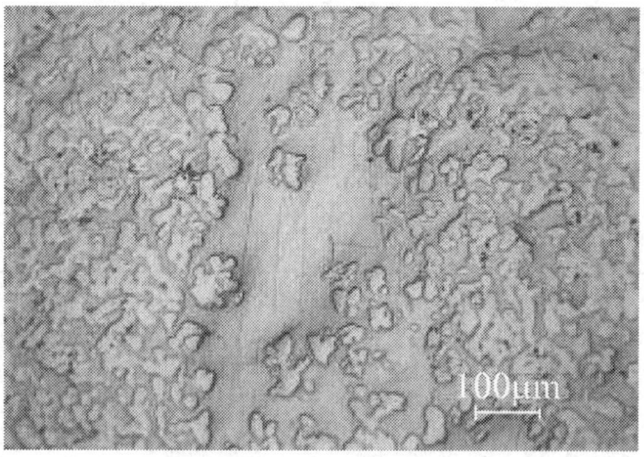

图 C.31　未浸蚀　100×

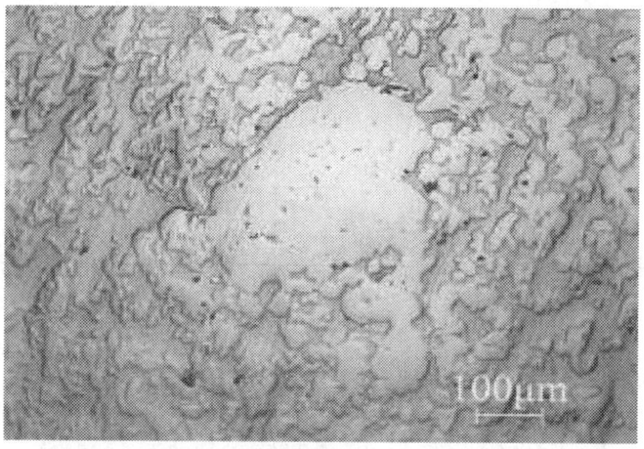

图 C.32　未浸蚀　100×

表 C.1（续）

图号	材料名称	化学成分	状　态	说　明
C.33	铜铬(40) CuCr(40)	Cr:40% Cu:余量	真空熔铸法	显微组织： 铜基体上分布黑色细小夹杂
C.34	铜铬(40) CuCr(40)	Cr:40% Cu:余量	真空熔铸法	显微组织： 富铬
C.35	铜铬(50) CuCr(50)	Cr:50% Cu:余量	真空熔渗法	显微组织： 铬颗粒聚集以及黑色夹杂物
C.36	铜铬(25) CuCr(25)	Cr:25% Cu:余量	真空熔渗法	显微组织： 黑色为夹杂物
C.37	铜铬(50) CuCr(50)	Cr:50% Cu:余量	真空熔渗法	显微组织： 黑色为夹杂物
C.38	铜铬(50) CuCr(50)	Cr:50% Cu:余量	真空熔渗法	显微组织： 黑色为夹杂物
C.39	铜铬(40) CuCr(40)	Cr:40% Cu:余量	电弧熔炼法	显微组织： 铬富集、黑色孔隙
C.40	铜铬(50) CuCr(50)	Cr:50% Cu:余量	真空熔渗法	显微组织： 黑块为孔洞

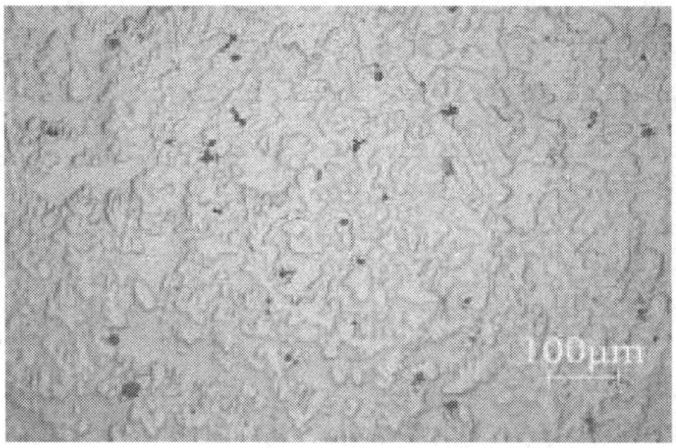

图 C.33　未浸蚀　100×

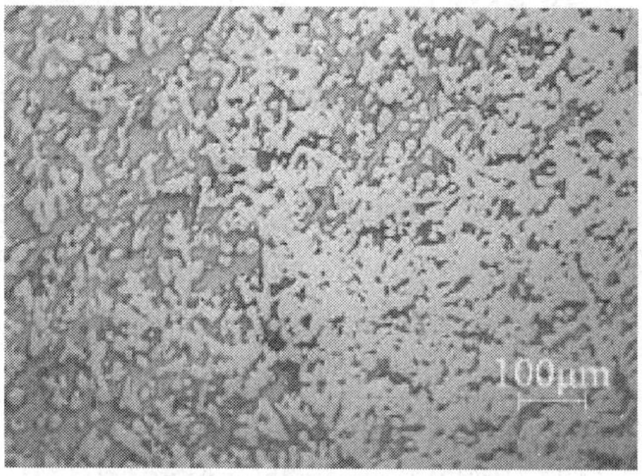

图 C.34　未浸蚀　100×

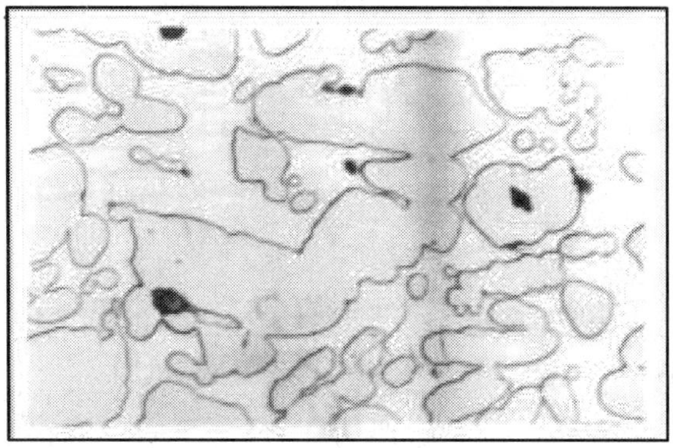

图 C.35　未浸蚀　100×

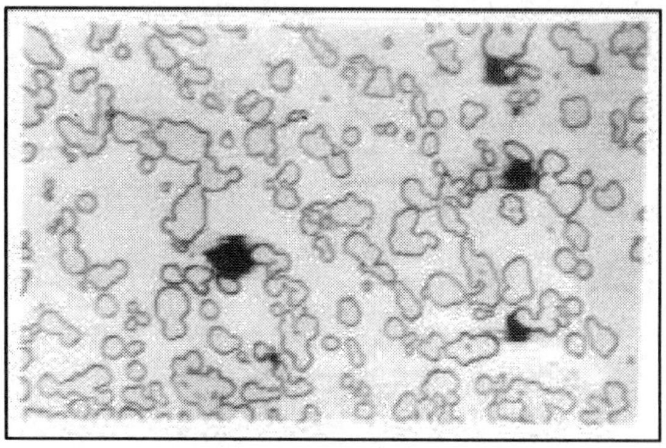

图 C.36　未浸蚀　100×

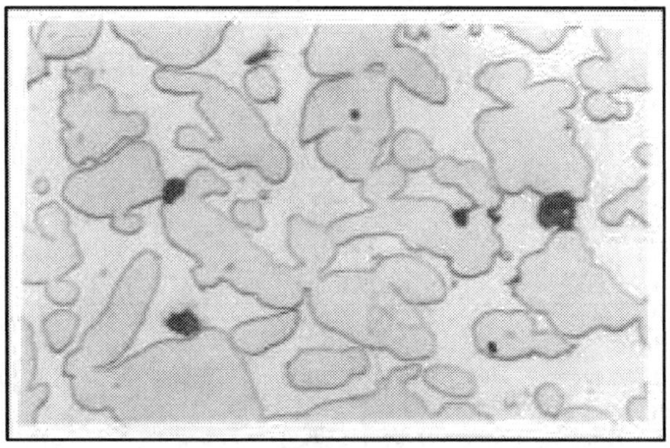

图 C.37　未浸蚀　100×

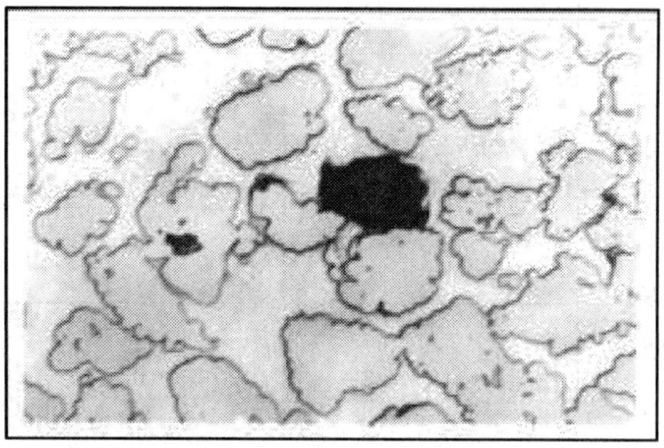

图 C.38　未浸蚀　100×

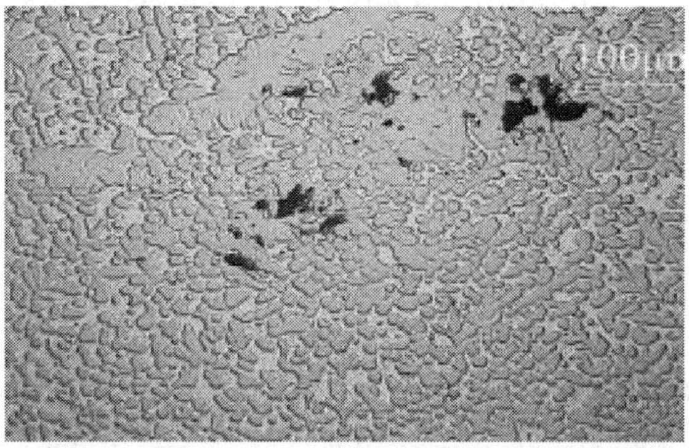

图 C.39　未浸蚀　100×

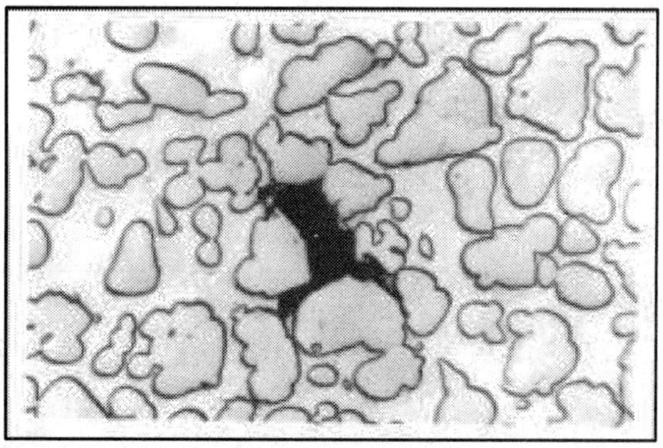

图 C.40　未浸蚀　100×

表 C.1（续）

图号	材料名称	化学成分	状　态	说　明
C.41	铜铬(25) CuCr(25)	Cr:25% Cu:余量	电弧熔炼法	显微组织： 富铬
C.42	铜铬(40) CuCr(40)	Cr:40% Cu:余量	电弧熔炼法	显微组织： 富铬
C.43	铜铬(30) CuCr(30)	Cr:30% Cu:余量	电弧熔炼法	显微组织： 富铜
C.44	铜铬(40) CuCr(40)	Cr:40% Cu:余量	电弧熔炼法	显微组织： 富铜
C.45	铜铬(50) CuCr(50)	Cr:50% Cu:余量	电弧熔炼法	显微组织： 富铜
C.46	铜铬(40) CuCr(40)	Cr:40% Cu:余量	电弧熔炼法	显微组织： 铬富集
C.47	铜铬(40) CuCr(40)	Cr:40% Cu:余量	电弧熔炼法	显微组织： 铬富集
C.48	铜铬(50) CuCr(50)	Cr:50% Cu:余量	电弧熔炼法	显微组织： 铬富集

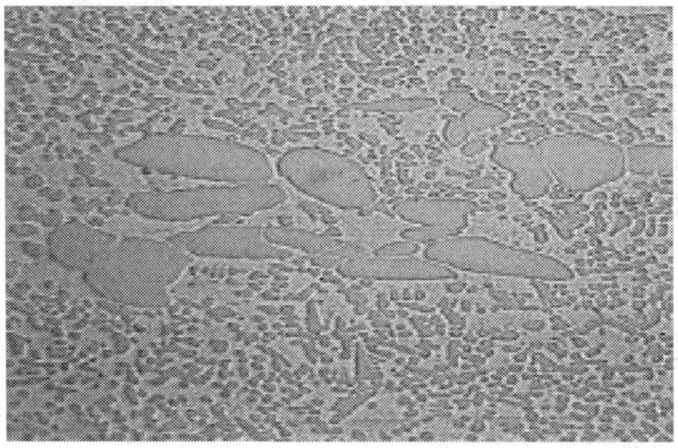

图 C.41 未浸蚀 100×

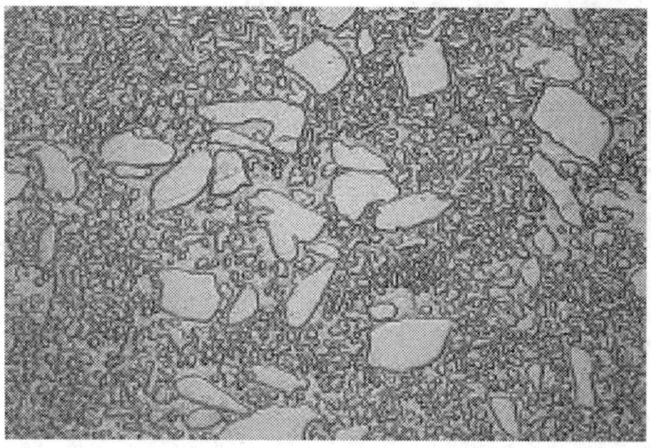

图 C.42 未浸蚀 100×

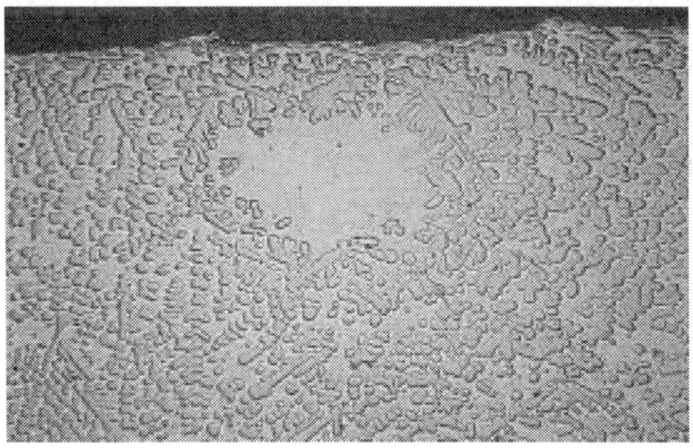

图 C.43 未浸蚀 100×

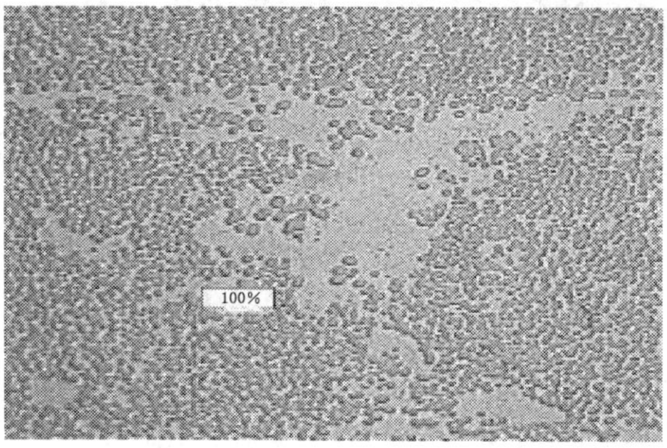

图 C.44 未浸蚀 100×

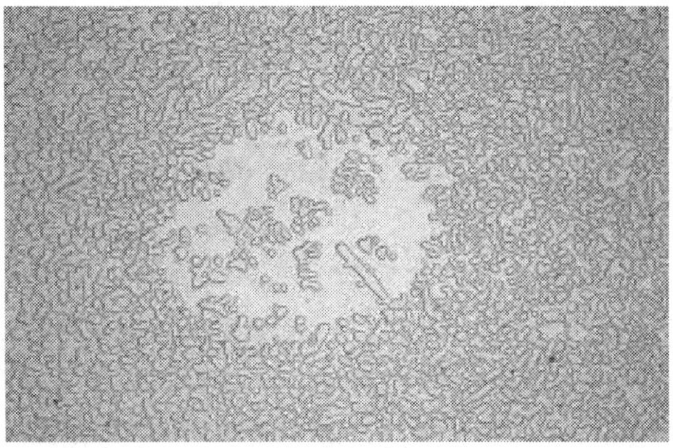

图 C.45 未浸蚀 100×

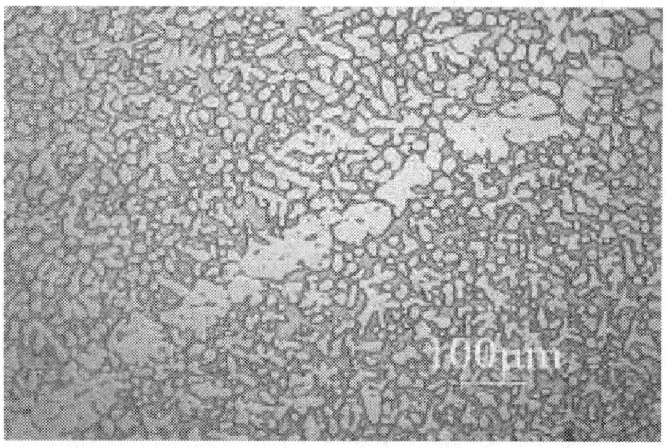

图 C.46 未浸蚀 100×

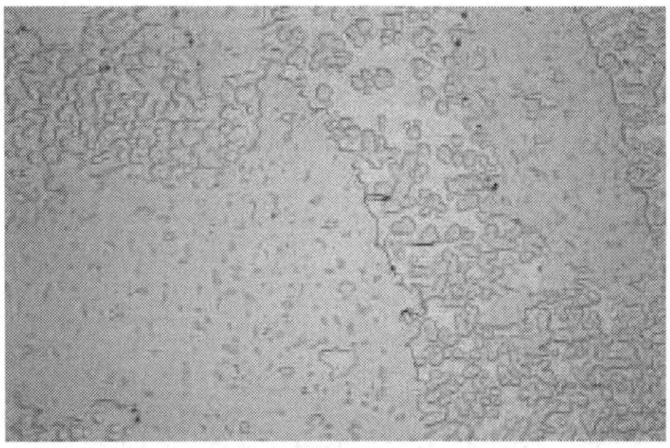

图 C.47 未浸蚀 100×

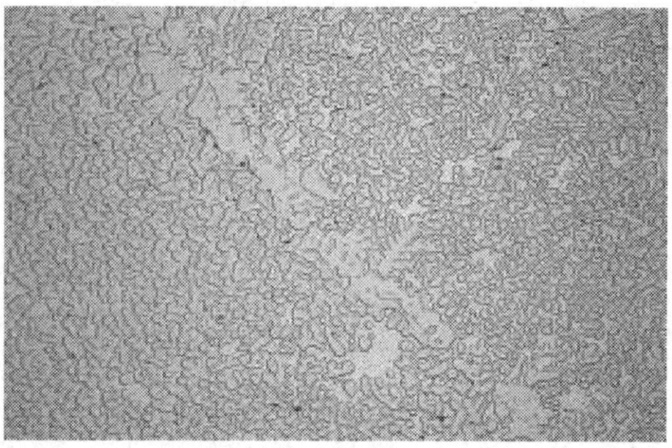

图 C.48 未浸蚀 100×

表 C.1(续)

图号	材料名称	化学成分	状　态	说　明
C.49	铜钨碲 WCu30Te1	Cu:30% Te:1% W:余量	真空熔渗法	显微组织: 铜与钨颗粒的混合物、碲分布在铜上 (浸蚀剂:2#)
C.50	铜钨碲 WCu17Te1	Cu:17% Te:1% W:余量	真空熔渗法	显微组织: 铜与钨颗粒的混合物、碲分布在铜上 (浸蚀剂:2#)
C.51	铜钨碲 WCu30Te1	Cu:30% Te:1% W:余量	真空熔渗法	显微组织: 铜与钨颗粒的混合物、碲分布在铜上
C.52	铜钨碲 CuWTe	Cu:30% Te:1% W:余量	真空熔渗法	显微组织: 黑色部分一些为孔隙,一些为碲脱落,留下孔洞 (浸蚀剂:2#)
C.53	铜钨碲 CuWTe	Cu:30% Te:1% W:余量	真空熔渗法	显微组织: 铜钨碲与铜的复合界面
C.54	铜钨碲 WCu17Te1	Cu:17% Te:1% W:余量	真空熔渗法	显微组织: 铜钨碲与铜的复合界面 (浸蚀剂:2#)
C.55	铜钨碲 WCu30Te1	Cu:30% Te:1% W:余量	真空熔渗法	显微组织: 铜聚集
C.56	铜钨碲 CuWTe	Cu:30% Te:1% W:余量	真空熔渗法	显微组织: 钨颗粒聚集 (浸蚀剂:2#)

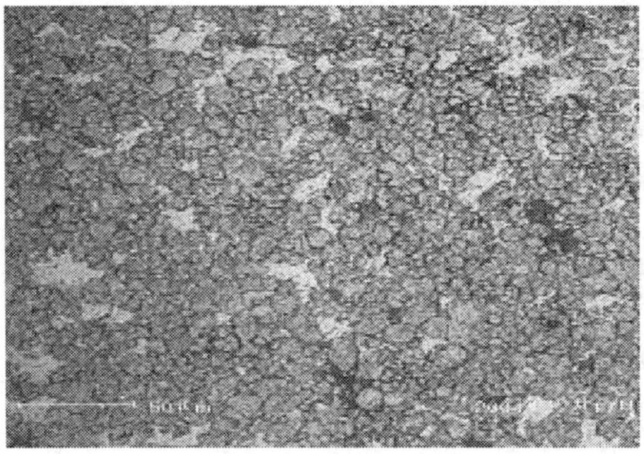

图 C.49 浸蚀 200×

图 C.50 浸蚀 200×

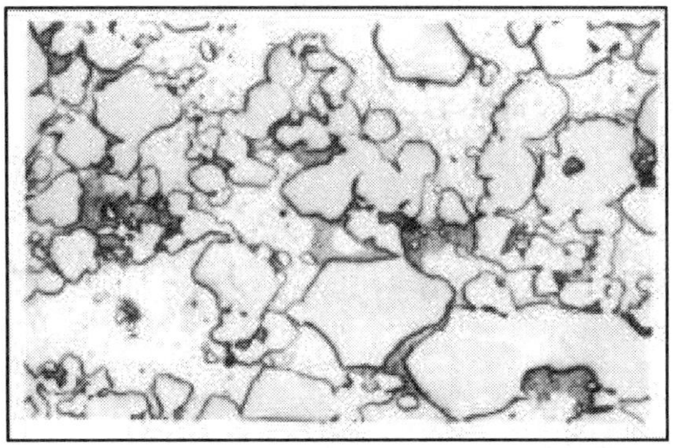

图 C.51 未浸蚀 200×

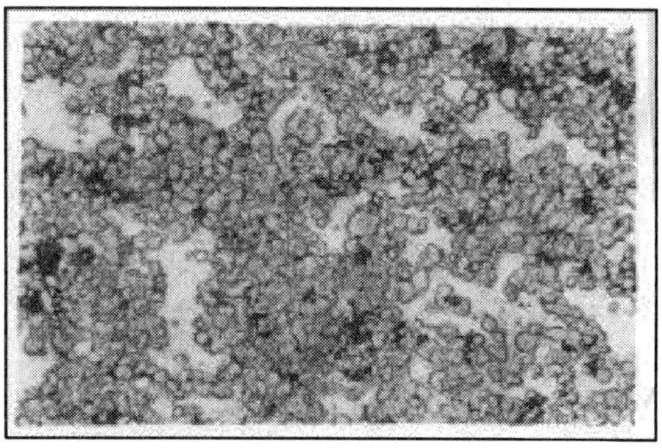

图 C.52 浸蚀 200×

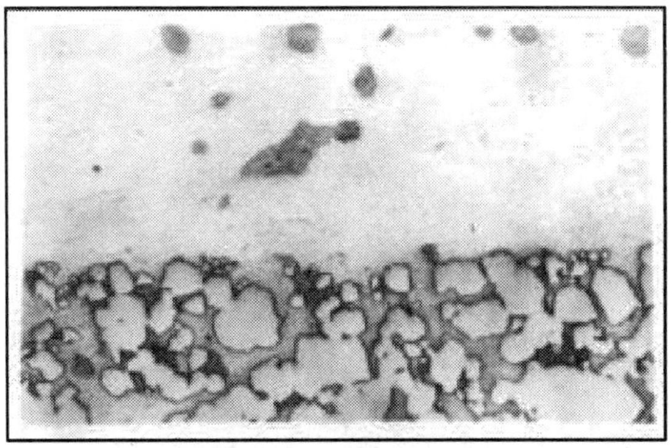

图 C.53 未浸蚀 200×

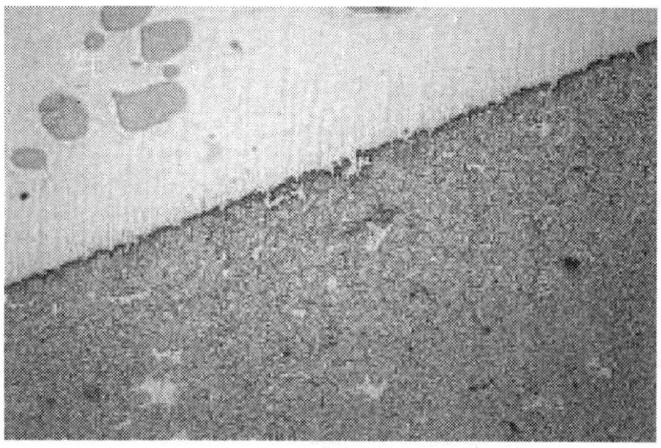

图 C.54 浸蚀 200×

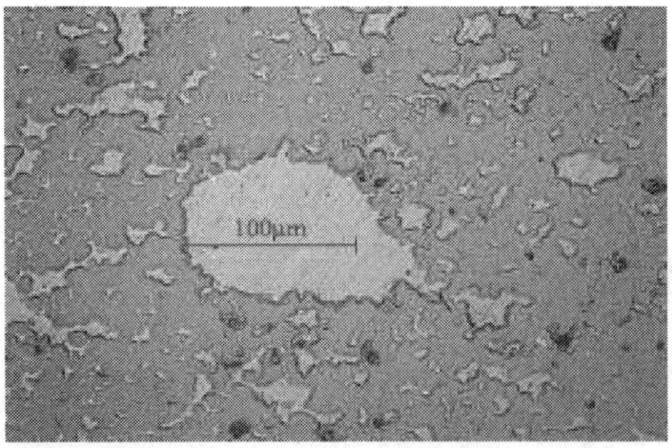

图 C.55 未浸蚀 200×

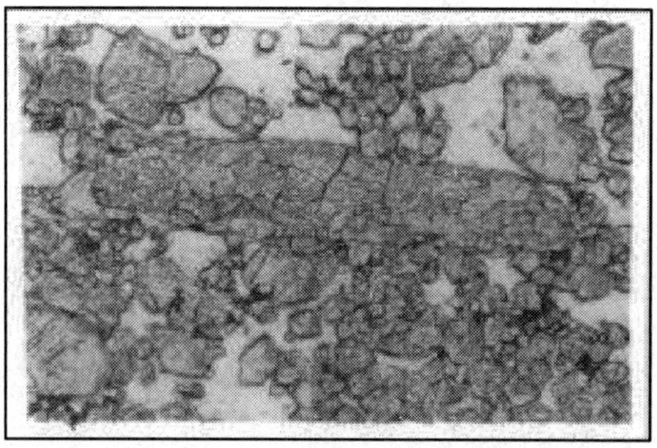

图 C.56 浸蚀 200×

表 C.1(续)

图号	材料名称	化学成分	状态	说明
C.57	铜铋铈 CuBiCe	Bi:0.4%～0.8% Ce:0.10%～0.15% Cu:余量	真空熔渗法	显微组织: 在铜的晶界上析出铋 (浸蚀剂:3#)
C.58	铜铋铈 CuBiCe	Bi:0.4%～0.8% Ce:0.10%～0.15% Cu:余量	真空熔渗法	显微组织: 在铜的晶界上析出铋 (浸蚀剂:3#)
C.59	铜铋铝 CuBiAl	Bi:0.15%～0.50% Al:9.5%～11.0% Cu:余量	真空熔炼	显微组织: α相(白块) $(\alpha+\gamma_2)$相(深色) (浸蚀剂:3#)
C.60	铜铋铝 CuBiAl	Bi:0.15%～0.50% Al:9.5%～11.0% Cu:余量	真空熔炼	显微组织: α相(白块) $(\alpha+\gamma_2)$相(深色) (浸蚀剂:3#)
C.61	铜铋银 CuBiAg	Bi:0.40%～0.70% Ag:2.20%～2.60% Cu:余量	真空熔炼	显微组织: 在铜的晶界上析出铋 (浸蚀剂:3#)
C.62	铜铋银 CuBiAg	Bi:0.40%～0.70% Ag:2.20%～2.60% Cu:余量	真空熔炼	显微组织: 在铜的晶界上析出铋 (浸蚀剂:3#)
C.63	铜线 Cu	Cu:99.95%	软态	显微组织: 单相铜晶粒 (浸蚀剂:3#)
C.64	铜线 Cu	Cu:99.95%	硬态	显微组织: 单相铜晶粒 (浸蚀剂:3#)

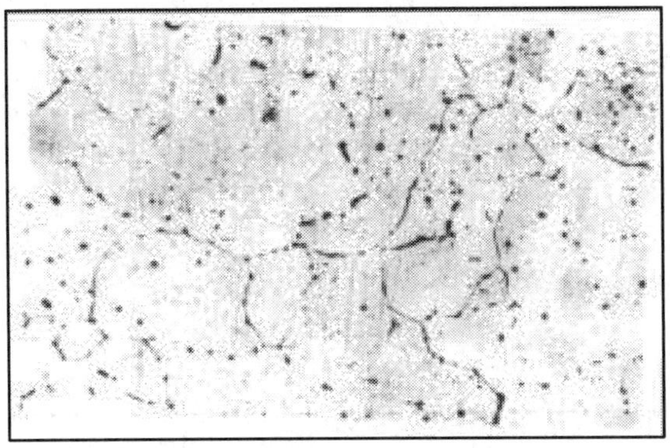

图 C.57　浸蚀　200×

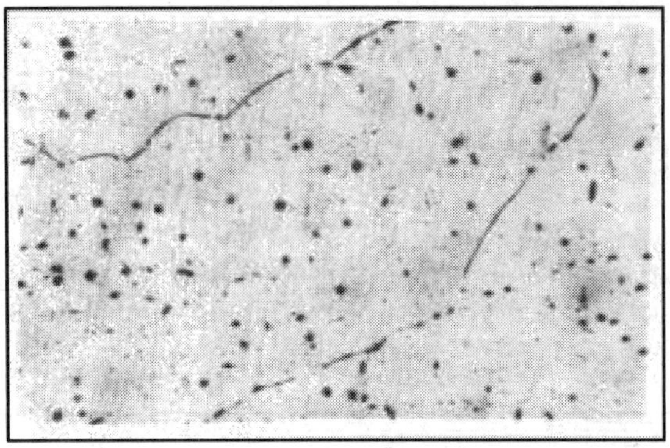

图 C.58　浸蚀　200×

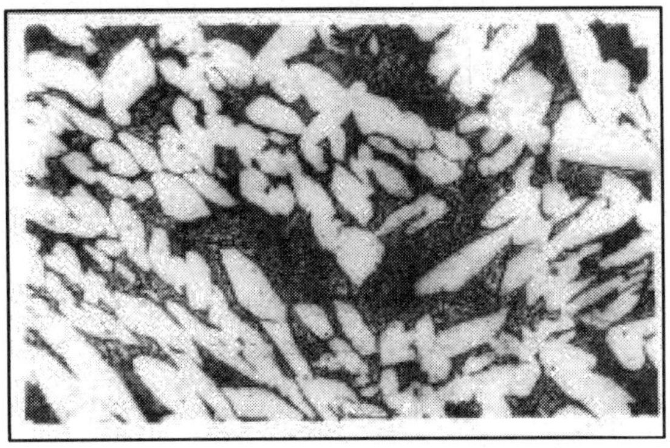

图 C.59　浸蚀　200×

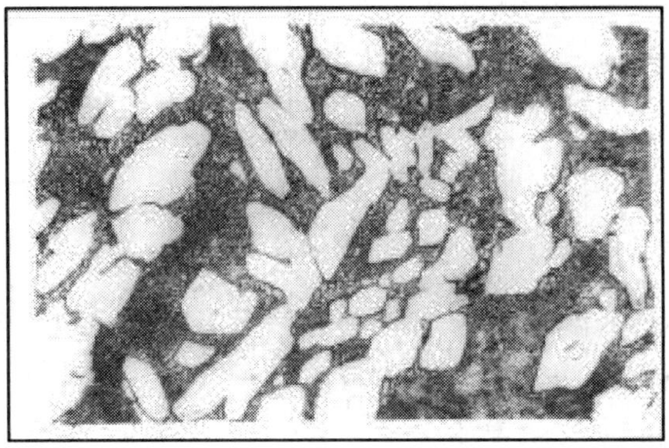

图 C.60　浸蚀　200×

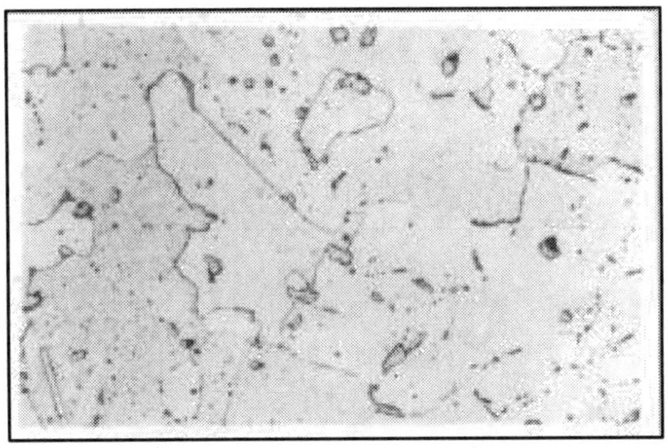

图 C.61　浸蚀　200×

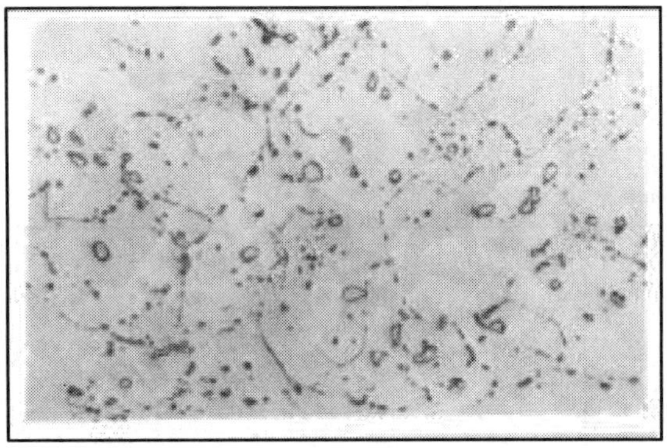

图 C.62　浸蚀　200×

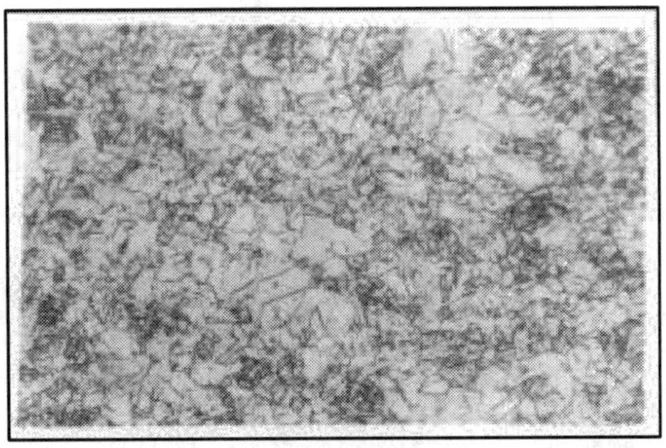

图 C.63　浸蚀　200×

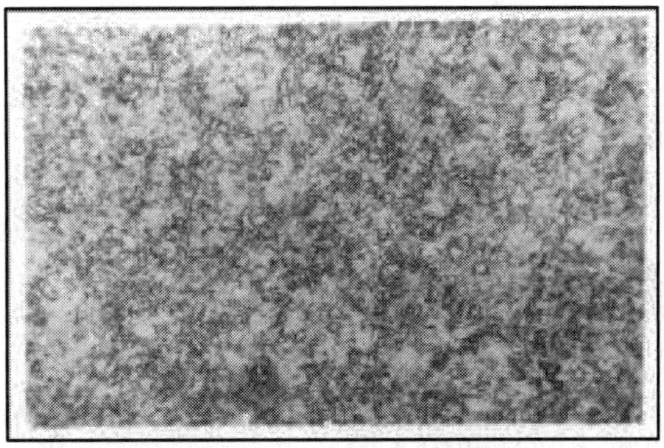

图 C.64　浸蚀　200×

附　录　D
（资料性附录）
铆钉型电触头金相图及其说明

D.1　铆钉型电触头金相图及其说明分别参见图 D.1～图 D.48 和表 D.1。

表 D.1

图号	材料名称	化学成分	状　　态	说　　明
D.1	银/铜复合铆钉 Ag/Cu		退火	显微组织： 银与铜的结合界面形貌
D.2	银/铜复合铆钉 Ag/Cu		退火	银/铜复合铆钉全貌 （实物拍照）
D.3	银/铜复合钉与银单一钉配对		动触头阳极 静触头阴极 灯负载	阳极、阴极烧蚀均匀
D.4	细晶银整体铆钉 CAg	Ni：0.15%～0.20% 余量：Ag	冷镦	显微组织： 铆钉头部细晶银形貌组织 （浸蚀剂：1#）
D.5	银镍(10)整体铆钉 AgNi(10)	Ni：10% Ag：余量	退火	显微组织： 整体铆钉形貌 （浸蚀剂：2#）
D.6	银镍(15)整体铆钉 AgNi(15)	Ni：15% Ag：余量	退火	显微组织： 整体铆钉形貌 （浸蚀剂：2#）
D.7	银镍（10）/铜复合铆钉 AgNi(10)/Cu		退火	显微组织： 复合铆钉形貌
D.8	银镍（10）/铜复合铆钉 AgNi(10)/Cu		退火	显微组织： 复合铆钉结合层组织

图 D.1 未浸蚀 200×

图 D.2 未浸蚀 4×

图 D.3 未浸蚀 40×

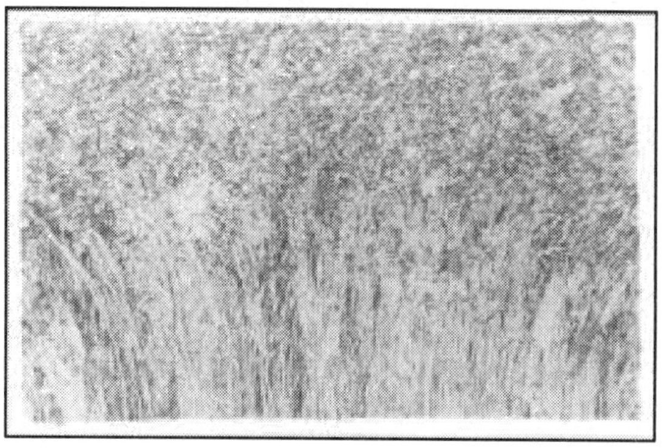

图 D.4 浸蚀 200×

图 D.5 浸蚀 40×

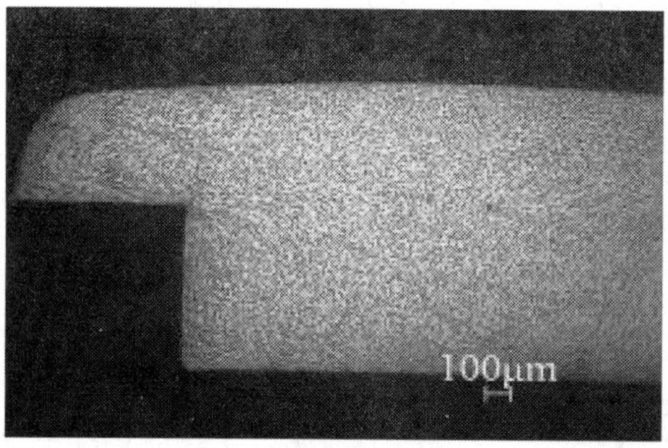

图 D.6 浸蚀 40×

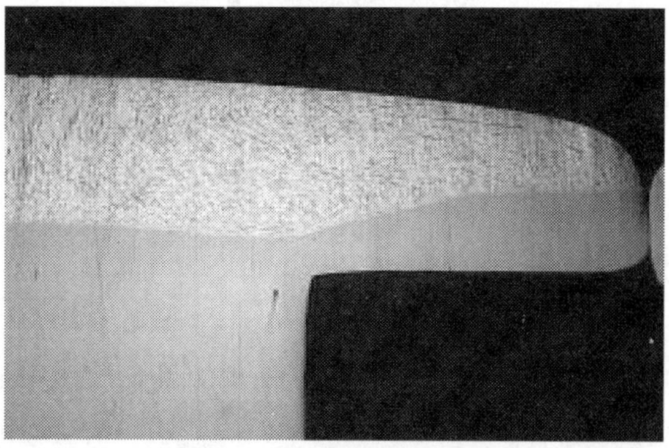

图 D.7 未浸蚀 40×

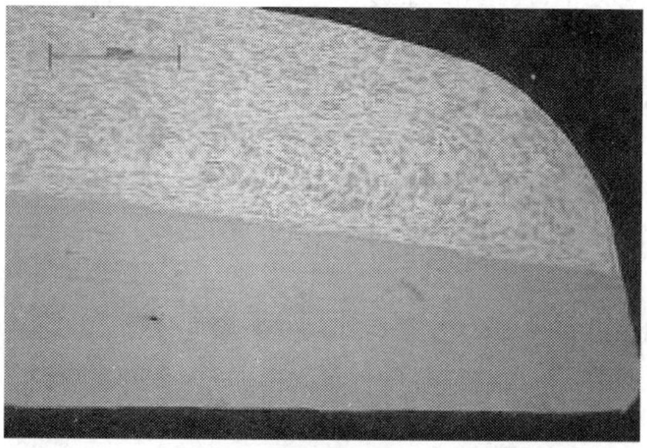

图 D.8 未浸蚀 100×

表 D.1（续）

图号	材料名称	化学成分	状　　态	说　　明
D.9	银镍（10）/铜复合铆钉 AgNi(10)/Cu		退火	显微组织： 复合铆钉结合层组织 （浸蚀剂：2#）
D.10	银镍(10)整体铆钉 AgNi(10)	Ni：10% 余量：Ag	退火	显微组织： 整体铆钉头部金相组织 （浸蚀剂：2#）
D.11	银镍（10）/铜/银镍(10)三层复合铆钉 AgNi(10)/Cu/AgNi(10)		对压焊温镦复合	显微组织： 三层复合铆钉形貌
D.12	银镍(10)整体铆钉 AgNi(10)	Ni：10% 余量：Ag	退火	显微组织： 钉头表层分层 （浸蚀剂：2#）
D.13	银镍（10）/铜复合铆钉 AgNi(10)/Cu		退火	显微组织： 复合铆钉压扁后复合面开裂
D.14	银镍(10)整体铆钉 AgNi(10)	Ni：10% Ag：余量	退火	显微组织： 银镍(10)整体铆钉钉头边角裂纹 （浸蚀剂：2#）
D.15	银镍（10）/铜复合铆钉 AgNi(10)/Cu		退火	显微组织： 银镍(10)与铜结合层裂纹 （浸蚀剂：2#）
D.16	银镍（10）/铜复合铆钉 AgNi(10)/Cu		退火	显微组织： 银镍(10)与铜结合层裂纹及铜座裂纹 （浸蚀剂：2#）

图 D.9　浸蚀　200×

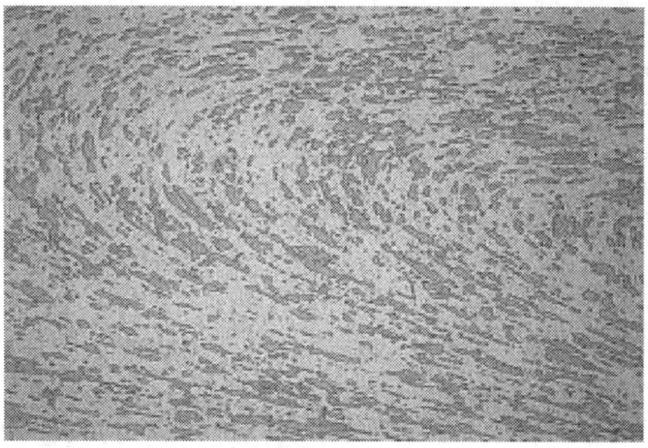

图 D.10　浸蚀　200×

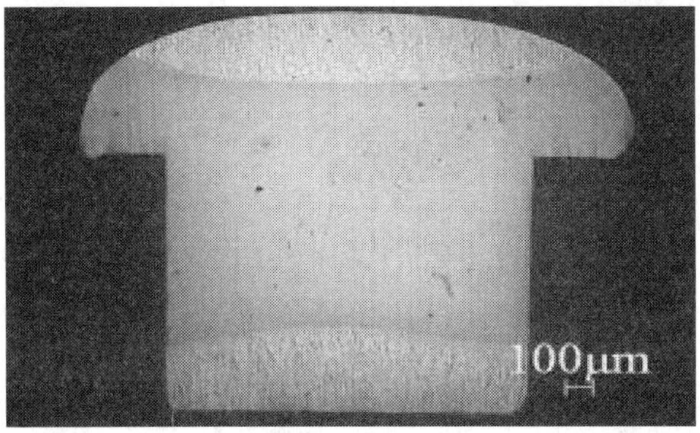

图 D.11　未浸蚀　40×

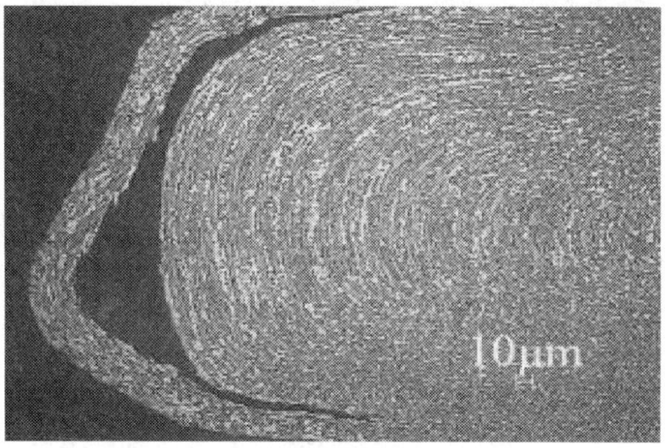

图 D.12　浸蚀　40×

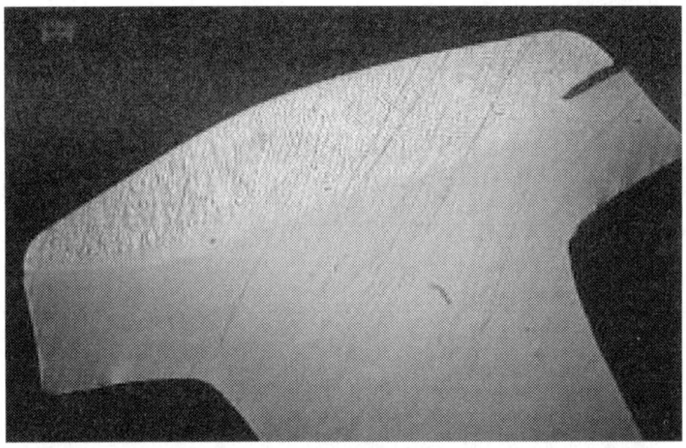

图 D.13　未浸蚀　40×

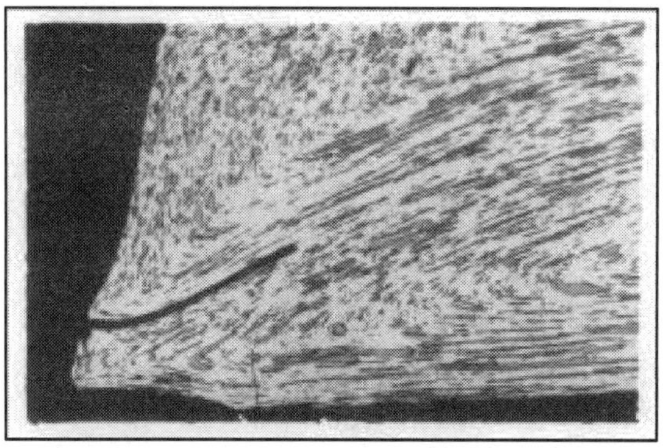

图 D.14　浸蚀　100×

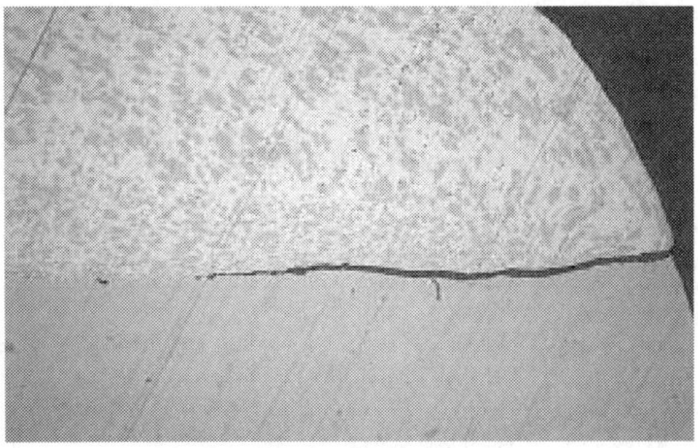

图 D.15　浸蚀　200×

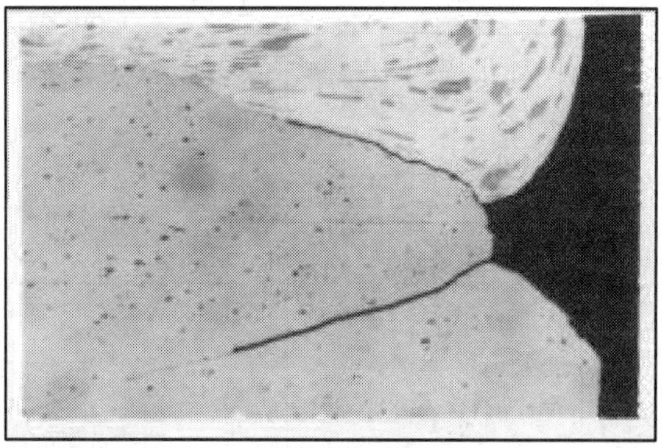

图 D.16　浸蚀　200×

表 D.1（续）

图号	材料名称	化学成分	状　态	说　明
D.17	银镍（10）/铜复合铆钉 AgNi(10)/Cu		退火	显微组织： 银镍(10)与铜结合层裂纹 (浸蚀剂：2#)
D.18	银镍(10)整体铆钉 AgNi(10)	Ni：10% 余量：Ag	动触头阳极 静触头阴极 灯负载	材料转移： 阳极→阴极
D.19	银镍(10)整体铆钉 AgNi(10)	Ni：10% 余量：Ag	动触头阳极 静触头阴极 灯负载	材料转移： 阳极→阴极 (浸蚀剂：2#)
D.20	银镍（10）/铜复合铆钉 AgNi(10)/Cu		动触头阳极 静触头阴极 灯负载	材料转移： 阳极→阴极
D.21	银氧化镉(12)整体铆钉(内氧化) AgCdO(12)	CdO：12% Ag：余量	冷镦	显微组织： 整体铆钉形貌
D.22	银氧化镉(12)整体铆钉(内氧化) AgCdO(12)	CdO：12% Ag：余量	冷镦	显微组织： 整体铆钉形貌
D.23	银氧化镉（12）整体铆钉 AgCdO(12)	CdO：12% Ag：余量	冷镦	显微组织： 整体铆钉头部金相组织
D.24	银氧化镉(12)/Cu复合铆钉 AgCdO(12)/Cu		退火	显微组织： 复合铆钉形貌

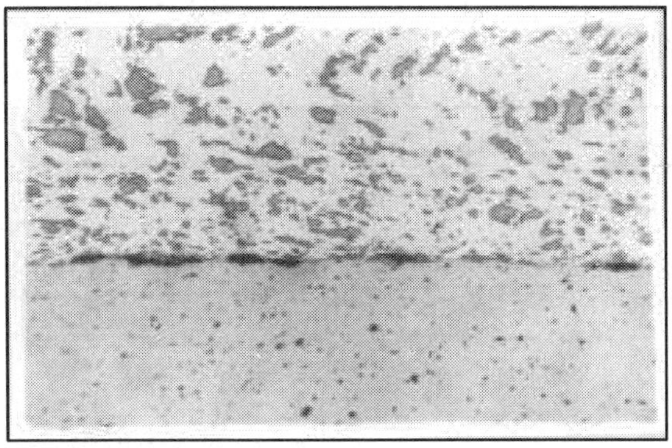

图 D.17　浸蚀　200×

图 D.18　未浸蚀　40×

图 D.19　浸蚀　40×

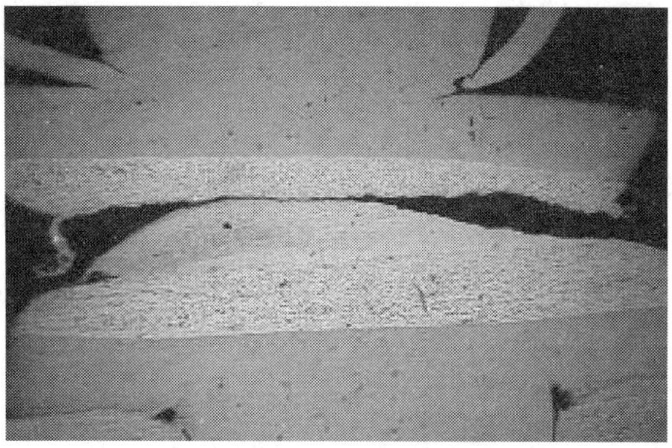

图 D.20　未浸蚀　40×

图 D.21　未浸蚀　40×

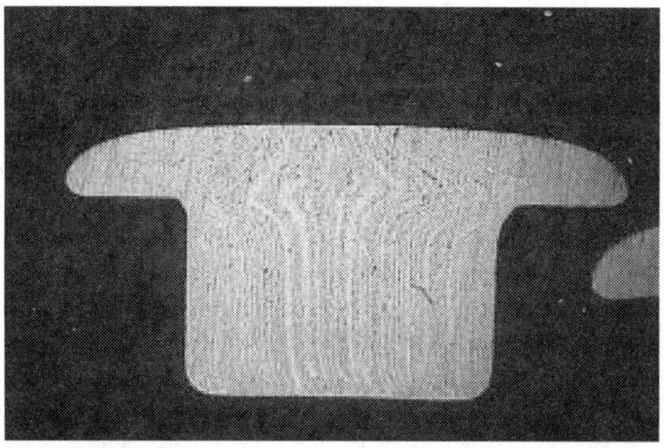

图 D.22　未浸蚀　40×

图 D.23　未浸蚀　200×

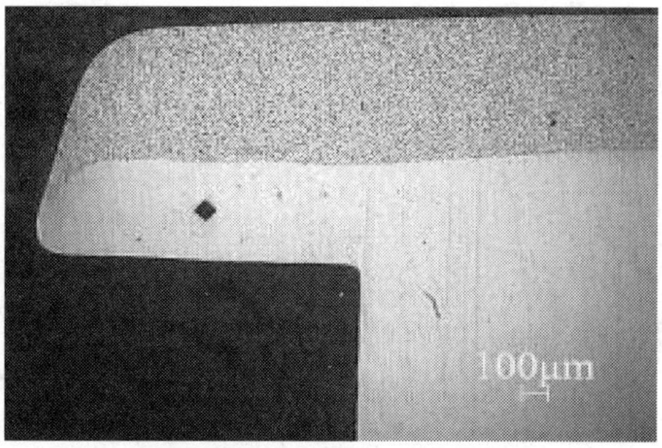

图 D.24　未浸蚀　40×

表 D.1（续）

图号	材料名称	化学成分	状　　态	说　　明
D.25	银氧化镉/铜/银氧化镉三层复合铆钉 AgCdO (12)/Cu/AgCdO(12)		对压焊温镦复合	显微组织： 三层复合铆钉形貌
D.26	银氧化镉(12)整体铆钉 AgCdO(12)	CdO:12% 余量:Ag	退火	显微组织： 钉头退火后鼓泡
D.27	银氧化镉(12)整体铆钉 AgCdO(12)	CdO:12% 余量:Ag	退火	显微组织： 钉头退火后鼓泡
D.28	银氧化镉(12)整体铆钉 AgCdO(12)	CdO:12% 余量:Ag	退火	显微组织： 钉头退火后鼓泡
D.29	银氧化镉(12)/Cu复合铆钉 AgCdO(12)/Cu		退火	显微组织： 结合界面开裂
D.30	银氧化镉(12)/Cu复合铆钉 AgCdO(12)/Cu		退火	显微组织： 结合界面开裂
D.31	银氧化镉(12)/铜复合铆钉 AgCdO(12)/Cu		退火	显微组织： 银氧化镉与铜结合层裂纹
D.32	银氧化镉(12)/铜复合铆钉 AgCdO(12)/Cu		退火	显微组织： 银氧化镉与铜结合层裂纹

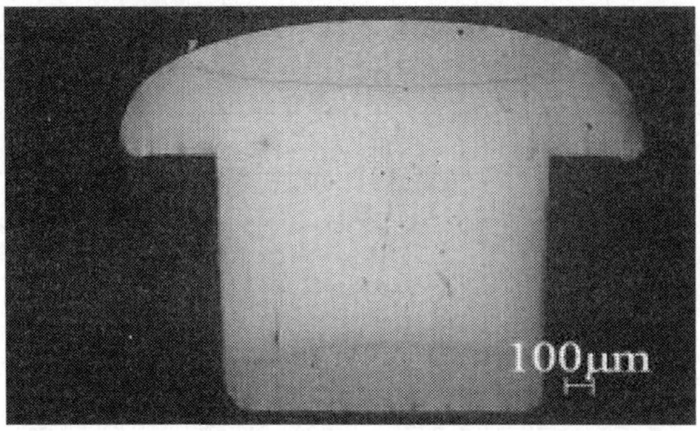

图 D.25　未浸蚀　40×

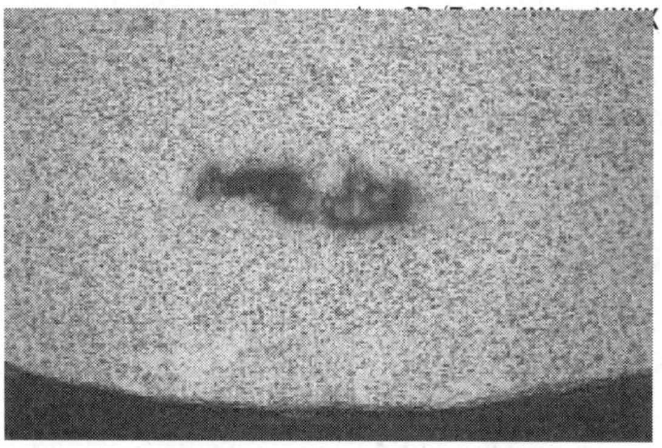

图 D.26　未浸蚀　100×

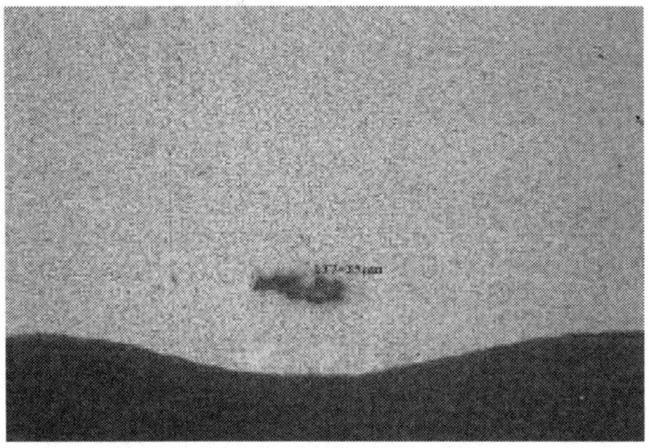

图 D.27　未浸蚀　40×

图 D.28　未浸蚀　40×

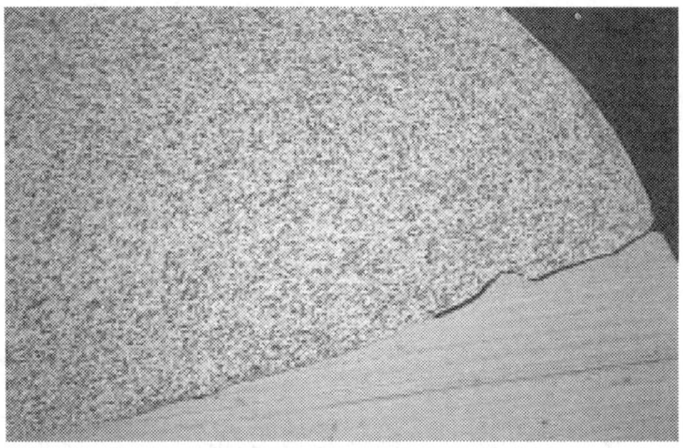

图 D.29　浸蚀　200×

图 D.30　未浸蚀　200×

图 D.31　未浸蚀　40×

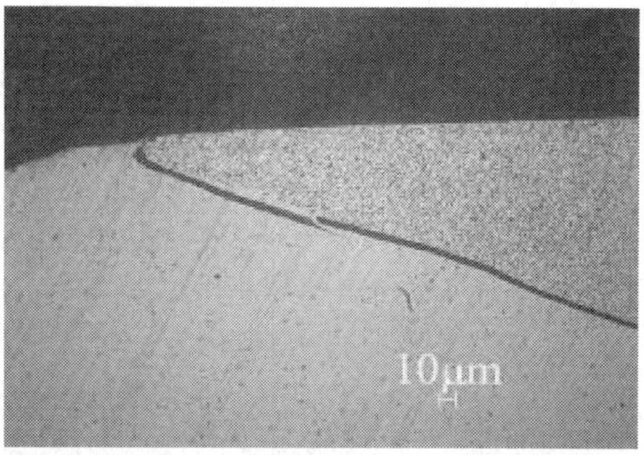

图 D.32　未浸蚀　200×

表 D.1（续）

图号	材料名称	化学成分	状　态	说　明
D.33	银氧化镉(12)钉 AgCdO(12)	CdO:12% 余量:Ag	动触头阳极 静触头阴极 灯负载	材料转移: 阳极→阴极
D.34	银氧化镉(12)钉 AgCdO(12)	CdO:12% 余量:Ag	动触头阳极 静触头阴极 灯负载	材料转移: 阳极→阴极
D.35	AgCdO/Cu 复合铆钉与 Ag 单一钉配对		动触头阳极 静触头阴极 灯负载	材料转移: 阳极→阴极
D.36	银氧化锡(12)整体钉 $AgSnO_2$(12)	SnO_2:12% Ag:余量	退火	显微组织: 整体铆钉形貌
D.37	银氧化锡(14.5)整体钉 $AgSnO_2$(14.5)	SnO_2:14.5% Ag:余量	退火	显微组织: 整体铆钉形貌
D.38	银氧化锡(12)/铜复合铆钉 $AgSnO_2$(12)/Cu		退火	显微组织: 银氧化锡与铜结合界面形貌
D.39	银氧化锡/铜/银氧化锡三层复合铆钉 $AgSnO_2$/Cu/$AgSnO_2$		对压焊温镦复合	显微组织: 三层复合铆钉形貌
D.40	银氧化锡(12)/Cu 复合铆钉 $AgSnO_2$(12)/Cu		退火	显微组织: 氧化物聚集

图 D.33　未浸蚀　40×

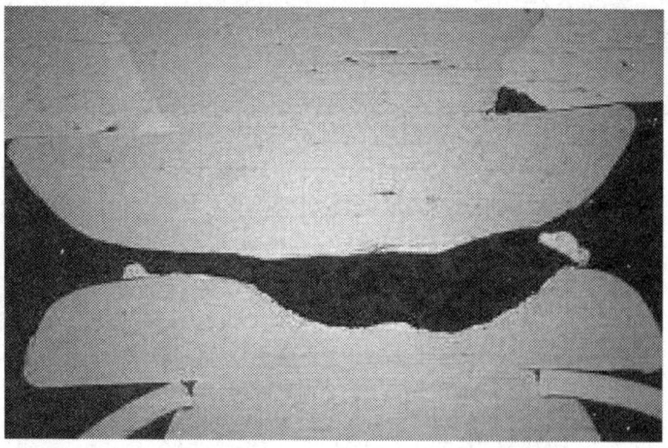

图 D.34　未浸蚀　40×

图 D.35　未浸蚀　40×

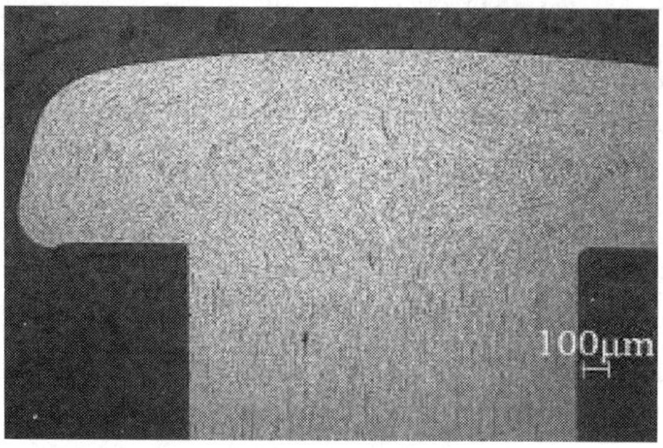

图 D.36　未浸蚀　40×

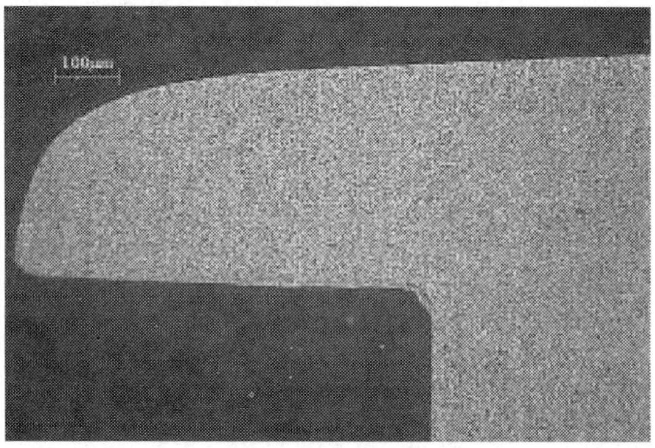

图 D.37　未浸蚀　100×

图 D.38　浸蚀　200×

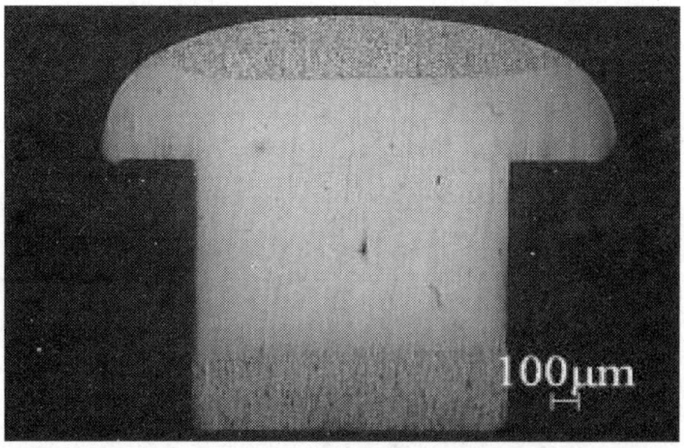

图 D.39　未浸蚀　40×

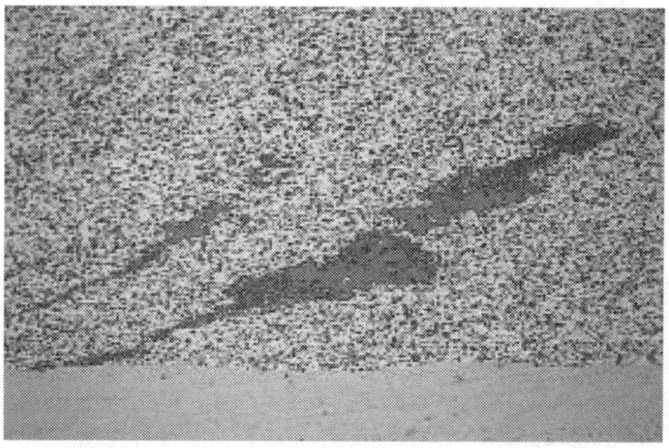

图 D.40　未浸蚀　200×

表 D.1（续）

图号	材料名称	化学成分	状　态	说　明
D.41	银氧化锡(10)整体铆钉 $AgSnO_2$(10)	SnO:10% 余量:Ag	退火	显微组织： 氧化物聚集
D.42	银氧化锡(12)整体铆钉 $AgSnO_2$(12)	SnO_2:12% 余量:Ag	动触头阳极 静触头阴极 灯负载	阳极、阴极烧蚀均匀
D.43	银氧化锌(10)/铜复合钉 AgZnO(10)/Cu	ZnO:10% Ag:余量	退火	显微组织： 银氧化锌与铜复合铆钉形貌
D.44	银氧化锌(8)整体钉 AgZnO(8)	ZnO:8% Ag:余量	退火	显微组织： 整体铆钉形貌
D.45	银氧化锌(10)/铜复合钉 AgZnO(10)/Cu		退火	显微组织： 复合铆钉结合层组织
D.46	银氧化锌(10)/铜复合钉 AgZnO(10)/Cu		退火	显微组织： 复合铆钉结合层组织
D.47	银氧化锌/铜/银氧化锌三层复合铆钉 AgZnO(10)/Cu/AgZnO(10)		对压焊温镦复合	显微组织： 三层复合铆钉形貌
D.48	银氧化锌(10)整体铆钉 AgZnO(10)	ZnO:10% Ag:余量	退火	显微组织： 裂纹+聚集

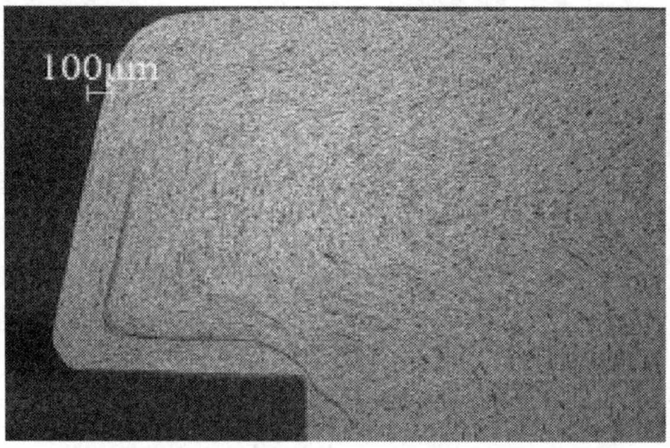

图 D.41　未浸蚀　40×

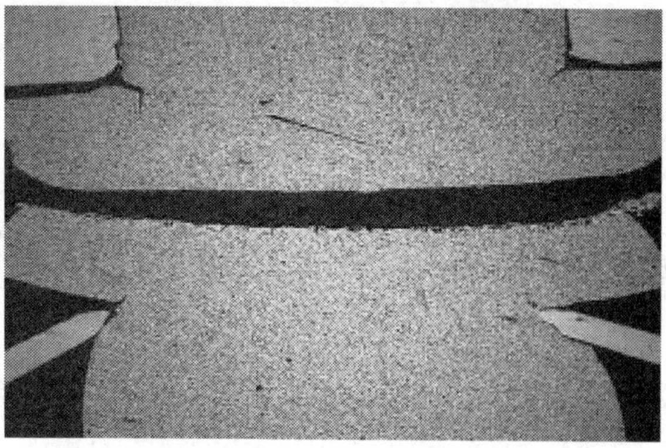

图 D.42　未浸蚀　40×

图 D.43　未浸蚀　40×

图 D.44　未浸蚀　40×

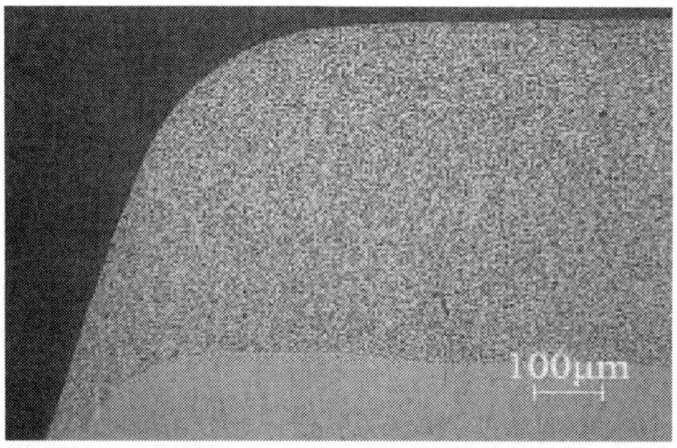

图 D.45　未浸蚀　100×

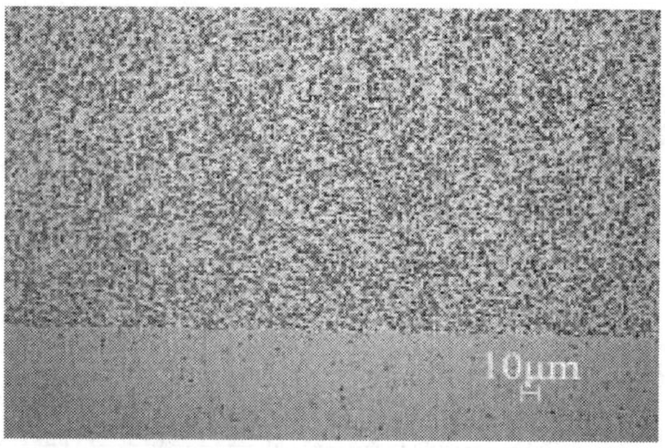

图 D.46　未浸蚀　200×

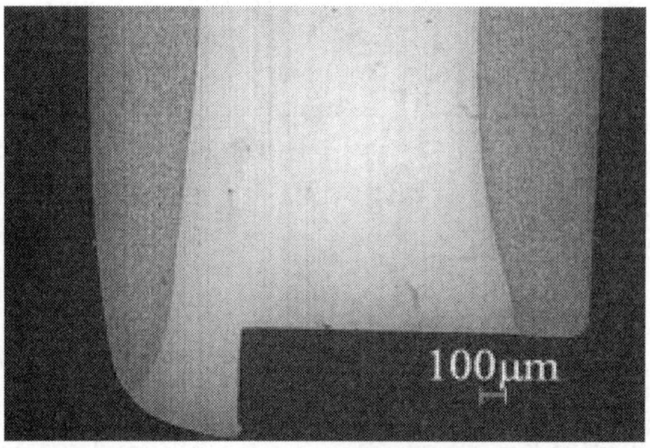

图 D.47　未浸蚀　40×

图 D.48　未浸蚀　40×

附 录 E
（资料性附录）
原材料粉末颗粒形貌金相图及其说明

E.1 原材料粉末颗粒形貌金相图及其说明分别参见图 E.1～图 E.21 和表 E.1。

表 E.1

图号	材料名称	状态	说明
E.1	纯银粉 Ag 粉	化学还原法 (破碎)	颗粒外形呈不规则形状
E.2	银粉 Ag 粉	电解 +150 目	颗粒外形呈树枝状
E.3	银粉 Ag 粉	化学还原法 (未破碎)	电子显微镜观察颗粒外形呈不规则形状
E.4	镍粉 Ni 粉	(电解)	电子显微镜观察外形呈树枝状
E.5	银镍(10)粉 AgNi(10)粉	化学共沉淀	电子显微镜观察外形呈海绵状
E.6	银镉合金粉 AgCd 合金粉	混粉烧结	电子显微镜观察颗粒细，颗粒之间烧结呈树枝对结形态
E.7	银镉合金粉 AgCd 合金粉	雾化 +100 目 -80 目	电子显微镜观察颗粒形态呈滴柱状
E.8	银氧化镉粉 AgCdO 粉	雾化 -100 目	电子显微镜观察颗粒形态呈滴柱状

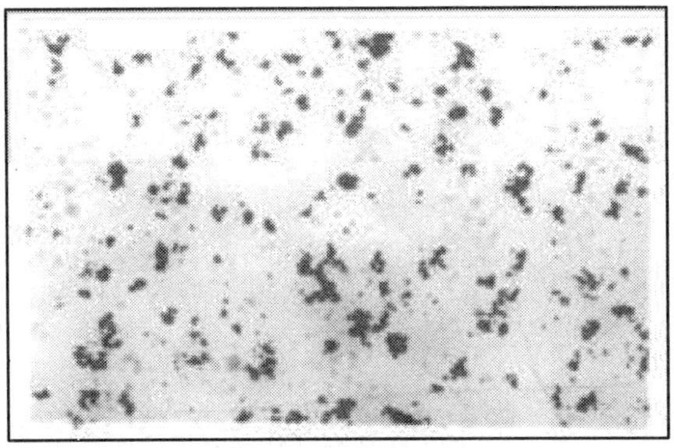

图 E.1　未浸蚀　100×

图 E.2　未浸蚀　100×

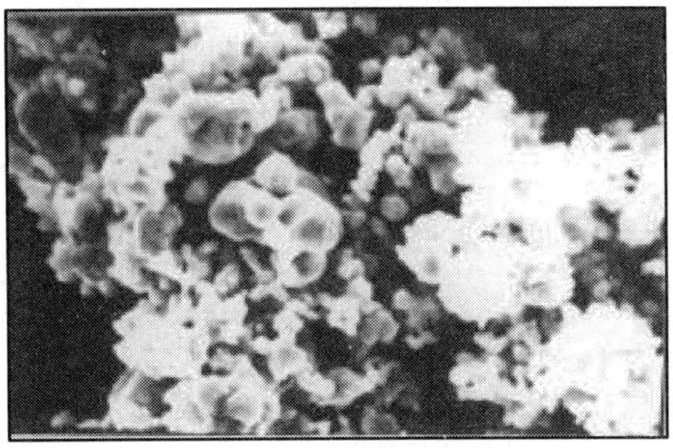

图 E.3　未浸蚀　2800×

图 E.4　未浸蚀　2100×

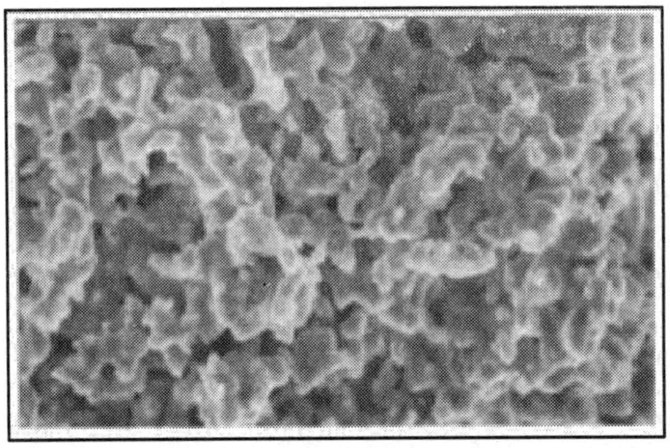

图 E.5　未浸蚀　1400×

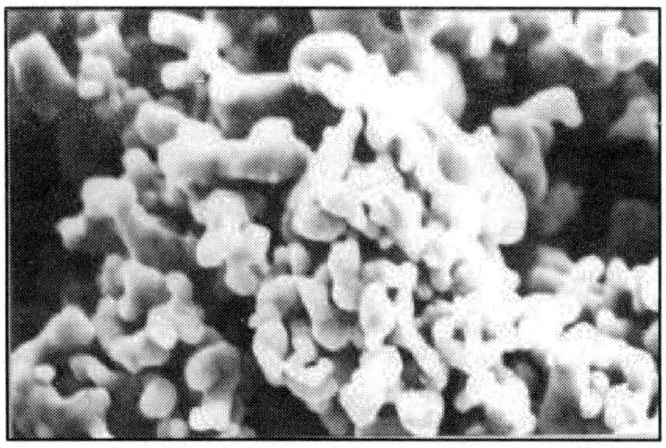

图 E.6　未浸蚀　1400×

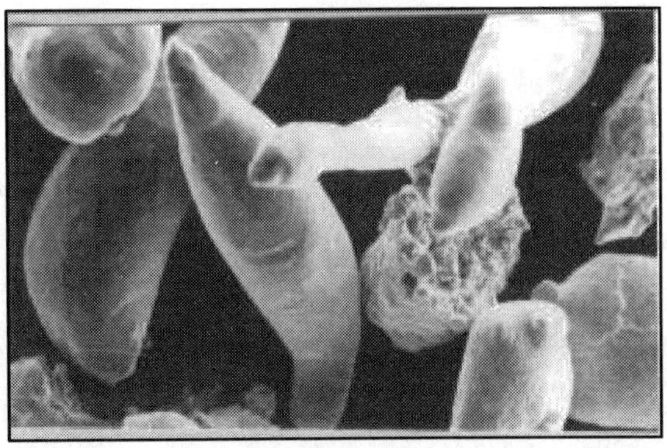

图 E.7　未浸蚀　100×

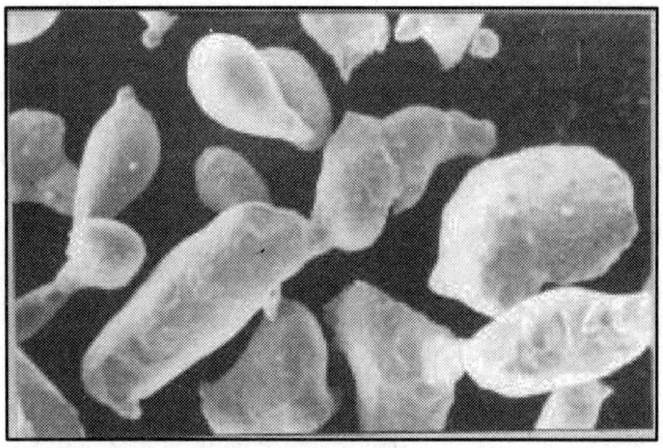

图 E.8　未浸蚀　140×

表 E.1（续）

图号	材料名称	状态	说明
E.9	银锡合金粉 AgSn 粉	旋转雾化	电子显微镜观察颗粒形态呈滴柱状＋球状
E.10	银锡合金粉 AgSn 粉	旋转雾化	电子显微镜观察颗粒形态呈球状
E.11	银氧化锡粉 $AgSnO_2$ 粉	旋转雾化＋氧化	电子显微镜观察颗粒形态呈滴柱状＋球状
E.12	银氧化锡粉 $AgSnO_2$ 粉	旋转雾化＋氧化	电子显微镜观察颗粒形态呈球状
E.13	碳化钨粉 WC 粉	（细粉）	电子显微镜观察外形呈不规则形状
E.14	碳化钨粉 WC 粉	（粗粉）	电子显微镜观察外形呈不规则形状
E.15	石墨粉	天然石墨	电子显微镜观察外形呈片状
E.16	石墨粉	天然石墨	电子显微镜观察外形呈片状＋多角形粒状

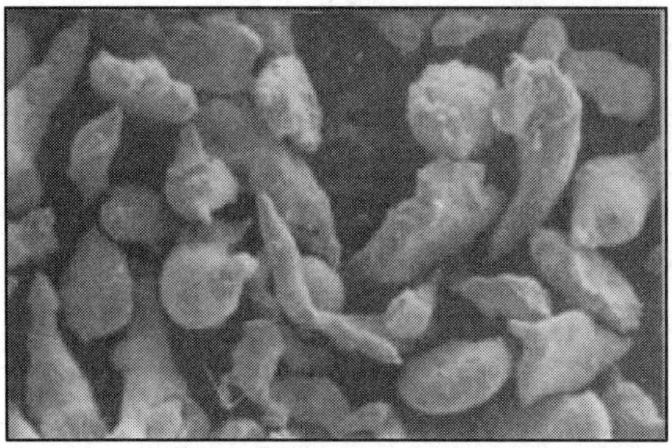

图 E.9　未浸蚀　200×

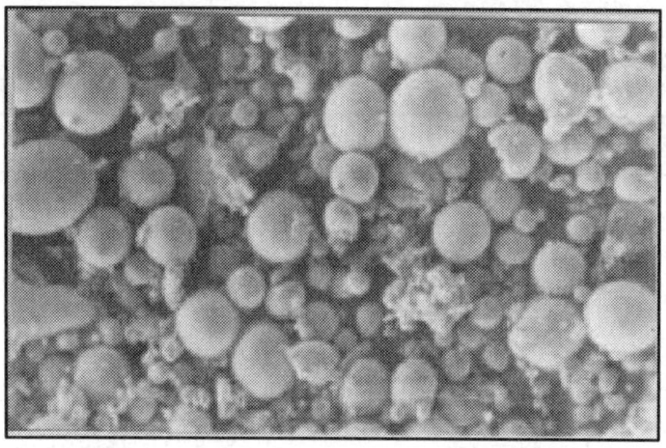

图 E.10　未浸蚀　200×

图 E.11　未浸蚀　200×

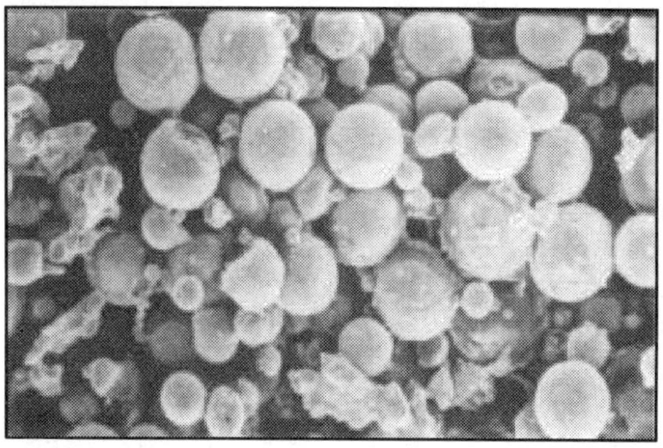

图 E.12　未浸蚀　200×

图 E.13　未浸蚀　2800×

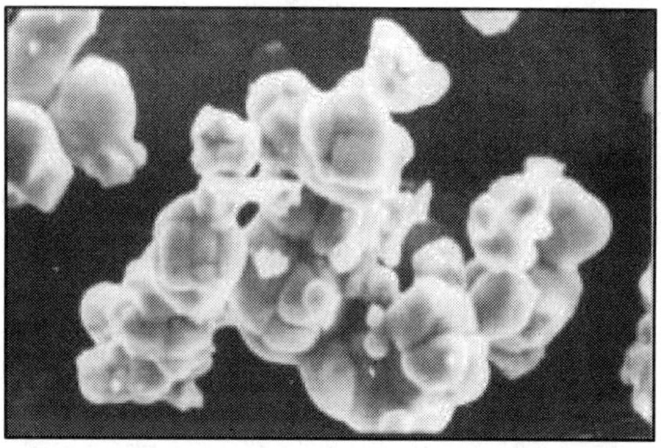

图 E.14　未浸蚀　2800×

图 E.15　未浸蚀　1400×

图 E.16　未浸蚀　1400×

表 E.1(续)

图号	材料名称	状态	说明
E.17	钨粉 W 粉	仲钨酸铵焙烧,还原	电子显微镜观察外形呈不规则体 平均粒度:5μ±0.5
E.18	钨粉 W 粉	钨酸焙烧,还原	电子显微镜观察外形呈不规则体 平均粒度:7μ±1
E.19	钨粉 W 粉	钨酸焙烧,还原	电子显微镜观察外形呈:长方体+不规则体 平均粒度:9μ±1
E.20	钨粉 W 粉	钨酸焙烧,还原	电子显微镜观察外形呈:长方体+不规则体
E.21	铬粉 Cr 粉	铬块破碎	电子显微镜观察外形呈:片石状+碎石块

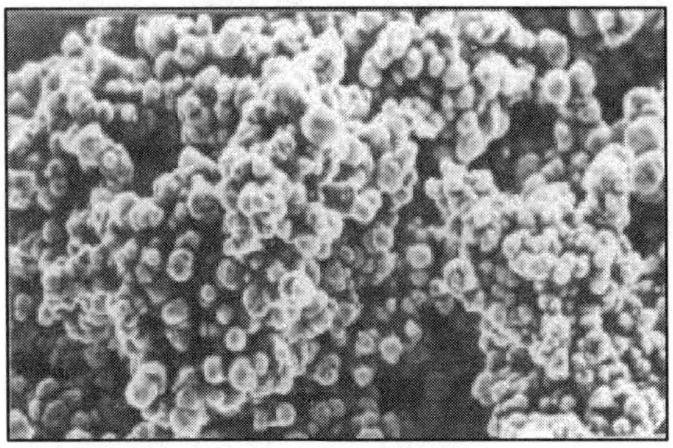

图 E.17　未浸蚀　1050×

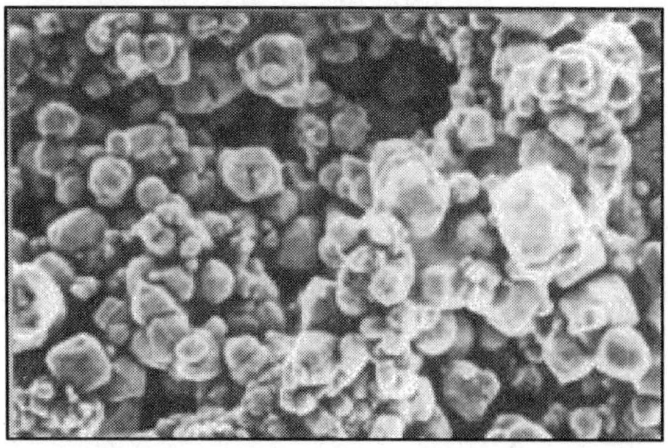

图 E.18　未浸蚀　1050×

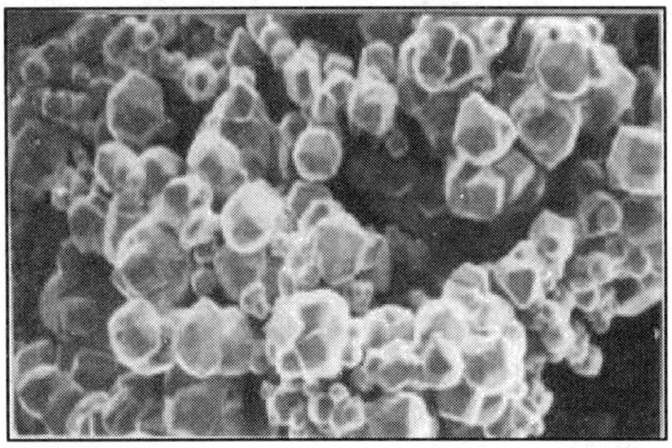

图 E.19　未浸蚀　1050×

图 E.20　未浸蚀　2800×

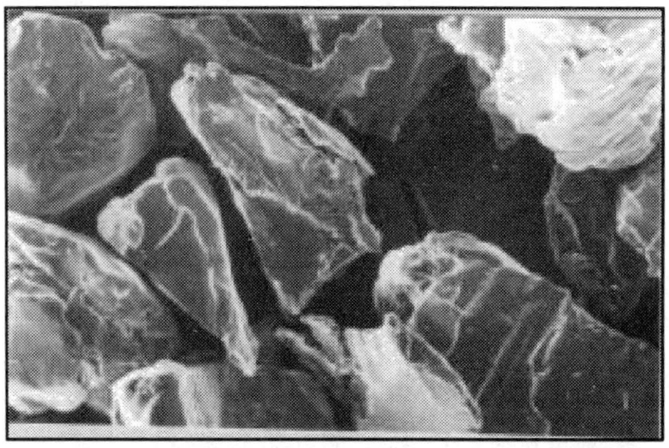

图 E.21　未浸蚀　210×

ICS 29.120
K 97

中华人民共和国国家标准

GB/T 26873—2011

火花试验机

Spark tester

2011-07-29 发布　　2011-12-01 实施

中华人民共和国国家质量监督检验检疫总局
中国国家标准化管理委员会　发布

前　言

本标准按照 GB/T 1.1—2009 给出的规则起草。

请注意本文件的某些内容可能涉及专利。本文件的发布机构不承担识别这些专利的责任。

本标准由中国电器工业协会提出。

本标准由全国电工专用设备标准化技术委员会(SAC/TC 412)归口。

本标准起草单位:重庆市计量质量检测研究院、广州日新电器设备厂、重庆鸽牌电线电缆有限公司、重庆泰山电线电缆有限公司。

本标准主要起草人:周俊敏、林杰、袁静、吴兴广、曹智、吴以洲、秦建、侯珍、刘翔、罗敏、潘倩、杨建。

火 花 试 验 机

1 范围

本标准规定了火花试验机的型号、技术要求、试验方法、检测规则、包装、运输和储存。

本标准适用于电线电缆专用试验设备中在线检测用,频率为50 Hz或60 Hz的交流火花试验机和直流火花试验机。

本标准不适用于脉冲式火花试验机、高频火花机、火花检漏仪以及其他用途的火花试验机。

2 规范性引用文件

下列文件对于本文件的应用是必不可少的。凡是注日期的引用文件,仅注日期的版本适用于本文件。凡是不注日期的引用文件,其最新版本(包括所有的修改单)适用于本文件。

GB/T 2423.1—2008 电工电子产品环境试验 第2部分:试验方法 试验A:低温(IEC 60068-2-1:2007,IDT)

GB/T 2423.2—2008 电工电子产品环境试验 第2部分:试验方法 试验B:高温(IEC 60068-2-2:2007,IDT)

GB/T 2423.4—2008 电工电子产品环境试验 第2部分:试验方法 试验Db:交变湿热(12 h+12 h循环)(IEC 60068-2-30:2005,IDT)

GB/T 2423.5 电工电子产品环境试验 第2部分:试验方法 试验Ea和导则:冲击(IEC 68-2-27:1987,IDT)

GB/T 2423.10—2008 电工电子产品环境试验 第2部分:试验方法 试验Fc和导则:振动

GB 4793.1—2007 测量、控制和实验室用电气设备的安全要求 第1部分:通用要求(IEC 61010-1:2001,IDT)

GB/T 6587.6—1986 电子测量仪器 运输试验

GB/T 6587.8 电子测量仪器 电源频率与电压试验

GB/T 11463 电子测量仪器可靠性试验

GB/T 16511 电气和电子测量设备随机文件(IEC 1187:1993,IDT)

GB/T 23644 电工专用设备通用技术条件

JB/T 5824.1 电线电缆专用设备 产品类别划分与代号 第1部分:一般规范

JB/T 5824.4 电线电缆专用设备 产品类别划分与代号 第4部分:试验设备

3 术语和定义

下列术语和定义适用于本文件。

3.1

火花试验机 spark tester

由高压发生器、试验电极、电压表、击穿指示器和必要的控制电路组成,用以线缆缺陷检测的专用计量设备。

3.2

计数器　counter

记录试品被击穿次数的装置。

3.3

基本绝缘　basic insulation

对带电部件采取的一种基本保护的绝缘。

注：基本绝缘不一定包括仅用于功能目的的绝缘。

3.4

参比电压　reference voltage

U_n

确定仪表有关特性的电压值。

3.5

参比频率　reference frequency

确定仪表有关特性的频率值。

3.6

等级指数　class index

仪表在本标准所定义的参比条件(包括参比值的允许)下测试时，规定的允许百分数误差极限的数字。

3.7

百分数误差　percentage error

仪表示值误差的相对误差型式以百分数表示。

3.8

影响量　influence quantity

影响仪表工作特性的任一量，一般是外部量。

3.9

参比条件　reference conditions

一组带有参比值及其允差和参比范围的影响量和性能特性，按此条件规定最大允许误差。

3.10

畸变因数　distortion factor

谐波含量的均方根值(非正弦量减去基波量)与非正弦量均方根值的比。一般畸变因数以百分数表示。

3.11

参比温度　reference temperature

规定作为参比条件的环境温度。

3.12

额定工作条件　rated operating conditions

一组性能特性值的规定测量范围和影响量的规定的工作范围的集合，在此范围内规定和测定一个仪表的工作误差的改变量。

3.13

工作范围　range of operating

单一影响量值的范围，此范围形成额定工作条件的一个部分。

3.14

极限工作范围　limit range of operation

工作中的仪表能经受不至于损坏的极值条件，而且仪表在随后的额定工作条件下工作时计量特性不降低。

3.15

正常工作位置　normal working position

由制造厂规定的使仪表正常工作的位置。

3.16

型式检验　type test

对制造厂选出的同一型式的并有相同特性的一只仪表进行的一系列试验的过程。

4　型号

4.1　型号编制原则

本标准的型号编制方法按 GB/T 23644 及 JB/T 5824.1 和 JB/T 5824.4 的规定。

4.2　型号组成

型号组成如图 1。

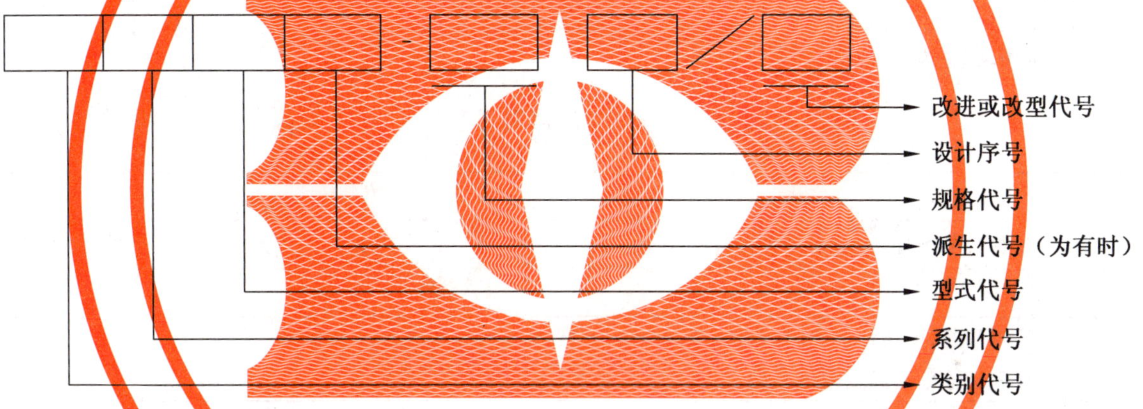

图 1

4.3　产品代号

4.3.1　类别代号，“在线测控”用汉语拼音大写字母“C”表示。

4.3.2　系列代号，“火花检测”用汉语拼音大写字母“H”表示。

4.3.3　型式代号，“交流工频”用汉语拼音大写字母“J”表示；“直流”用汉语拼音大写字母“Z”表示。

4.3.4　派生代号，在基本型式不变的情况下，为各火花试验机生产企业自主的代号。

4.4　规格代号

由“-”和电压等级的阿拉伯数字组成。

4.5　设计序号

设计序号，在产品规格的尾部加一大写的英文字母组成，第一次设计省略，第二次设计从“A”开始，“B 、C…”依次往下排序。

4.6 改进或改型代号

由“/”和1、2、3…阿拉伯数字组成。

4.7 示例

6 kV交流工频火花试验机，第一次设计，表示为：CHJ-6。

10 kV直流火花试验机，第二次设计，第一次改型，表示为：CHZ-10A/1。

5 技术要求

5.1 基本要求

火花试验机应符合本标准规定，并应按规定程序批准的图样及技术文件制造、检验和验收。

5.2 环境要求

5.2.1 温度范围

火花试验机应满足表1的温度范围要求。

表1 温度范围

单位为摄氏度

工作范围	0～40
极限工作范围	−10～55
储存和运输范围	−40～70

注1：对特殊用途，可在订货合同中规定其他温度值。

注2：储存和运输范围温度极值下最长时间为24 h。

5.2.2 相对湿度

火花试验机应满足表2的相对湿度要求。温度和湿度组合的试验见6.2.3。

表2 相对湿度

范围	相对湿度	参比条件
工作范围	(45～75)%RH	40 ℃
储存和运输范围	90%RH	50 ℃；24 h

5.3 结构与性能

5.3.1 结构

火花试验机是由高压发生器、试验电极、保护电极、电压表、击穿指示器和必要的控制电路组成，用以线缆缺陷检测的专用计量设备。火花试验机示意图见图2。

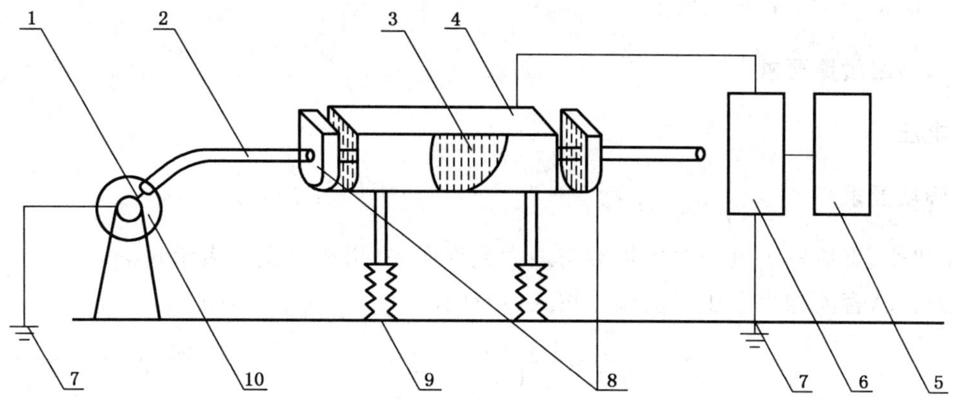

1——试样导体；
2——被试绝缘线芯(电线)；
3——试验电极；
4——试验电极箱；
5——检测控制装置；
6——高压电源；
7——接地；
8——保持电极；
9——绝缘子；
10——收线盘。

图 2 火花试验机示意图

5.3.2 性能

火花试验机按其输出的高压电源分为工频火花试验机与直流火花试验机。火花试验机产生一个交流高压(50 Hz 或 60 Hz)或直流高压，经高压试验电极对线缆进行电性能动态测试。当线缆缺陷被击穿后，被测线缆导体与电极间产生一个放电火花，由此形成的击穿脉冲，经滤波、整形除去干扰信号后，送入分辨率控制电路进行击穿信号同步处理，使线缆上一个击穿点只记录一次，且控制计数电路工作。计数电路同时输出报警驱动电压，由报警电路完成击穿报警、停车的工作程序。火花试验机应具备安全保护连锁功能；应具备启动、复位键，各功能开关、按键应灵敏可靠。

5.3.3 基本性能参数

火花试验机应具备下列功能并标明基本性能参数：

a) 等级指数；
b) 交流高压电源最大输出值及频率或直流高压电源最大输出值及纹波；
c) 试验电极的有效长度及宽度；
d) 保护电极的有效长度及宽度；
e) 最大试品外径、最大走线速度；
f) 安全保护连锁功能；
g) 击穿停车功能；
h) 直流火花试验机输出的高压电源接线方式等。

5.3.4 随机供应的附件和工具

随同产品应提供产品使用说明书，选用件、附件和备件清单的文件，以及合格证、装箱单等随机文件，并应满足 GB/T 16511 的有关要求。

5.4 准确度和装配质量要求

5.4.1 输出电压

5.4.1.1 准确度要求

火花试验机交、直流输出电压等级指数与最大允许误差(用相对误差表示)。

火花试验机交、直流输出电压示值误差按式(1)计算。

$$\delta_u = \frac{U_x - U_n}{U_n} \times 100\% \quad \cdots\cdots\cdots (1)$$

式中：

δ_u——输出电压相对误差(%)；

U_x——火花试验机电压示值，单位为千伏(kV)；

U_n——输出电压实际值，单位为千伏(kV)。

输出电压等级指数与最大允许误差应符合表 3 的规定。

表 3 输出电压等级指数与最大允许误差

等级指数	2 级	5 级	10 级
最大允许误差	±2%	±5%	±10%
注：通常满足 2 级火花试验机电压范围在 6 kV 以下；5 级火花试验机电压范围在 30 kV 以下；10 级火花试验机电压范围在 50 kV 以下。			

5.4.1.2 直流火花试验机输出电压的纹波系数

5.4.1.2.1 直流输出电压的纹波系数应不超过±5%。

5.4.1.2.2 直流火花试验机输出电压的纹波系数按式(2)计算：

$$\gamma = \frac{\Delta_u}{2U} \times 100\% \quad \cdots\cdots\cdots (2)$$

式中：

γ ——纹波系数；

Δ_u——试验电压峰峰值；

U ——标称试验电压值。

5.4.2 火花试验机的灵敏度

5.4.2.1 火花试验机的灵敏度要求，当火花试验机输出的高压电源试验电极与地之间连接人工击穿装置检查时，火花试验机应有击穿指示。

5.4.2.2 交流(工频)火花试验机，试验电压 3 kV，当人工击穿装置的火花间隙临时被跨接短路时，稳态电流应不超过 600 μA，必要时串联电阻调节。人工击穿装置连续旋转 20 次，火花试验机击穿计数器所计次数应与实际击穿次数完全一致。

5.4.2.3 直流火花试验机，试验电压 5 kV，当人工击穿装置的火花间隙临时被跨接短路时，稳态电流应不超过 600 μA，必要时串联电阻调节。人工击穿装置连续旋转 20 次，火花试验机击穿计数器所计次数应与实际击穿次数完全一致。

5.4.3 火花试验机的稳定性

5.4.3.1 工频火花试验机的稳定性

交流(工频)火花试验机,在输出电压调到最高值,将工频人工击穿装置的限流电阻短接,火花间隙并接 500 pF 电容的状态下。连续旋转人工击穿装置 20 次,火花试验机击穿计数器所计次数应与实际击穿次数完全一致。

5.4.3.2 直流火花试验机的稳定性

在直流火花输出电压调到最高值,直流人工击穿装置的限流电阻短接的状态下,人工击穿装置连续旋转 20 次,火花试验机击穿计数器所计次数应与实际击穿次数完全一致。

5.4.4 绝缘电阻

5.4.4.1 火花试验机的高压电极对机壳的绝缘电阻不应小于 100 MΩ。

5.4.4.2 火花试验机的电源输入端子对机壳的绝缘电阻不应小于 5 MΩ。

5.4.5 介电强度试验

5.4.5.1 高压电极对机壳之间的试验电压见表 4,历时 1 min,不应有击穿或飞弧现象发生。

表 4 试验电压

单位为千伏

火花试验机输出额定电压 U_e	试验电压有效值
$U_e \leqslant 10$	$1.2U_e$
$U_e > 10$	$1.1U_e$

5.4.5.2 电源输入端子对机壳之间的试验电压为 1.5 kV,历时 1 min,不应有击穿或飞弧现象发生。

5.4.6 试验电极

5.4.6.1 试验电极底部可制成"V"形或"U"形,试验电极有效宽度不小于最大被试品外径加 30 mm。

5.4.6.2 电极为金属制成的珠链或环链式接触电极,链长应大于 V 形或 U 形底部电极的深度。

5.4.6.3 珠子直径 2.5 mm,相邻两链的间距应不大于 5 mm;珠子直径 5 mm,相邻两链的间距应不大于 8 mm。一串珠子上相邻两颗珠子间的间距应不超过 2.5 mm。珠子直径 2 mm~3 mm 时,相邻两链的间距应不大于 5 mm;珠子直径为 3 mm~4 mm 时,相邻两链的间距应不大于 6 mm;珠子直径为 4 mm~4.5 mm 时,相邻两链的间距应不大于 7 mm;珠子直径为 4.5 mm~5 mm 时,相邻两链的间距应不大于 8 mm。

5.4.6.4 环由直径大于 0.8 mm 金属丝构成,环的外径(狭边)不大于 5 mm,每 100 mm 长的环链上,环数不少于 20 个。

5.4.6.5 链上的珠或环应分布均匀,表面光滑,不应有刮伤被试品的任何毛刺,珠或环每一节应灵活可靠。

5.4.6.6 电极的有效长度应能满足火花试验机在最大走线速度下电线绝缘表面走过电极的时间(工频火花试验机不少于 0.05 s,直流火花试验机不少于 0.001 s)。

5.4.7 保护电极

试验电极的两端应有带接地的保护电极。保护电极的宽度不小于试验电极有效宽度,长度不小于 15 mm。

5.4.8 **电气要求**

5.4.8.1 **电源频率与电压**

火花试验机对电源频率与电压的适应性应满足表5的要求。

表5 电源频率与电压

名称	参比值	误差范围
电源频率	50 Hz	±5%
电源电压	220 V	±10%

5.4.8.2 **温升**

火花试验机可触及部件的温度不应超过GB 4793.1—2007第10章的有关规定。

5.4.8.3 **保护接地**

应满足GB 4793.1—2007中6.5.1的有关规定。

5.4.8.4 **泄漏电流**

应满足GB 4793.1—2007中6.3的有关规定。

5.4.9 **可靠性**

火花试验机的可靠性特征值，应该符合GB/T 11463有关规定的要求。

5.5 **安全保护**

火花试验机的设计和结构应能保证在参比工作条件下和正常工作位置使用时不引起任何危险。

5.5.1 **安全保护连锁功能**

安全保护连锁装置应保证开启试验电极箱时，火花试验机能自动切断电源，并将试验电极自动接地。

5.5.2 **直流火花试验机输出的高压电源接线方式**

直流火花试验机输出的高压电源应正极接地，负极接试验电极。

5.5.3 **击穿计数器**

击穿计数器由显示计数器和讯响报警器组成，能准确记录火花击穿的次数和报警。击穿计数器应能保持其指示值，直至下一个击穿被记录或计数器被人工复位。讯响报警器能触发断路器断开高压电源和驱动系统电源。在必要时可阻断触发信号。

5.5.4 **一般机械要求**

5.5.4.1 火花试验机的设计和结构应能保证在参比工作条件下和正常工作位置使用时不引起任何危险，尤其应保证：

a) 防电击的人身安全；

b) 防过高温度的人身安全；

c) 防火焰蔓延；

d) 防固体异物、灰尘和水的进入。

5.5.4.2 在正常工作条件下易受腐蚀的所有部件应予以有效防护。在正常工作条件下，任一保护层不应由于一般的操作而损坏，也不应由于在空气中暴露而损坏。

注：用在腐蚀环境中的仪表应能满足订货合同规定的附加要求。

5.5.5 接线端钮、插座

接线端钮、插座应采用绝缘材料制成，其固定方式应确保充分的和持久的接触，以免松动和发热，插座应有锁定装置。电气连接应设计成不通过绝缘材料来传递接触力。

5.5.6 冲击

仪器在非包装、非工作状态下对冲击的适应性应满足 GB/T 2423.5 的有关规定，经此试验后火花试验机不应出现损坏或信息改变，并应按本标准要求准确地工作。

5.5.7 振动

仪器在非包装、非工作状态下对振动的适应性应满足 GB/T 2423.10 的有关规定，经此试验后火花试验机不应出现损坏或信息改变，并应按本标准要求准确地工作。

5.5.8 运输

仪器及其附件在完整包装状态下对运输的适应性应满足 GB/T 6587.6 的有关规定，经此试验后火花试验机不应出现损坏或信息改变，并应按本标准要求准确地工作。

5.6 外观质量

5.6.1 外表应整洁美观，不应有变形、缩痕、裂纹、划痕、剥落、锈蚀、油污、变色等缺陷。文字、标志和计量单位等应清晰、准确和规范。

5.6.2 火花试验机的面板、机壳或名牌上应有以下主要标记和符号：

每个产品应有下列标志：

a) 产品名称及型号、规格；

b) 最高输出电压、最大试品外径、最大走线速度；

c) 等级指数；

d) 标准的编号；

e) 制造厂名称、地址及注册商标；

f) 制造日期和出厂编号、电源电压、使用环境条件。

5.6.3 高压输出端应有明显输出标记。应具备启动、复位键，各功能开关、按键应灵敏可靠。

5.6.4 火花试验机外壳应有明显的接地端子和接地标志。

6 试验方法

6.1 试验顺序

若在试验后，对火花试验机所进行的调整影响到其部分性能时，则只对因调整而影响到的那些特性进行有限的试验。推荐试验顺序见附录 A。

6.2 试验条件

6.2.1 工作条件

试验时工作条件应符合下列规定：

a) 环境温度：5 ℃～40 ℃，相对湿度：≤80%。

b) 电源电压：220 V±22 V，电源频率：50 Hz±2.5 Hz。

c) 应配备保障检定人员安全的绝缘胶垫、手套和良好的接地线。

6.2.2 试验装置

6.2.2.1 高压测量仪表

高压测量仪表的配备应符合表6的要求。

表6 被检火花试验机等级指数与高压测量仪表的允许误差

被检火花试验机等级指数	2级	5级	10级
高压测量仪表最大允许误差	±0.5%	±1%	±2%
注：高压测量仪表的输入阻抗一般大于100 MΩ。			

6.2.2.2 人工击穿装置

人工击穿装置分为用于灵敏度试验和稳定性试验两种。用于稳定性试验的人工击穿装置能在火花试验机最高标称电压下安全使用。

人工击穿装置由一构成高压试验电极的金属板与一金属针、微安表、必要的限流阻抗组成。

金属板与金属针作相对旋转运动，针尖掠越平板频率1次每秒。工频高压电源时，每次持续时间为0.025(1±0.1)s，直流高压电源时，每次持续时间为0.000 5(1±0.1)s。金属针的锥度应不大于60°，直径应不大于2 mm。金属板与金属针之间间隙为(0.25±0.05)mm，该间隙用0.25 mm塞尺片调整。

6.2.2.3 交流或直流微安表

交流或直流微安表的量程合适，用于测量工频高压电源3 kV(或直流5 kV)时短路稳态电流，为将短路稳态电流限制在600 μA以下，可以串联可调节的限流电阻。

6.2.2.4 绝缘电阻表

6.2.2.4.1 测试电压为2 500 V、2 500 MΩ的绝缘电阻表，测量误差为±20%。

6.2.2.4.2 测试电压为1 000 V、1 000 MΩ的绝缘电阻表，测量误差为±10%。

6.2.2.5 耐电压测试仪

耐电压测试仪的输出电压指示误差为±5%。

6.2.2.6 游标卡尺

规格为200 mm，分度值0.02 mm。

6.2.2.7 钢卷尺

规格为2 m，分度值1 mm。

6.2.2.8 **高压电容**

500 pF 的高压电容，额定工作电压不低于工频火花试验机检定时的最高试验电压。

6.2.2.9 **通用示波器**

通用示波器的带宽 0～100 MHz；f：(5 ns～5 s)±1%；V：2 mV/diV～5 V/diV；电压指示误差为±3%。

6.2.2.10 **高压电容器**

电容量不小于 0.047 μF，额定工作电压不低于 3 kV 的高压电容器。

6.2.3 **检定扩展不确定度(包含因子 k 取 2.58)**

检定时由标准器、标准辅助设备及环境条件所引起的扩展不确定度应不大于被测电压允许误差限的 1/3。

6.3 **环境要求检测**

6.3.1 为确定其具体的特性并认证其符合本标准的要求，应对一只或数只测试仪样品进行环境要求试验，样品由制造厂提供。

6.3.2 低温试验

按照 GB/T 2423.1—2008 给出的非散热试验样品试验方法，并在下列条件下进行试验：

——火花试验机为非工作状态；

——温度：−40 ℃±3 ℃；

——试验时间：72 h。

6.3.3 高温试验

按照 GB/T 2423.2—2008 给出的非散热试验样品试验方法，并在下列条件下进行试验：

——火花试验机为非工作状态；

——温度：70 ℃±2 ℃；

——试验时间：72 h。

6.3.4 湿度试验

6.3.4.1 按照 GB/T 2423.4—2008 第 6 章～第 8 章中的规定，并在下列条件下进行试验：

——火花试验机处于通电状态；

——火花试验机试验电源无输出；

——上限温度：+40 ℃±2 ℃适于室内用测试仪；+55 ℃±2 ℃适于室外用测试仪；

——不采用特殊措施来排除表面的潮气；

——试验周期：6 周期(6 天)。

6.3.4.2 此项试验终止后 24 h，将测试仪交付下列试验：

——按照 5.4.5 进行介电强度试验；

——功能试验。

6.3.4.3 火花试验机不应出现损坏或信息改变，并应按本标准要求准确地工作。

注：湿度试验也可作为腐蚀试验。目测试验结果，不应出现能影响测试仪性能的腐蚀痕迹。

6.4 附件和工具检查

随同产品提供的附件及工具应进行检查，其结果应符合 5.3.4 的要求。

6.5 准确度和装配质量

6.5.1 输出电压试验

6.5.1.1 准确度要求试验

进行试验之前，应通电并达到热稳定，参比条件见表 7。

先将试验电极空载，再将检测仪器接到高压电极与地之间，对工频火花试验机电压表 3 kV 及以上的每个带数字分度的电压分值进行测量；对直流火花机试验机电压表的 5 kV 及以上的每个数字分度电压分值进行测量。每一分度值测量 2 次，取其平均值。按式(1)计算的输出电压值误差 δ 输出电压等级指数与最大允许误差应符合 5.4.1.1 的要求。

表 7 参比条件

影响量	参比值	各等级仪表允许偏差		
		2	5	10
环境温度	参比温度，确省值为 20 ℃	±2 ℃	±2 ℃	±2 ℃
电压	参比电压	±1%	±2%	±2%
频率	参比频率	±0.5%	±0.5%	±0.5%
波形	正弦波电压和电流	畸变因数小于 2%	畸变因数小于 3%	畸变因数小于 3%
注：若在非参比温度的某一值(包括允许偏差)下进行试验，通过相应的仪表温度系数校正试验结果。				

6.5.1.2 直流输出电压纹波系数试验

试验电极空载。将 0.047 μF 高压电容器的一端接高压电极，另一端接通用示波器输入端，接通直流火花试验机的电源。启动高压按扭并调节输出电压 U 到 1 kV 左右，用示波器测量输出电压的峰值 Δ_u。按式(2)计算输出电压的纹波系数，其结果符合 5.4.1.2 的要求。

6.5.2 灵敏度试验

6.5.2.1 交流(工频)火花试验机

在高压端与地之间接入灵敏度试验用人工击穿装置，将试验电压调整至 3 kV，串联可调节的限流电阻，将短路稳态电流限制在 600 μA 以下。启动人工击穿装置，旋转 20 次。工频火花试验机的击穿计数器所计次数应与实际击穿次数一致。

6.5.2.2 直流火花试验机

在高压端与地之间接入灵敏度试验用人工击穿装置，将试验电压调整到 5 kV，串联可调节的限流电阻，使短路稳态电流限制在 600 μA 以下。启动人工击穿装置，旋转 20 次。直流火花试验机的击穿计数器所计次数应与实际击穿次数一致。

6.5.3 稳定性试验

6.5.3.1 交流(工频)火花试验机

在工频火花试验机的试验电极之间接入一个500 pF高压电容器;在高压电极与地之间接入工频人工击穿装置,使其限流电阻短接。将输出电压调至最高值,启动人工击穿装置,旋转20次,工频火花试验机的稳定性应满足第5.4.3.1的要求。

6.5.3.2 直流火花试验机

在直流火花试验机的高压电极与地之间接入用于稳定性测试的直流人工击穿装置,使其限流电阻短接。将直流火花试验机的输出电压调至最高值,启动人工击穿装置,旋转20次,直流火花试验机的稳定性应满足第5.4.3.2款的要求。

注1:在进行灵敏度和稳定性检查中,人工击穿装置产生火花时,火花试验机应计数并发出声光报警,但不得切断高压,能进行20次连续击穿检定。

注2:在进行灵敏度检查中,每次应更换钢针,针尖的锥度不应大于60°,钢针直径不大于2 mm,或采用等效的针,例如HB铅笔芯。

注3:在进行稳定性检查中,可用粗的钢针以防熔化,或采用HB铅笔芯代替钢针。

6.5.4 绝缘电阻试验

将高压电极与高压电源连线断开,使用2 500 V、2 500 MΩ的绝缘电阻表,一端接高压输出端子,另一端接火花机外壳,所测得的绝缘电阻应符合5.4.4.1的要求。重新将高压电极与高压电源连接好。使用1 000 V、1 000 MΩ的绝缘电阻表,测量电源输入线(相中线连接到一起)与火花试验机外壳间的绝缘电阻,所测得的绝缘电阻应符合5.4.4.2的要求。

6.5.5 介电强度试验

6.5.5.1 将高压电极与高压电源连线断开,按5.4.5.1要求施加工频电压于高压电极与机壳之间,历时1 min,不应发生闪络,火花放电和击穿现象。

6.5.5.2 按5.4.5.2要求在电源输入端与机壳之间施加1.5 kV的工频电压,历时1 min,不应发生闪络,火花放电和击穿现象。

注:工频耐压机的容量不少于500 VA,开始时电压应少于1/2的试验值然后迅速升到规定值,耐压试验时间到了不应立即断电,应先降低电压回零后断电,可选用自动升降电压的耐压试验机。

在试验中,参比电压等于或低于40 V的辅助线路应接地。

6.5.6 试验电极检查

6.5.6.1 检查试验电极的珠链或环链是否短缺、腐蚀和(或)有毛刺。

6.5.6.2 用游标卡尺测量试验电极的有效宽度,结果应符合5.4.6.1的规定。

6.5.6.3 用游标卡尺测量两链的间距,珠和环的尺寸应符合5.4.6.3的规定。

6.5.6.4 被试品通过电极的最高速度检查

电极长度与被试电线电缆走线速度的关系如下:

a) 对于交流(工频)火花试验机

用钢卷尺测量试验电极的有效长度,当被试品绝缘每一点通过电极的时间不少于t=0.05 s时。按式(3)计算被试品通过工频火花试验机电极的最高速度。

$$v_{max}=60\times\frac{L}{t}=60\times L\times\frac{1}{0.05}=1.2\times10^3\times L(\text{m/min}) \quad\cdots\cdots(3)$$

式中：

v_{max}——线速度，单位为米每分(m/min)；

L——电极有效长度，单位为米(m)。

b) 对于直流火花试验机

用钢卷尺测量电极的有效长度，当被试品每一点通过电极的时间不少于 $t=0.001$ s时，按式(4)计算被试品通过直流火花试验机电极的最高速度。

$$v_{max}=60\times\frac{L}{t}=60\times\frac{L}{0.001}=6\times10^4\times L(\text{m/min}) \quad\cdots\cdots(4)$$

式中：

v_{max}——被试品最高速度，单位为米每分(m/min)；

L——电极有效长度，单位为米(m)。

6.5.7 保护电极检查

6.5.7.1 保护电极应与外壳连接可靠。

6.5.7.2 用游标卡尺测量保护电极的宽度与长度，应符合5.4.7要求。

6.5.8 电气性能试验

6.5.8.1 电源频率与电压试验

按照GB/T 6587.8有关规定的要求和方法进行试验，火花试验机不应出现损坏或信息改变，并应按本标准要求准确地工作。

6.5.8.2 温升试验

火花试验机应在参比工作条件下进行试验。

a) 在参比工作条件下，火花试验机处于工作状态，关闭定时开关，火花试验机设置为最高输出电压和最大走线速度，启动测试仪，在环境温度为40 ℃时，短时间内(制造厂规定的间歇使用的限值)重复上述3个周期，火花试验机表面及接线端钮或插座的温度不应超过GB 4793.1—2007中第10章的有关规定。

b) 在试验期间，测试仪不应位于通风或阳光辐射处。

c) 试验后火花试验机及测量线/夹不应出现损坏或变形，并应满足本标准5.4.5的介电强度试验。

6.5.8.3 保护接地试验

按照GB 4793.1—2007中6.5.1的有关规定试验。

6.5.8.4 泄漏电流试验

火花试验机处于非工作状态，电源开关处于接通位置，保护阻抗与带电部分分离，按照GB 4793.1—2007中6.3的有关规定，在火花试验机电源带电极与可触及金属部件之间施加供电电源参比电压的1.06倍的试验电压，5 s后用泄漏电流测试仪测量相线和零线对机壳或对地的泄漏电流，不应超过0.5 mA。

6.5.9 可靠性试验

火花试验机平均无故障工作时间的下限值 m_1 由产品规范规定，可靠性的基本要求及试验方法按

GB/T 11463 的有关规定进行。

6.6 安全保护检测

6.6.1 安全保护连锁功能检查

检查在开启试验电极箱时，火花试验机的安全保护连锁装置能否自动切断电源，并将试验电极自动接地。

6.6.2 直流火花试验机输出的高压电源接线方式检查

检查直流火花试验机输出的高压电源是否正极接地，负极接试验电极。

6.6.3 击穿计数器检查

结合灵敏度试验，检查击穿计数器能是否准确记录火花击穿的次数和报警。击穿计数器是否能保持其指示值，直至下一个击穿被记录或计数器被人工复位。讯响报警器能触发断路器断开高压电源和驱动系统电源。在必要时是否可阻断触发信号。

6.6.4 冲击试验

火花试验机在包装、非工作状态下，在表 8 所列条件下按照 GB/T 2423.5 的有关规定进行冲击试验，波形选用半正弦波。

表 8 脉冲的加速度和持续时间

峰值加速度 A m/s²	相应的标称 脉冲持续时间 D ms	相应的速度变化量 Δ_v/(m/s)		
		半正弦 $\Delta_v=\frac{2}{\pi}AD\times10^{-3}$	后峰锯齿 $\Delta_v=0.5AD\times10^{-3}$	梯形 $\Delta_v=0.9AD\times10^{-3}$
300	18	3.4	2.6	4.8

6.6.5 振动试验

火花试验机在包装、非工作状态下，在表 9 所列条件下按照 GB/T 2423.10—2008 中 4.2.8 的有关规定进行振动试验。

表 9 振动的频率和振幅

频率范围 Hz	交越频率 Hz	频率<60 Hz 恒定振幅 mm	频率>60 Hz 恒定加速度 m/s²	控制	每一轴向扫频 周期数
10～150	60	0.075	9.8(1g)	单点	10

注：10 个扫频周期为 75 min。

6.6.6 运输试验

按照 GB/T 6587.6—1986 第 2 级别有关规定的要求和方法进行运输试验。运输试验后，进行本标准 6.5、6.6.1、6.6.3 试验，应满足本标准 5.4、5.5.1、5.5.3 的要求。

6.7 外观质量检测

通过目测观察火花试验机的外观结构,应无明显影响其正常工作的缺陷,各标志应清晰,并应满足本标准 5.6.2～5.6.4 的要求。

6.8 试验结果的整理

由于存在测量的不确定度和某些能影响测量的参数,有些测试结果可能会超出表 3 规定的最大允许误差。但是如果将零线平移不超过表 10 中规定的极限,所有测试结果在表 3 规定的最大允许误差内,则该火花试验机应认为是可接受的。

表 10 试验结果的整理

火花试验机	等级指数		
	2	5	10
允许零线移动量/%	1	2.5	5

7 检验规则

火花试验机的检验分为出厂检验、型式检验和使用中检验。

7.1 出厂检验

由制造厂技术检验部门对生产的系统的每个产品,按表 11 规定的出厂检验项目进行检验。合格后加盖合格印,并给出出厂检验合格报告。

7.2 型式检验

按表 11 规定的全部项目进行检验,下列情况之一应进行型式检验。

a) 新产品设计定型鉴定及批试生产定型鉴定;

b) 当结构、工艺或主要材料有所改变,可能影响其符合本标准要求时;

c) 停产一年以上重新投产时;

d) 国家质量监督机关或主管部门要求进行型式检验时;

e) 批量生产的产品应周期性(3 年)进行一次型式检验。

7.3 使用中检验

由检测机构对系统的每个产品按表 11 规定的检验项目进行检验。

7.4 型式检验抽样方案

型式检验抽样数量为 1～3 台。

7.5 判定规则

型式检验的样品符合全部要求的,则判为型式检验合格;

对一个样本的某个试验项目发生一次或一次以上的不合格,均按一个不合格计。对于次要项目不合格的,可以复检一次,复检合格可以认为型式检验合格;复检仍然不合格,则判型式检验不合格。

7.6 检验项目

检验项目见表11。

表11 检验项目

项目序号	检验项目	本标准章条编号		检验类别		
		技术要求	试验方法	出厂检验	型式检验	使用中检验
1	外观质量	5.6	6.7	•	•	•
2	试验电极	5.4.6	6.5.6	•	•	•
3	保护电极	5.4.7	6.5.7	•	•	•
4	安全保护连锁功能	5.5.1	6.6.1	•	•	•
5	直流火花试验机输出的高压电源接线方式	5.5.2	6.6.2	•	•	•
6	击穿计数器	5.5.3	6.6.3	•	•	•
7	绝缘电阻试验	5.4.4	6.5.4	•	•	○
8	介电强度试验	5.4.5	6.5.5	•	•	○
9	保护接地试验	5.4.8.3	6.5.8.3	•	•	○
10	泄漏电流	5.4.8.4	6.5.8.4	•	•	○
11	准确度要求试验	5.4.1.1	6.5.1.1	•	•	•
12	直流输出电压纹波系数	5.4.1.2	6.5.1.2	•	•	○
13	灵敏度	5.4.2	6.5.2	•	•	•
14	稳定性	5.4.3	6.5.3	•	•	•
15	环境要求	5.2	6.3	○	•	○
16	冲击	5.5.6	6.6.4	○	•	○
17	振动	5.5.7	6.6.5	○	•	○
18	运输	5.5.8	6.6.6	○	•	○
19	电源频率与电压试验	5.4.8.1	6.5.8.1	○	•	○
20	温升	5.4.8.2	6.5.8.2	○	•	○
21	可靠性试验	5.4.9	6.5.9	○	•	○
22	附件和工具	5.3.4	6.4	○	•	○
23	包装、运输、储存	8	8	○	•	○
注：“•”表示应检项目；“○”表示可不检项目。						

8 包装、运输和储存

8.1 每一台火花试验机的外包装箱上应有下列信息：

a) 产品的名称及型号；

b) 最高输出电压、最大试品外径、最大走线速度；

c) 等级指数；

d) 制造厂名称、地址及注册商标；

e) 制造许可证编号及认证标志、标准的编号；

f) 制造日期、使用环境条件；

g) 电源的参比电压和频率。

8.2 包装应能保证火花试验机在正常装卸、运输、储存过程中，不发生损坏、锈蚀、受潮等情况，使火花试验机能安全完整运输到目的地。

8.3 包装完整的火花试验机在运输过程中应避免雨、雪的直接淋袭，并防止受到剧烈的撞击和振动。火花试验机存放时，应存放在按表1、表2规定的温度、湿度范围且无腐蚀性物质或液体的室内。

附　录　A
（规范性附录）
推荐试验顺序

表 A.1　推荐试验顺序

序号	试 验 项 目	本标准章条编号
1	外观质量检测	6.7
2	附件和工具检查	6.4
3	试验电极检查	6.5.6
4	保护电极检查	6.5.7
5	安全保护连锁功能检查	6.6.1
6	直流火花试验机输出的高压电源接线方式检查	6.6.2
7	绝缘电阻试验	6.5.4
8	介电强度试验	6.5.5
9	保护接地试验	6.5.8.3
10	泄漏电流试验	6.5.8.4
11	准确度要求试验	6.5.1.1
12	直流输出电压纹波系数试验	6.5.1.2
13	灵敏度试验（击穿计数器检查）	6.5.2(6.6.3)
14	稳定性试验	6.5.3
15	电源频率与电压试验	6.5.8.1
16	温升试验	6.5.8.2
17	环境要求检测	6.3
18	冲击试验	6.6.4
19	振动试验	6.6.5
20	运输试验	6.6.6
21	可靠性试验	6.5.9
22	包装、运输和储存	8
注：表中序号代表试验顺序。		

ICS 29.080.10
K 48

中华人民共和国国家标准

GB/T 26874—2011

高压架空线路用长棒形瓷绝缘子元件特性

Characteristics of ceramic insulator units of the long rod type for high-voltage overhead lines

(IEC 60433:1998 Insulators for overhead lines with a nominal voltage above 1 000 V—Ceramic insulators for a. c. systems—Characteristics of insulator units of the long rod type, MOD)

2011-07-29 发布　　2011-12-01 实施

中华人民共和国国家质量监督检验检疫总局
中国国家标准化管理委员会　发布

前　言

本标准按照 GB/T 1.1—2009 给出的规则起草。

本标准使用重新起草法修改采用 IEC 60433:1998《标称电压高于 1 000 V 的架空线路用绝缘子 交流系统用瓷绝缘子　长棒形绝缘子元件特性》(英文版)。

本标准与 IEC 60433:1998 相比在结构和章条编号上完全一致。

本标准与 IEC 60433:1998 相比存在技术性差异,这些差异涉及的条款已通过在其外侧页边空白位置的垂直单线(|)进行了标识,附录 A 中给出了相应技术性差异及其原因的一览表。

请注意本文件的某些内容可能涉及专利。本文件的发布机构不承担识别这些专利的责任。

本标准由中国电器工业协会提出。

本标准由全国绝缘子标准化技术委员会(SAC/TC 80)归口。

本标准起草单位:西安高压电器研究院有限责任公司、无锡华能塞拉姆绝缘子有限公司、苏州电瓷厂有限公司、国家绝缘子避雷器质量监督检验中心、中国电力工程顾问集团华东电力设计院、国家电网公司、华东电网有限公司。

本标准主要起草人:姚君瑞、叶胜平、陆洲、危鹏、黄伟中、包继东、叶廷路、钱之银、胡文岐、赵卉。

高压架空线路用长棒形瓷绝缘子元件特性

1 范围

本标准规定了长棒形瓷绝缘子元件的电气和机械特性，以及主要尺寸。本标准适用于高压交、直流架空输电线路用长棒形瓷绝缘子元件，也适用于变电站或换流站用的类似结构的绝缘子。

本标准适用的长棒形瓷绝缘子元件，其两端的金属附件可以是槽型连接，也可以是球窝连接。

注：本标准的原理也可用于本标准范围以外的类似绝缘子元件，如牵引线路用绝缘子。

2 规范性引用文件

下列文件对于本文件的应用是必不可少的。凡是注日期的引用文件，仅注日期的版本适用于本文件。凡是不注日期的引用文件，其最新版本(包括所有的修改单)适用于本文件。

GB 311.1 高压输变电设备的绝缘配合(GB 311.1—1997,neq IEC 60071-1:1993)

GB/T 1001.1—2003 标称电压高于 1 000 V 的架空线路绝缘子 第 1 部分：交流系统用瓷或玻璃绝缘子元件 定义、试验方法和判定准则(IEC 60383-1:1993,MOD)

3 术语和定义

下列术语和定义适用于本文件。

3.1

长棒形绝缘子元件 long rod insulator unit

由带有伞且大致为圆柱体的实心绝缘件构成的悬垂或耐张绝缘子元件，其端部具有外胶装金属附件。

因通过固体绝缘材料的击穿距离至少为干弧距离的一半，按照 GB/T 1001.1—2003 的定义，此种结构属于 A 型绝缘子。

4 特性

长棒形绝缘子元件的规定特性如下：

——标准雷电冲击耐受电压(见 GB 311.1)；

——工频湿耐受电压(见 GB 311.1)；

——规定机械破坏负荷；

——公称结构高度 L；

——绝缘件最大公称直径 D；

——最小公称爬电距离；

——连接标记。

相应数值规定于表 1。其中最小公称爬电距离分别按照统一爬电比距 27.8 mm/kV、34.7 mm/kV、43.3 mm/kV 和 53.7 mm/kV 确定。设备工作电压取规定标准雷电冲击耐受电压值(见 GB 311.1)对应的设备最高电压的最小值。

注1：GB/T 1001.1—2003给出的公差适用于表1的所有尺寸，不管是否在术语前增加了“最大”或“最小”。

注2：表1中的雷电冲击干耐受电压和工频湿耐受电压是对单元件绝缘子规定的。本标准不包括元件数多于一个的绝缘子串的耐受电压值。

注3：主体直径未作规定，因为其与绝缘材料的机械特性有关。有关陶瓷绝缘材料定义和分类的信息参见GB/T 8411.1—2008和GB/T 8411.3—2009。

注4：污秽等级的定义见GB/T 26218.1—2010，爬电比距数值来源于GB/T 26218.2—2010图1所列的现场污秽度(SPS)b、c、d、e等级对应的参考统一爬电比距(RUSCD)。

注5：长棒形绝缘子一般带招弧装置使用，以防止闪络电弧灼伤瓷绝缘体而引起掉串。

注6：有关长棒形绝缘子的试验要求见GB/T 1001.1—2003，球窝连接见GB/T 4056，槽型连接见GB/T 25317—2010。

注7：必要时，直流线路用绝缘子串元件用金属附件及其连接金具可以考虑加装牺牲电极以延缓电解腐蚀。

5 名称和标识

表1中长棒形绝缘子用字母L表示，其后的数字是规定机械破坏负荷千牛(kN)数。B或C分别表示球窝连接或槽型连接，其后的数字是雷电冲击耐受电压值(kV)。

型号示例：

L 160 B 550表示：

L——长棒形绝缘子；

160——规定机械破坏负荷160 kN；

B——球窝连接；

550——雷电冲击干耐受电压550 kV。

应在绝缘子的上伞面或金属附件上标识制造商名称或商标及制造年份。另外，每一元件均应用型号的第一部分标识其规定机械破坏负荷，如规定机械破坏负荷160 kN的元件应标识为L 160。

标识应清晰耐久。

图1和图2分别给出了槽型连接和球窝连接长棒形绝缘子的示意图。

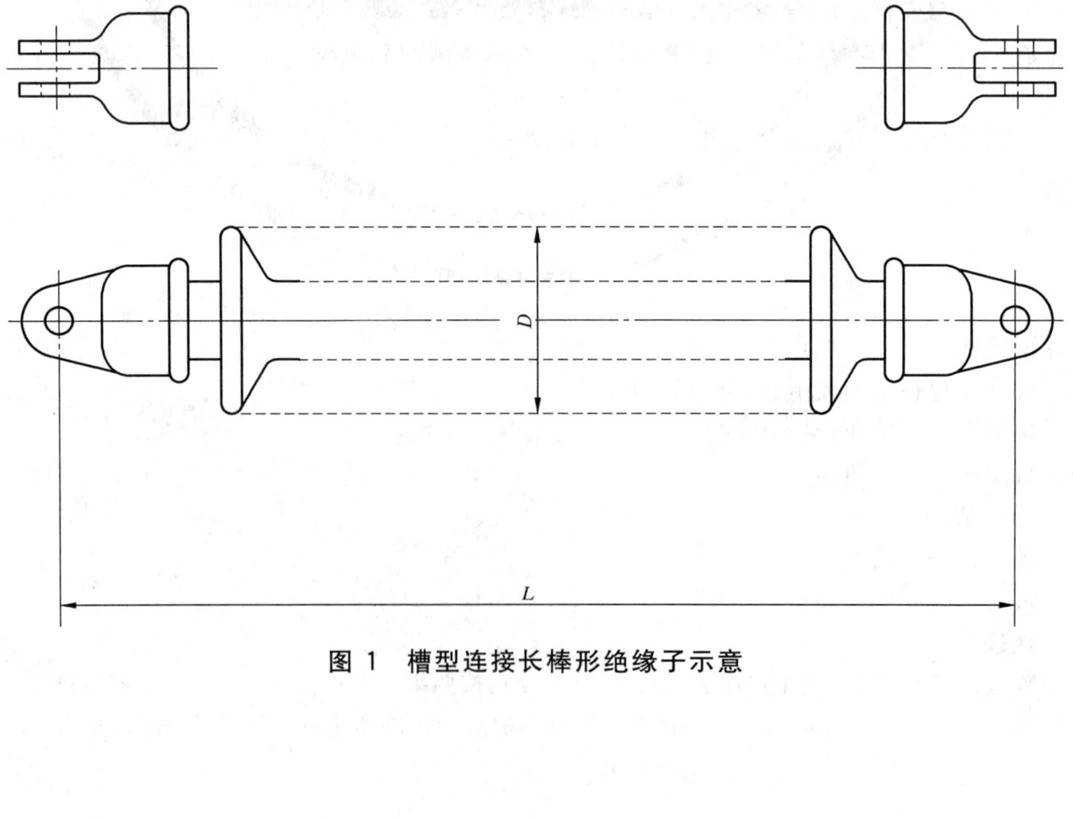

图1 槽型连接长棒形绝缘子示意

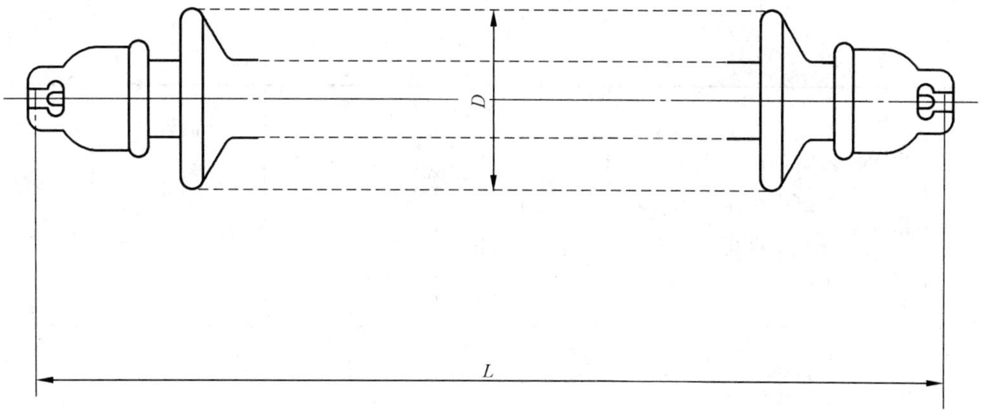

图 2 球窝连接长棒形绝缘子示意

表 1 长棒形绝缘子特性值

型　　号	标准雷电冲击耐受电压 kV[a]	工频湿耐受电压 kV	规定机械破坏负荷 kN	绝缘件最大公称直径 D mm	最小公称爬电距离 mm				球窝连接		槽型连接	
					Ⅰ	Ⅱ	Ⅲ	Ⅳ	公称结构高度 L mm	标准连接标记	公称结构高度 L mm	标准连接标记[b]
L 100 B/C 170	170	70	100	190	580	720	900	1 120	450	16	475	19L(16L)
L 100 B/C 250	250	95	100	190	840	1 040	1 300	1 620	580	16	605	19L(16L)
L 100 B/C 325	325	140	100	190	1 160	1 450	1 820	2 260	870	16	905	19L(16L)
L 100 B/C 450	450	185	100	190	2 020	2 520	3 150	3 910	1 085	16	1 120	19L(16L)
L 100 B/C 550	550	230	100	190	2 020	2 520	3 150	3 910	1 240	16	1 275	19L(16L)
L 100 B/C 650	650	275	100	190	2 320	2 900	3 630	4 510	1 430	16	1 465	19L(16L)
L 120 B/C 325	325	140	120	210	1 160	1 450	1 820	2 260	870	16	905	19L(16L)
L 120 B/C 450	450	185	120	210	2 020	2 520	3 150	3 910	1 085	16	1 120	19L(16L)
L 120 B/C 550	550	230	120	210	2 020	2 520	3 150	3 910	1 240	16	1 275	19L(16L)
L 120 B/C 650	650	275	120	210	2 320	2 900	3 630	4 510	1 430	16	1 465	19L(16L)
L 160 B/C 325	325	140	160	220	1 160	1 450	1 820	2 260	885	20	900	19L
L 160 B/C 450	450	185	160	220	2 020	2 520	3 150	3 910	1 100	20	1 115	19L
L 160 B/C 550	550	230	160	220	2 020	2 520	3 150	3 910	1 255	20	1 270	19L
L 160 B/C 650	650	275	160	220	2 320	2 900	3 630	4 510	1 445	20	1 460	19L
L 160 B/C 750	750	325	160	220	2 720	3 400	4 250	5 270	1 640	20	1 655	19L
L 210 B/C 325	325	140	210	230	1 160	1 450	1 820	2 260	905	20	935	22L
L 210 B/C 450	450	185	210	230	2 020	2 520	3 150	3 910	1 120	20	1 150	22L
L 210 B/C 550	550	230	210	230	2 020	2 520	3 150	3 910	1 275	20	1 305	22L
L 210 B/C 650	650	275	210	230	2 320	2 900	3 630	4 510	1 465	20	1 495	22L
L 210 B/C 750	750	325	210	230	2 720	3 400	4 250	5 270	1 670	20	1 700	22L

表 1（续）

型号	标准雷电冲击耐受电压 kV[a]	工频湿耐受电压 kV	规定机械破坏负荷 kN	绝缘件最大公称直径 *D* mm	最小公称爬电距离 mm				球窝连接		槽型连接	
					Ⅰ	Ⅱ	Ⅲ	Ⅳ	公称结构高度 *L* mm	标准连接标记	公称结构高度 *L* mm	标准连接标记[b]
L 300 B/C 550	550	230	300	250	2 020	2 520	3 150	3 910	1 330	24	1 365	25L
L 300 B/C 650	650	275	300	250	2 320	2 900	3 630	4 510	1 520	24	1 555	25L
L 300 B/C 750	750	325	300	250	2 720	3 400	4 250	5 270	1 715	24	1 750	25L
L 400 B/C 550	550	230	400	270	2 020	2 520	3 150	3 910	1 400	28	1 440	28L
L 400 B/C 650	650	275	400	270	2 320	2 900	3 630	4 510	1 600	28	1 640	28L
L 400 B/C 750	750	325	400	270	2 720	3 400	4 250	5 270	1 750	28	1 790	28L
L 530 B/C 550	550	230	530	280	2 020	2 520	3 150	3 910	1 450	32	1 485	32L
L 530 B/C 650	650	275	530	280	2 320	2 900	3 630	4 510	1 650	32	1 685	32L
L 530 B/C 750	750	325	530	280	2 720	3 400	4 250	5 270	1 785	32	1 820	32L

[a] 标准雷电冲击耐受电压是不带招弧装置时的值。

[b] 括弧中的为不优先推荐值。

附 录 A
（资料性附录）
本标准与 IEC 60433:1998 的技术性差异及其原因

本标准与 IEC 60433:1998 的技术差异及其原因见表 A.1。

表 A.1 本标准与 IEC 60433:1998 的技术性差异及其原因

本标准章条编号	技术性差异	原因简述
标准名称	修改为："高压架空线路用长棒形瓷绝缘子元件特性"。	和修改后的本标准适用范围相适应。
1	适用范围从高压交流架空线路用长棒形瓷绝缘子元件扩展到高压交直流输电线路用长棒形瓷绝缘子元件。	长棒形瓷绝缘子属于典型的不可击穿型结构。运行经验表明，长棒形瓷绝缘子元件在制造、试验要求、机械和电气特性、尺寸特性以及对交、直流架空线路的适用性上没有显著差别。
1	删除了有关爬电距离适用性，以及减小或增大爬电距离的描述。	本标准表 1 中规定了四级爬电距离等级，适用于现行国家标准定义的各级污秽等级地区使用。因而，IEC 原文的表述和本标准不协调，也和我国的使用状况不符。
1	删除了 IEC 60433-1998 的注 2～注 5。	注 2 和注 3 的内容合并改写为第 4 章的注 6，注 4 的内容改写为第 4 章的注 4，因为这些内容不属于第 1 章的表述范围。 对于注 5，作为国家标准，没有必要列入有关北美用法的解释。
2	把 IEC 60433:1998 列出的一些规范性引用文件作为参考文献列出。	满足 GB/T 1.1—2009 的要求。
4	"绝缘子最大公称结构高度 *L*"修改为"公称结构高度 *L*"。	进一步规范绝缘子元件结构高度。
4，表 1	"最小公称爬电距离按照爬电比距 16 mm/kV 确定"修改为"最小公称爬电距离分别按照统一爬电比距 27.8 mm/kV、34.7 mm/kV、43.3 mm/kV 和 53.7 mm/kV 确定"。	爬电距离等级和 GB/T 26218.2—2010 协调。
4	增加注 4："爬电比距数值来源于 GB/T 26218.2—2010 图 1 所列的现场污秽度(SPS)b、c、d、e 等级对应的参考统一爬电比距(RUSCD)"。	说明相应爬电比距值的来源，便于理解和使用，同时也是把 IEC 60433:1998 第 1 章的注 4 改写于此处。
4	增加注 5："长棒形绝缘子一般带招弧角使用，以防止闪络电弧灼伤瓷绝缘体而引起掉串"。	根据我国的使用经验，有必要提醒绝缘子的使用者在组成绝缘子串时注意加装招弧角。
4	增加了注 6："有关长棒形绝缘子的试验要求见 GB/T 1001.1—2003，球窝连接见 GB/T 4056，槽型连接见 GB/T 25317—2010"。	把 IEC 60433:1998 第 1 章的注 2 和注 3 改写于此处。
4	增加了注 7："必要时，直流线路用绝缘子元件用金属附件及其连接金具可以考虑加装牺牲电极以延缓电解腐蚀"。	提醒本标准的使用者注意直流单向电流对金属附件及其连接金具的电解腐蚀问题。

表 A.1（续）

本标准章条编号	技术性差异	原因简述
表 1	绝缘件最大公称直径在原基础上增大 10 mm。	表中列入了Ⅲ级和Ⅳ级爬电距离等级。在相同结构高度下，必然需要通过增大伞伸出或增加伞数来增大爬电距离，从而导致绝缘件最大公称直径增大。
表 1	增加了标准雷电冲击耐受电压等级 750 kV 档元件的特性值。	近年来已经发展了标准雷电冲击耐受电压等级 750 kV 档的元件，且大量使用。
表 1	删除了 40 kN、60 kN、250 kN 、330 kN 和 360 kN 5 个强度等级。	和绝缘子专业其他国家标准的标准强度等级协调。
表 1	槽型连接的公称结构高度按照国内生产产品的实际值列入。	符合实际使用状况。
附录 A	增加。	便于对照本标准和 IEC 60433:1998 的技术性差异。

参 考 文 献

[1] GB/T 4056 绝缘子串元件球窝连接尺寸(GB/T 4056—2008/IEC 60120:1984,IDT)

[2] GB/T 8411.1—2008 陶瓷和玻璃绝缘材料 第1部分:定义和分类(IEC 60672-1:1995,MOD)

[3] GB/T 8411.3—2009 陶瓷和玻璃绝缘材料 第3部分:材料性能(IEC 60672-3:1997,MOD)

[4] GB/T 26218.1—2010 污秽条件下使用的高压绝缘子的选择和尺寸确定 第1部分:定义、信息和一般原则(IEC/TS 60815-1:2008,MOD)

[5] GB/T 26218.2—2010 污秽条件下使用的高压绝缘子的选择和尺寸确定 第2部分:交流系统用瓷和玻璃绝缘子(IEC/TS 60815-2:2008,MOD)

[6] GB/T 25317—2010 绝缘子串元件的槽型连接尺寸(IEC 60471:1977,IDT)

ICS 13.220.20
C 81

中华人民共和国国家标准

GB 26875.1—2011

城市消防远程监控系统 第1部分:用户信息传输装置

Remote-monitoring system of urban fire protection—
Part 1: User information transmission device

2011-07-29 发布　　2012-05-01 实施

中华人民共和国国家质量监督检验检疫总局
中国国家标准化管理委员会　发布

前　言

本部分的第 4 章、第 7 章为强制性的，其余为推荐性的。

GB 26875《城市消防远程监控系统》分为六个部分：

——第 1 部分：用户信息传输装置；

——第 2 部分：通信服务器软件功能要求；

——第 3 部分：报警传输网络通信协议；

——第 4 部分：基本数据项；

——第 5 部分：受理软件功能要求；

——第 6 部分：信息管理软件功能要求。

本部分为 GB 26875 的第 1 部分。

本部分依据 GB/T 1.1—2009 给出的规则起草。

请注意本文件的某些内容可能涉及专利。本文件的发布机构不承担识别这些专利的责任。

本部分由全国消防标准化技术委员会消防通信分技术委员会(SAC/TC 113/SC 14)归口。

本部分负责起草单位：公安部沈阳消防研究所。

本部分参加起草单位：万盛(中国)科技有限公司、海湾消防网络有限公司、沈阳美宝控制有限公司、同方股份有限公司、广东百迅信息科技有限公司、上海易达通信公司、福建省盛安城市安全信息发展有限公司、北京网迅青鸟科技发展有限公司。

本部分主要起草人：王军、隋虎林、姜学赟、徐放、张磊、马青波、李志刚、刘濛、芦日新、赵辉、贾根莲、严志明、高宏、苗占胜、徐文飞、陈兴煜、冯权辉、刘启明。

城市消防远程监控系统
第1部分:用户信息传输装置

1 范围

GB 26875的本部分规定了城市消防远程监控系统中用户信息传输装置的术语和定义、要求、试验方法、检验规则和标志。

本部分适用于一般工业与民用建筑中安装使用的城市消防远程监控系统用户信息传输装置。

2 规范性引用文件

下列文件对于本文件的应用是必不可少的。凡是注日期的引用文件,仅注日期的版本适用于本文件。凡是不注日期的引用文件,其最新版本(包括所有的修改单)适用于本文件。

GB/T 9969 工业产品使用说明书 总则

GB 12978 消防电子产品检验规则

GB 16838 消防电子产品 环境试验方法及严酷等级

GB/T 17626.2—2006 电磁兼容 试验和测量技术 静电放电抗扰度试验

GB/T 17626.3—2006 电磁兼容 试验和测量技术 射频电磁场辐射抗扰度试验

GB/T 17626.4—2008 电磁兼容 试验和测量技术 电快速瞬变脉冲群抗扰度试验

GB/T 17626.5—2008 电磁兼容 试验和测量技术 浪涌(冲击)抗扰度试验

GB/T 17626.6—2008 电磁兼容 试验和测量技术 射频场感应的传导骚扰抗扰度

GB/T 26875.3—2011 城市消防远程监控系统 第3部分:报警传输网络通信协议

GB 50440 城市消防远程监控系统技术规范

3 术语和定义

GB 50440界定的术语和定义适用于本文件。

4 要求

4.1 整机性能要求

4.1.1 通用要求

4.1.1.1 用户信息传输装置(以下简称传输装置)的主电源宜采用220 V,50 Hz交流电源。

4.1.1.2 传输装置应具有中文功能标注,用文字显示信息时应采用中文。

4.1.1.3 传输装置应通过指示灯(器)或文字显示方式,明确指示各类信息的传输过程、传输成功或失败等状态。在使用指示灯方式指示信息传输状态时,宜采用指示灯闪烁方式指示信息正在传输中,常亮方式指示信息传输成功。

4.1.1.4 传输装置应具有信息重发功能,信息重发机制应满足GB/T 26875.3—2011中6.5的要求。传输装置在传输信息失败后,应能发出指示传输信息失败或通信故障的声信号。

4.1.1.5 传输装置与监控中心间通信线路(链路)的接口,其物理特性和电特性应符合相应的国家标准。

4.1.1.6 传输装置与监控中心间的信息传输通信协议应满足 GB/T 26875.3—2011 的要求。

4.1.2 火灾报警信息的接收和传输功能

4.1.2.1 传输装置应能接收来自联网用户火灾探测报警系统的火灾报警信息,并在 10 s 内将信息传输至监控中心。

4.1.2.2 传输装置在传输火灾报警信息期间,应发出指示火灾报警信息传输的光信号或信息提示。该光信号应在火灾报警信息传输成功或火灾探测报警系统复位后至少保持 5 min。

4.1.2.3 传输装置在传输除火灾报警和手动报警信息之外的其他信息期间,及在进行查岗应答、装置自检、信息查询等操作期间,如火灾探测报警系统发出火灾报警信息,传输装置应能优先接收和传输火灾报警信息。

4.1.3 建筑消防设施运行状态信息的接收和传输功能

4.1.3.1 传输装置应能接收来自联网用户建筑消防设施的按 GB 50440 附录 A 中所列的运行状态信息(火灾报警信息除外),并在 10 s 内将信息传输至监控中心。

4.1.3.2 传输装置在传输建筑消防设施运行状态信息期间,应发出指示信息传输的光信号或信息提示,该光信号应在信息传输成功后至少保持 5 min。

4.1.4 手动报警功能

4.1.4.1 传输装置应设置手动报警按键(钮)。当手动报警按键(钮)动作时,传输装置应能在 10 s 内将手动报警信息传送至监控中心。

4.1.4.2 传输装置在传输手动报警信息期间,应发出手动报警状态光信号,该光信号应在信息传输成功后至少保持 5 min。

4.1.4.3 传输装置在传输火灾报警信息、建筑消防设施运行状态信息和其他信息期间,及在进行查岗应答、装置自检、信息查询等操作期间,应能优先进行手动报警操作和手动报警信息传输。

4.1.5 巡检和查岗功能

4.1.5.1 传输装置应能接收监控中心发出的巡检指令,并能根据指令要求将传输装置的相关运行状态信息传送至监控中心。

4.1.5.2 传输装置应能接收监控中心发送的值班人员查岗指令,并能通过设置的查岗应答按键(钮)进行应答操作。传输装置接收来自监控中心的查岗指令后,应发出查岗提示声、光信号,声信号应与其他提示有明显区别。该声、光信号应保持至查岗应答操作完成。在无应答情况下,声、光信号应保持至接收并执行来自监控中心的新指令或至少保持 10 min。

4.1.6 本机故障报警功能

4.1.6.1 传输装置应设置独立的本机故障总指示灯,该故障总指示灯在传输装置存在故障信号时应点亮。

4.1.6.2 当发生下列故障时,传输装置应在 100 s 内发出本机故障声、光信号,并指示故障类型:

a) 传输装置与监控中心间的通信线路(链路)不能保障信息传输;
b) 传输装置与建筑消防设施间的连接线发生断路、短路和影响功能的接地(短路时发出报警信号除外);

c) 给备用电源充电的充电器与备用电源间连接线的断路、短路；

d) 备用电源与其负载间连接线的断路、短路。

本机故障声信号应能手动消除，再有故障发生时，应能再启动；本机故障光信号应保持至故障排除。

对于 b)～d)类故障，传输装置应在指示出该类故障后的 60 s 内将故障信息传送至监控中心。

4.1.6.3 传输装置的本机故障信号在故障排除后，可以自动或手动复位。手动复位后，传输装置应在 100 s 内重新显示存在的故障。

4.1.7 自检功能

传输装置应有手动检查本机面板所有指示灯、显示器、音响器件和通信链路是否正常的功能。

4.1.8 电源性能

4.1.8.1 传输装置应有主、备电源的工作状态指示，主电源应有过流保护措施。当交流供电电压变动幅度在额定电压(220 V)的 85%～110%范围内，频率偏差不超过标准频率(50 Hz)的±1%时，传输装置应能正常工作。

4.1.8.2 传输装置应有主电源与备用电源之间的自动转换装置。当主电源断电时，能自动转换到备用电源；主电源恢复时，能自动转换到主电源。主、备电源的转换不应使传输装置产生误动作。备用电源的电池容量应能提供传输装置在正常监视状态下至少工作 8 h。

4.1.9 绝缘性能

传输装置有绝缘要求的外部带电端子与机壳间的绝缘电阻值不应小于 20 MΩ；电源输入端与机壳间的绝缘电阻值不应小于 50 MΩ。

4.1.10 电气强度性能

传输装置的电源插头与机壳间应能耐受住频率为 50 Hz，有效值电压为 1 250 V 的交流电压历时 1 min 的电气强度试验，试验期间传输装置的击穿电流不应大于 20 mA，试验后，传输装置的功能应满足 4.1.2～4.1.7 的要求。

4.1.11 电磁兼容性能

传输装置应能适应表 1 所规定条件下的各项试验要求。试验期间，传输装置应保持正常监视状态；试验后，传输装置的功能应满足 4.1.2～4.1.7 的要求。

表 1 电磁兼容性能试验条件

试验名称	试验参数	试验条件	工作状态
射频电磁场辐射抗扰度试验	场强/(V/m)	10	正常监视状态
	频率范围/MHz	80～1 000	
	扫频速率/(10 oct/s)	$\leqslant 1.5\times10^{-3}$	
	调制幅度	80%(1 kHz，正弦)	
射频场感应的传导骚扰抗扰度试验	频率范围/MHz	0.15～80	正常监视状态
	电压/dBμV	140	
	调制幅度	80%(1 kHz，正弦)	

表 1（续）

试验名称	试验参数	试验条件	工作状态
静电放电抗扰度试验	放电电压/kV	空气放电(外壳为绝缘体试样)8 接触放电(外壳为导体试样和耦合板)6	正常监视状态
	放电极性	正、负	
	放电间隔/s	≥1	
	每点放电次数	10	
电快速瞬变脉冲群抗扰度试验	瞬变脉冲电压/kV	AC 电源线 1×(1±0.1) 其他连接线 0.5×(1±0.1)	正常监视状态
	重复频率/kHz	AC 电源线 5×(1±0.2) 其他连接线 5×(1±0.2)	
	极性	正、负	
	时间/min	每次 1	
浪涌(冲击)抗扰度试验	浪涌(冲击)电压/kV	AC 电源线 线-线:1×(1±0.1) AC 电源线 线-地:2×(1±0.1) 其他连接线 线-地:1×(1±0.1)	正常监视状态
	极性	正、负	
	试验次数	5	
电压暂降、短时中断和电压变化的抗扰度试验	持续时间/ms	20(下滑至 40%)； 10 下滑至 0 V)	正常监视状态
	重复次数	10	

4.1.12 气候环境耐受性

传输装置应能耐受住表 2 规定的气候环境条件下的各项试验。试验期间，传输装置应保持正常监视状态；试验后，传输装置应无涂覆层破坏和腐蚀现象，其功能应满足 4.1.2～4.1.7 的要求。

表 2 气候环境试验条件

试验名称	试验参数	试验条件	工作状态
低温(运行)试验	温度/℃	−20±2	正常监视状态
	持续时间/h	16	
恒定湿热(运行)试验	温度/℃	40±2	正常监视状态
	相对湿度/%	90～95	
	持续时间/d	4	

4.1.13 机械环境耐受性

传输装置应能耐受住表 3 规定的机械环境条件下的各项试验。试验期间，传输装置应保持正常监视状态；试验后，传输装置不应有机械损伤和紧固部位松动现象，其功能应满足 4.1.2～4.1.7 的要求。

表 3　机械环境试验条件

试验名称	试验参数	试验条件	工作状态
振动(正弦)(运行)试验	频率循环范围/Hz	10～150	正常监视状态
	加速幅值/(m/s²)	0.981	
	扫频速率/(oct/min)	1	
	每个轴线扫频次数	1	
	振动方向	X、Y、Z	
	振动方向	X、Y、Z	
碰撞(运行)试验	碰撞能量/J	0.5±0.04	正常监视状态
	每点碰撞次数	3	

4.1.14　软件要求

4.1.14.1　程序应贮存在 ROM、EPROM、E^2PROM、FLASH 等不易丢失信息的存储器中。

4.1.14.2　每个贮存文件的存储器上均应标注文件号码。

4.1.14.3　手动或程序输入数据时，不论原状态如何，都不应引起程序的意外执行。

4.1.14.4　软件应能防止非专门人员改动。

4.1.14.5　制造商应提交软件设计资料，资料内容应能充分证明软件设计符合标准要求并应至少包括软件功能描述文件(如流程图或结构图)。

4.1.15　操作级别

传输装置的操作功能应符合表 4 规定的操作级别要求。

表 4　传输装置操作级别划分表

序号	操作项目	Ⅰ	Ⅱ[a]	Ⅲ
1	信息查询	M	M	M
2	消除声信号	O	M	M
3	手动报警操作	O	M	M
4	复位	P	M	M
5	查岗应答	P	M	M
6	自检	P	M	M
7	开、关电源	P	M	M
8	现场参数设置	P	P	M
9	修改或改变软、硬件	P	P	M

注：P——禁止；O——可选择；M——本级人员可操作。

[a] 进入Ⅱ、Ⅲ级操作功能状态应采用钥匙、操作号码，用于进入Ⅲ级操作功能状态的钥匙或操作号码可用于进入Ⅱ级操作功能状态，但用于进入Ⅱ级操作功能状态的钥匙或操作号码不能用于进入Ⅲ级操作功能状态。

4.2 主要部件性能要求

4.2.1 基本要求

传输装置的主要部件，应采用符合国家有关标准的定型产品。传输装置的表面应无腐蚀、涂覆层脱落和起泡现象，紧固部位无松动。

4.2.2 指示灯

4.2.2.1 应以颜色标识，红色指示火灾报警、手动报警；黄色指示故障、查岗应答、自检等；绿色指示主电源和备用电源工作。

4.2.2.2 指示灯应标注功能。

4.2.2.3 在 5 lx～500 lx 环境光条件下，在正前方 22.5° 视角范围内，指示灯应在 3 m 处清晰可见。

4.2.2.4 采用闪动方式的指示灯每次点亮时间不应小于 0.25 s，其启动信号指示灯闪动频率不应小于 1 Hz，故障指示灯闪动频率不应小于 0.2 Hz。

4.2.3 字母(符)-数字显示器

在 5 lx～500 lx 环境光条件下，显示字符应在正前方 22.5° 视角内，0.8 m 处可读。

4.2.4 音响器件

4.2.4.1 在正常工作条件下，音响器件在其正前方 1 m 处的声压级(A 计权)应大于 65 dB，小于 115 dB。

4.2.4.2 在 85% 额定工作电压供电条件下应能发出音响。

4.2.5 熔断器

用于电源线路的熔断器或其他过流保护器件，其额定电流值一般应不大于最大工作电流的 2 倍。在靠近熔断器或其他过流保护器件处应清楚地标注其参数值。

4.2.6 接线端子及保护接地

每一接线端子上都应清晰、牢固地标注编号或符号，相应用途应在有关文件中说明。采用交流供电的传输装置应有保护接地。

4.2.7 备用电源

4.2.7.1 电源正极连接导线应为红色，负极连接导线应为黑色或蓝色。

4.2.7.2 在不超过生产厂规定的极限放电情况下，应能将电池在 24 h 内充至额定容量 80% 以上，再充 48 h 后应能充满。

4.2.8 开关和按键(钮)

开关和按键(钮)(或靠近的位置上)应清楚地标注其功能。

4.2.9 导线及线槽

传输装置的主电路配线应采用工作温度参数大于 105 ℃ 的阻燃导线(或电缆)，且接线牢固；连接线槽应选用不燃材料或难燃材料(氧指数不小于 28)制造。

4.2.10 使用说明书

传输装置应有相应的中文说明书。说明书的内容应满足 GB/T 9969 的要求。

5 试验方法

5.1 总则

5.1.1 试验的大气条件

除在有关条文另有说明外，各项试验均在下述大气条件下进行：

——温度：15 ℃～35 ℃；

——湿度：25% RH～75% RH；

——大气压力：86 kPa～106 kPa。

5.1.2 试验的正常监视状态

如试验中要求传输装置处于正常监视状态，应将传输装置与制造商提供的火灾探测报警系统等建筑消防设施连接，且保持正常工作状态；在有关条文中没有特殊要求时，应保证其工作电压为额定工作电压，并在试验期间保持工作电压稳定。

5.1.3 容差

除在有关条文另有说明外，各项试验数据的容差均为±5%；环境条件参数偏差应符合 GB 16838 要求。

5.1.4 试验样品（以下简称试样）

试验前，制造商应提供 2 台传输装置做为试样，并在试验前予以编号，制造商应同时提供与其配接的火灾探测报警系统和建筑消防设施。

5.1.5 试验前检查

试样在试验前应按 4.1.1、4.1.14 和 4.2 的要求观察并记录试样对通用要求、软件、主要部件性能的符合情况。

5.1.6 试验程序

传输装置的试验程序见表 5。

表 5 传输装置试验程序

序 号	章 条	试验项目	试样编号
1	5.2	火灾报警信息的接收与传输功能试验	1、2
2	5.3	建筑消防设施运行状态信息的接收和传输功能	1、2
3	5.4	手动报警功能试验	1、2
4	5.5	巡检和查岗功能试验	1、2
5	5.6	本机故障报警功能试验	1、2
6	5.7	自检功能试验	1、2
7	5.8	电源性能试验	1、2
8	5.9	绝缘性能试验	1

表 5（续）

序号	章条	试验项目	试样编号
9	5.10	电气强度试验	1
10	5.11	射频电磁场辐射抗扰度试验	2
11	5.12	射频场感应的传导骚扰抗扰度试验	2
12	5.13	静电放电抗扰度试验	2
13	5.14	电快速瞬变脉冲群抗扰度试验	2
14	5.15	浪涌(冲击)抗扰度试验	2
15	5.16	电压暂降、短时中断和电压变化的抗扰度试验	1
16	5.17	低温(运行)试验	1
17	5.18	恒定湿热(运行)试验	2
18	5.19	振动(正弦)(运行)试验	1
19	5.20	碰撞试验	2

5.2 火灾报警信息的接收和传输功能试验

5.2.1 按照试样的正常工作要求，将试样配接制造商提供的火灾探测报警系统，接通试样和火灾探测报警系统的电源，使试样与火灾探测报警系统处于正常监视状态，并在试样与模拟监控中心之间建立正常传输连接。

5.2.2 使火灾探测报警系统发出火灾报警信息，测量从火灾探测报警系统发出火灾报警信息至试样将所接收的火灾报警信息传输到模拟监控中心的时间间隔，观察并记录试样发出的火灾报警光信号、信息传输状态指示情况。

5.2.3 依次使试样分别处于传输除火灾报警、手动报警信息外的其他信息状态，使火灾探测报警系统发出火灾报警信息，观察并记录试样优先进行火灾报警信息传输和状态指示情况。

5.2.4 依次进行查岗应答、装置自检和信息查询操作，在操作期间使火灾探测报警系统发出火灾报警信息，观察并记录试样优先进行火灾报警信息传输和状态指示情况。

5.2.5 切断试样与模拟监控中心设备之间的正常传输连接，使火灾探测报警系统发出火灾报警信息，观察并记录试样在信息传送失败时的声、光信号指示情况。

5.3 建筑消防设施运行状态信息的接收和传输功能试验

5.3.1 按照试样的正常工作要求，将试样配接制造商提供的建筑消防设施，接通试样和建筑消防设施的电源，使试样与建筑消防设施处于正常监视状态，并在试样与模拟监控中心之间建立正常传输连接。

5.3.2 按照 GB 50440 附录 A 中相应内容，通过改变建筑消防设施运行状态，使其发出运行状态信息，测量从建筑消防设施发出运行状态信息至试样将接收到的信息向模拟监控中心传送的时间间隔，观察并记录试样发出的信息传输状态指示情况。

5.3.3 切断试样与模拟监控中心设备之间的正常传输连接，使建筑消防设施发出运行状态信息，观察并记录试样在信息传送失败时的声、光信号指示情况。

5.4 手动报警功能试验

5.4.1 使试样处于正常监视状态，启动手动报警按键(钮)，测量从手动报警按钮(键)启动至试样将手动报警信息向模拟监控中心传送的时间间隔，观察并记录试样发出的手动报警指示、状态指示情况。

5.4.2 使试样分别处于传输火灾报警、建筑消防设施运行状态信息的状态，对试样进行手动报警操作，观察并记录试样的手动报警信息优先传输和状态指示情况。

5.4.3 依次进行查岗应答、装置自检、信息查询操作，在操作期间，对试样进行手动报警操作，观察并记录试样的手动报警信息优先传输和指示情况。

5.4.4 切断试样与模拟监控中心设备之间的正常传输连接，启动手动报警按键(钮)，观察并记录试样在信息传送失败时的声、光信号指示情况。

5.5 巡检和查岗功能试验

5.5.1 使试样处于正常监视状态，模拟监控中心发出巡检指令，观察并记录试样接受指令并向模拟监控中心传输试样运行状态信息的情况。

5.5.2 使试样处于正常监视状态，模拟监控中心发出查岗指令，观察并记录试样接受指令后的声、光提示情况。在试样上进行查岗应答操作，观察并记录试样的查岗应答信息传输和指示情况。

5.5.3 从模拟监控中心发出查岗指令，观察并记录试样在无应答情况下的声、光信号保持情况，以及试样在接受模拟监控中心的新指令后的声、光信号指示情况。

5.6 本机故障报警功能试验

5.6.1 接通电源，使试样处于正常监视状态。分别按 4.1.6.2 中 a)～d)的要求，对试样各项本机故障报警功能进行测试，观察并记录试样本机故障声、光信号指示、故障响应时间、故障信息显示和传输等情况。

5.6.2 手动消除本机故障声信号，并使试样发出另一故障，检查试样消音功能、本机故障声信号再启动功能和显示功能。

5.6.3 手动复位试样，记录试样发出尚未排除故障信号的时间；排除所有输入的故障信号，手动复位试样后(本机故障自动恢复除外)，观察并记录试样的显示情况。

5.7 自检功能试验

手动操作试样进行自检，观察并记录试样检查面板上所有指示灯、显示器、音响器件和通信链路的情况。

5.8 电源性能试验

5.8.1 主电源试验

在试样处于正常监视状态下，切断试样的主电源，使试样由备用电源供电，再恢复主电源，检查并记录试样主、备电源的转换、状态指示情况和主电源过流保护情况。

5.8.2 备用电源试验

使试样在正常状态下工作 24 h 后，切断试样主电源，使试样在备用电源供电状态下工作 8 h，观察并记录试样工作情况。

5.9 绝缘性能试验

5.9.1 试验步骤

通过绝缘电阻试验装置，分别对试样的下述部分施加 500 V±50 V 直流电压，持续 60 s±5 s 后，测量其绝缘电阻值：

a） 有绝缘要求的外部带电端子与外壳之间；

b） 电源插头（或电源接线端子）与机壳之间（电源开关置于接通位置，但电源插头不接入电网）。

5.9.2 试验设备

绝缘电阻试验装置满足下述技术条件：

a） 试验电压：500 V±50 V；

b） 测量范围：0 MΩ～500 MΩ；

c） 最小分度：0.1 MΩ；

d） 记时：60 s±5 s。

5.10 电气强度试验

5.10.1 试验步骤

试验前，将试样的接地保护元件拆除。通过试验装置，以100 V/s～500 V/s的升压速率，对试样的电源线与外壳间施加50 Hz，1 250 V的试验电压。持续60 s±5 s，观察并记录试验中所发生的现象。试验后，以100 V/s～500 V/s的降压速率使电压降至低于额定工作电压值后，方可断电。接通试样电源，按5.2～5.7的规定进行功能试验。

5.10.2 试验设备

满足下述条件的试验装置：

a） 试验电压：电压0 V～1 250 V（有效值）连续可调，频率50 Hz，短路电流10 A（有效值）；

b） 升、降压速率：100 V/s～500 V/s；

c） 计时：60 s±5 s。

5.11 射频电磁场辐射抗扰度试验

5.11.1 将试样按GB/T 17626.3—2006中7.1的规定进行试验布置，接通电源，使试样处于正常监视状态20 min。

5.11.2 按GB/T 17626.3—2006中第8章规定的试验方法对试样施加表1所示条件下的干扰试验，期间观察并记录试样状态。试验后，按5.2～5.7规定进行功能试验。

5.12 射频场感应的传导骚扰抗扰度试验

5.12.1 将试样按GB/T 17626.6—2008中第7章规定进行试验配置，接通电源，使试样处于正常监视状态20 min。

5.12.2 按GB/T 17626.6—2008中第8章规定的试验方法对试样施加表1所示条件下的干扰试验，期间观察并记录试样状态。试验后，按5.2～5.7的规定进行功能试验。

5.13 静电放电抗扰度试验

5.13.1 将试样按GB/T 17626.2—2006中7.1.1的规定进行试验布置，接通电源，使试样处于正常监视状态20 min。

5.13.2 按GB/T 17626.2—2006中第8章规定的试验方法对试样及耦合板施加表1所示条件的干扰试验，期间观察并记录试样状态。试验后，按5.2～5.7的规定进行功能试验。

5.14 电快速瞬变脉冲群抗扰度试验

5.14.1 将试样按GB/T 17626.4—2008中7.2的规定进行试验配置，接通电源，使其处于正常监视状态 20 min。

5.14.2 按 GB/T 17626.4—2008 中第 8 章规定的试验方法对试样施加表 1 所示条件下的干扰试验，期间观察并记录试样状态。试验后，按 5.2～5.7 的规定进行功能试验。

5.15 浪涌(冲击)抗扰度试验

5.15.1 将试样按 GB/T 17626.5—2008 中第 7 章规定进行试验配置，接通电源，使其处于正常监视状态 20 min。

5.15.2 按 GB/T 17626.5—2008 中第 8 章规定的试验方法对试样施加表 1 所示条件的电磁干扰试验，期间观察并记录试样状态。试验后，按 5.2～5.7 的规定进行功能试验。

5.16 电压暂降、短时中断和电压变化的抗扰度试验

5.16.1 按正常监视状态要求，连接试样到满足 GB 16838 规定的主电压下滑和中断试验装置上，使其处于正常监视状态。

5.16.2 使主电压下滑至 40%，持续 20 ms，重复进行 10 次；再将使主电压下滑至 0 V，持续 10 ms，重复进行 10 次。试验期间，观察并记录试样的工作状态；试验后，按 5.2～5.7 的规定进行功能试验。

5.17 低温(运行)试验

5.17.1 试验步骤

5.17.1.1 试验前，将试样在正常大气条件下放置 2 h～4 h。然后按正常监视状态要求，接通试样电源。

5.17.1.2 调节试验箱温度，使其在 20 ℃±2 ℃温度下保持 30 min±5 min，然后，以不大于 1 ℃/min 的速率降温至 0 ℃±3 ℃。

5.17.1.3 在 0 ℃±3 ℃温度下，观察并记录试样的工作状态；保持 16 h 后，立即按 5.2～5.7 的规定进行功能试验。

5.17.1.4 调节试验箱温度，使其以不大于 1 ℃/min 的速率升温至 20 ℃±2 ℃，并保持 30 min±5 min。

5.17.1.5 取出试样，在正常大气条件下放置 1 h～2 h 后，检查试样表面涂覆情况，并按 5.2～5.7 的规定进行功能试验。

5.17.2 试验设备

试验设备应符合 GB 16838 的规定。

5.18 恒定湿热(运行)试验

5.18.1 试验步骤

5.18.1.1 试验前，将试样在正常大气条件下放置 2 h～4 h。然后按正常监视状态要求，接通试样电源，使其处于正常监视状态。

5.18.1.2 调节试验箱，使温度为 40 ℃±2 ℃，相对湿度 90%～95%(先调节温度，当温度达到稳定后再加湿)，观察并记录试样的工作状态；连续保持 4 d 后，立即按 5.2～5.7 的规定进行功能试验。

5.18.1.3 取出试样，在正常大气条件下，处于正常监视状态 1 h～2 h 后，检查试样表面涂覆情况，并按 5.2～5.7 的规定进行功能试验。

5.18.2 试验设备

试验设备应符合 GB 16838 的规定。

5.19 振动(正弦)(运行)试验

5.19.1 试验步骤

5.19.1.1 将试样按正常安装方式钢性安装，使同方向的重力作用如同其使用时一样(重力影响可忽略时除外)，试样在上述安装方式下可放于任何高度，试验期间试样处于正常监视状态。

5.19.1.2 依次在三个互相垂直的轴线上，在 10 Hz～150 Hz 的频率循环范围内，以 0.981 m/s^2 的加速度幅值，1 倍频程每分的扫频速率，各进行 1 次扫频循环，期间观察并记录试样的工作状态。

5.19.1.3 试验后，立即检查试样外观及紧固部位，并按 5.2～5.7 的规定进行功能试验。

5.19.2 试验设备

试验设备(振动台及夹具)应符合 GB 16838 的规定。

5.20 碰撞试验

5.20.1 试验步骤

5.20.1.1 按正常监视状态要求，接通试样电源，使其处于正常监视状态。

5.20.1.2 对试样表面上的每个易损部件(如指示灯、显示器等)施加 3 次能量为 0.5 J±0.04 J 的碰撞。在进行试验时应小心进行，以确保上一组(3 次)碰撞的结果不对后续各组碰撞的结果产生影响，在认为可能产生影响时，不应考虑发现的缺陷，取一新的试样，在同一位置重新进行碰撞试验。试验期间，观察并记录试样的工作状态；试验后，按 5.2～5.7 的规定进行功能试验。

5.20.2 试验设备

试验设备应满足 GB 16838 的规定。

6 检验规则

6.1 产品出厂检验

产品出厂检验应至少包含下述项目：

a) 火灾报警信息的接收与传输功能试验；
b) 建筑消防设施运行状态信息的接收和传输功能试验；
c) 手动报警功能试验；
d) 巡检和查岗功能试验；
e) 本机故障报警功能试验；
f) 自检功能试验；
g) 电源功能试验；
h) 绝缘性能试验；
i) 电气强度试验。

6.2 型式检验

6.2.1 型式检验项目为第 5 章规定的试验项目。

6.2.2 有下列情况之一时，应进行型式检验：

a) 新产品或老产品转厂生产时的试制定型；
b) 正式生产后，产品的结构、主要部(器)件或元器件、生产工艺等有较大的改变，可能影响产品性能或正式投产满 5 年；

c) 产品停产 1 年以上，恢复生产；

d) 出厂检验结果与上次型式检验结果差异较大；

e) 发生重大质量事故。

6.2.3 按 GB 12978 规定的型式检验结果判定方法进行判定。

7 标志

7.1 产品标志

每台传输装置均应有清晰、耐久的产品标志，产品标志应包括以下内容：

a) 产品名称；

b) 产品型号；

c) 制造商名称、地址；

d) 制造日期及产品编号；

e) 执行标准编号。

7.2 质量检验标志

每台传输装置应有质量检验合格标志。

ICS 13.220.20
C 81

GB

中华人民共和国国家标准

GB 26875.2—2011

城市消防远程监控系统
第2部分：通信服务器软件功能要求

Remote-monitoring system of urban fire protection—
Part 2: Functional requirements for communication server software

2011-07-29 发布　　2012-05-01 实施

中华人民共和国国家质量监督检验检疫总局
中国国家标准化管理委员会　发布

前　言

本部分第3章为强制性的，其余为推荐性的。

GB 26875《城市消防远程监控系统》分为六个部分：

——第1部分：用户信息传输装置；

——第2部分：通信服务器软件功能要求；

——第3部分：报警传输网络通信协议；

——第4部分：基本数据项；

——第5部分：受理软件功能要求；

——第6部分：信息管理软件功能要求。

本部分为GB 26875的第2部分。

本部分按照GB/T 1.1—2009给出的规则起草。

本部分由全国消防标准化技术委员会消防通信分技术委员会(SAC/TC 113/SC 14)归口。

本部分负责起草单位：公安部沈阳消防研究所。

本部分参加起草单位：万盛(中国)科技有限公司、海湾消防网络有限公司、沈阳美宝控制有限公司、同方股份有限公司、广东百迅信息科技有限公司、上海易达通信公司、江西省盛安城市安全信息发展有限公司、北京网迅青鸟科技发展有限公司。

本部分主要起草人：刘美华、齐宝金、李海涛、郭立治、杨颖、聂威、唐皓、王宇行、贾根莲、严志明、邹超群、梁伟峰、陈兴煜、邓评韬、张俊。

城市消防远程监控系统
第2部分：通信服务器软件功能要求

1 范围

GB 26875 的本部分规定了城市消防远程监控系统中通信服务器软件的功能要求和试验方法。

本部分适用于城市消防远程监控系统监控中心安装使用的通信服务器软件。

2 规范性引用文件

下列文件对于本文件的应用是必不可少的。凡是注日期的引用文件，仅注日期的版本适用于本文件。凡是不注日期的引用文件，其最新版本(包括所有的修改单)适用于本文件。

GB/T 17544—1998 信息技术 软件包 质量要求和测试

GB/T 26875.3—2011 城市消防远程监控系统 第3部分：报警传输网络通信协议

3 功能要求

3.1 通信服务器软件运行或经登录后，应自动进入正常工作状态。

3.2 通信服务器软件应能按照 GB/T 26875.3 规定的通信协议与用户信息传输装置进行数据通信，完成下列功能：

a) 接收用户信息传输装置发送的 GB/T 26875.3—2011 中 8.3.1 所列信息，并转发至受理座席；

b) 具有用户信息传输装置寻址功能，将 GB/T 26875.3—2011 中 8.3.2 所列信息发送到相应的用户信息传输装置。

3.3 通信服务器软件应能监视与用户信息传输装置、受理座席和其他连接终端设备的通信连接状态，在通信连接故障时，应能存档并自动通知受理座席。

3.4 通信服务器软件应能通过备用链路接收用户信息传输装置发送的火灾报警信息，并转发至受理座席。

3.5 通信服务器软件应具有配置、退出等操作权限。

3.6 通信服务器软件应能自动记录、查询启动和退出时间。

3.7 通信服务器软件界面应满足以下要求：

a) 采用中文显示，显示内容应表述清晰、简明易懂；

b) 应显示与受理座席的链接状态；

c) 应显示日期和时钟信息。

3.8 通信服务器软件的用户文档应满足 GB/T 17544—1998 中 3.2 的要求。

4 试验方法

4.1 总则

4.1.1 由被测方提供通信服务器软件包和用户文档。

4.1.2 测试前，按照用户文档的相关要求进行硬件配置及软件安装，连接相关系统设备，完成软件的各项设置，使相关系统设备处于正常工作状态。

4.1.3 满足下述各项要求的被测软件为合格，否则为不合格：

a) 测试期间被测软件不发生异常情况；

b) 测试期间运行被测软件的计算机不重启、不宕(死)机；

c) 测试结果应满足第3章的要求。

4.2 方法

4.2.1 运行通信服务器软件，观察并记录通信服务器软件自动进入工作状态的情况。

4.2.2 从用户信息传输装置向通信服务器发送GB/T 26875.3—2011中8.3.1所列信息，通过受理座席观察并记录通信服务器软件接收上述信息并转发的情况；向指定的用户信息传输装置转发GB/T 26875.3—2011中8.3.2所列信息，观察并记录用户信息传输装置接收和执行信息的情况。

4.2.3 分别断开与用户信息传输装置、与一个受理座席、与其他终端的物理连接，观察并记录通信服务器软件识别与上述设备通信连接断开、通信故障后的向正常连接的受理座席通知和存档的情况。

4.2.4 断开与用户信息传输装置链接的主链路，从用户信息传输装置向通信服务器发送1条火灾报警信息，通过受理座席观察并记录通信服务器软件接收并转发该条信息的情况。

4.2.5 进行通信服务器软件的参数配置操作，观察并记录通信服务器软件是否具有参数配置的操作权限；在通信服务器软件正常运行状态下，进行退出操作，观察并记录通信服务器软件是否具有退出的操作权限。

4.2.6 观察并记录通信服务器软件自动记录、查询启动和退出时间的情况。

4.2.7 分别进行启动和退出某一受理座席操作、在通信服务器软件界面上按用户文档操作说明进行相关操作、存档记录查看操作，观察并记录通信服务器软件界面的显示情况。

ICS 13.220.20
C 81

中华人民共和国国家标准

GB/T 26875.3—2011

城市消防远程监控系统 第3部分:报警传输网络通信协议

Remote-monitoring system of urban fire protection—
Part 3:Communication protocol for alarm transmission network

2011-07-29 发布 2011-11-01 实施

中华人民共和国国家质量监督检验检疫总局
中国国家标准化管理委员会 发布

前　言

GB 26875《城市消防远程监控系统》分为六个部分：

——第1部分：用户信息传输装置；

——第2部分：通信服务器软件功能要求；

——第3部分：报警传输网络通信协议；

——第4部分：基本数据项；

——第5部分：受理软件功能要求；

——第6部分：信息管理软件功能要求。

本部分为GB 26875的第3部分。

本部分按照GB/T 1.1—2009给出的规则起草。

本部分由全国消防标准化技术委员会消防通信分技术委员会(SAC/TC 113/SC 14)归口。

本部分负责起草单位：公安部沈阳消防研究所。

本部分参加起草单位：万盛(中国)科技有限公司、海湾消防网络有限公司、沈阳美宝控制有限公司、同方股份有限公司、广东百迅信息科技有限公司、上海易达通信公司、福建省盛安城市安全信息发展有限公司、北京利达科信电子有限公司、北京法安通电子科技有限公司、四川赛科新技术有限公司、重庆华夏消防有限公司、北京网迅青鸟科技发展有限公司。

本部分主要起草人：马青波、王军、隋虎林、潘刚、张迪、姜学赟、胡锐、赵辉、贾新勇、高宏、于洋、徐文飞、陈兴煜、冯权辉、涂燕林、王京欣、袁大奎、钟尔俊、刘启明。

城市消防远程监控系统
第3部分：报警传输网络通信协议

1 范围

GB 26875 的本部分规定了城市消防远程监控系统中用户信息传输装置与监控中心之间通过报警传输网络进行数据传输的协议结构、数据类型及数据定义。

本部分适用于城市消防远程监控系统中用户信息传输装置与监控中心之间的报警传输网络数据通信协议。

2 规范性引用文件

下列文件对于本文件的应用是必不可少的。凡是注日期的引用文件，仅注日期的版本适用于本文件。凡是不注日期的引用文件，其最新版本(包括所有的修改单)适用于本文件。

GB 18030—2005 信息技术 中文编码字符集

GB 50440 城市消防远程监控系统技术规范

RFC 768 用户数据报协议(User Datagram Protocol)，Internet Engineering Task Force(互联网工程任务组 1980 年发布)

RFC 791 网际互联协议(Internet Protocol)，Internet Engineering Task Force(互联网工程任务组 1981 年发布)

RFC 793 传输控制协议(Transmission Control Protocol)，Internet Engineering Task Force(互联网工程任务组 1981 年发布)

3 术语和定义

GB 50440 界定的以及下列术语和定义适用于本文件。

3.1

上行方向 upstream direction

从用户信息传输装置到监控中心的数据传输方向。

3.2

下行方向 downstream direction

从监控中心到用户信息传输装置的数据传输方向。

3.3

数据单元 data unit

具有共同传输原因的信息实体。

3.4

数据单元类型 data unit type

位于一个应用数据单元开始的信息域，用以识别数据单元的类型和长度，暗指或明确地指明应用数据单元的结构以及信息对象的结构、类型。

4 缩略语

下列缩略语适用于本文件。

IP 网际互联协议(internet protocol)

TCP 传输控制协议(transmission control protocol)

UDP 用户数据报协议(user datagram protocol)

5 协议结构

5.1 本部分以 RFC 791、RFC 793 和 RFC 768 中规定的 TCP/IP 或 UDP/IP 网络控制协议作为底层通信承载协议,本部分规定的协议对应于 ISO/OSI 定义的七层协议结构的应用层,如图 1 所示。

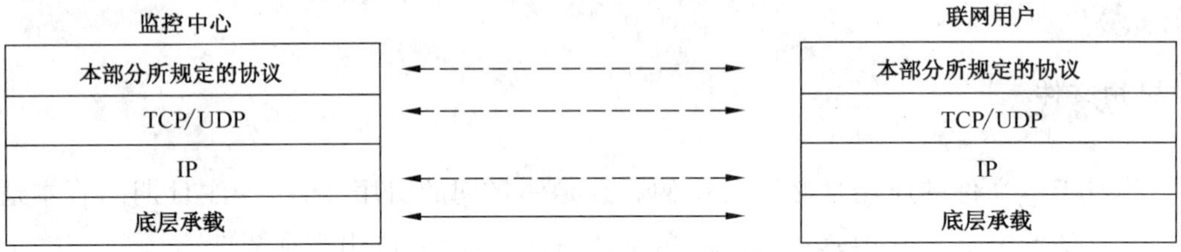

图 1 监控中心与联网用户间通信协议栈

5.2 应用层通信协议不依赖于所选用的传输网络,在基础传输层已经建立的基础上,应用层通信协议与具体传输网络无关,体现通信介质无关性。

5.3 本部分不限制城市消防远程监控系统扩展其他的信息内容,在扩展内容时不应与本部分中所使用或保留的控制命令相冲突,并应符合国家有关标准的规定。

6 通信协议

6.1 通信方式

城市消防远程监控系统的用户信息传输装置与监控中心之间的通信方式主要包括控制命令、信息(火灾报警和建筑消防设施运行状态等信息)上传和信息查询等,均采用发送/确认或请求/应答模式进行通信。

6.2 控制命令(监控中心→用户信息传输装置)

6.2.1 监控中心向用户信息传输装置发送指令时的控制命令采用发送/确认模式,其通信流程如图 2 所示。

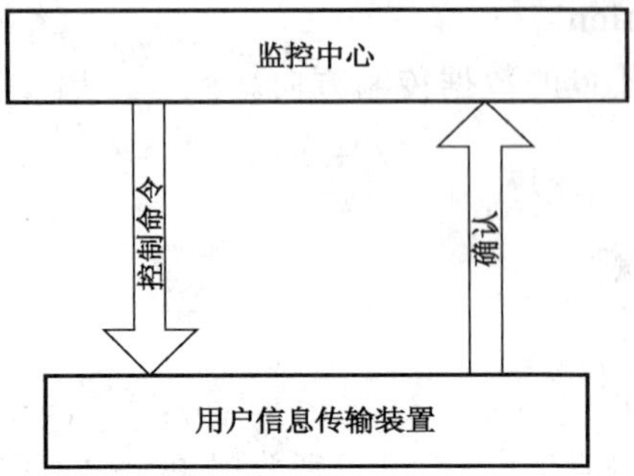

图 2 控制命令流程示意图

6.2.2 监控中心向用户信息传输装置发送控制命令，用户信息传输装置对接收到的命令信息进行校验。在校验正确的情况下，用户信息传输装置执行监控中心的控制命令，并向监控中心发送确认命令；在校验错误的情况下，用户信息传输装置舍弃所接收数据并发出否认回答。

6.2.3 监控中心接收到用户信息传输装置的确认命令后完成本次控制命令传输；监控中心在规定时间内未收到确认命令或收到否认回答后，启动重发机制。

6.3 信息上传(用户信息传输装置→监控中心)

6.3.1 用户信息传输装置向监控中心传输火灾报警和建筑消防设施运行状态等信息时采用发送/确认模式。其通信流程如图3所示。

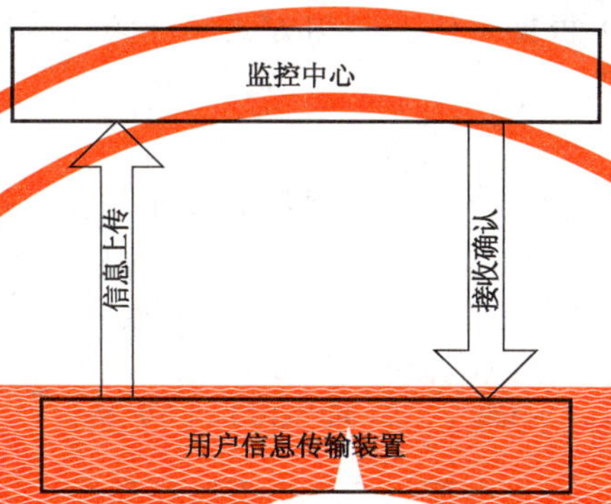

图3 上传数据流程示意图

6.3.2 当发生火灾报警或运行状态改变时，用户信息传输装置主动向监控中心上传信息，监控中心对接收到的信息进行校验。在校验正确的情况下，监控中心对接收的信息进行相应处理，并向用户信息传输装置发送确认命令；在校验错误的情况下，监控中心舍弃所接收数据并发出否认回答。

6.3.3 用户信息传输装置接收到监控中心的确认命令后完成本次信息的传输；用户信息传输装置在规定时间内未收到确认命令或收到否认回答后，启动重发机制。

6.4 信息查询(监控中心→用户信息传输装置)

6.4.1 监控中心向用户信息传输装置查询相关信息时采用请求/应答模式。其通信流程如图4所示。

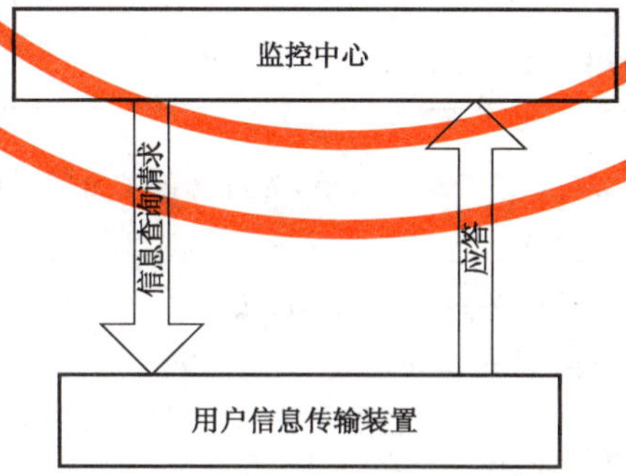

图4 查询命令流程示意图

6.4.2 监控中心向用户信息传输装置发送请求查询命令，用户信息传输装置对接收到的信息进行校验。在校验正确的情况下，用户信息传输装置根据请求内容进行应答；在校验错误的情况下，用户信息传输装置舍弃所接收的数据并发出否认回答。

6.4.3 监控中心在接收到正确的应答信息后完成本次信息查询操作；在规定时间内未接收到应答信息、应答信息错误或接收到否认回答后，启动重发机制。

6.5 重发机制

6.5.1 发送/确认模式下，发送端发出信息后在规定时间内未收到接收端的确认命令或收到否认回答，应进行信息重发，重发规定次数后仍未收到确认命令，则本次通信失败，结束本次通信。

6.5.2 请求/应答模式下，请求方在发出请求命令后的规定的时间内未收到应答信息或收到否认应答，重发请求命令，重发规定次数后仍未收到应答信息，则本次通信失败，结束本次通信。

6.5.3 通信过程中的校验错误包括校验和错误、不可识别的命令字节、应用数据单元长度超限、启动字符和结束字符错误等。

6.5.4 超时时间不宜大于 10 s，可根据具体的通信方式和任务性质自行定义。

6.5.5 超时重发次数宜为 3 次，可根据具体的通信方式和任务性质自行定义。

6.6 数据包结构

每个完整的数据包应由启动符、控制单元、应用数据单元、校验和、结束符组成，其中控制单元包含业务流水号、协议版本号、发送时间标签、源地址、目的地址、应用数据单元长度、命令字节，具体的结构和定义见表 1。

表 1 数据包结构和定义

定义		描述
启动符‘@@’ （2 字节）		数据包的第 1、2 字节，为固定值 64，64
控制单元	业务流水号 （2 字节）	数据包的第 3、4 字节。发送/确认模式下，业务流水号由发送端在发送新的数据包时按顺序加一，确认方按发送包的业务流水号返回；请求/应答模式下，业务流水号由请求端在发送新的请求命令时按顺序加一，应答方按请求包的业务流水号返回。低字节传输在前。业务流水号是一个 2 字节的正整数，由通信双方第一次建立网络连接时确定，初始值为 0。业务流水号由业务发起方（业务发起方指发送/确认模式下的发送端或者请求/应答模式下的请求端）独立管理。业务发起方负责业务流水号的分配和回收，保证在业务存续期间业务流水号的唯一性
	协议版本号 （2 字节）	协议版本号包含主版本号（第 5 字节）和用户版本号（第 6 字节）。主版本号为固定值 1，用户版本号由用户自行定义
	时间标签 （6 字节）	数据包的第 7～12 字节，为数据包发出的时间，具体定义见 8.2.2
	源地址 （6 字节）	数据包的第 13～18 字节，为数据包的源地址（监控中心或用户信息传输装置地址）。低字节传输在前
	目的地址 （6 字节）	数据包的第 19～24 字节，为数据包的目的地址（监控中心或用户信息传输装置地址）。低字节传输在前
	应用数据单元长度 （2 字节）	数据包的第 25、26 字节，为应用数据单元的长度，长度不应大于 1 024；低字节传输在前
	命令字节 （1 字节）	数据包的第 27 字节，为控制单元的命令字节，具体定义见表 2

表 1(续)

定　　义	描　　述
应用数据单元 (最大 1 024 字节)	应用数据单元,基本格式见图 5,对于确认/否认等命令包,此单元可为空
校验和 (1 字节)	控制单元中各字节数据(第 3～27 字节)及应用数据单元的算术校验和,舍去 8 位以上的进位位后所形成的 1 字节二进制数
结束符'##' (2 字节)	为固定值 35,35

表 2　控制单元命令字节定义表

类　型　值	命 令 定 义	命 令 说 明
0	预留	
1	控制命令	时间同步
2	发送数据	发送火灾报警和建筑消防设施运行状态等信息
3	确认	对控制命令和发送信息的确认回答
4	请求	查询火灾报警和建筑消防设施运行状态等信息
5	应答	返回查询的信息
6	否认	对控制命令和发送信息的否认回答
7～127	预留	
128～255	用户自行定义	

7　应用数据单元基本格式

应用数据单元基本格式如图 5 所示。

数据单元标识符	类型标志	1字节
	信息对象数目	1字节
信息对象1	信息体	根据类型不同长度不同
	时间标签1[a]	6字节
	⋮	⋮
信息对象 n	信息体 n	根据类型不同长度不同
	时间标签 n[b]	6字节

[a,b] 对于某些特殊数据类型,此项可为空。

图 5　应用数据单元基本格式

8 数据定义

8.1 数据单元标识符

8.1.1 类型标志

类型标志为1字节二进制数,取值范围0～255,类型标志见表3。

表3 类型标志定义表

类型值	说明	方向
0	预留	
1	上传建筑消防设施系统状态	上行
2	上传建筑消防设施部件运行状态	上行
3	上传建筑消防设施部件模拟量值	上行
4	上传建筑消防设施操作信息	上行
5	上传建筑消防设施软件版本	上行
6	上传建筑消防设施系统配置情况	上行
7	上传建筑消防设施部件配置情况	上行
8	上传建筑消防设施系统时间	上行
9～20	预留(建筑消防设施信息)	上行
21	上传用户信息传输装置运行状态	上行
22	预留	上行
23	预留	上行
24	上传用户信息传输装置操作信息	上行
25	上传用户信息传输装置软件版本	上行
26	上传用户信息传输装置配置情况	上行
27	预留	上行
28	上传用户信息传输装置系统时间	上行
29～40	预留(用户信息传输装置信息)	上行
41～60	预留(控制信息)	上行
61	读建筑消防设施系统状态	下行
62	读建筑消防设施部件运行状态	下行
63	读建筑消防设施部件模拟量值	下行
64	读建筑消防设施操作信息	下行

表 3（续）

类型值	说明	方向
65	读建筑消防设施软件版本	下行
66	读建筑消防设施系统配置情况	下行
67	读建筑消防设施部件配置情况	下行
68	读建筑消防设施系统时间	下行
69～80	预留	下行
81	读用户信息传输装置运行状态	下行
82	预留	下行
83	预留	下行
84	读用户信息传输装置操作信息记录	下行
85	读用户信息传输装置软件版本	下行
86	读用户信息传输装置配置情况	下行
87	预留	下行
88	读用户信息传输装置系统时间	下行
89	初始化用户信息传输装置	下行
90	同步用户信息传输装置时钟	下行
91	查岗命令	下行
92～127	预留	
128～254	用户自定义	

8.1.2 信息对象数目

信息对象数目为 1 字节二进制数，其取值范围与数据包类型相关。

8.2 信息对象

8.2.1 信息体

8.2.1.1 建筑消防设施系统状态

建筑消防设施系统状态数据结构如图 6 所示，共 4 字节。

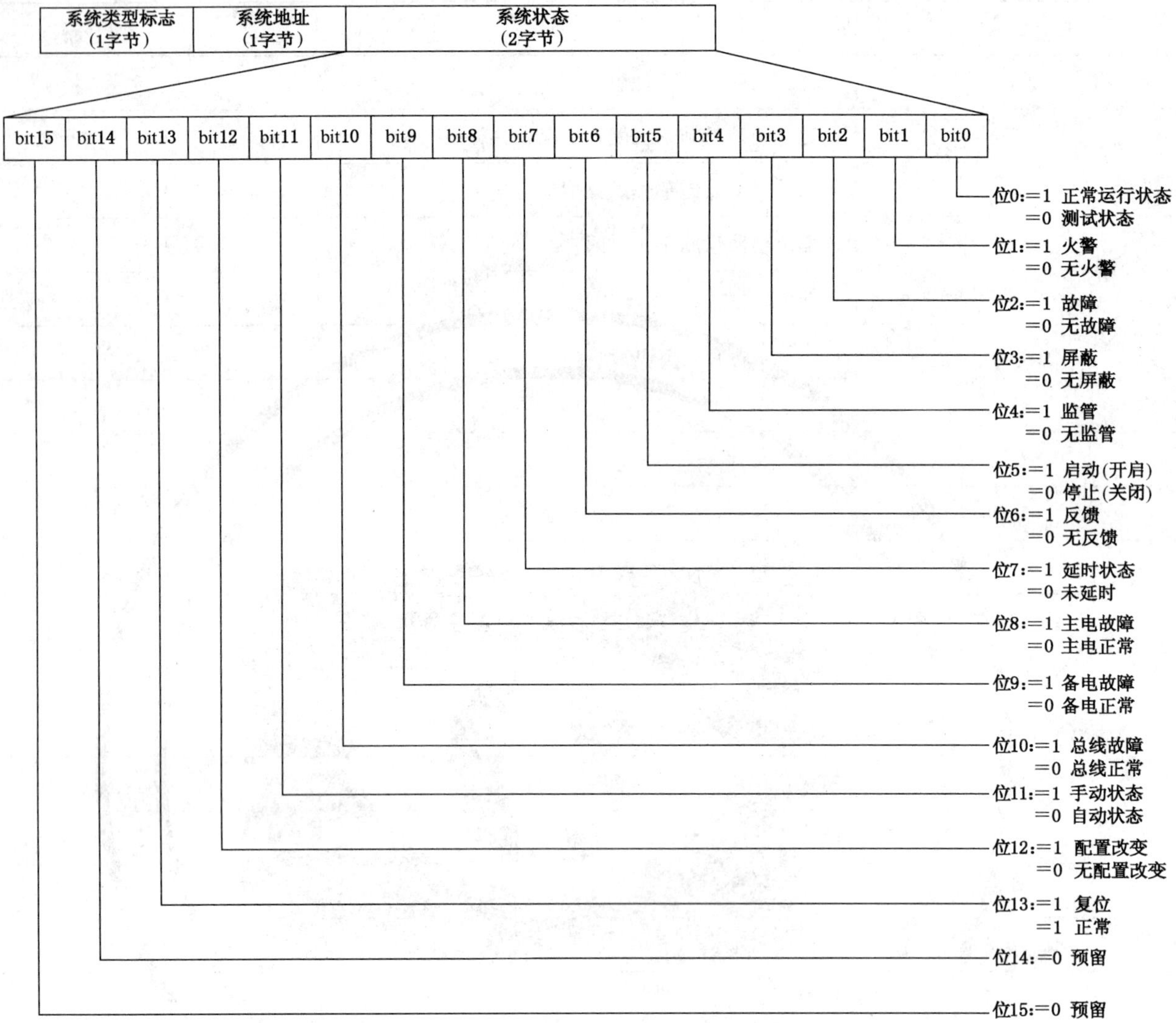

图 6 建筑消防设施系统状态数据结构

系统类型标志符为 1 字节二进制数,取值范围 0～255,系统类型定义如表 4 所示。

系统地址为 1 字节二进制数,取值范围 0～255,由建筑消防设施设定。

系统状态数据为 2 字节,低字节传输在前。

表 4 系统类型定义表

系统类型值	说明
0	通用
1	火灾报警系统
2～9	预留

表 4（续）

系统类型值	说　　明
10	消防联动控制器
11	消火栓系统
12	自动喷水灭火系统
13	气体灭火系统
14	水喷雾灭火系统（泵启动方式）
15	水喷雾灭火系统（压力容器启动方式）
16	泡沫灭火系统
17	干粉灭火系统
18	防烟排烟系统
19	防火门及卷帘系统
20	消防电梯
21	消防应急广播
22	消防应急照明和疏散指示系统
23	消防电源
24	消防电话
25～127	预留
128～255	用户自定义

8.2.1.2 建筑消防设施部件状态

建筑消防设施部件状态数据结构如图 7 所示，共 40 字节。

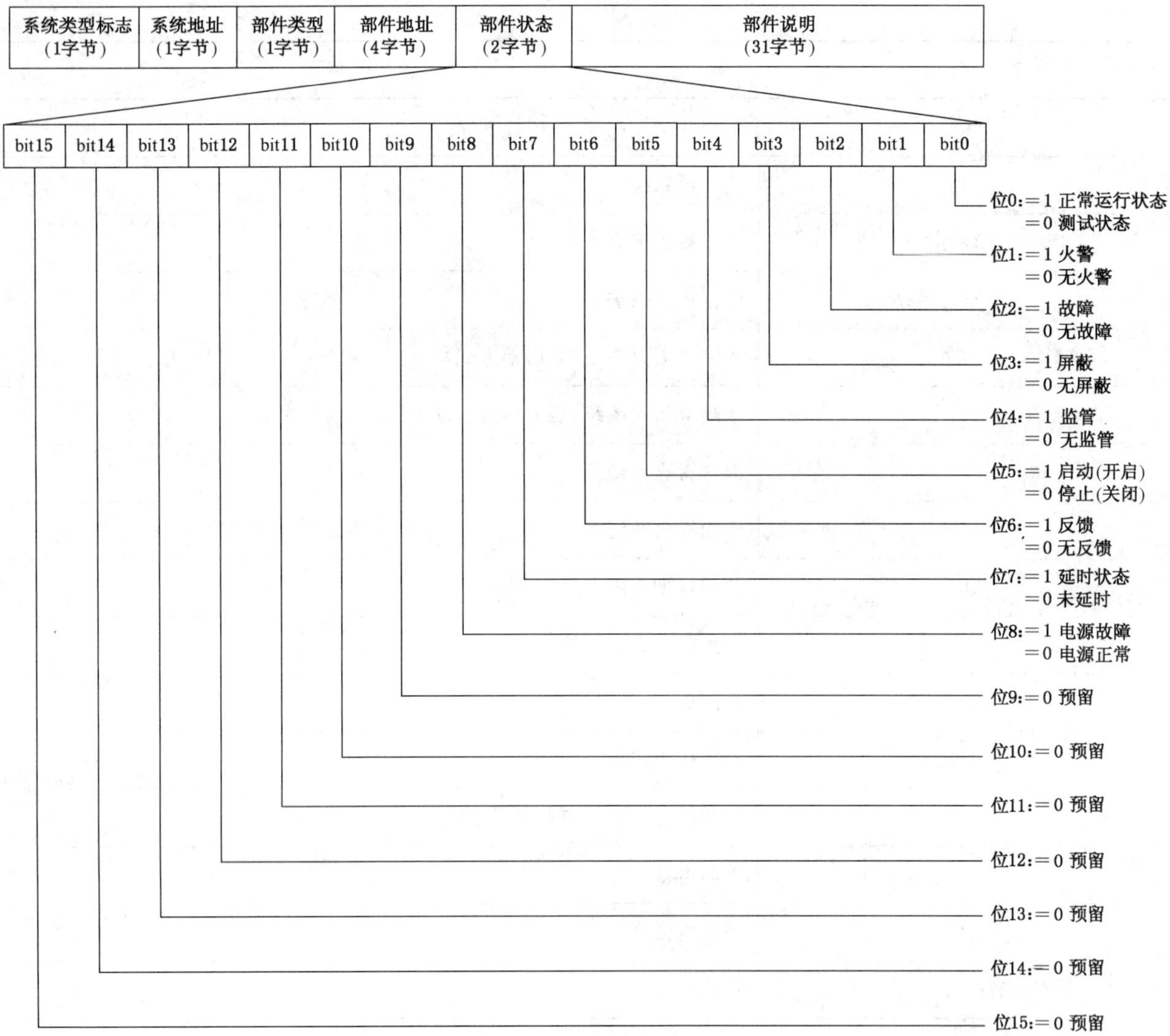

图 7　建筑消防设施部件状态数据结构

建筑消防设施系统类型标志、系统地址分别为 1 字节二进制数，其定义见 8.2.1.1。

建筑消防设施部件类型标志符为 1 字节二进制数，定义如表 5 所示。

建筑消防设施部件地址为 4 字节二进制数，建筑消防设施部件状态数据为 2 字节，低字节先传输。

建筑消防设施部件说明为 31 字节的字符串，采用 GB 18030—2005 规定的编码。

表 5　建筑消防设施部件类型定义表

类　型　值	说　　明
0	通用
1	火灾报警控制器
2～9	预留
10	可燃气体探测器

表 5（续）

类 型 值	说 明
11	点型可燃气体探测器
12	独立式可燃气体探测器
13	线型可燃气体探测器
14～15	预留
16	电气火灾监控报警器
17	剩余电流式电气火灾监控探测器
18	测温式电气火灾监控探测器
19～20	预留
21	探测回路
22	火灾显示盘
23	手动火灾报警按钮
24	消火栓按钮
25	火灾探测器
26～29	预留
30	感温火灾探测器
31	点型感温火灾探测器
32	点型感温火灾探测器(S型)
33	点型感温火灾探测器(R型)
34	线型感温火灾探测器
35	线型感温火灾探测器(S型)
36	线型感温火灾探测器(R型)
37	光纤感温火灾探测器
38	预留
39	预留
40	感烟火灾探测器
41	点型离子感烟火灾探测器
42	点型光电感烟火灾探测器
43	线型光束感烟火灾探测器
44	吸气式感烟火灾探测器
45～49	预留
50	复合式火灾探测器
51	复合式感烟感温火灾探测器
52	复合式感光感温火灾探测器
53	复合式感光感烟火灾探测器

表 5（续）

类 型 值	说 明
54～59	预留
60	预留
61	紫外火焰探测器
62	红外火焰探测器
63～68	预留
69	感光火灾探测器
70～73	预留
74	气体探测器
75～77	预留
78	图像摄像方式火灾探测器
79	感声火灾探测器
80	预留
81	气体灭火控制器
82	消防电气控制装置
83	消防控制室图形显示装置
84	模块
85	输入模块
86	输出模块
87	输入/输出模块
88	中继模块
89～90	预留
91	消防水泵
92	消防水箱
93～94	预留
95	喷淋泵
96	水流指示器
97	信号阀
98	报警阀
99	压力开关
100	预留
101	阀驱动装置
102	防火门
103	防火阀
104	通风空调

表 5（续）

类型值	说明
105	泡沫液泵
106	管网电磁阀
107～110	预留
111	防烟排烟风机
112	预留
113	排烟防火阀
114	常闭送风口
115	排烟口
116	电控挡烟垂壁
117	防火卷帘控制器
118	防火门监控器
119～120	预留
121	警报装置
122～127	预留
128～255	用户自定义

8.2.1.3 建筑消防设施部件模拟量值

建筑消防设施部件模拟量值数据结构如图 8 所示，共 10 字节。

系统类型标志(1字节)
系统地址(1字节)
部件类型(1字节)
部件地址(4字节)
模拟量类型(1字节)
模拟量值(2字节)

图 8 建筑消防设施部件模拟量值数据结构

系统类型标志、系统地址、部件类型、部件地址的定义同 8.2.1.2。

模拟量类型为 1 字节二进制数，取值范围 0～255。

模拟量值为 2 字节有符号整型数，取值范围为－32 768～＋32 767，低字节传输在前。

模拟量类型和模拟量值的具体定义见表 6。

表 6 模拟量定义

模拟量类型值	说明	单位	有效值范围	最小计量单元
0	未用			
1	事件计数	件	0～32 000	1 件
2	高度	m	0～320	0.01 m
3	温度	℃	−273～+3 200	0.1 ℃
4	压力	MPa(兆帕)	0～3 200	0.1 MPa
5	压力	kPa(千帕)	0～3 200	0.1 kPa
6	气体浓度	%LEL	0～100	0.1%LEL
7	时间	s	0～32 000	1 s
8	电压	V	0～3 200	0.1 V
9	电流	A	0～3 200	0.1 A
10	流量	L/s	0～3 200	0.1 L/s
11	风量	m^3/min	0～3 200	0.1 m^3/min
12	风速	m/s	0～20	1 m/s
13～127	预留			
128～255	用户自定义			

8.2.1.4 建筑消防设施操作信息

建筑消防设施操作信息数据结构如图 9 所示，共 4 字节。

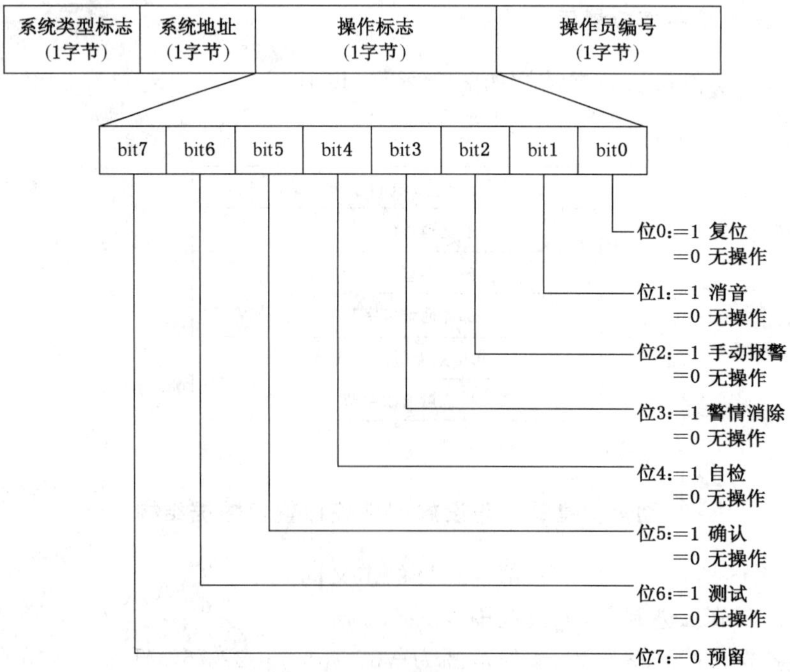

图 9 建筑消防设施操作信息数据结构

系统类型标志和系统地址的定义见 8.2.1.1。

操作员编号为 1 字节二进制数，由建筑消防设施定义。

8.2.1.5 建筑消防设施软件版本

建筑消防设施的软件版本数据结构如图 10 所示，共 4 字节。

系统类型标志和系统地址定义见 8.2.1.1。

主版本号和次版本号分别为 1 字节二进制数，由建筑消防设施定义。

系统类型标志(1字节)
系统地址(1字节)
主版本号(1字节)
次版本号(1字节)

图 10 建筑消防设施软件版本数据结构

8.2.1.6 建筑消防设施系统配置情况

建筑消防设施系统配置情况数据格式如图 11 所示，不定长。

系统类型标志和系统地址定义见 8.2.1.1。

系统配置说明部分为字符串，采用 GB 18030—2005 规定的编码。

系统类型标志(1字节)
系统地址(1字节)
系统说明长度(1字节 L=0～255)
系统配置说明(L字节)

图 11 建筑消防设施系统配置情况数据结构

8.2.1.7 建筑消防设施系统部件配置情况

建筑消防设施系统部件的配置情况数据格式如图 12 所示，共 38 字节。

系统类型标志、系统地址、部件类型、部件地址定义见 8.2.1.2。

部件说明为 31 字节的字符串，采用 GB 18030—2005 规定的编码。

系统类型标志(1字节)
系统地址(1字节)
部件类型(1字节)
部件地址(4字节)
部件说明(31字节)

图 12 建筑消防设施部件配置情况数据结构

8.2.1.8 用户信息传输装置运行状态

用户信息传输装置运行状态数据定义格式如图 13 所示，共 1 字节。

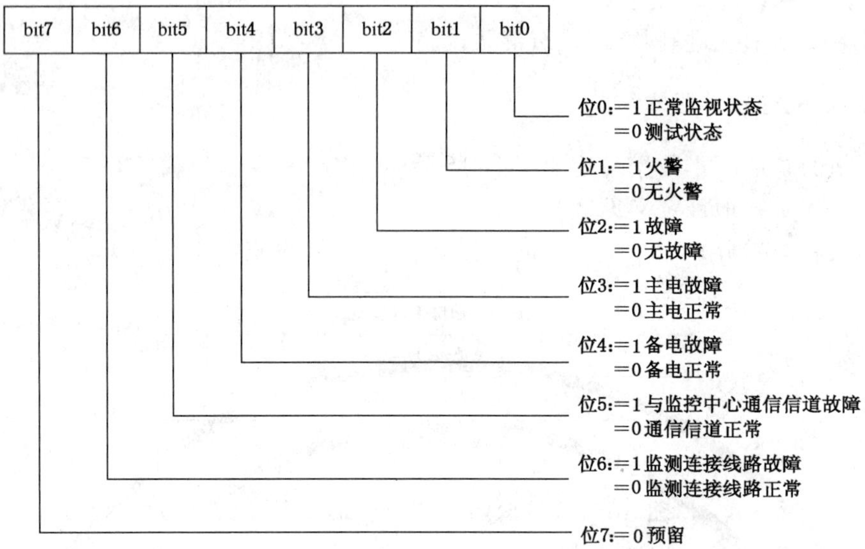

图 13　用户信息传输装置运行状态数据结构

8.2.1.9　用户信息传输装置操作信息

用户信息传输装置操作信息数据结构如图 14 所示，共 2 字节。

操作员编号为 1 字节二进制数，由联网用户定义。

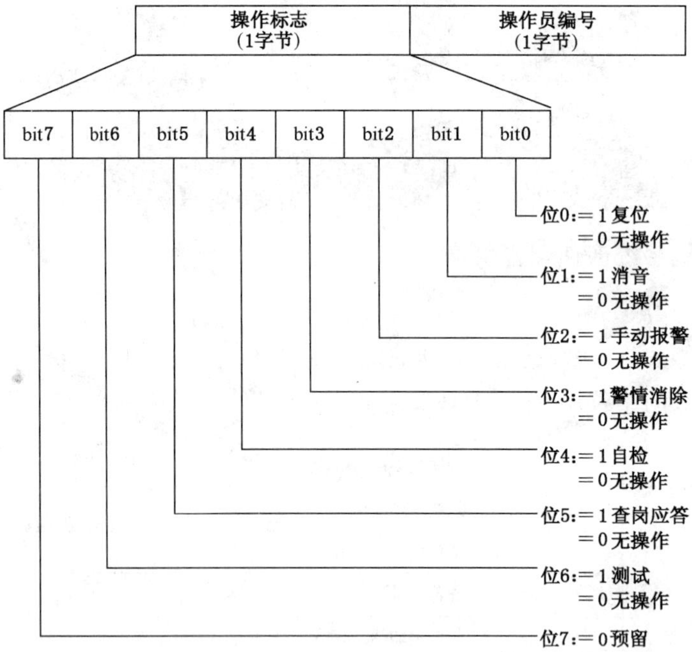

图 14　用户信息传输装置操作信息数据结构

8.2.1.10　用户信息传输装置软件版本

用户信息传输装置的软件版本数据结构如图 15 所示，共 2 字节。

主版本号和次版本号分别为 1 字节二进制数，由制造商自行定义。

主版本号(1字节)
次版本号(1字节)

图 15　用户信息传输装置数据版本数据结构

8.2.1.11　用户信息传输装置配置情况

用户信息传输装置的配置情况数据结构如图16所示，用户信息传输装置说明为不定长的字符串，采用GB 18030—2005规定的编码。

用户信息传输装置说明长度(1字节 $L=0\sim255$)
用户信息传输装置说明(L字节)

图 16　用户信息传输装置配置情况数据结构

8.2.2　时间标签

时间标签数据结构如图17所示。

秒	=0～59
分	=0～59
时	=0～23
日	=1～31
月	=1～12
年	=0～99

图 17　时间标签数据结构

8.3　数据定义细则

8.3.1　上行方向数据

8.3.1.1　上传建筑消防设施系统状态

上传建筑消防设施系统状态的数据格式如图18所示。

类型标志符(1字节)	=1
信息对象数目(1字节)	$=n$(n不大于102)
系统类型1(1字节)	见8.2.1.1的定义
系统地址1(1字节)	见8.2.1.1的定义
系统状态1(2字节)	见8.2.1.1的定义
状态1发生时间(6字节)	见8.2.2的定义
⋮	
系统类型n(1字节)	见8.2.1.1的定义
系统地址n(1字节)	见8.2.1.1的定义
系统状态n(2字节)	见8.2.1.1的定义
状态n发生时间(6字节)	见8.2.2的定义

图 18　上传建筑消防设施系统状态的数据格式

8.3.1.2 上传建筑消防设施部件运行状态

上传建筑消防设施部件运行状态的数据格式如图 19 所示。

类型标志符(1字节)	=2
信息对象数目(1字节)	=n(n不大于22)
系统类型1(1字节)	见 8.2.1.1 的定义
系统地址1(1字节)	见 8.2.1.1 的定义
部件类型1(1字节)	见 8.2.1.2 的定义
部件地址1(4字节)	见 8.2.1.2 的定义
部件状态1(2字节)	见 8.2.1.2 的定义
部件说明1(31字节)	见 8.2.1.2 的定义
状态1发生时间(6字节)	见 8.2.2的定义
⋮	
系统类型n(1字节)	见 8.2.1.1 的定义
系统地址n(1字节)	见 8.2.1.1 的定义
部件类型n(1字节)	见 8.2.1.2 的定义
部件地址n(4字节)	见 8.2.1.2 的定义
部件状态n(2字节)	见 8.2.1.2 的定义
部件说明n(31字节)	见 8.2.1.2 的定义
状态n发生时间(6字节)	见 8.2.2 的定义

图 19 上传建筑消防设施部件运行状态的数据格式

8.3.1.3 上传建筑消防设施部件模拟量值

上传建筑消防设施部件模拟量值的数据格式如图 20 所示。

类型标志符(1字节)	=3
信息对象数目(1字节)	=n(n不大于63)
系统类型1(1字节)	见 8.2.1.1 的定义
系统地址1(1字节)	见 8.2.1.1 的定义
部件类型1(1字节)	见 8.2.1.2 的定义
部件地址1(4字节)	见 8.2.1.2 的定义
模拟量类型1(1字节)	见 8.2.1.3 的定义
模拟量值1(2字节)	见 8.2.1.3 的定义
模拟量值1的采样时间(6字节)	见 8.2.2的定义
⋮	
系统类型n(1字节)	见 8.2.1.1 的定义
系统地址n(1字节)	见 8.2.1.1 的定义
部件类型n(1字节)	见 8.2.1.2 的定义
部件地址n(4字节)	见 8.2.1.2 的定义
模拟量类型n(1字节)	见 8.2.1.3 的定义
模拟量值n(2字节)	见 8.2.1.3 的定义
模拟量值n的采样时间(6字节)	见 8.2.2 的定义

图 20 上传建筑消防设施部件模拟量值的数据格式

8.3.1.4 上传建筑消防设施操作信息记录

上传建筑消防设施操作信息的数据格式如图 21 所示。

类型标志符(1字节)	=4
信息对象数目(1字节)	=n(n不大于102)
系统类型1(1字节)	见 8.2.1.1 的定义
系统地址1(1字节)	见 8.2.1.1 的定义
操作信息1(1字节)	见 8.2.1.4 的定义
操作员编号1(1字节)	见 8.2.1.4 的定义
操作1的记录时间(6字节)	见 8.2.2 的定义
系统类型n(1字节)	见 8.2.1.1 的定义
系统地址 n(1字节)	见 8.2.1.1 的定义
操作信息 n(1字节)	见 8.2.1.4 的定义
操作员编号n(1字节)	见 8.2.1.4 的定义
操作 n 的记录时间(6字节)	见 8.2.2 的定义

图 21 上传建筑消防设施操作信息的数据格式

8.3.1.5 上传建筑消防设施软件版本

上传建筑消防设施软件版本的数据格式如图 22 所示。

类型标志符(1字节)	=5
信息对象数目(1字节)	=1
系统类型(1字节)	见8.2.1.1的定义
系统地址(1字节)	见8.2.1.1的定义
软件主 版本号(1字节)	见8.2.1.5的定义
软件次版本号(1字节)	见8.2.1.5的定义

图 22 上传建筑消防设施软件版本数据格式

8.3.1.6 上传建筑消防设施系统配置情况

上传建筑消防设施系统配置情况的数据格式如图 23 所示。

类型标志符(1字节)	=6
信息对象数目(1字节)	=n(n不大于3)
系统类型1(1字节)	见8.2.1.1的定义
系统地址1(1字节)	见8.2.1.1的定义
系统说明长度1(1字节)	见8.2.1.4的定义
系统说明1($L1$字节)	见8.2.1.4的定义
⋮	
系统类型n(1字节)	见8.2.1.1的定义
系统地址n(1字节)	见8.2.1.1的定义
系统说明长度n(1字节)	见8.2.1.4的定义
系统说明n(Ln字节)	见8.2.1.4的定义

图 23　上传建筑消防设施系统配置情况的数据格式

8.3.1.7　上传建筑消防设施部件配置情况

上传建筑消防设施部件配置情况的数据格式如图 24 所示。

类型标志符(1字节)	=7
信息对象数目(1字节)	=n(n不大于26)
系统类型1(1字节)	见 8.2.1.1 的定义
系统地址1(1字节)	见 8.2.1.1 的定义
部件类型1(1字节)	见 8.2.1.2 的定义
部件地址1(4字节)	见 8.2.1.2 的定义
部件说明1(31字节)	见 8.2.1.2 的定义
⋮	
系统类型n(1字节)	见 8.2.1.1 的定义
系统地址n(1字节)	见 8.2.1.1 的定义
部件类型n(1字节)	见 8.2.1.2 的定义
部件地址n(4字节)	见 8.2.1.2 的定义
部件说明n(31字节)	见 8.2.1.2 的定义

图 24　上传建筑消防设施部件配置情况的数据格式

8.3.1.8　上传建筑消防设施系统时间

上传建筑消防设施系统时间的数据格式如图 25 所示。

类型标志符(1字节)	=8
信息对象数目(1字节)	=1
系统类型(1字节)	见 8.2.1.1的定义
系统地址(1字节)	见 8.2.1.1的定义
建筑消防设施的系统时间(6字节)	见 8.2.2 的定义

图 25　上传建筑消防设施系统时间的数据格式

8.3.1.9 上传用户信息传输装置运行状态

上传用户信息传输装置运行状态的数据格式如图 26 所示。

类型标志符(1字节)	=21
信息对象数目(1字节)	=1
状态(1字节)	见8.2.1.8的定义
状态发生时间(6字节)	见8.2.2的定义

图 26 上传用户信息传输装置运行状态的数据格式

8.3.1.10 上传用户信息传输装置操作信息记录

上传用户信息传输装置操作信息的数据格式如图 27 所示。

类型标志符(1字节)	=24
信息对象数目(1字节)	=n(n不大于127)
操作信息1(1字节)	见8.2.1.9的定义
操作员编号1(1字节)	见8.2.1.9的定义
操作1的记录时间(6字节)	见8.2.2的定义
⋮	
操作信息n(1字节)	见8.2.1.9的定义
操作员编号n(1字节)	见8.2.1.9的定义
操作n的记录时间(6字节)	见8.2.2的定义

图 27 上传用户信息传输装置操作信息的数据格式

8.3.1.11 上传用户信息传输装置软件版本

上传用户信息传输装置数据版本的数据格式如图 28 所示。

类型标志符(1字节)	=25
信息对象数目(1字节)	=1
软件版本号(2字节)	见8.2.1.10的定义

图 28 上传用户信息传输装置的软件版本的数据格式

8.3.1.12 上传用户信息传输装置配置情况

上传用户信息传输装置配置情况的数据格式如图 29 所示。

类型标志符(1字节)	=26
信息对象数目(1字节)	=1
配置说明长度(1字节)	=L
配置说明(L字节)	

图 29 上传用户信息传输装置配置情况的数据格式

8.3.1.13 上传用户信息传输装置系统时间

上传用户信息传输装置系统时间的数据格式如图 30 所示。

类型标志符(1字节)	=28
信息对象数目(1字节)	=1
用户信息传输装置的系统时间(6字节)	见8.2.2的定义

图 30 上传用户信息传输装置系统时间的数据格式

8.3.2 下行方向数据

8.3.2.1 读建筑消防设施系统状态

读建筑消防设施系统状态的数据格式如图 31 所示。

类型标志符(1字节)	=61
信息对象数目(1字节)	=n(n不大于102)
系统类型1(1字节)	见8.2.1.1的定义
系统地址1(1字节)	见8.2.1.1的定义
系统类型n(1字节)	见8.2.1.1的定义
系统地址n(1字节)	见8.2.1.1的定义

图 31 读建筑消防设施系统状态的数据格式

8.3.2.2 读建筑消防设施系统部件状态

读建筑消防设施系统部件状态的数据格式如图 32 所示。

类型标志符(1字节)	=62
信息对象数目(1字节)	=n(n不大于22)
系统类型1(1字节)	见8.2.1.1的定义
系统地址1(1字节)	见8.2.1.1的定义
部件地址1(4字节)	见8.2.1.2的定义
系统类型n(1字节)	见8.2.1.1的定义
系统地址n(1字节)	见8.2.1.1的定义
部件地址n(4字节)	见8.2.1.2的定义

图 32 读建筑消防设施系统部件状态的数据格式

8.3.2.3 读建筑消防设施部件模拟量值

读建筑消防设施部件模拟量值的数据格式如图 33 所示。

类型标志符(1字节)	=63
信息对象数目(1字节)	=n(n不大于63)
系统类型1(1字节)	见8.2.1.1的定义
系统地址1(1字节)	见8.2.1.1的定义
部件地址1(4字节)	见8.2.1.2的定义
⋮	
系统类型n(1字节)	见8.2.1.1的定义
系统地址n(1字节)	见8.2.1.1的定义
部件地址n(4字节)	见8.2.1.2的定义

图 33　读建筑消防设施部件模拟量值的数据格式

8.3.2.4　读建筑消防设施操作信息记录

监控中心请求用户信息传输装置传送建筑消防设施操作信息记录，并指定记录起始时间和记录数目。其数据格式如图34所示。

类型标志符(1字节)	=64
信息对象数目(1字节)	=1
系统类型(1字节)	见8.2.1.1的定义
系统地址(1字节)	见8.2.1.1的定义
查询操作信息记录数目(1字节)	=n(n不大于102)
查询记录的指定起始时间(6字节)	见8.2.2的定义

图 34　读建筑消防设施操作信息的数据格式

8.3.2.5　读建筑消防设施软件版本

读建筑消防设施软件版本的数据格式如图35所示。

类型标志符(1字节)	=65
信息对象数目(1字节)	=1
系统类型(1字节)	见8.2.1.1的定义
系统地址(1字节)	见8.2.1.1的定义

图 35　读火灾报警控制器的软件版本数据格式

8.3.2.6　读建筑消防设施系统配置情况

读建筑消防设施系统配置情况的数据格式如图36所示。

类型标志符(1字节)	=66
信息对象数目(1字节)	=n(n不大于3)
系统类型1(1字节)	见8.2.1.1的定义
系统地址1(1字节)	见8.2.1.1的定义
⋮	
系统类型n(1字节)	见8.2.1.1的定义
系统地址n(1字节)	见8.2.1.1的定义

图 36　读建筑消防设施系统配置情况的数据格式

8.3.2.7　读建筑消防设施部件配置情况

读建筑消防设施部件配置情况的数据格式如图 37 所示。

类型标志符(1字节)	=67
信息对象数目(1字节)	=n(n不大于26)
系统类型1(1字节)	见8.2.1.1的定义
系统地址1(1字节)	见8.2.1.1的定义
部件地址1(4字节)	见8.2.1.2的定义
⋮	
系统类型n(1字节)	见8.2.1.1的定义
系统地址n(1字节)	见8.2.1.1的定义
部件地址n(4字节)	见8.2.1.2的定义

图 37　读建筑消防设施部件配置情况的数据格式

8.3.2.8　读建筑消防设施系统时间

读建筑消防设施系统时间的数据格式如图 38 所示。

类型标志符(1字节)	=68
信息对象数目(1字节)	=1
系统类型(1字节)	见8.2.1.1的定义
系统地址(1字节)	见8.2.1.1的定义

图 38　读建筑消防设施系统时间的数据格式

8.3.2.9　读用户信息传输装置运行状态

读用户信息传输装置运行状态的数据格式如图 39 所示。

类型标志符(1字节)	=81
信息对象数目(1字节)	=1
预留(1字节)	=0

图 39　读用户信息传输装置运行状态的数据格式

8.3.2.10 读用户信息传输装置操作信息记录

监控中心请求用户信息传输装置传送操作信息记录，并指定记录起始时间和信息数目。其数据格式如图 40 所示。

类型标志符(1字节)	=84
信息对象数目(1字节)	=1
查询操作信息记录数目(1字节)	=*n*(*n* 不大于102)
查询记录的指定起始时间(6字节)	见8.2.2的定义

图 40 读用户信息传输装置操作信息的数据格式

8.3.2.11 读用户信息传输装置软件版本

读用户信息传输装置软件版本的数据格式如图 41 所示。

类型标志符(1字节)	=85
信息对象数目(1字节)	=1
预留(1字节)	=0

图 41 读用户信息传输装置软件版本的数据格式

8.3.2.12 读用户信息传输装置配置情况

读用户信息传输装置配置情况的数据格式如图 42 所示。

类型标志符(1字节)	=86
信息对象数目(1字节)	=1
预留(1字节)	=0

图 42 读用户信息传输装置配置情况的数据格式

8.3.2.13 读用户信息传输装置系统时间

读用户信息传输装置系统时间的数据格式如图 43 所示。

类型标志符(1字节)	=88
信息对象数目(1字节)	=1
预留(1字节)	=0

图 43 读用户信息传输装置系统时间的数据格式

8.3.2.14 初始化用户信息传输装置

初始化用户信息传输装置的数据格式如图 44 所示。

类型标志符(1字节)	=89
信息对象数目(1字节)	=1
预留(1字节)	=0

图 44 初始化用户信息传输装置的数据格式

8.3.2.15 同步用户信息传输装置时间

同步用户信息传输装置时间的数据格式如图 45 所示。

类型标志符(1字节)	=90
信息对象数目(1字节)	=1
中心系统时间(6字节)	见8.2.2的定义

图 45 同步用户信息传输装置时间的数据格式

8.3.2.16 查岗命令

监控中心向用户信息传输装置发送查岗命令的数据格式如图 46 所示。

类型标志符(1字节)	=91
信息对象数目(1字节)	=1
查岗应答超时设定时间(单位:min)(1字节)	

图 46 查岗命令的数据格式

ICS 13.220.20
C 81

中华人民共和国国家标准

GB/T 26875.4—2011

城市消防远程监控系统 第4部分：基本数据项

Remote-monitoring system of urban fire protection—
Part 4: Basic data item

2011-07-29 发布　　2011-11-01 实施

中华人民共和国国家质量监督检验检疫总局
中国国家标准化管理委员会　发布

前　言

GB 26875《城市消防远程监控系统》分为六个部分：

——第1部分：用户信息传输装置；

——第2部分：通信服务器软件功能要求；

——第3部分：报警传输网络通信协议；

——第4部分：基本数据项；

——第5部分：受理软件功能要求；

——第6部分：信息管理软件功能要求。

本部分为GB 26875的第4部分。

本部分依据GB/T 1.1—2009给出的规则起草。

本部分由全国消防标准化技术委员会消防通信分技术委员会(SAC/TC 113/SC 14)归口。

本部分负责起草单位：公安部沈阳消防研究所。

本部分参加起草单位：厦门准信机电工程有限公司、万盛(中国)科技有限公司、海湾消防网络有限公司、沈阳美宝控制有限公司、同方股份有限公司、广东百迅信息科技有限公司、上海易达通信公司、江西省盛安城市安全信息发展有限公司、北京网迅青鸟科技发展有限公司。

本部分主要起草人：隋虎林、刘海霞、蔡畅宇、范玉峰、马青波、屈励、刘濛、张健、戴持、钟尔俊、贾根莲、严志明、徐珍喜、徐文飞、陈兴煜、邓评韬、刘启明。

城市消防远程监控系统 第4部分:基本数据项

1 范围

GB 26875的本部分规定了城市消防远程监控系统监控信息和消防安全管理信息所包含的基本数据项。

本部分适用于城市消防远程监控系统的建设和应用。

2 规范性引用文件

下列文件对于本文件的应用是必不可少的。凡是注日期的引用文件,仅注日期的版本适用于本文件。凡是不注日期的引用文件,其最新版本(包括所有的修改单)适用于本文件。

GB/T 2260 中华人民共和国行政区划代码

GB 11643 公民身份号码

GB 11714 全国组织机构代码编制规则

GB/T 12402 经济类型分类与代码

GB 18030 信息技术 中文编码字符集

GA/T 396—2002 消防业务基础数据元与代码表

3 城市消防远程监控系统数据项集

3.1 监控中心信息数据项

监控中心信息数据项见表1。

表1 监控中心信息数据项

序号	项目名称	类型	长度/字节	说明
1	中心名称	字符型	70	
2	所属区域	字符型	6	符合GB/T 2260的规定
3	中心详址	字符型	40	
4	联系电话	字符型	18	
5	中心负责人姓名	字符型	30	
6	中心负责人电话	字符型	18	
7	中心级别	字符型	1	1—国家级;2—区域级;3—省级;4—地市级;5—县级;9—其他
8	上级中心名称	字符型	70	
9	冗余备份中心名称	字符型	70	

3.2 监控人员信息数据项

监控人员信息数据项见表2。

表2 监控人员信息数据项

序号	项目名称	类型	长度/字节	说 明
1	人员姓名	字符型	30	
2	人员电话	字符型	18	
3	人员所属单位名称	字符型	70	

3.3 联网用户基本情况信息数据项

联网用户基本情况信息数据项见表3。

表3 联网用户基本情况信息数据项

序号	项目名称	类型	长度/字节	说 明
1	单位名称	字符型	70	
2	组织机构代码	字符型	9	符合 GB 11714 的规定
3	单位类别	字符型	2	见 GA/T 396—2002 表 A.5
4	所属区域	字符型	6	符合 GB/T 2260 的规定
5	单位详址	字符型	40	
6	联系电话	字符型	18	
7	联网状态	字符型	1	0—未联网;1—联网
8	邮政编码	字符型	6	
9	消防控制室电话	字符型	18	
10	消防安全责任人姓名	字符型	30	
11	消防安全责任人公民身份号码	字符型	18	符合 GB 11643 的规定
12	消防安全责任人电话	字符型	18	
13	消防安全管理人姓名	字符型	30	
14	消防安全管理人公民身份号码	字符型	18	符合 GB 11643 的规定
15	消防安全管理人电话	字符型	18	
16	专兼职消防管理人姓名	字符型	30	
17	专兼职消防管理人公民身份号码	字符型	18	符合 GB 11643 的规定
18	专兼职消防管理人电话	字符型	18	
19	法人代表姓名	字符型	30	
20	法人代表公民身份号码	字符型	18	符合 GB 11643 的规定
21	法人代表电话	字符型	18	
22	职工总人数	数值型	10	

表 3（续）

序号	项目名称	类型	长度/字节	说　明
23	成立时间	日期型	8	表示方法：YYYYMMDD
24	上级主管单位名称	字符型	70	
25	管辖单位名称	字符型	70	
26	经济所有制	字符型	3	符合 GB/T 12402 的规定
27	固定资产	数值型	10	单位：万元，精确到小数点后 2 位
28	单位占地面积	数值型	10	单位：m^2
29	总建筑面积	数值型	10	单位：m^2
30	入网日期	日期型	8	表示方法：YYYYDDMM
31	监管等级	字符型	1	见 GA/T 396—2002 表 A.6
32	单位总平面图	二进制		
33	单位所属中心名称	字符型	70	

3.4 建、构筑物信息数据项

建、构筑物信息数据项见表 4。

表 4 建、构筑物信息数据项

序号	项目名称	类型	长度/字节	说　明
1	建、构筑物名称	字符型	40	
2	建、构筑物类别	字符型	2	见 GA/T 396—2002 表 A.8
3	建造日期	日期型	8	表示方法：YYYYDDMM
4	使用性质	字符型	2	见 GA/T 396—2002 表 A.11
5	火灾危险性	字符型	1	见 GA/T 396—2002 表 A.12
6	耐火等级	字符型	1	见 GA/T 396—2002 表 A.10
7	结构类型	字符型	1	见 GA/T 396—2002 表 A.9
8	建筑高度	数值型	6	单位：m，精确到小数点后 2 位
9	建筑面积	数值型	10	单位：m^2
10	占地面积	数值型	10	单位：m^2
11	标准层面积	数值型	10	单位：m^2
12	地上层数	数值型	3	
13	地上层面积	数值型	10	单位：m^2
14	地下层数	数值型	3	
15	地下层面积	数值型	10	单位：m^2
16	隧道高度	数值型	6	单位：m，精确到小数点后 2 位
17	隧道长度	数值型	10	单位：m，精确到小数点后 2 位

表 4（续）

序号	项目名称	类型	长度/字节	说　明
18	消防控制室位置	字符型	50	
19	避难层数量	数值型	3	
20	避难层总面积	数值型	10	单位：m^2
21	避难层位置	字符型	50	
22	安全出口数量	数值型	3	
23	安全出口位置	字符型	50	
24	安全出口形式	字符型	50	
25	消防电梯数量	数值型	3	
26	消防电梯容纳总重量	数值型	10	单位：kg
27	日常工作时间人数	数值型	10	
28	最大容纳人数	数值型	10	
29	储存物名称	字符型	40	
30	储存物数量	字符型	40	
31	储存物性质	字符型	40	
32	储存物形态	字符型	40	
33	储存容积	数值型	10	单位：m^3
34	主要原料	字符型	100	
35	主要产品	字符型	100	
36	毗邻建筑物情况	字符型	500	毗邻建筑的使用性质、结构类型、建筑高度、与本建筑物的间距等信息
37	建筑立面图	二进制		
38	消防设施平面布置图	二进制		
39	建筑平面图	二进制		
40	建筑物所属单位名称	字符型	70	

3.5 消防安全重点部位信息数据项

消防安全重点部位信息数据项见表 5。

表 5 消防安全重点部位信息数据项

序号	项目名称	类型	长度/字节	说　明
1	重点部位名称	字符型	70	
2	建筑面积	数值型	10	单位：m^2
3	耐火等级	字符型	1	见 GA/T 396—2002 表 A.10
4	所在位置	字符型	50	

表 5（续）

序号	项目名称	类型	长度/字节	说　　明
5	使用性质	字符型	2	见 GA/T 396—2002 表 A.11
6	消防设施情况	字符型	200	有无消防设施及设施相关信息
7	责任人姓名	字符型	30	
8	责任人公民身份号码	字符型	18	符合 GB 11643 的规定
9	责任人电话	字符型	18	
10	确立消防安全重点部位的原因	字符型	—	不定长
11	防火标志的设立情况	字符型	—	不定长
12	危险源情况	字符型	—	不定长
13	消防安全管理措施	字符型	—	不定长
14	重点部位所属单位名称	字符型	70	

3.6 消防设施信息数据项

消防设施信息数据项见表 6。

表 6 消防设施信息数据项

序号	项目名称	类型	长度/字节	说　　明
1	设施名称	字符型	40	
2	设置部位	字符型	50	
3	设施系统形式	字符型	50	
4	投入使用时间	日期型	8	表示方法：YYYYMMDD
5	探测器数量	数值型	5	
6	控制器数量	数值型	5	
7	手动报警按钮数量	数值型	5	
8	消防电气控制装置数量	数值型	5	
9	市政给水管网形式	字符型	1	见 GA/T 396—2002 表 A.36
10	市政进水管数量	数值型	3	单位：条
11	市政进水管管径	数值型	5	单位：mm
12	消防水池容量	数值型	10	单位：m^3
13	消防水池位置	字符型	50	
14	消防水箱容量	数值型	10	单位：m^3
15	消防水箱位置	字符型	50	
16	其他水源供水量	数值型	10	单位：m^3
17	其他水源情况	字符型	200	形式、位置等信息
18	消防泵房位置	字符型	50	

表 6（续）

序号	项目名称	类型	长度/字节	说　明
19	消防泵数量	数值型	5	
20	消防泵流量	数值型	6	单位:L/s
21	消防泵扬程	数值型	6	单位:m
22	室外消火栓管网形式	字符型	1	见 GA/T 396—2002 表 A.36
23	室外消火栓数量	数值型	5	
24	室外消火栓管径	数值型	5	单位:mm
25	室内消火栓管网形式	字符型	1	见 GA/T 396—2002 表 A.36
26	室内消火栓数量	数值型	5	
27	室内消火栓管径	数值型	5	单位:mm
28	水泵接合器数量	数值型	5	
29	水泵接合器位置	字符型	50	
30	稳压泵数量	数值型	5	
31	稳压泵流量	数值型	6	单位:L/s
32	稳压泵扬程	数值型	6	单位:m
33	气压罐容量	数值型	10	单位:m^3
34	消防水喉数量	数值型	5	
35	报警阀数量	数值型	5	
36	报警阀位置	字符型	50	
37	水流指示器数量	数值型	5	
38	水流指示器位置	字符型	50	
39	喷头数量	数值型	5	
40	减压阀数量	数值型	5	
41	减压阀位置	字符型	50	
42	竖向分区数量	数值型	5	
43	喷淋泵数量	数值型	5	
44	喷淋泵流量	数值型	6	单位:L/s
45	喷淋泵扬程	数值型	6	单位:m
46	喷淋泵位置	字符型	50	
47	雨淋阀数量	数值型	5	
48	雨淋阀位置	字符型	50	
49	水雾喷头数量	数值型	5	
50	水雾喷头位置	字符型	50	
51	防护区数量	数值型	5	
52	防护区容积	数值型	10	单位:m^3

表 6（续）

序号	项目名称	类型	长度/字节	说　明
53	防护区部位名称	字符型	50	
54	防护区位置	字符型	50	
55	灭火剂类型	字符型	50	
56	手动控制装置位置	字符型	50	
57	设施动作方式	字符型	50	
58	瓶库位置	字符型	50	
59	钢瓶数量	数值型	5	
60	单个钢瓶容量	数值型	10	单位:L
61	钢瓶间距	数值型	6	单位:m,精确到小数点后 2 位
62	泡沫泵数量	数值型	5	
63	泡沫泵流量	数值型	6	单位:L/s
64	泡沫泵扬程	数值型	6	单位:m
65	泡沫数值	数值型	5	
66	干粉储罐位置	字符型	50	
67	防烟分区数量	数值型	5	
68	防烟分区位置	字符型	50	
69	风机数量	数值型	5	
70	风机安装位置	字符型	50	
71	风机风量	数值型	6	单位:m^3/h
72	风口设置部位	字符型	50	
73	排烟防火阀数量	数值型	5	
74	排烟阀数量	数值型	5	
75	防火阀数量	数值型	5	
76	正压送风阀数量	数值型	5	
77	防火门数量	数值型	5	
78	防火卷帘数量	数值型	5	
79	防火门设置部位	字符型	50	
80	防火卷帘设置部位	字符型	50	
81	扩音机功率	数值型	5	单位:W
82	备用扩音机功率	数值型	5	单位:W
83	扬声器数量	数值型	5	
84	广播分区数量	数值型	5	
85	广播分区设置部位	字符型	50	
86	消防专用电话数量	数值型	5	

表 6（续）

序号	项目名称	类型	长度/字节	说　明
87	消防专用电话位置	字符型	50	
88	应急照明及疏散指示装置数量	数值型	5	
89	消防电源设置部位	字符型	50	
90	消防主电源是否为独立配电柜	字符型	1	1—是；2—否
91	备用电源形式	字符型	50	发电机、EPS、蓄电池等
92	灭火器设置部位	字符型	50	
93	灭火器配置类型	字符型	30	
94	灭火器生产日期	日期型	8	表示方法：YYYYMMDD
95	灭火器更换药剂日期	日期型	8	表示方法：YYYYMMDD
96	灭火器数量	数值型	5	
97	设施服务状态	字符型	1	0—停用；1—试运行；2—有效；9—其他
98	生产单位名称	字符型	70	
99	生产单位电话	字符型	18	
100	维修保养单位名称	字符型	70	
101	维修保养单位电话	字符型	18	
102	设施状态	字符型	2	01—正常；10—报警；20—故障；99—其他
103	状态描述	字符型	100	
104	状态变化时间	日期时间型	14	表示方法：YYYYMMDDHHmmss
105	火灾自动报警系统图	二进制		
106	消防给水系统平面布置图	二进制		
107	室外消火栓平面布置图	二进制		
108	室内消火栓布置图	二进制		
109	自动喷水灭火系统图	二进制		
111	水喷雾灭火系统图	二进制		
112	气体灭火系统图	二进制		
113	泡沫灭火系统图	二进制		
114	干粉灭火系统图	二进制		
115	防烟排烟系统图	二进制		
116	消防应急广播系统图	二进制		
117	应急照明及疏散指示系统图	二进制		
118	消防设施所属单位名称	字符型	70	

3.7 消防设施部件信息数据项

消防设施部件信息数据项见表 7。

表 7　消防设施部件信息数据项

序号	项目名称	类型	长度/字节	说　　明
1	设施名称	字符型	40	
2	部件名称	字符型	40	
3	部件型号	字符型	30	
4	部件区号	数值型	4	
5	部件回路号	数值型	4	
6	部件位号	数值型	4	
7	安装位置	字符型	50	
8	部件状态	字符型	2	01—正常；10—报警；20—故障；99—其他
9	状态描述	字符型	100	
10	状态变化时间	日期时间型	14	表示方法：YYYYMMDDHHmmss

3.8　受理信息数据项

受理信息数据项见表 8。

表 8　受理信息数据项

序号	项目名称	类型	长度/字节	说　　明
1	单位名称	字符型	70	
2	首次报警时间	日期时间型	14	表示方法：YYYYMMDDHHmmss
3	受理时间	日期时间型	14	表示方法：YYYYMMDDHHmmss
4	受理结束时间	日期时间型	14	表示方法：YYYYMMDDHHmmss
5	信息类型	字符型	1	1—火警；2—故障；9—其他
6	信息描述	字符型	100	
7	处理结果	字符型	300	
8	受理员姓名	字符型	30	
9	用户联系人姓名	字符型	30	
10	信息确认	字符型	1	1—误报信息；2—有效信息；9—其他
11	向消防通信指挥中心报告时间	日期时间型	14	表示方法：YYYYMMDDHHmmss
12	消防通信指挥中心反馈确认时间	日期时间型	14	表示方法：YYYYMMDDHHmmss
13	消防通信指挥中心受理员姓名	字符型	30	
14	消防通信指挥中心接警处理情况	字符型	200	

3.9　查岗信息数据项

查岗信息数据项见表 9。

表 9　查岗信息数据项

序号	项目名称	类型	长度/字节	说　　明
1	查岗发起人姓名	字符型	30	
2	被查岗单位名称	字符型	70	
3	发起时间	日期时间型	14	表示方法：YYYYMMDDHHmmss
4	结束时间	日期时间型	14	表示方法：YYYYMMDDHHmmss
5	查岗结果	字符型	100	

3.10　火灾信息数据项

火灾信息数据项见表 10。

表 10　火灾信息数据项

序号	项目名称	类型	长度/字节	说　　明
1	单位名称	字符型	70	
2	起火部位	字符型	50	
3	起火时间	日期时间型	14	表示方法：YYYYMMDDHHmmss
4	起火原因	字符型	—	不定长
5	报警方式描述	字符型	40	自动、人工等信息
6	过火面积	数值型	10	单位：m^2
7	死亡人数	数值型	6	
8	受伤人数	数值型	6	
9	财产损失	数值型	10	单位：万元，精确到小数点后 2 位
10	火灾扑救概述	字符型	—	不定长

3.11　消防设施检查信息数据项

消防设施检查信息数据项见表 11。

表 11　消防设施检查信息数据项

序号	项目名称	类型	长度/字节	说　　明
1	单位名称	字符型	70	
2	检查日期	日期型	8	表示方法：YYYYMMDD
3	检查人姓名	字符型	30	
4	消防安全管理人姓名	字符型	30	
5	检查类别	字符型	1	1—巡查；2—单项检查；3—联动检查；9—其他
6	检查结果	字符型	1	1—正常；2—故障；9—其他

表 11（续）

序号	项目名称	类型	长度/字节	说　　明
7	检查内容	字符型	—	不定长
8	故障内容	字符型	—	不定长
9	处理情况	字符型	—	不定长

3.12　消防设施维护保养信息数据项

消防设施维护保养信息数据项见表 12。

表 12　消防设施维护保养信息数据项

序号	项目名称	类型	长度/字节	说　　明
1	单位名称	字符型	70	
2	维护保养时间	日期型	8	表示方法：YYYYMMDD
3	维护人员姓名	字符型	30	
4	维护保养内容	字符型	—	不定长
5	停用系统消防安全人姓名	字符型	30	
6	维护保养结果	字符型	200	
7	消防安全管理人姓名	字符型	30	

3.13　消防法规信息数据项

消防法规信息数据项见表 13。

表 13　消防法规信息数据项

序号	项目名称	类型	长度/字节	说　　明
1	法规名称	字符型	50	
2	法规类别	字符型	2	见 GA/T 396—2002 表 A.14
3	颁布机关	字符型	30	
4	批准机关	字符型	30	
5	颁布文号	字符型	30	
6	颁布日期	日期型	8	表示方法：YYYYMMDD
7	实施日期	日期型	8	表示方法：YYYYMMDD
8	输入日期	日期型	8	表示方法：YYYYMMDD
9	输入人姓名	字符型	30	
10	法规内容	字符型	—	不定长

3.14 消防常识信息数据项

消防常识信息数据项见表 14。

表 14 消防常识信息数据项

序号	项目名称	类型	长度/字节	说　明
1	名称	字符型	50	
2	输入人姓名	字符型	30	
3	输入日期	日期型	8	表示方法：YYYYMMDD
4	内容	字符型	—	不定长

4 说明

——所有字符采用 GB 18030 中规定的字符。

——图型文件格式宜采用 JPEG，TIFF；文件大小宜不大于 200 kB。

参考文献

[1] GB 16806—2006 消防联动控制系统
[2] GB 50016—2006 建筑设计防火规范
[3] GB 50045—1995 高层民用建筑设计防火规范
[4] GB 50166—2007 火灾自动报警系统施工及验收规范
[5] GB 50440—2007 城市消防远程监控系统技术规范
[6] GA 503—2004 建筑消防设施检测技术规程
[7] GA 587—2005 建筑消防设施的维护管理

ICS 13.220.20
C 81

中华人民共和国国家标准

GB 26875.5—2011

城市消防远程监控系统 第5部分:受理软件功能要求

Remote-monitoring system of urban fire protection—
Part 5: Functional requirements for receiving software

2011-07-29 发布 2012-05-01 实施

中华人民共和国国家质量监督检验检疫总局
中国国家标准化管理委员会 发布

前　言

本部分第 4 章、第 5 章为强制性的，其余为推荐性的。

GB 26875《城市消防远程监控系统》分为六个部分：

——第 1 部分：用户信息传输装置；

——第 2 部分：通信服务器软件功能要求；

——第 3 部分：报警传输网络通信协议；

——第 4 部分：基本数据项；

——第 5 部分：受理软件功能要求；

——第 6 部分：信息管理软件功能要求。

本部分为 GB 26875 的第 5 部分。

本部分按照 GB/T 1.1—2009 给出的规则起草。

本部分由全国消防标准化技术委员会消防通信分技术委员会(SAC/TC 113/SC 14)归口。

本部分负责起草单位：公安部沈阳消防研究所。

本部分参加起草单位：万盛(中国)科技有限公司、海湾消防网络有限公司、沈阳美宝控制有限公司、同方股份有限公司、广东百迅信息科技有限公司、上海易达通信公司、江西省盛安城市安全信息发展有限公司、北京网迅青鸟科技发展有限公司。

本部分主要起草人：隋虎林、屈励、刘海霞、谷安永、杨波、袁国斌、胡锐、费春祥、石建国、严志明、邹志刚、梁伟峰、陈兴煜、邓评韬、张俊。

城市消防远程监控系统
第5部分：受理软件功能要求

1 范围

GB 26875的本部分规定了城市消防远程监控系统中报警受理系统和火警信息终端的受理软件的术语和定义、基本要求、功能要求和试验方法。

本部分适用于城市消防远程监控系统中报警受理系统和火警信息终端安装使用的受理软件。

2 规范性引用文件

下列文件对于本文件的应用是必不可少的。凡是注日期的引用文件，仅注日期的版本适用于本文件。凡是不注日期的引用文件，其最新版本(包括所有的修改单)适用于本文件。

GB/T 17544—1998 信息技术 软件包 质量要求和测试

GB 50440 城市消防远程监控系统技术规范

3 术语和定义

GB 50440界定的以及下列术语和定义适用于本文件。

3.1

火警信息终端 fire alarm information terminal

设置在消防通信指挥中心或其他接处警中心，用于接收城市消防远程监控中心报警受理系统发送的联网用户火灾报警信息的终端。

4 基本要求

受理软件应满足以下基本要求：

a) 受理软件界面应采用中文显示；

b) 操作过程应有明确的受理流程指示；

c) 软件在运行期间不应发生异常情况；

d) 受理软件的用户文档应满足GB/T 17544—1998中3.2的要求。

5 功能要求

5.1 受理软件通用功能要求

5.1.1 运行或经登录后，应自动进入监控受理工作状态。

5.1.2 应具有文字信息显示界面和地理信息显示界面，分别显示文字信息和地理信息。

5.1.3 界面应显示下列信息：

a) 未受理信息；

b) 日期和时钟信息；

c) 软件版本信息；

d) 受理座席、受理员信息；

e) 受理员离席或在席状态信息。

上述信息中，a)项内容不应被覆盖。

5.1.4 应能记录、查询其启停时间和人员登录、注销时间、值班记事等。

5.1.5 应有受理、查询、退出等操作权限。

5.1.6 应与城市消防远程监控系统的标准时钟同步。

5.1.7 应具有违规操作提示功能。

5.2 报警受理系统受理软件功能要求

5.2.1 应能接收、显示、记录及查询用户信息传输装置发送的火灾报警信息、建筑消防设施运行状态信息。

5.2.2 应能接收、显示、记录及查询通信服务器发送的系统告警信息。

5.2.3 收到各类信息时，应能驱动声器件和显示界面发出声信号和显示提示。火灾报警信息声提示信号和显示提示应明显区别于其他信息，且显示及处理优先。声信号应能手动消除，当收到新的信息时，声信号应能再启动。信息受理后，相应声信号、显示提示应自动消除。

5.2.4 受理用户信息传输装置发送的火灾报警、故障状态信息时，应能显示下列内容：

a) 信息接收时间、用户名称、地址、联系人姓名、电话、单位信息、相关系统或部件的类型、状态等信息。

b) 该用户的地理信息、建筑消防设施的位置信息以及部件在建筑物中的位置信息；部件位置在系统平面图中显示应明显。

c) 该用户信息传输装置发送的不少于五条的同类型历史信息记录。

5.2.5 应能对火灾报警信息进行确认和记录归档。

5.2.6 应能向火警信息终端传送经确认的火灾报警信息，信息内容应包括：报警联网用户名称、地址、联系人姓名、电话、建筑物名称、报警点所在建筑物详细位置、监控中心受理员编号或姓名等；并能接收、显示和记录火警信息终端返回的确认时间、指挥中心受理员编号或姓名等信息；通信失败时应告警。

5.2.7 应能对用户信息传输装置发送的故障状态信息进行核实、记录、查询和统计，并向联网用户相关人员或相关部门发送经核实的故障信息；对故障处理结果应能进行查询。

5.2.8 应能人工向用户信息传输装置发送测试命令，对通信链路、用户信息传输装置进行测试，测试失败应告警；并能记录、显示和查询测试结果。

5.3 火警信息终端受理软件功能要求

5.3.1 应能接收、显示、记录及查询监控中心报警受理系统发送的火灾报警信息。

5.3.2 收到火灾报警及系统内部故障告警信息时，应能驱动声器件和显示界面发出声信号和显示提示。火灾报警信息声提示信号和显示提示应明显区别于故障告警信息，且显示及处理优先。声信号应能手动消除，当收到新的信息时，声信号应能再启动。信息受理后，相应声信号、显示提示应自动消除。

5.3.3 受理火灾报警信息时，应能显示报警联网用户的名称、地址、联系人姓名、电话、建筑物名称、报警点所在建筑物位置、联网用户的地理信息、监控中心受理员编号或姓名、接收时间等信息；经人工确认后，向监控中心反馈确认时间、指挥中心受理员编号或姓名等信息；通信失败时应告警。

5.3.4 应能检测与监控中心之间的通信状况，出现故障时应告警，并能记录和查询故障类型、故障出现及消除时间。

6 试验方法

6.1 总则

6.1.1 由被测方提供受理软件包和用户文档。

6.1.2 测试前，按照用户文档的相关要求进行硬件配置及软件安装，连接相关系统设备，完成软件的各项设置，使相关系统设备处于正常工作状态。

6.1.3 报警受理系统受理软件功能测试过程按6.2、6.3的方法，火警信息终端受理软件功能测试过程按6.2、6.4的方法，分别参照用户文档相应操作过程逐条进行。

6.2 通用功能试验方法

6.2.1 运行受理软件，观察并记录受理软件进入工作状态情况。

6.2.2 查看受理软件的文字信息显示界面和地理信息显示界面情况。

6.2.3 查看并记录受理软件信息显示内容，观察未受理信息不被其他信息覆盖情况，观察并记录当前受理员状态信息显示情况。

6.2.4 进行不同受理员注销、登录、值班记事、退出及运行受理软件等操作，记录上述操作时间及相关内容，通过受理软件查询窗口查看上述操作时间及内容与记录一致情况。

6.2.5 查看受理软件操作权限设置及作用情况。

6.2.6 修改系统的标准时钟，观察并记录受理软件与系统标准时钟同步情况；修改受理软件的运行时钟，执行时钟同步申请操作，观察并记录受理软件与系统标准时钟同步情况。

6.2.7 人为制造违规操作，如越权操作等，观察并记录受理软件提示情况。

6.3 报警受理系统受理软件功能试验方法

6.3.1 通过用户信息传输装置本机以及与用户信息传输装置连接的建筑消防设施，发送火灾报警信息和建筑消防设施运行状态信息至少三条，在受理系统受理软件显示界面上对上述接收信息进行受理。观察并记录受理软件接收、显示信息和时间情况；通过受理软件查询窗口查看软件记录情况。

6.3.2 人为制造系统内部故障告警，观察并记录受理软件接收、显示情况；通过受理软件查询窗口查看系统告警记录情况。

6.3.3 通过用户信息传输装置本机以及与用户信息传输装置连接的建筑消防设施，发送火灾报警信息和建筑消防设施运行状态信息至少三条，且火灾报警信息不是首条发送；受理软件接收到第一条信息后，手动消除声信号；人为制造一起系统内部故障，如关闭火警信息终端；受理接收信息；执行过程中观察并记录下列各项内容：

a) 受理软件驱动声器件发出的声信号及受理软件界面显示情况；
b) 未受理信息队列显示情况；
c) 手动消除声信号后声信号的再启动情况；
d) 火灾报警信息的声提示信号与其他信息声提示信号的区别；
e) 火灾报警信息显示提示信号的优先显示情况；
f) 系统内部故障信息的声提示信号和显示提示情况；
g) 信息受理后的声信号、显示提示自动消除情况。

6.3.4 通过与用户信息传输装置连接的建筑消防设施，发送火灾报警信息和故障状态信息，受理软件接收后进行受理操作，观察并记录显示内容。

6.3.5 通过用户信息传输装置本机或与用户信息传输装置连接的建筑消防设施，发送火灾报警信息，受理软件接收后，进行警情确认操作，观察并记录受理软件对火灾报警信息的确认、记录归档等操作的提示及处理情况。

6.3.6　确认一起火灾报警信息，火警信息终端收到火灾信息后，确认该信息，观察并记录信息内容及火警信息终端接收情况、火警信息终端返回的确认信息情况；断开与火警信息终端的通信链路，再次确认一起火灾报警信息，观察并记录通信失败时的告警提示情况；通过受理软件查询窗口查看本起火灾报警信息受理情况。

6.3.7　通过用户信息传输装置本机或与用户信息传输装置连接的建筑消防设施，发送故障状态信息，受理软件接收后，进行核实、告知、受理操作，观察并记录受理软件对故障状态信息的核实、告知、受理和时间情况；通过受理软件查询窗口查看故障状态信息处理结果记录情况。

6.3.8　人工向某一用户信息传输装置发送测试命令，观察并记录测试情况及测试结果；断开与该用户信息传输装置的通信链路，再次发起测试命令，观察并记录测试情况及测试结果；通过受理软件查询窗口查看测试记录情况。

6.4　火警信息终端受理软件功能试验方法

6.4.1　由报警受理系统确认一起火灾报警信息，观察并记录火警信息终端受理软件接收、显示信息和时间情况。

6.4.2　由报警受理系统确认一起火灾报警信息，火警信息终端受理软件接收到第一条信息后，手动消除声信号；人为制造一起系统内部故障，如断开本终端与监控中心之间的通信链路；受理火灾报警信息及系统内部故障信息；执行过程中观察并记录下列各项内容：

a）受理软件驱动声器件发出的声信号及受理软件界面显示情况；

b）未受理信息显示区域信息队列显示情况；

c）手动消除声信号后声信号的再启动情况；

d）火灾报警信息的声提示信号与系统内部故障信息声提示信号的区别；

e）系统内部故障信息的声提示信号和显示提示情况；

f）信息受理后的声信号、显示提示消除情况。

6.4.3　由报警受理系统确认一起火灾报警信息，火警信息终端受理软件接收后进行受理操作，观察并记录显示内容；人工确认后，观察并记录报警受理系统受理软件接收反馈信息情况；由报警受理系统再次确认一起火灾报警信息，火警信息终端受理软件接收后、人工确认前，断开与监控中心之间的通信链路，再进行人工确认操作，观察并记录通信失败时的提示情况；通过受理软件查询窗口查看本起火灾报警信息受理记录情况。

6.4.4　断开与监控中心之间的通信链路，观察并记录出现故障提示时间、故障告警提示信息情况；恢复与监控中心之间的通信链路，观察并记录故障时间及信号消除情况；通过受理软件查询窗口查看故障记录情况。

ICS 13.220.20
C 81

中华人民共和国国家标准

GB 26875.6—2011

城市消防远程监控系统
第6部分：信息管理软件功能要求

Remote-monitoring system of urban fire protection—
Part 6: Functional requirements of information management software

2011-07-29 发布　　2012-05-01 实施

中华人民共和国国家质量监督检验检疫总局
中国国家标准化管理委员会　发布

前 言

本部分第4章、第5章为强制性的，其余为推荐性的。

GB 26875《城市消防远程监控系统》分为六个部分：

——第1部分：用户信息传输装置；

——第2部分：通信服务器软件功能要求；

——第3部分：报警传输网络通信协议；

——第4部分：基本数据项；

——第5部分：受理软件功能要求；

——第6部分：信息管理软件功能要求。

本部分为GB 26875的第6部分。

本部分按照GB/T 1.1—2009给出的规则起草。

本部分由全国消防标准化技术委员会消防通信分技术委员会(SAC/TC 113/SC 14)归口。

本部分负责起草单位：公安部沈阳消防研究所。

本部分参加起草单位：万盛(中国)科技有限公司、海湾消防网络有限公司、沈阳美宝控制有限公司、同方股份有限公司、广东百迅信息科技有限公司、上海易达通信公司、福建省盛安城市安全信息发展有限公司、北京网迅青鸟科技发展有限公司。

本标准主要起草人：范玉峰、徐放、张迪、姜学赟、刘海霞、杜阳、贾根莲、严志明、赵晓波、梁伟峰、陈兴煜、冯权辉、张俊。

城市消防远程监控系统
第6部分:信息管理软件功能要求

1 范围

GB 26875的本部分规定了城市消防远程监控系统中信息查询系统和用户服务系统的信息管理软件的术语和定义、功能要求和试验方法。

本部分适用于城市消防远程监控系统中信息查询系统和用户服务系统的信息管理软件。

2 规范性引用文件

下列文件对于本文件的应用是必不可少的。凡是注日期的引用文件,仅注日期的版本适用于本文件。凡是不注日期的引用文件,其最新版本(包括所有的修改单)适用于本文件。

GB/T 17544—1998 信息技术 软件包 质量要求和测试

GB/T 26875.4—2011 城市消防远程监控系统 第4部分:基本数据项

GB 50440 城市消防远程监控系统技术规范

3 术语和定义

GB 50440界定的以及下列术语和定义适用于本文件。

3.1

用户 users

能够利用信息管理软件访问城市消防远程监控系统信息的人员,包括:监控中心用户、公安消防部门用户和联网单位用户。

3.2

管理 manage

实现对城市消防远程监控系统信息进行查询、添加、更新和删除的操作。

4 基本要求

信息管理软件应满足以下基本要求:

a) 软件界面应采用中文显示;

b) 软件在运行期间不应发生异常情况;

c) 软件的用户文档应满足GB/T 17544—1998中3.2的要求。

5 功能要求

5.1 信息管理软件应具有用户权限管理功能,用户权限划分应至少包含下述权限级别:

a) 信息管理软件用户管理;

b) 查询监控中心信息;

c) 管理监控中心信息；
d) 查询联网单位信息；
e) 管理联网单位信息；
f) 查询本联网单位信息；
g) 管理本联网单位信息；
h) 对联网单位值班人员查岗。

5.2 信息管理软件应具有查岗功能。

5.3 信息管理软件应具有按用户权限的不同，管理监控中心下列信息的功能：

a) 监控中心信息，信息应满足 GB/T 26875.4—2011 表 1 要求；
b) 监控中心人员信息，信息应满足 GB/T 26875.4—2011 表 2 要求；
c) 消防法律法规，信息应满足 GB/T 26875.4—2011 表 13 要求；
d) 消防常识信息，信息应满足 GB/T 26875.4—2011 表 14 要求。

5.4 信息管理软件应具有按用户权限的不同，管理联网用户下列信息的功能：

a) 联网单位基本情况信息，信息应满足 GB/T 26875.4—2011 表 3 要求；
b) 联网单位建、构筑物信息，信息应满足 GB/T 26875.4—2011 表 4 要求；
c) 联网单位消防安全重点部位信息，信息应满足 GB/T 26875.4—2011 表 5 要求；
d) 联网单位消防设施信息，信息应满足 GB/T 26875.4—2011 表 6 要求；
e) 联网单位消防设施部件信息，信息应满足 GB/T 26875.4—2011 表 7 要求；
f) 联网单位报警受理信息，信息应满足 GB/T 26875.4—2011 表 8 要求；
g) 联网单位查岗信息，信息应满足 GB/T 26875.4—2011 表 9 要求；
h) 联网单位火灾信息，信息应满足 GB/T 26875.4—2011 表 10 要求；
i) 联网单位消防设施检查信息，信息应满足 GB/T 26875.4—2011 表 11 要求；
j) 联网单位消防设施维护保养信息，信息应满足 GB/T 26875.4—2011 表 12 要求。

5.5 信息管理软件应具有分类检索、统计功能，并能生成相应统计报表。对于联网单位的火灾报警信息和消防设施运行状态信息，应能按照下述检索项进行单项或联合检索和统计：

a) 日期；
b) 联网单位名称；
c) 联网单位类别；
d) 联网单位所属区域；
e) 联网单位监管等级；
f) 建筑物类别；
g) 建筑物使用性质；
h) 建筑物结构类型；
i) 建筑消防设施类型；
j) 建筑消防设施部件类型；
k) 建筑消防设施制造厂商名称；
l) 建筑消防设施维修保养厂商名称。

5.6 信息管理软件应具有将 5.5 中生成的统计报表进行存档和打印功能。

6 试验方法

6.1 总则

6.1.1 制造商应提供信息管理软件包和用户文档。

6.1.2 测试前，按照用户文档的相关要求进行硬件配置及软件安装，连接相关系统设备，完成软件的各项设置，使相关系统设备处于正常工作状态。

6.1.3 测试前，应通过手动添加或者系统运行生成等方式，在 GB/T 26875.4—2011 规定的所有数据表中，存在不少于 10 条数据。

6.1.4 应按照 5.1 规定，在城市消防远程监控系统的数据库中建立权限用户，各级权限用户不少于 1 名。

6.1.5 信息管理软件功能测试过程按 6.2 的方法，参照用户文档相应操作过程逐条进行。

6.1.6 满足下述各项要求的被测软件为合格，否则为不合格：

a) 测试期间被测软件满足第 4 章要求；

b) 测试期间被测软件不发生异常情况；

c) 测试期间运行被测软件的计算机不重启、不宕(死)机；

d) 信息管理软件功能测试结果应满足第 5 章的要求。

6.2 方法

6.2.1 运行信息管理软件，观察并记录信息管理软件进入工作状态情况。

6.2.2 查看信息管理软件的文字信息界面情况。

6.2.3 分别以不同权限用户登录信息管理软件，查看其对信息的操作状况，观察并记录操作结果。

6.2.4 以 5.1 中的 h)级权限用户登录信息管理软件，对联网单位值班人员进行远程查岗，观察并记录操作结果。

6.2.5 分别以 5.1 中的 b)和 c)级权限用户登录信息管理软件，管理 5.3 中的 a)、b)、c)和 d)信息，观察并记录操作结果。

6.2.6 分别以 5.1 中的 d)、e)、f)和 g)级权限用户登录信息管理软件，管理 5.4 中的 a)、b)、c)、d)、e)、f)、g)、h)、i)和 j)信息，观察并记录操作结果。

6.2.7 分别以 5.1 中的 d)、e)、f)和 g)级权限用户登录信息管理软件，按照 5.5 中的 a)、b)、c)、d)、e)、f)、g)、h)、i)、j)、k)和 l)对联网单位的火灾报警信息和消防设施运行状态信息进行单项或者联合项索引统计，观察并记录操作结果。

6.2.8 观察并记录将 6.2.7 查询统计结果存档和打印的情况。

ICS 65.150
B 52

中华人民共和国国家标准

GB/T 26876—2011

中华鳖池塘养殖技术规范

Technical specifications for pond Chinese soft-shelled turtle

2011-09-29 发布　　　　2012-02-01 实施

中华人民共和国国家质量监督检验检疫总局
中国国家标准化管理委员会　发布

前　言

本标准按照GB/T 1.1—2009给出的规则起草。

本标准由中华人民共和国农业部提出。

本标准由全国水产标准化技术委员会淡水养殖分技术委员会(SAC/TC 156/SC 1)归口。

本标准起草单位:浙江省杭州市余杭区农业局、浙江省杭州市余杭区水产行业协会、中国科学研究院长江水产研究所。

本标准主要起草人:沈志刚、陈德富、周瑞琼、何力、洪平、刘晟。

中华鳖池塘养殖技术规范

1 范围

本标准规定了中华鳖(*Pelodiscus sinensis* Wiegmann)养殖的术语和定义、环境条件、亲鳖培育、繁殖孵化、苗种培育与养成、捕捞及产品质量。

本标准适用于中华鳖的池塘养殖。

2 规范性引用文件

下列文件对于本文件的应用是必不可少的。凡是注日期的引用文件,仅注日期的版本适用于本文件。凡是不注日期的引用文件,其最新版本(包括所有的修改单)适用于本文件。

GB 13078 饲料卫生标准

GB/T 18407.4 农产品安全质量 无公害水产品产地环境要求

GB 21044 中华鳖

NY 5051 无公害食品 淡水养殖用水水质

NY 5066 无公害食品 龟鳖

NY 5071 无公害食品 渔用药物使用准则

NY 5072 无公害食品 渔用配合饲料安全限量

SC/T 1047 中华鳖配合饲料

SC/T 9101 淡水池塘养殖水排放要求

3 术语和定义

下列术语和定义适用于本文件。

3.1

稚鳖 larval soft-shelled turtle

体重 50 g 以下的中华鳖。

3.2

幼鳖 juvenile soft-shelled turtle

体重 50 g～250 g 的中华鳖。

3.3

成鳖 adult soft-shelled turtle

体重 250 g 以上的中华鳖。

3.4

亲鳖 brood soft-shelled turtle

用于人工繁育的性成熟的中华鳖。

4 环境条件

4.1 场地选择

养殖场地应符合 GB/T 18407.4 的规定,并选择环境安静、交通方便的地方建场,建有独立进、排水系统。

4.2 养殖用水

水源充足无污染，水质应符合 NY 5051 的要求。

4.3 鳖池

分土池和水泥壁池两种，以建成背风向阳、东西走向的长方形为宜。各类鳖池的设计参数详见表 1。

表 1 鳖池的设计参数

鳖池类型		面积 m^2	池深 m	水深 m	池堤	
					坡度 °	堤面宽 m
土池	稚鳖池	500～1 500	1.2～1.5	0.8～1.0	20～30	2.5～3.0
	幼鳖池	1 500～3 000	1.5～2.0	1.0～1.5		
	成鳖池	1 500～5 000	2.0～2.5	1.5～2.0		
水泥壁池	稚鳖池	50～200	1.2～1.5	0.8～1.0	70～90	0.5～1.5
	幼鳖池	500～1 500	1.5～2.0	1.0～1.5		
	成鳖池	500～5 000	2.0～2.5	1.5～2.0		
	亲鳖池[a]	2 000～7 000				

[a] 亲鳖池建产卵房一侧的堤面宽度不少于 2 m。

4.4 防逃设施

土池用内壁光滑、坚固耐用的材料将各个养殖池围拦。围栏设施距塘边 50 cm 以上的池堤上，高出堤面 40 cm～50 cm，竖直埋入土中 15 cm～20 cm，池塘四角处围成弧形。水泥壁池池壁顶端用水泥板或砖块向内压檐 10 cm～15 cm。池塘进、排水口处安装金属或聚乙烯的防逃拦网。

4.5 晒台

在鳖池向阳面利用池坡用砖块或水泥板使池边硬化，做成与池边等长、宽约 1 m 的斜坡；或用木材或竹板做成浮排形晒台，固定于池中水面。

4.6 食台

土池采用水泥瓦楞板(65 cm×140 cm)作食台，食台数量按照稚鳖计划放养量每 200 只铺设一块，均匀铺设于池塘四周，食台背面与水面呈 20°～30°夹角，食台一半淹于水下，一半露出水面。水泥壁池采用 3 cm×4 cm 木条钉成长 3 m、宽 1 m～2 m 木框，上覆规格为 12 孔/cm(相当于 30 目)夏花网布沿池壁用竹桩固定，露出水面的食台背面与水面呈 15°夹角。

4.7 产卵房

在亲鳖池向阳的一边池埂上修建产卵房，要求防水防阳光直射。产卵房大小应根据雌鳖总数而定，每 100 只～120 只雌鳖建 2 m^2 的产卵房，房高 2 m，房内铺厚约 30 cm 的细沙，沙面与地面持平，由鳖池铺设坡度小于30°的斜坡至产卵房。

5 亲鳖培育

5.1 鳖池清整

排干池水，检修防逃设施，保持池底有20 cm左右软泥；每667 m^2 鳖池施用生石灰100 kg～150 kg，化浆后全池泼洒，再曝晒7 d～10 d。

5.2 亲鳖来源

亲鳖来源有以下途径：

——中华鳖原(良)种场生产或从原(良)种场引进的中华鳖苗种培育而成。

——从中华鳖天然种质资源库或未经人工放养的天然水域捕捞，或从上述水域采集的中华鳖苗种培育而成。

5.3 亲鳖选择

5.3.1 种质

种质应符合GB 21044的规定。

5.3.2 外观

体形完整，体色正常，皮肤光亮，裙边宽阔有弹性，翻身灵活，体质健壮；无伤残，无畸变，无病灶。

5.3.3 年龄和体重

年龄3冬龄以上，体重大于1.0 kg。

5.3.4 雌、雄鳖鉴别

雌鳖尾短，自然伸直达不到裙边；体厚，后腿之间距离较宽。

雄鳖尾长而粗壮，自然伸直超出裙边1 cm以上；体较雌鳖薄，后腿之间距离较窄。

5.4 放养

5.4.1 放养密度

放养密度一般为每667 m^2 水面200只～300只。

5.4.2 雌、雄鳖比例

雌、雄鳖的放养比例为4∶1～7∶1。

5.4.3 放养时间

选择在水温5 ℃～15 ℃的晴天进行。

5.4.4 放养前消毒

常用体表消毒方法有以下两种，可任选一种：

——高锰酸钾:15 mg/L～20 mg/L,浸浴 15 min～20 min;
——1%聚维酮碘:30 mg/L,浸浴 15 min。

5.4.5 放养方法

将经消毒的鳖用箱或盆运至鳖池水边,倾斜盛鳖容器口,让鳖自行游入鳖池。

5.5 饲养管理

5.5.1 投饲管理

5.5.1.1 饲料种类

亲鳖饲料种类有:
——配合饲料;
——动物性饲料:鲜活鱼、虾、螺、蚌、蚯蚓等;
——植物性饲料:新鲜南瓜、苹果、西瓜皮、青菜、胡萝卜等。

5.5.1.2 饲料质量

配合饲料的质量应符合 SC/T 1047 的规定。各种饲料的安全卫生指标,应符合 GB 13078 和 NY 5072 的规定。动物性饲料和植物性饲料投喂前应消毒处理,消毒方法见 5.5.3.1e)。

5.5.1.3 投饲量

配合饲料的日投饲量(干重)为亲鳖体重的 1%～3%;鲜活饲料的日投饲量为鳖体重的 5%～10%;在繁殖前期应适当加大鲜活饲料投喂量。每次的投饲量以在 1 h 内吃完为宜。

5.5.1.4 投饲方法

投喂前鲜活饲料需洗净、切碎,配合饲料加工成软硬、大小适宜的团块或颗粒,投在未被水淹没的饲料台上。根据鳖的摄食情况确定每天投喂次数,水温 18 ℃～20 ℃时,2 d 1 次;水温 20 ℃～25 ℃时,每天 1 次,中午投喂;水温 25 ℃以上时,每天 2 次,分别为 9:00 前和 16:00 后。

5.5.1.5 清扫食台

每次投饲前清扫食台上的残饵,保持食台清洁。

5.5.2 池水管理

5.5.2.1 水位

池塘水位控制在 1.5 m～2.5 m。

5.5.2.2 水质

通过物理、化学、生物等措施调控水质,使养鳖池水质符合 NY 5051 的规定,水色保持黄绿或茶褐色,透明度 30 cm 左右,pH 值 6.5～8.5。

5.5.2.3 池水排放

池水排放应符合 SC/T 9101 的规定。

5.5.3 疾病防治

5.5.3.1 预防

预防的措施有：

a) 保持良好的养殖环境，每 667 m^2 鳖池投放螺、蚬等活饵 50 kg～100 kg，夏季在鳖池中圈养水浮莲或凤眼莲，圈养面积不超过水面的五分之一；

b) 清塘消毒：方法见 5.1；

c) 池水消毒：除冬眠期间外，每月 1 次，用含有效氯 28%以上的漂白粉 1 mg/L 或用生石灰 30 mg/L～40 mg/L 化浆全池遍洒，两者交替使用；

d) 工具消毒：养殖工具要保持清洁，并每周使用浓度为 100 mg/L 的高锰酸钾溶液浸洗 3 min；

e) 饲料消毒：对于投饲的动、植物饲料，洗净后可用浓度为 20 mg/L 的高锰酸钾溶液浸泡 15 min～20 min，再用淡水漂洗后投喂；

f) 食台消毒：每周一次用含氯制剂溶液泼洒食台与周边水体，其浓度为全池遍洒浓度的 2 倍～3 倍。

5.5.3.2 治疗

养殖期间发生鳖病，应确切诊断、对症用药。药物使用按 NY 5071 的规定执行。

6 产卵孵化

6.1 产卵

6.1.1 产卵季节

4 月至 9 月(水温 23 ℃～32 ℃)雌鳖产卵，6 月至 7 月为产卵高峰期。

6.1.2 产卵环境

环境安静，产卵房沙层湿度适宜，含水量约为 7%，即以手捏成团，松手即散为准。

6.1.3 产卵前准备

雌鳖产卵前 7 d，翻松板结的沙层，清除块石、野草等杂物，调整沙层适宜的湿度。

6.1.4 鳖卵收集

在产卵季节，管理人员每天早晨巡视产卵房，对新发现的卵窝做好标记，下午进行收卵。收卵时，扒开卵窝上覆的沙层，取出鳖卵，动物极朝上，轻放于底部垫有松软底物的容器内，避免鳖卵因撞击和挤压而损坏。收卵后将产卵场的沙抹平。

6.2 人工孵化

6.2.1 孵化设备

孵化设备一般有恒温箱和恒温室。

6.2.2 受精卵的鉴别

按表 2 选择受精卵孵化。

表 2 鳖卵特征

名称	特　征
受精卵	外观可见一个圆形的白色亮区（即动物极），随着胚胎发育的进展，圆形白色亮区逐步扩大；白色亮区边缘界线清晰，整齐，无残缺。
弱精卵	外观可见一个白点或白区，但若明若暗、不规则，随着胚胎发育的进展，白色区域不再扩大；白色区域边缘界线不清晰，不整齐。
未受精卵	外观无白色亮区。

6.2.3 孵化条件

鳖卵人工孵化，应满足以下条件：

a) 温度：孵化介质（沙、海绵等）温度控制在 30 ℃～32 ℃；

b) 湿度：在恒温箱或控温孵化房内进行人工孵化，空气湿度为 75%～85%；

c) 含水量：孵化介质（沙、海绵等）的含水量控制在 6%～8%。

6.2.4 孵化操作

将经过鉴别的受精卵动物极向上，分层成排整齐地埋藏在孵化介质中，卵间距 1 cm。

6.2.5 孵化时间

从鳖卵产出到稚鳖出壳的整个过程，约需积温 36 000 ℃·h。在 32 ℃的条件下，历时约 45 d。

6.3 稚鳖暂养

刚出壳的稚鳖先放在内壁光滑的容器或水池中暂养，暂养密度控制在每平方米 100 只左右，暂养水深保持 2 cm～5 cm，24 h 后移至稚鳖池培育。

7 苗种放养与养成

7.1 放养前准备

7.1.1 清塘消毒

按 5.1 的规定执行。

7.1.2 注水施肥

消毒 3 d～7 d 后鳖池注水 70 cm，注水时用规格为 28 孔/cm（相当于 70 目）筛绢网过滤。注水后池水透明度大于 30 cm 以上时，每 667 m^2 需施经发酵腐熟的有机肥 50 kg～200 kg。

7.1.3 活饵培育

施肥后 7 d～10 d，每 667 m^2 放养抱卵青虾（日本沼虾）2 kg～4 kg 和螺蛳 50 kg。

7.2 苗种放养

7.2.1 苗种质量要求

裙边舒展，翻身灵活，体质健壮，规格整齐，无伤无病，无畸形。外购的苗种应检疫合格。

7.2.2 鳖体消毒

鳖体消毒方法见5.4.4。

7.2.3 放养时间

稚鳖放养选择水温在20 ℃以上时进行，幼鳖分养选择在水温5 ℃～20 ℃的晴天进行。

7.2.4 放养方法

按5.4.5的规定执行。

7.2.5 放养密度

苗种放养密度详见表3。

表3 不同规格苗种的放养密度

规格	放养密度	
	土池 只/667 m^2	水泥壁池 只/m^2
稚鳖	4 000～6 000	20.0～30.0
幼鳖	1 300～2 000	5.0～8.0
成鳖	1 000～1 300	2.0～3.0

7.2.6 鱼类套养

稚鳖养殖池每667 m^2 套养鲢、鳙夏花鱼种200尾，幼鳖及成鳖池每667 m^2 套养体重50 g～100 g的鲢鳙鱼种100尾，鲢、鳙鱼比例为2∶1。

如套养其他品种时，以不影响鳖的正常生长为前提。

7.3 饲养管理

7.3.1 投饲管理

7.3.1.1 饲料种类

鳖用配合饲料。

7.3.1.2 投喂方法

投喂应坚持"四定"原则，即：

a) 定点：稚鳖放养初期，饲料投喂在食台的水下部分，30 d后逐步改为投放在食台的水上部分；
b) 定时：水温20 ℃～25 ℃时，每天1次，中午投喂；水温25 ℃以上时，每天2次，分别为9:00前和16:00后；
c) 定质：配合饲料质量应符合SC/T 1047的规定，安全卫生指标应符合GB/T 18407.4和NY 5071的规定；

d) 定量:长江流域不同规格鳖的饲料日投饲量见表4。具体投饲量的多少应根据气候状况和鳖的摄食强度进行适当调整,每次所投的量控制在1 h内吃完。

表4 长江流域池塘养鳖不同月份配合饲料日投率

单位为百分比

规格	饲料名称	4月	5月	6月	7月	8月	9月	10月
稚鳖	稚鳖饲料	—	5.0～6.0	5.0～6.0	5.0～5.5	4.5～5.0	3.0～3.5	1.0～1.5
幼鳖	幼鳖饲料	1.0	1.0～1.5	1.5～2.0	2.5～3.0	3.0～3.5	2.0～2.5	1.0～1.5
成鳖	成鳖饲料	1.0	1.0～1.5	1.5～2.0	2.0～2.5	2.0～2.5	1.5～2.0	1.0
注:珠江流域或黄河流域不同月份配合饲料日投饲率可分别提前或延迟一个月左右的时间。								

7.3.1.3 清扫食台

按5.5.1.5的规定。

7.3.2 池水管理

7.3.2.1 水位

稚鳖放养时水位应控制在70 cm左右,以后随着个体的长大逐步提高水位,成鳖养殖池塘水位控制在1.5 m～2.0 m。

7.3.2.2 水质

按5.5.2.2的规定执行。

7.3.3 敌害防除

稚鳖池四周及上空应架设防鸟网,发现蛇、鼠等敌害生物及时驱除。

7.3.4 疾病防治

按5.5.3的规定。

7.3.5 越冬管理

鳖池水深保持在1.5 m以上,溶解氧不低于4 mg/L;冬眠期间鳖池不宜注水和排水。

7.3.6 池水排放

按5.5.2.3的规定。

7.3.7 建立养殖档案

养殖全过程应建立生产记录、用药记录和产品销售记录等档案,便于质量追溯。

8 捕捞

整塘捕捉可放干池水后进行人工翻泥捕捉,生长季节内的少量捕捉可采用徒手捕捉或鳖枪钓捕。

9 产品质量要求

养殖产品质量应符合 NY 5066 的要求。

中华人民共和国国家标准

GB 26878—2011

食品安全国家标准
食用盐碘含量

2011-09-15 发布　　　　2012-03-15 实施

中华人民共和国卫生部　发布

食品安全国家标准
食用盐碘含量

1 范围

本标准适用于强化碘的食用盐。

2 术语和定义

下列术语和定义适用于本标准。

2.1 食用盐

用于食用的晶体氯化钠。

2.2 食用盐中碘强化剂

在食用盐中加入的食品营养强化剂，包括碘酸钾、碘化钾和海藻碘。根据《食盐加碘消除碘缺乏危害管理条例》（中华人民共和国国务院令第163号）第二章第八条的规定，应主要使用碘酸钾。

3 食用盐中的碘含量

3.1 在食用盐中加入碘强化剂后，食用盐产品（碘盐）中碘含量的平均水平（以碘元素计）为20 mg/kg～30 mg/kg。

3.2 食用盐碘含量的允许波动范围为3.1中规定的食用盐碘含量平均水平±30%。

3.3 各省、自治区、直辖市人民政府卫生行政部门在3.1规定的范围内，根据当地人群实际碘营养水平，按照表1选择适合本地情况的食用盐碘含量平均水平。

表1 食用盐碘含量

序号	所选择的加碘水平 mg/kg	允许碘含量的波动范围 mg/kg
1	20	14～26
2	25	18～33
3	30	21～39

ICS 67.060
B 20

中华人民共和国国家标准

GB/T 26879—2011

粮油储藏　平房仓隔热技术规范

Grain and oils storage—Technology regulation of heat insulation in warehouse

2011-09-29 发布　　　　2011-12-01 实施

中华人民共和国国家质量监督检验检疫总局
中国国家标准化管理委员会　发布

前　言

本标准按照 GB/T 1.1—2009 给出的规则起草。

本标准由国家粮食局提出。

本标准由全国粮油标准化技术委员会(SAC/TC 270)归口。

本标准负责起草单位:中国储备粮管理总公司。

本标准参与起草单位:河南工业大学、南京财经大学、国家粮食储备局成都粮食储藏科学研究所、辽宁省粮食科学研究所、中央储备粮郑州直属库、中央储备粮长春直属库、中央储备粮昆明直属库、中央储备粮武汉直属库、中央储备粮西安大明宫直属库、重庆铜梁国家粮食储备库。

本标准主要起草人:卜春海、李火金、高素芬、汪喜波、李克强、曹阳、王殿轩、宋伟、曹毅、付鹏程、严晓平、陆群、李志民、李宗良、黄雄伟、吴江、蒋天科。

粮油储藏　平房仓隔热技术规范

1　范围

本标准规定了平房仓仓房和粮堆隔热的术语和定义、仓房隔热技术要求、粮堆隔热技术要求、隔热注意事项等。

本标准适用于我国各地区新建或改建平房仓延缓粮温上升的隔热技术处理。

2　规范性引用文件

下列文件对于本文件的应用是必不可少的。凡是注日期的引用文件，仅注日期的版本适用于本文件。凡是不注日期的引用文件，其最新版本(包括所有的修改单)适用于本文件。

GB 50222—1995　建筑内部装修设计防火规范

GB 50345—2004　屋面工程技术规范

LS/T 1211　粮油储藏技术规范

JCJ 14—1999　聚氨酯硬泡体防水保温工程技术规程

3　术语和定义

LS/T 1211 界定的以及下列术语和定义适用于本文件。

3.1

仓房隔热　heat insulation in warehouse

为延缓粮温上升而对仓房和粮堆采用的隔热保温措施的总称。

3.2

储粮热传递　heat transfer in stored grain

粮仓及粮堆内外之间通过传导、对流和辐射的方式进行的热量交换。

3.3

围护结构　structure of enclosure

限定粮堆边界，并对储粮起支撑、保护作用的构筑设施，包括粮仓的仓顶、仓墙、地坪、门窗及仓房外围附属结构。

3.4

隔热材料　heat insulation materials

导热系数小于 0.23 W/(m·K)，密度一般小于 500 kg/m^3 的用于隔绝粮堆内外热量交换的材料。储粮隔热材料包括膨胀珍珠岩、膨胀蛭石、聚苯乙烯泡沫塑料、硬质聚氨酯泡沫塑料、聚苯乙烯泡沫塑料、聚乙烯泡沫塑料、稻壳、棉被、毡毯、麻袋等。

3.5

静态隔热　static heat insulation

对仓房或粮堆增设隔热材料，形成隔热层以减弱热传递的措施，包括发泡聚氨酯隔热层、仓顶反光涂料、吊顶、空心墙体、粮面压盖等。

3.6

动态隔热　dynamic heat insulation

在仓顶和粮面间或在粮面上铺设的双层塑料薄膜间，采用流动空气，形成隔热层以减弱热传递的措施。一般指用空调制冷空气的隔热方式。

3.7

架空通风隔热层　stilt floor for heat insulation by ventilation

在粮仓屋顶上面设置架空结构，通过其间的流动空气带走架空层中的热量。

3.8

吊顶隔热　heat insulation layer under roof

在仓房屋顶下部加设隔离空气的结构层(也称吊顶)以延缓仓温上升的措施。

3.9

聚氨酯发泡层　polyurethane foam layer

以聚氨酯为原料，加入一定量的发泡剂、催化剂、稳定剂等辅助材料，通过预制或现场发泡或喷涂等方式在仓顶内面或外面或墙体外设置的隔热层。

3.10

粮堆密闭　grain mass sealing

采用特定的材料和方法将粮堆密封的措施，一般指利用塑料薄膜对粮堆表面或整体进行的密封。

3.11

粮面压盖　grain mass covering

在粮面上覆盖一定厚度的隔热材料以达到粮食与外部空气隔离的措施。

4　仓房隔热技术要求

4.1　隔热材料要求

4.1.1　一般要求

4.1.1.1　导热系数一般小于 0.23 W/(m·K)。

4.1.1.2　孔隙大，密度小，密度一般小于 500 kg/m^2。

4.1.1.3　防火性能好，不易燃烧。

4.1.1.4　能防水或不易吸水。

4.1.1.5　不易被虫蛀，不易霉烂。

4.1.2　对聚氨酯发泡材料的要求

4.1.2.1　导热系数不大于 0.04 W/(m·K)。

4.1.2.2　发泡层聚氨酯硬泡闭孔率不低于 95%。

4.1.2.3　低温(−50 ℃)时不脆裂，高温(150 ℃)时不流淌，不粘连。

4.1.2.4　耐弱酸、弱碱等化学物质侵蚀。

4.1.2.5　延展性大于 5%。

4.1.2.6　与金属、混凝土、木质等基面有较强的粘接能力。

4.1.3　对隔热涂料的要求

4.1.3.1　隔热、防腐、防水、耐老化、耐酸碱、耐污染、附着性强。

4.1.3.2　无污染、无辐射、无毒，易于清洁。

4.1.3.3 环境适应性和柔韧性好。

4.1.4 对吊顶材料的要求

4.1.4.1 导热系数不大于 0.05 W/(m·K)。
4.1.4.2 热收缩率小于 0.3%。
4.1.4.3 氧指数大于 35%。
4.1.4.4 燃点 3 000 ℃以上。
4.1.4.5 吸水率小于 15%。
4.1.4.6 吸湿率小于 4%。

4.1.5 对架空层材料的要求

4.1.5.1 具有一定的强度,满足抗折、抗压要求。
4.1.5.2 吸水率不大于 7.1%;采用防水施工与处理后,达到 GB 50345—2004 规定的Ⅲ级防水要求。
4.1.5.3 外表面宜为浅颜色,较光滑。

4.2 屋顶架空层隔热

4.2.1 材料应符合 4.1.5 的规定。
4.2.2 隔热结构应具有良好的建筑适应性,质量轻,综合造价低。
4.2.3 架空层高度应根据屋面宽度和坡度确定,一般为 100 mm～300 mm,以便架空层中的热空气顺利排出。
4.2.4 屋面较宽时,宜采用较高的架空层,使隔热屋面层内外温度差不小于 5.5 ℃。
4.2.5 架空层施工应符合 GB 50345—2004 的相关要求。

4.3 仓顶隔热

4.3.1 聚氨酯发泡层隔热

4.3.1.1 材料应符合 4.1.2 的规定。
4.3.1.2 在仓顶外发泡,应增设保护层,防水性能应达到 GB 50345—2004 规定的Ⅲ级防水要求。
4.3.1.3 在仓顶内发泡,发泡层应均匀,表面整齐,周边与仓房结合紧密。
4.3.1.4 施工应符合 JCJ 14—1999 的相关要求。

4.3.2 刷涂隔热涂料隔热

4.3.2.1 材料应符合 4.1.3 的规定。
4.3.2.2 仓顶施工时,基层达到平整、清洁、牢固等要求后再涂刷。

4.4 吊顶隔热

4.4.1 材料应符合 4.1.4 的规定。
4.4.2 吊顶防火性能应符合 GB 50222—1995 的相关规定。
4.4.3 吊顶应满足仓房及承重部位的负载、热胀冷缩性能和气密性要求,并不影响通风、扦样等作业。
4.4.4 吊顶与墙体结合紧密,本身无孔、洞、缝等。
4.4.5 吊顶与屋面间的空间适宜,应设有自然通风排热孔,以利于热空气排出和冷空气进入。
4.4.6 采用风机排除吊顶内积热时应设置有足够换气量的进风孔,减少负压对吊顶的影响。
4.4.7 吊顶与粮堆表面间的空间应不影响正常的入仓检查或作业。

4.5 仓墙隔热

4.5.1 聚氨酯发泡层隔热

4.5.1.1 材料应符合4.1.2的规定。

4.5.1.2 在仓墙外发泡，应增设保护层，防水性能应达到GB 50345—2004规定的Ⅲ级防水要求。

4.5.1.3 在仓墙内发泡，发泡层应均匀，表面整齐，周边与仓房结合紧密。

4.5.1.4 施工应符合JCJ 14—1999的相关要求。

4.5.2 刷涂隔热涂料隔热

4.5.2.1 材料应符合4.1.3的规定。

4.5.2.2 墙体施工时，应清除墙体表面的砂粒和浮尘后再涂刷。

4.5.2.3 对仓房墙体上的坑、洞、缝先用专用腻子修补，在腻子干透后再涂刷。

4.6 门窗孔洞隔热

4.6.1 仓门隔热可采用仓门内安装塑钢组合门、薄膜密闭、砖墙密封、在仓房背阴面或山墙改造进仓小门等措施。

4.6.2 窗户隔热可采取嵌入泡沫板或海绵等隔热材料、内墙一侧塑料薄膜密闭、减少窗户数量等措施。

4.6.3 通风道口隔热可采取隔热材料封堵、盲板改为保温门或隔热处理、设置双层通风口等措施。

4.6.4 轴流风机口一般用隔热材料封堵，再用双层粮膜密闭。

4.6.5 高温非熏蒸期间，通常应关闭环流熏蒸管道的阀门。

5 粮堆隔热技术要求

5.1 压盖材料要求

5.1.1 导热系数一般小于0.14 W/(m·K)。

5.1.2 孔隙大，重量轻。

5.1.3 不易被虫蛀、不易霉烂。

5.1.4 无毒、无污染。

5.2 粮面压盖基本方法

5.2.1 稻壳压盖

5.2.1.1 稻壳包压盖

采用新加工干燥无虫稻壳(大糠)，拌和2%～5%的储粮防护剂，灌包缝口。稻壳包铺到粮面时应达到平、紧、密、实的要求。可采用单层或两层压盖，压盖厚度不宜少于40 cm。压盖后可再用塑料薄膜密封。

5.2.1.2 散稻壳压盖

采用新加工干燥无虫稻壳(大糠)，拌和2%～5%的储粮防护剂，在粮面上铺30cm～50cm厚，稻壳上可用塑料粮膜密封。

5.2.2 化工材料压盖

在粮面铺一层无虫麻袋片，麻袋上平铺化工隔热材料(如聚乙烯板、聚苯乙烯板等)，板与板之间用宽胶带密封或单面塑料薄膜密闭。

5.2.3 **棉被或毡毯压盖**

在粮面上铺一层棉被或保温毡毯隔热材料，搭接处重叠不宜少于5 cm，隔热材料的上层或下层可铺上一层塑料薄膜。

5.2.4 **其他材料压盖**

压盖物厚度应能满足隔热需要，铺设应达到平、紧、密、实的要求。

6 隔热注意事项

6.1 仓房隔热

6.1.1 采用动态隔热时，应在合理部位安装排积热换气装置或设置通风孔洞，以利于隔层间的空气流动和热空气排出，以免形成"闷顶"或"死角"现象。

6.1.2 采用静态隔热时，在屋面和墙面隔热保冷结构中应设置防潮层，防潮层应设置在隔热层的高温侧。在施工中还应注意隔热层及防潮层的连续性及牢固性。

6.2 粮堆隔热

6.2.1 冬季通风达到目标低温的粮堆，应在春季气温回升以前完成粮面压盖。

6.2.2 密闭压盖时应预留有必要的粮情检测孔。

6.2.3 应定期检查塑料薄膜下及粮面有无结露、霉变现象以及粮堆内是否存在局部发热等异常情况。

6.2.4 在仓外气温下降的秋冬季节应适时拆除压盖，排除湿热，避免结露。

ICS 67.060
B 20

中华人民共和国国家标准

GB/T 26880—2011

粮油储藏　就仓干燥技术规范

Grain and oil storage—Regulation for in-bin drying

2011-09-29 发布　　2011-12-01 实施

中华人民共和国国家质量监督检验检疫总局
中国国家标准化管理委员会　发布

前　言

本标准的附录 A 为规范性附录，附录 B 为资料性附录。

本标准由国家粮食局提出。

本标准由全国粮油标准化技术委员会归口。

本标准起草单位：国家粮食储备局成都粮食储藏科学研究所、南京财经大学、中粮科学研究院、河南工业大学。

本标准主要起草人：王双林、付鹏程、杨国峰、牛兴和、张来林。

粮油储藏 就仓干燥技术规范

1 范围

本标准规定了就仓干燥的相关术语和定义、适合就仓干燥的条件、操作管理及评价。

本标准适用于散装稻谷和玉米，小麦、大豆等可参照执行。

2 规范性引用文件

下列文件中的条款通过本标准的引用而成为本标准的条款。凡是注日期的引用文件，其随后所有的修改单(不包括勘误的内容)或修订版均不适用于本标准，然而，鼓励根据本标准达成协议的各方研究是否可使用这些文件的最新版本。凡是不注日期的引用文件，其最新版本适用于本标准。

GB/T 26882.1 粮油储藏 粮情测控系统 第1部分：通则

LS/T 1202 储粮机械通风技术规程

LS/T 1211 粮油储藏技术规范

3 术语和定义

下列术语和定义适用于本标准。

3.1

就仓干燥 in-bin drying

新收获的高水分粮食按规定装入符合条件的仓房后，就在原仓采用机械通风方式干燥，干燥完成后粮食继续在该仓内储藏的技术。

3.2

安全干燥期 safe drying period

高水分粮食完成干燥前允许的最长安全储藏时间。

3.3

固定风道 fixed airduct

在通风过程中位置及形状基本保持不变的风道，如地槽风道、地上笼风道。

3.4

可移动风道 mobile airduct

在通风过程中位置可根据需要移动的风道，如组合式多管通风风道。

3.5

组合式多管通风系统 ventilatoin system of assembled multi airduct

多根组合式立管与主风道组合形成的通风系统。

3.6

组合式立管 assembled upright airduct

由若干通风管连接组合而成，直立(或略倾斜)布置于粮堆内的通风管。

3.7

空气途径比 air path ration

空气穿过粮层到达粮面的最长路径与最短路径之比。

4 就仓干燥的条件

4.1 仓房

4.1.1 符合 LS/T 1211 对粮仓的基本要求。

4.1.2 进出粮方便，废气排出通畅。

4.1.3 采用可移动风道通风时，门窗数量、位置和大小应便于移动风道的安装。

4.2 粮食

4.2.1 应新鲜、基本无虫，无发热、发霉。

4.2.2 杂质含量不高于1%。

4.2.3 水分含量及堆粮高度应符合附录 A 的规定。

4.3 风网

4.3.1 应符合 LS/T 1202 的相关规定。

4.3.2 粮堆高度超过 3 m 时，宜配置可移动风道。

4.3.3 空气途径比不符合降水通风要求的仓房应增设可移动风道。

4.4 风机

4.4.1 每组风网配置一台风机。

4.4.2 按 LS/T 1202 的相关规定选择风机，风量及风压满足干燥需要（单位通风量见附录 A）。

4.5 其他条件

4.5.1 电力（变压器容量、供电线路负载能力等）满足干燥需要。

4.5.2 配置符合 GB/T 26882.1 要求的粮情测控系统，宜具备通风自动控制系统或通风辅助决策软件。

4.5.3 配置风机等设备的防雨设施。

4.5.4 配置风速计、粮食水分含量快速检测仪。

4.5.5 环境湿度较高的地区，宜配置辅助加热设备，推荐使用最大加热能力为能使空气升温 5 ℃的设备。

4.5.6 粮食水分含量高于18%时，宜配置臭氧防霉设备。

5 操作管理

5.1 粮食入仓

5.1.1 按 LS/T 1211 相关规定做好入仓前的准备和入仓工作。

5.1.2 粮食入仓宜从仓房的一端开始，粮堆覆盖一条风道即开始对该部分粮食进行通风，预防粮堆发热。

5.1.3 在入仓过程中应采取机械除杂、安装布料器、人工清理等措施，减少杂质聚集。

5.1.4 完成入仓的时间宜控制在安全干燥期的25%之内。

5.2 干燥准备

5.2.1 固定风道安装

5.2.1.1 在粮食入仓前或入仓过程中应按 LS/T 1211 的相关规定安装固定风道，确保风道不漏粮。

5.2.1.2 地槽风道的空气分配器宜加风罩。

5.2.2 组合式多管通风风道安装

5.2.2.1 宜在完成粮食入仓作业并平整粮面后安装。

5.2.2.2 组合式立管下部 1/3 段应均匀开孔，开孔尺寸大小应适宜（不得漏粮），开孔面积应不小于该段总面积的15%。

5.2.2.3 组合式立管间距不宜大于 3.0 m。

5.2.2.4 通风前或通风过程中可在粮堆内空气途径长、风量偏小的部位增加导风管。

5.2.3 **其他准备**

5.2.3.1 及时布设粮情测控系统的测温电缆。

5.2.3.2 连接风机与风道，做好风机、加热器等设备的防雨准备。

5.3 干燥作业

5.3.1 确保在粮食安全干燥期内完成干燥(粮食安全干燥期参见附录B)。

5.3.2 应安排值班人员进行干燥作业管理，宜采用粮情测控系统的通风辅助决策软件或通风自动控制系统管理干燥作业。

5.3.3 值班作业人员每天应做好以下工作：

——检查风机与风道、通风立管与主风道等处的连接情况，确保风道连接紧密；

——适时开启或关闭门窗，适时开启或关停风机、加热器等设备；

——检查风机、加热器等设备运行情况，确保设备正常运行；

——做好粮食及设备防雨工作。

5.3.4 进风空气的温湿度所对应的粮食平衡水分含量低于需干燥粮食水分含量一个百分点即可通风；环境湿度较低时直接开机通风；环境湿度较高时使用辅助加热器降低进风相对湿度。

5.3.5 秋季干燥宜在日平均温度不低于10 ℃前完成，春季干燥宜在日平均温度达到22 ℃前完成。

5.3.6 采用组合式多管通风时，粮食干燥一层通风管上拔一层。可根据粮堆水分含量情况，适时将组合式立管移动到粮食水分含量较高、干燥较慢的部位。

5.3.7 中、下层粮食宜采用上行式通风干燥。当中、下层粮食已完成干燥且上层粮食水分含量不高于安全水分1.5个百分点时，可采用下行式通风将上层粮食干燥到安全水分含量以内。

5.3.8 粮食水分含量达到安全储藏要求后应结束干燥通风。宜选择低温时机进行降温通风，当粮堆温度梯度小于1 ℃/m时结束通风。

5.4 粮情检测

5.4.1 入仓结束后及时对全仓粮食扦样检测水分含量和质量，扦样点的布置按LS/T 1211的规定执行。

5.4.2 每天至少检测和记录第一次风机开启时及最后一次风机关闭时的粮堆和环境的温湿度值。

5.4.3 每通风24 h至少检测一次粮食水分含量，干燥较快和干燥较慢的部位应设点扦样检测，干燥较快的部位可适当缩短水分含量检测间隔的时间。

5.4.4 应经常检查粮面下50 cm以内的粮食是否板结，如发现板结现象应及时翻动粮面。

5.4.5 干燥完成后应对全仓粮食扦样检测水分含量和质量。除5.4.1的扦样点外，还应增加干燥最快和干燥最慢部位作为扦样点。

5.4.6 各项检测均应做好记录。

5.5 害虫控制

干燥期间如发生虫害，粮食水分不高于安全水分含量1.5个百分点时，密闭熏蒸10 d～15 d后继续通风干燥；粮食水分含量较高时，应尽快完成干燥，然后按LS/T 1211的规定杀虫；如局部粮食虫害较为严重时，应将虫粮移出干燥仓采用机械烘干或人工晾晒尽快干燥，然后按LS/T 1211的规定杀虫。

5.6 干燥后的管理

5.6.1 拆除风机、可移动风道等，放到阴凉干燥的器材库保管。

5.6.2 平整粮面，建立储粮管理档案，按照LS/T 1211的要求做好日常管理。

6 评价

6.1 根据水分含量检测记录分析干燥的均匀性。

6.2 根据质量检测记录分析干燥后粮食品质变化。

6.3 干燥的单位能耗按式(1)计算：

$$E = E_{总} / [100m_1(W_1 - W_2)] \qquad \cdots\cdots (1)$$

式中：

E——单位能耗，单位为千瓦时每吨一个百分点水分含量[kW·h/(t·1%)]；

$E_{总}$——干燥总能耗，单位为千瓦时(kW·h)；

m_1——被干燥粮食的初始质量，单位为吨(t)；

W_1——被干燥粮食的初始平均水分含量，%；

W_2——干燥后粮食的平均水分含量，%。

6.4 单位干燥成本按式(2)计算：

$$C = C_{总} / [100m_1(W_1 - W_2)] \qquad \cdots\cdots (2)$$

式中：

C——单位干燥成本，单位为元每吨一个百分点水分含量[元/(t·1%)]；

$C_{总}$——总干燥成本，单位为元；

m_1——被干燥粮食的初始质量，单位为吨(t)；

W_1——被干燥粮食的初始平均水分含量，%；

W_2——干燥后粮食的平均水分含量，%。

附　录　A
（规范性附录）
最低单位通风量和粮堆最大高度

最低单位通风量和对应的粮堆最大高度见表 A.1。

表 A.1　最低单位通风量和对应的粮堆最大高度

粮种	水分含量 %	最低单位通风量 $m^3/(h \cdot t)$	粮堆最大高度 m
中稻、晚稻、玉米	20	120	3.0
	18	48	4.5
	16	20	6.0
早稻、小麦	18	80	3.6
	16	30	6.0
注：表中所列为平均每天有效通风时间 12 h，中稻、晚稻、玉米粮温 15 ℃～20 ℃，小麦、早稻粮温 25 ℃～28 ℃条件下的推荐值。			

附 录 B
（资料性附录）
粮食安全干燥期

B.1 稻谷安全干燥期参见表 B.1。

表 B.1 稻谷安全干燥期

粮温 ℃	水分含量 %	安全干燥期 d
25	20.0	14
	18.0	24
	16.0	60
20	22.0	14
	20.0	21
	18.0	42
	16.0	90

B.2 脱粒玉米安全干燥期参见表 B.2。

表 B.2 脱粒玉米安全干燥期

单位为 d

粮温 ℃	水分含量 %				
	18	20	22	24	26
−1.1	648	321	190	127	94
1.66	432	214	126	85	62
4.44	288	142	84	56	41
7.22	192	95	56	37	27
10.00	128	63	37	25	18
12.77	85	42	25	16	12
15.55	56	28	17	11	8
18.33	42	21	13	8	6
21.11	31	16	9	6	5
23.88	23	12	7	5	4
26.66	17	9	5	4	3

ICS 67.060
B 20

中华人民共和国国家标准

GB/T 26881—2011

粮油储藏　通风自动控制系统基本要求

Grain and oil storage—Basic requirements for auto-control system of ventilation

2011-09-29 发布　　2011-12-01 实施

中华人民共和国国家质量监督检验检疫总局
中国国家标准化管理委员会　发布

前　言

本标准的附录 A 为规范性附录。

本标准由国家粮食局提出。

本标准由全国粮油标准化技术委员会归口。

本标准起草单位:国家粮食储备局成都粮食储藏科学研究所、河南工业大学。

本标准主要起草人:赵小军、王双林、叶真洪、甄彤、付鹏程、罗海军、冯浩。

粮油储藏　通风自动控制系统基本要求

1　范围

本标准规定了通风自动控制系统的功能、硬件、软件等基本要求。

本标准适用于在原粮储藏过程中使用的通风系统。

2　规范性引用文件

下列文件中的条款通过本标准的引用而成为本标准的条款。凡是注日期的引用文件，其随后所有的修改单(不包括勘误的内容)或修订版均不适用于本标准，然而，鼓励根据本标准达成协议的各方研究是否可使用这些文件的最新版本。凡是不注日期的引用文件，其最新版本适用于本标准。

GB/T 4793.1　测量、控制和实验室用电气设备的安全要求　第1部分：通用要求

GB/T 9813　微型计算机通用规范

GB/T 26879　粮油储藏　平房仓隔热技术规范

GB/T 26882.1　粮油储藏　粮情测控系统　第1部分：通则

GB/T 26882.2　粮油储藏　粮情测控系统　第2部分：分机

GB/T 26882.3　粮油储藏　粮情测控系统　第3部分：软件

GB/T 26882.4　粮油储藏　粮情测控系统　第4部分：信息交换接口协议

LS/T 1202　储粮机械通风技术规程

LS/T 1707.2　粮食信息分类与编码　粮食仓储　第2部分：粮情检测分类与代码

3　术语和定义

下列术语和定义适用于本标准。

3.1

自动通风口　automatic ventilation intake

能按照计算机指令通过传动机构和控制装置开和关的空气通过口。

3.2

排积热通风　ventilation for removing accumulated heat

降低仓内空间、拱顶或吊顶内空气温度的通风过程。

3.3

通风自动控制　auto-control of ventilation

利用计算机根据环境温湿度、粮情变化和不同的通风目的及运行效果，开和关自动通风口、通风窗和风机等设备对通风过程实施的控制。

3.4

采集模块　collection module

具有根据主机指令采集、转换并发送粮情传感器信号功能的集成电路板块。

3.5

控制模块　control module

具有根据主机指令控制相关设备、设施并反馈设备、设施工作状态功能的集成电路板块。

3.6

粮情测控数据　measurement and control data for condition of stored grain

利用粮情测控系统获得的粮情数据和储粮设备、设施状态数据。

4 功能要求

4.1 数据检测

4.1.1 具备实时检测粮温、仓温仓湿及环境温湿度的功能。

4.1.2 具备实时检测储粮通风设备、设施运行状态的功能。

4.1.3 具备实时检测多个仓房数据的功能。

4.1.4 其他要求应符合 GB/T 26882.1 的规定。

4.2 数据分析与预测

4.2.1 具备分析判断降温通风、降水通风和排积热通风等是否满足通风条件的功能。通风判断条件参照 LS/T 1202 的规定执行。

4.2.2 具备根据不同通风目的预测通风时间和通风效果的功能。

4.2.3 具备分析多个仓房数据的功能。

4.2.4 其他要求应符合 GB/T 26882.1 的规定。

4.3 数据存储与检索

4.3.1 具备存储实时数据功能。

4.3.2 具备检索实时数据功能。

4.3.3 其他要求应符合 GB/T 26882.1 的规定。

4.4 数据显示

4.4.1 具备显示实时数据功能。

4.4.2 其他要求应符合 GB/T 26882.1 的规定。

4.5 数据打印

4.5.1 具备打印实时数据功能。

4.5.2 其他要求应符合 GB/T 26882.1 的规定。

4.6 数据统计

具备统计通风时间、通风效果等功能。

4.7 设备控制

4.7.1 具备根据数据分析结果实现通风设备、设施的自动开启或关停的功能。

4.7.2 具备降温、降水、排积热等通风自动控制功能。

4.7.3 具备计算机自动、手动和现场手动控制功能。

4.7.4 具备分时控制多个仓房设备、设施的功能。

5 硬件要求

5.1 硬件组成

5.1.1 粮情测控系统：通常由计算机、通讯模块、通讯电缆、采集模块、控制模块、分支器、测温电缆和传感器等组成。

5.1.2 通风设备及设施：包括自动通风窗、通风口、风机、谷物冷却机或其他制冷机械、加热设备等。

5.1.3 电气控制箱。

5.2 风机

5.2.1 安装方式分为固定式安装和移动式安装。

5.2.2 通风前安装到位，并采取防雨措施。

5.2.3 风机启停可自动和手动控制。

5.3 自动通风窗

5.3.1 工作环境温度：−30 ℃～60 ℃；工作环境湿度：相对湿度 10%～99%。

5.3.2 隔热密闭技术要求参照 GB/T 26879 的规定执行,开启和关闭能及时到位,并有限位保护装置。

5.3.3 开启到最大位置时与墙面的夹角应不小于 80°。

5.3.4 开启及关闭动作可自动和手动控制。

5.3.5 自动开启或关闭的时间不大于 60 s。

5.4 自动通风口

5.4.1 工作环境温度:-30 ℃～60 ℃;工作环境湿度:相对湿度 10%～99%。

5.4.2 隔热密闭技术要求参照 GB/T 26879 的规定执行,开启和关闭能及时到位,并有限位保护装置。

5.4.3 开启时密封装置与通风口平面夹角应大于 90°。

5.4.4 开启及关闭动作可自动和手动控制。

5.4.5 自动开启或关闭的时间不大于 60 s。

5.5 计算机

符合 GB/T 9813 要求的工业控制计算机或商用计算机。

5.6 采集模块

5.6.1 通讯接口为 RS232 或 RS485。

5.6.2 其他要求应符合 GB/T 26882.2 的规定。

5.7 控制模块

5.7.1 输出或输入响应时间不大于 1 s。

5.7.2 输出、输入控制点数应满足控制需要。

5.7.3 通讯接口为 RS232 或 RS485。

5.7.4 具有逻辑控制可编程功能。

5.7.5 其他要求应符合 GB/T 26882.2 的规定。

5.8 温度传感器

5.8.1 精度应达到±0.5 ℃。

5.8.2 其他要求应符合 GB/T 26882.1 的规定。

5.9 湿度传感器

5.9.1 精度应达到±3%(相对湿度)。

5.9.2 其他要求应符合 GB/T 26882.1 的规定。

5.10 电气控制箱

5.10.1 应符合 GB/T 4793.1 规定的安全要求。

5.10.2 采取集中控制或现场控制。

5.10.3 应有通风设备运行状态指示。

5.10.4 应有手动与自动转换按钮。

5.10.5 应有设备过压、过流、过热、漏电保护装置。

6 软件要求

6.1 系统软件

6.1.1 采用流行的计算机操作系统。

6.1.2 采用关系型数据库系统。

6.2 通风自动控制软件

6.2.1 基本要求

6.2.1.1 应符合 GB/T 26882.3 的规定。

6.2.1.2 按 LS/T 1707.2 的规定,采用统一的标准数据结构。

6.2.1.3 信息交换接口协议应符合 GB/T 26882.4 规定。

6.2.1.4 系统数据库设计按附录A的规定执行。

6.2.2 粮情检测

6.2.2.1 能独立检测粮情数据或共享使用粮情测控系统采集的粮情数据。

6.2.2.2 检测频率:两次数据检测之间的时间间隔不大于60 s。

6.2.2.3 每次检测时间不大于30 s。

6.2.3 粮情分析

6.2.3.1 软件应具备完善的粮情数据查询、处理和分析功能。

6.2.3.2 根据粮情检测的实时数据,分析判断通风作业任务条件是否成立。

6.2.3.3 分析频率:两次数据分析之间的时间间隔不大于120 s。

6.2.3.4 每次完成分析的时间不大于10 s。

6.2.4 粮情控制

6.2.4.1 根据降温、降水等作业的目的,自动控制通风窗、通风口、通风风机、谷物冷却机、加热装置等设备的运行。

6.2.4.2 计算机手动控制方式下,能用键盘或鼠标方便控制设备及设施的运行。

6.2.4.3 计算机自动控制方式下,能根据设置的通风条件自动控制设备及设施的运行。

6.2.4.4 在计算机屏幕上能直观显示设备及设施运行状态。

6.2.5 系统设置

6.2.5.1 用户可修改通风条件。

6.2.5.2 用户可设定粮情检测频率。

6.2.5.3 用户可设定粮情分析频率。

6.2.5.4 用户可设定数据存储频率。

附 录 A
（规范性附录）
数据结构

A.1 数据结构内容

A.1.1 数据项类型

字符型用C表示；日期型用D表示；数字型用N表示。

A.1.2 数据项长度

数据项长度以字节为单位。日期型的数据项长度若为长日期，其长度以实际数据库规定的长度为准。

A.2 通风自动控制系统的数据结构

仓房基本信息、粮食种类、仓房类型、仓房布点信息、粮情检测数据、通风状况等数据结构见GB/T 26882.3的规定。

通风自动控制系统数据结构如表A.1所示。

表 A.1 通风自动控制系统的数据结构

序号	数据项名称	数据项类型	数据项长度	计量单位	符号码	说明
1	通风阶段数据统计	—	—	—	VentStageDataCount	—
1.1	通风目的	C	4	—	Ventend	通风目的(降温、降水、排积热)
1.2	通风方式	C	4	—	VentType	—
1.3	统计时间	D	长日期	—	CountTime	该次统计日期及时间，格式为“YYYY-MM-DD hh:nn:ss”
1.4	通风开始时间	D	长日期	—	VentBeginTime	该次通风开始日期及时间，格式为“YYYY-MM-DD hh:nn:ss”
1.5	通风结束时间	D	长日期	—	VentEndTime	该次通风结束日期及时间，格式为“YYYY-MM-DD hh:nn:ss”
1.6	本次通风时间	N	8	min	TheVentNum	本次通风时间，以“分钟”为单位
1.7	累计通风时间	N	8	min	TotalVentTime	累计通风时间，以“分钟”为单位
1.8	累计通风次数	N	4	次	TotalVentNum	累计通风次数，以“次”为单位
1.9	仓内温度	N	4	℃	StoreInsideTemp	仓内空气温度
1.10	仓内湿度	N	4	%	StoreInsideRelaHumi	仓内空气相对湿度
1.11	仓内绝对湿度	N	4	g/m^3	StoreInsideAbsoHumi	仓内空气绝对湿度
1.12	环境温度	N	4	℃	EnvTemp	环境空气温度
1.13	环境相对湿度	N	4	%	EnvRelaHumi	环境空气相对湿度
1.14	环境绝对湿度	N	4	g/m^3	EnvAbsoHumi	环境空气绝对湿度
1.15	进风口温度	N	4	℃	EnterTemp	进风口空气温度
1.16	进风口相对湿度	N	4	%	EnterRelaHumi	进风口空气相对湿度

表 A.1（续）

序号	数据项名称	数据项类型	数据项长度	计量单位	符号码	说　明
1.17	进风口绝对湿度	N	4	g/m^3	EnterAbsoHumi	进风口空气绝对湿度
1.18	出风口温度	N	4	℃	OutTemp	出风口空气温度
1.19	出风口相对湿度	N	4	%	OutRelaHumi	出风口空气相对湿度
1.20	出风口绝对湿度	N	4	g/m^3	OutAbsoHumi	出风口空气绝对湿度
1.21	拱顶温度	N	4	℃	VaultTemp	拱顶内空气温度
1.22	第几层平均粮温	N	4	℃	AvgTemp_x	某层平均粮温
2	系统参数	—	—	—	SystemParam	—
2.1	数据检测频率	N	4	s	TestSeparate	定义两次检测的间隔时间，以“秒”为时间单位
2.2	数据分析频率	N	4	s	AnalyseSeparate	定义两次分析的间隔时间，以“秒”为时间单位
2.3	数据保存频率	N	4	s	SaveSeparate	定义两次保存的间隔时间，以“秒”为时间单位
2.4	允许通风环境温度	N	4	℃	EnvTempCond	允许通风的环境温度
2.5	允许通风环境湿度	N	4	%	EnvHumiCond	允许通风的环境相对湿度
2.6	相邻粮层平均温度差	N	4	℃	GrainTempDiffer	允许通风的相邻粮层平均温度差值
2.7	全仓平均粮温	N	4	℃	AvgGrainTemp	允许通风的全仓平均粮温
2.8	仓房温差	N	4	℃	StoreTempDiffer	允许通风的仓房空间与环境的温度差值
2.9	拱顶温差	N	4	℃	VaultTempDiffer	允许通风的拱顶与环境的温度差值
3	通风设备	—	—	—	VentDevice	—
3.1	设备类型	C	4	—	DeviceType	设备类型包括通风窗、通风口、通风风机、谷物冷却机、加热装置等
3.2	设备功率	N	4	W	DevicePower	—
3.3	设备开启端口号	N	4	—	DeviceStartNo	表示在控制模块中设备开启的端口号
3.4	设备关停端口号	N	4	—	DeviceStopNo	表示在控制模块中设备关停的端口号
3.5	设备状态	N	1	—	DeviceStatus	表示设备运行状态

ICS 65.040.20
B 20

中华人民共和国国家标准

GB/T 26882.1—2011

粮油储藏　粮情测控系统
第1部分:通则

Grain and oil storage—Monitoring and control system of stored-grain condition—Part 1:General rule

2011-09-29 发布　　2011-12-01 实施

中华人民共和国国家质量监督检验检疫总局
中国国家标准化管理委员会　发布

前　言

GB/T 26882《粮油储藏　粮情测控系统》分为以下四个部分：

——第1部分：通则。

——第2部分：分机。

——第3部分：软件。

——第4部分：信息交换接口协议。

本部分为GB/T 26882的第1部分。

本部分按照GB/T 1.1—2009给出的规则起草。

本部分由国家粮食局提出。

本部分由全国粮油标准化技术委员会(SAC/TC 270)归口。

本部分起草单位：中国储备粮管理总公司、河南工业大学、国贸工程设计院、郑州贝博电子有限公司、赤峰金辰电子有限公司、株洲华邦科技发展有限公司、北京佳华储良科技有限公司、国家粮食储备局成都粮食储藏科学研究所。

本部分主要起草人：卜春海、甄彤、赫振方、祝玉华、张元、吴建军、刘自力、王强、彭又木、朱世华、高素芬、汪喜波、李克强、王锋、肖乐、陈卫东、许德刚、赵小军、李东方、曹丹。

粮油储藏　粮情测控系统
第1部分：通则

1　范围

GB/T 26882的本部分规定了粮情测控系统的术语和定义、型号编制、系统组成、技术要求、试验方法、检验规则、验收以及标志、包装、运输、储存的要求。

本部分适用于粮食和油料储藏中使用的粮情测控系统。

2　规范性引用文件

下列文件对于本文件的应用是必不可少的。凡是注日期的引用文件，仅注日期的版本适用于本文件。凡是不注日期的引用文件，其最新版本(包括所有的修改单)适用于本文件。

GB/T 191　包装储运图示标志

GB/T 2887　电子计算机场地通用规范

GB 3836(所有部分)　爆炸性气体环境用电气设备

GB/T 5080.1　设备可靠性试验　总要求

GB/T 5080.7　设备可靠性试验　恒定失效率假设下的失效率与平均无故障时间的验证试验方案

GB/T 9813—2000　微型计算机通用规范

GB/T 10111　随机数的产生及其在产品质量抽样检验中的应用程序

GB 17440　粮食加工、储运系统粉尘防爆安全规程

GB/T 17626.2　电磁兼容　试验和测量技术　静电放电抗扰度试验

GB/T 17626.3　电磁兼容　试验和测量技术　射频电磁场辐射抗扰度试验

GB/T 17626.4　电磁兼容　试验和测量技术　电快速瞬变脉冲群抗扰度试验

GB/T 17626.5　电磁兼容　试验和测量技术　浪涌(冲击)抗扰度试验

GB/T 26882.2　粮油储藏　粮情测控系统　第2部分：分机

GB/T 26882.3　粮油储藏　粮情测控系统　第3部分：软件

GB/T 26882.4　粮油储藏　粮情测控系统　第4部分：信息交换接口协议

LS/T 1202　储粮机械通风技术规程

LS/T 1211　粮油储藏技术规范

3　术语和定义

下列术语和定义适用于本文件。

3.1

粮情　condition of stored-grain

粮食在储藏过程中所处的状态以及影响其质量和数量变化的各种因素，如温度、湿度、水分、氧气、二氧化碳等。

3.2

粮情测控系统　monitoring and control system of stored-grain condition

利用计算机和电子技术对粮情进行检测、数据存储与分析，并通过对储粮设备进行控制而达到改善

粮情的系统。通常由上位机、分机、传感器、受控装置等硬件和粮情测控软件构成。

3.3

上位机　host computer

已安装粮情测控系统软件的计算机。通过发出命令控制各类设备的动作，并接收它们所采集的检测信号，具有信号校正、数据显示、存储、声光报警、人机对话、统计分析、控制打印输出、与管理网络联接等功能。

3.4

分机　slave computer

接收上位机指令，将现场传感器所采集的粮情数据及粮情控制设备状态信息返回给上位机，完成对粮情控制设备进行控制的设备。

3.5

传输接口　transmission interface

在上位机和分机之间接收并传输信号的设备。

3.6

执行器　actuator

在控制信号作用下，对粮情控制设备进行驱动、操作和改变其状态的装置或器件。

3.7

粮情传感器　sensors for condition of stored-grain

粮情测控系统中检测粮情并将其转换成可供测量的信号的各类前置部件的总称。

3.8

测温电缆　thermometric cable

检测粮食温度的专用电缆。由温度传感器、导线、抗拉钢丝(或钢丝绳)及护套构成。

4　型号编制

4.1　编制原则

按产品特征、通讯方式、厂家代码及产品序号等进行编制。

4.2　编制方法

4.2.1　格式

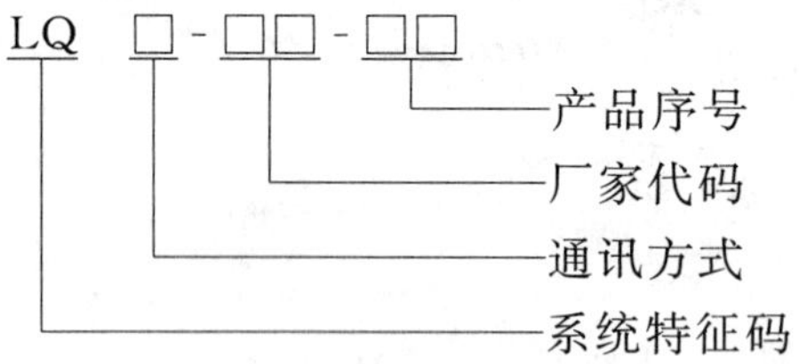

4.2.2　系统特征码

LQ —— 粮情测控系统。

4.2.3　通讯方式

“1”——有线方式。

“2”——无线方式。

"9"——其他通讯方式。

4.2.4 厂家代码

用汉语拼音表示,由产品生产厂家定义。

4.2.5 产品序号

用阿拉伯数字表示,由产品生产厂家定义。

5 系统组成

5.1 系统组成结构

系统由硬件和软件两部分组成。硬件一般包括上位机、分机、传感器、执行器、受控设备、电缆、传输接口和其他必要部件;软件包括系统软件和粮情测控专用软件。典型结构方框图如图1所示。

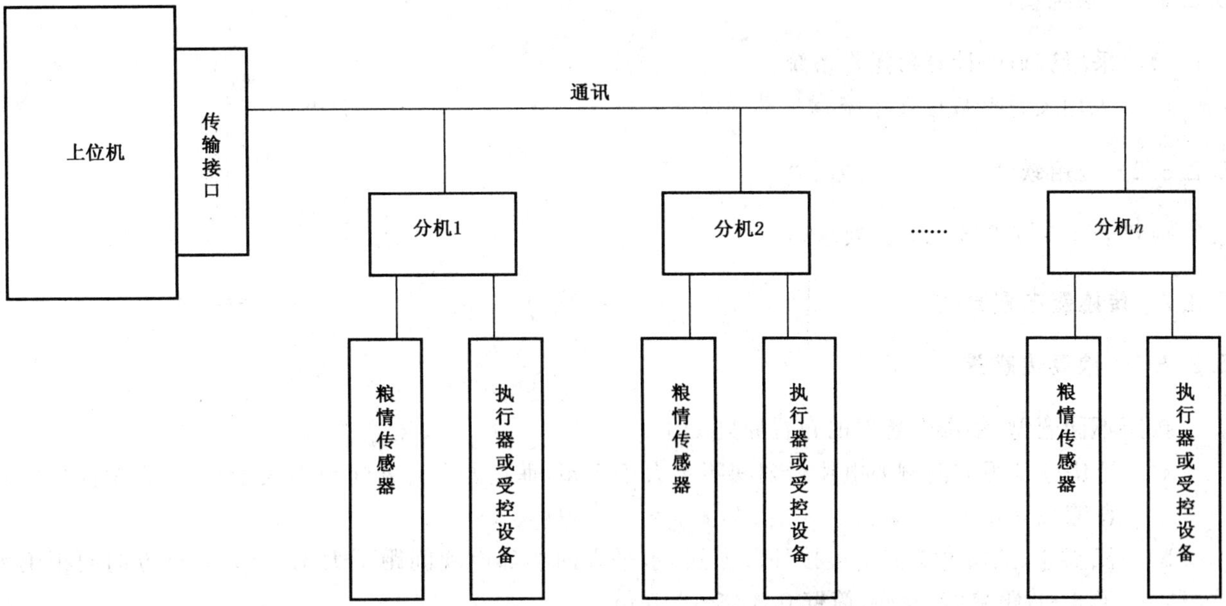

图1 系统典型结构方框图

5.2 系统各部分要求

5.2.1 通讯方式

系统可采用有线或无线方式进行通讯。

5.2.2 上位机

根据系统和用户需求配备符合国家相关标准的计算机。

5.2.3 传输接口

具有与上位机和分机之间双向通信及显示功能和防雷击功能,通讯协议应符合 GB/T 26882.4 的要求。

5.2.4 分机

系统中的分机应符合 GB/T 26882.2 的要求。

5.2.5 测温电缆

采用符合国家标准的绝缘和护套材料，用于成品粮的电缆护套宜采用符合食品卫生要求的聚乙烯或聚丙烯材料。绝缘和护套应完整连续，无缺陷；表面平整光滑，厚度均匀；传感器件应焊接牢固，悬挂部件应坚固耐用；电缆两端和引线连接处应做密封处理；电缆应加钢丝(或钢丝绳)以增加其整体的抗拉强度；机械性能、电性能稳定，耐老化、耐低温，使用寿命长。平房仓电缆拉力应不小于 2.0 kN(装粮高度 6 m 以下)；当装粮高度超过 6 m 时，应根据装粮的高度相应地增加电缆的抗拉强度。筒仓、浅圆仓电缆拉力应不小于 T(kN)，电缆拉力 T 的确定参见附录 A。

5.2.6 软件

5.2.6.1 系统软件

a) 采用流行的计算机操作系统；

b) 采用关系型数据库系统。

5.2.6.2 应用软件

应符合 GB/T 26882.3 的要求。

5.2.7 传感器布置原则

5.2.7.1 粮温传感器

按照不同仓型，粮温传感器的布置原则如下：

a) 平房仓水平方向测温电缆行列间距不大于 5 m，垂直方向行列间距不大于 2 m，距粮面、仓底、仓壁 0.3 m～0.5 m。

b) 浅圆仓、立筒仓测温电缆按环形布置，水平方向相邻电缆间距不大于 5 m，垂直方向间距不大于 3 m，距粮面、仓底、筒壁 0.3 m～0.5 m。

c) 其他仓型参照以上原则布置。

5.2.7.2 仓温、仓湿传感器

按照不同仓型，仓温、仓湿传感器的布置原则如下：

a) 平房仓每个廒间内设温度、湿度传感器各 1 只，布置于粮面(设计装粮面)上空间的中心位置。

b) 立筒仓每个独立的单仓和星仓内分别设温度、湿度传感器各 1 只，布置于粮面(设计装粮面)上空间的中心位置。

c) 浅圆仓每个独立的单仓内设温度、湿度传感器各 1 只，布置于粮面(设计装粮面)上空间的中心位置。

d) 其他仓型参照以上原则布置。

5.2.7.3 气温、气湿传感器

在库区内空旷地带设置百叶箱，内置温度、湿度传感器各 1 只，布置于距地面 1.5 m 处。

5.2.7.4 其他粮情检测传感器

如水分、仓虫、磷化氢、氧气、二氧化碳等传感器根据需要合理布置。

6 技术要求

6.1 一般要求

系统应符合本标准的规定，系统中的各设备应符合其相关标准的规定，并按照经规定程序批准的图样及文件制造和成套。

6.2 运行环境要求

6.2.1 用于控制室和机房的设备的工作条件：

a) 环境温度：－10 ℃～＋45 ℃；

b) 环境湿度：相对湿度 40%～90%，且不得凝露；

c) 大气压力：80 kPa～106 kPa；

d) GB/T 2887 的有关规定。

6.2.2 用于粮仓内、外的设备的工作条件：

a) 环境温度：－40 ℃～＋60 ℃；

b) 相对湿度：不大于 95%；

c) 大气压力：80 kPa～106 kPa；

d) 磷化氢气体浓度：不大于 2 500 mL/m^3(仅限于粮仓内设备)。

6.3 运行电源要求

6.3.1 用于控制室和机房设备的交流电源：

a) 额定电压：220 V/380 V，允许偏差±10%；

b) 谐波：不大于 5%；

c) 频率：50 Hz，允许偏差±5%。

6.3.2 用于仓内、仓外设备的交流电源：

a) 额定电压：36 V/127 V/220 V/380 V，允许偏差±15%；

b) 谐波：不大于 10%；

c) 频率：50 Hz，允许偏差±5%。

6.3.3 直流供电电源：

a) 远程供电电压：9 V～36 V，允许偏差±15%；

b) 就地供电电压：5 V，6 V，9 V，12 V，15 V，18 V，24 V，36 V。允许偏差±15%。

6.4 基本功能

6.4.1 粮情检测

6.4.1.1 具备检测温度、湿度、其他指标和受控设备状态的功能。

6.4.1.2 具备定时巡测、实时检测的功能。

6.4.2 粮情分析

6.4.2.1 具备自动分析、判断粮食储藏状态，标示粮情异常部位和异常值的功能。

6.4.2.2 具有不同日期和不同仓房粮情对比功能。

6.4.2.3 具备预测粮情变化趋势的功能。

6.4.3 数据存储与检索

具备粮情数据存储、历史数据查询和网络共享功能。

6.4.4 数据显示

具备粮情数据表格与图形等方式显示的功能。

6.4.5 数据打印

具备粮情数据表格与图形等方式的打印功能。

6.4.6 报警

6.4.6.1 具备人工设定温度和湿度报警限值和超限报警功能。

6.4.6.2 具备根据 LS/T 1211 和 LS/T 1202 等储粮技术要求进行分析的自动报警功能。

6.4.7 粮情控制

具备根据 LS/T 1211 和 LS/T 1202 等储粮技术要求和相应的分析结果，对系统受控设备进行实时控制的功能。

6.4.8 故障诊断

具备系统本身故障自行诊断的功能。

6.4.9 网络功能

具备与用户局域网络和国家有关粮食管理网络联网运行的功能。

6.4.10 扩充功能

具备检测水分、仓虫、磷化氢、氧气、二氧化碳等指标的功能。

6.5 主要技术指标

6.5.1 系统容量

6.5.1.1 粮温检测点数量：≥10 000 个。

6.5.1.2 湿度检测点数量：≥500 个。

6.5.1.3 水分检测点数量：≥2 000 个。

6.5.1.4 仓虫检测点数量：≥2 000 个。

6.5.1.5 磷化氢浓度检测点数量：≥500 个。

6.5.1.6 氧气浓度检测点数量：≥500 个。

6.5.1.7 二氧化碳浓度检测点数量：≥500 个。

6.5.1.8 分机数目应根据仓库内仓房分布、仓房面积等实际情况合理设定。宜在 4、8、16、32 中选取。

6.5.1.9 受控设备数量宜在 8、16、32、64、128 中选取；被中继器等设备分隔成多段的系统中，每段允许接入的数量宜在 8、16、32、64、128 中选取。

6.5.2 **系统粮情检测范围**

系统各粮情测定指标检测范围、误差要求见表1。

表1 系统检测范围、误差要求

检测指标	温度 ℃	相对湿度 %	水分 %	仓虫	磷化氢 mL/m³	氧气 %	二氧化碳 %
检测范围	−40～+60	10～99	5～30	0头～500头	0～2 500	0～25	0～100
误　差	≤0.2 (−35～50)	±3	±0.8 (7～16)	10%	≤±5	≤±0.5	≤±0.5
注：用户可根据当地实际情况决定粮情测控系统的检测范围、检测误差的要求。							

6.5.3 **检测速度**

从发出检测指令到显示结果输出的速度应不小于50点/s。

6.5.4 **控制响应时间**

从发出控制指令到受控设施响应的时间应不大于10 s。

6.5.5 **通信距离**

上位机(传输接口)至分机之间的最大传输距离应不小于3 km;分机至传感器或受控设备之间的传输距离应不小于1 km。

6.6 **电源波动适应能力**

供电电压在规定的电压波动范围内变化时,系统的基本功能和主要技术指标不低于本部分的要求。

6.7 **工作稳定性**

系统通电试验时间不少于7 d,系统的基本功能和主要技术指标不低于本部分的要求。

6.8 **可靠性**

平均无故障工作时间应不小于1 000 h。

6.9 **抗干扰性**

6.9.1 应能通过GB/T 17626.2规定的严酷等级为2级(接触放电)的静电放电抗扰度试验,其基本功能和主要技术指标不低于本部分的要求。

6.9.2 应能通过GB/T 17626.3规定的严酷等级为3级的射频电磁场辐射抗扰度试验,其基本功能和主要技术指标不低于本部分的要求。

6.9.3 应能通过GB/T 17626.4规定的严酷等级为3级的电快速瞬变脉冲群抗扰度试验,其基本功能和主要技术指标不低于本部分的要求。

6.9.4 应能通过GB/T 17626.5规定的严酷等级为3级的脉涌(冲击)抗扰度试验,其基本功能和主要技术指标不低于本部分的要求。

6.9.5 仓内设备应能通过在相对湿度为60%～95%、温度为20 ℃～35 ℃、投药剂量为12 g/m³(含量56%的磷化铝片剂或丸剂)条件下,密闭熏蒸7 d的抗熏蒸腐蚀试验,其基本功能和主要技术指标不低于本部分的要求。

6.10 防爆性

安装于浅圆仓、立筒仓粉尘区内的测量和受控装置，应满足 GB 17440 的要求。

7 试验方法

7.1 试验条件

7.1.1 环境条件

a) 环境温度：5 ℃～45 ℃。

b) 环境湿度：相对湿度 45%～85%。

c) 大气压力：86 kPa～106 kPa。

7.1.2 电源条件

7.1.2.1 交流电源

a) 额定电压：允许偏差±10%。

b) 谐波：不大于 5%。

c) 频率：50 Hz，允许偏差±5%。

7.1.2.2 直流电源

a) 额定电压：允许偏差±10%。

b) 电压波纹：不大于 0.1%。

7.2 受试设备的要求

7.2.1 出厂检验和型式检验时，系统测试至少应具备下列设备：

a) 上位机一套，包括各种传输接口；

b) 分机：若有多种型式的分机或具有分机功能的设备，每种至少一台；

c) 每种分机应连接最大负载的各种传感器及其他设备；

d) 构成系统的其他必要设备。

7.2.2 受测系统的连接：

a) 使用规定的传输线路(或仿真线)按系统设计要求连接；

b) 上位机与分机、分机与传感器及执行器的仿真线需模拟系统最大传输距离及供电距离。

7.3 试验项目

7.3.1 功能检查

按 6.4.1～6.4.10 进行功能检查。

7.3.2 主要技术指标测试

按 6.5.1～6.5.5 进行技术指标测试。

7.3.3 电源波动适应能力试验

将系统电源线接到电压可调的电源上，根据产品标准要求的电压波动范围，按表 2 所列的组合调节电压,在每一组合状态下,温度稳定后,保持不少于 15 min,测试系统功能和主要技术指标。

表 2　电源波动试验组合

序号	试验电压	试验电压频率
1	额定电压	额定频率
2	允许波动的额定电压上限值	
3	允许波动的额定电压下限值	

7.3.4　工作稳定性试验

7.3.4.1　系统连续无故障运行应符合产品技术要求的规定。试验开始和结束时,均应测试系统功能和主要技术指标。并按规定的时间间隔测试系统功能,时间间隔不得大于 24 h。

7.3.4.2　试验中若出现关连性故障,则终止试验,待故障排除后重新计时进行试验。若出现非关连性故障,待故障排除后重新试验,排除故障的时间不计入试验时间。

注:关连性故障及非关连性故障定义参见 GB/T 9813—2000 中的附录 B。

7.3.5　可靠性试验

按 GB/T 5080.7 的规定进行。若无其他标准另行规定,采用定时截尾试验方案。失效判定应符合 GB/T 5080.1 中的规定。

7.3.6　抗干扰性能试验

7.3.6.1　静电放电影响实验

按 GB/T 17626.2 的规定进行。

7.3.6.2　射频电磁场辐射干扰试验

按 GB/T 17626.3 的规定进行。

7.3.6.3　电快速瞬变脉冲群试验

按 GB/T 17626.4 的规定进行。

7.3.6.4　脉涌(冲击)试验

按 GB/T 17626.5 的规定进行。

7.3.6.5　抗熏蒸腐蚀试验

将被测设备置于气密测试箱内,在相对湿度为 60%～95%、温度为 20 ℃～35 ℃、投药剂量为 12 g/m³(空间,含量 56%的磷化铝片剂或丸剂)条件下,密闭熏蒸 7 d。目测受试设备线路板、金属接插件、电子元器件等是否腐蚀,均符合要求后,再对系统性能和主要技术指标进行测试。

7.3.7　防爆性试验

按 GB 3836 的规定进行。

8 检验规则

8.1 检验分类

产品检验分为出厂检验和型式检验。

8.2 出厂检验

8.2.1 每套系统均需检验，合格产品应给予合格证方能出厂。

8.2.2 出厂检验一般由制造厂负责，必要时用户可提出参与检验。

8.2.3 检验项目按表3规定。

表3 出厂检验和型式检验项目

检验项目	类别	试验要求	试验方法	出厂检验	型式检验
基本功能	A	6.4.1～6.4.10	7.3.1	○	○
主要技术指标	A	6.5.1～6.5.5	7.3.2	○	○
电源波动适应能力	B	6.6	7.3.3	—	○
工作稳定性	B	6.7	7.3.4	○	○
可靠性	B	6.8	7.3.5	—	○
抗干扰性能	A	6.9.1～6.9.4	7.3.6.1～7.3.6.4	—	○
抗熏蒸腐蚀试验	B	6.9.5	7.3.6.5	—	○
防爆性	B	6.10	7.3.7	—	○
注：○表示需要进行检验的项目。					

8.3 型式检验

8.3.1 有下列情况之一时，应进行型式检验：

——产品经过鉴定将要投产时；

——当工艺、原材料、元器件有较大改变，可能影响产品性能时；

——大批量产品的买方要求在验收中进行型式检验时；

——正常生产每一年进行一次；

——国家质检部门提出型式检验要求时。

8.3.2 检验项目按表3型式检验项目的规定进行检验。

8.3.3 按照GB/T 10111规定的方法，在出厂检验合格的产品中抽取受试系统的各组成设备样品，样品数量应满足试验要求。

8.4 判定规则

出厂检验和型式检验的各项性能和指标应符合本标准或相关标准规定。对A类项目，如某项或有一个子项不合格时，判定该项不合格；对B类项目，如某项或有一个子项不合格时应加倍抽样检验，若仍不合格时则判定该项不合格(对于用户尚未安装的传感器的测定项目可不进行检验)，整个系统检验出现一项不合格时判定为不合格成品。

9 验收

9.1 验收时间与内容

系统全部安装完毕，经无故障试运行10 d后进行系统验收。验收内容应包括文档验收、系统功能和主要指标检测等内容，验收合格后正式交移交用户使用。

9.2 组织验收

9.2.1 验收组

验收时应组成验收组。验收组成员由用户代表、开发方代表和外聘专家组成。根据系统规模，验收组可由5人～13人组成。选聘专家的原则是：

a) 有较高技术水平和丰富的实践经验；

b) 有良好的职业道德，工作严谨负责；

c) 承担技术保密责任。

9.2.2 系统验收

9.2.2.1 功能检查

按6.4的要求进行功能检查，缺少一项功能，系统不通过验收。

9.2.2.2 主要技术指标测试

按6.5的要求进行主要技术指标测试，在相同环境下连续检测三次取平均值，有一项主要技术指标测试不合格，系统不通过验收。

9.2.2.3 文档审查

对系统的文档资料进行标准化和质量审查。

9.3 提交结果

a) 用户验收报告；

b) 验收结论。

10 标志、包装、运输和贮存

10.1 标志

应包括产品的名称、型号、生产厂家名称、地址、生产日期和产品的主要技术参数。

10.2 包装

10.2.1 分外包装和内包装，各部件一般用纸箱包装，箱内空隙处应以防震材料填充。

10.2.2 应附有产品使用手册和电路原理图等资料。

10.2.3 每个包装箱内应附有产品质量合格证和装箱单。

10.2.4 每个包装箱上应按GB/T 191的规定，标上“怕雨”标志。

10.3 运输

运输过程中应防止强烈的振动、碰撞和雨淋。

10.4 储存

产品应储存于通风干燥的仓库内。

附　录　A
（资料性附录）
筒仓测温电缆的拉力计算

A.1　范围

本附录规定了筒仓测温电缆拉力的计算公式和参与计算的主要粮食物理特性参数。

A.2　筒仓测温电缆拉力的计算

A.2.1　筒仓测温电缆拉力计算公式

按式(A.1)进行计算：

$$T=\frac{2\pi d\rho\mu_1}{\mu}(s\gamma-P_v) \qquad \cdots\cdots(A.1)$$

式中：

T ——筒仓测温电缆拉力，单位为千牛(kN)；

d ——电缆直径，单位为米(m)；

ρ ——筒仓截面水力半径，单位为米(m)；

μ_1 ——粮食对电缆的摩擦系数；

μ ——粮食对仓壁的摩擦系数，可从表A.1中选取；

s ——当仓顶粮面为水平面时，为从仓顶粮面算起到计算截面处的深度；当仓顶粮面为斜坡时，为从仓顶粮食锥体重心算起到计算截面处的深度，单位为米(m)；

γ ——粮食重力密度，单位为千牛每立方米(kN/m^3)；

P_v——距粮面深度为 s 的水平面上的静态垂直侧压力标准值，单位为千牛每平方米(kN/m^2)。

A.2.2　静态垂直压力标准值计算

对于深仓，按杨森公式(A.2)计算。

$$P_v=\frac{\gamma\rho}{\mu}(1-e^{-\mu ks/\rho}) \qquad \cdots\cdots(A.2)$$

式中：

P_v——距粮面深度为 s 的水平面上的静态垂直侧压力标准值，单位为千牛每平方米(kN/m^2)；

γ ——粮食重力密度，单位为千牛每立方米(kN/m^3)；

ρ ——筒仓截面水力半径，单位为米(m)；

μ ——粮食对仓壁的摩擦系数；

e ——自然对数的底数；

k ——粮食侧压力系数。

A.2.3　粮食侧压力系数计算

粮食的侧压力系数按式(A.3)计算。

$$k=\mathrm{tg}^2\left(45^\circ-\frac{\Phi}{2}\right)=\frac{1-\sin\Phi}{1+\sin\Phi} \qquad \cdots\cdots(A.3)$$

式中：

k ——粮食的侧压力系数；

Φ——粮食的内摩擦角，可取等于休止角，单位为度(°)。

A.2.4 筒仓截面水力半径计算

对于筒仓 $\rho=d_n/4$，对于正方形筒仓 $\rho=a_0/4$，a_0 为筒仓内边长。

对于正多边形筒仓 $\rho=d_n/4$，d_n 为正多边形内切圆直径。

对于短边净长为 a_0，长边净长为 b_0 的矩形仓截面水力半径按式(A.4)计算：

$$\rho_1=\frac{a_0b_0}{2(a_0+b_0)} \qquad \cdots\cdots\cdots\cdots (A.4)$$

式中：

ρ_1——矩形仓截面水力半径；

a_0——短边净长，单位为米(m)；

b_0——长边净长，单位为米(m)。

A.3 测温电缆拉力计算的说明

A.3.1 当电缆截面为圆形，且全长截面无变化时，应根据测温电缆的特性参数、筒仓直径、装粮高度和储藏粮食品种的物理特性参数，按式(A.1)分别计算其摩擦荷载标准值，该标准值的最大值即为该仓测温电缆承受的拉力值。

A.3.2 粮食物理特性参数 γ、Φ、μ 等宜通过试验分析确定，当无试验资料时也可以按表 A.1 选用。

A.3.3 当测温电缆直径(d)小于 12 mm 时，粮食对电缆的摩擦系数(μ_1)等于粮食对仓壁的摩擦系数(μ)；当测温电缆直径(d)大于 12 mm 时，粮食对电缆的摩擦系数(μ_1)可根据实际需要在 1.0μ～1.15μ 之间取值。

A.4 主要粮食物理特性参数

主要粮食的重力密度、内摩擦角和摩擦系数见表 A.1。

表 A.1 主要粮食物理特性参数

物料名称	重力密度 γ kN/m³	内摩擦角 Φ (°)	粮食对仓壁的摩擦系数 μ	
			对混凝土板	对钢板
稻谷	6.0	35	0.50	0.35
大米	8.5	30	0.42	0.3
玉米	7.8	28	0.42	0.32
小麦	8.0	25	0.4	0.3
大豆	7.5	25	0.4	0.3
大麦	6.5	27	0.4	0.4
面粉	6.5	40	0.3	0.3
麸皮	4.0	40	0.3	0.3
葵花籽	5.5	30	0.4	0.3

ICS 65.040.20
B 20

中华人民共和国国家标准

GB/T 26882.2—2011

粮油储藏 粮情测控系统
第2部分：分机

Grain and oil storage—Monitoring and control system of stored-grain condition—Part 2: Slave computer

2011-09-29 发布　　2011-12-01 实施

中华人民共和国国家质量监督检验检疫总局
中国国家标准化管理委员会 发布

前 言

GB/T 26882《粮油储藏　粮情测控系统》分为以下四个部分：

——第1部分：通则。

——第2部分：分机。

——第3部分：软件。

——第4部分：信息交换接口协议。

本部分为GB/T 26882的第2部分。

本部分按照GB/T 1.1—2009给出的规则起草。

本部分由国家粮食局提出。

本部分由全国粮油标准化技术委员会(SAC/TC 270)归口。

本部分起草单位：河南工业大学、国贸工程设计院、中国储备粮管理总公司、赤峰金辰电子有限公司、北京佳华储良科技有限公司、郑州贝博电子有限公司、株洲华邦科技发展有限公司、国家粮食储备局成都粮食储藏科学研究所。

本部分主要起草人：甄彤、陈卫东、吴建军、赫振方、祝玉华、卜春海、王强、朱世华、刘自力、彭又木、王锋、肖乐、汪喜波、高素芬、许德刚、赵小军、李东方、曹丹。

粮油储藏　粮情测控系统
第2部分：分机

1　范围

GB/T 26882 的本部分规定了粮情测控系统分机的术语和定义、型号编制、技术要求、试验方法、检验规则以及标志、包装、运输、贮存的要求。

本部分适用于粮食、油料在储藏中使用的粮情测控系统的分机。

2　规范性引用文件

下列文件对于本文件的应用是必不可少的。凡是注日期的引用文件，仅注日期的版本适用于本文件。凡是不注日期的引用文件，其最新版本(包括所有的修改单)适用于本文件。

GB/T 191　包装储运图示标志

GB/T 2423.1　电工电子产品环境试验　第2部分：试验方法　试验A：低温

GB/T 2423.2　电工电子产品环境试验　第2部分：试验方法　试验B：高温

GB/T 2423.3　电工电子产品环境试验　第2部分：试验方法　试验Cab：恒定湿热试验

GB/T 2423.5　电工电子产品环境试验　第2部分：试验方法　试验Ea和导则：冲击

GB/T 2423.10　电工电子产品环境试验　第2部分：试验方法　试验Fc：振动(正弦)

GB/T 2829—2002　周期检验计数抽样程序及表(适用于对过程稳定性的检验)

GB/T 3482　电子设备雷击试验方法

GB 4208　外壳防护等级(IP代码)

GB 4793.1　测量、控制和实验室用电气设备的安全要求　第1部分：通用要求

GB/T 4798.1—2005　电工电子产品应用环境条件　第1部分：贮存

GB/T 4798.2　电工电子产品应用环境条件　第2部分：运输

GB/T 5080.1—1986　设备可靠性试验　总要求

GB/T 5080.7—1986　设备可靠性试验　恒定失效率假设下的失效率与平均无故障时间的验证试验方案

GB/T 6587.2　电子测量仪器　温度试验

GB/T 6587.3　电子测量仪器　湿度试验

GB/T 6587.6　电子测量仪器　运输试验

GB/T 10111　随机数的产生及其在产品质量抽样检验中的应用程序

GB/T 11463　电子测量仪器可靠性试验

GB/T 17626.2　电磁兼容　试验和测量技术　静电放电抗扰度试验

GB/T 17626.3　电磁兼容　试验和测量技术　射频电磁场辐射抗扰度试验

GB/T 17626.4　电磁兼容　试验和测量技术　电快速瞬变脉冲群抗扰度试验

GB/T 17626.5　电磁兼容　试验和测量技术　浪涌(冲击)抗扰度试验

GB/T 26882.1—2011　粮油储藏　粮情测控系统　第1部分：通则

GB/T 26882.4 粮油储藏 粮情测控系统 第4部分:信息交换接口协议

3 术语和定义

下列术语和定义适用于本文件。

3.1

中间设备 intermediate equipment

分机与传感器、执行器之间连接的电子设备,完成信号的转换、处理、故障隔离等功能。

3.2

执行器 actuator

在控制信号作用下,对粮情控制设备实施驱动、操作和改变其状态的装置或器件,如电机、继电器等。

4 型号编制

4.1 编制原则

4.1.1 产品型号的组成

产品型号由企业标志、通讯方式、功能特征、供电方式、改进序号(若有时)等组成,如图1所示:

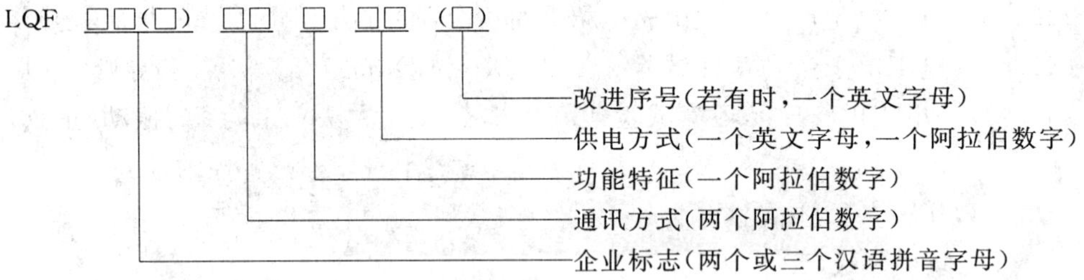

图1 产品型号组成示意图

4.1.2 企业标志

由两个或三个汉语拼音大写字母组成,由生产企业确定。

4.1.3 通讯方式

由两个阿拉伯数字组成。第1个数字用"0"或"1"表示,"0"表示有线通讯方式,"1"表示无线通讯方式;第2个阿拉伯数字按4.2.1对应通讯方式分类从1开始顺序编号。

4.1.4 功能特征

由一个阿拉伯数字组成,用"0"或"1"表示。"0"表示只有检测功能,"1"表示具备检测与控制功能。

4.1.5 供电方式

由一个英文字母和一个阿拉伯数字组成。第一位字母用"A"或"D"表示,"A"表示交流电源,"D"表示直流电源。第2位数字交流电源为"1",直流电源按5.3.2中规定的电压值从1开始顺序编号。

4.1.6 改进序号

结构或性能改进后，设备型号应加改进序号，按改进的先后顺序用大写汉语拼音字母 A、B、C……顺序表示。

4.2 分类

4.2.1 按通讯方式分类

4.2.1.1 有线通讯方式可分为 3 类：RS 485、电力载波、其他。
4.2.1.2 无线通讯方式可分为 5 类：GPRS、CDMA、Zigbee、数传电台、其他。

4.2.2 按供电电源分类

A：交流供电；
D：直流供电。

5 技术要求

5.1 一般要求

符合本部分的要求，并按照经规定程序批准的图样及技术文件制造。

5.2 运行环境条件

应在下列条件下工作：
——环境温度：−40 ℃～60 ℃；
——相对湿度：不大于 95%；
——无显著振动和冲击的场合。

5.3 供电电源

5.3.1 交流供电电源

a) 额定电压有四种：36 V、127 V、220 V、380 V。
b) 电压允许偏差：±15%。
c) 频率：50 Hz。

5.3.2 直流供电电源

a) 额定电压有四种：5 V、12 V、24 V、36 V。
b) 电压允许偏差：±15%。

5.4 硬件接口

在以下三种方式中选取：
a) 直接与粮情传感器相连时，采用总线 2 线制连接。
b) 通过不具备通讯功能的中间设备与粮情传感器相连时，采用总线 5 线制连接，其中 2 条为电源线（正极用红色，负极用黑色），1 条为信号线，2 条为控制线。
c) 通过具备通讯功能的中间设备与粮情传感器相连时，采用总线 4 线制连接，其中 2 条作为电源线（正极用红色，负极用黑色），2 条为信号通讯线。

5.5 系统信号传输

分机至中间设备通讯协议格式、中间设备至分机通讯协议格式，均按 GB/T 26882.4 的规定执行，同步字段(16 位)＋标识字段(8 位)＋数据块长度字段(8 位)＋数据块字段(动态)＋CRC 校验(8 位)。

5.6 基本功能

5.6.1 应具有与上位机通讯的标准 MODBUS 协议。

5.6.2 应具有粮情数据采集功能。

5.6.3 应具有至少 64 K 数据存储功能。

5.6.4 应具有通过中间设备控制执行器动作的功能。

5.6.5 应具有初始化参数设置和断电保护功能。

5.6.6 应具有自诊断功能。

5.7 主要技术指标

5.7.1 最大测控容量

接入粮情传感器数量宜在 512 个、1 024 个中选取，中间设备台数应不少于 32 台。

5.7.2 最大传输距离

上位机(传输接口)至分机之间的最大传输距离应不小于 3 km；分机至传感器或执行器之间的传输距离应不小于 1 km。中间设备与粮情传感器、执行器之间的最大传输距离应不小于 0.2 km。

5.8 电源波动适应能力

供电电压在规定的电压波动范围内，基本功能和主要技术指标应不低于本部分的要求。

5.9 可靠性

平均无故障时间(MTBF)应不小于 1 000 h。

5.10 工作稳定性

通电试验时间不小于 2 d，其基本功能和主要技术指标应不低于本部分的要求。

5.11 外壳防护性能

防护等级不低于 GB 4208 规定的 IP53 等级要求。

5.12 电气安全

应通过 GB 4793.1 的规定的常规安全性试验，其基本功能和主要技术指标应不低于本部分的要求。

5.13 抗干扰性能

5.13.1 应通过 GB/T 17626.2 规定的严酷等级为 3 级的静电放电(接触放电)抗扰度试验，其基本功能和主要技术指标应不低于本部分的要求。

5.13.2 应通过 GB/T 17626.3 规定的严酷等级为 2 级的射频电磁场辐射抗扰度试验，其基本功能和主要技术指标应不低于本部分的要求。

5.13.3 应通过 GB/T 17626.4 规定的严酷等级为 3 级的电快速瞬变脉冲群抗扰度试验，其基本功能和主要技术指标应不低于本部分的要求。

5.13.4 应通过 GB/T 17626.5 规定的严酷等级为 4 级的浪涌(冲击)抗扰度试验，其基本功能和主要技术指标应不低于本部分的要求。

5.13.5 应通过 GB/T 3482 规定的严酷等级为 2 级的雷击试验，其基本功能和主要技术指标应不低于本部分的要求。

5.14 环境适应性

应通过高温工作、低温工作、高温贮存、低温贮存、湿热、振动、冲击等试验，试验后其基本功能、主要技术指标及外观应不低于本部分的要求。

5.15 结构

5.15.1 紧固件应有防止自动松脱的措施。

5.15.2 金属零件应进行防锈、防蚀处理。

5.15.3 其他结构应符合有关国家及行业标准的规定。

5.16 外观

5.16.1 表面不应有明显的凹痕、划伤、裂缝和变形，表面涂镀层均匀，不应起泡、龟裂和脱落。

5.16.2 金属零部件不应有锈蚀和其他机械损伤。

5.16.3 开关、按键应操作灵活可靠，零部件紧固无松动，插接的活动部件插接自如。

5.16.4 不同功能的指示灯色彩分明，说明功能的符号文字及标志应清晰端正、牢固。

5.16.5 其他外观要求应符合有关国家及行业标准的规定。

5.17 运输

应通过 GB/T 6587.6 规定的振动、自由跌落和翻滚试验，其基本功能和主要技术指标应不低于本部分的要求。

6 试验方法

6.1 环境试验

6.1.1 温度试验

按照 GB/T 6587.2 的规定，对Ⅲ组仪器在规定范围内进行对温度的适应能力试验。

6.1.2 湿度试验

按照 GB/T 6587.3 的规定，对Ⅲ组仪器的要求在规定范围内进行对湿度以及在温湿度条件下的适应能力试验。

6.2 基本功能试验

将受试分机与上位机、粮情传感器、执行器及其他中间设备正确连接，对分机基本功能进行测试，观察试验结果是否符合 5.6 的要求。

6.3 主要技术指标测试

按实际长度或采用仿真线进行连接，按 5.7 要求的指标进行测试。

6.4 电源波动适应能力试验

将分机的供电电压依次调节到额定电压、允许波动的电压上限值和电压下限值并保持 15 min，分别测试每种电压下的基本功能和主要技术指标。

6.5 可靠性试验

按照 GB/T 5080.7—1986 规定的定时截尾试验方案测试，失效判定应符合 GB/T 5080.1—1986 中 9.2 的规定。

6.6 工作稳定性试验

按照 GB/T 11463 的有关规定，与系统工作稳定性试验同时进行，测量时间间隔不大于 24 h。

6.7 外壳防护性能试验

按照 GB 4208 的有关规定进行。

6.8 电气安全试验

按照 GB 4793.1 的有关规定进行。

6.9 抗干扰试验

静电放电抗扰度、射频电磁场辐射抗扰度、电快速瞬变脉冲群抗扰度和浪涌(冲击)抗扰度按照 GB/T 17626.2～GB/T 17626.5 的有关规定进行，雷击试验 GB/T 3482 的有关规定进行。

6.10 高温工作、高温贮存试验

按照 GB/T 2423.2 的有关规定进行。

6.11 低温工作、低温贮存试验

按照 GB/T 2423.1 的有关规定进行。

6.12 湿热试验

按照 GB/T 2423.3 的有关规定进行。

6.13 振动试验

按照 GB/T 2423.10 的有关规定进行。

6.14 冲击试验

按照 GB/T 2423.5 的有关规定进行。

6.15 结构检查

采用感官和量具进行检查。

6.16 外观检查

采用感官检查。

6.17 运输试验

按照 GB/T 6587.6 的有关规定进行振动、自由跌落和翻滚试验。

7 检验规则

7.1 检验分类

检验分为出厂检验和型式检验两种。

7.2 出厂检验

7.2.1 分机均应进行出厂检验，经检验合格方能出厂。

7.2.2 出厂检验一般由制造厂负责，必要时用户可提出参加。

7.2.3 检验项目见表 1。

表 1 出厂检验、型式检验项目

检验项目	类别	试验要求	试验方法	出厂检验	型式检验
环境试验	B	5.2	6.1	○	○
基本功能	A	5.6	6.2	○	○
主要技术指标	A	5.7	6.3	○	○
电源波动适应能力	B	5.8	6.4	—	○
可靠性	B	5.9	6.5	—	○
工作稳定性	B	5.10	6.6	—	○
外壳防护性能	B	5.11	6.7	—	○
电气安全	A	5.12	6.8	○	○
抗干扰性能	B	5.13	6.9	○	○
高温工作、高温贮存	B	5.14	6.10	—	△
低温工作、低温贮存	B	5.14	6.11	—	△
湿热	B	5.14	6.12	—	○
振动	B	5.14	6.13	—	○
冲击	B	5.14	6.14	—	○
结构	C	5.15	6.15	○	○
外观	C	5.16	6.16	○	○
运输	B	5.17	6.17	—	○

注：○表示需要进行检验的项目；△表示根据具体情况选择确定的项目。

7.2.4 出厂检验各项功能和指标应符合本部分和相关标准的要求，如有一个项目或项目中的一个子项目不合格，则判定该产品为不合格产品。

7.3 型式检验

7.3.1 在下列情况之一时，应进行型式检验：

a) 新产品或老产品转厂定型时；

b) 正式生产后，如结构、材料、工艺有较大改变，可能影响分机性能时；

c) 正常生产时每两年进行1次；

d) 停产1年恢复生产时；

e) 国家有关机构提出型式检验要求时。

7.3.2 检验项目见表1。

7.3.3 样品的抽取按照GB/T 10111规定执行。

7.3.4 批量不大于50台时，抽取样品数量1台～2台。对A类项目，如果该项目中的检验子项目中有1项不合格判该项目不合格，如果出现一个A类项目不合格判该批产品为不合格产品；对B类项目，如果该项目中的检验子项目中有1项不合格判该项目不合格，有一个B类项目不合格应加倍抽样重新检验，若仍有1项不合格则判该批产品不合格。对C类项目，所有C类项目检验子项目中有3项不合格判该批产品不合格。

7.3.5 批量大于50台时，按照GB/T 2829—2002规定的方法进行抽样检验。选用一次抽样方案，判别水平Ⅲ，不合格质量水平(RQL)不大于40。通常对A类项目规定的RQL要小于对B类项目规定的RQL，对C类项目规定的RQL要大于对B类项目规定的RQL。对A类项目，有1项不合格判该批产品为不合格；对B、C类项目判定数组应由所能承受的试验费用与试验设备的现有能力，选择一个适当的抽样方案。

对照检验项目的要求进行检验，累计不合格数或不合格品数，按判定数组判定该批产品合格或不合格。若不合格应按GB/T 2829—2002中5.12的规定处理。

8 标志、包装、运输和贮存

8.1 标志

8.1.1 产品标志

在外壳明显处设置铭牌，铭牌应清晰，至少应包括以下内容：

a) 产品型号和名称；

b) 必要的技术参数(电压、电流、最大测控容量等)；

c) 产品编号及出厂日期；

d) 制造厂名称及地址。

8.1.2 包装标志

按GB/T 191的有关规定执行。

8.2 包装

按照GB/T 26882.1—2011中10.2的规定执行。

8.3 运输

按照 GB/T 4798.2 的有关规定执行。

8.4 贮存

按照 GB/T 4798.1—2005 的环境条件等级为 1K3 的有关规定执行。

ICS 65.040.20
B 20

中华人民共和国国家标准

GB/T 26882.3—2011

粮油储藏　粮情测控系统
第3部分:软件

Grain and oil storage—Monitoring and control system of stored-grain condition—Part 3:Software

2011-09-29 发布　　2011-12-01 实施

中华人民共和国国家质量监督检验检疫总局
中国国家标准化管理委员会　发布

前　言

GB/T 26882《粮油储藏　粮情测控系统》分为以下四个部分：

——第 1 部分：通则；

——第 2 部分：分机；

——第 3 部分：软件；

——第 4 部分：信息交换接口协议。

本部分为 GB/T 26882 的第 3 部分。

本部分按照 GB/T 1.1—2009 给出的规则起草。

本部分由国家粮食局提出。

本部分由全国粮油标准化技术委员会(SAC/TC 270)归口。

本部分起草单位：河南工业大学、国贸工程设计院、中国储备粮管理总公司、北京佳华储良科技有限公司、株洲华邦科技发展有限公司、赤峰金辰电子有限公司、郑州贝博电子有限公司。

本部分主要起草人：甄彤、王锋、赫振方、祝玉华、吴建军、卜春海、朱世华、彭又木、王强、刘自力、许德刚、肖乐、陈卫东、高素芬、汪喜波、李东方、曹丹。

粮油储藏　粮情测控系统
第3部分：软件

1　范围

GB/T 26882的本部分规定了粮情测控系统应用软件(以下简称软件)的术语和定义、型号编制、基本要求、软硬件接口的技术要求、用户界面、软件系统功能、软件测试和软件升级的要求。

本部分适用于在粮油储藏中应用的粮情测控系统的软件设计。

2　规范性引用文件

下列文件对于本文件的应用是必不可少的。凡是注日期的引用文件，仅注日期的版本适用于本文件。凡是不注日期的引用文件，其最新版本(包括所有的修改单)适用于本文件。

GB/T 2887　电子计算机场地通用规范

GB/T 8567　计算机软件文档编制规范

GB/T 9386　计算机软件测试文档编制规范

GB/T 16680　软件文档管理指南

GB/T 26882.1　粮油储藏　粮情测控系统　第1部分：通则

GB/T 26882.2　粮油储藏　粮情测控系统　第2部分：分机

GB/T 26882.4　粮油储藏　粮情测控系统　第4部分：信息交换接口协议

GB 50174　电子信息系统机房设计规范

LS/T 1201　磷化氢环流熏蒸技术规程

LS/T 1202　储粮机械通风技术规程

LS/T 1204　谷物冷却机低温储粮技术规程

3　术语和定义

下列术语和定义适用本文件。

3.1

粮情测控系统应用软件　software for monitoring and control system of stored-grain condition

利用现代电子技术和计算机技术，对粮食储藏过程中影响粮情变化的因素进行实时检测、数据处理，提出处理建议并予以控制的软件系统。

3.2

数据处理　data processing

对数据(包括数值的和非数值的)进行分析和加工的技术过程，包括各种原始数据的分析、整理、计算、编辑等。

4　软件型号编制

4.1　编制原则

按产品特征、厂家代码及产品序号等进行编制。

4.2 编制方法

4.2.1 格式

LQR	□□	-	□□
系统特征码	厂家代码		产品序号

4.2.2 系统特征码

LQR——粮情测控系统软件。

4.2.3 厂家代码

用汉语拼音表示，由产品生产厂家定义。

4.2.4 产品序号

用阿拉伯数字表示，由产品生产厂家定义。

5 软件的基本要求

5.1 软件系统运行环境要求

5.1.1 上位机、分机和外设配置

上位机、分机和外设配置应根据粮库的规模和业务量来决定，应满足系统共享、兼容和高效使用的要求，具有通用性，易于升级。

计算机机房场地应满足 GB/T 2887 的要求，机房设计应满足 GB 50174 的要求。

5.1.2 软件和网络环境

应采用与所选上位机硬件平台兼容和适应性良好的操作系统软件。

应根据粮油仓库规模和业务需求选用 C/S、B/S 或两者混合的体系结构。

网络运行环境应满足操作系统和数据库的要求。

5.1.3 系统文档

系统应包含以下文档：可行性研究报告，项目开发计划，概要设计说明书，测试分析报告，软件需求说明书，详细设计说明书，用户手册，项目开发总结报告等。

系统文档内容和编排应满足 GB/T 8567 的要求，系统文档管理应满足 GB/T 16680 的要求。

5.2 软件性能要求

5.2.1 可靠性

运行稳定，准确完成粮情测控任务，并具有容错能力。

5.2.2 易用性

提供联机帮助，软件中各子系统用户界面风格一致，软件易学易用。

5.2.3 集成性

有开放式体系结构，与其他通用应用软件及专业应用软件之间应实现集成。

5.2.4 可扩展性

结构具有可扩展性，应满足粮库业务扩展需要，可进行二次开发。

6 软硬件接口的技术要求

给出与外界的所有接口的安排和关系，包括软件与硬件之间的接口、本软件与各支持软件之间的接口。按 GB/T 26882.4 的规定执行。

系统数据库设计应按附录 A 的规定执行。

7 用户界面

根据用户的需求提供差异化的用户界面和视图，屏蔽对用户无用的信息或用户无权限使用的功能。在各种显示模式下均有主菜单显示，主菜单包括系统设置、粮情检测、粮情分析、粮情控制、系统维护、系统扩展和网络功能等项目。

系统应支持异步信息传递，提供消息通知功能，并能管理新信息和历史信息。

8 软件系统功能

8.1 总则

系统功能模型如图 1 所示。应满足 GB/T 26882.1 和 GB/T 26882.2 的技术要求。

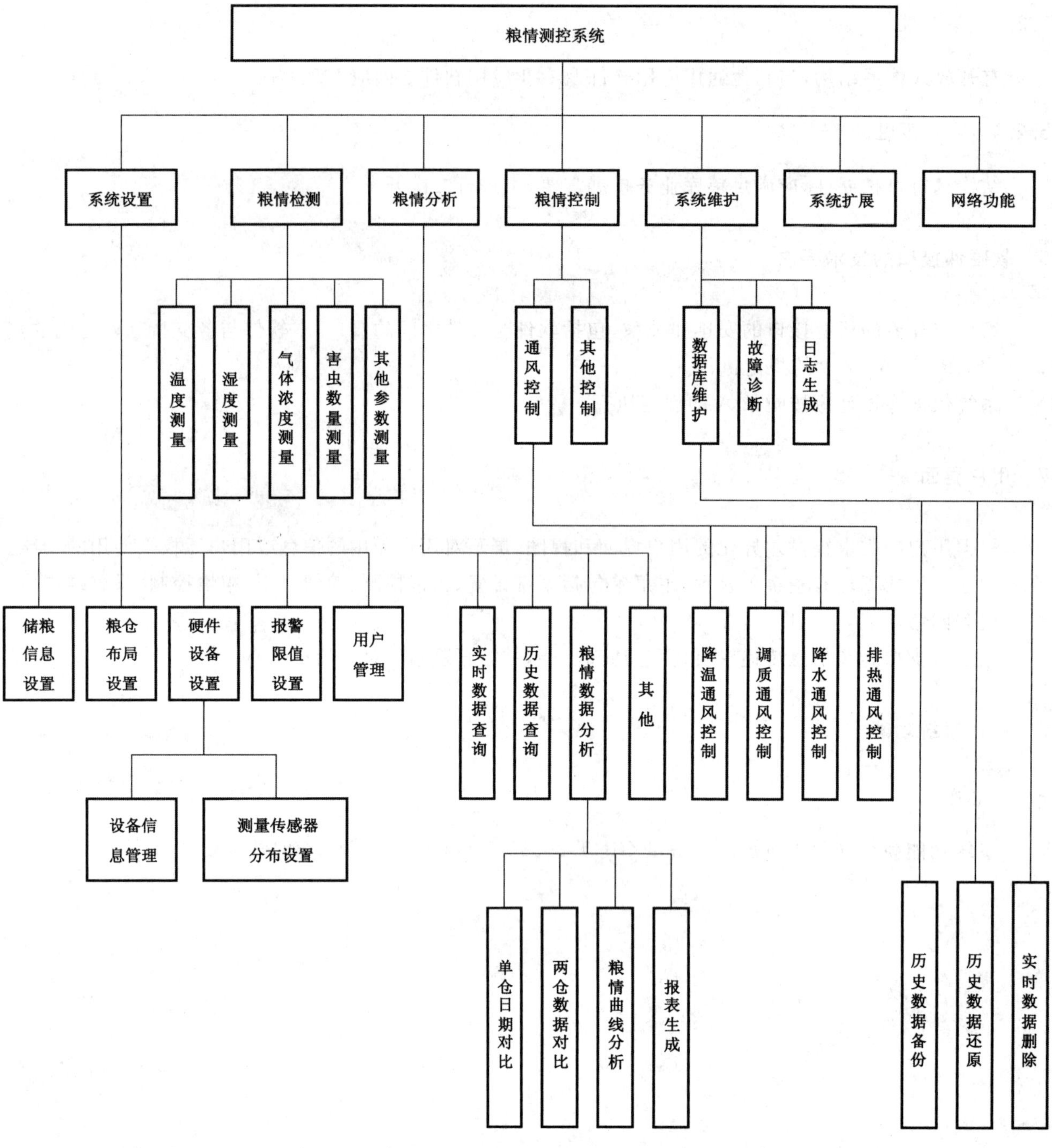

图 1　粮情测控系统功能方框图

8.2　系统设置功能

8.2.1　总体要求

软件应具备完善的设置功能，包括储粮信息设置、粮仓设置、硬件设备设置、报警限值设置和用户管理设置等。输入数据项名称、数据项类型、长度及计量单位参见附录 A。

8.2.2　储粮信息设置

设置储粮的种类、数量、等级等参数。

8.2.3 粮仓设置

设置粮仓相关信息，包括仓房布局、各仓房位置、类型、容积等信息。

8.2.4 受控设备信息设置

设置所有用于粮情控制的受控设备参数信息，包括型号、功能、仓房中的位置、通讯主机占用的通讯串口、波特率、数据位等。

8.2.5 粮情传感器分布

设置仓房内温度、湿度、气体浓度和害虫传感器的布局，粮仓检测点排序方法参照 A.3 的要求。

8.2.6 报警限值设置

根据储粮粮情数据（比如温度、湿度、水分、气体浓度等），设置正常值与异常值之间界限值，超出此限值，系统给出报警指示，引起注意。

8.2.7 用户管理设置

软件应通过登录名和登陆密码对用户进行管理。设置用户访问数据的权限（包括可访问和不可访问）和访问数据的方式（包括可写和只读）等。软件还应具有添加用户、更改用户和删除用户等功能。

8.3 粮情检测功能

软件应具备定时巡测、实时检测等功能。

具备检测粮堆和粮仓的温度和湿度参数、被控设备工作状态等功能。根据需求可以扩充检测项目，如害虫数量、磷化氢、氧气和二氧化碳气体浓度等。

8.4 粮情分析功能

8.4.1 总体要求

软件应具备完善的粮情数据实时和历史查询功能，以及粮情数据分析处理功能。

8.4.2 实时数据查询

具有查询粮情实时数据的功能，具备以表格与图形等方式显示粮情数据的功能。

8.4.3 历史数据查询

具有查询粮情历史数据的功能，具备以表格与图形等方式显示粮情历史数据的功能。

8.4.4 粮情数据分析

8.4.4.1 总体要求

具有对获取的粮情数据进行分析，正确判断储粮状况，并对粮情的发展趋势做出预测等功能。

8.4.4.2 单仓日期对比

对同一个粮仓不同日期测量的粮情数据进行对比，判断粮情随日期变化情况和发展趋势。

8.4.4.3 两仓数据对比

对两个不同粮仓的粮情数据（温度、湿度等）进行对比，判断不同粮仓间粮情变化情况。

8.4.4.4 粮情曲线分析

将粮情数据绘制成曲线,直观地观察粮情变化情况,判断变化趋势。

8.4.4.5 报表生成

具有生成粮情检测数据报表的功能。报表格式可参见附录B。

8.5 粮情控制功能

8.5.1 总体要求

根据LS/T 1201、LS/T 1202、LS/T 1204等储粮技术要求,应具备控制被控设备的功能,如通风控制、熏蒸控制和谷物冷却设备控制等。

8.5.2 通风控制

具备控制通风设备开始工作和停止工作的能力。根据通风的目的不同,分为降温通风、降水通风和排热通风等几种类型。

8.5.3 其他控制

具备其他控制功能,如熏蒸设备的控制、谷物冷却设备的控制等。

8.6 系统维护功能

8.6.1 总体要求

具备维护系统正常运行的能力,包括数据库维护、故障诊断和软件运行日志生成等功能。

8.6.2 数据库维护

具备数据库数据维护能力,如历史数据库的备份和还原、实时数据库的删除等。

8.6.3 故障诊断

具备自行诊断故障的功能。

8.6.4 日志生成

具备将每天运行状况生成日志的功能。

8.7 系统扩展功能

具备进一步扩充料位、密度、储量检测项目的功能和增加视频、音频等功能。

8.8 网络功能

具备与用户局域网络和国家有关粮食管理网络联网运行的功能,以便进行远程粮情查询与控制。

9 软件测试

根据开发过程和实际需求将软件测试阶段划分为:设计阶段、代码检测单元测试阶段、集成测试阶段、系统测试阶段、验收测试阶段、回归测试(复测)阶段。各阶段中使用的测试方法应严格遵照GB/T 9386执行。

10 软件升级

具备升级功能。在一定周期内,针对使用过程中的问题,编制升级补丁或升级包,对软件系统进行功能修正或完善。

附 录 A
（规范性附录）
标准数据结构

A.1 范围

本附录规定了粮情测控系统数据交换的数据项名称、数据项类型、长度及计量单位等内容。

A.2 粮情测控系统的数据结构

粮情测控系统的数据结构如表 A.1 所示。

表 A.1 粮情测控系统的数据结构

序号	数据项名称	数据项类型	数据项长度	计量单位	说明	备注(符号码)
1	仓房基本信息	—	—	—	—	StoreHouse
1.1	仓房编号	C	3	—	—	HouseNo
1.2	仓房名称	C	50	—	—	HouseName
1.3	仓房类型	C	7	—	—	TypeCode
1.4	储粮性质	C	50	—	—	GrainAttr
1.5	坐标 1	N	4	m	平房仓长，筒仓直径	Dim1
1.6	产 地	C	50	—	—	Origin
1.7	杂质	N	4	%	—	Impurity
1.8	等级	C	30	—	—	Grade
1.9	储存方式	C	30	—	—	StorageMode
1.10	坐标 2	N	4	m	平房仓宽，筒仓檐高	Dim2
1.11	坐标 3	N	4	m	平房仓高，筒仓顶高	Dim3
1.12	角度	N	2	°	平房仓长度方向与正北方向的逆时针夹角，单位为角度，精确到 1°	Angle
1.13	设计储量	N	8	t	仓房满储量	StoreCount
1.14	实际储量	N	8	t	仓房实际储量	GrainCount
1.15	保管员	C	30	—	负责该仓的保管员姓名	KeeperName
2	粮食品种	C	7	—	—	GrainCode
2.1	入仓日期	D	长日期	—	格式为“YYYY-MM-DD”	DateOfIn
2.2	入仓水分	N	4	%	粮食入仓水分保留一位小数	GrainInWater
2.3	当前水分	N	4	%	粮食当前水分保留一位小数	GrainWater
2.4	风机台数	N	4	台	仓房拥有的风机台数	FanNumber

表 A.1（续）

<table>
<tr><th>序号</th><th>数据项名称</th><th>数据项类型</th><th>数据项长度</th><th>计量单位</th><th colspan="2">说明</th><th>备注(符号码)</th></tr>
<tr><td>2.5</td><td>出仓日期</td><td>D</td><td>长日期</td><td>—</td><td colspan="2">格式为“YYYY-MM-DD”</td><td>DateOfOut</td></tr>
<tr><td>3</td><td>仓房布点信息</td><td>—</td><td>—</td><td>—</td><td colspan="2">—</td><td>PointInfor</td></tr>
<tr><td>3.1</td><td>物理坐标 1</td><td>N</td><td>4</td><td>m</td><td colspan="2">平房仓长度方向上测温点坐标,精确到 0.1 m;筒仓半径方向测温点坐标</td><td>Length</td></tr>
<tr><td>3.2</td><td>物理坐标 2</td><td>N</td><td>4</td><td>m</td><td colspan="2">平房仓宽度方向上测温点坐标,精确到 0.1 m;筒仓测温点与正北方向夹角</td><td>Width</td></tr>
<tr><td>3.3</td><td>物理坐标 3</td><td>N</td><td>4</td><td>m</td><td colspan="2">平房仓中测温电缆上(高度)坐标,精确到 0.1 m;筒仓中测温电缆上(高度)坐标</td><td>Height</td></tr>
<tr><td>3.4</td><td>测温点编号</td><td>N</td><td>8</td><td>—</td><td colspan="2">每个仓房的测温点在排序中的序号,取值为从 1 到对应仓的测温点总数</td><td>PoinNo1</td></tr>
<tr><td>3.5</td><td>测水分点编号</td><td>N</td><td>8</td><td>—</td><td colspan="2">每个仓房的测水分点在排序中的序号,取值为从 1 到对应仓的测水分点总数</td><td>PoinNo2</td></tr>
<tr><td>3.6</td><td>测虫点编号</td><td>N</td><td>8</td><td>—</td><td colspan="2">每个仓房的测虫点在排序中的序号,取值为从 1 到对应仓的测虫点总数</td><td>PoinNo3</td></tr>
<tr><td>3.7</td><td>测磷化氢点编号</td><td>N</td><td>8</td><td>—</td><td colspan="2">每个仓房的测磷化氢点在排序中的序号,取值为从 1 到对应仓的测磷化氢点总数</td><td>PoinNo4</td></tr>
<tr><td>3.8</td><td>测氧气点编号</td><td>N</td><td>8</td><td>—</td><td colspan="2">每个仓房的测氧气点在排序中的序号,取值为从 1 到对应仓的测氧气点总数</td><td>PoinNo5</td></tr>
<tr><td>3.9</td><td>测二氧化碳点编号</td><td>N</td><td>8</td><td>—</td><td colspan="2">每个仓房的测二氧化碳点在排序中的序号,取值为从 1 到对应仓的测二氧化碳点总数</td><td>PoinNo6</td></tr>
<tr><td>4</td><td>粮情检测数据</td><td>—</td><td>—</td><td>—</td><td colspan="2">—</td><td>TestData</td></tr>
<tr><td>4.1</td><td>检测日期</td><td>D</td><td>长日期</td><td>—</td><td colspan="2">该次检测日期及时间,格式为“YYYY-MM-DD hh:nn:ss”</td><td>TestDate</td></tr>
<tr><td>4.2</td><td>仓房内温</td><td>N</td><td>4</td><td>℃</td><td>仓内空气温度</td><td rowspan="4">若只有一个检测点,则取该点检测值,否则取多个点的平均检测值</td><td>InT</td></tr>
<tr><td>4.3</td><td>仓房外温</td><td>N</td><td>4</td><td>℃</td><td>仓外空气温度</td><td>OutT</td></tr>
<tr><td>4.4</td><td>仓房内湿</td><td>N</td><td>4</td><td>%</td><td>仓内相对湿度</td><td>InH</td></tr>
<tr><td>4.5</td><td>仓房外湿</td><td>N</td><td>4</td><td>%</td><td>仓外相对湿度</td><td>OutH</td></tr>
<tr><td>4.6</td><td>粮食温度值集合</td><td>结构化的数据集</td><td>不限</td><td>℃</td><td colspan="2">每个仓每次检测一个记录,每个温度值占两个字节(二进制数),数值为实际温度的 10 倍,即温度值精确到 0.1 ℃;温度值按全仓排序法的顺序存放</td><td>TSet</td></tr>
<tr><td>4.7</td><td>粮食水分值集合</td><td>结构化的数据集</td><td>不限</td><td>%</td><td colspan="2">每个仓每次检测一个记录,每个水分值占两个字节(二进制数),数值为实际水分数值的 10 倍,即精确到 0.1%,水分值按全仓排序法的顺序存放</td><td>MoistureSet</td></tr>
<tr><td>4.8</td><td>仓虫值集合</td><td>结构化的数据集</td><td>不限</td><td>头</td><td colspan="2">每个仓每次检测一个记录,每个仓虫值占两个字节(二进制数),按全仓排序法的顺序存放</td><td>PestSet</td></tr>
<tr><td>4.9</td><td>磷化氢值集合</td><td>结构化的数据集</td><td>不限</td><td>mL/m^3</td><td colspan="2">每个仓每次检测一个记录,每个磷化氢值占两个字节(二进制数),按全仓排序法的顺序存放</td><td>PhosphineSet</td></tr>
</table>

表 A.1（续）

序号	数据项名称	数据项类型	数据项长度	计量单位	说明	备注(符号码)
4.10	氧气值集合	结构化的数据集	不限	%	每个仓每次检测一个记录，每个氧气值占两个字节(二进制数)，数值为实际氧气值的10倍，即精确到0.1%；按全仓排序法的顺序存放	OxygenSet
4.11	二氧化碳值集合	结构化的数据集	不限	%	每个仓每次检测一个记录，每个二氧化碳值占两个字节(二进制数)，数值为实际温度的10倍，即精确到0.1%；按全仓排序法的顺序存放	DioxideSet
5	通风状况	—	—	—	—	Ventilation
5.1	代表点	C	50	—	通风时选出的表征粮温异常温度的几个测温点，其书写格式为：N_1；N_2；……N_m；……(或 x_1，y_1，z_1；x_2，y_2，z_2；……x_m，y_m，z_m；……)，其中：N_m 为第 m 个代表点的“测温点编号”，x_m，y_m，z_m；为第 m 个代表点在长(半径)、宽(夹角)、高方向的“物理坐标”(或序号)	Point
5.2	通风阶段	C	8	—	所处通风阶段(请求通风、开始通风、继续通风、暂停通风、停止通风)	Vstage
5.3	通风状态	C	1	—	是否允许通风	Vstate
5.4	拟开风机	C	50	—	拟开风机(由0、1组成的字符串，每台风机对应一个字节，风机编号依次从左向右排列，如01101代表开2、3、5号风机)	FanEmployed
5.5	实际所开风机	C	50	—	实际所开风机(由0、1组成的字符串，每台风机对应一个字节，风机编号依次从左向右排列，如01101代表2、3、5号风机正在运行)	FanUsing
5.6	通风目的	C	4	—	通风目的(降温、调质、降水、排热)	Vintend
5.7	通风方式	C	4	—	—	Vstyle
5.8	粮食温度	N	4	℃	当前粮食温度	GrainT
5.9	目标粮食温度	N	4	℃	目标粮食温度	AgrainT
5.10	目标粮食水分	N	4	%	目标粮食水分	AGrainWater
5.11	停止通风责任人	C	20	—	停止(暂停)通风责任人	StopPerson
5.12	停止通风原因	C	50	—	停止(暂停)通风原因	StopReason

注：表中数据项类型有字符型、日期型和数值型。其中字符型用C表示；日期型用D表示；数值型用N表示。数据项长度以字节为单位，以信息交换时的数据项长度为准。

A.3 粮仓检测点排序方法

A.3.1 平房仓检测点排序方法

规定以 X 轴代表仓房的长度方向，Y 轴代表仓房的宽度方向，Z 轴代表仓房的高度方向（自上向下）。排序方法是：东南角最上层点为第一个检测点，采用先高度方向（Z 轴）、再宽度方向（Y 轴）、最后长度方向（X 轴）的顺序（如图 A.1 所示，原点为东南角）。

若用 Q 表示一个检测点，则点 $Q[x,y,z]$ 的含义是：长度方向上第 x 列、宽度方向上第 y 行、高度方向的第 z 个检测点。如 $Q[0,0,0]$ 为第一个检测点，$Q[0,0,1]$ 为第二个检测点，依此类推。

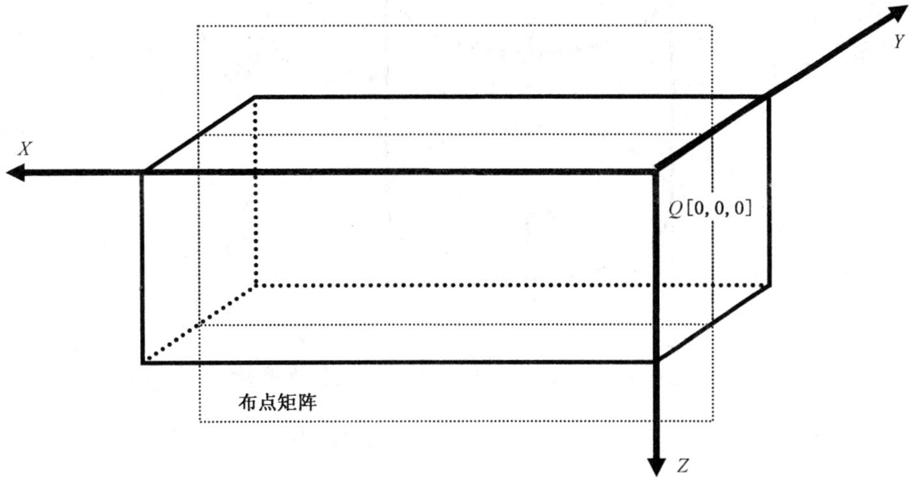

图 A.1 平房仓检测点排序方法及坐标

A.3.2 平房仓东南角的确定方法

按“东优先”的原则，从仓房方位俯视图确定的东南角如图 A.2 所示。

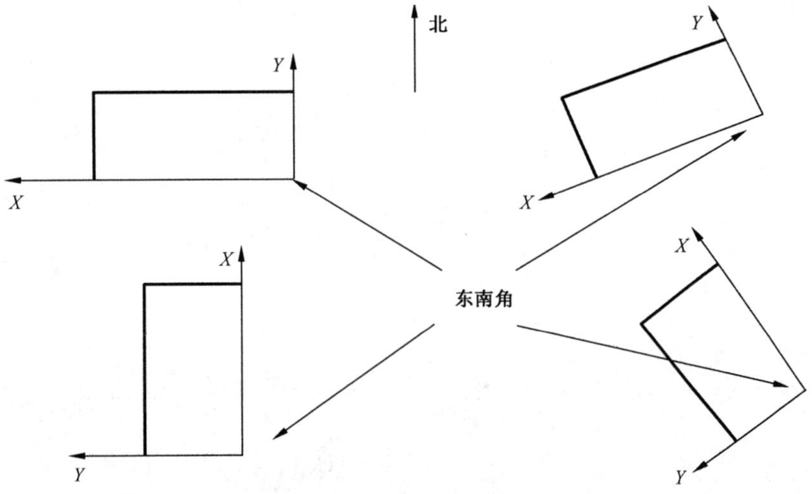

图 A.2 平房仓东南角的确定方法

A.3.3 筒仓检测点排序方法

如图A.3所示,规定R轴代表筒仓的半径方向(指向北方),Z轴代表筒仓的高度方向(自上向下),θ代表圆弧方向上检测点的排序号(自R轴开始,俯视逆时针方向)。排序方法是:最里圈正北方向最上层点为第一个检测点,采用先高度方向(Z轴)、再圆弧方向(θ角度)、最后是半径方向(R轴)的顺序。

若用Q表示一个检测点,则点$Q[r,\theta,z]$的含义是:第r圈电缆上、从北方向逆时针数的第θ根电缆的第z个检测点。如检测点$Q[0,0,0]$表示第一个检测点,$Q[0,0,1]$为第二个检测点,依此类推。

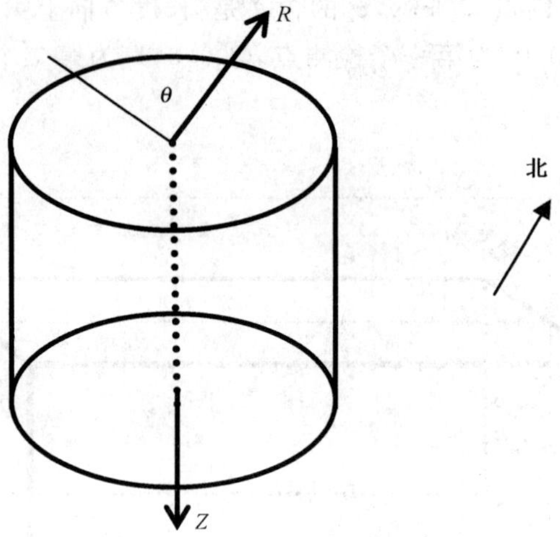

图A.3 筒仓检测点排序方法及坐标

附　录　B
（资料性附录）
粮情检测数据报表格式

B.1　范围

本附录给出了粮情检测数据报表的格式。

B.2　粮情检测数据报表格式

包括日报表和汇总报表，分别如表 B.1 和表 B.2 所示。

表 B.1　日报表格式

××库粮情检测数据报表							
仓房名称		仓房类型		检测日期		天气状况	
实际储量		粮食品种		入仓时间		等级	
收获年份		入仓水分		保管单位		保管员	
其他							
层号	缆号		……	n			
	1	2					
1			……				
2			……				
……			……				
k			……				
层号	缆号		……	$2\times n$			
	$n+1$	$n+2$					
1			……				
2			……				
……			……				
k			……				
层号	缆号		……	$m\times n$			
	$(m-1)\times n+1$	$(m-1)\times n+2$					
1			……				
2			……				
……			……				
k			……				
仓温		气温		仓湿		气湿	

表 B.1（续）

××库粮情检测数据报表					
层数	1	2	……	*k*	整仓
最高温			……		
最低温			……		
平均温			……		
检测结果分析及处理意见					
注：m 为电缆行号，n 为电缆列号，$m \times n$ 的值为电缆编号，k 为每根电缆上传感器分布层数。					

表 B.2 汇总报表格式

××库粮情检测数据汇总报表														
检测日期			天气状况			气温				气湿				
仓房名称	仓温	仓湿	整仓			层 1			层 2			……		
			最高	最低	平均	最高	最低	平均	最高	最低	平均	最高	最低	平均
1 号仓														
2 号仓														
……														

ICS 65.040.20
B 20

中华人民共和国国家标准

GB/T 26882.4—2011

粮油储藏　粮情测控系统
第4部分：信息交换接口协议

Grain and oil storage—Monitoring and control system of stored-grain condition—Part 4: Agreement of information exchange interface

2011-09-29 发布　　2011-12-01 实施

中华人民共和国国家质量监督检验检疫总局
中国国家标准化管理委员会　发布

前　言

GB/T 26882《粮油储藏　粮情测控系统》分为以下四个部分：

——第1部分：通则。

——第2部分：分机。

——第3部分：软件。

——第4部分：信息交换接口协议。

本部分为GB/T 26882的第4部分。

本部分按照GB/T 1.1—2009给出的规则起草。

本部分由国家粮食局提出。

本部分由全国粮油标准化技术委员会(SAC/TC 270)归口。

本部分起草单位：中国储备粮管理总公司、河南工业大学、国贸工程设计院、郑州贝博电子有限公司、赤峰金辰电子有限公司、株洲华邦科技发展有限公司、北京佳华储良科技有限公司。

本部分主要起草人：卜春海、甄彤、肖乐、赫振方、祝玉华、吴建军、刘自力、王强、彭又木、朱世华、高素芬、汪喜波、李克强、王锋、陈卫东、李东方、曹丹。

粮油储藏　粮情测控系统
第 4 部分：信息交换接口协议

1　范围

GB/T 26882 的本部分规定了粮情测控信息交换接口协议的术语和定义、系统基本框架、接口定义的要求。

本部分适用于粮食、油料储藏中使用的粮情测控系统的信息交换体系的设计与建设。

2　术语和定义

下列术语和定义适用于本文件。

2.1

数据　data

对事实、概念或指令的一种形式化表示，适用于以人或自动方式进行通信、解释或处理。

2.2

表示　representation

值域和数据类型的组合，必要时也包括计量单位或字符集。

2.3

数据交换接口　data exchange interface

不同系统之间为实现数据交换所规定的一组约定。在粮情测控系统中，负责访问粮情测控系统和其他系统的数据资源调用、实现及反馈结果集等。粮情测控系统和其他系统之间可以通过该接口的请求方法访问对方数据，对方负责提供响应服务。

2.4

数据项　data unit

数据结构中讨论的最小单位，是数据记录中最基本的、不可分的有名数据单位。数据项由数据项标识符、数据项名称和数据项值三个元素组成。

2.5

数据记录　data record

组成数据集的基本单位，数据记录由一个或多个数据项组成。

2.6

数据集　data set

又称为资料集、数据集合或资料集合，是指一种由数据所组成的集合。

2.7

空白点　blank spot

用于表示对应检测点位置无传感器的状态。

3　系统基本框架

3.1　粮情测控系统上位机与分机的通讯模式

粮情测控系统上位机与分机的通讯模式：

——上位机对分机发送读取或控制命令；
——分机响应上位机命令，发回相应数据或执行相应的控制。

3.2 粮情测控系统信息交换模式

粮情测控系统信息交换模式：
——粮情测控系统和其他系统之间向对方请求服务，调用对方服务接口；
——粮情测控系统或其他系统响应请求，向对方返回利用数据集封装的结构化数据。

4 接口定义

4.1 粮情测控系统上位机与分机之间的通信接口

4.1.1 字节传输格式

4.1.1.1 串口配置

串口应按下列要求进行配置：
——1位起始位；
——8位数据位；
——无校验位；
——1位停止位；
——波特率。

注：其中波特率的取值可以为但不限于下列数值(单位：Bps)：1 200、4 800、9 600等。

4.1.1.2 数据帧格式

通信接口的数据帧应符合表1格式。

表1 数据帧格式

字段名	代　码	长度 Byte
起始符	55H AAH 55H AAH	4
分机地址	KADDL	1
控制符	Command	1
数据长度	Length	2
数据段	Data Segment	L
校验	CRC-16	2
结束符	16H E9H 16H E9H	4
注：其中CRC-16校验数据为从起始符开始到校验前的所有数据。		

4.1.2 粮情测控系统通讯格式

4.1.2.1 读取仓外温湿度

仓外温湿度数据的读取应符合下述格式：

a) 上位机读取仓外温湿度指令应按照表 2 的格式发送。

表 2 上位机读取仓外温湿度指令格式

起始符	KADDL(分机地址)	Command	Length	CRC-16	结束符

Command=A1H,Length=0000H。

b) 分机应按照表 3 的格式返回仓外温湿度数据。

表 3 分机返回仓外温湿度数据格式

起始符	KADDL(分机地址)	Command	Length	Cwtl	Cwth	Cwsl	Cwsh	CRC-16	结束符

Command=81H,Length=0004H 。Cwtl、Cwth、Cwsl、Cwsh 共同组成数据段。Cwtl、Cwth 为仓外温度,其中 Cwtl 为低字节,Cwth 为高字节。Cwsl、Cwsh 为仓外湿度,其中 Cwsl 为低字节,Cwsh 为高字节。

4.1.2.2 读取仓内温湿度

仓内温湿度数据的读取应符合下述格式:

a) 上位机读取仓内温湿度指令应按照表 4 的格式发送。

表 4 上位机读取仓内温湿度指令格式

起始符	KADDL(分机地址)	Command	Length	CRC-16	结束符

Command=A2H,Length=0000H。

b) 分机应按照表 5 的格式返回仓内温湿度数据。

表 5 分机返回仓内温湿度数据格式

起始符	KADDL(分机地址)	Command	Length	Data Segment	CS-16	结束符

Data Segment:

Cnt1l	Cnt1h	Cns1l	Cns1h	...	Cnt*N*l	Cnt*N*h	Cns*N*l	Cns*N*h

Command=82H,Length=*xxxx*H 。Cnt*N*l、Cnt*N*h 为第 *N* 个仓内温度检测点值,其中 Cnt*N*l 为低字节,Cnt*N*h 为高字节。Cns*N*l、Cns*N*h 为第 *N* 个仓内湿度检测点值,其中 Cns*N*l 为低字节,Cns*N*h 为高字节。

4.1.2.3 读取粮堆温度

粮堆温度数据的读取应符合下述格式:

a) 上位机读取粮堆温度指令应按照表 6 的格式发送。

表 6 上位机读取粮堆温度指令格式

起始符	KADDL(分机地址)	Command	Length	CRC-16	结束符

Command＝A3H，Length＝0000H。

b） 分机应按照表 7 或表 8 的格式返回粮堆温度数据。

表 7 分机返回粮堆温度的数据格式 1

起始符	KADDL(分机地址)	Command	Length	Data Segment	CRC-16	结束符

L1	T0l	T0h	…	T*n*l	T*n*h	L*n*	T0l	T0h	…	T*n*l	T*n*h

Command＝53H；Length＝*xxxx*H 。L*n* 为第 *n* 个传感器电缆的编号，长度为两个字节。T*n*l、T*n*h 为某根电缆的第 *n* 个检测点值，同一条电缆的检测点排序为从上到下顺序排列，其中 T*n*l 为低字节，T*n*h 为高字节。

表 8 分机返回粮堆温度的数据格式 2

起始符	KADDL(分机地址)	Command	Length	Data Segment	CRC-16	结束符

T0l	T0h	…	T*n*l	T*n*h

Command＝83H；Length＝*xxxx*H。T*n*l、T*n*h 为某仓的第 *n* 个温度检测点值，其中 T*n*l 为低字节，T*n*h 为高字节。

4.1.2.4 读取其他粮情信息数据

其他粮情信息数据的读取应符合下述格式：

a） 上位机读取其他粮情信息数据指令应按照表 9 的格式发送。

表 9 上位机读取其他粮情信息数据指令格式

起始符	KADDL(分机地址)	Command	Length	CRC-16	结束符

Command 的取值范围从 A4H 到 BFH，一种粮情信息使用一个命令控制符，依此类推。Length＝0000H。

b） 分机应按照表 10 的格式返回其他粮情信息数据。

表 10 分机返回其他粮情信息数据格式

起始符	KADDL(分机地址)	Command	Length	Data Segment	CRC-16	结束符

X0l	X0h	……	X*n*l	X*n*h

Command 的取值范围从 84H 到 9FH，一种粮情信息使用一个命令控制符，依此类推。Length＝*xxxx*H。X*n*l、X*n*h 为某仓的第 *n* 个某粮情信息检测点值，其中 X*n*l 为低字节，X*n*h 为高字节。

4.1.2.5 粮情信息数据计算公式

a) 温度计算公式：(Th×256+Tl)/10，保留一位小数。

b) 湿度计算公式：(Sh×256+Sl)/10，保留一位小数。

c) 其他粮情信息数据计算公式：(Xh×256+Xl)/10，保留一位小数。

d) 若某检测点无数据回复表示有误，其中开路为7777H，短路为8888H。

e) 空白点的值为9999H。

4.1.2.6 粮情控制

a) 上位机读取粮情控制设备状态信息数据指令应按照表11的格式发送。

表11 上位机读取粮情控制设备状态信息数据指令格式

起始符	KADDL(分机地址)	Command	Length	CRC-16	结束符

Command=C1H，Length =0000H。

b) 分机应按照表12的格式返回粮情控制设备状态信息数据。

表12 上位机读取粮情控制设备状态信息数据指令格式

起始符	KADDL(分机地址)	Command	Length	Data Segment	CRC-16	结束符

Data Segment：

EC0	……	ECn

Command=C2H，Length=$xxxx$H。ECn为第n个设备的当前状态。

c) 上位机设定粮情控制设备状态的指令应按照表13的格式发送。

表13 上位机设定粮情控制设备状态指令格式

起始符	KADDL(分机地址)	Command	Length	Data Segment	CRC-16	结束符

Data Segment：

EC0	...	ECn

Command=C3H，Length=$xxxx$H。ECn为第n个设备将要设定的状态。

4.2 粮情测控系统与其他系统之间的信息交换

4.2.1 获取仓库基本信息数据方法的接口定义

a) 服务请求方：粮情测控系统。

b) 服务响应方：粮库管理信息系统。

c) 方法名称：Get_DepotInfoData。

d) 返回类型：复合型。

e) 参数应参照表14的要求。

表14 获取仓库基本信息数据方法参数表

序号	参数	英文名称	含义	类型
1	仓号	DepotId	仓房编号	字符型
2	日期	Date	查询日期	长日期型

f) 返回值应参照表15的要求。

表15 获取仓库基本信息数据方法返回值表

<table>
<tr><th>序号</th><th>参数</th><th>备　注</th></tr>
<tr><td>1</td><td>仓房编号</td><td rowspan="14">含义及类型参见GB/T 26882.3中的表A.1</td></tr>
<tr><td>2</td><td>仓房类型</td></tr>
<tr><td>3</td><td>保管员</td></tr>
<tr><td>4</td><td>粮食品种</td></tr>
<tr><td>5</td><td>储粮性质</td></tr>
<tr><td>6</td><td>产地</td></tr>
<tr><td>7</td><td>粮食储量</td></tr>
<tr><td>8</td><td>杂质</td></tr>
<tr><td>9</td><td>等级</td></tr>
<tr><td>10</td><td>入仓水分</td></tr>
<tr><td>11</td><td>储存方式</td></tr>
<tr><td>12</td><td>入库日期</td></tr>
<tr><td>13</td><td>测量日期</td></tr>
<tr><td>14</td><td>测量时间</td></tr>
</table>

4.2.2 获取仓库储粮粮情信息数据方法的接口定义

a) 服务请求方：其他系统。

b) 服务响应方：粮情测控系统。

c) 方法名称：Get_GCData。

d) 返回类型：复合型。

e) 参数应参照表16的要求。

表16 获取仓库储粮粮情信息数据方法参数表

序号	参数	英文名称	含义	类型
1	仓号	DepotId	粮仓编号	字符型
2	日期	Date	查询日期	长日期型

f) 返回值应参照表 17 的要求。

表 17 获取仓库储粮粮情信息数据方法返回值表

序号	参　数	备　注
1	仓房号	含义及类型参见 GB/T 26882.3 中的表 A.1
2	仓型	
3	外温	
4	外湿	
5	仓温	
6	仓湿	
7	粮温检测点个数	
……	各粮温检测点数据	
……	其他粮情检测点数据	此部分用于系统扩展,包括其他粮情检测点个数及相应数据

参 考 文 献

[1] GB/T 26882.3—2011 粮油储藏 粮情测控系统 第3部分:软件

ICS 67.260
X 91

中华人民共和国国家标准

GB/T 26883—2011

粮油机械 单螺旋榨油机

Grain and oil machinery—Single screw press

2011-09-29 发布 2011-12-01 实施

中华人民共和国国家质量监督检验检疫总局
中国国家标准化管理委员会 发布

前　言

本标准的附录 A、附录 B 为规范性附录。

本标准由国家粮食局提出。

本标准由全国粮油标准化技术委员会归口。

本标准起草单位：国家粮食储备局西安油脂科学研究设计院、河北南皮机械制造有限责任公司。

本标准主要起草人：魏冰、朱正友、吴生平、潘小平、周家训。

粮油机械　单螺旋榨油机

1　范围

本标准规定了单螺旋榨油机的术语和定义、工作原理、分类、技术要求、试验方法、检验规则、标志、包装、运输和储存要求。

本标准适用于自带保温蒸锅的单螺旋榨油机。

2　规范性引用文件

下列文件中的条款通过本标准的引用而成为本标准的条款。凡是注日期的引用文件，其随后所有的修改单(不包括勘误的内容)或修订版均不适用于本标准，然而，鼓励根据本标准达成协议的各方研究是否可使用这些文件的最新版本。凡是不注日期的引用文件，其最新版本适用于本标准。

GB 150　钢制压力容器

GB/T 191　包装储运图示标志

GB/T 1532—2008　花生

GB/T 3768　声学　声压法测定噪声源声功率级　反射面上方采用包络测量表面的简易法

GB/T 4272　设备及管道绝热技术通则

GB 5226.1　机械电气安全　机械电气设备　第1部分：通用技术条件

GB/T 10359　油料饼粕　含油量的测定　第1部分：已烷(或石油醚)提取法

GB/T 11762—2006　油菜籽

GB/T 13306　标牌

GB/T 24854　粮油机械　产品包装通用技术条件

GB/T 24855　粮油机械　装配通用技术条件

GB/T 24856　粮油机械　铸件通用技术条件

GB/T 24857　粮油机械　板件、板型钢构件通用技术条件

GB/T 25218　粮油机械　产品涂装通用技术条件

GBZ 158　工作场所职业病危害警示标识

LS/T 3501.2　粮油加工机械通用技术条件　机械加工技术要求

LS/T 3501.6　粮油加工机械通用技术条件　焊接件

压力容器安全技术监察规程(质技监局锅发[1999]154号)

3　术语和定义

下列术语和定义适用于本标准。

3.1

预压榨　pre-pressing

对含油量较高的油料进行初步压榨以提取部分油脂的压榨过程。

3.2

全压榨制油　oil extraction by pressing

油料通过一次或多次连续压榨完成制油的压榨过程。

3.3

首次故障前工作时间　operating hours to first failure

指榨油机正常工作条件下，榨油机从开始工作至某一零部件(易损件正常磨损除外)出现故障时的

累计工作时间，单位为小时(h)。

4 工作原理

已蒸炒的油料料胚经蒸锅保温和微调水分后输入榨油部分，榨油机依靠螺旋挤压力配合榨笼作用完成对油料料胚的压榨制油过程。

5 结构及分类

5.1 结构

榨油机由上下两个主要部分组成，上部由蒸锅和输送绞龙等零部件组成喂料、保温装置；下部由减速箱、机座、榨笼、螺旋轴组成传动、压榨传送装置。

5.2 分类

按制油工艺不同分为预压榨和全压榨两类。

6 型号及基本参数

6.1 型号的编制方法

按附录 A 执行。

6.2 基本参数项目

基本参数项目包括型号规格、生产能力、电机功率、转速、外形尺寸、机器净重、关键零部件(如榨螺、出饼圈等)的使用寿命和首次故障前工作时间等。在使用说明书等技术文件中应明确标明。

7 技术要求

7.1 一般要求

7.1.1 榨油机应符合本标准的规定，并按照经规定程序批准的图样和技术文件制造。

7.1.2 原材料、外购件、外协件等应附有合格证，经验收合格后才能使用。

7.1.3 板件板型钢构件按 GB/T 24857 的规定执行。

7.1.4 铸件按 GB/T 24856 的规定执行。

7.1.5 焊接件应符合 LS/T 3501.6 的规定。

7.1.6 主要零件的质量应符合 LS/T 3501.2 的规定。

7.1.7 装配按 GB/T 24855 的规定执行。

7.1.8 产品涂装按 GB/T 25218 的规定执行。

7.2 机械性能

7.2.1 蒸锅质量要求

7.2.1.1 蒸锅的设计、制造、检验和验收按照 GB 150 和《压力容器安全技术监察规程》执行。

7.2.1.2 蒸锅的性能指标应达到表 1 的要求。

表 1 蒸锅的性能指标

项　目	指　标
设计压力/MPa	0.66
试验压力/MPa	0.83
最高工作压力/MPa	0.6
最高蒸汽温度/℃	164
注：蒸锅性能指标是以蒸汽为工作介质条件下规定的。	

7.2.1.3 蒸锅应采用非易燃材料敷设保温层，绝热设计应符合 GB/T 4272 的要求。

7.2.2 榨油机性能要求

7.2.2.1 调节出饼厚薄的校饼圈与出饼圈之间最大与最小间隙之差应不大于 0.6 mm。

7.2.2.2 校饼机构应进退灵活，榨笼应开合灵活，手盘动大皮带轮应无碰擦卡现象。

7.2.2.3 在额定转速内，减速箱不应有漏油现象。

7.2.2.4 操纵、调节等装置及蒸锅安全附件灵敏、可靠。

7.2.2.5 空载运行时，不应有异常振动和撞击声。

7.2.2.6 空载运转时的 A 计权声压级噪声一般应小于 85 dB(A)。当达不到要求时，应采取降噪措施。

7.2.2.7 空载运转 1 h 后，滚动轴承温升不超过 35 ℃，滑动轴承温升不超过 30 ℃。

7.3 工艺性能

7.3.1 性能指标应达到表 2 的要求。

表 2 榨油机性能指标

项　目	榨油机型号[a]							
	YZYX18	YZYX28	YZYX32	YZYY24	YZYY28	YZYY32	YZYY34	YZYY43
干饼残油率/%	6～7	7～9	8～10	15～18	16～20	16～20	15～18	16～20
注：由于油料品种、油料含油量或操作条件等因素的不同，表中参数可有所增减。								
[a] 见附录 A。								

7.3.2 表 2 中型号分全压榨(前 3 个)和预压榨(后 5 个)，全压榨榨油机以处理花生仁为参考，预压榨榨油机性能指标以处理油菜籽为参考。

7.3.3 表 2 中参数系指在花生仁达到 GB/T 1532—2008 规定的 3 级、油菜籽达到 GB/T 11762—2006 规定的 4 级的条件下，并按照附录 B 的榨油工艺流程条件下的生产达到的性能参数。

7.4 安全要求

7.4.1 安全警示标志按 GBZ 158 执行。

7.4.2 电气设备安全应符合 GB 5226.1 的规定。

7.4.3 电气要有过载保护、接地保护及必要的联锁装置，元件的绝缘电阻不小于 20 MΩ。

7.4.4 蒸锅设备按 GB 150 和《压力容器安全技术监察规程》执行。

8 试验方法

8.1 试验条件及要求

8.1.1 试验的场地应能满足测定项目的需要，并按榨油工艺的要求安装必要的辅助设备。

8.1.2 在同一次试验过程中，样机的操作、测定、检测和油品的化验均应配备固定的熟练人员。

8.1.3 试验用仪器、仪表应经检验合格，并在有效期内。

8.1.4 试验用电动机，配套功率应符合使用说明书的规定。

8.1.5 试验用电压应在 380 V、偏差不大于±5%的范围内。试验时电机负荷不应超过标定功率的 10%。

8.2 机械性能检测

8.2.1 噪声的测定：榨油机空运转 30 min，按照 GB/T 3768 的规定进行。

8.2.2 轴承温升检测：在正常运转 1 h 后，用测温计测定轴承外壳温度，计算与试验场所环境温度之差。

8.3 工艺性能试验

8.3.1 试验要求

8.3.1.1 试验原料应为符合7.3规定的花生仁或油菜籽。

8.3.1.2 榨油工艺流程按附录B执行。

8.3.1.3 应在样机额定负荷条件下，将样机调到最佳工作状态进行试验。正式试验不少于两次，每次不少于2 h。

8.3.2 操作步骤

8.3.2.1 根据榨油机额定处理量准备原料；按附录B工艺流程要求进行榨油。在开始试验30 min后随机扦取油饼样，取样次数不少于3次，共取样不少于1 kg。

8.3.2.2 按GB/T 10359规定测定油饼中含油量(以干基表示)即为干饼残油率。

8.4 其他要求和参数检测

7.1、7.2和7.4中给定标准的按标准规定方法检测；其他按常规方法或感官进行检测。

9 检验规则

9.1 检验分类

分为出厂检验和型式检验两类。

9.2 出厂检验

9.2.1 每台出厂产品应进行检验，检验合格后方可出厂。

9.2.2 出厂检验按7.1、7.2、7.4的规定执行。

9.3 型式检验

9.3.1 型式检验按第7章执行。有下列情况之一的应进行型式检验：

a) 新产品投产时；

b) 产品投产后，当材料、工艺有较大改动，可能影响产品性能时；

c) 产品停产一年以上，恢复生产时；

d) 连续生产三年时；

e) 出厂检验结果与上次型式检验有较大差异时；

f) 国家有关质量管理部门提出检验要求时。

9.3.2 型式检验采取随机抽样，抽样数为5%，但不少于两台。

9.4 判定规则

9.4.1 检验结果应符合第7章的规定。

9.4.2 任一台有任一项检验不合格，允许修复一次后，加倍抽样复验，以复验结果为准。若仍不符合规定，则判定该批产品为不合格。

10 标志、包装、运输和储存

10.1 标志

10.1.1 在明显位置固定产品标牌，分为榨油机和蒸锅两个标牌，标牌内容按GB/T 13306的规定执行。

10.1.2 外包装的包装储运图示标志按GB/T 191执行。

10.2 包装

10.2.1 包装应符合GB/T 24854的规定。

10.2.2 随机文件和工具包括：

——使用说明书；

——检验合格证；

——装箱单；

——工具和附件。

10.2.3 榨油机采用裸装，随机文件和工具采用箱装。

10.3 运输

10.3.1 裸装产品在运输途中应遮盖。

10.3.2 运输过程中的吊卸、装载应按照外包装的图示标志进行。

10.4 储存

10.4.1 室内存放时应有良好的通风防潮措施。

10.4.2 室外存放时应有防雨淋、防日晒、防积水的措施。

附 录 A
（规范性附录）
型号编制方法

A.1 型号编制方法

型号由专业代号、品种代号、型式代号以及产品的主要规格等四个部分组成。

□ □□ □ □

主要规格：进料端榨螺直径，单位为厘米（cm）

型式代号：X，表示全压榨螺旋式；Y，代表预压榨螺旋式

品种代号：ZY，表示榨油机

专业代号：Y，表示制油机械设备

A.2 示例

YZYX18：进料端榨螺直径约为 18 cm 的全压榨单螺旋榨油机。

YZYY24：进料端榨螺直径约为 24 cm 的预压榨单螺旋榨油机。

附　录　B
（规范性附录）
榨油机榨油工艺流程

B.1　花生仁压榨工艺

花生仁→清理→破碎→轧胚—不超过 0.5 mm→蒸炒—入榨水分 1%～2.5%／入榨温度约 130 ℃→进入本机的自带蒸锅→保温→压榨→花生饼

└→油脂

B.2　油菜籽预榨工艺

油菜籽→清理→软化—水分 10%～12%／温度 60 ℃～70 ℃→轧胚—0.2 mm～0.4 mm→蒸炒—入榨水分 3%～5%／入榨温度约 130 ℃→预榨→菜籽饼

└→油脂

ICS 67.260
X 91

中华人民共和国国家标准

GB/T 26884—2011

粮油机械　浸出器

Grain and oil machinery—Extractor

2011-09-29 发布　　2011-12-01 实施

中华人民共和国国家质量监督检验检疫总局
中国国家标准化管理委员会　发布

前　言

本标准的附录A为规范性附录。

本标准由国家粮食局提出。

本标准由全国粮油标准化技术委员会归口。

本标准起草单位：国家粮食储备局西安油脂科学研究设计院、安徽庆发粮油集团有限公司。

本标准主要起草人：杨帆、杜宣利、姜巍伟、胡淮东。

粮油机械　浸出器

1　范围

本标准规定了浸出器的术语和定义、型号编制与基本参数、技术要求、试验方法、检验规则、标志、包装、运输和储存要求。

本标准适用于植物油料浸出所用的连续式浸出器。

2　规范性引用文件

下列文件中的条款通过本标准的引用而成为本标准的条款。凡是注日期的引用文件，其随后所有的修改单(不包括勘误的内容)或修订版均不适用于本标准，然而，鼓励根据本标准达成协议的各方研究是否可使用这些文件的最新版本。凡是不注日期的引用文件，其最新版本适用于本标准。

GB 150　钢制压力容器

GB/T 191　包装储运图示标志

GB/T 3768　声学　声压法测定噪声源声功率级　反射面上方采用包络测量表面的简易法

GB/T 5497　粮食、油料检验　水分测定法

GB/T 5512　粮油检验　粮食中粗脂肪含量测定

GB/T 8873　粮油名词术语　油脂工业

GB/T 13306　标牌

GB 16629　植物油抽提溶剂

GB/T 24854　粮油机械　产品包装通用技术条件

GB/T 24856　粮油机械　铸件通用技术条件

GB/T 24857　粮油机械　板件、板型钢构件通用技术条件

GBZ 158　工作场所职业病危害警示标识

JBJ 6—1996　机械工厂电力设计规程

NB/T 47003.1—2009　钢制焊接常压容器

SBJ 04　浸出制油工厂防火安全规范

3　术语和定义

GB/T 8873 中确立的以及下列术语和定义适用于本标准。

3.1

浸出器　extractor

采用溶剂萃取植物油料中油脂的设备。常见有平转浸出器、环形浸出器、履带浸出器。

3.2

混合油　miscella

从浸出器中出来的溶剂和植物油脂的混合液。

3.3

湿粕含溶量　solvent content in wet meal

从浸出器出来的湿粕中溶剂占湿粕的质量分数。

3.4

粕中残油量　oil content in meal

粕中油脂含量占粕(干基)的质量分数。

3.5

溶剂比　solvent ratio

单位时间内所用溶剂的质量与被浸物料质量的比值。

3.6

混合油浓度　miscella concentration

油脂占混合油总量的质量分数。

4　型号编制与基本参数

4.1　型号编制方法

按附录A执行。

4.2　基本参数项目

基本参数项目包括型号规格、不同原料的生产能力、电机功率、转速和外形尺寸等。在使用说明书等技术文件中应明确标明。

5　技术要求

5.1　一般要求

5.1.1　浸出器应符合本标准的要求，并按经规定程序批准的图样和技术文件制造。

5.1.2　原材料、外购件应有合格证书，经验收合格方可使用。

5.1.3　浸出器的冷作成型及焊缝外观质量应符合NB/T 47003.1—2009中5.6.7.9的要求。

5.1.4　表面涂漆应平整、光洁、色泽一致、无气泡、流挂、起皮、脱落。

5.1.5　铸件按GB/T 24856执行。

5.1.6　板件、板型钢构件按GB/T 24857执行。

5.2　机械性能

5.2.1　运转应平稳、灵活，无异常振动、撞击和摩擦声。

5.2.2　全部密封处应无泄漏。

5.2.3　喷淋管应保证溶剂喷淋均匀。

5.2.4　运转时噪声应小于70 dB(A)。

5.2.5　正常工作4 h后，轴承温升不得超过35 ℃。

5.3　工艺性能

5.3.1　当进入浸出器的原料符合表1的规定、溶剂符合GB 16629的规定、浸出器工作温度和溶剂与料粕体积比符合表1规定时，出浸出器的湿粕和混合油浓度应分别符合表2和表3的规定。

表1　进入浸出器原料的技术指标

原料						溶剂	
名称	温度 ℃	水分 %	含油 %	坯片厚度 mm	粉末度 %	温度 ℃	溶剂与料粕 体积比
米糠膨化料	50～55	7～8	—	—	含粞≤0.5	50～55	1∶0.8～1∶1.1
菜籽等预榨饼		4～6	≤16	—	≤5		
大豆胚片		8～10	≤20	0.28～0.32	≤12		

5.3.2 出浸出器的湿粕技术指标见表2。

表2 出浸出器湿粕的技术指标

名 称	粕中残油量 %	湿粕含溶量 %
米糠膨化料	≤1.5	
菜籽等预榨饼	≤1.2	<35
大豆胚片	≤1.0	

5.3.3 出浸出器的混合油浓度见表3。

表3 出浸出器的混合油浓度

入浸出器原料含油率 %	混合油浓度 %
18~20	≥27
12~15	≥23
9~12	≥19
7~9	≥13

5.4 安全要求

5.4.1 安全警示标志应符合GBZ 158规定。

5.4.2 浸出器的操作应符合SBJ 04的要求。浸出器配用的电气设备应按JBJ 6—1996中第18章的规定选用,所有转动设备的旋转部件均应有防护罩,并应有安全、调节及润滑等各种标志。

5.4.3 受压容器、设备按GB 150执行。

5.4.4 浸出器上安装的流量计和压力表等应反应灵敏,显示准确,应由计量部门校验合格,精度要求采用1.5级。仪表防爆等级为DⅡBT4。

6 试验方法

6.1 试验条件与要求

6.1.1 试验场地和样机的安装应符合产品说明书的有关规定,试验设备须配有相应的起动和过载保护装置,并能满足试验要求。

6.1.2 试验用仪器、仪表和量具应按有关规定校验合格,并在有效期内。

6.1.3 试验样机和电机均应具有质量检验合格证、使用说明书等技术资料。

6.1.4 试验电压为380 V,偏差不大于±10%。

6.1.5 在同一次试验过程中的机器操作和检测,均应由固定的熟练操作人员进行。

6.1.6 空运转试验时间应不少于30 min。

6.2 机械性能的测试

6.2.1 气密性检验:浸出器安装完成后进行。检测对象是混合油、溶剂以及溶剂气体的所有密封系统;检验方法:将实验系统所有接口密封,从任意接口通入压缩空气,试验压力为3.92×10^3 Pa,保压10 min,检查所有接口与焊缝,不得泄露。

6.2.2 喷淋均匀性检验:浸出器安装完成后,人工注入水,开启浸出器循环泵并调整阀门到设计流量,目测喷淋管前后左右喷淋是否均匀。

6.2.3 噪声:按GB/T 3768执行。

6.2.4 轴承温升测定:采用测温计在试验前和正常工作4 h以后测定各轴承外壳的表面温度,并计算温升。

6.3 工艺性能试验

6.3.1 性能试验条件和要求

6.3.1.1 应在设备制造安装验收合格后的生产现场进行。

6.3.1.2 试验条件和要求除了应符合6.1的规定外，还应进行投料调试。试验用物料和溶剂应符合5.3.1的规定。

6.3.1.3 当投料调试达到设计生产能力，设备运转正常，工作温度、溶剂比符合5.3.1的要求时，再开始进行工艺性能测试。每次测试时间不少于8 h；生产能力试验时间不少于72 h。

6.3.2 取样

6.3.2.1 取样次数

每种试样在试验过程中，取样不少于3次，取样间隔时间应均匀，最短间隔时间不少于1.5 h。

6.3.2.2 取样方法

6.3.2.2.1 混合油：用磨口瓶从出浸出器混合油取样口取样，每次取样100 mL，取样后迅速将瓶口盖紧备用。

6.3.2.2.2 湿粕：用磨口瓶从浸出器出湿粕取样口取样，每次取样500 g，取样后迅速将瓶口盖紧，测湿粕含溶和粕中残油用。

6.3.2.2.3 大豆坯片：从轧坯机中、左、右三处分别取样200 g，置于取样盒，待测完坯片厚度后再混合备用。

6.3.2.2.4 预榨饼：从预榨饼机出饼口取预榨饼500 g，置于取样盒备用。膨化米糠饼同。

6.3.2.3 样品处理

将三次取的样品混合均匀后，按测试需要量分取试样。

6.3.3 进、出浸出器物料的检测与计算

6.3.3.1 原料含油量检验：按GB/T 5512执行。

6.3.3.2 原料含水分检验：按GB/T 5497执行。

6.3.3.3 原料坯厚检验：任取坯片5片，叠为1组，用千分尺测量厚度，共测3组。按式(1)计算：

$$P_n = \frac{P_d}{N} \qquad \cdots\cdots(1)$$

式中：

P_n——坯厚，单位为毫米(mm)；

P_d——3组坯片总厚，单位为毫米(mm)；

N——坯片总数。

6.3.3.4 粉末度检验：大豆生坯，预榨饼，以1.2 mm筛孔网筛取；米糠含粞0.5 mm筛孔网筛取。分别称量筛上物和筛下物，按式(2)计算：

$$F_d = \frac{S_1}{S_1 + S_2} \times 100\% \qquad \cdots\cdots(2)$$

式中：

F_d——粉末度(质量分数)，%；

S_1——筛下物质量，单位为克(g)；

S_2——筛上物质量，单位为克(g)。

6.3.3.5 溶剂比检验：记录一个单位时间内，液体流量计的溶剂计量和原料计量，按式(3)计算：

$$R_b = \frac{Q_L}{Q_R} \times 100\% \qquad \cdots\cdots(3)$$

式中：

R_b——溶剂比(质量分数)，%；

Q_L——单位时间内油料投料量，单位为千克(kg)；

Q_R——单位时间内溶剂用量，单位为千克(kg)。

6.3.3.6 粕中残油检验：试样为在水溶锅中加热脱溶、引爆合格后的干粕(脱溶粕)，按 GB/T 5512 执行。

6.3.3.7 湿粕含溶检验：试样带瓶称量后，打开瓶盖，在水溶锅中加热脱溶，引爆合格后，盖上瓶盖，再带瓶称量。按式(4)计算：

$$B=\left(1-\frac{m_1-m_2}{m_3-m_2}\right)\times 100\% \qquad \cdots\cdots(4)$$

式中：

B——湿粕含溶(质量分数)，%；

m_1——干粕连瓶质量，单位为克(g)；

m_2——净瓶质量，单位为克(g)；

m_3——湿粕连瓶质量，单位为克(g)。

6.3.3.8 混合油浓度检验：试样带瓶用天平测量，水浴锅加热脱溶引爆合格后，放于 100 ℃～105 ℃烘箱烘至恒质。按式(5)计算：

$$N_d=\frac{m_4-m_2}{m_5-m_2}\times 100\% \qquad \cdots\cdots(5)$$

式中：

N_d——混合油浓度(质量分数)，%；

m_2——净瓶质量，单位为克(g)；

m_4——烘后油连瓶质量，单位为克(g)；

m_5——试样连瓶质量，单位为克(g)。

6.3.3.9 生产能力测定：按设计的生产能力最少经过 72 h 连续生产，在此期间每 24 h 内至少做 3 次测试。按式(6)进行计算：

$$Q=q/T \qquad \cdots\cdots(6)$$

式中：

Q——处理量，单位为吨每天(t/d)；

q——投料量，单位为吨(t)；

T——处理投料实际时间，单位为天(d)。

6.4 其他要求和参数的检测

5.1、5.2、5.4 中其他要求和相关参数，给定标准的按其标准中规定的方法检测，其他采用常规方法和感官进行检测。

7 检验规则

7.1 检验分类

分为出厂检验和型式检验两类。

7.2 出厂检验

7.2.1 每台产品出厂应进行检验，检验合格后方可出厂。

7.2.2 需到现场组装的部件出厂前应检验合格。

7.2.3 出厂检验项目按 5.1、5.2、5.4 的规定检验。

7.3 型式检验

7.3.1 按第 5 章执行。有下列情况之一的应进行型式检验：

——新产品投产时；

——产品投产后，在材料、工艺上有较大改动，可能影响产品性能时；

——产品停产一年以上,恢复生产时;

——连续生产三年时;

——出厂检验结果与上次型式检验有较大差异时;

——国家有关质量管理部门提出检验要求时。

7.3.2 型式检验采取随机抽样,抽样数为5%,但不少于两台。

7.4 判定规则

型式检验结果应符合第5章的规定。对任一项检验不合格,允许修复一次后加倍复验,以复验结果为准。若仍不符合规定,则判定为不合格。

8 标志、包装、运输和储存

8.1 标志

8.1.1 在明显位置固定产品标牌,标牌内容按GB/T 13306执行。

8.1.2 外包装的包装储运图示标志按GB/T 191执行。

8.2 包装

8.2.1 按GB/T 24854执行。

8.2.2 浸出器主体件采用裸装,附件采用箱装。

8.2.3 随机文件应用塑料袋装好,固定在附件箱内。

8.2.4 随机文件和工具应包括:

——使用说明书;

——检验合格证;

——装箱单;

——竣工图;

——工具和附件。

8.3 运输

8.3.1 运输方式可按供需双方商定或商业惯例办理。

8.3.2 裸装产品在运输途中应遮盖。

8.3.3 运输过程中的吊卸、装载应按照外包装的图示标志进行。

8.4 储存

8.4.1 室内存放时,通风良好,防潮。

8.4.2 露天存放时,应防潮、防雨雪、防晒、防风。

8.4.3 储存时各接管法兰、开口处均应有封闭措施,外表面应有防锈措施。

附　录　A
（规范性附录）
产品型号表示方法

A.1　型号表示方法

平转浸出器型号表示方法为：

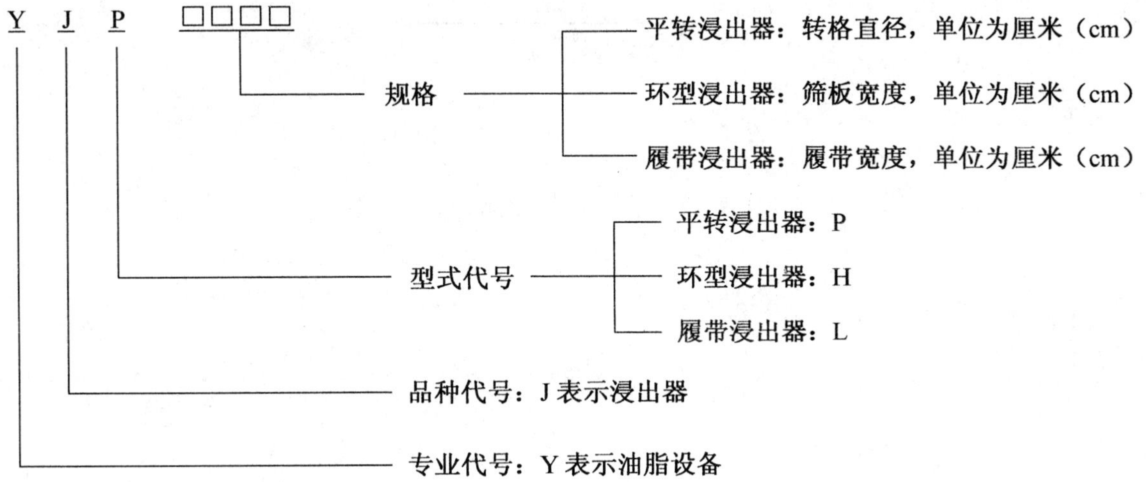

A.2　示例

YJP300：表示转格直径为300 cm的平转浸出器；
YJH50：表示筛板宽度为50 cm的环型浸出器；
YJL50：表示履带宽度为50 cm的履带浸出器。

A.3　基本参数

基本参数见表A.1～表A.3。

表A.1　平转浸出器的规格参数

名称	规格尺寸 cm								
平转浸出器 转格直径	300	350	400	450	500	550	600	650	700
注1：规格以50 cm为递增级数。 注2：规格参数参照此表，但不仅限于此。									

表A.2　环型浸出器的规格参数

名称	规格尺寸 cm							
环型浸出器 筛板宽度	50	100	150	200	250	300	350	400
注1：规格以50 cm为递增级数。 注2：规格参数参此表，但不仅限于此。								

表 A.3 履带浸出器的规格参数

名称	规格尺寸 cm							
履带浸出器 履带宽度	50	100	150	200	250	350	400	450
注1：规格以50 cm为递增级数。 注2：规格参数参照此表，但不仅限于此。								

ICS 67.260
X 91

中华人民共和国国家标准

GB/T 26885—2011

粮油机械　螺旋清仓机

Grain and oil machinery—Sweep auger

2011-09-29 发布　　　2011-12-01 实施

中华人民共和国国家质量监督检验检疫总局
中国国家标准化管理委员会　发布

前　言

本标准的附录 A 为规范性附录。

本标准由国家粮食局提出。

本标准由全国粮油标准化技术委员会(SAC/TC 270)归口。

本标准起草单位:国家粮食储备局郑州科学研究设计院、上海捷赛国际贸易有限公司。

本标准主要起草人:唐学军、辛烁军、张卓青、张明学。

粮油机械　螺旋清仓机

1　范围

本标准规定了螺旋清仓机的工作原理、产品型号、基本参数、技术要求、试验方法、检验规则、标志、包装、运输和储存要求。

本标准适用于清理平底圆仓内散粒状粮食自流后残余粮食的螺旋清仓机。

2　规范性引用文件

下列文件中的条款通过本标准的引用而成为本标准的条款。凡是注日期的引用文件，其随后所有的修改单(不包括勘误的内容)或修订版均不适用于本标准，然而，鼓励根据本标准达成协议的各方研究是否可使用这些文件的最新版本。凡是不注日期的引用文件，其最新版本适用于本标准。

GB/T 191　包装储运图示标志

GB/T 3768　声学　声压法测定噪声源声功率级　反射面上方采用包络测量表面的简易法

GB 5491　粮食、油料检验　扦样、分样法

GB/T 5494　粮油检验　粮食、油料的杂质、不完善粒检验

GB/T 13306　标牌

GB 17440　粮食加工、储运系统粉尘防爆安全规程

GB/T 24854　粮油机械　产品包装通用技术条件

GB/T 24856　粮油机械　铸件通用技术条件

GB/T 24857　粮油机械　板件、板型钢构件通用技术条件

GB/T 25218　粮油机械　产品涂装通用技术条件

GB 50209—1998　建筑地面工程施工质量验收规范

GB 50270—2010　输送设备安装工程施工及验收规范

GBZ 158　工作场所职业病危害警示标识

JB/T 7557　同轴度误差检测

LS/T 3501.6　粮油加工机械通用技术条件　焊接件

3　工作原理

依靠螺旋转动把粮食推送到圆仓中心出料口，同时螺旋清仓机做绕圆仓中心的圆周运动，螺旋清仓机完成一个圆周运动即完成清仓作业。

4　型号及基本参数

4.1　产品型号编制方法

按附录A执行。

4.2　基本参数项目

基本参数项目包括型号规格、螺旋叶片公称外径、螺旋叶片螺距、螺旋转速、螺旋清仓机产量，在使用说明书等技术文件中应明确标明。

5 技术要求

5.1 一般要求

5.1.1 应按照经规定程序批准的图样和技术文件制造。

5.1.2 所有零部件应检验合格，原材料、外购件、外协件应有合格证书并验收合格方可使用。

5.1.3 铸件的机械性能应按 GB/T 24856 执行。

5.1.4 钢板冲压件、型钢构件应按 GB/T 24857 执行。

5.1.5 焊接件应按 LS/T 3501.6 执行。

5.1.6 表面涂漆应按 GB/T 25218 执行。

5.2 机械性能

5.2.1 悬挂轴承的材料应采用耐磨材料，结构应使拆装、更换方便。正常工作时，悬挂轴承温升应不大于 40 ℃。

5.2.2 装配后螺旋体转动应平稳灵活。

5.2.3 螺旋叶片外径与机壳之间的最小间隙应按 GB 50270—2010 中表 6.0.1-1 的规定执行。

5.2.4 行走装置应运行平稳，无卡死或持续打滑现象。

5.2.5 螺旋清仓机应运行平稳，不应有异常震动和响声。空载运行时噪声应不超过 85 dB(A)。

5.2.6 装配后螺旋体轴线的同轴度公差值应为 ϕ3 mm。

5.2.7 减速器不应漏油。螺旋清仓机正常工作 2 h 时，减速器壳体的最高温度应不大于 65 ℃，最高温升应不大于 40 ℃。

5.2.8 电控系统应灵敏、准确、可靠。

5.3 工艺性能

5.3.1 螺旋清仓机正常工作时产量应满足设计要求。

5.3.2 完成清仓作业后，粮食的增碎率值不大于 2%。

5.3.3 完成清仓作业后，仓内余粮厚度不应超过 30 mm。

5.4 安全要求

5.4.1 安全警示标志按 GBZ 158 执行。

5.4.2 所有电气设备粉尘防爆要求均按 GB 17440 执行。

5.4.3 应设置堵料报警装置和紧急停车开关，且应粉尘防爆、反应灵敏，动作准确。

6 试验方法

6.1 试验条件和要求

6.1.1 试验场地和样机的安装应符合产品说明书的有关规定，试验设备应配有相应的启动和过载保护装置，并能满足试验要求。

6.1.2 试验用仪器、仪表和量具应按有关规定校验合格，并在有效使用期内。

6.1.3 试验样机和电机均应具有制造厂的质量检验合格证、使用说明书等技术资料。

6.1.4 试验电压为 380 V，偏差不应大于±10%。

6.1.5 在同一次试验过程中的设备操作和检测均应有固定的熟练操作人员进行操作。

6.1.6 生产试验用物料为原粮。

6.2 机械性能检测

6.2.1 噪声测定：正式试验前空运转 30 min 内测定噪声，按 GB/T 3768 执行。

6.2.2 螺旋体同轴度的检测：按照 JB/T 7557 执行。

6.2.3 温升测定：螺旋清仓机正常工作 2 h，用测温计分别测悬挂轴承和减速器机壳温度。测得温度值与室温之差即温升值。

6.3 工艺性能测定

6.3.1 螺旋清仓机正常工作时产量测定和计算

6.3.1.1 产量的测定时间不小于 1 min。使用电子秒表计时，使用台秤称粮食质量。

6.3.1.2 测量开始，将清仓机输送出来的粮食用输送机送到指定地点，灌包、称量，测出计时段内清仓机输送粮食总质量。清仓机产量按式(1)计算：

$$X = \frac{3\,600 \times m}{1\,000 \times t} \quad \cdots\cdots (1)$$

式中：

X——清仓机产量，单位为吨每小时(t/h)；

m——测定粮食总质量，单位为千克(kg)；

t——时间，单位为秒(s)。

6.3.2 增碎率的检测

把整仓粮食的破碎率作为螺旋清仓机进料段的粮食破碎率，把平底圆仓中心出料口粮食破碎率作为螺旋清仓机出料口的粮食破碎率。分别按 GB 5491 规定取样、分样，按 GB/T 5494 规定计算样品粮食破碎率。两个样品的差值即为螺旋清仓机的增碎率。

6.3.3 余粮厚度测量

在符合 GB 50209—2010 中表 5.1.7 规定的仓内，螺旋清仓机完成清仓作业后，用卷尺在螺旋体两端和中间点分别测量仓内余粮厚度，作为第 1 组数据；依同样方法再测量 3 组数据。每组数据的测量点在一条直线上，四组数据的测量点组成的四条直线应沿以仓中心为圆心的圆周均布，取四组数据的算术平均值即为螺旋清仓机余粮厚度。

6.4 其他要求和相关参数的测定

5.1、5.2 和 5.4 中，给定标准的按其标准规定的方法检测，其他要求和参数采用常规方法和感官进行检测。

7 检验规则

7.1 检验分类

分为出厂检验和型式检验两类。

7.2 出厂检验

7.2.1 每台产品应进行出厂检验，检验合格后方可出厂。

7.2.2 出厂检验项目：5.1、5.2、5.4。

7.3 型式检验

7.3.1 对产品进行全面考核，按第 5 章执行。有下列情况之一的应进行型式检验：

a) 新产品投产时；

b) 产品投产后，在材料、工艺有较大改动，可能影响产品性能时；

c) 产品停产一年以上，恢复生产时；

d) 连续生产三年时；

e) 出厂检验结果与上次型式检验有较大差异时；

f) 国家有关质量管理部门提出检验要求时。

7.3.2 采取随机抽样方法，抽样数为 5%，但不少于两台。

7.4 判定规则

7.4.1 型式检验结果应符合第 5 章的规定。

7.4.2 对任一台或任一项检验不符合规定的，允许修复一次后，加倍抽样复验，以复验结果为准。若仍不符合规定，则判定该批产品为不合格。

8 标志、包装、运输和储存

8.1 标志

8.1.1 在明显位置固定产品标牌,标牌内容按 GB/T 13306 执行。

8.1.2 外包装的包装储运图示标志按 GB/T 191 执行。

8.2 包装

8.2.1 清仓机包装按 GB/T 24854 执行。

8.2.2 随机文件和工具:

——使用说明书;

——检验合格证;

——装箱单;

——工具和附件。

8.3 运输

8.3.1 裸装产品在运输途中应遮盖。

8.3.2 吊卸、装载应按照外包装的图示标志进行。

8.4 储存

8.4.1 室内存放时,通风良好,应防潮。

8.4.2 露天存放时,应防潮、防雨、防晒、防风。

附　录　A
（规范性附录）
型号编制方法

A.1　型号编制方法

型号由专业代号、品种代号、型式代号以及产品的主要规格等四个部分组成。

C　LQ　□　□×□

- □×□——规格：螺旋叶片直径×螺旋叶片螺距，以厘米（cm）为单位
- □——型式：Y 为移动式，G 为固定式
- LQ——品种：LQ 表示螺旋清仓机
- C——专业：C 表示粮仓机械设备

A.2　示例

CLQY32×32：表示螺旋叶片直径为 32 cm，螺旋叶片螺距为 32 cm 的移动式螺旋清仓机。

ICS 67.260
X 91

中华人民共和国国家标准

GB/T 26886—2011

粮油机械 压力曲筛

Grain and oil machinery—Pressure screen

2011-09-29 发布 2011-12-01 实施

中华人民共和国国家质量监督检验检疫总局
中国国家标准化管理委员会 发布

前　言

本标准的附录A、附录B为规范性附录。

本标准由国家粮食局提出。

本标准由全国粮油标准化技术委员会(SAC/TC 270)归口。

本标准主要起草单位:国家粮食储备局武汉科学研究设计院、江苏宜兴宜淀机械设备有限公司。

本标准主要起草人:姜昭芬、陆祖明。

粮油机械　压力曲筛

1　范围

本标准规定了压力曲筛的术语和定义、工作原理、型号及基本参数、技术要求、试验方法、检验规则、标志、包装、运输和储存要求。

本标准适用于淀粉加工中对各种湿物料进行分级或洗涤的压力曲筛设备。

2　规范性引用文件

下列文件中的条款通过本标准的引用而成为本标准的条款。凡是注日期的引用文件，其随后所有的修改单(不包括勘误的内容)或修订版均不适用于本标准，然而，鼓励根据本标准达成协议的各方研究是否可使用这些文件的最新版本。凡是不注日期的引用文件，其最新版本适用于本标准。

GB/T 191　包装储运图示标志

GB 4053.2　固定式钢梯及平台安全要求　第2部分：钢斜梯

GB 4053.3　固定式钢梯及平台安全要求　第3部分：工业防护栏杆及钢平台

GB/T 13306　标牌

GB 16798　食品机械安全卫生

GB/T 20378　原淀粉　淀粉含量的测定　旋光法

GB/T 24854　粮油机械　产品包装通用技术条件

GB/T 24855　粮油机械　装配通用技术条件

GB/T 24856　粮油机械　铸件通用技术条件

GB/T 24857　粮油机械　板件、板型钢构件通用技术条件

GB/T 25218　粮油机械　产品涂装通用技术条件

GBZ 158　工作场所职业病危害警示标识

LS/T 3501.6　粮油加工机械通用技术条件　焊接件

3　术语和定义

下列术语和定义适用于本标准。

3.1

压力曲筛　pressure screen

依靠压力和离心力对湿物料进行筛分或洗涤的高效率弧形筛面筛。

3.2

弧形筛面　arc screen surface

由不锈钢楔形筛条拼装而成的弯曲形筛面，筛面圆弧度为120°。

3.3

筛缝　sieve mesh

筛面楔形筛条之间的间隙。

3.4

游离淀粉　free starch

在水中通过用机械方法从谷物纤维或植物块茎中分离出来的淀粉。

4 工作原理

湿物料在0.2 MPa～0.4 MPa压力下从喷嘴口喷出，沿切线方向引向有一定弧度的筛面，在重力的作用下使物料分级，含淀粉的料浆穿过筛面，纤维渣则从筛面上流走，实现淀粉乳与纤维的分离。

5 型号及基本参数

5.1 型号编制

按附录A执行。

5.2 基本参数

产品的基本参数见表1。

表1 基本参数

项目	型号[a]					
	DQSY 585	DQSY 585×2	DQSY 585×3	DQSY 710	DQSY 710×2	DQSY 710×3
筛面弧角/(°)	120					
筛缝间隙/μm	50±10、75±10、100±10、120±10、150±10					
物料筛量/(m^3/h)	34～46	70～100	100～140	40～65	80～140	120～200
喂料压力/MPa	0.2～0.4					
筛面宽度/mm	585	585×2	585×3	710	710×2	710×3
筛面长度/mm	1 600					
筛面圆弧半径/mm	762					
注：压力曲筛的基本参数参照表1，但不仅限于此。						
[a] 见附录A。						

6 技术要求

6.1 一般要求

6.1.1 按照经规定程序批准的图样及技术文件制造。

6.1.2 原材料、外购件、外协件等须附有合格证，经验收合格后才能使用。

6.1.3 筛面和筛体应采用耐磨、耐腐蚀的不锈钢板材。

6.1.4 板件、板型钢构件应符合GB/T 24857的规定。

6.1.5 铸件应符合GB/T 24856的规定。

6.1.6 装配应符合GB/T 24855的规定。

6.1.7 产品涂装应符合GB/T 25218的规定。

6.1.8 焊接质量应符合LS/T 3501.6。

6.2 机械性能

6.2.1 筛面筛缝间隙尺寸和筛条按设计技术要求规定尺寸，筛缝误差不大于10 μm，筛条误差不大于10 μm。

6.2.2 筛面应光滑、平整，焊接牢固，表面粗糙度要求0.8以下。

6.2.3 箱体表面应平整光洁，焊接整齐牢固，箱门密封性好，正常工作时应无泄漏。

6.3 工艺性能

当喂料压力为0.2 MPa～0.4 MPa时，物料经过6级～7级压力曲筛串联洗涤后，以玉米湿纤维为例，最后一级的筛上物总淀粉含量应不大于18%，其中游离淀粉含量应不大于3.5%。

6.4 安全要求

6.4.1 安全警示标志按 GBZ 158 的规定执行。

6.4.2 操作用钢直梯、钢斜梯、防护栏杆和钢平台按 GB 4053.2～GB 4053.3 的规定执行。

6.4.3 喂料口所用的压力表应经计量部门校验合格，并在有效期内；精度要求采用 1.5 级，表盘直径不小于 100 mm。

6.5 卫生要求

接触物料的原材料与加工表面，应符合 GB 16798 的规定。

7 试验方法

7.1 试验条件和要求

7.1.1 试验场地和样机的安装应符合产品说明书的有关规定，并满足性能试验要求。

7.1.2 试验用仪器，仪表和量具应按有关规定检验合格，并在有效使用期内。

7.1.3 在同一次试验过程中的样机操作和检测均应由固定的熟练操作人员进行操作。

7.1.4 同一批物料试验测定应不少于两次。

7.2 机械性能测定

7.2.1 筛面光洁度检验：采用表面粗糙度样块进行检验。

7.2.2 曲筛箱体密封检验，用水泵通过喂料口泵入压力 0.2 MPa～0.4 MPa 的水模拟物料通过筛面，试验 15 min，检查箱体各处是否有渗漏现象。

7.2.3 筛面筛缝、筛条检验：筛面采用精度 1 μm 的塞尺检验；筛条用精度 2 μm 的千分卡尺检验。

7.3 工艺性能测定

7.3.1 工艺性能试验条件和要求：除应符合 7.1 的规定外，还应在生产工艺流程中、额定产量下进行。以湿纤维为试验物料。

7.3.2 操作步骤：当压力曲筛在正常生产的工艺流程中稳定工作 1 h 后，在最后一级曲筛的筛上物出口处开始取样，共取样 3 次，每次取样约 500 g，取样间隔时间不少于 15 min。将 3 次取样混合均匀后分取试样，检测总淀粉和游离淀粉含量。

7.3.3 总淀粉、游离淀粉含量检测：按附录 B 执行。

7.4 其他要求和参数的测定

6.1、6.2、6.4 和 6.5 中，引用标准的按其标准规定的方法检测；其他采用常规检验或感官检验。

8 检验规则

8.1 检验分类

分为出厂检验和型式检验两类。

8.2 出厂检验

8.2.1 出厂检验项目按 6.1、6.2、6.4、6.5 执行。

8.2.2 每批出厂产品应进行检验，产品合格后方可出厂。

8.3 型式检验

8.3.1 对产品进行全面考核，按第 6 章的规定执行。有下列情况之一的应进行型式检验：

a) 新产品投产时；

b) 产品投产后，当材料、工艺有较大改动，可能影响产品性能时；

c) 产品停产一年以上，恢复生产时；

d) 连续生产三年时；

e) 出厂检验结果与上次型式检验有较大差异时；

f) 国家有关质量管理部门提出检验要求时。

8.3.2 采取随机抽样，抽样数为5%，但不少于两台。

8.4 判定规则

8.4.1 检验结果应符合第6章的规定。

8.4.2 任一台或任一项检验不符合规定的，允许修复一次后，加倍抽样复验，以复验结果为准。若仍不符合规定，则判定该批产品为不合格。

9 标志、包装、运输和储存

9.1 标志

9.1.1 在明显位置固定产品标牌，标牌内容按GB/T 13306的规定执行。

9.1.2 外包装的包装储运图示标志按GB/T 191的规定执行。

9.2 包装

9.2.1 按GB/T 24854的规定执行。

9.2.2 随机文件和工具：

——使用说明书；

——检验合格证；

——装箱单；

——工具和附件。

9.3 运输

9.3.1 裸装产品在运输途中应遮盖。

9.3.2 运输过程中的吊卸、装载应按外包装的图示标志进行。

9.4 储存

9.4.1 室内存放时，通风良好，注意防潮。

9.4.2 露天存放时，注意防潮、防雨、防晒、防风。

附 录 A
（规范性附录）
型号编制方法

A.1 型号编制方法

型号由专业代号、品种代号、型式代号以及产品的主要规格等四个部分组成。

D QS Y □□×□□

- □□×□□——主要规格：筛面宽度 mm×拼装筛面联数
- Y——型式：Y 表示压力型
- QS——品种：QS 表示曲筛
- D——专业：D 表示淀粉设备

A.2 示例

DQSY 585×2 型 120°：筛面宽度为 585 mm、2 联筛面的 120°压力曲筛。

附 录 B
（规范性附录）
湿纤维中总淀粉、游离淀粉含量的检测

B.1 试样制备

将湿纤维样品约 500 g 一分为二，一半放入孔径 0.15 mm(100 目)筛网上，用清水将湿纤维中游离淀粉洗净，筛上物挤干后放在平盘内摊平准备烘干；另一半小心抽滤水分后放在另一个平盘内摊平，将两个平盘一并放入 60 ℃的烘箱内烘干。烘干后的纤维样品用粉碎机粉碎到全部通过孔径 0.5 mm(35 目)筛，放入磨口瓶中备用。

B.2 样品测定与计算

按 GB/T 20378 的规定，分别测定并计算冲洗样品与抽滤样品中的淀粉含量。抽滤样品的计算结果即淀粉总量；抽滤样品与冲洗样品二者淀粉含量的差即为游离淀粉含量。

ICS 67.260
X 91

中华人民共和国国家标准

GB/T 26887—2011

粮油机械 蒸脱机

Grain and oil machinery—Desolventizer-toaster

2011-09-29 发布　　2011-12-01 实施

中华人民共和国国家质量监督检验检疫总局
中国国家标准化管理委员会　发布

前　言

本标准的附录A为规范性附录。

本标准由国家粮食局提出。

本标准由全国粮油标准化技术委员会归口。

本标准起草单位：国家粮食储备局西安油脂科学研究设计院。

本标准主要起草人：杨帆、杜宣利。

粮油机械　蒸脱机

1　范围

本标准规定了蒸脱机的术语和定义、基本原理、型号及基本参数、技术要求、试验方法、检验规则，以及标志、包装、运输和储存要求。

本标准适用于利用蒸汽脱除浸出工艺制油的湿粕中溶剂和水分的设备。

2　规范性引用文件

下列文件中的条款通过本标准的引用而成为本标准的条款。凡是注日期的引用文件，其随后所有的修改单(不包括勘误的内容)或修订版均不适用于本标准，然而，鼓励根据本标准达成协议的各方研究是否可使用这些文件的最新版本。凡是不注日期的引用文件，其最新版本适用于本标准。

GB 150　钢制压力容器

GB/T 191　包装储运图示标志

GB/T 3323—2005　金属熔化焊焊接接头射线照相

GB/T 3768　声学　声压法测定噪声源声功率级　反射面上方采用包络测量表面的简易法

GB/T 5009.37　食用植物油卫生标准的分析方法

GB 5226.1　机械电气安全　机械电气设备　第1部分:通用技术条件

GB/T 5528　动植物油脂　水分及挥发物含量测定

GB/T 8873　粮油名词术语　油脂工业

GB/T 13306　标牌

GB/T 24854　粮油机械　产品包装通用技术条件

GBZ 158　工作场所职业病危害警示标识

JB/T 4711　压力容器涂敷与运输包装

SBJ 04　浸出制油工厂防火安全规范

3　术语和定义

GB/T 8873 中确立的以及下列术语和定义适用于本标准。

3.1

湿粕　wet meal

植物油料经溶剂浸出脱除油脂后的含溶剂物料。

3.2

蒸脱机　desolventizer-toaster

采用直接蒸汽汽提和间接蒸汽加热脱除用浸出工艺制油产生的湿粕中的溶剂和水分的设备。形式有 DTDC 蒸脱机、DT 蒸脱机、高料层蒸脱机、卧式蒸脱机等。

4　工作原理

4.1　直接蒸汽汽提法:将蒸汽直接通入料层加热湿粕并不断搅拌，使湿粕中的溶剂和水分随蒸汽挥发。

4.2　间接蒸汽加热法:将蒸汽通入料层板下的夹层内，或将蒸汽通入布置在料层板上的汽管内对湿粕进行加热、搅拌，使湿粕中的溶剂和水分受热挥发。

5 型号编制及基本参数

5.1 型号编制

按附录A执行。

5.2 基本参数项目

基本参数项目包括型号规格、生产能力、配备电机的功率和型号(防爆)、转速、外形尺寸以及表1中规定的基本参数等。在使用说明书等技术文件中应明确标明。

表1 蒸脱机基本参数

项目	容器类别	拱顶气相温度 ℃	夹层最大工作压力 MPa	
			直接法	间接法
数据	一类低压	72～90	0.2	1.0

6 技术要求

6.1 一般要求

6.1.1 产品应符合本标准及GB 150的要求,并按经规定程序批准的图样和技术文件制造。

6.1.2 原材料、外购件应有合格证书,经检验合格方可使用。

6.1.3 外观要求:蒸脱机出厂时外部应涂防锈漆两遍;筒体和顶盖应采用非易燃材料敷设保温层。保温层厚度按表面温度计算,外表面温度不得超过60 ℃。

6.2 机械性能要求

6.2.1 装配夹层底板如采用拼接,最小宽度应大于300 mm,只允许直线焊接拼接,拉钉孔距离焊缝线应不小于20 mm。

6.2.2 蒸脱机受压部位的焊接应符合A类焊缝要求;拼接夹层板和筒体焊接后,在安装前应进行不小于20%的X射线探伤检查。检查合格方可安装。

6.2.3 蒸脱机安装后,壳体垂直度允差应≤1.5/1 000。

6.2.4 转动轴密封处应无泄漏。

6.2.5 料门、控制门操纵、调节等装置应灵活、可靠。

6.2.6 蒸脱机内的刮刀运转应灵活;刮刀与筒体、底板应无磨擦,与料门、控制门无碰卡现象。

6.2.7 整机空载运转时的噪声应不大于80 dB(A)。

6.3 工艺性能要求

当进入蒸脱机原料湿粕含溶剂不大于35%、含水不大于10%,蒸脱机的工作条件符合表1规定时,出蒸脱机产品粕应符合相应油料粕的国家标准。

6.4 安全要求

6.4.1 蒸脱机运行防火按SBJ 04规定执行。

6.4.2 车间应有安全警示标志和符合GBZ 158规定的职业病危害警示标识。

6.4.3 蒸脱机所用的电机应符合国家有关部门对爆炸危险场所电气安全的相关规定。

6.4.4 蒸脱机上所用仪表应反应灵敏,显示准确;应由计量部门校验合格并能正常运转;精度要求采用1.5级,表盘直径不小于100 mm。

6.4.5 蒸脱机的电气安全应符合GB 5226.1的规定,其接地电阻不得大于10 Ω。

7 试验方法

7.1 试验条件和要求

7.1.1 试验场地和样机的安装应符合产品说明书的有关规定,须配有相应的起动和过载保护装置,并能满足试验要求。

7.1.2 试验用仪器、仪表和量具应按有关规定校验合格,并在有效使用期内。

7.1.3 试验样机和电机均应具有质量检验合格证、使用说明书等技术资料。

7.1.4 试验电压为 380 V,偏差不大于±10%。

7.1.5 在同一次试验过程中的机器操作和检测均应由固定的熟练操作人员进行。

7.1.6 空运转试验时间应不少于 30 min。

7.2 机械性能检测

7.2.1 夹层拼接板宽度和拉钉孔与焊缝距离检验:用直尺测量。

7.2.2 壳体垂直度检验:采用线坠检测。

7.2.3 夹层板和筒体的焊接焊缝检验:按 GB/T 3323—2005 进行射线探伤检验,要求Ⅲ级合格。

7.2.4 受压部位焊缝水压试验;在制造安装完毕后,经外观检验合格,按图样要求进行水压试验。水压试验按 GB 150 中规定的方法进行。

7.2.5 受压部位焊缝煤油渗漏试验:受压部位的焊缝,除了进行水压试验的,其余均应进行煤油渗漏试验。试验方法:将焊缝能够检查的一面清理干净,涂以白粉浆,晾干后在焊缝另一面涂以煤油,使表面得到足够的浸润,经至少半小时后检查白粉上有无油渍。

7.2.6 转动轴密封检验:目测看是否有溶剂滴、流和明显的溶剂气体泄露。

7.2.7 噪声检测:按 GB/T 3768 执行。

7.3 工艺性能试验

7.3.1 工艺性能试验的条件和要求

7.3.1.1 应在设备制造安装验收合格后的生产现场进行。

7.3.1.2 试验条件和要求除了应符合 7.1 的规定外,还应进行投料调试。试验用物料湿粕应符合 6.3 的规定。

7.3.1.3 当投料调试达到设计生产能力,设备运转正常,工作条件符合表 1 的要求时,再开始进行工艺性能测试。每次测试时间不少于 8 h,生产能力试验时间不少于 72 h。

7.3.2 取样

7.3.2.1 取样次数

每种试样在试验过程中,取样不少于 3 次,取样间隔时间应均匀,最短间隔时间不少于 1.5 h。

7.3.2.2 取样方法

7.3.2.2.1 湿粕:用提前称量好的磨口瓶从浸出器出湿粕取样口取样,每次取样约 500 g,取样后迅速将瓶口盖紧备用。

7.3.2.2.2 成品粕:用提前称量好的烧杯从蒸脱机出粕口取样,每次取样约 500 g,取样后迅速将瓶口盖紧备用。

7.3.3 样品测定

7.3.3.1 湿粕样品处理:将 3 次取得的样品分别连瓶称量后,打开瓶盖在沸水水浴锅内加热脱溶,引爆合格后称量干粕。

7.3.3.2 湿粕溶剂含量计算:

湿粕溶剂含量按式(1)计算:

$$B=\left(1-\frac{m_1-m_2}{m_3-m_2}\right)\times 100\% \qquad \cdots\cdots(1)$$

式中:

B——湿粕溶剂含量(质量分数),%;

m_1——干粕连瓶质量,单位为克(g);

m_2——净瓶质量,单位为克(g);

m_3——湿粕连瓶质量,单位为克(g)。

7.3.3.3 成品粕的水分测定:按 GB/T 5528 执行。

7.3.3.4 成品粕的溶剂残留测定:按 GB/T 5009.37 执行。

7.4 其他要求和参数的测定

在 6.1、6.2 和 6.4 中,给定标准的按其标准规定的方法检验;其他要求和相关参数的测定采用常规方法和感官检测。

8 检验规则

8.1 检验分类

分为出厂检验和型式检验两类。

8.2 出厂检验

8.2.1 每台蒸脱机应经检验合格,方可出厂。

8.2.2 出厂检验项目为 6.1、6.2 和 6.4。

8.3 型式检验

8.3.1 有下列情况之一的应进行型式检验:

a) 新产品投产时;

b) 产品投产后,在材料、工艺上有较大改动,可能影响产品性能时;

c) 产品停产一年以上,恢复生产时;

d) 连续生产三年以上或批量达到 50 台时;

e) 出厂检验结果与上次型式检验有较大差异时;

f) 国家有关质量管理部门提出检验要求。

8.3.2 型式检验抽样方法采取随机抽样,抽样数为 5%,但不少于两台。

8.4 判定规则

型式检验结果应符合第 6 章的规定。有任一台任一项不符合规定的,允许修复一次后复验,以复验结果为准。若仍不符合规定,则判定该批产品为不合格。

9 标志、包装、运输和储存

9.1 标志

9.1.1 在明显位置固定产品标牌,标牌内容按 GB/T 13306 执行。

9.1.2 外包装的包装储运图示标志按 GB/T 191 执行。

9.2 包装

9.2.1 蒸脱机主体采用裸装,附件采用箱装。箱装产品应符合 GB/T 24854 的规定。

9.2.2 随机文件和工具包括:

——使用说明书;

——检验合格证;

——压力容器安全监察合格证;

——装箱单;

——竣工图;

——工具和附件。

9.3 运输

9.3.1 蒸脱机的运输应符合 JB/T 4711 的规定。

9.3.2 运输方式可按供需双方商定或商业惯例办理。

9.3.3 裸装产品在运输途中应遮盖。

9.3.4 运输过程中的吊卸、装载应按照外包装的图示标志或随行文件中规定方式进行。

9.4 储存

9.4.1 室内存放时，通风良好，应防潮。

9.4.2 要求垫平放好，露天存放时，应防潮、防雨雪、防晒、防风。

9.4.3 所有管口法兰应涂防锈油脂，并用盲板封闭。

附 录 A
（规范性附录）
产品型号编制方法

A.1 型号编制方法

蒸脱机型号由专业代号、品种代号、型式代号及主要规格四个部分组成。

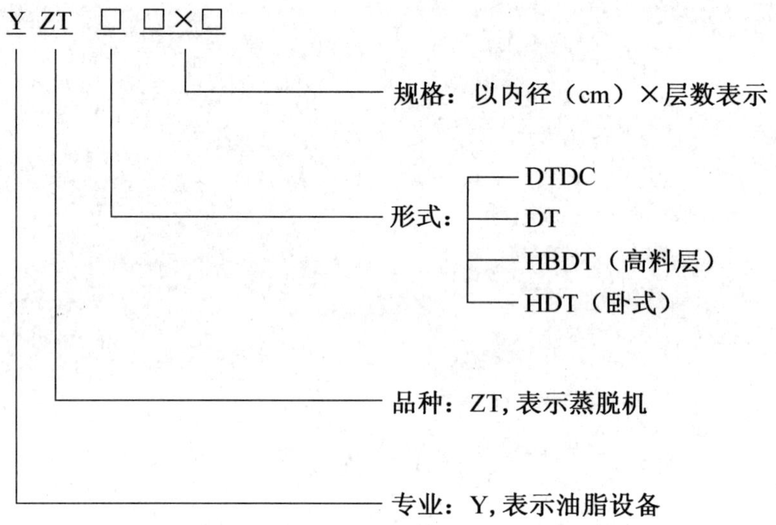

A.2 示例

Y ZT DTDC 130×5：表示内径为 130 cm，层数为 5 层的 DTDC 蒸脱机。

ICS 67.260
X 91

中华人民共和国国家标准

GB/T 26888—2011

粮油机械　磁选器

Grain and oil machinery—Magnetic separator

2011-09-29 发布　　　　2011-12-01 实施

中华人民共和国国家质量监督检验检疫总局
中国国家标准化管理委员会　发布

前　言

本标准的附录A为规范性附录。

本标准由国家粮食局提出。

本标准由全国粮油标准化技术委员会归口。

本标准起草单位:国家粮食储备局郑州科学研究设计院、抚顺隆基磁电设备有限公司、株洲市海联粮油科学技术研究所。

本标准主要起草人:张明学、张承臣、王学卫、周和平、陈宏斌。

粮油机械　磁选器

1　范围

本标准规定了磁选器的术语和定义、工作原理、分类、型号及基本参数、技术要求、试验方法、检验规则、标志、包装、运输和储存要求。

本标准适用于去除混杂在粮食和油料中磁性物质的磁选器。

2　规范性引用文件

下列文件中的条款通过本标准的引用而成为本标准的条款。凡是注日期的引用文件，其随后所有的修改单(不包括勘误的内容)或修订版均不适用于本标准，然而，鼓励根据本标准达成协议的各方研究是否可使用这些文件的最新版本。凡是不注日期的引用文件，其最新版本适用于本标准。

GB/T 191　包装储运图示标志

GB/T 5783　六角头螺栓　全螺纹

GB/T 6170　1型六角螺母

GB/T 12467.1　金属材料焊接质量要求　第1部分:质量要求相应等级的选择准则

GB/T 12467.2　金属材料焊接质量要求　第2部分:完整质量要求

GB/T 12467.3　金属材料焊接质量要求　第3部分:一般质量要求

GB/T 12467.4　金属材料焊接质量要求　第4部分:基本质量要求

GB 12476.1　可燃性粉尘环境用电气设备　第1部分:用外壳和限制表面温度保护的电气设备　第1节:电气设备的技术要求

GB/T 13306　标牌

GB/T 13560　烧结钕铁硼永磁材料

GB 17440　粮食加工、储运系统粉尘防爆安全规程

GB/T 21067　工业机械电气设备　电磁兼容　通用抗扰度要求

GB/T 24854　粮油机械　产品包装通用技术条件

SJ/T 10410　永磁铁氧体材料

3　术语和定义

下列术语和定义适用于本标准。

3.1

磁选器　magnetic separator

根据不同物质导磁性的差异，借助于磁力将磁性物质从粮食、油料中分离开来的设备。

4　工作原理

磁选器工作时产生磁场，磁性物质在磁场中被磁化，与磁源作用产生磁力。磁性物质在磁力的作用下从粮食、油料中分离出来，从而达到清除的目的。

5　分类

磁选器按磁源的不同可分为永磁式和电磁式;按安装方式可分为悬挂式和管道式，管道式又分为圆管式和方管式;按磁感应强度可分为普通型和强磁型。

6 型号及基本参数

6.1 型号编制方法

按附录A执行。

6.2 基本参数项目

6.2.1 悬挂式磁选器的基本参数项目包括：型号规格、适用输送机带宽、额定悬挂高度和额定高度磁感应强度等。

6.2.2 管道式磁选器的基本参数项目包括：型号规格、管道输送量和表面磁感应强度等。

7 技术要求

7.1 一般要求

7.1.1 磁选器应符合本标准的要求，并按照经规定程序批准的图样和技术文件制造。

7.1.2 原材料、外购件、外协件应附有合格证，经检验合格后才能使用。

7.1.3 磁选器在下列条件下应能可靠地工作：

a） 海拔高度不超过2 500 m；

b） 环境温度为－25 ℃～40 ℃；

c） 空气的相对湿度不大于90%（温度为25 ℃时）；

d） 周围介质无足以腐蚀金属和破坏绝缘的气体和尘埃。

7.1.4 焊接件应符合GB/T 12467.1、GB/T 12467.2、GB/T 12467.3、GB/T 12467.4的规定。

7.1.5 整机装配后各个运转部位应转动灵活，各密封处不应漏油。

7.1.6 减速器应运行平稳，油温温升应不大于65 ℃，最高温度应不大于90 ℃。

7.1.7 磁选器磁场区域内的安装构件宜采用非导磁性材料制成。

7.1.8 磁选器外露非加工金属零件的表面涂漆应均匀，不应有脱落、剥落、裂纹和流痕等缺陷。

7.2 技术性能要求

7.2.1 悬挂式磁选器技术性能要求

悬挂式磁选器的额定悬挂高度、最小吸引高度、额定高度磁感应强度等技术性能要求应符合表1的规定。

表1 悬挂式磁选器技术性能要求

型号规格[a]		TCD(Y)-5(G)	TCD(Y)-6(G)	TCD(Y)-8(G)	TCD(Y)-10(G)	TCD(Y)-12(G)
额定悬挂高度/mm		150	200	250	300	350
最小吸引高度/mm	普通型	200	230	300	365	425
	G=T1	220	250	330	400	460
	G=T2	245	280	365	440	500
	G=T3	270	320	400	480	540
额定高度磁感应强度/mT	普通型	≥63			≥65	
	G=T1	≥90				
	G=T2	≥120				
	G=T3	≥150				

[a] 见附录A。

7.2.2 管道式磁选器技术性能要求

管道式磁选器的额定输送量、表面磁感应强度等技术性能要求应符合表2的规定。

表 2 管道式磁选器技术性能要求

型号规格[a]	TCYY-10 TCYF-20	TCYY-15 TCYF-30	TCYY-20 TCYF-40	TCYY-25 TCYF-50	TCYY-30 TCYF-60	TCYY-40 TCYF-80
额定输送量/(t/h)	2.5	5	10	15	20	25
表面磁感应强度/mT	≥350					
注：表中额定输送量以稻谷计，其他粮食品种按容重比折算。						
[a] 见附录 A。						

7.2.3 永磁磁选器技术性能要求

7.2.3.1 钕铁硼永磁材料应符合 GB/T 13560 的规定。

7.2.3.2 铁氧体永磁磁块应符合 SJ/T 10410 的规定。

7.2.4 电磁磁选器技术性能要求

7.2.4.1 绕组对机体的绝缘电阻应不小于 10 MΩ。

7.2.4.2 绕组对机体的绝缘应保证在表 3 所列条件下，承受 50 Hz 交流试验电压 1 min 而无击穿或闪络现象。

表 3 电磁磁选器绕组对机体的绝缘参数

试验地点海拔/m	试验电压/V	
	额定绝缘电压＞60 V～380 V	额定绝缘电压＞380 V～660 V
0～500	2 400	3 000
＞500～1 000	2 300	2 850

7.2.4.3 磁选器绕组的极限温升不应超过下列数值：

——A 级绝缘时：65 ℃；

——B 级绝缘时：90 ℃；

——F 级绝缘时：115 ℃；

——H 级绝缘时：140 ℃。

此外，应根据不同的使用条件，选择合适的冷却方式。

7.3 安全要求

7.3.1 磁选器的悬挂和安装装置应有足够的强度，确保安全。

7.3.2 磁选器应有可靠的接地设施，并在接地处有明显的接地符号。

7.3.3 电气设备应符合 GB/T 21067 的规定。

7.3.4 驱动电机、电气控制箱、现场控制等设备应根据可燃性粉尘危险场所的划分，应符合 GB 12476.1 的规定；粉尘防爆的安全应符合 GB 17440 的规定。

8 试验方法

8.1 试验条件和要求

8.1.1 试验场地和样机的安装应符合产品说明书的有关规定，并能满足试验要求。

8.1.2 试验用仪器、仪表应按有关规定校验合格，并在有效使用期内。

8.1.3 试验用电为 380 V，50 Hz。

8.1.4 开机工作前检测绝缘电阻。

8.1.5 样机稳定工作后检测磁感应强度、最小吸引高度和 7.2.4.2 中有关内容。

8.2 技术性能的检测

8.2.1 悬挂式磁选器的磁感应强度用精度不低于 2.5 级的特斯拉计，在距离为额定悬挂高度处对应磁极几何中心位置测量;管道式磁选器的磁感应强度用精度不低于2.5级的特斯拉计,在工作方向的任意表面位置测量。

8.2.2 最小吸引高度的检测:用GB/T 6170中规定的M16螺母及GB/T 5783中规定的M16×50六角头螺栓作为试件,置于磁选器的正下方进行检测。

8.2.3 绝缘电阻的检测:用500 V绝缘兆欧表检测绝缘电阻,所用仪表精度等级不应低于1.5。

8.2.4 绝缘参数的检测:用5 000 V高压试验变压器检测7.2.4.2的要求,所用仪表精度等级不应低于0.5。

8.2.5 极限温升的检测:用线路故障测试器检测极限温升,所用仪表精度等级不应低于0.5。

8.3 其他要求和参数的测定

7.1、7.2和7.3中引用标准的按其标准规定的方法检验,其他要求和参数采用常规方法和感官进行检验。

9 检验规则

9.1 检验分类

分为出厂检验和型式检验两类。

9.2 出厂检验

9.2.1 出厂检验项目:7.1、7.3中的项目。

9.2.2 出厂产品应逐台进行检验,检验合格后方可出厂。

9.3 型式检验

9.3.1 对产品进行全面考核,按第7章的规定执行。有下列情况之一的应进行型式检验:

a) 新产品投产时;

b) 产品投产后,当材料、工艺有较大改动,可能影响产品性能时;

c) 产品停产一年以上,恢复生产时;

d) 连续生产三年时;

e) 出厂检验结果与上次型式检验有较大差异时;

f) 国家有关质量管理部门提出检验要求时。

9.3.2 采取随机抽样方法,抽样数为5%,但不少于两台。

9.4 判定规则

9.4.1 型式检验结果应符合第7章的规定。

9.4.2 对任一台或任一项检验不合格,允许修复一次后加倍抽样复验,以复验结果为准。若仍不符合规定,则判定该批产品为不合格。

10 标志、包装、运输和储存

10.1 标志

10.1.1 在明显位置固定产品标牌,标牌内容按GB/T 13306的规定执行。

10.1.2 外包装的包装储运图示标志按GB/T 191的规定执行。

10.2 包装

10.2.1 按GB/T 24854的规定执行。

10.2.2 随机文件和工具:

——使用说明书;

——检验合格证;

——装箱单;

——工具和附件。

10.3 **运输**

10.3.1 运输方式可按供需双方商定办理。

10.3.2 裸装产品在运输途中应遮盖。

10.3.3 运输过程中的吊卸、装载应按外包装的图示标志进行。

10.4 **储存**

10.4.1 室内存放时,通风良好,注意防潮。

10.4.2 露天存放时,注意防潮、防雨、防晒、防风。

附 录 A
（规范性附录）
型号编制方法

A.1 型号编制方法

A.1.1 悬挂式磁选器的型号表示方法如下：

T C □-□ (G)

(G)——强磁代号，普通型不标注
G＝T1：表示热态磁感应强度≥90 mT
G＝T2：表示热态磁感应强度≥120 mT
G＝T3：表示热态磁感应强度≥150 mT

□——产品规格：适合输送机带宽/(cm/10)

□——型式：D 表示电磁式；Y 表示永磁式

C——品种：C 表示磁选器

T——专业：T 表示粮油机械通用设备

A.1.2 圆管式磁选器的型号表示方法如下：

T C Y Y-□

□——产品规格：进口直径/cm

Y——型式：Y 表示圆管式

Y——型式：Y 表示永磁式

C——品种：C 表示磁选器

T——专业：T 表示粮油机械通用设备

A.1.3 方管式磁选器的型号表示方法如下：

T C Y F-□

□——产品规格：进口宽度/cm

F——型式：F 表示方管式

Y——型式：Y 表示永磁式

C——品种：C 表示磁选器

T——专业：T 表示粮油机械通用设备

A.2 示例

TCD-8：表示适合 800 mm 带宽的悬挂式电磁磁选器；

TCYY-10：表示进口直径为 100 mm 的圆管式永磁磁选器；

TCYF-20：表示进口宽度为 200 mm 的方管式永磁磁选器。

ICS 67.260
X 91

中华人民共和国国家标准

GB/T 26889—2011

粮油机械　淀粉气流干燥机

Grain and oil machinery—Starch flash dryers

2011-09-29 发布　　　　2011-12-01 实施

中华人民共和国国家质量监督检验检疫总局
中国国家标准化管理委员会　发布

前　言

本标准的附录 A 为规范性附录。

本标准由国家粮食局提出。

本标准由全国粮油标准化技术委员会归口。

本标准起草单位:国家粮食储备局武汉科学研究设计院、中粮集团生化能源事业部、宜兴市格兰特干燥浓缩设备有限公司。

本标准主要起草人:娄新建、鲁艳秋、温志刚、马小庚。

粮油机械 淀粉气流干燥机

1 范围

本标准规定了淀粉气流干燥机的术语和定义、工作原理、型号及基本参数、技术要求、试验方法、检验规则、标志、包装、运输和储存要求。

本标准适用于淀粉直管式和脉冲式气流干燥机。

2 规范性引用文件

下列文件中的条款通过本标准的引用而成为本标准的条款。凡是注日期的引用文件，其随后所有的修改单(不包括勘误的内容)或修订版均不适用于本标准，然而，鼓励根据本标准达成协议的各方研究是否可使用这些文件的最新版本。凡是不注日期的引用文件，其最新版本适用于本标准。

GB/T 191 包装储运图示标志

GB/T 3768 声学 声压法测定噪声源声功率级 反射面上采用包络测量表面的简易法

GB/T 12087 淀粉水分测定 烘箱法

GB/T 13306 标牌

GB/T 15605 粉尘爆炸泄压指南

GB/T 16157 固定污染源排气中颗粒物测定与气态污染物采样方法

GB/T 24854 粮油机械 产品包装通用技术条件

GB/T 24856 粮油机械 铸件通用技术条件

GB/T 25218 粮油机械 产品涂装通用技术条件

GBZ 158 工作场所职业病危害警示标识

3 术语和定义

下列术语和定义适用于本标准。

3.1

淀粉气流干燥机 starch flash dryer

利用热风使湿淀粉失去水分的设备。

3.2

单位耗热量 heat consumption unit

气流干燥机在干燥作业时蒸发 1 kg 水分所消耗的热量，单位为千焦每千克(kJ/kg)。

4 工作原理

脱水后的湿淀粉经带搅拌的喂料器送入抛料器，被抛进干燥管，空气经加热器加热在风机的作用下与湿淀粉混合，并将湿淀粉吸入干燥管，热风与湿淀粉在一定长度的干燥管流动过程中，湿淀粉的水分不断扩散到气流中使热风温度降低，而湿淀粉因失水而干燥，干淀粉再经旋风分离器收集。

5 型号及基本参数

5.1 型号编制

按附录 A 执行。

5.2 基本参数项目

在使用说明书等技术文件中，应明确告示的参数项目包括：型号规格、产量（干粉）(t/h)、总装机功率(kW)、外形尺寸、需配备风机型号、压力等。

6 技术要求

6.1 一般要求

6.1.1 按照经规定程序批准的图样及技术文件制造。

6.1.2 所有零部件、外购、外协件应有合格证明文件，经检验合格方可使用。

6.1.3 干燥管外表面应平整不变形，各段气管连接牢靠。

6.1.4 表面涂漆质量应按 GB/T 25218 执行。

6.1.5 焊接质量应符合图样要求，焊缝不应有裂纹、夹渣、气孔、焊瘤、虚焊、烧穿、漏焊等缺陷。

6.1.6 机械加工零件的加工表面不应有锈蚀、磕碰、划伤等缺陷，毛刺应清除干净。

6.1.7 铸件质量应按 GB/T 24856 执行。

6.1.8 热风管道和尾气管道上应有温度监测装置。

6.1.9 干燥管外表面应敷设保温层，保温施工完毕后应保证干燥管气密性良好。

6.2 机械性能

6.2.1 产品装配后在空载运转正常时，应无异常声响，噪声应不大于 85 dB(A)。

6.2.2 各紧固件应牢固可靠，应有可靠的防松装置。

6.2.3 各润滑部位不应有漏油等造成污染物料和工作环境的现象。

6.3 工艺性能

6.3.1 干燥机的工况应符合下列要求：

——环境相对湿度不大于 90%；

——进口热风温度：140 ℃±5 ℃；

——出口热风温度：50 ℃～60 ℃。

6.3.2 在进机湿淀粉水分含量不大于 40%的条件下，干燥淀粉的单位耗热量应不大于 4 200 kJ/kg，成品淀粉含水量应不大于 14.0%。

6.3.3 风机出口尾气粉尘浓度应不大于 100 mg/m^3。

6.3.4 正常工作时，工作环境空气中的粉尘含量应不大于 10 mg/m^3。

6.4 安全要求

6.4.1 安全警示标志应符合 GBZ 158 的规定。

6.4.2 粉尘防爆泄压装置应符合 GB/T 15605 的规定。卸爆装置应尽量安装在每个旋风分离器芯管出风口上方。

6.4.3 换热器加热管道上应安装测温仪表，仪表精度等级为 1.5 级，表盘直径不小于 100 mm。

7 试验方法

7.1 试验条件和要求

7.1.1 试验场地和样机的安装应符合产品说明书的有关规定，试验设备应配有相应的起动和过载保护装置，并能满足试验要求。

7.1.2 试验用仪器、仪表和量具应按有关规定校验合格，并在有效使用期内。

7.1.3 在同一次试验过程中的机器操作和检测均应由固定的熟练操作人员进行操作。

7.2 机械性能检测

噪声测定：空载运行正常后，按 GB/T 3768 规定执行。空载运转不少于 30 min。

7.3 工艺性能测定

7.3.1 工艺性能试验条件

7.3.1.1 除应符合7.1的要求外，还应在满负荷运行的工艺流程中进行。

7.3.1.2 工况条件应满足6.3.1的要求。

7.3.1.3 进机物料的含水量应符合6.3.2的要求。

7.3.1.4 正式试验测试时间不少于2 h。

7.3.2 粉尘浓度的检验

在规定的2 h内，分别从风机出口收集尾气样品、干燥机的工作环境中收集空气样品，按GB/T 16157进行粉尘含量的检测。

7.3.3 水分含量检验

当干燥机达到6.3.1规定的工况后，稳定运行1 h，在干燥机的进、出口分别取样三次，每次间隔15 min。将三次样品充分混匀后分样，按GB/T 12087分别测定进机和出机样品水分含量。

7.3.4 单位耗热量的检测及计算

7.3.4.1 当干燥机运行稳定、工作正常后，开始记时检测，同时收集干燥机出口端成品物料，应连续保持不间断工作2 h，将2 h内收集的成品物料包装称量。

7.3.4.2 分别测定记录试验期间所用的燃料或蒸汽消耗量，同时记录蒸汽压力。

7.3.4.3 试验用的燃料(煤、油、气)低位发热量，在试验前应确定。

7.3.4.4 若使用蒸汽为热源，则蒸汽压力应在试验期间保持稳定。

7.3.4.5 计算公式：

a) 生产率按式(1)计算：

$$Q_c = \frac{m}{T} \qquad \cdots\cdots (1)$$

式中：

Q_c——生产率，单位为千克每小时(kg/h)；

m——加工的成品质量，单位为千克(kg)；

T——试验时间，单位为小时(h)。

b) 物料处理量按式(2)计算：

$$W_1 = Q_c \times \frac{1 - X_2}{1 - X_1} \qquad \cdots\cdots (2)$$

式中：

W_1——物料处理量，单位为千克每小时(kg/h)；

Q_c——生产率，单位为千克每小时(kg/h)；

X_2——干燥后物料水分含量(以质量分数计)，%；

X_1——干燥前物料水分含量(以质量分数计)，%。

c) 蒸发水量按式(3)计算：

$$W = W_1 - Q_c \qquad \cdots\cdots (3)$$

式中：

W——蒸发水分量，单位为千克每小时(kg/h)；

W_1——物料处理量，单位为千克每小时(kg/h)；

Q_c——生产率，单位为千克每小时(kg/h)。

d) 单位耗热量按式(4)计算：

$$q = \frac{Q \times B}{W} \qquad \cdots\cdots (4)$$

式中：

q——单位耗热量，单位为千焦每千克(kJ/kg)；

Q——燃料低位发热量(或蒸汽的汽化热)，单位为千焦每千克(kJ/kg)；

B——燃料(或蒸汽)消耗量，单位为千克每小时(kg/h)；

W——蒸发水分量，单位为千克每小时(kg/h)。

7.4 其他要求及参数的检测

6.1、6.2 和 6.4 中，引用标准的按标准规定的方法进行检测；其他要求和参数采用常规方法和感官检测。

8 检验规则

8.1 检验分类

检验分为出厂检验和型式检验两类。

8.2 出厂检验

8.2.1 每台产品应进行出厂检验，检验合格方可出厂。

8.2.2 出厂检验项目按 6.1、6.2 和 6.4 执行。

8.3 型式检验

8.3.1 按第 6 章执行。有下列情况之一的应进行型式检验：

a) 新产品时；

b) 产品投产后，在材料、制造工艺有较大改动，可能影响产品性能时；

c) 产品停产一年以上，恢复生产时；

d) 连续生产三年时；

e) 出厂检验结果与上次型式检验有较大差异时；

f) 国家有关质量管理部门提出检验要求时。

8.3.2 采取随机抽样，抽样数为 5%，但不少于两台。

8.4 判定规则

8.4.1 型式检验结果应符合第 6 章的规定。

8.4.2 对任一台或任一项检验不符合规定的，允许修复一次后，加倍抽样复验，以复验结果为准。若仍不符合规定，则判定该批产品为不合格。

9 标志、包装、运输和储存

9.1 标志

9.1.1 在明显位置固定产品标牌，标牌内容按 GB/T 13306 执行。

9.1.2 外包装的包装储运图示标志按 GB/T 191 执行。

9.2 包装

9.2.1 按 GB/T 24854 执行。

9.2.2 随机文件和工具：

——使用说明书；

——检验合格证；

——装箱单；

——工具和附件。

9.3 运输

9.3.1 运输方式可按供需双方商定或商业惯例办理。

9.3.2 裸装产品在运输途中应遮盖。

9.3.3　运输过程中的吊卸、装载应按照外包装的图示标志进行。

9.4　储存

9.4.1　室内存放时，应通风良好，防潮，不应接近热源。

9.4.2　露天存放时，应防潮、防雨、防晒、防风。

附 录 A
（规范性附录）
型号编制方法

A.1 型号编制方法

型号由专业代号、品种代号、型式代号以及产品的主要规格等四个部分组成。

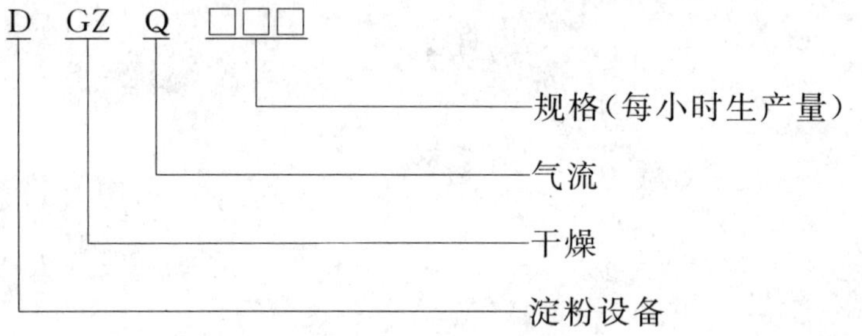

A.2 示例

DGZQ 2.0：表示每小时生产淀粉（14％水分含量）2 t的淀粉气流干燥机。

ICS 67.260
X 91

中华人民共和国国家标准

GB/T 26890—2011

粮油机械 磨辊磨光拉丝机

Grain and oil machinery—Grinding and fluting machine

2011-09-29 发布　　2011-12-01 实施

中华人民共和国国家质量监督检验检疫总局
中国国家标准化管理委员会　发布

前　　言

本标准的附录 A 为规范性附录。

本标准由国家粮食局提出。

本标准由全国粮油标准化技术委员会归口。

本标准起草单位：河南工业大学。

本标准主要起草人：武文斌、李永祥、张峻岭。

粮油机械　磨辊磨光拉丝机

1　范围

本标准规定了磨辊磨光拉丝机的相关术语和定义、工作原理、型号及基本参数、技术要求、试验方法、检验规则、标志、包装、运输和储存等。

本标准适用于磨辊表面加工的立、卧式液压磨辊磨光拉丝机。

2　规范性引用文件

下列文件中的条款通过本标准的引用而成为本标准的条款。凡是注日期的引用文件，其随后所有的修改单(不包括勘误的内容)或修订版均不适用于本标准，然而，鼓励根据本标准达成协议的各方研究是否可使用这些文件的最新版本。凡是不注日期的引用文件，其最新版本适用于本标准。

GB/T 191　包装储运图示标志

GB/T 1413　系列1集装箱　分类、尺寸和额定质量

GB/T 3768　声学　声压法测定噪声源声功率级　反射面上方采用包络测量表面的简易法

GB 4674　磨削机械安全规程

GB 5226.1　机械安全　机械电气设备　第1部分：通用技术条件

GB/T 11336　直线度误差检测

GB/Z 18620.2　圆柱齿轮　检验实施规范　第2部分：径向综合偏差、径向跳动、齿厚和侧隙的检验

GB/T 24854　粮油机械　产品包装通用技术条件

GB/T 24855　粮油机械　装配技术通用技术条件

GB/T 25218　粮油机械　产品涂装通用技术条件

GBZ 158　工作场所职业病危害警示标识

3　术语和定义

下列术语和定义适用于本标准。

3.1

磨辊　roller

安装在磨粉机上，用于研磨物料的离心铸造合金辊。

3.2

磨光　grinding

采用旋转砂轮对磨辊表面进行磨削加工，达到表面光滑的技术要求。

3.3

拉丝　groove; flute; corrugate

利用丝刀，对经过磨光处理后的磨辊表面进行切削，形成有一定斜度、等距、平行的齿状条纹。

4　工作原理

在保证辊体的形位公差和表面粗糙度的条件下，通过电机和液压缸驱动，依靠旋转砂轮或拉丝刀对磨辊表面进行磨光拉丝，形成工作磨辊。

5 型号及基本参数

5.1 型号编制方法

按附录A执行。

5.2 基本参数项目

基本参数项目包括型号规格、最大切削长度、最大切削直径、拉丝斜度、砂轮转速、砂轮驱动和油泵驱动电机功率、外形尺寸和首次故障前工作时间等。在使用说明书等技术文件中应明确标明。

6 技术要求

6.1 一般要求

6.1.1 产品应符合本标准的规定,应按照经规定程序批准的产品图样和技术文件制造。

6.1.2 所有外购件及外协件应有产品合格证,经验收合格后才能使用。

6.1.3 装配应符合GB/T 24855的规定。

6.1.4 表面涂装质量应符合GB/T 25218的规定。

6.1.5 机座箱式内腔需涂防锈漆,传动带轮加工表面应涂清漆,非加工表面涂红色防锈漆,其余外露金属加工表面均需涂防锈脂。

6.1.6 磨头部分的设计与制造应符合GB 4674的规定。

6.2 机械性能

6.2.1 拉丝机运行时不应有不正常的声响和冲击声,液压系统稳定不应有异常振动和撞击声。

6.2.2 经1 h空运转后,其轴承温升应不超过35 ℃,最高温度应不大于60 ℃。

6.2.3 空载运行时,噪声应不大于85 dB(A)。

6.2.4 在正常工作条件下,工作台应换向平稳,速度均匀,床身要有足够的刚强度和吸振性,振动的振幅不应超过0.03 mm,振动速度应不超过0.03 mm/s。

6.2.5 导轨的直线度偏差应不大于0.08 mm。

6.2.6 空载运行4 h后,液压油温升应不超过30 ℃,最高温度应不大于60 ℃。

6.2.7 机器的液压管路在额定压力下工作时,各接头处不应有泄漏现象。

6.3 工艺性能

6.3.1 磨辊辊体磨光后,表面粗糙度 R_a 值不超过0.8 μm。

6.3.2 磨辊辊体磨光后,辊体外圆对两轴承部位公共轴线的径向跳动应小于0.02 mm。

6.3.3 磨辊辊体拉丝后,丝纹不应出现波浪和断裂,齿面应光洁,无毛刺、乱丝和崩齿现象。

6.3.4 磨辊辊体拉丝后,丝距应均匀,丝线应平行,最后一条丝与第一条丝之间的丝距误差不超过丝距的±7.5%。

6.4 安全要求

6.4.1 电气安全应符合GB 5226.1的规定。

6.4.2 安全警示标志应符合GBZ 158的规定。

6.4.3 工作台应安装最大行程限位螺钉,以防越程。

6.4.4 外露转动部件应有防护罩。

7 试验方法

7.1 试验条件

7.1.1 试验应在室内进行,场地和样机的安装应能满足试验各项测定的需要。

7.1.2 试验用仪器、仪表和量具应按有关规定校验合格,并在有效使用期内。

7.1.3 试验用电机功率应与样机相配套。

7.1.4 试验电压为 380 V,偏差不大于±10%。

7.1.5 在同一次试验过程中的机器操作和检测均应由固定的熟练操作人员进行操作。

7.1.6 空载试验不少于 1 h。

7.2 机械性能测定

7.2.1 轴承温度检测:用测温计测量砂轮轴承温度,所测最高值减去室温即为轴承温升。

7.2.2 噪声的检测:按 GB/T 3768 的规定执行。

7.2.3 床身振动振幅和振动速度的检测:用振动测量仪检测。

7.2.4 液压油温升的检测:将玻璃温度计插入拉丝机油箱内测量液压油温度,所测温度减去室温即为液态油温升。

7.2.5 导轨直线度的测定:按 GB/T 11336 的规定检测。

7.2.6 液压管路泄漏检测:正常运行 0.5 h 后,戴上白手套触摸各接口处看是否有泄漏。

7.3 工艺性能测定

7.3.1 辊体表面粗糙度检测:用表面粗糙度样板或粗糙度检测仪检测。

7.3.2 辊体径向跳动检测:按 GB/Z 18620.2 的规定方法检测。

7.3.3 丝距误差及丝线平行检测:用读数显微镜置于拉丝完成的磨辊上测量。

7.4 其他要求和参数测定

第 6 章中引用标准的按其标准规定检验,其他要求的检测采用常规方法或感官检测。

8 检验规则

8.1 检验分类

分为出厂检验和型式检验两类。

8.2 出厂检验

8.2.1 产品出厂应进行逐台检验,检验合格后方可出厂。

8.2.2 出厂检验项目按 6.1、6.2、6.4 进行检验。

8.3 型式检验

8.3.1 拉丝机出现下列情况之一,应进行型式检验:

a) 新产品投产或老产品转厂生产试制定型鉴定时;

b) 正式生产后,如结构、材料、工艺上有较大改变,可能影响产品性能时;

c) 正常生产时,每三年进行一次;

d) 停产两年后恢复生产时;

e) 出厂检验结果与上次型式检验有较大差异时;

f) 国家有关质量管理部门提出检验要求。

8.3.2 抽样方法:采取随机抽样,抽样数为 5%,但不少于两台。

8.4 判定规则

8.4.1 型式检验结果应符合第 6 章的规定。

8.4.2 对任一台或任一项检验不合格,允许修复一次后,加倍抽样复验,以复验结果为准。若仍不符合规定,则判定该批产品为不合格。

9 标志、包装、运输及储存

9.1 标志

9.1.1 产品应标有产品标牌,操作和安全标志,并固定在图样规定的位置上。

9.1.2 产品标牌应标有制造厂名、产品型号及名称、产品主要参数、制造日期、产品编号等标志。

9.2 包装

9.2.1 采用整机箱式包装或与购货方商定的包装方法，按 GB/T 24854 的规定执行。随机文件和工具包括：

a） 产品检验合格证；

b） 使用说明书；

c） 装箱单；

d） 工具和附件。

9.2.2 产品应用螺栓将其固定在包装箱座上，产品和底座的接触处需加垫木、撑木。产品的附件及技术文件均装入附件箱，附件箱用螺栓紧固在底座上。

9.2.3 产品与包装箱壁及箱盖应留有一定距离，以防在运输过程中发生碰撞损伤，其距离为 30 mm～50 mm。

9.2.4 产品应加盖防水罩。

9.2.5 产品包装箱的结构应按产品特点、运输要求和包装方式设计，要求经济、实用。包装箱应采取防水措施。

9.2.6 产品如采用集装箱运输，其集装箱外形尺寸、质量和最小内部尺寸应符合 GB/T 1413 的有关规定。

9.2.7 产品包装箱应有储运标志和发货标志，储运标志应符合 GB/T 191 中的有关规定。

9.3 运输及储存

9.3.1 产品运输时，应按外包装的图示标志要求装卸，应做到轻吊、轻放，不应倾斜、倒置或碰撞。

9.3.2 产品应储存在通风干燥处，不应受潮、雨淋或水浸，在正常情况下，产品自发货之日起保证半年内不锈蚀。

附　录　A
（规范性附录）
型号编制方法

A.1　型号编制方法

F　ML　Y　□

□——产品规格：可加工的辊体最大长度(cm)

Y——型式：表示液压

ML——品种：表示磨光拉丝机

F——专业：表示制粉机械设备

A.2　示例

FMLY 1000：表示可对长度为 1 000 mm 的磨辊进行加工的液压磨辊磨光拉丝机。

ICS 67.260
X 91

中华人民共和国国家标准

GB/T 26891—2011

粮油机械 双螺旋榨油机

Grain and oil machinery—Twin-screw press

2011-09-29 发布　　　　2011-12-01 实施

中华人民共和国国家质量监督检验检疫总局
中国国家标准化管理委员会 发布

前　言

本标准的附录A、附录B、附录C为规范性附录，附录D为资料性附录。

本标准由国家粮食局提出。

本标准由全国粮油标准化技术委员会归口。

本标准起草单位：国家粮食储备局武汉科学研究设计院、武汉粮农机械制造有限公司。

本标准主要起草人：曹国锋、吴绪翔、顾强华。

粮油机械　双螺旋榨油机

1　范围

本标准规定了双螺旋榨油机的相关术语和定义、工作原理、型号及基本参数、技术要求、试验方法、检验规则、标志、包装、运输和储存要求。

本标准适用于可低温压榨的双螺旋榨油机。

2　规范性引用文件

下列文件中的条款通过本标准的引用而成为本标准的条款。凡是注日期的引用文件，其随后所有的修改单(不包括勘误的内容)或修订版均不适用于本标准，然而，鼓励根据本标准达成协议的各方研究是否可使用这些文件的最新版本。凡是不注日期的引用文件，其最新版本适用于本标准。

GB/T 191　包装储运图示标志

GB/T 1532—2008　花生

GB/T 3768　声学　声压法测定噪声源声功率级　反射面上方采用包络测量表面的简易法

GB 5009.5　食品安全国家标准　食品中蛋白质的测定

GB 5226.1　机械电气安全　机械电气设备　第1部分:通用技术条件

GB/T 5512　粮油检验　粮食中粗脂肪含量测定

GB/T 5529　植物油脂检验　杂质测定法

GB/T 13306　标牌

GB/T 24854　粮油机械　产品包装通用技术条件

GB/T 24855　粮油机械　装配通用技术条件

GB/T 24856　粮油机械　铸件通用技术条件

GB/T 24857　粮油机械　板件、板型钢构件通用技术条件

GB/T 25218　粮油机械　产品涂装通用技术条件

GBZ 158　工作场所职业病危害警示标识

LS/T 3501.2　粮油加工机械通用技术条件　机械加工技术要求

LS/T 3501.6　粮油加工机械通用技术条件　焊接件

3　术语和定义

下列术语和定义适用于本标准。

3.1

双螺旋榨油机　twin-screw press

双螺杆榨油机　twin-screw press

在同一榨笼内，有两个相向运转榨螺的螺旋榨油机。

3.2

故障　breakdown

除仅用榨油机随机工具不换零配件在短时间内即可排除以外的使设备不能正常运转的情况。

3.3

首次故障前工作时间　working hours to first fault

正常工作条件下，榨油机从开始工作至某一零部件(易损件正常磨损除外)出现故障时的累计工作

时间,单位为小时(h)。

4 工作原理

利用榨笼中两个相向旋转的螺旋轴产生的挤压力配合作笼作用,将料胚中的油脂挤压出来,从料胚进入榨油机至出饼的整个榨油过程是连续不断进行的。

5 型号及基本参数

5.1 型号编制方法

按附录A执行。

5.2 基本参数项目

基本参数项目包括型号规格、生产能力、电机功率、外形尺寸、机器净重、关键零部件(如榨螺)的使用寿命和首次故障前工作时间等。在使用说明书等技术文件中应明确标明。

6 技术要求

6.1 一般要求

6.1.1 双螺旋榨油机应符合本标准的规定,并按照经规定程序批准的图样和技术文件制造。

6.1.2 原材料、外购件、外协件等应附有合格证,经验收合格后才能使用。

6.1.3 板件板型钢构件按GB/T 24857的规定执行。

6.1.4 铸件按GB/T 24856的规定执行。

6.1.5 焊接件应符合LS/T 3501.6的规定。

6.1.6 主要零件的质量应符合LS/T 3501.2的规定。

6.1.7 装配按GB/T 24855的规定执行。

6.1.8 产品涂装按GB/T 25218的规定执行。

6.2 机械性能

6.2.1 榨油机应有足够的机械强度,其结构应能承受正常使用中可能发生的非正常操作。运转应正常、平稳,无异常振动、声响,磨擦部位应无异常温升。

6.2.2 榨笼双轴心线不平行度为0.125 mm,两端面平行度为0.20 mm。

6.2.3 校饼头与尾轴之间最大与最小间隙之差不大于0.4 mm。

6.2.4 双轴转动齿轮装配后的接触斑点,按高度不小于25%,按长度不小于30%。

6.2.5 各调节、操纵、显示等装置必需齐全、灵敏、准确、可靠。

6.2.6 正常运行时,空载噪声不大于85 dB(A)。

6.2.7 空载正常运行1 h时,滚动轴承温升不大于35 ℃,滑动轴承温升不大于30 ℃。

6.3 工艺性能

在花生仁原料达到GB/T 1532—2008规定的3级时,并按照附录B所示的榨油工艺流程试验情况下,双螺旋榨油机的工艺性能应符合表1的规定。

表1 工艺性能要求

项目			指标
吨料电耗/(kW·h/t)		≤	45
干饼质量	残油率/%	≤	16
	粉末度/%	≤	5
	氮溶指数/%	≥	60

6.4 安全要求

6.4.1 安全警示标志应符合 GBZ 158 的规定。

6.4.2 电气设备安全应符合 GB 5226.1 的规定。

6.4.3 电气要有过载保护、接地保护及必要的联锁装置，元件的绝缘电阻不小于 20 MΩ。

7 试验方法

7.1 试验条件及要求

7.1.1 试验的场地应能满足测定项目的需要，并按榨油工艺的要求安装必要的辅助设备。

7.1.2 试验过程中，样机的操作、测定、检测和油品的化验均应配备固定的熟练人员。

7.1.3 试验用仪器、仪表应经检验合格，并在有效期内。

7.1.4 试验用电动机，配套功率应符合使用说明书的规定。

7.1.5 试验用电压应在 380 V、偏差不大于±5%的范围内。试验时电机负荷不应超过标定功率的 10%。

7.2 机械性能检测

7.2.1 噪声的测定：榨油机空运转 30 min，按照 GB/T 3768 的规定进行。

7.2.2 轴承温升检测：在正常运转 1 h 后，用测温计测定轴承外壳温度，计算与试验场所环境温度之差。

7.3 工艺性能

工艺性能的试验方法见附录 C。

7.4 其他要求和参数

6.1、6.2 和 6.4 中给定标准的按标准规定方法检测；其他按常规方法或感官进行检测。

8 检验规则

8.1 检验分类

检验分为出厂检验和型式检验。

8.2 出厂检验

8.2.1 出厂检验项目按 6.1、6.2、6.4 执行。

8.2.2 出厂产品应逐台进行检验，检验合格后方可出厂。

8.3 型式检验

8.3.1 型式检验按第 6 章的规定执行。有下列情况之一的应进行型式检验：

a) 新产品投产时；

b) 产品投产后，当材料、工艺有较大改动，可能影响产品性能时；

c) 产品停产一年以上，恢复生产时；

d) 连续生产三年时；

e) 出厂检验结果与上次型式检验有较大差异时；

f) 国家有关质量管理部门提出检验要求时。

8.3.2 型式检验采取随机抽样，抽样数为 5%，但不少于两台。

8.4 判定规则

8.4.1 检验结果应符合第 6 章的规定。

8.4.2 任一台有任一项检验不合格，允许修复一次后，加倍抽样复验，以复验结果为准。若仍不符合规定，则判定该批产品为不合格。

9 标志、包装、运输和储存

9.1 标志

9.1.1 在明显位置固定产品标牌，标牌内容按 GB/T 13306 的规定执行。

9.1.2 外包装的包装储运图示标志按 GB/T 191 的规定执行。

9.2 包装

9.2.1 按 GB/T 24854 的规定执行。

9.2.2 随机文件和工具：

——使用说明书；

——检验合格证；

——装箱单；

——工具和附件。

9.3 运输

9.3.1 裸装产品在运输途中应遮盖。

9.3.2 运输过程中的吊卸、装载应按外包装的图示标志进行。

9.4 储存

9.4.1 室内存放时，通风良好，注意防潮。

9.4.2 露天存放时，注意防潮、防雨、防晒、防风。

附 录 A
（规范性附录）
型号编制方法

A.1 型号编制方法

型号由专业代号、品种代号、型式代号、产品的主要规格以及榨螺排列方式五个部分组成。

□ □□ □ □×□ □

- 榨螺排列方式：P 表示水平排列式，D 表示上下叠置排列式
- 主要规格：榨螺规格、数量
- 型式代号：X，表示螺旋式
- 品种代号：ZY，表示榨油机
- 专业代号：Y，表示制油机械设备

A.2 示例

YZYX16×2P：表示两根榨螺水平排列、进料端榨螺轴直径约为 16 cm 的双螺旋榨油机。

YZYX20×2D：表示两根榨螺上下叠置排列、进料端榨螺轴直径约为 20 cm 的双螺旋榨油机。

附　录　B
（规范性附录）
双螺旋榨油机榨油工艺流程

花生仁用双螺旋榨油机进行低温压榨的工艺流程如下：

花生仁→清理→破碎→调质 —入榨水分 4%～7%／入榨温度不超过 40 ℃→ 本机压榨 —榨膛温度不超过 65 ℃→ 毛油、花生饼

附　录　C
（规范性附录）
工艺性能的试验方法

C.1　工艺性能试验的要求

C.1.1　选用符合 6.3 规定的花生仁作为原料进行性能试验，榨油工艺流程见附录 B。

C.1.2　性能试验应在样机额定负荷条件下进行，将样机调到最佳工作状态开始试验。正式试验不少于两次，每次不少于 2 h。

C.2　性能试验的内容和方法

C.2.1　油料抽样与检验：供试验用的油料经混合均匀，按对角线法五点取样 1 kg，按 GB/T 1532—2008、GB/T 5512 及有关规定，检测油料的水分、杂质和含油量，结果记入表 D.2。

C.2.2　正式试验前将样机空载运转 30 min，测定电流、电压和主轴转速。

C.2.3　根据榨油机额定处理量准备油料，按工艺要求将油料破碎、调质至符合入榨的水分和温度。油料破碎、调质的产量应与榨机相配套。

C.2.4　正式试验：记录开始时间、终了时间、始末电度表读数及所用油料数量。压榨时从正式试验 30 min 起，每隔 15 min 测定一次电流、电压和榨膛温度，共测五次（以榨机出饼口温度代表榨膛温度）。上述测定数据记入表 D.1。

C.2.5　试验完毕，将毛油用孔径 0.25 mm（60 目）滤网过滤称量，记入表 D.2。

C.3　饼样的抽取与检验

C.3.1　取样：在正式试验 30 min 后，随时随机取样不少于 3 次，共取约 1 kg，装入塑料袋中，封口后送实验室。

C.3.2　干饼残油率测定：按 GB/T 5512 规定执行，结果记入表 D.2。

C.3.3　粉末度测定：饼样以 1.2 mm 筛孔网筛取，得到筛上物和筛下物，分别称量并计算，结果记入表 D.2。

C.3.4　氮溶指数测定：将饼样水解，水解液过滤、离心、定容，取定容滤液，按 GB 5009.5 测定其中氮的含量，即为可溶性氮；将饼样粉碎后，直接按 GB 5009.5 测定获得饼样总氮含量。可溶性氮与饼样总氮之比为氮溶指数（低温压榨），计算结果记入表 D.2。

C.4　油样的抽取与检验

C.4.1　取样：在正式试验 30 min 后，随时随机取样不少于 3 次，共取约 1 kg，装入磨口瓶送实验室。

C.4.2　毛油含杂检验：油样沉淀 24 h 后，用吸管取油面 30 mm 油层处的油。按 GB/T 5529 的规定方法进行杂质检验，结果记入表 D.2。

C.5　性能指标的计算

C.5.1　纯工作小时生产率按式（C.1）进行计算。

$$E_c = \frac{Q_c}{T_c} \qquad \cdots\cdots\cdots\cdots (C.1)$$

式中：

E_c——纯工作小时生产率，单位为千克每小时（kg/h）；

Q_c——处理油料质量，单位为千克(kg)；

T_c——压榨时间，单位为小时(h)。

C.5.2 出油率按式(C.2)进行计算。

$$B = \frac{Q_y}{Q_c} \times 100\% \qquad \cdots\cdots\cdots\cdots (C.2)$$

式中：

B——出油率，毛油占原料的质量分数，%；

Q_y——过滤后毛油质量，单位为千克(kg)；

Q_c——处理油料质量，单位为千克(kg)。

C.5.3 出油效率按式(C.3)进行计算。

$$\eta_y = \frac{B}{B_y} \times 100\% \qquad \cdots\cdots\cdots\cdots (C.3)$$

式中：

η_y——出油效率，出油率与原料含油率之比，%；

B——出油率，毛油占原料的质量分数，%；

B_y——原料含油率(以质量分数计)，%。

C.5.4 油分总损失按式(C.4)进行计算。

$$B_s = B_y - B \qquad \cdots\cdots\cdots\cdots (C.4)$$

式中：

B_s——油分总损失，以质量分数计，%；

B_y——原料含油率(以质量分数计)，%；

B——出油率，毛油占原料的质量分数，%。

C.5.5 干饼残油率按式(C.5)进行计算。

$$K_b = \frac{Q_{by}}{Q_b(1 - a_b)} \times 100\% \qquad \cdots\cdots\cdots\cdots (C.5)$$

式中：

K_b——干饼残油率(以质量分数计)，%；

Q_{by}——饼样中含油量，单位为千克(kg)；

Q_b——饼样质量，单位为千克(kg)；

a_b——饼样含水率(以质量分数计)，%。

C.5.6 干饼粉末度按式(C.6)进行计算。

$$F_d = \frac{S_1}{S_1 + S_2} \times 100\% \qquad \cdots\cdots\cdots\cdots (C.6)$$

式中：

F_d——粉末度(以质量分数计)，%；

S_1——筛上物质量，单位为千克(kg)；

S_2——筛下物质量，单位为千克(kg)。

C.5.7 干饼氮溶指数按式(C.7)进行计算。

$$I_{NS} = \frac{Q_{N1}}{Q_{N2}} \times 100\% \qquad \cdots\cdots\cdots\cdots (C.7)$$

式中：

I_{NS}——氮溶指数(以质量分数计)，%；

Q_{N1}——提取滤液中含氮量，单位为克(g)；

Q_{N2}——饼样总含氮量，单位为克(g)。

C.5.8 吨料电耗按式(C.8)进行计算。

$$G_n = \frac{G_{nz}}{Q_c} \times 1\,000 \qquad \cdots\cdots (C.8)$$

式中：

G_n——吨料电耗,单位为千瓦时每吨(kW·h/t)；

G_{nz}——耗电量,单位为千瓦时(kW·h)；

Q_c——处理油料质量,单位为千克(kg)。

附　录　D
（资料性附录）
试验记录表

D.1　样机性能试验记录见表 D.1。

表 D.1　样机性能试验记录表

项目		电流 A	电压 V	榨膛温度 ℃	备　注
空运转					
负载	1				
	2				
	3				
	4				
	5				
	平均				
电量与时间		开始时间 h,min	电表初读数 kW·h	电表末读数 kW·h	耗电量 kW·h
空载噪声 dB(A)				环境噪声 dB(A)	
1		2	3		

D.2　样机工艺性能测定结果汇总见表 D.2。

表 D.2　样机工艺性能测定结果汇总表

榨油机型号		油料品种		
试验地点		室温		
试验日期		整理人		
项　　目	测定数值	项　　目		测定数值
处理油料量/kg		原料	含油量/%	
压榨时间/h			杂质/%	
纯工作小时生产率/(kg/h)			水分/%	
出油率/%		毛油	质量/kg	
出油效率/%			杂质/%	
油分总损失/%		干饼	质量/kg	
出饼率/%			干饼残油率/%	
耗电量/(kW·h)			粉末度/%	
吨料电耗/(kW·h/t)			氮溶指数/%	
滚动轴承温升/℃		备注		
滑动轴承温升/℃				

ICS 67.260
X 91

中华人民共和国国家标准

GB/T 26892—2011

粮油机械　玉米破糁脱胚机

Grain and oil machinery—Corn degerminator

2011-09-29 发布　　2011-12-01 实施

中华人民共和国国家质量监督检验检疫总局
中国国家标准化管理委员会　发布

前　言

本标准的附录A为规范性附录。

本标准由国家粮食局提出。

本标准由全国粮油标准化技术委员会归口。

本标准起草单位：国家粮食储备局无锡科学研究设计院、无锡中禾实业公司。

本标准主要起草人：黄卫文、刘得建、徐毅峰。

粮油机械　玉米破糁脱胚机

1　范围

本标准规定了玉米破糁脱胚机的相关术语和定义、工作原理、型号及基本参数、技术要求、试验方法、检验规则及标志、包装、运输和储存要求。

本标准适用于以旋转打板为主要工作部件的卧式玉米破糁脱胚机。

2　规范性引用文件

下列文件中的条款通过本标准的引用而成为本标准的条款。凡是注日期的引用文件，其随后所有的修改单(不包括勘误的内容)或修订版均不适用于本标准，然而，鼓励根据本标准达成协议的各方研究是否可使用这些文件的最新版本。凡是不注日期的引用文件，其最新版本适用于本标准。

GB/T 191　包装储运图示标志

GB 1353　玉米

GB/T 3768　声学　声压法测定噪声源声功率级　反射面上方采用包络测量表面的简易法

GB 5226.1　机械电气安全　机械电气设备　第1部分:通用技术条件

GB/T 9239.1　机械振动　恒态(刚性)转子平衡品质要求　第1部分:规范与平衡允差的检验

GB/T 13306　标牌

GB/T 24854　粮油机械　产品包装通用技术条件

GB/T 25218　粮油机械　产品涂装通用技术条件

GBZ/T 192.1　工作场所空气中粉尘测定　第1部分:总粉尘浓度

3　术语和定义

下列术语和定义适用于本标准。

3.1

破糁粒　granule of broken-corn

破碎的玉米粒。

3.2

破糁率　rate of corn broken

破糁粒占总样品的质量分数。

3.3

脱胚率　rate of degerminating

已分离的胚占样品胚总量的质量分数。

4　工作原理

在旋转打板和进料压力的作用下，玉米和打板、筛网之间以及玉米与玉米之间产生相互间的碰撞、磨擦，使玉米解体，完成破糁、脱胚。

5　型号及基本参数

5.1　型号编制方法

按附录A执行。

5.2 基本参数项目

基本参数项目包括型号规格、生产能力、电机功率、外形尺寸、打板的使用寿命等，在使用说明书等技术文件中应明确标明。

6 技术要求

6.1 一般要求

6.1.1 应按经规定程序批准的图样和技术文件制造。

6.1.2 原材料、外购件、外协件等应附有合格证，经验收合格后才能使用。

6.1.3 外露不施漆的金属制件(不锈钢除外)应进行发蓝、发黑或镀铬处理。

6.1.4 焊接焊缝表面应均匀平整，不应有裂纹、夹渣、气孔等缺陷。

6.1.5 产品涂装应符合 GB/T 25218 的规定。

6.2 机械性能

6.2.1 产品运转应正常平稳，转动灵活，无异声。

6.2.2 转子应进行动平衡校验，动平衡精度不低于 G16。

6.2.3 正常工作时，轴承温升应不大于 35 ℃，最高温度应不大于 75 ℃。

6.2.4 空运转时，其噪声应不大于 90 dB。

6.3 工艺性能

6.3.1 入机玉米的水分含量应不超过 22%。

6.3.2 破糁率不低于 85%；脱胚率不低于 80%。

6.3.3 正常工作时，工作区环境的粉尘浓度应不大于 10 mg/m^3。

6.4 安全要求

6.4.1 所有联接件、紧固件应紧固，不应松动。

6.4.2 外露转动部件应有防护罩。

6.4.3 应在醒目位置固定有字样清晰的操作标示，并标明转向、警示等内容。

6.4.4 电气安全应符合 GB 5226.1 的规定。

7 试验方法

7.1 试验条件和要求

7.1.1 试验场地和样机的安装应能满足性能试验各项测定的需要。

7.1.2 样机的操作和测定工作均应配备熟练人员。

7.1.3 试验用仪器、仪表应按有关规定校验合格，并在有效使用期内。

7.1.4 空运转试验应在标定转速下进行，运转时间不少于 30 min。

7.2 机械性能测定

7.2.1 转子动平衡的测定：按照 GB/T 9239.1 执行。

7.2.2 轴承温升的测定：用测温计在试验开始前和试验结束时测定各轴承外壳的表面温度，并计算温升。

7.2.3 噪声的测定：在设备空载运行正常 10 min 后，用声级计按 GB/T 3768 中规定的方法测定。

7.3 工艺性能试验

7.3.1 工艺性能试验应在额定产量下进行。

7.3.2 试验用原料应符合 GB 1353 中等或以上玉米的要求。

7.3.3 测定取样时间在试验开始 30 min 后，在样机的主、副出料口分别同时取样，取样时间不少于 15 s，并分别称量主、副料口取样质量 m_1 和 m_2。取样次数不少于 3 次，每次间隔时间为 15 min。

7.3.4 由主出料口接取试样 1(试样质量不少于 500 g)，并称量其质量 m_3，从样品中拣出完整粒，称量

完整粒质量 m_4。取样次数不少于 3 次，每次连续取样两份，一份为原始样，一份为平行样。

7.3.5 由主出料口接取试样 2(试样质量不少于 500 g)，并称量其质量 m_5，从样品中拣出胚未脱完的整玉米粒和胚未脱落的破糁粒，用手剥出胚，称量胚质量 m_6。取样次数不少于 3 次，每次连续取样两份，一份为原始样，一份为平行样。

7.3.6 从进料口接取被加工原料试样(试样重量不少于 100 g)，称量其质量 m_7 然后剥离出玉米胚，称取胚质量 m_8。取样次数不少于 3 次，每次连续取样两份，一份为原始样，一份为平行样。

7.3.7 破糁率按下列方法计算：

a) 主出料口占总流量的比例按式(1)计算：

$$K_1=\frac{m_1}{m_1+m_2}\times 100\% \qquad \cdots\cdots(1)$$

式中：

K_1——主出料口占总流量的比例，%；

m_1——主出口取样质量，单位为千克(kg)；

m_2——辅料口出取样质量，单位为千克(kg)。

b) 破糁率按式(2)计算：

$$\eta=\left(1-K_1\times\frac{m_4}{m_3}\right)\times 100\% \qquad \cdots\cdots(2)$$

式中：

η——破糁率，%；

m_3——试样 1 的质量，单位为克(g)；

m_4——试样 1 中完整粒的质量，单位为克(g)。

7.3.8 脱胚率按式(3)计算：

$$\rho=\left(1-\frac{m_6\times m_7\times K_1}{m_5\times m_8}\right)\times 100\% \qquad \cdots\cdots(3)$$

式中：

ρ——脱胚率，%；

m_5——试样 2 的质量，单位为克(g)；

m_6——试样 2 中未脱胚玉米中胚芽的质量，单位为克(g)；

m_7——原料试样的质量，单位为克(g)；

m_8——原料试样中胚芽的质量，单位为克(g)。

7.3.9 粉尘浓度的测定：按照 GBZ/T 192.1 中规定的方法测定整机工作场所的粉尘浓度。

7.4 其他要求和有关参数的检测

6.1、6.2、6.4 中引用标准的按标准规定检测；其他要求和相关参数应采用常规方法和感官进行检测。

8 检验规则

8.1 检验分类

分为出厂检验和型式检验两类。

8.2 出厂检验

8.2.1 出厂产品应逐台进行检验，检验合格后方可出厂。

8.2.2 出厂检验项目按 6.1、6.2 和 6.4 执行。

8.3 型式检验

8.3.1 检验项目按第 6 章的规定执行。有下列情况之一的应进行型式检验：

——新产品投产时；

——产品投产后，当材料、工艺有较大改动，可能影响产品性能时；
——产品停产一年以上，恢复生产时；
——连续生产三年时；
——出厂检验结果与上次型式检验有较大差异时；
——国家有关质量管理部门提出检验要求时。

8.3.2 型式检验采取随机抽样，抽样数为5%，但不少于两台。

8.4 判定规则

8.4.1 型式检验结果应符合第6章的规定。

8.4.2 对任一台或任一项检验不合格，允许修复一次后加倍抽样复验，以复验结果为准。若仍不符合规定，则判定为不合格。

9 标志、包装、运输和储存

9.1 标志

9.1.1 在明显位置固定产品标牌，标牌内容按GB/T 13306执行。

9.1.2 外包装的包装储运图示标志按GB/T 191执行。

9.2 包装

9.2.1 按GB/T 24854的规定执行。

9.2.2 随机文件和工具包括：
——使用说明书；
——检验合格证；
——装箱单；
——工具和附件。

9.3 运输

9.3.1 裸装产品在运输途中应遮盖。

9.3.2 运输过程中的吊卸、装载应按外包装的图示标志进行。

9.4 储存

9.4.1 室内存放时，应通风良好，注意防潮。

9.4.2 露天存放时，应注意防潮、防雨、防晒、防风。

附 录 A
（规范性附录）
型号编制方法

A.1 型号编制方法

产品型号由专业代号、品种代号、型式代号、主要规格等四部分组成。

```
T   TP   W   □×□
|   |    |    |
|   |    |    └——主要规格：筛筒工作直径（cm）×工作长度（cm）
|   |    └——型式：W，表示卧式
|   └——品种：TP，表示脱胚破糁
└——专业：T，表示通用粮油机械
```

A.2 示例

TTPW 63×120：表示筛筒直径为 63 cm，筛筒工作长度为 120 cm 的卧式玉米破糁脱胚机。

ICS 67.260
X 91

中华人民共和国国家标准

GB/T 26893—2011

粮油机械 圆筒初清筛

Grain and oil machinery—Cylindric precleaner

2011-09-29 发布 2011-12-01 实施

中华人民共和国国家质量监督检验检疫总局
中国国家标准化管理委员会 发布

前　　言

本标准的附录 A 为规范性附录。

本标准由国家粮食局提出。

本标准由全国粮油标准化技术委员会归口。

本标准主要起草单位：国家粮食储备局郑州科学研究设计院、九江市粮油机械厂(有限公司)、江都市仙龙粮食机械有限公司。

本标准主要起草人：陈艺、劳林安、陈宏、周家贵。

粮油机械　圆筒初清筛

1　范围

本标准规定了圆筒初清筛的术语和定义、工作原理、型号、基本参数、技术要求、试验方法、检验规则、标志、包装、运输和储存要求。

本标准适用于以粮食初清为主的圆型筒筛。

2　规范性引用文件

下列文件中的条款通过本标准的引用而成为本标准的条款。凡是注日期的引用文件，其随后所有的修改单(不包括勘误的内容)或修订版均不适用于本标准，然而，鼓励根据本标准达成协议的各方研究是否可使用这些文件的最新版本。凡是不注日期的引用文件，其最新版本适用于本标准。

GB/T 191　包装储运图示标志

GB/T 699　优质碳素结构钢

GB/T 3768　声学　声压法测定噪声源声功率级　反射面上方采用包络测量表面的简易法

GB 5226.1　机械电气安全　机械电气设备　第1部分:通用技术条件

GB/T 12620　长圆孔、长方孔和圆孔筛板

GB/T 13306　标牌

GB/T 24854　粮油机械　产品包装通用技术条件

GB/T 24855　粮油机械　装配通用技术条件

GB/T 24857　粮油机械　板件、板型钢构件通用技术条件

GB/T 25218　粮油机械　产品涂装通用技术条件

GBZ 158　工作场所职业病危害警示标识

LS/T 3501.6　粮油加工机械通用技术条件　焊接件

3　术语和定义

下列术语和定义适用于本标准。

3.1

单层圆筒初清筛　single-layer cylindric precleaner

只有一层圆筒筛面的分离粮食中大型杂质的筛理机械。

3.2

双层圆筒初清筛　two-layer cylindric precleaner

具有两层圆筒筛面的初清筛。两层筛面孔径不同，可同时分离粮食中的大型杂质和小型杂质。

3.3

大杂去除率　large impurities removing efficiency

清理出来的大杂占清理前粮食中所含大杂总量的质量分数。

3.4

大杂含粮率　mass ratio of grain in removed large impurities

清理出来的大杂中所含粮食占清出大杂总量的质量分数。

4　工作原理

单层圆筒初清筛的筛筒水平安装，筛孔略大于被清理粮食的粒径，当粮食进入旋转的筛筒后，在摩

擦力的作用下随筛筒旋转，当摩擦力小于或等于粮食重力，粮食就与筛筒产生向下的相对滑动，粮食粒径小于筛孔时，就穿过筛孔流向粮食出料口；而大杂质粒度或长度大于筛孔，不能或不易穿过筛孔，而留在筛面上随筛筒旋转排出筛筒，从而分离出大杂质。双层圆筒初清筛工作原理同上，只是在原有的筛筒外面增加一个孔径小于粮食粒径的外筛筒，粮粒不能或不易穿过筛孔而留在外筛筒内，穿过外筛筒筛孔的是小杂，从而将小杂与粮食分离。

5 型号及基本参数

5.1 型号的编制方法

按附录 A 执行。

5.2 基本参数项目

基本参数项目包括型号规格、生产能力、电机功率、外形尺寸、筛筒直径、筛孔规格等。在使用说明书等技术文件中应明确标明。

6 技术要求

6.1 一般要求

6.1.1 按照经规定程序批准的图样及技术文件制造。

6.1.2 原材料、外购件、外协件等应附有合格证明，经验收合格后才能使用。

6.1.3 主轴应选用机械强度不低于 GB/T 699 规定的 45 号钢的材料，粗加工后应进行调质处理。

6.1.4 筛板应按 GB/T 12620 的规定制作，并拆换方便。

6.1.5 所有焊接件应符合 LS/T 3501.6 的规定。

6.1.6 所有钢板冲压件、型钢构件应符合 GB/T 24857 的规定。

6.1.7 装配应符合 GB/T 24855 的规定。

6.1.8 表面涂漆应符合 GB/T 25218 的规定。

6.2 机械性能

6.2.1 圆筒初清筛应运转平稳，不应有异常声响和振动。

6.2.2 工作时，圆筒初清筛应无灰尘外溢、漏料现象，给、排料过程应顺畅。

6.2.3 空载运行时，筛筒出杂口处的径向跳动应小于筛筒公称直径的 0.7%。

6.2.4 筛筒外表面应圆整，圆度公差应为筛筒公称直径的 0.5%。

6.2.5 空载运转 1 h 后，轴承温升不超过 25 ℃，最高温度不超过 65 ℃。

6.2.6 空载运行时，噪声不大于 85 dB(A)。

6.3 工艺性能

6.3.1 产量应符合标称要求。

6.3.2 在原粮含杂率不大于 3%，水分含量不大于 15%的条件下，大杂去除率应不小于 85%。

6.3.3 在原粮含杂率不大于 3%，水分含量不大于 15%的条件下，大杂含粮率应不大于 3%。

6.4 安全要求

6.4.1 固定筛板的螺栓应锁紧，工作中不应有松动。

6.4.2 裸露在外面的高速旋转件应加防护装置。

6.4.3 安全警示标志应符合 GBZ 158 的规定。

6.4.4 电气安全应符合 GB 5226.1 的规定。

7 试验方法

7.1 试验条件和要求

7.1.1 试验场地和样机的安装应符合产品说明书的有关规定，试验设备应配有相应的起动和过载保护装置，并能满足试验要求。

7.1.2 试验用仪器、仪表和量具应按有关规定校验合格，并在有效使用期内。

7.1.3 试验用样机和电机均应具有制造厂的质量检验合格证、使用说明书等技术资料。

7.1.4 试验电压为 380 V，偏差不大于±10%。

7.1.5 在同一次试验过程中的机器操作和检测均应由固定的熟练操作人员进行操作。

7.1.6 空运转试验时间应不少于 30 min。

7.2 机械性能检测

7.2.1 筛筒径向跳动检测：用百分表测量头垂直接触被测筛筒的外表面，转动被测筛筒一周，从百分表上得出各个位置的径向跳动，取其中最大值。

7.2.2 轴承温升的检测：空载运转 1 h 后，用测温计在轴承外壳表面测定。

7.2.3 噪声的检测：空载运转 1 h 后，用声级计按 GB/T 3768 执行。

7.3 工艺性能检测

7.3.1 产量测定

选择含杂率为 3%，水分含量小于 15% 的原粮作试样。试验前对圆筒初清筛进行全面检查，并将其调整至良好的运行状态。正常工作时，从进机原粮中取样三次，每次时间不少于 5 min，记下取样时间（T），并用台秤称出每次取样的质量（m）。

圆筒初清筛的产量按式(1)计算：

$$X=\frac{3\,600\times m}{1\,000\times T} \qquad \cdots\cdots(1)$$

式中：

X ——产量，单位为吨每小时(t/h)；

m ——在 T 秒时间内进机原粮总量，单位为千克(kg)；

T ——处理 m 所用时间，单位为秒(s)。

取其三次产量的平均值。

7.3.2 大杂去除率的测定

选择含杂率为 3%，水分含量小于 15% 的原粮作试样。检验筛为滴筛，安装在样机试验流程中，筛面与水平面的夹角为 30°～33°，筛孔的形状和分布与样机大杂筛板上筛孔的形状和分布相同。

每次试验对同一批原粮测定三次，每次时间应不少于 30 min。设备正常运行时，收集出机大杂，称出大杂质量（m_1）；收集出机原粮，用检验筛进行筛分，称出检验筛筛上大杂质量（m_2）。

圆筒初清筛的大杂去除率按式(2)计算：

$$\eta=\frac{m_1}{m_1+m_2}\times 100\% \qquad \cdots\cdots(2)$$

式中：

η ——大杂去除率，%；

m_1 ——测定时间内，出机大杂质量，单位为千克(kg)；

m_2 ——检验筛筛上大杂质量，单位为千克(kg)。

取其三次大杂去除率的平均值。

7.3.3 大杂含粮率的测定

拣出出机大杂中饱满粮粒并称量其质量（m_3）。

圆筒初清筛的大杂含粮率按式(3)计算：

$$\beta=\frac{m_3}{1\,000m_1-m_3}\times 100\% \qquad \cdots\cdots(3)$$

式中：

β ——大杂含粮率，%；

m_3——出机大杂中饱满粮粒的质量，单位为克(g)；

m_1——测定时间内，出机大杂质量(包括大杂和饱满粮粒)，单位为千克(kg)。

取其三次大杂含粮率的平均值。

7.4 其他要求的检测

6.1、6.2和6.4中引用标准的按标准规定的方法检测；其他要求采用常规方法或感官进行检测。

8 检验规则

8.1 检验分类

分为出厂检验和型式检验两类。

8.2 出厂检验

8.2.1 出厂检验项目按6.1、6.2、6.4执行。

8.2.2 出厂产品应逐台进行检验，检验合格后方可出厂。

8.3 型式检验

8.3.1 对产品进行全面考核，按第6章的规定执行。有下列情况之一的应进行型式检验：

a) 新产品投产时；

b) 产品投产后，当材料、工艺有较大改动，可能影响产品性能时；

c) 产品停产一年以上，恢复生产时；

d) 连续生产三年时；

e) 出厂检验结果与上次型式检验有较大差异时；

f) 国家有关质量管理部门提出检验要求时。

8.3.2 型式检验采取随机抽样，抽样数为5%，但不少于两台。

8.4 判定规则

8.4.1 型式检验结果应符合第6章的规定。

8.4.2 对任一台或任一项检验不合格，允许修复一次后加倍抽样复验，以复验结果为准。若仍不符合规定，则判定为不合格。

9 标志、包装、运输和储存

9.1 标志

9.1.1 在明显位置固定产品标牌，标牌内容按GB/T 13306的规定执行。

9.1.2 外包装的包装储运图示标志按GB/T 191的规定执行。

9.2 包装

9.2.1 按GB/T 24854的规定执行。

9.2.2 随机文件和工具：

——使用说明书；

——检验合格证；

——装箱单；

——工具和附件。

9.3 运输

9.3.1 运输过程中的吊卸、装载应按外包装的图示标志进行。

9.3.2 裸装产品在运输途中应遮盖。

9.4 储存

9.4.1 室内存放时，应通风良好，注意防潮。

9.4.2 露天存放时，应注意防潮、防雨、防晒、防风。

附　录　A
（规范性附录）
型号编制方法

A.1　型号编制方法

A.1.1　圆筒初清筛的型号由专业代号、品种代号、型式代号以及产品的主要规格等四个部分组成。

A.1.2　单层圆筒初清筛型号编制方法：

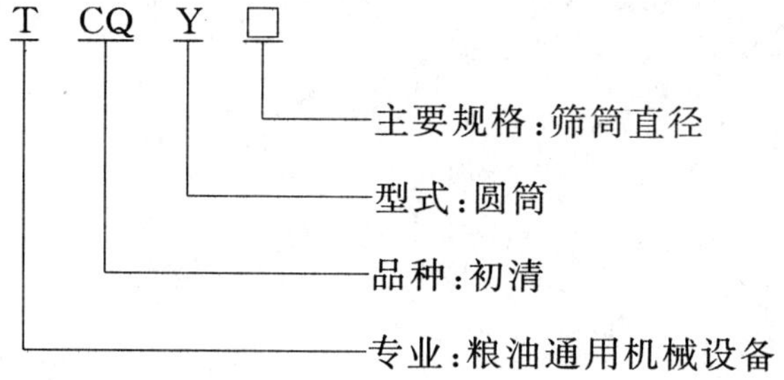

A.1.3　双层圆筒初清筛型号编制方法：

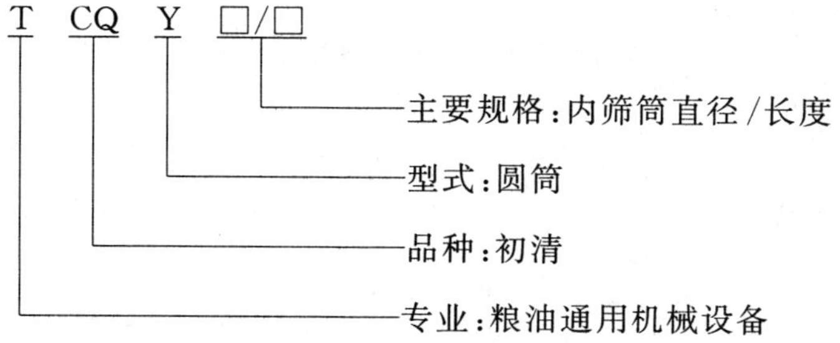

A.2　示例

TCQY63：表示筛筒直径 630 mm 的单层圆筒初清筛。

TCQY85/160：表示内筛筒直径 850 mm、长 1 600 mm 的双层圆筒初清筛。

ICS 67.260
X 91

中华人民共和国国家标准

GB/T 26894—2011

粮油机械 振动清理筛

Grain and oil machinery—Vibration separator

2011-09-29 发布 2011-12-01 实施

中华人民共和国国家质量监督检验检疫总局
中国国家标准化管理委员会 发布

前　言

本标准的附录A为规范性附录。

本标准由国家粮食局提出。

本标准由全国粮油标准化技术委员会归口。

本标准起草单位：河南工业大学、河南省粮食加工装备工程技术研究中心、开封市茂盛机械有限公司、沧州开发区北方粮食机械有限公司、江都市时利和机械有限公司、开封市天丰面业有限公司、河南雪健食品有限公司。

本标准主要起草人：王凤成、阮竞兰、武文斌、李东森、王金恒、原富林、李荣、窦武、朱振、李军民、李素平。

粮油机械　振动清理筛

1　范围

本标准规定了振动清理筛的术语和定义、工作原理、型号参数、技术要求、试验方法、检验规则、标志、包装、运输和储存要求。

本标准适用于清除粮食中的大杂和小杂的双振动电机驱动型往复振动清理筛。

2　规范性引用文件

下列文件中的条款通过本标准的引用而成为本标准的条款。凡是注日期的引用文件，其随后所有的修改单(不包括勘误的内容)或修订版均不适用于本标准，然而，鼓励根据本标准达成协议的各方研究是否可使用这些文件的最新版本。凡是不注日期的引用文件，其最新版本适用于本标准。

GB/T 191　包装储运图示标志

GB 1351　小麦

GB/T 3768　声学　声压法测定噪声源声功率级　反射面上方采用包络测量表面的简易法

GB 5226.1　机械电气安全　机械电气设备　第1部分：通用技术条件

GB/T 5494　粮油检验　粮食、油料的杂质、不完善粒检验

GB/T 13306　标牌

GB/T 24854　粮油机械　产品包装通用技术条件

GB/T 24855　粮油机械　装配通用技术条件

GB/T 24857　粮油机械　板件、板型钢构件通用技术条件

GB/T 25218　粮油机械　产品涂装通用技术条件

GBZ 158　工作场所职业病危害警示标识

3　术语和定义

下列术语和定义适用于本标准。

3.1

筛面　sieve screen

带有一定形状和大小及排列开孔的金属筛板或金属丝编织筛网。

3.2

大杂　coarse impurities

颗粒大于被处理粮食籽粒的杂质。

3.3

小杂　fine impurities

颗粒小于被处理粮食籽粒的杂质。

4　工作原理

利用双振动电机驱动产生的筛面往复运动，通过筛分方式清除粮食中的大杂和小杂。

5 型号编制与基本参数

5.1 型号编制方法

按附录A执行。

5.2 基本参数项目

基本参数项目包括型号规格、处理能力、配备动力、振动频率、筛体振幅、筛面倾角、振动方向角等。在使用说明书等技术文件中应明确标明。

6 技术要求

6.1 一般要求

6.1.1 按照经规定程序批准的图样及技术文件制造。

6.1.2 原材料、外购件、外协件等应附有合格证,经验收合格后才能使用。

6.1.3 板件构件应符合GB/T 24857的规定。

6.1.4 装配应符合GB/T 24855的规定。

6.1.5 产品涂装应符合GB/T 25218的规定。

6.2 机械性能

6.2.1 工作运转应平稳,无异常声音,无扭摆现象。

6.2.2 在生产运行中,各紧固件不应有松动现象,筛体及零部件不应出现断裂现象。

6.2.3 筛格的压紧应可靠,筛格装拆应方便灵活。

6.2.4 空载运转时,噪声应不大于80 dB(A)。

6.2.5 振动电机轴承外壳温升不大于35 ℃,温度最高不大于70 ℃。

6.3 工艺性能

当用于清理符合GB 1351的中等以上小麦原料时,单位筛理面积每小时处理能力不低于6 t/(h·m^2);大杂去除率不低于70%,小杂去除率不低于60%,被清除的大杂和小杂中含完整粮粒率不大于2%。

6.4 安全要求

6.4.1 安全警示标志应符合GBZ 158的规定。

6.4.2 电器安全应符合GB 5226.1的规定。

7 试验方法

7.1 条件和要求

7.1.1 试验场地和样机的安装应符合产品使用说明书的规定,满足试验要求。

7.1.2 试验用仪器、仪表和量具应按有关规定校验合格,并在有效使用期内。

7.1.3 试验样机和振动电机均应具有质量检验合格证和使用说明书等技术资料。

7.1.4 试验电压为380 V,偏差不大于±10%。

7.1.5 在同一次试验过程中的机器操作和检测均应由固定的熟练人员进行。

7.1.6 空运转试验时间应不少于60 min。

7.2 机械性能测定

7.2.1 噪声测定:按GB/T 3768执行。

7.2.2 振动电机轴承外壳温度测定:用测温计测量振动电机轴承外壳温度和试验环境温度,计算振动电机轴承外壳的温升。

7.3 工艺性能测定

7.3.1 处理能力测定:稳定正常工作状态下,在净粮出口处分别接料3次,时间相隔15 min,每次接粮

不少于 20 kg,用秒表记录接粮时间,计算并取平均值,得出单位筛理面积每小时处理能力。按式(1)计算:

$$Q=\frac{m}{t\times W\times L}\times 3.6 \quad\cdots\cdots(1)$$

式中:

Q——处理能力,单位为吨每小时平方米[t/(h·m²)];

m——接粮质量,单位为千克(kg);

t——接粮时间,单位为秒(s);

W——标称筛面宽度,单位为米(m);

L——标称筛面长度,单位为米(m)。

7.3.2 杂质去除率测定:对进机原粮和清理后的物料分别取样 3 次,时间相隔 15 min,每次取样不少于 5 kg,按 GB/T 5494 规定的筛选方法检测大杂和小杂含量,计算并取平均值,分别得出大杂和小杂去除率。按式(2)计算:

$$\eta=\frac{Z-Z_0}{Z}\times 100\% \quad\cdots\cdots(2)$$

式中:

η——杂质去除率,%;

Z——进机原粮中杂质含量,%;

Z_0——清理后的物料中杂质含量,%。

7.3.3 杂质下脚中含完整粮粒率测定:与杂质去除率的测定取样时间相一致,在大杂和小杂出口处分别接取杂质下脚 3 次,时间相隔 15 min,每次接样不少于 200 g,拣出其中的完整粮粒,分别称量和计算,取其平均值,得出杂质下脚中含完整粮粒率。按式(3)计算:

$$L=\frac{m_1}{m_2}\times 100\% \quad\cdots\cdots(3)$$

式中:

L——杂质下脚中含完整粮粒率,%;

m_1——杂质下脚中完整粮粒质量,单位为克(g);

m_2——接取的杂质下脚质量,单位为克(g)。

7.4 其他要求和参数的检测

6.1 和 6.4 中引用标准的按其标准规定的方法检测,其他要求和参数采用常规方法和感官进行检测。

8 检验规则

8.1 检验分类

分为出厂检验和型式检验两类。

8.2 出厂检验

8.2.1 每台产品出厂前应进行检验,检验合格后方可出厂。

8.2.2 产品应进行空运转试验,时间不应少于 60 min。

8.2.3 检验项目包括 6.1、6.2 和 6.4。

8.3 型式检验

8.3.1 型式检验是全面考核,检验项目按第 6 章执行。有下列情况之一的应进行型式检验:

a) 新产品投产时;

b) 产品投产后,材料、结构、工艺有较大改动,可能影响产品性能时;

c) 产品停产一年以上,恢复生产时;

d） 连续生产三年时；

e） 出厂检验结果与上次型式检验有较大差异时；

f） 国家有关质量管理部门提出检验要求时。

8.3.2 型式检验，采取随机抽样，抽样数为5%，但不少于两台。

8.4 判定规则

8.4.1 型式检验的结果应符合第6章的规定。

8.4.2 任一台或任一项检验结果不合格，允许修复一次后加倍抽样复验，以复验结果为准。若仍不符合规定，则判定为不合格。

9 标志、包装、运输和储存

9.1 标志

9.1.1 在明显位置固定产品标牌，标牌内容应符合GB/T 13306的规定。

9.1.2 外包装的包装储运图示标志应符合GB/T 191的规定。

9.2 包装

9.2.1 产品包装应符合GB/T 24854的规定。

9.2.2 产品随机文件和工具：

——使用说明书；

——检验合格证；

——装箱单；

——工具和附件。

9.3 运输

9.3.1 运输方式可按供需双方商定或商业惯例办理。

9.3.2 裸运产品时，应垫平、放稳、固定好，应有防雨、防雪以及防晒措施。

9.3.3 运输过程中的吊卸、装载应按外包装的图示标志进行。

9.4 储存

9.4.1 室内存放时，通风良好，注意防潮。

9.4.2 露天存放时，注意防潮、防雨、防晒。

附　录　A
（规范性附录）
型号编制方法

A.1　型号编制方法

振动清理筛的型号由专业代号、品种代号、型式代号和主要规格组成。

T　QL　Z　□×□

- □×□——主要规格：筛面宽度×筛面长度(cm×cm)
- Z——型式：Z 表示振动型
- QL——品种：QL 表示清理筛
- T——专业：T 表示通用粮油机械

A.2　示例

TQLZ　100×200：表示筛面宽度为 1 000 mm、筛面长度为 2 000 mm 的振动清理筛。

ICS 67.260
X 91

中华人民共和国国家标准

GB/T 26895—2011

粮油机械　重力分级去石机

Grain and oil machinery—Gravity grading stoner

2011-09-29 发布　　2011-12-01 实施

中华人民共和国国家质量监督检验检疫总局
中国国家标准化管理委员会　发布

前　言

本标准的附录A为规范性附录。

本标准由国家粮食局提出。

本标准由全国粮油标准化技术委员会归口。

本标准起草单位：国家粮食储备局无锡科学研究设计院、江苏省江都仙龙粮食机械有限公司。

本标准主要起草人：倪晓红、陈宏、陆俐俐。

粮油机械　重力分级去石机

1　范围

本标准规定了重力分级去石机的相关术语和定义、工作原理、型号及基本参数、技术要求、试验方法、检验规则及标志、包装、运输和储存。

本标准适用于粮食清理、分级用的重力分级去石机。

2　规范性引用文件

下列文件中的条款通过本标准的引用而成为本标准的条款。凡是注日期的引用文件，其随后所有的修改单(不包括勘误的内容)或修订版均不适用于本标准，然而，鼓励根据本标准达成协议的各方研究是否可使用这些文件的最新版本。凡是不注日期的引用文件，其最新版本适用于本标准。

GB/T 191　包装储运图示标志

GB 1351 小麦

GB 2893　安全色

GB 5226.1　机械电气安全　机械电气设备　第1部分：通用技术条件

GB/T 13306　标牌

GB/T 17248.3　声学　机器和设备发射的噪声工作位置和其他指定位置发射声压级的测量　现场简易法

GB/T 22515　粮油名词术语　粮食、油料及其加工产品

GB/T 24854　粮油机械　产品包装通用技术条件

GB/T 25218　粮油机械　产品涂装通用技术条件

GBZ 158　工作场所职业病危害警示标识

3　术语和定义

GB/T 22515 中确立的以及下列术语和定义适用于本标准。

3.1

重力分级　gravity grading

按原粮密度的差别分级的方法。

3.2

轻质粮分级百分比　percentage of light grain

单位时间内上层筛物料出口流量占总流量的质量分数。

3.3

重质粮分级百分比　percentage of weight grain

单位时间内下层筛物料出口流量占总流量的质量分数。

3.4

去石率　stone removing efficiency

经重力分级去石机处理后，已去除的石子占原料粮中石子的质量分数。

4　工作原理

根据物料之间密度、摩擦系数以及悬浮速度等物理性质的不同，利用它们在运动过程中产生的自动

分级,借助气流和筛面进行分级、去石。

5 型号及基本参数

5.1 型号的编制方法

按附录 A 执行。

5.2 基本参数项目

基本参数项目包括型号规格、筛面宽度、处理量、电机功率、振幅、吸风量、外形尺寸以及筛板的使用寿命等。在使用说明书等技术文件中应明确标明。

6 技术要求

6.1 一般要求

6.1.1 重力分级去石机应符合本标准要求,并按经规定程序批准的图样和技术文件制造。

6.1.2 原材料、外购件、外协件等应附有合格证,经验收合格后才能使用。

6.1.3 外露不施漆的金属制件表面应发蓝、发黑或镀铬。

6.1.4 焊接焊缝表面应均匀平整,不应有裂纹、焊渣、气孔等缺陷。

6.1.5 表面涂漆漆层应平整、色泽一致、光洁牢固。漆面不应有刷纹、流挂、起皱、气泡、起皮脱落等缺陷,施漆后的表面应完整无漏漆。漆膜附着牢固度测定中,漆膜脱落的百分比应小于 5%。

6.2 机械性能要求

6.2.1 各调节机构应灵活、准确、可靠。运动部件应无卡滞和碰撞现象。

6.2.2 筛框装入箱形框架后,其两侧间隙应不大于 2 mm。

6.2.3 重力分级去石机应配备吸风装置。

6.2.4 筛体偏振值不大于 10 mm。

6.2.5 机体与上盖和箱形框架相接合处应密封,以防漏风及物料外漏。

6.2.6 正常工作时,振动电机轴承温升应不大于 30 ℃,最高温度应不大于 70 ℃。

6.2.7 空运转时的噪声声压级应不大于 80 dB(A)。

6.2.8 所有紧固件不应松动。

6.3 工艺性能要求

6.3.1 分级比例:重质粮应占进机原粮的 70%～95%,轻质粮占进机原粮的 5%～30%。

6.3.2 去石率应不低于 97%。

6.3.3 清理出的下脚中,含正常完整粮(饱满粒)粒数应不超过 100 粒/kg。

6.4 安全要求

6.4.1 操作部件应在醒目位置有说明用途的文字或符号。危险处应按 GB 2893 中的规定涂漆。

6.4.2 电器设备的安全应符合 GB 5226.1 的规定。

6.4.3 安全警示标志应符合 GBZ 158 的规定。

7 试验方法

7.1 条件和要求

7.1.1 试验场地和样机的安装应符合产品说明书的有关规定,应配有相应的起动和过载保护装置,并能满足试验要求。

7.1.2 试验用仪器、仪表和量具应按有关规定校验合格,并在有效使用期内。

7.1.3 试验样机和振动电机均应具有质量检验合格证、使用说明书等技术资料。

7.1.4 试验电压为 380 V,偏差不大于±10%。

7.1.5 在同一次试验过程中的机器操作和检测均应由固定的熟练操作人员进行操作。

7.1.6 空运转试验时间应不少于 30 min。

7.2 机械性能测定

7.2.1 表面涂漆漆膜附着牢固度的测定：按照 GB/T 25218 中规定的测定方法进行。

7.2.2 筛框间隙的测量：筛框装入箱形框架后，其两侧间隙用塞尺测量。

7.2.3 轴承温升的测定：用测温计在设备运行开始前和结束后测定各轴承外壳的表面温度，并计算温升。

7.2.4 噪声测定：按照 GB/T 17248.3 中规定的测定方法进行。

7.3 工艺性能测定

7.3.1 工艺性能试验要求

7.3.1.1 性能试验应在额定产量下进行，试验物料为符合 GB 1351 的中等标准小麦。

7.3.1.2 同一批物料试验测定应不少于两次。

7.3.2 分级比例的测定

样机工作稳定后，在上层筛和下层筛两个出口处分别接样三次，第一次接样时间在试验开始后 20 min 左右，以后每隔 15 min 接样一次。每次接样 15 s 或 30 s，称量后换算成每分钟流量。

轻质粮分级百分比按式(1)计算：

$$I_q = \frac{G_q}{G_h} \times 100\% \qquad (1)$$

式中：

I_q ——轻质粮分级百分比，%；

G_q ——上层筛出粮口单位时间内流量，单位为千克每分钟(kg/min)；

G_h ——上层筛出粮口和下层筛出粮口单位时间内流量之和，单位为千克每分钟(kg/min)。

重质粮分级百分比按式(2)计算：

$$I_z = \frac{G_z}{G_h} \times 100\% \qquad (2)$$

式中：

I_z ——重质粮分级百分比，%；

G_z ——下层筛出粮口单位时间内流量，单位为千克每分钟(kg/min)；

G_h ——上层筛出粮口和下层筛出粮口单位时间内流量之和，单位为千克每分钟(kg/min)。

7.3.3 去石率的测定

在样机正常工作条件下，取 300 粒染色并肩石，分三次，每次 100 粒，间隔 30 min 投入样机物料入口，每次投石在 5 min 内连续均匀投完。在出石口收集。

去石率按式(3)计算：

$$\delta_s = \left(1 - \frac{K - K_1}{K}\right) \times 100\% \qquad (3)$$

式中：

δ_s ——去石率，%；

K ——投入染色并肩石数量，单位为粒；

K_1 ——出石口拣出的染色并肩石数量，单位为粒。

7.3.4 下脚含粮的测定

将所取下脚的样品称量，拣出正常完整粮粒，数其粒数，计算每千克下脚中，含正常完整粮粒数；以双试验的平均数作为检验结果。

7.4 其他要求和参数

6.1、6.2、6.4 中引用标准的按其标准中规定的方法检测，其他要求和相关参数的测定采用常规方法和感官进行检验。

8 检验规则

8.1 检验分类

分为出厂检验和型式检验两类。

8.2 出厂检验

8.2.1 重力分级去石机出厂前应逐台检验,检验合格方可出厂。

8.2.2 每台重力分级去石机出厂前应进行空运转试验,运转时间不少于 30 min。

8.2.3 出厂检验项目为 6.1、6.2、6.4。

8.3 型式检验

8.3.1 对产品进行全面考核,按第 6 章的规定执行。有下列情况之一的应进行型式检验:

a) 新产品投产时;

b) 产品投产后,当材料、工艺有较大改动,可能影响产品性能时;

c) 产品停产一年以上,恢复生产时;

d) 连续生产三年时;

e) 出厂检验结果与上次型式检验有较大差异时;

f) 国家有关质量管理部门提出检验要求时。

8.3.2 采取随机抽样,抽样数为 5%,但不少于两台。

8.4 判定规则

8.4.1 型式检验结果应符合第 6 章的规定。

8.4.2 对任一台或任一项检验不合格,允许修复一次后,加倍抽样复验,以复验结果为准。若仍不符合规定,则判定为不合格。

9 标志、包装、运输和储存

9.1 标志

9.1.1 在明显位置固定产品标牌,标牌内容按 GB/T 13306 执行。

9.1.2 外包装的包装储运图示标志按 GB/T 191 执行。

9.2 包装

9.2.1 产品包装按 GB/T 24854 执行。

9.2.2 随机文件和备件应包括:

——使用说明书;

——检验合格证;

——装箱单;

——工具和附件。

9.2.3 用户自提的重力分级去石机可不采用外包装。

9.2.4 受用户委托代办水陆运输的重力分级去石机可按合同约定的方法进行包装。

9.3 运输

9.3.1 运输方式可按供需双方商定或商业惯例办理。

9.3.2 裸装产品在运输途中应将机器固定,筛体与机架不应有相对运动,并采取防雨措施。

9.3.3 运输过程中的吊卸、装载应按照外包装的图示标志进行。

9.4 储存

9.4.1 室内存放时,应通风良好、防潮,不应接近热源。

9.4.2 露天存放时,应采取防潮、防雨、防晒、防风措施。

附 录 A
（规范性附录）
型号编制方法

A.1 型号编制方法

重力分级去石机的型号由专业代号、品种代号、型式代号以及产品的主要规格等四个部分组成。

T QS F □

- □——主要规格：筛面宽度（cm）
- F——型式代号：F，表示分级
- QS——品种代号：QS，表示去石机
- T——专业代号：T，表示粮油通用机械设备

A.2 示例

TQSF63：表示筛面宽度为630 mm的重力分级去石机。

ICS 67.260
X 91

中华人民共和国国家标准

GB/T 26896—2011

粮油机械 砻碾组合米机

Grain and oil machinery—Combine husker and whitener united rice mill

2011-09-29 发布

2011-12-01 实施

中华人民共和国国家质量监督检验检疫总局
中国国家标准化管理委员会 发布

前　言

本标准的附录A、附录B为规范性附录。

本标准由国家粮食局提出。

本标准由全国粮油标准化技术委员会归口。

本标准起草单位：国家粮食储备局武汉科学研究设计院。

本标准主要起草人：刘化、张朝富。

粮油机械　砻碾组合米机

1　范围

本标准规定了砻碾组合米机的术语和定义、工作原理、型号及基本参数、技术要求、试验方法、检验规则、标志、包装、运输和储存要求。

本标准适用于由砻谷、碾米两个主要部分组合而成的稻谷加工机械。

2　规范性引用文件

下列文件中的条款通过本标准的引用而成为本标准的条款。凡是注日期的引用文件，其随后所有的修改单(不包括勘误的内容)或修订版均不适用于本标准，然而，鼓励根据本标准达成协议的各方研究是否可使用这些文件的最新版本。凡是不注日期的引用文件，其最新版本适用于本标准。

GB/T 191　包装储运图示标志

GB/T 699　优质碳素结构钢

GB 1350—2009　稻谷

GB 1354—2009　大米

GB/T 3768　声学　声压法测定噪声源声功率级　反射面上方采用包络测量表面的简易法

GB 5226.1　机械电气安全　机械电器设备　第1部分:通用技术条件

GB/T 5490　粮油检验　一般规则

GB 5491　粮食、油料检验　扦样、分样法

GB/T 5502　粮油检验　米类加工精度检验

GB/T 5503　粮油检验　碎米检验法

GB/T 9439　灰铸铁件

GB/T 12620　长圆孔、长方孔和圆孔筛板

GB/T 13306　标牌

GB/T 24854　粮油机械　产品包装通用技术条件

GB/T 24855　粮油机械　产品装配通用技术条件

GB/T 24856　粮油机械　铸件通用技术条件

GB/T 24857　粮油机械　板件、板型钢构件通用技术条件

GB/T 25218　粮油机械　产品涂装通用技术条件

GBZ 158　工作场所职业病危害警示标识

GBZ/T 192.1　工作场所中空气中粉尘测定　第1部分:总粉尘浓度

3　术语和定义

下列术语和定义适用于本标准。

3.1

砻碾组合米机　combined husker and whitener united rice mill

由砻谷、碾米两个主要部分组合而成的稻谷加工设备。

4 工作原理

原料稻谷由喂料机构送入砻谷室脱壳，经脱壳后的糙米经导流管送入碾米室碾去糠皮直至碾白到需要的加工精度，达到一机出米的目的。

5 型号及基本参数

5.1 型号的编制方法

按附录A执行。

5.2 基本参数项目

基本参数项目包括型号规格、生产能力、电机功率、转速、外形尺寸。在使用说明书等技术文件中应明确标明。

6 技术要求

6.1 一般要求

6.1.1 砻碾组合米机应符合本标准的要求，并按经规定程序批准的图样和技术文件制造。

6.1.2 原材料、外购件、外协件等应附有合格证，经验收合格后才能使用

6.1.3 齿轮箱体、箱体侧盖、调整支架、米机的机盖、机座以及带轮等零件，应采用符合GB/T 9439规定的材料制造。

6.1.4 齿轮和各主要轴应采用符合GB/T 699规定的材料制造。

6.1.5 碾米机米筛材质应符合GB/T 12620的规定，表面不应有裂纹，并应经热处理。

6.1.6 胶辊等零件的材料应无毒，不应对大米造成污染。

6.1.7 板件板型钢构件应符合GB/T 24857的规定。

6.1.8 铸件应符合GB/T 24856的规定。

6.1.9 装配应符合GB/T 24855的规定。

6.1.10 产品涂装应符合GB/T 25218的规定。

6.2 机械性能

6.2.1 机盖、方箱、机座及出米口等配合面装配后应紧密，不应有漏糠、漏米现象。

6.2.2 齿轮箱体与箱盖、各轴承座与轴承盖以及其他用紧固件连接的接合面，不应有渗油现象。

6.2.3 快、慢胶辊装配后，其两侧面应分别在同一平面上，两侧端面与脱壳室衬板间的间隙为1 mm±0.5 mm。

6.2.4 在装配过程中互相配合的零件，如滚动轴承与轴，轴座与轴承衬套等，应事先将表面涂抹润滑油，再用专用工具装配，使之获得最佳配装效果，杜绝直接用锤击或其他错误方法装配。

6.2.5 各传动轴应转动灵活。

6.2.6 支承部装的刀口与刀口座之间不应有间隙，各支承点应加润滑脂。

6.2.7 各调节装置应灵活、准确、可靠。

6.2.8 产品应运转正常、平稳，不应有异常声响和振动。

6.2.9 空载运转噪音不大于82 dB。

6.2.10 正常工作时，轴承温升(工作温度与环境温度的差值)应不大于35 ℃，最高温度应不大于75 ℃。

6.3 工艺性能

加工的稻谷符合GB 1350—2009规定的三等时，砻碾组合米机性能应符合表1的规定。

表 1　工艺性能指标

项目		种类		
		早籼	晚籼	晚粳
加工精度		符合 GB 1354—2009 中的四级		
碎米率/%	总量 ≤	35	30	15
	其中:小碎米 ≤	2.5	2.0	1.5
含糠率/% ≤		0.2		
吨料电耗/(kW·h/t) ≤		11.0	11.0	12.0
成品温升/℃ ≤		16		
粉尘浓度/(mg/m^3) ≤		10		
砻谷机胶耗/(g/100 kg 稻谷) ≤		4.5		

6.4 安全要求

6.4.1 安全警示标志应符合 GBZ 158 的规定。

6.4.2 传动或转动装置应安装防护罩。

6.4.3 应在醒目位置固定有字样清晰的操作标识,标明转向、警示等内容。

6.4.4 电气设备的安全应符合 GB 5226.1 的规定。

6.4.5 在产品使用说明书中详细表述设备在使用过程及检修、维修过程中应注意的安全事项。

7 试验方法

产品试验方法按照附录 B 的规定进行。

8 检验规则

8.1 检验分类

分为出厂检验和型式检验两类。

8.2 出厂检验

8.2.1 出厂产品应逐台进行检验,检验合格后方可出厂。

8.2.2 出厂检验项目按 6.1、6.2、6.4 的规定检验。

8.3 型式检验

8.3.1 对产品进行全面考核,按第 6 章执行。有下列情况之一的应进行型式检验:

a) 新产品投产时;

b) 产品投产后,在材料、工艺上有较大改动,可能影响产品性能时;

c) 产品停产一年以上,恢复生产时;

d) 连续生产三年时;

e) 出厂检验结果与上次型式检验有较大差异时;

f) 国家有关质量管理部门提出检验要求时。

8.3.2 采取随机抽样,抽样数为 5%,但不少于两台。

8.4 判定规则

8.4.1 型式检验结果应符合第 6 章的规定。

8.4.2 型式检验时对任一台或任一项检验不合格,允许修复一次后加倍抽样复验,以复验结果为准。若仍不符合规定,则判定为不合格。

9 标志、包装、运输和储存

9.1 标志

9.1.1 产品标志的内容应满足本标准的要求，各项数值应与该机的实际情况相符。

9.1.2 在明显位置固定产品标牌，标牌内容按 GB/T 13306 执行，并标明：

a) 产品名称及型号；

b) 配套功率；

c) 砻谷机和碾米机主轴的转速；

d) 产量；

e) 机器质量；

f) 出厂编号、日期；

g) 制造厂名称。

9.1.3 外包装的包装储运图示标志按 GB/T 191 执行。

9.2 包装

9.2.1 应符合 GB/T 24854 的规定。

9.2.2 随机文件和备件应包括：

——使用说明书；

——检验合格证；

——装箱单；

——工具、备件和附件。

9.3 运输

9.3.1 运输方式可按供需双方商定或商业惯例办理。

9.3.2 裸装产品在运输途中应遮盖。

9.3.3 运输过程中的吊卸、装载应按照外包装的图示标志进行。

9.4 储存

9.4.1 室内存放时，通风良好，应防潮。

9.4.2 露天存放时，应防潮、防雨、防晒、防风。

附 录 A
（规范性附录）
型号编制方法

A.1 型号编制方法

M LN □ □□×□□

主要规格：胶辊直径×米辊长度(cm)

型式：T，表示胶辊铁辊碾米组合机

S，表示胶辊砂辊碾米组合机

品种：LN，表示砻碾组合米机

专业：M，表示碾米设备

A.2 示例

MLNS 15×15：表示胶辊砂辊碾米组合机，胶辊长度为 15 cm，米辊直径为 15 cm。

附 录 B
（规范性附录）
砻碾组合米机试验方法

B.1 试验条件及要求

B.1.1 试验样机应具有质量检查合格证和使用说明书。在整个试验期间，除按使用说明书的规定进行常规保养调整外，不应作其他调整与换修。

B.1.2 试验用仪器、仪表及量具、衡具，使用前均应校验合格。

B.1.3 试验用稻谷（早籼稻、晚籼稻和晚粳稻），其质量应符合 GB 1350—2009 规定的三等，并经除铁处理。

B.1.4 试验中大米加工精度应达到 GB 1354—2009 规定的四级。

B.1.5 试验用电动机，其额定功率应符合使用说明书中的规定，试验电压为 380 V±20 V，平均负荷不应超过额定功率的10%。

B.1.6 试验前空运转时间不少于 30 min。

B.2 机械性能测定

B.2.1 噪声的测定：按照 GB/T 3768 的规定进行。测量点位于距机器表面 1m，距地面高度 1.5 m 的前、后、左、右四点，取其平均值为噪声值。

B.2.2 轴承温升的测定：试验结束时用测温计测定各轴承外壳表面温度，并记录试验场所室温，计算轴承温升。

B.3 工艺性能测定

B.3.1 试验要求

性能试验应在额定产量下进行，偏差应控制在±10%范围内。正式试验前允许进行预试，测试时间不超过 10 min。操作者可对照标准米样，调整至大米符合精度要求，待出米口停止出米后停机准备做正式试验。

每次试验测定的时间不少于 40 min。同一种类稻谷加工同一精度大米应进行两次试验。出现下列情况之一者应重新试验：

a) 无形损耗超过1%；
b) 出机物的量超过进机物的量；
c) 米筛破损或出现漏米现象；
d) 停电或其他原因造成试验中断。

正式测定时，将经准确称量的稻谷加入砻谷机料斗中，启动样机空运转 1 min～2 min，然后开启砻谷机进料闸板开始加工，同时开始计时并记录电度表的初始读数。操作者应迅速操作（时间不超过 5 min），使大米精度符合标样。当料斗中稻谷全部通过进料闸门一瞬间时，关闭进料闸板，同时计时结束并记录电度表的读数。将分选出的白米、糠粞及各种杂物均分别称量。

砻谷机下装有碎米收集器的机型，试验时应将其吸风口封闭，使这部分碎米随糙米进入碾米机。

B.3.2 取样方法及样品处理

B.3.2.1 稻谷：取样方法及样品处理按 GB 5491 的有关规定进行。

B.3.2.2 白米：每次试验应于碾米机出米口粮流中横断接取样品三次，第一次在试验开始后 10 min，以后每隔 10 min 取样一次。每次连续取样两份，每份样品不少于 1 kg，一份作原始样，一份作平行样。

三份原始样均匀混合后即为该次的检测样品，但三次平行样不应混合，应分开保管备查。待试验结束，核实无误后方可处理。各种样品应标示清晰，不应撒漏、互混。

B.3.3 工艺性能测定项目和计算

B.3.3.1 样品处理及计算方法：按 GB/T 5490 的有关规定。

B.3.3.2 粉尘浓度的测定：按 GBZ/T 192.1 中规定的方法执行。

B.3.3.3 成品温升的测定：用点温计测量稻谷温度，并于试验开始后 30 min 用测温计在成品筐中测量成品温度。

B.3.3.4 加工精度的检验：按 GB/T 5502 执行。

B.3.3.5 碎米率的检验：按 GB/T 5503 执行。

B.3.3.6 含糠率的检验：从检测样中按 GB 5491 的分样法分取试样 500 g 左右，分三次放入 1.0 mm 圆孔筛内进行筛选，每次筛毕倒出试样后再轻拍筛子，使糠粉掉入筛底，以免堵塞筛眼。全部试样筛完后，刷下粘附在筛层上的糠粉，合并称量。

含糠率按式(B.1)计算：

$$\delta = \frac{Q_k}{Q} \times 100\% \qquad \text{(B.1)}$$

式中：

δ ——含糠粉率，%；

Q_k ——糠粉质量，单位为千克(kg)；

Q ——试样质量，单位为千克(kg)。

B.3.3.7 吨料电耗与胶耗的计算：

吨料电耗按式(B.2)计算：

$$G_n = \frac{G_{nz}}{Q} \times 1\,000 \qquad \text{(B.2)}$$

式中：

G_n ——吨料电耗，单位为千瓦时每吨(kW·h/t)；

G_{nz} ——耗电量，单位为千瓦时(kW·h)；

Q ——加工稻谷质量，单位为千克(kg)。

胶耗按式(B.3)计算：

$$J_h = \frac{j_q - j_h}{\Sigma Q_b} \times 100 \qquad \text{(B.3)}$$

式中：

J_h ——胶耗，单位为克每百千克(g/100 kg)；

j_q ——使用前胶辊质量，单位为克(g)；

j_h ——使用后胶辊质量，单位为克(g)；

Q_b ——生产考核期间的班次产量(原粮)，单位为千克(kg)。

B.4 安全要求测定

给定标准要求的按其标准规定测定方法检验。

B.5 其他要求和参数测定

6.1、6.2 和 6.4 中给定标准要求的按其标准规定测定方法检验，其他要求的检测采用常规方法或感官检验。

ICS 67.260
X 91

中华人民共和国国家标准

GB/T 26897—2011

粮油机械　铁辊碾米机

Grain and oil machinery—Iron roll rice whitener

2011-09-29 发布　　2011-12-01 实施

中华人民共和国国家质量监督检验检疫总局
中国国家标准化管理委员会　发布

前　言

本标准的附录A为规范性附录。

本标准由国家粮食局提出。

本标准由全国粮油标准化技术委员会归口。

本标准起草单位:国家粮食储备局武汉科学研究设计院。

本标准主要起草人:王辉、刘化。

粮油机械　铁辊碾米机

1　范围

本标准规定了铁辊碾米机的相关术语和定义、工作原理、分类、型号及基本参数、技术要求、试验方法、检验规则、标志、包装、运输和储存。

本标准适用于加工糙米的铁辊碾米机。

2　规范性引用文件

下列文件中的条款通过本标准的引用而成为本标准的条款。凡是注日期的引用文件，其随后所有的修改单(不包括勘误的内容)或修订版均不适用于本标准，然而，鼓励根据本标准达成协议的各方研究是否可使用这些文件的最新版本。凡是不注日期的引用文件，其最新版本适用于本标准。

GB/T 191　包装储运图示标志

GB/T 699　优质碳素结构钢

GB 1354—2009　大米

GB/T 3768　声学　声压法测定噪声源声功率级　反射面上方采用包络测量表面的简易法

GB 5226.1　机械电气安全　机械电气设备　第1部分:通用技术条件

GB 5491　粮食、油料检验　扦样、分样法

GB/T 5502　粮油检验　米类加工精度检验

GB/T 5503　粮油检验　碎米检验法

GB/T 9239.1　机械振动　恒态(刚性)转子平衡品质要求　第1部分:规范与平衡允差的检验

GB/T 9239.2—2006　机械振动　恒态(刚性)转子平衡品质要求　第2部分:平衡误差

GB/T 12620　长圆孔、长方孔和圆孔筛板

GB/T 13306　标牌

GB/T 18810　糙米

GB/T 24854　粮油机械　产品包装通用技术条件

GB/T 24855　粮油机械　装配通用技术条件

GB/T 24856　粮油机械　铸件通用技术条件

GB/T 24857　粮油机械　板件、板型钢构件通用技术条件

GB/T 25218　粮油机械　产品涂装通用技术条件

GB/T 25231　粮油机械　喷风碾米机

GBZ 158　工作场所职业病危害警示标识

3　术语和定义

下列术语和定义适用于本标准。

3.1

铁辊碾米机　iron roll rice whitener

碾辊为铁辊的碾米机。

3.2

卧式碾米机　horizontal rice whitener

主轴水平安装的碾米机。

3.3

立式碾米机　vertical rice whitener

主轴垂直安装的碾米机。

3.4

碾辊　whitening cylinder

米机中用于碾磨白米的圆柱形或截锥形辊筒。

3.5

铁辊　iron roll,iron ribbed rotor

由白口铸铁铸成的碾辊。

3.6

碾筋　ridge on milling roll

碾辊表面凸起的筋,起推进米粒、翻动米粒并增加局部压力的作用。

3.7

白口深度　depth of white cast iron

铸铁白口组织与其他组织的交界线位置与端面的距离。

3.8

米筛　screen

装置在米机碾辊下方或四周,用于排糠的筛板。

3.9

一机碾白　whitening through single passage

糙米经过一道米机碾成一定精度白米的工艺。

3.10

增碎率　broken rice increment in milled rice

排出碾米机的白米的碎米率较进机米碎米率的增加值。

3.11

糙白不均率　rate of kernels with uneven whiteness

在白米或成品米试样中,比标准米样精度上下差一级的米粒占试样米粒的粒数百分率。

4　工作原理

糙米由进料装置进入碾米机的碾白室,在转动的碾辊产生的摩擦作用下去除糙米表面的皮层,碾制成一定精度的白米。碾白后的米粒由出料口排出机外,碾下的米糠粉经米筛排出。

5　分类

根据主轴的安装方向的不同,分为卧式铁辊碾米机和立式铁辊碾米机。

6　型号及基本参数

6.1　型号的编制方法

按附录 A 执行。

6.2　基本参数项目

基本参数项目包括型号规格、生产能力、电机功率、转速、外形尺寸、风机的型号规格及主要技术参数等。在使用说明书等技术文件中应明确标明。

7 技术要求

7.1 一般要求

7.1.1 产品应符合本标准的要求，并按经规定程序批准的图样和技术文件制造。

7.1.2 原材料、外购件、外协件等应附有合格证，经验收合格后才能使用。

7.1.3 板件板型钢构件应符合 GB/T 24857 的规定。

7.1.4 铸件应符合 GB/T 24856 的规定。

7.1.5 装配应符合 GB/T 24855 的规定。

7.1.6 产品涂装应符合 GB/T 25218 的规定。

7.1.7 风机轴、进风管、风机叶轮应符合 GB/T 25231 的规定。

7.1.8 碾辊主轴应采用机械性能不低于 GB/T 699 规定的 45 号钢制造，并经调质处理。

7.1.9 铁辊、螺旋推进器应采用冷硬铸铁制造，铁辊碾筋白口深度应大于 3 mm，表面硬度为 HRC 45～55。

7.1.10 米筛应采用机械性能不低于 GB/T 699 规定的 08F 薄钢板制造，表面硬度为 HV 450～650。

7.2 机械性能

7.2.1 米筛应符合 GB/T 12620 的规定。表面应光滑、无毛刺，冲点米筛的凸点高低排列均匀、无漏冲或冲破缺陷。

7.2.2 米刀、压筛条需经渗碳淬火，渗碳层厚度 0.20 mm～0.50 mm。

7.2.3 零部件装配应准确可靠，紧固件连接牢固、无松动现象，各运动件应运转自如，无异常轴向窜动或卡滞现象。

7.2.4 进料门、出料门压砣或弹性压力门、米刀装置等机构均应定位可靠、调节灵活。

7.2.5 贮糙斗与进料斗座、出料门与出米口、米筛与箱体结合处应紧密，无明显缝隙；米筛与米筛拼接严密，无台阶缺陷。

7.2.6 进风管与碾米辊主轴的连接既要装拆方便，又要紧密可靠，无漏风现象。

7.2.7 螺旋推进器与碾辊应装配准确、牢固，铁辊喷风槽边缘上碾筋的筋尖对轴心线的圆跳动不应大于 0.80 mm。

7.2.8 碾辊及螺旋推进器装配后应经静平衡校验，其精度应不低于 GB/T 9239.2—2006 规定的 G16 级。

7.2.9 铁辊碾米机运转应正常、平稳，不应有异常声响和振动。

7.2.10 空载噪声不应大于 85 dB(A)。

7.2.11 在正常工作条件下，轴承温升(工作温度与环境温度的差值)应不大于 40 ℃，最高温度应不大于 75 ℃。

7.3 工艺性能

在加工符合 GB/T 18810 规定的糙米时，一机碾白工艺性能指标应符合表 1 的规定。

表 1 铁辊碾米机工艺性能指标

序号	项目		早籼	晚籼	晚粳
1	加工精度		符合 GB 1354—2009 中规定的三级		
2	糙白不均率/%	≤	5.0	5.0	5.0
3	含糠粉率/%	≤	0.15		
4	增碎率/%	≤	27	22	17
5	大米温升/℃	≤	20		

7.4 安全要求

7.4.1 安全警示标志应符合 GBZ 158 的规定。

7.4.2 电气设备应符合 GB 5226.1 的规定。

7.4.3 铁辊碾米机与电机配套销售的，运转件应有安全防护装置。

7.4.4 铁辊碾米机不配电机销售的，应说明如何安装安全防护装置，并在机体上留有安装孔。

8 试验方法

8.1 试验条件和要求

8.1.1 试验场地和样机的安装应能满足性能试验各项测定的需要。

8.1.2 试验用仪器、仪表和量具应按有关规定校验合格，并在有效使用期内。

8.1.3 试验电压为 380 V，偏差不大于±10%。

8.1.4 试验过程中的机器操作和检验均由固定的熟练操作人员进行操作。

8.1.5 每台产品空运转时间不应少于 30 min。

8.2 机械性能测定

8.2.1 铁辊碾筋白口深度测定：采用随机抽取 1 个工件（或同批产品的试棒）用钢直尺直接测量其截面积上的白口深度。

8.2.2 铁辊组件的辊筒筋尖对轴心线的圆跳动测定：采用打表法进行测量，将铁辊组件装置在偏摆仪或机床上，以铁辊组件的轴心线为测量基准，用百分表测量辊筒筋全长上的圆跳动，测点不少于 5 点，取最大值为测量值。

8.2.3 铁辊组件静平衡精度测定：采用平行导轨式静平衡架按 GB/T 9239.1 的检验方法进行。

8.2.4 噪声的测定：按 GB/T 3768 中规定方法进行。

8.2.5 轴承温升的检测：用测温计在设备运行开始前和结束后测定轴承外壳的表面温度并计算温差。

8.3 工艺性能试验方法

8.3.1 取样方法及样品处理：样机正常工作后，在出米口粮流中横断接取样品三次。第一次在试验开始 20 min 左右，以后每隔 10 min 取样一次。每次连续取样两份。每份样品不少于 1 kg，一份作原始样，一份作平行样。三份原始样均匀混合后即为该次的检测样品，但三次平行样不应混合，应分开保管备查。待试验结束，核实无误后方可处理。

8.3.2 加工精度的检验：按 GB/T 5502 执行。

8.3.3 增碎率的检验：按 GB/T 5503 执行。

8.3.4 含糠粉率的检验：从检测样中按 GB 5491 的分样法分取试样 500 g 左右，分三次放入 1.0 mm 圆孔筛内进行筛选，每次筛毕倒出试样后再轻拍筛子，使糠粉掉入筛底，以免堵塞筛眼。全部试样筛完后，刷下粘附在筛层上的糠粉，合并称量。

含糠粉率按式(1)计算：

$$\delta=\frac{Q_k}{Q}\times 100\% \qquad \cdots\cdots(1)$$

式中：

δ——含糠粉率，%；

Q_k——糠粉质量，单位为千克(kg)；

Q——试样质量，单位为千克(kg)。

8.3.5 糙白不均率的检验：从原始样中不加挑选地取出整米 100 粒，逐粒凭感官鉴定（如有争论也可以用品红染色法对比），比标准米样精度上下差一级者，为糙白不均的米粒，数其粒数，计算数量百分数。

8.3.6 大米温升的检验：在待加工的糙米中，用温度计测定其温度，同时记录试验场所室温。在米机运转半小时后，用温度计测量米机出口接料容器中的白米温度（以温度计度数不再上升为准），计算加工前后的温差。

8.4 其他要求和参数测定

7.1、7.2、7.3 中给定标准要求的按其标准规定测定方法检验，其他项目的测量按常规方法和感官方法进行检验。

9 检验规则

9.1 检验分类

分为出厂检验和型式检验两类。

9.2 出厂检验

9.2.1 每台产品应进行出厂检验，检验合格方可出厂。

9.2.2 出厂检验项目按 7.1、7.2、7.4 的规定检验。

9.3 型式检验

9.3.1 按第 7 章执行。有下列情况之一的应进行型式检验：

a) 新产品时；

b) 产品投产后，在材料、工艺有较大改动，可能影响产品性能时；

c) 产品停产一年以上，恢复生产时；

d) 连续生产三年时；

e) 出厂检验结果与上次型式检验有较大差异时；

f) 国家有关质量管理部门提出检验要求时。

9.3.2 采取随机抽样，抽样数为 5%，但不少于两台。

9.4 判定规则

9.4.1 型式检验结果应符合第 7 章的规定。

9.4.2 对任一台或任一项检验不合格，允许修复一次后加倍抽样复验，以复验结果为准。若仍不符合规定，则判定为不合格。

10 标志、包装、运输和储存

10.1 标志

10.1.1 在明显位置固定产品标牌，标牌内容按 GB/T 13306 执行。

10.1.2 外包装的包装储运图示标志按 GB/T 191 执行。

10.2 包装

10.2.1 按 GB/T 24854 执行。

10.2.2 随机文件和备件：

——使用说明书；

——检验合格证；

——装箱单；

——工具和附件。

10.3 运输

10.3.1 裸装产品在运输途中应遮盖。

10.3.2 运输过程中的吊卸、装载应按照外包装的图示标志进行。

10.4 储存

10.4.1 室内存放时，应通风良好，防潮，不应接近热源。

10.4.2 露天存放时，应防潮、防雨、防晒、防风。

附 录 A
（规范性附录）
型号编制方法

A.1 型号编制方法

型号由专业代号、品种代号、型式代号以及产品的主要规格等四个部分组成。

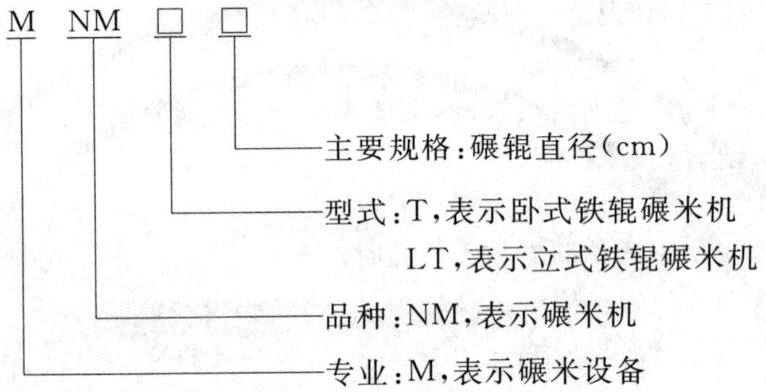

A.2 示例

MNMT 15：碾辊直径为 15 cm 的卧式铁辊碾米机。

MNMLT 21：碾辊直径为 21 cm 的立式铁辊碾米机。

ICS 65.020.20
B 62

GB

中华人民共和国国家标准

GB/T 26898—2011

大花蕙兰盆花质量等级

Product grade for potted cymbidium

2011-09-29 发布　　2011-12-01 实施

中华人民共和国国家质量监督检验检疫总局
中国国家标准化管理委员会　发布

前　言

本标准由国家林业局提出。

本标准由全国花卉标准化技术委员会归口。

本标准起草单位:北京林大林业科技股份有限公司、北京林业大学。

本标准主要起草人:袁涛、张蕾。

大花蕙兰盆花质量等级

1 范围

本标准规定了大花蕙兰盆花质量等级划分要求及检测方法。

本标准适用于保护地基质栽培的无性繁殖的单株大花蕙兰盆花。

本标准不适用于由种子繁殖的产品。

2 规范性引用文件

下列文件中的条款通过本标准的引用而成为本标准的条款。凡是注日期的引用文件，其随后所有的修改单(不包括勘误的内容)或修订版均不适用于本标准，然而，鼓励根据本标准达成协议的各方研究是否可使用这些文件的最新版本。凡是不注日期的引用文件，其最新版本适用于本标准。

GB/T 2828.1—2003 计数抽样检验程序 第1部分：按接收质量限(AQL)检索的逐批检验抽样计划

GB/T 18247.1—2000 主要花卉产品等级 第1部分：鲜切花

GB/T 18247.2—2000 主要花卉产品等级 第2部分：盆花

3 术语和定义

GB/T 18247.1—2000、GB/T 18247.2—2000 确立的以及下列术语和定义适用于本标准。

3.1

假鳞茎 pseudobulb

兰科植物的变态茎，通常卵球形或椭球形，肉质，绿色或其他色泽，用于贮存养分和水分。

3.2

主视面 main view sight

盆栽大花蕙兰的花、叶最佳观赏角度。

3.3

直立型花葶 up-straight scape

自然直立或用花钎支撑保持直立造型的花葶。

3.4

悬垂型花葶 hanging scape

自然形成或经人工处理，花葶3/4以上的部分低于花盆边缘并向下悬垂。

3.5

拱型花葶 arch scape

介于直立型与悬垂型之间的花葶类型。

3.6

残留物 residue

植株上附着的水渍、农药和肥料等残留的污物。

4 质量分级

4.1 评价原则

4.1.1 采用规格等级和形质等级结合的分级方法。

4.1.2 规格等级:依花葶数目进行分级。

4.1.3 形质等级:依整体效果、品种特性、花部、茎叶和根部状况,以及有无病虫害和破损等指标进行分级。

4.1.4 等级划分为"一级"、"二级"和"三级"。

4.1.5 以多个指标中的最低指标所属级别为产品的最终级别。

4.2 分级

花朵直径>8 cm 为大花型,花朵直径 6 cm～8 cm 为中花型,花朵直径<6 cm 为小花型,分级见表 1。

表 1　大花蕙兰盆花质量等级划分

项目			级别		
			一级	二级	三级
品种特性			能充分表现出品种的特性	能较明显地表现出品种的特性	基本表现出品种的特性
整体效果			植株丰满，形态优美，整体协调，主视面非常明显	植株较丰满，形态优美，整体较协调，主视面较明显	一般，没有明显的主视面
花	着花数		着生(含蕾)部分占花葶总长 1/2，大花型品种≥15 朵/花葶，中、小花型品种≥20 朵/花葶	着花(含蕾)部分近花葶总长 1/2，大花型品种 12 朵/花葶～14 朵/花葶，中、小花型品种 15 朵/花葶～19 朵/花葶	着花(含蕾)部分占花葶总长的 1/3～1/2，大花型品种 8 朵/花葶～11 朵/花葶，中、小花型品种 12 朵/花葶～14 朵/花葶
	花形		圆形，花瓣和萼片宽、圆，萼片成等边三角形，填满翼瓣与唇瓣间空隙	花近圆形，花瓣和萼片较宽，基本填满翼瓣与唇瓣间空隙	花瓣与萼片之间有空隙
	花朵分布		在花葶上排列整齐，均匀	在花葶上排列较整齐，较均匀	在花葶上排列基本整齐，基本均匀
	花葶	直立型	粗壮，紧凑，明显高于叶丛；所有花葶近等高，分布均匀；花葶数≥4	较粗壮，高于叶丛，近等高，在主观赏面上分布均匀；花葶数 3	参差不齐，分布不均匀，无明显观赏面；花葶数 2
		拱型	粗壮整齐，近等长；在主观赏面上分布均匀，层次分明；花葶数≥4	较粗壮，近等长；主观赏面上分布较均匀，层次比较分明；花葶数 3	分布较均匀，层次较分明；花葶数 3
		悬垂型	粗壮整齐，近等长，自然优美下垂；在主观赏面分布均匀；花葶数≥4	较粗壮，近等长，自然下垂；主观赏面分布较均匀；花葶数 3	分布较均匀；花葶数 3
	花色		艳丽，颜色过渡自然和谐，纯正，若有线条或斑点，分布均匀、有规律	较纯正、颜色过渡较自然和谐，若有线条或斑点，分布较均匀、有规律	较纯正，稍有杂色或不均匀色，若有线条或斑点，分布较均匀、有规律
	花期		所有花葶一致	所有花葶基本一致	所有花葶基本不一致
	花被片质地		蜡质有光泽，纹理细致而厚实	蜡质，纹理比较细致，厚实	蜡质，纹理比较细致，厚实
茎叶	假鳞茎		健壮、饱满、肥大	健壮、较饱满	较健壮
	叶片		叶色正常，有光泽，叶态优美，排列有序	叶色正常，排列基本有序	叶色一般，排列基本有序
根部			粗壮，长满容器，根冠色泽正常	较为粗壮，长满容器，根冠色泽较正常	无明显腐烂，基本长满容器，根冠色泽基本正常

表 1（续）

项目		级别		
		一级	二级	三级
损坏状况	病害	无	无	轻度
	虫害	无	无	轻度
	其他	无残留物、无破损	无残留物、无破损	有少量破损和残留物
栽培基质		无病虫危害，无异味	无病虫危害，无异味	无病虫危害，无异味
附属物		花钎等固定物颜色与植株协调。花钎顶端有保护物，对人身无伤害。		

注 1：形态特征：复茎（合轴）附生兰。假鳞茎卵圆形或随圆形。叶带形，全缘，对合而互抱。总状花序，花由 3 枚萼片、3 枚花瓣、1 枚蕊柱组成，萼片花瓣状，唇瓣位于最下方。根白色肉质。蒴果。

注 2：完全没有开花的花葶不计入花葶数。

注 3：在大花蕙兰生产、销售中，花葶又称作花箭，在本标准中，二者意义完全等同。

5 检验方法

5.1 抽样

按 GB/T 18247.2—2000 中 5.1 的规定进行。但检验样本数和每批次合格与否的判定，执行 GB/T 2828.1—2003 中的一般检查水平 Ⅰ，按正常检查一次抽样方案执行，其接收质量限（AQL）为 15。见表 2。

表 2 抽样表

单位为盆

批量范围	样本大小	接收数 Ac	拒收数 Re
<16	2	1	2
16～25	3	1	2
26～50	5	2	3
51～90	5	2	3
91～150	8	3	4
151～280	13	5	6
281～500	20	7	8
501～1 200	32	10	11
1 201～3 200	50	14	15
3 201～10 000	80	21	22
>10 000	80	21	22

5.2 检测

按 GB/T 18247.2—2000 中 5.2 的规定进行。

ICS 79.060.99
B 70

GB

中华人民共和国国家标准

GB/T 26899—2011

结构用集成材

Structural glued laminated timber

2011-09-29 发布　　2011-12-01 实施

中华人民共和国国家质量监督检验检疫总局
中国国家标准化管理委员会　发布

前　言

本标准的附录A和附录B均为资料性附录。

本标准由国家林业局提出。

本标准由全国人造板标准化技术委员会(SAC/TC 198)归口。

本标准负责起草单位:北京林业大学。

本标准参加起草单位:东北林业大学、中国建筑西南设计研究院、四川省建筑科学研究院、哈尔滨工业大学、黑龙江省林产工业研究所、大兴安岭漠河宜家木业有限责任公司、大连双华木业有限公司、烟台黄海木工机械有限公司、赫英木结构制造(天津)有限公司、苏州鑫海木业有限公司、欧洲木业协会、美国工程木制材料协会、普邦公司、威力(烟台)木业技术有限公司、沈阳爱克浩博化工有限公司。

本标准主要起草人:申世杰、顾继友、王永维、杨学兵、张绍明、郑炳丰、许方、祝恩淳、张厚江、范永华、张金菊、张树庆、崔志刚、蔡静蕊、李杲、邢军、何林、步学海。

结 构 用 集 成 材

1 范围

本标准规定了结构用集成材的术语和定义、最低性能和生产要求，物理化学性能试验方法以及产品标识方法。

本标准给出了结构用集成材生产及质量控制方法和要求。

本标准适用于以承重为目的，将按等级区分的层板（可指接、斜接或拼宽）沿纤维方向相互平行在厚度方向层积胶合而成的结构用集成材。

2 规范性引用文件

下列文件中的条款通过本标准的引用而成为本标准的条款。凡是注日期的引用文件，其随后所有的修改单（不包括勘误的内容）或修订版均不适用于本标准，然而，鼓励根据本标准达成协议的各方研究是否可使用这些文件的最新版本。凡是不注日期的引用文件，其最新版本适用于本标准。

LY/T 1601 水基聚合物-异氰酸酯木材胶粘剂

JISK 8001 试剂试验方法通则

3 术语、定义和代号

3.1 术语和定义

下列术语和定义适用于本标准。

3.1.1

结构用集成材 structural glued laminated timber

结构用胶合木 structural glulam

以承重为目的，将按等级区分的层板（可指接、斜接或拼宽）沿纤维方向相互平行在厚度方向层积胶合而成的结构用材。主要用于建筑结构的承重构件。

3.1.2

层板 laminations

构成结构用集成材的各层板材。

3.1.3

同等组合结构用集成材 same-grade composition structural glued laminated timber

用质量等级相同的层板组合加工而成的结构用集成材。

3.1.4

异等组合结构用集成材 mixed-grade composition structural glued laminated timber

用质量等级不同的层板组合加工而成的结构用集成材。

3.1.5

对称异等组合结构用集成材 symmetrical mixed-grade composition structural glued laminated timber

用质量等级不同的层板以中心轴对称分布组成的结构用集成材。

3.1.6

非对称异等组合结构用集成材 non-symmetrical mixed-grade composition structural glued laminated timber

用质量等级不同的层板对中心轴不对称分布组成的结构用集成材。

3.1.7

短边　short side

结构用集成材横截面中较短的边。

3.1.8

长边　long side

结构用集成材横截面中较长的边；横截面若为正方形时，是指层板层积方向的边。

3.1.9

高度　height

结构用集成材横截面中与弯曲荷载方向平行的边长。

3.1.10

宽度　width

垂直于结构用集成材横截面高度方向上的边长。

3.1.11

大截面结构用集成材　large dimension structural glued laminated timber

短边不小于 150 mm，横截面积不小于 30 000 mm^2 的结构用集成材。

3.1.12

中截面结构用集成材　medium dimension structural glued laminated timber

短边不小于 75 mm，长边不小于 150 mm，除大截面集成材以外的结构用集成材。

3.1.13

小截面结构用集成材　small dimension structural glued laminated timber

短边不足 75 mm，或长边不足 150 mm 的结构用集成材。

3.1.14

等截面结构用集成材　uniform cross-section structural glued laminated timber

在长度方向上任意一处的横截面尺寸均相同的结构用集成材。

3.1.15

变截面结构用集成材　non-uniform cross-section structural glued laminated timber

在长度方向上横截面尺寸有变化的结构用集成材。

3.1.16

水平结构用集成材　horizontal structural glued laminated timber

承载方向与层积胶层相互垂直的结构用集成材。

3.1.17

垂直结构用集成材　vertical structural glued laminated timber

承载方向与层积胶层相互平行的结构用集成材。

3.1.18

水平型指接层板　laminations with horizontal finger joint

侧面可见到指榫形状的指接层板，如图 1 所示。

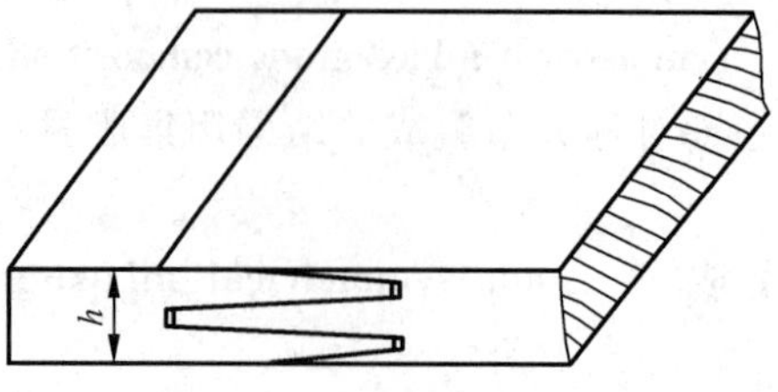

图 1　水平型指接层板

3.1.19

垂直型指接层板　laminations with vertical finger joint

正面可见到指榫形状的指接层板，如图 2 所示。

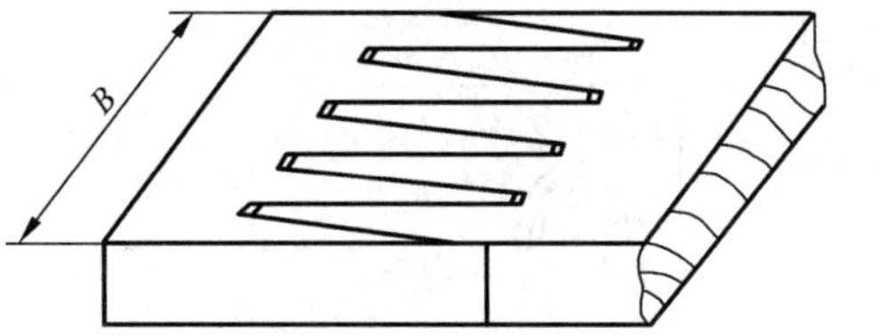

图 2　垂直型指接层板

3.1.20

最外层层板　laminations for outermost layer

异等组合的结构用集成材在层积方向上，从两外侧向内边长的 1/16 以内部分使用的层板或最外侧一层的层板。

3.1.21

外层层板　laminations for outer layer

异等组合的结构用集成材在层积方向上，从两外侧向内边长超过 1/16，在 1/8 以内除最外层层板外使用的层板。

3.1.22

内层层板　laminations for inner layer

异等组合的结构用集成材在层积方向上，从两侧向内超过边长的 1/4 部分使用的层板。

3.1.23

中间层层板　laminations for middle layer

异等组合的结构用集成材的层板中，除最外层层板、外层层板和内层层板以外的层板。

3.1.24

分等机　grading machine

通过测定弹性模量或其他一些参数来进行强度分等的装置。

3.1.25

机械应力分等　machine stress rating; MSR

使用分等机使层板在长度方向上移动，连续测定层板抗弯弹性模量，同时保证层板的抗弯强度或抗拉强度的分等。

3.1.26

机械分等　machine grading

采用分等机(不包括 MSR 分等机)对层板进行分等。

3.1.27

目测分等　visual grading

根据目测进行的层板质量分等。

3.1.28

宽面材边节径比　diameter ratio in the edge of width surface

板材宽度材面上，距板材两棱边 10 mm(对于干燥刨光后的层板距板材两棱边 5 mm)以内的范围叫做材边部分。节径比是指节子或孔洞的直径与所在的材面宽度之比的百分数。材边节径比的测量方法如图 3 所示。计算方法见式(1)：

$$宽面材边节径比=\frac{a\ 或\ b}{B}\times 100\% \qquad \cdots\cdots(1)$$

式中：

a 或 b——宽面材边部分的最大节子或孔洞的直径，单位为毫米(mm)；

B——板材宽度，单位为毫米(mm)。

单位为毫米

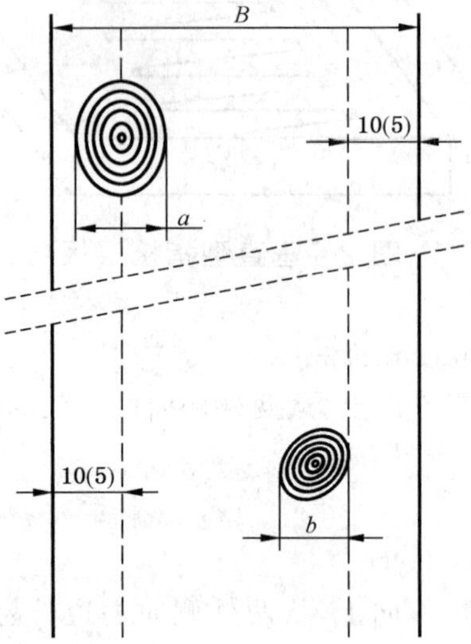

图 3　宽面材边节径比的节子测定方法

3.1.29

集中节径比　ratio of grouped knots diameter

集中节径比是指在板材长度 150 mm 区间内，节子及孔洞的直径总和与板材宽度的比值。节子直径检量是与板材的材棱平行的两条节子周切线之间的距离。集中节径比的测量方法，如图 4 所示。计算方法见式(2)：

$$集中节径比=\frac{a+b+c+d}{B} \quad \cdots\cdots(2)$$

式中：

a、b、c、d——定区间内节子直径，单位为毫米(mm)；

B——板材宽度，单位为毫米(mm)。

单位为毫米

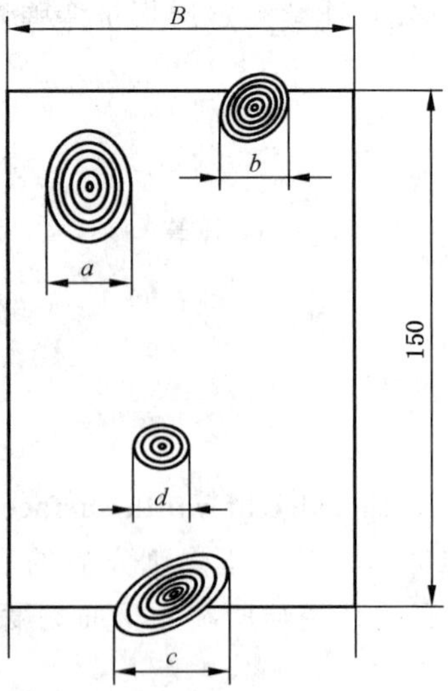

图 4　集中节径比的节子测量方法

3.1.30

斜纹倾斜比　grain inclination

木材斜纹理在层板宽度方向上的倾斜高度与相对应的层板纵向长度之比，如图 5 所示。

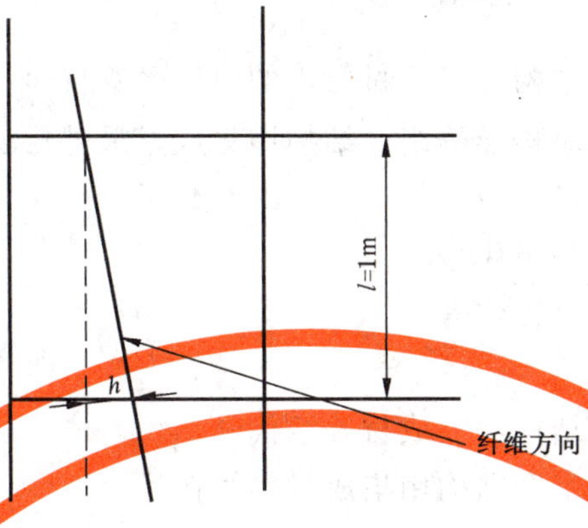

图 5　斜纹倾斜比

3.1.31

使用环境 1　service class 1

每年内，在相对于温度为 20 ℃和仅有几周空气相对湿度超过 65%条件的环境。在此环境下，对于绝大多数针叶材来说，年平均平衡含水率不超过 12%。

3.1.32

使用环境 2　service class 2

每年内，在相对于温度为 20 ℃和仅有几周空气相对湿度超过 85%条件的环境。在此环境下，对于绝大多数针叶材来说，年平均平衡含水率高于 12%，但不超过 20%。

3.1.33

使用环境 3　service class 3

在每年内，木材平衡含水率高于使用环境 2 条件下的木材平衡含水率，例如构件完全暴露在室外大气中。对于绝大多数针叶材来说，年平均平衡含水率超过 20%。

3.1.34

最大剥离率　maximum delamination percentage

测量试件两端面胶层，单一胶层总的剥离长度最大者除以该胶层长度，以百分数表示。

3.1.35

总剥离率　total delamination percentage

测量试件两端面胶层，所有胶层总的剥离长度除以胶层总长度，以百分数表示。

3.1.36

木破率　wood failure percentage

在剪切强度测试中，木材破坏区域占总剪切面积的百分比。

3.1.37

特征强度　characteristic strength

在温度为 20 ℃，相对湿度为 65%条件下，使试件达到平衡含水率状态，进行力学强度试验（从加载到破坏持续时间 300 s 左右）所得各试验数值的 5%下限值，或以含水率 12%为准的足尺试验数值的 5%下限值。在此又称 5%分位值。

3.1.38

正弯曲　plus bending

当荷载作用于非对称异等组合结构用集成材受压侧层板的宽面上，受拉侧层板的宽面朝下时的弯曲。

3.1.39

负弯曲 minus bending

当荷载作用于非对称异等组合结构用集成材受拉侧层板的宽面上，受压侧层板的宽面朝下时的弯曲。

3.2 代号

A_D、B_D、C_D、D_D——同等组合结构用集成材层板的组坯等级代号

A_Y、B_Y、C_Y、D_Y、E_Y——对称和非对称异等组合结构用集成材最外层层板的组坯等级代号

F_n——甲醛释放量等级代号，n＝1,2,3,4

$Ⅰ_d$、$Ⅱ_d$、$Ⅲ_d$、$Ⅳ_d$——目测分等等级代号

M_E——机械分等等级代号

SZ——树种群代号

TC_T——同等组合结构用集成材等级代号

TC_{YD}——对称异等组合结构用集成材等级代号

TC_{YF}——非对称异等组合结构用集成材等级代号

4 要求

4.1 胶粘剂

4.1.1 胶粘剂的选择和使用原则

结构用集成材用胶粘剂可分为Ⅰ类和Ⅱ类两种胶粘剂。Ⅰ类胶粘剂可用于所有使用环境的结构用集成材的制造。Ⅱ类胶粘剂可用于使用环境1和使用环境2结构用集成材的制造，但是结构用集成材使用环境温度要低于50℃。

除了4.1.2中涉及的胶粘剂种类外，其他胶粘剂经权威技术部门试验确认，能够达到同等胶合性能的也可使用。

胶粘剂的胶合性能要具有足够的强度和耐久性，以保证结构用集成材的预期使用寿命。

胶粘剂的选择要考虑到结构用集成材的使用环境，包括气候、温度、湿度、木材种类、是否使用防腐剂以及防腐剂的种类、结构用集成材的制造方法等。

胶粘剂的质量要符合本标准的规定。要确认每批胶粘剂制造商的名称、胶粘剂的名称、胶粘剂的批号和有效期，一旦胶粘剂过了有效期就不能再继续使用。

4.1.2 不同使用环境下使用的胶粘剂

4.1.2.1 用于使用环境1条件下的结构用集成材胶粘剂

4.1.2.1.1 层板的层积方向和宽度方向胶合使用的胶粘剂

间苯二酚，间苯二酚-苯酚树脂，水基聚合物-异氰酸酯(要达到LY/T 1601水基聚合物-异氰酸酯木材胶粘剂的要求，下同)。

4.1.2.1.2 层板长度方向胶合使用的胶粘剂

间苯二酚，间苯二酚-苯酚树脂，水基聚合物-异氰酸酯，三聚氰胺、三聚氰胺脲醛共缩聚树脂。

4.1.2.2 用于使用环境2条件下的结构用集成材胶粘剂

4.1.2.2.1 层板的层积方向和宽度方向胶合使用的胶粘剂

间苯二酚树脂，间苯二酚-苯酚树脂。

4.1.2.2.2 层板的长度方向胶合使用的胶粘剂

间苯二酚，间苯二酚-苯酚树脂，三聚氰胺树脂。

4.1.2.3 用于使用环境3条件下的结构用集成材胶粘剂

4.1.2.3.1 层板的层积方向和宽度方向胶合使用的胶粘剂

间苯二酚树脂，间苯二酚-苯酚树酯。

4.1.2.3.2　**层板的长度方向上胶合使用的胶粘剂**

间苯二酚树脂,间苯二酚-苯酚树脂,三聚氰胺树脂。

4.2　层板的质量

4.2.1　含水率

层板的含水率应为8%～15%之间。

4.2.2　层板的厚度及偏差

层板的最终加工厚度不超过50 mm。层板任意1 m长度范围内厚度的最大偏差:使用膨胀性胶粘剂为0.2 mm;非膨胀性胶粘剂为0.1 mm。

层板横截面宽度方向上的厚度偏差应该小于宽度的0.15%,任何情况下都不能大于0.3 mm。

4.2.3　层板宽度方向的拼接与开槽

允许利用较窄的板材在宽度方向上胶拼,以达到层板所需的宽度。

当结构用集成材在层板宽度方向承受载荷时,层板宽度方向上胶拼的胶合性能应达到4.5.2结构用集成材不同使用环境所规定的相关胶合性能要求。

当集成材用层板宽度大于200 mm时,可以在层板宽度方向的中部开槽,凹槽宽度不大于4 mm,深度不大于层板厚度的1/3。

4.2.4　层板长度方向的纵接

当层板的长度不能满足结构用集成材长度要求时,可以纵向接长,接长方式可以采用指接、斜接及其他接长方式。

纵接层板的抗弯强度或抗拉强度的5%分位值要等于或大于表2目测分等层板强度性能指标或表7机械分等层板强度指标中的相应值。

4.2.5　目测分等层板

4.2.5.1　**层板外观质量要求**

层板外观质量应符合表1的要求。

表1　层板外观质量要求

项目		要求			
		Ⅰ$_d$	Ⅱ$_d$	Ⅲ$_d$	Ⅳ$_d$
节子、孔洞	集中节径比/%	≤20	≤30	≤40	≤50
	宽面材边节径比/%	≤17	≤25	≤33	≤50
斜纹倾斜比		≤1/16	≤1/14	≤1/12	≤1/8
平均年轮宽度(除辐射松外)/mm		≤6			
变色、涡纹		不明显			
裂纹		不明显		裂纹宽度极小,长度不大于50 mm	
弯曲变形	弓弯	每米长度矢高不大于5 mm			
	侧弯	每米长度矢高不大于4 mm			
	翘曲	每米长度范围内板材宽度方向上每25 mm不超过1 mm			
髓心部分(辐射松)	板材宽度不足190 mm	不许有从髓心到半径50 mm以内的年轮木材		板材窄面上髓心长度小于材长的1/4	
	板材宽度在190 mm以上	从板材材边的宽度方向上的1/3范围内,不许有从髓心到半径50 mm以内的年轮木材		板材窄面上髓心长度小于材长的1/4	
其他缺陷		极轻微		轻微	

注:髓心部分的检测方法如图6所示,用刻有从半径50 mm到100 mm,以5 mm为单位的半圆(下称测定器具):在板材截面上,使测定器具半径为50 mm的曲线与距离髓心最近的年轮界线靠近复合,进行比对测定。

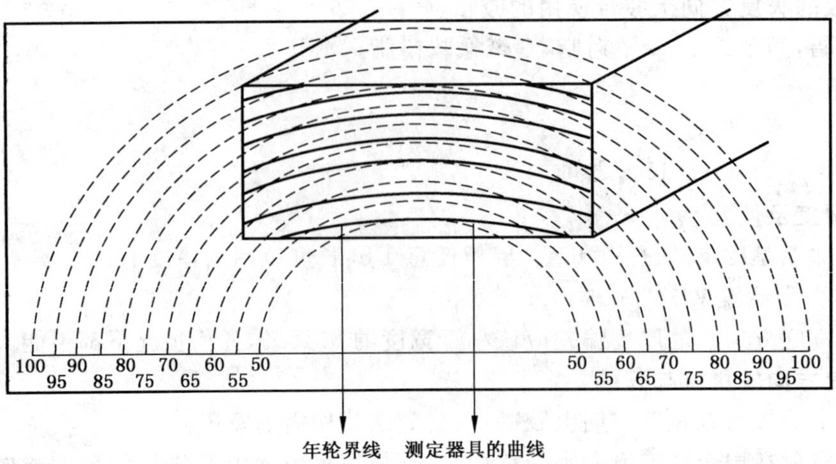

图 6 髓心部分的检测方法

4.2.5.2 目测分等层板强度

对称异等组合结构用集成材最外层层板、外层层板，非对称异等组合结构用集成材抗拉侧最外层层板、外层层板以及同等组合结构用集成材的层板强度要求如下：

a) 非纵向接长的层板：依据 5.6.2 抽样方法抽样，按 5.3.2 抗弯试验方法 B 进行抗弯弹性模量的检测，其结果要达到表 2 所列的弹性模量指标。

b) 纵向接长的层板：依据 5.6.2 抽样方法抽样，根据 5.3.3 抗弯试验方法 C 进行抗弯强度检测，或根据 5.4 抗拉试验方法进行抗拉强度检测，其结果要达到表 2 所列的抗弯强度或抗拉强度指标。

表 2 目测分等层板强度性能指标

单位为兆帕

树种及层板等级					弹性模量		抗弯强度		抗拉强度	
SZ1	SZ2	SZ3	SZ4	SZ5	平均值	5%分位值	平均值	5%分位值	平均值	5%分位值
Ⅰ$_d$					14 000	11 500	54.0	40.5	32.0	24.0
Ⅱ$_d$	Ⅰ$_d$				12 500	10 500	48.5	36.0	28.0	21.5
Ⅲ$_d$	Ⅱ$_d$	Ⅰ$_d$			11 000	9 500	45.5	34.0	26.5	20.0
	Ⅲ$_d$	Ⅱ$_d$	Ⅰ$_d$		10 000	8 500	42.0	31.5	24.5	18.5
		Ⅲ$_d$	Ⅱ$_d$	Ⅰ$_d$	9 000	7 500	39.0	29.5	23.5	17.5
			Ⅲ$_d$	Ⅱ$_d$	8 000	6 500	36.0	27.0	21.5	16.0
				Ⅲ$_d$	7 000	6 000	33.0	25.0	20.0	15.0
注：表中树种分级见表 4 的规定。										

层板的抗拉强度指标应根据层板的宽度按照表 3 的系数进行调整。

表 3 层板抗拉强度指标宽度调整系数

层板宽度尺寸 b/mm	调 整 系 数
b<150	1.00
150≤b<200	0.95
200≤b<250	0.90
b≥250	0.85

表 4 目测分等和机械弹性模量分等层板树种分级

树种群代号	适用树种名称
SZ1	南方松、花旗松、兴安落叶松、山毛榉、光叶榉、桦木、柞木以及其他达到该强度等级的树种
SZ2	欧洲云杉、美国扁柏、落叶松、红松、黑松以及其他达到该强度等级的树种
SZ3	阿拉斯加黄扁柏、铁杉、欧洲赤松、樟子松、水曲柳、白蜡树、榆木以及其他达到该强度等级的树种
SZ4	鱼鳞云杉、北美红松、铁-冷杉、云杉、冷杉、马尾松、柳桉以及其他达到该强度等级的树种
SZ5	杉木、柳杉、美杉以及其他达到该强度等级的树种

4.2.5.3 木嵌块的应用要求

为了达到外观等级要求，允许使用木嵌块。木嵌块的含水率为8%～15%。

木嵌块的使用要求如下：

a) 对于承受压力载荷的集成材，层板名义宽度小于150 mm者，要求木嵌块深度限制在12 mm以内；名义宽度大于等于150 mm的层板，木嵌块深度应限制在18 mm以内。对于承受弯曲载荷的集成材，除抗拉侧外部5%区域外，木嵌块的使用要求同上。

b) 木嵌块用于受弯构件的抗拉区外层5%范围内或者抗拉构件的层板中，当名义宽度小于150 mm时，木嵌块的深度限制在6 mm，名义宽度大于等于150 mm时木嵌块的深度限制在9 mm。当构件受到特殊载荷作用时，需要通过工程计算来决定。如果受弯构件受到小于设计强度50%的载荷作用，那么位于其抗拉部分的木嵌块深度可以按a)中取值。

c) 嵌块用胶粘剂及其使用方法应满足最终使用要求。

4.2.6 机械应力分等层板的质量

4.2.6.1 机械应力分等层板的外观质量要求

机械分等层板的外观允许缺陷见表5。

表 5 机械分等层板外观允许缺陷

项　目	要　求
开裂	不显著的微小裂纹
变色、逆向纹理	不显著
MSR层板两端质量	在机械分等无法测定的两端部分的节子、孔洞等缺陷的相对节径比要小于层板中部（机械分等机测定的部位）相应的缺陷的相对节径比，或者相对节径比小于下列数值： 异等组合结构用集成材的最外层、外层层板：17% 异等组合结构用集成材的中间层层板：25% 异等组合结构用集成材的内层用层板：33% 同等结构用集成材：17%
注：相对节径比即缺陷在层板端面的投影面积占层板端面面积的百分比。	

4.2.6.2 机械分等层板力学性能要求

机械应力分等各等级非纵向接长层板（MSR层板）的平均弹性模量依据5.6.2的抽样方法抽样，按5.3.2抗弯试验方法B进行试验，其结果要达到表6所列数值以上。

机械应力分等层板的纵向接长层板用作对称异等组合结构用集成材的最外层和外层层板、非对称异等组合结构用集成材抗拉侧的最外层和外层层板，以及同等组合结构用集成材的层板时，依据5.6.2的抽样方法抽样，按5.3.3抗弯试验方法C或5.4抗拉试验进行试验，其结果除要满足表6平均弹性模量指标的要求外，其抗弯强度或抗拉强度也要达到表7所列数值以上。

表6 机械应力分等非纵向接长层板(MSR层板)的平均弹性模量指标要求 单位为兆帕

分等等级	M_E3	M_E4	M_E5	M_E6	M_E7	M_E8	M_E9	M_E10	M_E11	M_E12	M_E14	M_E16	M_E18
平均抗弯弹性模量	3 000	4 000	5 000	6 000	7 000	8 000	9 000	10 000	11 000	12 000	14 000	16 000	18 000

表7 机械应力分等纵向接长层板的抗弯和抗拉强度指标要求 单位为兆帕

分等等级		M_E3	M_E4	M_E5	M_E6	M_E7	M_E8	M_E9	M_E10	M_E11	M_E12	M_E14	M_E16	M_E18
抗弯	平均值	21.0	24.0	27.0	30.0	33.0	36.0	39.0	42.0	45.0	48.5	54.0	63.0	72.0
	5%分位值	16.0	18.0	20.5	22.5	25.0	27.0	29.5	31.5	34.0	36.5	40.5	47.5	54.0
抗拉	平均值	12.5	14.5	16.5	18.0	20.0	21.5	23.5	24.5	26.5	28.5	32.0	37.5	42.5
	5%分位值	9.5	10.5	12.0	13.5	15.0	16.0	17.5	18.5	20.0	21.5	24.0	28.0	32.0

层板的抗拉强度指标，应根据层板的宽度，按照表3的系数进行调整。

4.3 层板组坯

4.3.1 含水率

层板的含水率应为8%～15%，而且组成同一根结构用集成材所有层板的含水率之差要小于5个百分点。

4.3.2 树种组成

组成同一根集成材的层板原则上应是同一树种，不同树种混用时(针阔叶材不得混用)，应尽量选择材性相近的树种，对于树种混用的层板应进行机械分等并进行初期检验，确认对胶合性能无不良影响。

4.3.3 层板纵接间距

4.3.3.1 同一层板纵接间距

同一层板应避免纵接集中，在集成材长度方向上分散开。承受抗拉荷载的结构用集成材的层板和承受弯曲荷载的结构用集成材受拉侧最外层层板及外层层板，同一层板内两纵接之间的距离要不小于1 800 mm(小截面除外)。

4.3.3.2 相邻层板纵接间距

承受抗拉荷载的结构用集成材的层板和承受弯曲荷载的结构用集成材最外层层板以及外层层板，相邻层板纵接之间的距离要大于150 mm；其他相邻层板纵接部位不许重叠。

4.3.4 高度调整

组成同一根集成材的层板厚度都应一致。但是用于调整集成材高度的层板可以降低到普通层板厚度的2/3。调整高度所用层板可以是一块或两块应用于内层。

4.3.5 组坯

4.3.5.1 目测分等和机械分等层板结构用集成材采用的异等组合层板一般分为最外层层板、外层层板、中间层层板和内层层板，见图7。根据结构用集成材层板数量的不同，具体组合如表8。

4.3.5.2 受弯结构用集成材以及压弯和拉弯结构用集成材宜采用异等组合结构用集成材。弯曲结构用集成材或承受抗弯荷载的结构用集成材的受拉一侧的最外层层板宜采用机械分级层板，其弹性等级不得小于表9中相应的强度等级要求。

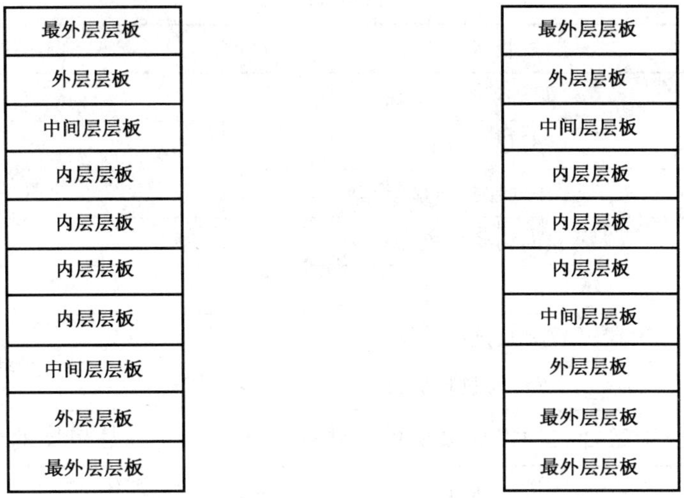

a）对称布置　　b）非对称布置

图 7　结构用集成材不同部位层板的名称

表 8　对称异等组合组坯

单位为块

层板数量	层板组坯名称	不同部位层板数量
4	最外层抗压层板	1
	内层层板	2
	最外层抗拉层板	1
5～8	最外层抗压层板	1
	中间层抗压层板	1
	内层层板	1～4
	中间层抗拉层板	1
	最外层抗拉层板	1
9～12	最外层抗压层板	1
	外层抗压层板	1
	中间层抗压层板	1
	内层层板	3～6
	中间层抗拉层板	1
	外层抗拉层板	1
	最外层抗拉层板	1
13～16	最外层抗压层板	1
	外层抗压层板	1
	中间层抗压层板	2
	内层层板	5～8
	中间层抗拉层板	2
	外层抗拉层板	1
	最外层抗拉层板	1

表 8（续）

单位为块

层板数量	层板组坯名称	不同部位层板数量
17～18	最外层抗压层板	2
	外层抗压层板	1
	中间层抗压层板	2
	内层层板	7～8
	中间层抗拉层板	2
	外层抗拉层板	1
	最外层抗拉层板	2

表 9 异等组合结构用集成材中最外层层板所需的弹性模量的最低要求

对称布置	非对称布置	受拉侧最外层层板弹性模量的最低要求
$TC_{YD}30$	$TC_{YF}28$	M_E18
$TC_{YD}27$	$TC_{YF}25$	M_E16
$TC_{YD}24$	$TC_{YF}23$	M_E14
$TC_{YD}21$	$TC_{YF}20$	M_E12
$TC_{YD}18$	$TC_{YF}17$	M_E9
$TC_{YD}15$	$TC_{YF}14$	M_E8
$TC_{YD}12$	$TC_{YF}11$	M_E7

4.3.5.3 异等组合结构用集成材级别分为五级。组坯级别应根据最外层层板的级别和树种级别，按表 10 的规定确定。

表 10 异等组合结构用集成材最外层层板的组坯级别

最外层层板的级别	树种群级别				
	SZ1	SZ2	SZ3	SZ4	SZ5
M_E18	A_Y 级				
M_E16	B_Y 级	A_Y 级			
M_E14	C_Y 级	B_Y 级	A_Y 级		
M_E12	D_Y 级	C_Y 级	B_Y 级	A_Y 级	
M_E11		D_Y 级	C_Y 级	B_Y 级	A_Y 级
M_E10			D_Y 级	C_Y 级	B_Y 级
M_E9				D_Y 级	C_Y 级
M_E8					D_Y 级
M_E7					E_Y 级
M_E6					
M_E5					
M_E4					
M_E3					

4.3.5.4 对称异等组合结构用集成材的组坯，按表 11 的要求进行组坯。

4.3.5.5 非对称异等组合结构用集成材的组坯，按表 12 的要求进行组坯。

表 11 对称异等组合结构用集成材的层板制造组合配置标准

最外层层板组坯级别	层板材料要求	最外层层板	外层层板	中间层层板	内层层板
A_Y 级	目测分等层板等级	—	—	—	≥Ⅲ$_d$
	机械分等层板等级	M_E	≥M_E-△1M_E	≥M_E-△2M_E	≥M_E-△4M_E
	宽面材边节径比/%	17	17	25	33
B_Y 级	目测分等层板等级	—	—	≥Ⅲ$_d$	≥Ⅳ$_d$
	机械分等层板等级	M_E	≥M_E-△1M_E	≥M_E-△2M_E	≥M_E-△4M_E
	宽面材边节径比/%	17	25	33	50
C_Y 级	目测分等层板等级	—	≥Ⅱ$_d$	≥Ⅲ$_d$	≥Ⅳ$_d$
	机械分等层板等级	M_E	≥M_E-△1M_E	≥M_E-△2M_E	≥M_E-△4M_E
	宽面材边节径比/%	17	25	33	50
D_Y 级	目测分等层板等级	—	≥Ⅲ$_d$	≥Ⅲ$_d$	≥Ⅳ$_d$
	机械分等层板等级	M_E	≥M_E-△1M_E	≥M_E-△2M_E	≥M_E-△4M_E
	宽面材边节径比/%	25	33	33	50
E_Y 级	目测分等层板等级	—	≥Ⅲ$_d$	≥Ⅲ$_d$	≥Ⅳ$_d$
	机械分等层板等级	M_E	≥M_E-△1M_E	≥M_E-△2M_E	≥M_E-△4M_E
	宽面材边节径比/%	25	33	33	50

注 1：M_E 为层板弹性模量分等等级，按表 6 要求确定。M_E-△1M_E，M_E-△2M_E，M_E-△4M_E 分别表示该层板弹性模量（机械）分等等级比 M_E 小 1,2,4 等级。

注 2：即使层板的组合配置未满足本表的规定，如果通过足尺试验或者模拟计算结合验证试验，结构用集成材的强度等级得到确认时，也可以认为满足该项的要求。

表 12　非对称异等组合结构用集成材的层板组合配置标准

抗拉侧最外层层板组坯级别	内　容	受压侧				受拉侧			
		最外层层板	外层层板	中间层层板	内层层板	内层层板	中间层层板	外层层板	最外层层板
A_Y 级	目测分等层板等级	$\geqslant Ⅱ_d$	$\geqslant Ⅱ_d$	$\geqslant Ⅲ_d$	$\geqslant Ⅲ_d$	$\geqslant Ⅲ_d$	—	—	—
	机械分等层板等级	$\geqslant M_E$-△$2M_E$	$\geqslant M_E$-△$2M_E$	$\geqslant M_E$-△$3M_E$	$\geqslant M_E$-△$4M_E$	$\geqslant M_E$-△$4M_E$	$\geqslant M_E$-△$2M_E$	$\geqslant M_E$-△$1M_E$	M_E
	宽面材边节径比/%	25	25	33	33	33	25	17	17
B_Y 级	目测分等层板等级	$\geqslant Ⅲ_d$	$\geqslant Ⅲ_d$	$\geqslant Ⅳ_d$	$\geqslant Ⅳ_d$	$\geqslant Ⅳ_d$	$\geqslant Ⅲ_d$	—	—
	机械分等层板等级	$\geqslant M_E$-△$2M_E$	$\geqslant M_E$-△$2M_E$	$\geqslant M_E$-△$3M_E$	$\geqslant M_E$-△$4M_E$	$\geqslant M_E$-△$4M_E$	$\geqslant M_E$-△$2M_E$	$\geqslant M_E$-△$1M_E$	M_E
	宽面材边节径比/%	33	33	50	50	50	33	25	17
C_Y 级	目测分等层板等级	$\geqslant Ⅲ_d$	$\geqslant Ⅲ_d$	$\geqslant Ⅳ_d$	$\geqslant Ⅳ_d$	$\geqslant Ⅳ_d$	$\geqslant Ⅲ_d$	$\geqslant Ⅱ_d$	—
	机械分等层板等级	$\geqslant M_E$-△$2M_E$	$\geqslant M_E$-△$2M_E$	$\geqslant M_E$-△$3M_E$	$\geqslant M_E$-△$4M_E$	$\geqslant M_E$-△$4M_E$	$\geqslant M_E$-△$2M_E$	$\geqslant M_E$-△$1M_E$	M_E
	宽面材边节径比/%	33	33	50	50	50	33	25	17
D_Y 级	目测分等层板等级	$\geqslant Ⅲ_d$	$\geqslant Ⅲ_d$	$\geqslant Ⅳ_d$	$\geqslant Ⅳ_d$	$\geqslant Ⅳ_d$	$\geqslant Ⅲ_d$	$\geqslant Ⅲ_d$	—
	机械分等层板等级	$\geqslant M_E$-△$2M_E$	$\geqslant M_E$-△$2M_E$	$\geqslant M_E$-△$3M_E$	$\geqslant M_E$-△$4M_E$	$\geqslant M_E$-△$4M_E$	$\geqslant M_E$-△$2M_E$	$\geqslant M_E$-△$1M_E$	M_E
	宽面材边节径比/%	33	33	50	50	50	33	33	25
E_Y 级	目测分等层板等级	$\geqslant Ⅲ_d$	$\geqslant Ⅲ_d$	$\geqslant Ⅳ_d$	$\geqslant Ⅳ_d$	$\geqslant Ⅳ_d$	$\geqslant Ⅲ_d$	$\geqslant Ⅲ_d$	—
	机械分等层板等级	$\geqslant M_E$-△$2M_E$	$\geqslant M_E$-△$2M_E$	$\geqslant M_E$-△$3M_E$	$\geqslant M_E$-△$4M_E$	$\geqslant M_E$-△$4M_E$	$\geqslant M_E$-△$2M_E$	$\geqslant M_E$-△$1M_E$	M_E
	宽面材边节径比/%	33	33	50	50	50	33	33	25

注 1：M_E 为层板弹性模量分等等级；按表 6 要求确定。M_E-△$1M_E$，M_E-△$2M_E$，M_E-△$4M_E$ 分别表示该层板弹性模量(机械)分等等级比 M_E 小 1，2，4 等级。

注 2：即使层板的组合配置未满足本表的规定，如果通过足尺试验或者模拟计算结合验证试验，结构用集成材的强度等级得到确认时，也可以认为满足该项的要求。

4.3.5.6 轴心受力结构用集成材以及受弯结构用集成材中当荷载作用方向与层板窄边垂直时，应采用同等组合结构用集成材。同等组合结构用集成材可采用目测分等层板、机械分等层板。目测分等或机械分等等级应符合表 13 和表 14 的规定。

表 13 同等组合、目测分等材质要求

同等组合结构用集成材强度等级	目测分等层板材质等级 适用树种群名称				
	SZ1	SZ2	SZ3	SZ4	SZ5
TC_T30	$Ⅰ_d$				
TC_T27	$Ⅱ_d$	$Ⅰ_d$	$Ⅰ_d$		
TC_T24	$Ⅲ_d$	$Ⅱ_d$	$Ⅱ_d$		
TC_T21		$Ⅲ_d$	$Ⅲ_d$	$Ⅰ_d$	
TC_T18				$Ⅱ_d$	$Ⅰ_d$
TC_T15				$Ⅲ_d$	$Ⅱ_d$

表 14 同等组合、机械弹性模量分等材质要求

强 度 等 级	机械分等材的弹性模量
TC_T30	M_E14
TC_T27	M_E12
TC_T24	M_E11
TC_T21	M_E10
TC_T18	M_E9
TC_T15	M_E8

4.3.5.7 同等组合的组坯级别分为 3 级，组坯级别应根据选定的外观或机械分等等级，按表 15 和表 16 的规定确定。

表 15 同等组合结构用集成材目测分等层板的组坯级别

目测分等层板等级	树种群				
	SZ1	SZ2	SZ3	SZ4	SZ5
$Ⅰ_d$	A_D 级	A_D 级	A_D 级	A_D 级	A_D 级
$Ⅱ_d$	B_D 级	B_D 级	B_D 级	B_D 级	B_D 级
$Ⅲ_d$	C_D 级	C_D 级	C_D 级	C_D 级	C_D 级

表 16 同等组合结构用集成材采用弹模分等层板的组坯级别

机械分等层板等级	树种群				
	SZ1	SZ2	SZ3	SZ4	SZ5
M_E18	A_D 级				
M_E16	A_D 级	A_D 级			
M_E14	A_D 级	A_D 级	A_D 级		
M_E12	B_D 级	A_D 级	A_D 级	A_D 级	
M_E11	C_D 级	B_D 级	A_D 级	A_D 级	A_D 级

表 16（续）

机械分等层板等级	树种群				
	SZ1	SZ2	SZ3	SZ4	SZ5
M_E10		C_D 级	B_D 级	A_D 级	A_D 级
M_E9			C_D 级	B_D 级	A_D 级
M_E8				C_D 级	B_D 级
M_E7					C_D 级
M_E6					D_D 级

4.3.5.8 同等组合结构用集成材的组坯按表 17 的要求确定。

表 17 同等组合结构用集成材层板的组合

层板组坯级别	层板组合要求	
A_D 级	目测分等层板等级	$\geqslant \mathrm{I}_d$
	机械分等层板等级	M_E
	宽面材边节径比/%	17
B_D 级	目测分等层板等级	$\geqslant \mathrm{II}_d$
	机械分等层板等级	M_E
	宽面材边节径比/%	25
C_D 级	目测分等层板等级	$\geqslant \mathrm{III}_d$
	机械分等层板等级	M_E
	宽面材边节径比/%	33
D_D 级	目测分等层板等级	—
	机械分等层板等级	M_E
	宽面材边节径比/%	33

4.3.5.9 弯曲结构用集成材组坯，弯曲部位的最小曲率半径（弯曲部位最内侧层板的曲率半径）不得小于表 18 所列数值。

表 18 弯曲结构用集成材最小曲率半径

单位为毫米

最大层板厚度	弯曲部位的最小曲率半径			
	SZ4、SZ5 树种群的树种		SZ1—SZ3 群树种群的树种	
	局部弯曲	全弯曲	局部弯曲	全弯曲
5	500	525	600	625
10	1 080	1 300	1 280	1 540
15	1 770	2 280	2 070	2 670
20	2 480	3 400	3 000	4 000
25	3 500	4 750	4 125	5 625
30	4 650	6 300	5 490	7 440
35	5 950	8 050	7 140	9 450
40	7 480	9 920	9 000	11 600
45	9 360	11 925	11 115	13 950
50	11 750	14 000	13 500	16 500

4.4 尺寸允许偏差与外观质量

4.4.1 结构用集成材的尺寸允许偏差

结构用集成材的尺寸允许偏差如表19所示。

表19 结构用集成材的尺寸允许偏差

单位为毫米

类别			允许偏差
短边	大截面		±1.5
	中截面和小截面		+1.5 −0.5
长边	大截面		±1.5%[a]
	中截面和小截面	≤300	+1.5 −0.5
		>300	±0.5%[b]
材长			±5

a 不得超过±5.0。

b 正偏差不超过5.0,负偏差不超过3.0。

4.4.2 弯曲(仅限于通直结构用集成材)

在结构用集成材材长方向上,每米长的矢高不大于2 mm。

4.4.3 翘曲、扭曲

极轻微。

4.4.4 层板层数

4.4.4.1 异等组合结构用集成材,层板数量应不少于4层。

4.4.4.2 同等组合结构用集成材,层板数量应不少于2层。

4.4.5 材面质量等级及要求

材面质量等级及要求见表20。

表20 结构用集成材材面质量等级及要求

项目	等级		
	1	2	3
节子(不包括活节)、孔洞、树脂道、树脂囊、夹皮、裂纹、逆向纹理、胶合离缝、表面缺陷	不允许,或用木材及胶粘剂进行良好修补	不明显,不影响使用	不限
变色、污染	不允许,或调色处理至木材本色	不明显	不明显
切削痕迹及胶粘剂溢出等	不允许	不允许	不明显

4.5 物理力学和化学性能

4.5.1 抗弯性能

4.5.1.1 对于具有抗弯性能标识的结构用集成材,需要进行抗弯性能测试。按5.6规定的试验抽样方法抽取试样,按照5.3.1抗弯试验方法A进行试验,95%以上的试样的抗弯弹性模量应大于表21、表22、表23所列强度等级对应的抗弯弹性模量特征值。

4.5.1.2 对于具有抗弯性能标识的结构用集成材,需要进行抗弯性能测试。按5.6规定的试验抽样方法抽取试样,按照5.3.1抗弯试验方法A进行试验,95%以上的试样的抗弯强度应大于表21、表22、表23所列强度等级对应的抗弯强度特征值。非对称异等组合结构用集成材95%以上的试样的受拉侧的抗弯强度应大于表23所列强度等级对应的正抗弯强度特征值,受压侧95%以上的试样的抗弯强度应大于表23所列强度等级对应的负抗弯强度特征值。当结构用集成材截面高度超过300 mm时,表21、表22、表23中抗弯强度值应乘上尺寸调整系数$[300/h]^{1/9}$。

注:h——结构用集成材截面高度。

4.5.1.3 结构用集成材力学强度等级及要求见表21、表22、表23。

部分国家和地区结构用集成材强度等级对应关系参见附录B。

表21 同等组合结构用集成材的强度等级的抗弯强度特征值和抗弯弹性模量特征值

单位为兆帕

强度等级	抗弯强度 f_{mk}	抗弯弹性模量 E
TC_T30	40	12 500
TC_T27	36	11 000
TC_T24	32	9 500
TC_T21	28	8 000
TC_T18	24	6 500
TC_T15	20	5 000

表22 对称异等组合结构用集成材的强度等级的抗弯强度特征值和抗弯弹性模量特征值

单位为兆帕

强度等级	抗弯强度 f_{mk}	抗弯弹性模量 E
$TC_{YD}30$	40	14 000
$TC_{YD}27$	36	12 500
$TC_{YD}24$	32	11 000
$TC_{YD}21$	28	9 500
$TC_{YD}18$	24	8 000
$TC_{YD}15$	20	6 500

表23 非对称异等组合结构用集成材的强度等级的抗弯强度特征值和抗弯弹性模量特征值

单位为兆帕

强 度 等 级	抗弯强度 f_{mk}		抗弯弹性模量 E
	正弯曲	负弯曲	
$TC_{YF}28$	38	28	13 000
$TC_{YF}25$	34	25	11 500
$TC_{YF}23$	31	23	10 500
$TC_{YF}20$	27	20	9 000
$TC_{YF}17$	23	17	6 500
$TC_{YF}14$	19	14	5 000

4.5.2 结构用集成材胶合性能

4.5.2.1 剥离

试件两端面的总剥离率在5%以下，并且任一胶层的最大剥离长度不大于该胶层长度的1/4。对于使用环境3条件下的结构用集成材需要进行两次5.1.1.2.3减压加压剥离的试验，或者分别进行两次5.1.1.2.1浸渍剥离试验和两次5.1.1.2.2煮沸剥离试验。

4.5.2.2 剪切强度

结构用集成材的剪切强度及木破率应符合表24要求，但当某一胶层的剪切强度或木破率其中之一达到表中所列指标以上，而另一指标未达到时，该胶层可以复检一次。

所有胶层的平均剪切强度要求至少达到6.0 MPa。对于针叶材、杨木等密度为0.5 g/cm³ 或密度更小的阔叶材，如果木破率为100%，横截面上所有胶层的剪切强度应不小于4.0 MPa。

所有胶层的平均木破率和任一单值要超过表24中剪切强度对应的木破率。介于表24列出的剪切强度之间的值所对应的木破率应通过线性插值法获得。

表 24 木破率和剪切强度之间的对应关系

剪切强度 f_v/MPa		最小木破率/%	
平均	6	平均[a]	90
	8		70
	≥11		45
单值	≥4,<6	单值[b]	100
	6		75
	≥10		20

a 对于平均值,木破率等于 144－($9f_v$)。

b 对于单值,当 f_v≥6 MPa 时,木破率等于 153.3－($13.3f_v$)。

4.5.3 含水率

结构用集成材的含水率为 8%～15%。

4.5.4 甲醛释放量

当对结构用集成材有甲醛释放量要求时,根据 5.4 结构用集成材甲醛释放量试验方法,试件甲醛释放量的平均值及最大值应小于表 25 所列等级的相应值。

表 25 结构用集成材的甲醛释放量要求

单位为毫克每升

等级	平均值	最大值
F_1	0.3	0.4
F_2	0.5	0.7
F_3	1.5	2.1
F_4	3.0	4.2

5 物理化学性能试验方法

5.1 结构用集成材胶合性能试验方法

5.1.1 剥离试验

5.1.1.1 试件制作

试件应从被测结构用集成材的两端,垂直于木纹方向全截面各截取 1 个,试件截取的位置应距离端面 50 mm 以上。试件长度为(75±5)mm,试件端面应切削光滑。若截面宽度 b 大于 300 mm,可将试件切割为两个或更多一些的试件,每个试件的宽度至少 130 mm;若截面高度 h 大于 600 mm,则可将其切割成两个或更多个试件,每个试件高度至少 300 mm,见图 8。

单位为毫米

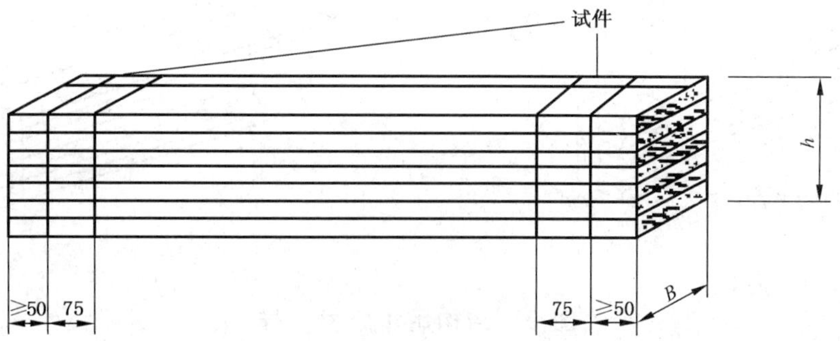

图 8 结构用集成材剥离试验试件切割示意图

5.1.1.2 试验方法

5.1.1.2.1 浸渍剥离

试件在室温 10 ℃～25 ℃水中浸渍 24 h 后，放入(70±3)℃的恒温干燥器中，将试件干燥至试验前质量的 100%～110%范围内。在干燥过程中，试件之间应保持至少 50 mm 的距离，并且使木材横切面的纹理平行于气流方向。

对于使用环境 3 条件下的结构用集成材，要连续进行 2 次上述处理。

试验完成之后，测定试件两端面所用胶层的剥离长度，计算两端面胶层的总剥离率及单一胶层(层板宽度拼接胶层除外，下同)的最大剥离率。

总剥离率(%)按式(3)计算：

$$\text{总剥离率}=\frac{\text{两端面剥离长度总和}}{\text{两端面胶层长度总和}}\times 100\% \quad \cdots\cdots(3)$$

单一胶层最大剥离率(%)按式(4)计算：

$$\text{单一胶层最大剥离率}=\frac{\text{两端面单一胶层最大剥离长度}}{\text{两端面单一胶层总长度}}\times 100\% \quad \cdots\cdots(4)$$

注：测定剥离长度时，由于木材干燥开裂、节子等木材本身的破坏引起的剥离不记。

5.1.1.2.2 煮沸剥离

试件在沸水中浸渍 4 h，然后在室温 10 ℃～25 ℃下的水中浸泡 1 h，从水中取出试件，然后放入(70±3)℃的恒温干燥器中，将试件干燥至试验前质量的 100%～110%范围内。在干燥过程中，试件之间应保持至少 50 mm 的距离，并且使木材横切面的纹理平行于气流方向。

对于使用环境 3 条件下的结构用集成材，要连续进行 2 次上述处理。

剥离率长度测量、计算，剥离率的计算方法同 5.1.1.2.1 中规定。

5.1.1.2.3 减压加压剥离

试件在室温 10 ℃～25 ℃水中浸渍，抽真空到 70 kPa～85 kPa 保持 5 min，释放真空压力，加压到 500 kPa～600 kPa，保压 1 h。上述处理反复进行 2 次后，把试件从水中取出，放入(70±3)℃的恒温干燥器中，在相对湿度不超过 15%，空气流动速度为 2 m/s～3 m/s 的条件下，将试件干燥至试验前质量的 100%～110%范围内。在干燥过程中，试件之间应保持至少 50 mm 的距离，并且使木材横切面的纹理平行于气流方向。

对于使用环境 3 条件下的结构用集成材，要连续进行 2 次上述处理。

剥离率长度测量、计算，剥离率的计算方法同 5.1.1.2.1 中规定。

5.1.2 剪切强度试验

5.1.2.1 试件制作

从被测结构用集成材样品的两端，垂直于木纹方向分别截取 1 个全截面试件。试件截取的位置应距离端面 50 mm 以上，见图 9。

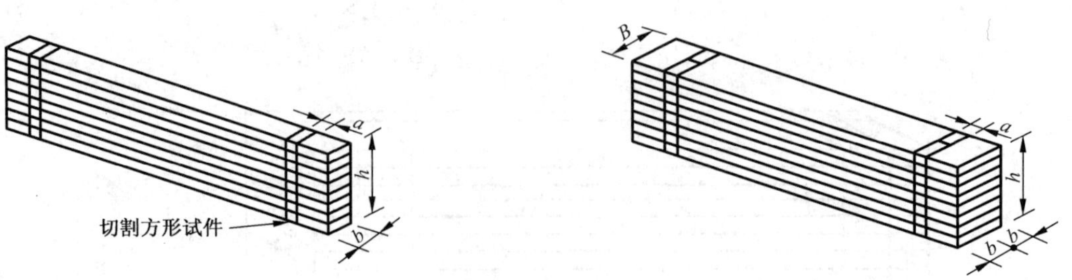

a) 窄梁　　　　b) 宽梁

图 9 结构用集成材取样

如果结构用集成材层板的层数过多，难以进行全部胶层的检测，也要在结构用集成材厚度方向上的上、中、下三个区域分别截取不少于 3 个胶层的试件。结构用集成材的层板层数若少于 10 层，则全部胶层均应进行检测。

试件条的数量应根据结构用集成材的宽度来确定，见表 26。

表 26 结构用集成材剪切强度试验试件数量的确定

结构用集成材宽度 B/mm	试件条数量/根
$B \leqslant 100$	1
$100 < B \leqslant 160$	2
$B > 160$	3

试件条锯切方法如图 10 所示。

单位为毫米

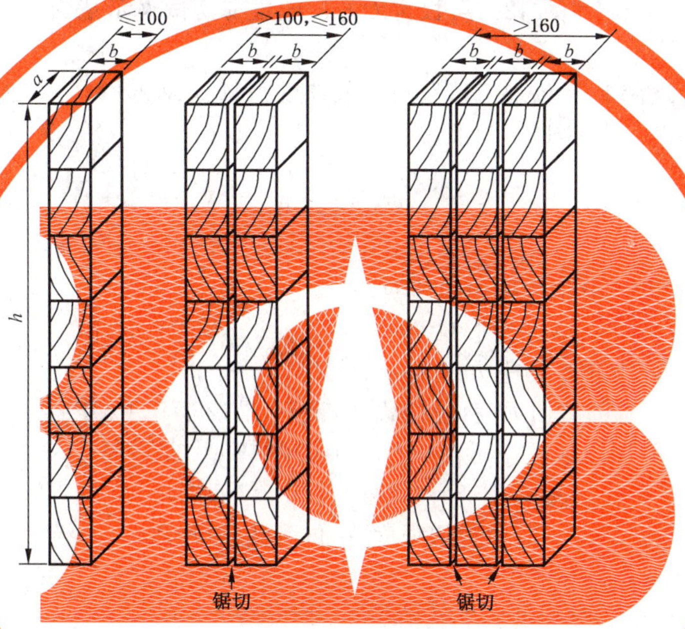

图 10 试件条锯切示意图

试件条锯切完成后，需进一步制作试件。层板层积方向胶层试验的试件制作如图 11 的 a)或 b)所示，层板宽度方向胶层试验的试件制作如图 12 所示。

单位为毫米

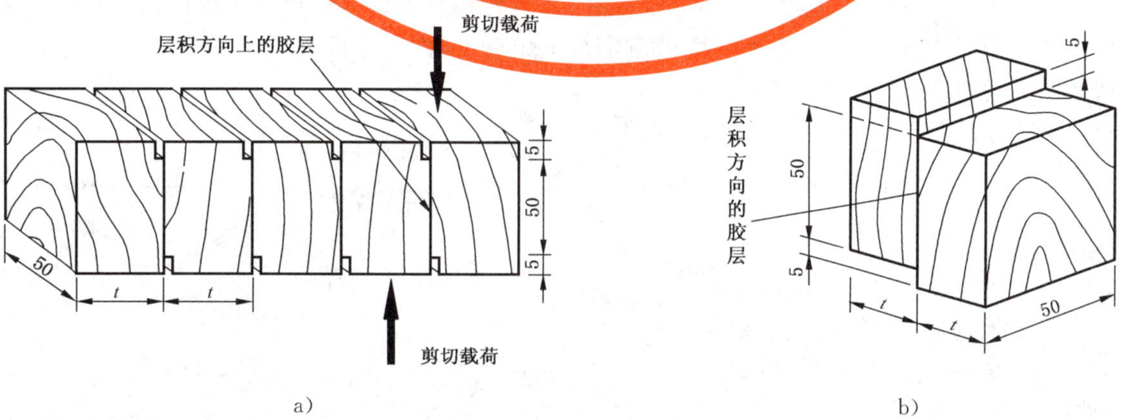

注：t 为层板的厚度。

图 11 层板层积方向胶层剪切试件示意图

单位为毫米

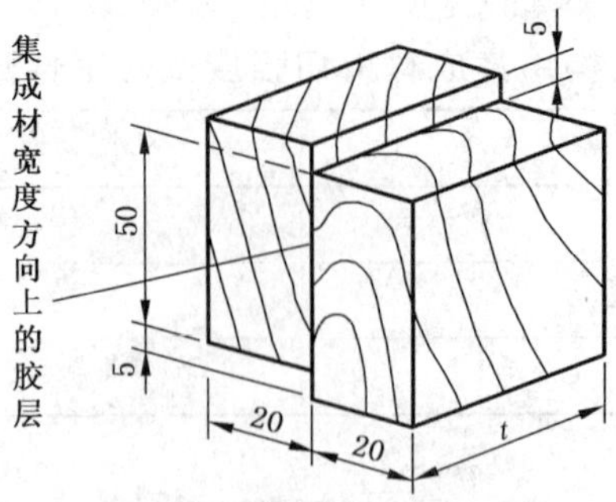

注：t 为层板的厚度。

图 12　层板宽度方向胶层剪切试件示意图

5.1.2.2　试验方法

试件的剪切面与载荷平行，见图 11，载荷加载速度为每分钟 9 800 N。剪切强度按式(5)计算，并估算木破率。试验结果以含水率 12% 为准。

$$f_v = \frac{Q_v}{A_v} \qquad \cdots\cdots(5)$$

式中：

f_v——胶层剪切强度，单位为兆帕(MPa)；

Q_v——胶层的破坏荷载，单位为牛顿(N)；

A_v——胶层受剪面积，单位为平方毫米(mm^2)。

试样含水率为 12% 时的剪切强度，应按式(6)计算，准确至 0.1 MPa。

$$f_{v12} = f_v[1 + 0.03(W - 12)] \qquad \cdots\cdots(6)$$

式中：

f_{v12}——试样含水率为 12% 时的剪切强度，单位为兆帕(MPa)；

W——试样含水率，%。

注：试件胶层存在节子、树脂漏等缺陷时，从试样的其他部位重新制取试件。

5.2　含水率试验

5.2.1　试件制作

在结构用集成材长度方向上截取长度为 10 mm～50 mm 适当大小的 2 个试件。

5.2.2　试验方法

试件在温度(103±2)℃条件下干燥至质量恒定(前后相隔 6 h 两次称量所得的试件质量之差小于后一次称量试件质量的 0.1%，即视为质量恒定)，干燥后，试件应立即置于干燥器内冷却，防止从空气中吸收水分。冷却后称重，精确至 0.01 g。

试件的含水率按照式(7)计算，精确至 0.1%：

$$W = \frac{m_1 - m_2}{m_2} \times 100\% \qquad \cdots\cdots(7)$$

式中：

W——试件含水率，%；

m_1——干燥前质量，单位为克(g)；

m_2——干燥后质量，单位为克(g)。

5.3　抗弯性能试验

5.3.1　抗弯试验方法 A

5.3.1.1　试件制作

通直等截面的结构用集成材按实际尺寸进行检测。

5.3.1.2 试验方法

试验按图 13 所示方法，在弹性范围内测定上限载荷和下限载荷，并测定相对应的挠度以及最大载荷，计算弹性模量和抗弯强度。试验时，两加载点荷载应相等，加载要均匀，加载速度为每分钟 14.7 MPa 以下。当结构用集成材表明使用方向时，应将其上面向上；对称结构集成材的加载方向垂直于层积面；非对称结构用集成材应将抗拉侧向下。另外，在正加载方向时，低等级一侧承受抗压应力，高等级一侧承受抗拉应力；在负加载方向时，高等级一侧承受抗压应力，低等级一侧承受抗拉应力。结构用集成材试件的抗拉侧如有指接，应将其指接部位尽量置于两加载点的中央位置。层积数在 4 层以上的同等级结构集成材的加载方向应垂直于层积面；层积数为 2 层或 3 层的同等级结构集成材的加载方向应平行于层积面。

跨距为试件厚度的 18 倍以上。

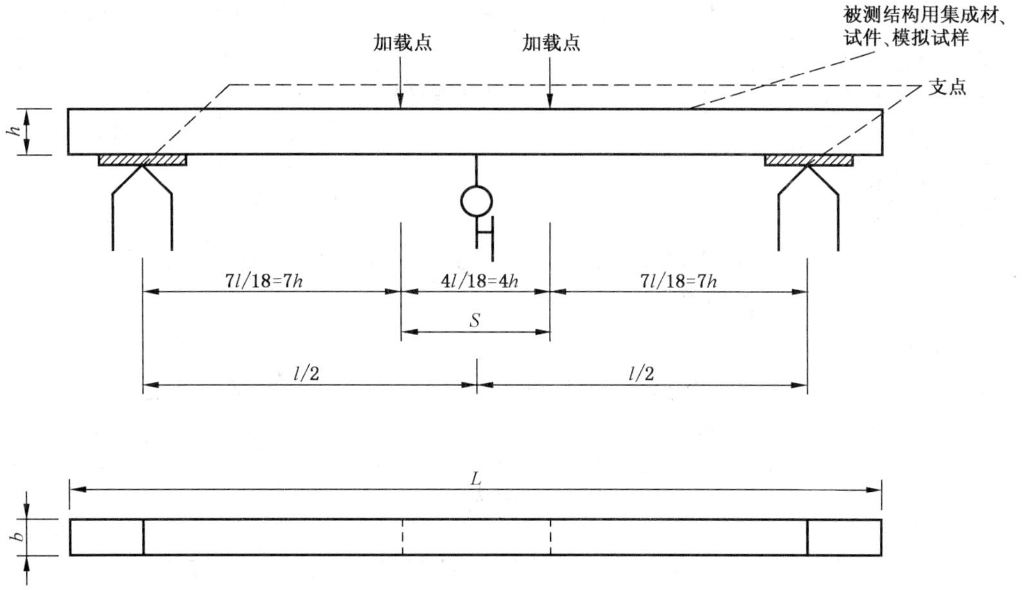

图 13 抗弯试验方法 A 示意图

抗弯弹性模量和抗弯强度按式(8)和式(10)计算，试验结果以含水率 12% 为准。

抗弯弹性模量：

$$E=\frac{\Delta P(l-s)(2l^2+2ls-s^2)}{8\Delta ybh^3} \qquad \cdots\cdots(8)$$

式中：

E——结构用集成材试样弹性模量，单位为兆帕(MPa)；

ΔP——弹性范围内上限载荷和下限载荷之差，单位为牛顿(N)；

l——跨距，单位为毫米(mm)；

s——两加载点之间的距离，单位为毫米(mm)；

Δy——对应 ΔP 跨距中央的挠度，单位为毫米(mm)；

b——结构用集成材试样宽度，单位为毫米(mm)；

h——结构用集成材试样厚度，单位为毫米(mm)。

试样含水率为 12% 时的抗弯弹性模量，应按式(9)计算，准确至 10 MPa。

$$E_{12}=E[1+0.015(W-12)] \qquad \cdots\cdots(9)$$

式中：

E_{12}——试样含水率为 12% 时的抗弯弹性模量，单位为兆帕(MPa)；

W——试样含水率，%。

抗弯强度：

$$\sigma_b = \frac{3P_b(l-s)}{2bh^2} \qquad \cdots\cdots(10)$$

式中：

σ_b——结构用集成材试样、试件的抗弯强度，单位为兆帕(MPa)；

P_b——加载点的总载荷，单位为牛顿(N)；

l——跨距，单位为毫米(mm)；

s——两加载点之间的距离，单位为毫米(mm)；

b——结构用集成材试样的宽度，单位为毫米(mm)；

h——结构用集成材试样的厚度，单位为毫米(mm)。

试样含水率为12%时的抗弯强度，应按式(11)计算，准确至0.1 MPa。

$$\sigma_{b12} = \sigma_b[1 + 0.04(W - 12)] \qquad \cdots\cdots(11)$$

式中：

σ_{b12}——试样含水率为12%时的抗弯强度，单位为兆帕(MPa)；

W——试样含水率，%。

5.3.2 抗弯试验方法B

5.3.2.1 试件的制作

试件的宽度和厚度与层板相同，层板的最弱部位(最大缺陷的部位，如节子等)置于试件长度方向的中央位置。试件的长度为厚度的25倍以上。

5.3.2.2 试验方法

试验按图14所示方法，在弹性范围内，测定初期载荷与最终载荷时的挠度之差，计算抗弯弹性模量。平均加载速度为每分钟14.7 MPa以下。

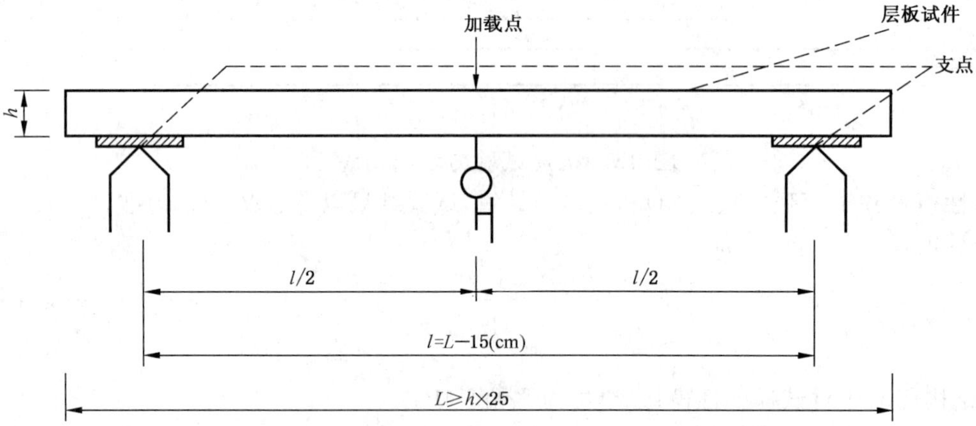

图14 抗弯试验方法B示意图

层板试件的抗弯弹性模量按式(12)计算，试验结果以含水率12%为准。

$$E = \frac{\Delta P l^3}{4bh^3 \Delta y} \qquad \cdots\cdots(12)$$

式中：

E——层板试件的弹性模量，单位为兆帕(MPa)；

ΔP——弹性范围内上限载荷和下限载荷之差，单位为牛顿(N)；

l——跨距，单位为毫米(mm)；

b——层板试件的宽度，单位为毫米(mm)；

h——层板试件的厚度，单位为毫米(mm)；

Δy——对应 ΔP 跨距中央的挠度,单位为毫米(mm)。

试样含水率为 12%时的抗弯弹性模量,应按式(13)计算,准确至 10 MPa。

$$E_{12} = E[1 + 0.015(W - 12)] \quad \cdots\cdots(13)$$

式中:

E_{12}——试样含水率为 12%时的抗弯弹性模量,单位为兆帕(MPa);

W——试样含水率,%。

5.3.3 抗弯试验方法 C

5.3.3.1 试件的制作

试件的宽度和厚度与层板相同,层板的纵向胶接部位置于试件长度方向的中央位置。试件的长度为厚度的 25 倍以上。

5.3.3.2 试验方法

试验按图 15 所示方法,测定最大载荷,计算抗弯强度。两加载点载荷应相等,平均加载速度为每分钟 14.7 MPa 以下。

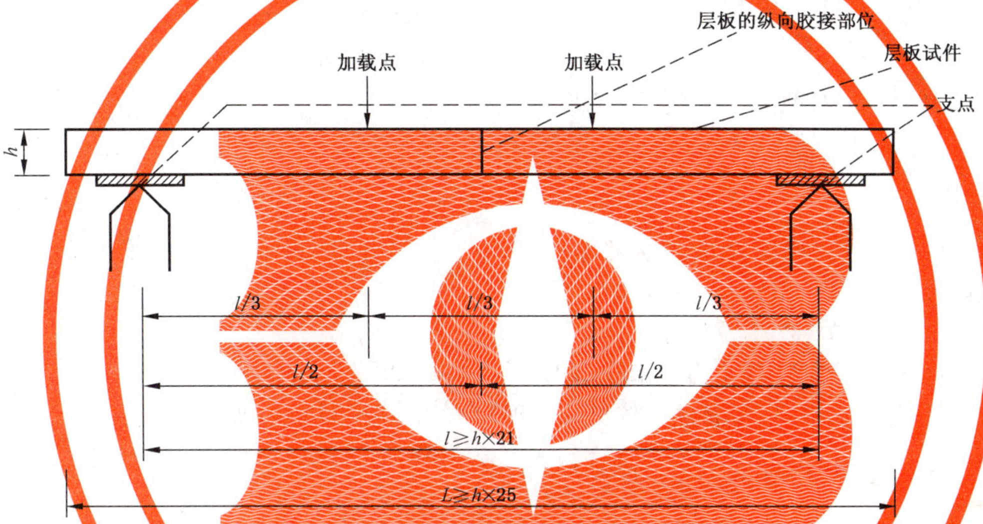

图 15 抗弯试验方法 C 示意图

抗弯强度按式(14)计算,试验结果以含水率 12%为准。

$$\sigma_b = \frac{P_b l}{bh^2} \quad \cdots\cdots(14)$$

式中:

σ_b——层板试件的抗弯强度,单位为兆帕(MPa);

P_b——加载点的总载荷,单位为牛顿(N);

l——跨距,单位为毫米(mm);

b——层板试件的宽度,单位为毫米(mm);

h——层板试件的厚度,单位为毫米(mm)。

试样含水率为 12%时的抗弯强度,应按式(15)计算,准确至 0.1 MPa。

$$\sigma_{b12} = \sigma_b[1 + 0.04(W - 12)] \quad \cdots\cdots(15)$$

式中:

σ_{b12}——试样含水率为 12%时的抗弯强度,单位为兆帕(MPa);

W——试样含水率,%。

5.4 抗拉强度试验

5.4.1 试件的制作

从每块试样层板上分别截取一个试件,试件的宽度和厚度与层板的宽度和厚度相同,层板最薄弱的部位应距夹持部位 300 mm 以上。试件的长度要大于 1 200 mm，保证在抗拉试验时，使夹具间的距离大于 600 mm（如图 16 所示）。如果层板有纵向胶接时，其胶接部位要置于试件的中央位置。

5.4.2 试验方法

试验按图 16 所示的方法，试件两端的夹持部分长度应大于 300 mm，夹具间的距离应在 600 mm 以上。平均加载速度为每分钟 9.8 MPa 以下。

单位为毫米

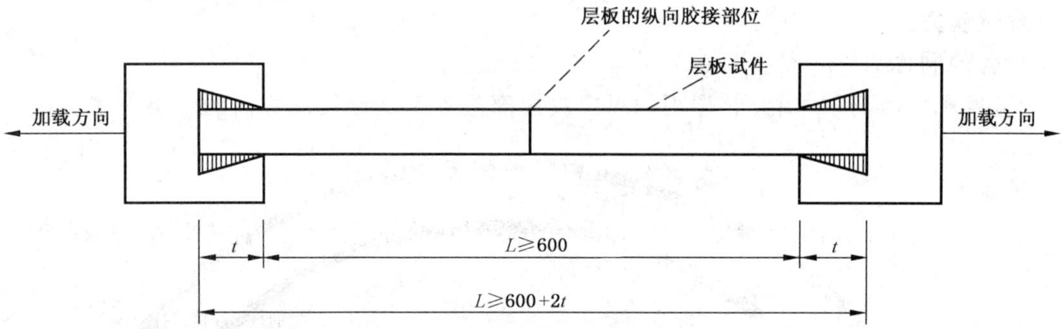

图 16 抗拉试验方法示意图

抗拉强度按式(16)计算，试验结果以含水率 12% 为准。

$$\sigma_t = \frac{P_t}{bh} \qquad \cdots\cdots(16)$$

式中：

σ_t——层板试件的抗拉强度，单位为兆帕(MPa)；

P_t——最大抗拉载荷，单位为牛顿(N)；

b——层板试件的宽度，单位为毫米(mm)；

h——层板试件的厚度，单位为毫米(mm)。

试样含水率为 12% 时，阔叶材的顺纹抗拉强度应按式(17)计算，准确至 0.1 MPa。

$$\sigma_{t12} = \sigma_t[1 + 0.015(W - 12)] \qquad \cdots\cdots(17)$$

式中：

σ_{t12}——试样含水率为 12% 时的顺纹抗拉强度，单位为兆帕(MPa)；

W——试样含水率，%。

对针叶材可取 $\sigma_{t12} = \sigma_t$。

5.5 甲醛释放量试验

5.5.1 试件的制作

在各被测结构用集成材的长度方向上距离端部 50 mm 以上的部位，截取与端面实际尺寸相同的试件，要求表面积为 450 cm^2（两端面除外），用不透过甲醛的自贴式铝箔或石蜡封闭端面。如果试件的截面或长度大于试验容器，则将试件切割成与原试件相同形状的多个试件，此时，切削断面也要封闭处理。

5.5.2 试验方法

5.5.2.1 试件的养护

从同一被测集成材上截取的试件用塑料袋密封后，置于温度为(20±1)℃的恒温室中养护 1 天以上。

5.5.2.2 试剂的调制

5.5.2.2.1 碘溶液(0.05 mol/L)

将 40 g 碘化钾溶解于 25 mL 水中，加入 13 g 碘至溶解，再将此溶液移至 1 000 mL 的容量瓶中，加入 3 滴盐酸后加水至标线。

5.5.2.2.2 硫代硫酸钠溶液(0.1 mol/L)

26 g 五水硫代硫酸钠和 0.2 g 碳酸钠用去氧水 1 000 mL 溶解，放置 2 天后，用碘化钾溶液滴定，按

JISK 8001 规定对硫代硫酸钠溶液(0.1 mol/L)进行标定。

5.5.2.2.3 **氢氧化钠溶液(1 mol/L)**

40 g 氢氧化钠用 200 mL 水溶解,移至 1 000 mL 的容量瓶中,加水至标线。

5.5.2.2.4 **硫酸溶液(1 mol/L)**

将 56 mL 硫酸加入 200 mL 水中,移至 1 000 mL 的容量瓶中,加水至标线。

5.5.2.2.5 **淀粉溶液**

淀粉 1 g 与水 10 mL 混合,将混合物加入到 200 mL 热水中,一边搅拌一边加入。然后煮沸 1 min,冷却后过滤得到的溶液。

5.5.2.2.6 **甲醛标准原液**

取甲醛溶液 1 mL 放入 1 000 mL 容量瓶中,加水至标线。

溶液中甲醛的浓度按下面的方法求出。

100 mL 的磨口共栓三角烧杯分取上面调制的甲醛标准原液 20 mL,加入碘溶液(0.05 mol/L)25 mL 及氢氧化钠溶液(1 mol/L)10 mL,遮光状态下室温放置 15 min,然后加入硫酸溶液(1 mol/L)15 mL,游离出来的碘立即用硫代硫酸钠溶液(0.1 mol/L)滴定。待溶液变成淡黄色时,加入淀粉溶液 1 mL 作为指示剂,再进行滴定。另外用 20 mL 水作空白试验,按式(18)求出甲醛的浓度。

$$C = 1.5 \times (B - S) \times f \times 1\,000/20 \qquad \cdots\cdots(18)$$

式中:

C——甲醛标准原液中甲醛浓度,单位为毫克每升(mg/L);

1.5——与 1 mL 硫代硫酸钠溶液(0.1 mol/L)相对应的甲醛量,单位为毫克(mg);

B——用于空白试验滴定所用的硫代硫酸钠溶液(0.1 mol/L)量,单位为毫升(mL);

S——用于甲醛标准原液滴定所用的硫代硫酸钠溶液(0.1 mol/L)量,单位为毫升(mL);

f——硫代硫酸钠溶液(0.1 mol/L)的参数。

5.5.2.2.7 **甲醛标准溶液**

量取适量甲醛标准原液转入 1 000 mL 容量瓶中,加水至标线。甲醛的提取量需满足:对于标准溶液 A 每 1 000 mL 水中含有 5 mg 甲醛,对于标准溶液 B 每 1 000 mL 水中含有 50 mg 甲醛,对于标准溶液 C 每 1 000 mL 水中含有 100 mg 甲醛。

5.5.2.2.8 **乙酰丙酮-乙酸铵溶液**

将 150 g 乙酸铵溶于 800 mL 水中,加入 3 mL 冰乙酸和 2 mL 乙酰丙酮,均匀混合后,加水调至 1 000 mL。不能马上测定的场合,将溶液保存在 0 ℃~10 ℃的冷暗场所,保管期为从调制日起 3 天内。

5.5.2.3 **甲醛的收集**

按图 17 所示,使用丙烯树脂制的容量为 40 L 的试验容器(需保证气密性),其底部中央放入已装 20 mL 蒸馏水的内径 57 mm、高度 60 mm 聚丙烯或聚乙烯制的收集水容器,其上放置试件(多张试件的场合,用金属架支撑使试件之间彼此不接触),在(20±1)℃放置 24 h,将吸收甲醛测试的蒸馏水称为试样溶液。

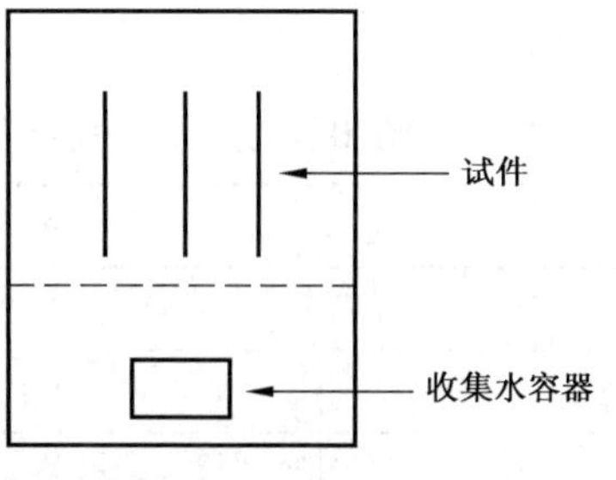

图 17 试验容器

注:甲醛的捕集,向收集水容器中加入蒸馏水及定量取出蒸馏水的时候,在捕集器上加盖,避免空气中的甲醛被收集水容器吸收。

5.5.2.4 **甲醛浓度的测量方法**

试样溶液中的甲醛浓度测定，按照乙酰丙酮吸光光度法测量。

取5.5.2.3中所述待测溶液10 mL，放入三角烧杯中，加入乙酰丙酮-乙酸铵溶液10 mL，盖上盖，使溶液混合。将三角烧杯在(65±2)℃的水槽中加热10 min，在遮光状态下静置，直到冷却至室温。将溶液装入吸收池，用水作对照，测定波长412 nm处的吸光度值。空白试验的甲醛浓度用同样方法测定。如果试样溶液浓度过大难以直接测量，可取试样溶液5 mL，稀释4～5倍后再按上述方法测试。

5.5.2.5 **标准曲线的绘制**

用移液管分别量取3种甲醛标准溶液各0 mL，2.0 mL，4.0 mL，6.0 mL，分别放入100 mL的容量瓶中，加水至标线。这些溶液将用来绘制标准曲线。

作为标准溶液A的甲醛浓度为0 mg/mL，0.1 mg/mL，0.2 mg/mL，0.3 mg/mL；作为标准溶液B的甲醛浓度为0 mg/mL，1.0 mg/mL，2.0 mg/mL，3.0 mg/mL；作为标准溶液C的甲醛浓度为0 mg/mL，2.0 mg/mL，4.0 mg/mL，6.0 mg/mL。分别取上述三种溶液25 mL，按照5.5.2.4中所述方法，作甲醛浓度和吸光度的关系线。关系线的斜度从图中或计算求得。其中，标准溶液A、标准溶液B及标准溶液C，对应预想试样溶液的浓度分别使用。

5.5.2.6 **甲醛浓度计算**

按式(19)计算试样溶液中的甲醛浓度：

$$G = F \times (A_d - A_b) \times (1/3.75) \qquad \cdots\cdots (19)$$

式中：

G——试样甲醛浓度，单位为毫克每升(mg/L)；

F——检量线的斜度，单位为毫克每升(mg/L)；

A_d——试样溶液的吸光度；

A_b——空白试验(新鲜蒸馏水)的吸光度；

1/3.75——甲醛浓度换算系数。

5.6 结构用集成材主要物理化学性能检测的抽样方法

5.6.1 结构用集成材的剥离试验、剪切试验和抗弯试验A的抽样方法，见表27。

表27 结构用集成材剥离试验、剪切试验和抗弯试验A的抽样方法

单位为根

结构用集成材的数量	样本数量	
≤10	3	如需复检，则选取左栏列举数量2倍的样本数。
11～20	4	
21～100	5	
101～500	6	
≥501	7	

5.6.2 层板抗弯试验B、C及抗拉试验的抽样方法，见表28。

表28 层板抗弯试验B、C及抗拉试验的抽样方法

单位为块

层板的数量	层板样本数量
≤90	5
91～280	8
281～500	13
501～1 200	20
≥1 201	32

5.6.3 结构用集成材甲醛释放量试验的抽样方法，见表29。

表29 甲醛释放量试验的抽样方法

单位为根

结构用集成材的数量	样本数量
≤1 000	2
1 001～2 000	3
2 001～3 000	4
≥3 001	5

5.7 试验结果判定

除抗弯试验A，抗弯试验B，抗弯试验C，抗拉试验及甲醛释放量试验（见4.5.4甲醛释放量要求）以外，结构用集成材的胶合性能试验、含水率试验结果判定标准如下：从每批抽取的试样中制作的试件，其试验结果符合相应检验项目标准指标值的试件数量超过90%，则认定此批次的集成材该项检测合格。如不足70%则认定为不合格。合格数在70%以上但不足90%时，对此批次的集成材要进行再次检测，如合格数在90%以上，则认定为在该项检测项目合格，如不足90%则判定为不合格。

6 产品标识

遵循本标准的所有产品均应在产品上或耐用的标签上标明以下信息：

a） 标准编号；
b） 生产商的身份、标志或名称；
c） 强度等级；
d） 外观等级；
e） 使用环境；
f） 使用方向（非对称异等组合结构用集成材）；
g） 树种；
h） 胶粘剂类型；
i） 甲醛释放量等级；
j） 生产日期。

7 结构用集成材生产及质量控制

结构用集成材生产及质量控制参见附录A。

附　录　A
（资料性附录）
结构用集成材生产及质量控制

A.1　生产要求

A.1.1　生产条件

A.1.1.1　一般要求

生产人员应具有生产结构用集成材和对木材分等的必要技能。

A.1.1.2　基础条件

生产结构用集成材应具有下述基础条件：

a）考虑到本标准中的要求，基础条件适用于所有生产阶段。
　特别考虑下列因素：
　1）要生产的集成材尺寸；
　2）气温；
　3）空气相对湿度。
b）生产区域的最低温度为 15 ℃。胶合期间要求更高的温度，见 A.1.4.2，但是这个要求可能局限于前提条件的特定部分（胶合室）。
c）生产期间空气相对湿度应在 40%～75%之间。胶合期间，相对湿度不低于 30%。
d）干燥和存储设施有足够的能力使木材达到所要求的含水率和温度。
e）当使用预干木材时，存储设施应保持木材要求的含水率。
f）除非胶和固化剂直接来自于存储罐并在涂胶过程中自动混合，否则应单独设置调胶室进行调胶。还应有合适的胶粘剂和固化剂存储设施以及清理胶粘剂的设备的区域。

胶粘剂和固化剂应事先安排好，坚持"先进先出"的原则。

A.1.1.3　设备

应提供保证以下性能的设备：

a）在仓库、生产区和胶合区要连续监测空气的温度和相对湿度（温度湿度自动记录仪）；
b）测量木材含水率，检查（校验）含水率仪；
c）生产者进行机械和目测分等时的设备；
d）层板纵接有足够的强度；
e）测量层板厚度；
f）提供满足厚度公差的表面和表面质量（见 4.2.2，通常涂胶前的最后一次刨光要精刨加工）；
g）对需要的胶和固化剂的比例称重和混合；
h）涂胶量均匀；
i）胶粘剂固化过程中应保证适宜的温度、空气相对湿度和足够的压力；
j）检测层板纵接的强度；
k）检测胶层的胶合性能。

A.1.2　木材

A.1.2.1　树种

只可使用经过权威机构认可的适合结构用集成材生产的单一树种或混合树种。

A.1.2.2　含水率

要符合 4.2.1 的要求。

A.1.2.3　厚度和横截面积

要符合 4.2.2 的要求。

A.1.3 胶粘剂

胶粘剂要符合4.1胶粘剂的规定。

每批胶粘剂用于生产之前要先制造出检测所需的结构用集成材样品或者从生产线上抽取样品。样品的树种要与实际生产所用树种一致。

样品要根据5.1胶合性能试验方法检测，检测结果要符合4.5.2结构用集成材胶合性能的要求。

A.1.4 制造

A.1.4.1 层板加工

A.1.4.1.1 纵向接长要求

单块层板在刨光以前连接成需要的长度。在这一操作过程中，层板的温度不能低于15 ℃。

A.1.4.1.2 宽度方向开槽要求

为了防止变形和开裂，宽度大于200 mm的层板可以铣槽。允许在每块层板横截面的中间部分铣一个槽，槽的最大宽度4 mm，最大深度为层板厚度的1/3。

相邻层板上的槽应错列排开，错开的距离至少为层板的厚度。

A.1.4.1.3 指接要求

A.1.4.1.3.1 指接指榫的形状及参数

内层用层板指接指榫长度不小于10 mm，其他层板指接指榫长度不小于15 mm。指榫斜面倾斜比要小于1/7.5，嵌合度要大于0.1 mm，见图A.1。

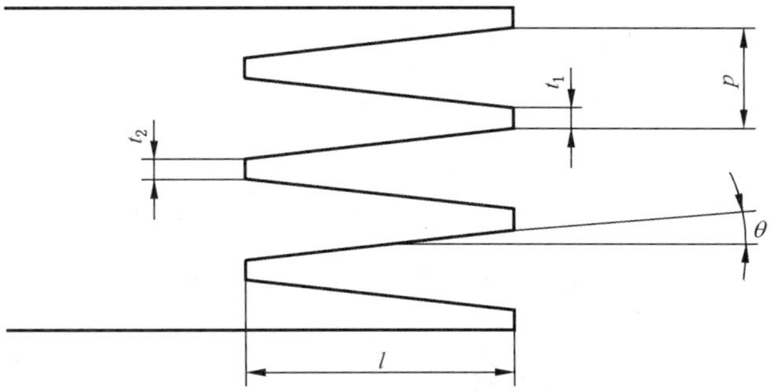

θ——斜面倾斜比；

p——齿距；

l——齿长；

t_1——齿顶宽；

t_2——齿底宽；

(t_1-t_2)——嵌合度。

图A.1 指榫示意图

A.1.4.1.3.2 层板指接部位的质量

直径5 mm以上的节子与指接部位的距离要大于相应节子直径3倍的距离，见图A.2。直径小于5 mm的节子不计。

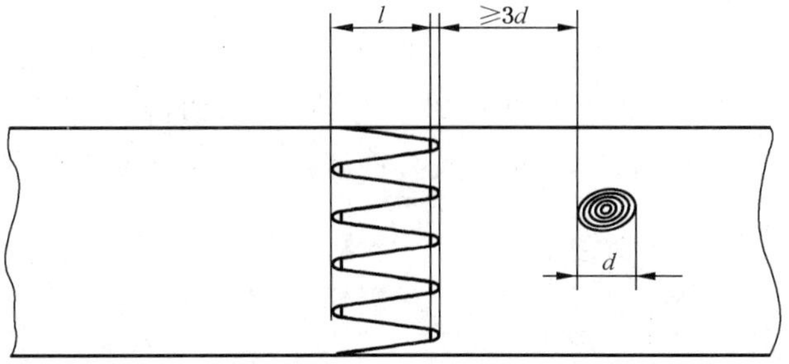

图A.2 指接部位与节子之间的最短距离

在距离指接齿底部位 75 mm 之内不许有钝棱、裂纹、夹皮以及树脂囊。

当剔除端部节子缺陷时,应在与节子相距 3 倍节子直径以上的距离处截断,见图 A.3。

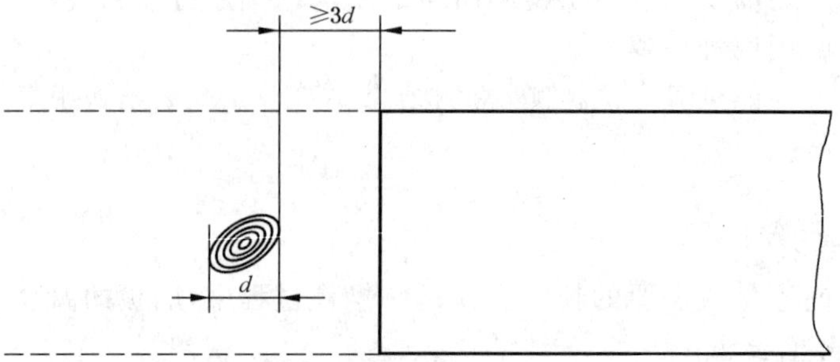

图 A.3 横截面距剔除节子的最小距离

A.1.4.1.3.3 指接

在开榫后应在 24 h 内胶接,并且在此期间,指榫端面务应小心放置保证清洁和防止变形。

要严格遵照胶粘剂制造商的使用要求,比如下列要求:

——调胶;

——固化剂的使用;

——木材的预热(通过高频,红外或其他方法);

——涂胶;

——组坯时间;

——固化;

——胶合前和胶合期间空气与木材的温度;

——加压。

在加压和下一道工序之前是胶粘剂固化阶段,在此期间移动指接材时要格外小心,这就要求加压过程中所加压力要足够大。在指接部位没有破坏和相对滑动。在进一步加工之前胶粘剂要完成初期固化,除非通过验证指接部位具有足够可靠的强度允许进行下一步的加工。

指接材的整个加压过程至少应该有 2 s。

注:为了达到最优指接效果,加压在某种程度上随着齿形、树种、含水率以及横截面的大小的不同而变化。对于绝大多数针叶材来说,指榫长度大于 25 mm 时压力约为 2 N/mm^2 ~5 N/mm^2,长度小于 25 mm 的压力约为 5 N/mm^2 ~10 N/mm^2。

为了减少指接配合处的开裂或压缩破坏,加压压力应调整至最佳。在指榫面内不允许有裂纹,但由于指接加压而出现裂纹时,该裂纹宽度和深度都不应超过 0.5 mm。在材面上任何 30 mm 宽度范围内裂纹的总长不要超过 10 mm。

A.1.4.1.4 层板宽度方向拼接

层板宽度方向上的拼接要求见 4.2.3 的规定。

A.1.4.1.5 胶合前层板刨光

胶合前层板的刨光应满足 4.2.2 的要求。如果储存的条件和环境的变化对材性的影响不大,刨光结束到胶合前的时间应不超过 24 h。对那些难以胶合的层板,如:树脂含量高(落叶松、花旗松等)或经防腐处理的层板,应在胶合前 6 h 刨光,以保证胶合性能达到标准要求。

A.1.4.2 胶合

A.1.4.2.1 组坯

A.1.4.2.1.1 胶合时,层板表面应当清洁。

A.1.4.2.1.2 根据胶粘剂生产厂商的建议使用胶粘剂,施胶应充足均匀。

A.1.4.2.1.3 层板组坯见 4.3.5。

A.1.4.2.2 加压

A.1.4.2.2.1 加压时应保证胶层的压力分布均匀。

A.1.4.2.2.2 应根据胶粘剂厂商提供的使用说明施加压力。或根据企业实际生产情况(如树种、层板、厚度等),通过试验来确定压力。一般来说,压力应随着层板厚度的增加而加大。弯曲集成材应施加相对较大的压力。

A.1.4.2.2.3 加压时应保持足够的压力。在第一次加压达到规定的压力后至固化前始终保持相对稳定的压力(压力波动应不超过确定压力的10%)。

A.1.4.2.3 固化

A.1.4.2.3.1 按照胶粘剂制造商的要求。如果层板初始温度超过18 ℃,固化区的温度应至少为20 ℃。如果层板的初始温度为15 ℃,固化区的温度应至少为25 ℃。固化的温度应低于胶粘剂制造商规定的最高温度。

A.1.4.2.3.2 从开始拼压到温度开始升高到固化程度的时间不应超过8 h。

A.1.4.2.3.3 固化过程中,空气相对湿度不应小于30%。见A.1.1.2的相关规定。

A.1.4.2.3.4 在胶粘剂完全固化以前,集成材不应装卸和暴露在温度低于15 ℃的环境中。

注:对于本项要求,在拼压结束后,酚类胶粘剂放置至少72 h,氨基胶粘剂放置至少24 h。

A.1.4.3 结构用集成材的刨光

A.1.4.3.1 结构用集成材的表面刨光

已胶合的结构用集成材固化后表面要进行刨光,尺寸偏差应满足表19的要求。

A.1.4.3.2 修补

刨光后的结构用集成材应依据4.4.5进行目测分等,必要时可以修补,以达到相应的外观等级。

A.1.4.4 包装、运输

依据委托合同进行。

A.2 质量控制

A.2.1 一般要求

为了保证生产的结构用集成材符合本标准,制造商应建立和维持保存工厂内部产品控制文件的机制。存档的工厂产品控制文件应通过生产过程和说明来有效地执行。

A.2.2 结构用集成材的检验

A.2.2.1 总则

为了确认结构用集成材制品具有要求的品质性能,要进行初期试验、全数检验和抽样试验,根据试验结果对各工厂的品质管理责任人进行考核,检验记录要全部保存。初期试验是对集成材制造者是否具有制造结构用集成材所要求的机械设备和技术水平的检查。全数检验是对结构用集成材用层板具有适当品质性能的检查。抽样试验是对结构用集成材的制造过程中是否具有适当品质管理能力的检查,所有检查结果都应作为生产记录进行保存。

A.2.2.2 初期检验

A.2.2.2.1 检验规则

新的生产开始时和生产工艺变更时(含树种、胶粘剂、等级、机械设备等的变更),进行未纵接层板的抗弯试验或抗拉试验、纵接层板的抗弯试验或抗拉试验、结构用集成材剥离试验(减压加压剥离试验或浸渍和煮沸剥离试验)、含水率试验、甲醛释放量试验,同时进行通直结构用集成材的抗弯试验或弯曲集成材的抗拉和抗压试验,对集成材的力学性能和胶合性能进行确认。

A.2.2.2.2 检验方法

A.2.2.2.2.1 未纵接层板抗弯试验

A.2.2.2.2.1.1 试样的抽取

从异等组合结构用集成材最外层以及外层分等层板,或者同等组合结构用层板中任意抽取30块以上的层板作试样。

A.2.2.2.2.1.2 试件的制作

试件层板的宽度和厚度与层板相同，层板最弱处（最大节子等缺陷部分）应置于中央位置，长度是厚度的25倍以上。

A.2.2.2.2.1.3 试验方法

按图A.4所示方法进行，跨度应为层板厚度21倍以上，平均加载速度应为14.7 MPa以下。试件最弱部位应置于两加载点的中央。

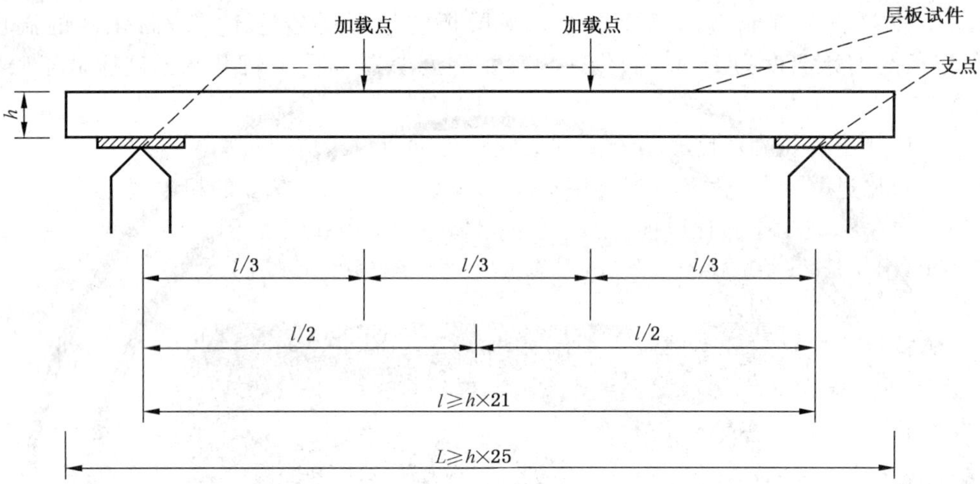

图A.4 未纵接层板抗弯试验

抗弯弹性模量和抗弯强度分别按式(A.1)和(A.3)计算，试验结果以含水率12%为准。

抗弯弹性模量：

$$E = 23\Delta Pl^3/108bh^3\Delta y \quad \cdots\cdots (A.1)$$

式中：

E——层板试件的弹性模量，单位为兆帕(MPa)；

ΔP——弹性范围内上限载荷和下限载荷之差，单位为牛顿(N)；

l——跨距，单位为毫米(mm)；

b——层板试件的宽度，单位为毫米(mm)；

h——层板试件的厚度，单位为毫米(mm)；

Δy——对应 ΔP 跨距中央的挠度，单位为毫米(mm)。

试样含水率为12%时的抗弯弹性模量，应按式(A.2)计算，准确至10 MPa。

$$E_{12} = E[1 + 0.015(W - 12)] \quad \cdots\cdots (A.2)$$

式中：

E_{12}——试样含水率为12%时的抗弯弹性模量，单位为兆帕(MPa)；

W——试样含水率，%。

抗弯强度：

$$\sigma_b = \frac{P_b l}{bh^2} \quad \cdots\cdots (A.3)$$

式中：

σ_b——层板试件的抗弯强度，单位为兆帕(MPa)；

P_b——加载点的总载荷，单位为牛顿(N)；

l——跨距，单位为毫米(mm)；

b——层板试件的宽度，单位为毫米(mm)；

h——层板试件的厚度，单位为毫米(mm)。

试样含水率为12%时的抗弯强度，应按式(A.4)计算，准确至0.1 MPa。

$$\sigma_{b12}=\sigma_b[1+0.04(W-12)] \quad\cdots\cdots(A.4)$$

式中：

σ_{b12}——试样含水率为12%时的抗弯强度，单位为兆帕(MPa)；

W——试样含水率，%。

A.2.2.2.2.1.4 试验结果的合格标准

层板的抗弯试验结果，各等级层板的抗弯强度和抗弯弹性模量的平均值以及5%分位值应达到表2或表6和表7规定的数值之上。

A.2.2.2.2.2 未纵接层板的抗拉试验

A.2.2.2.2.2.1 试样的抽取

从异等组合结构用集成材最外层以及外层分等层板，或者同等组合结构用集成材的层板中任意抽取30个以上的层板作试样。

A.2.2.2.2.2.2 试验制作

试件的宽度和厚度与层板相同，长度应大于3 m。层板最弱的部位(最大的节子等缺陷)应距离夹具300 mm以上。

A.2.2.2.2.2.3 试验方法

按图A.5所示的方法进行抗拉试验。试件的两端被夹持的部分应大于300 mm，试件两端被夹持部位之间的距离应大于2 400 mm，通过两侧夹具加载。平均加载速度不大于10 MPa。而且，试件最弱部位(最大的节子等缺陷)应距离夹具300 mm以上。

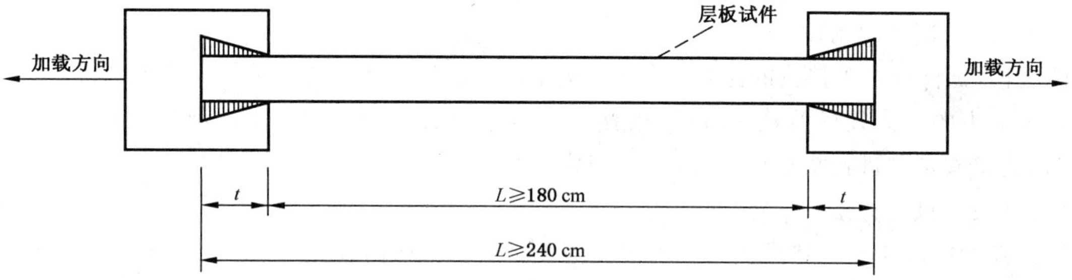

图A.5 未纵接层板抗拉试验

抗拉强度由式(A.5)计算，试验结果以含水率12%为准。

$$\sigma_t=\frac{P_t}{bh} \quad\cdots\cdots(A.5)$$

式中：

σ_t——层板试件的抗拉强度，单位为兆帕(MPa)；

P_t——抗拉最大载荷，单位为牛顿(N)；

b——层板试件的宽度，单位为毫米(mm)；

h——层板试件的厚度，单位为毫米(mm)。

试样含水率为12%时，阔叶材的顺纹抗拉强度应按式(A.6)计算，准确至0.1 MPa。

$$\sigma_{t12}=\sigma_t[1+0.015(W-12)] \quad\cdots\cdots(A.6)$$

式中：

σ_{t12}——试样含水率为12%时的顺纹抗拉强度，单位为兆帕(MPa)；

W——试样含水率，%。

对针叶材可取$\sigma_{t12}=\sigma_t$。

A.2.2.2.2.2.4 试验结果的合格标准

层板的抗拉试验结果，各等级的层板的抗拉强度的平均值以及5%分位值应达到表2或表7规定的数值之上。试件的宽度超过150 mm时，要达到表2或表7规定的数值乘以表3规定的调整系数得到的数值之上。

A.2.2.2.2.3 纵接层板的抗弯试验

从已分等的最外层以及外层的纵接层板中，任意抽取30块以上的层板作试样。

试验方法同A.2.2.2.2.1未纵接层板的抗弯试验。无论是垂直型指接还是水平型指接，纵接部位都要置于两加载点的中央位置，如图15所示，加载方向要与使用时载荷方向相同。

纵接层板的抗弯试验结果的合格标准为抗弯强度的平均值和5%分位值应达到表2或表7规定的数值之上。另外，中间层层板与最外层和外层层板采用不同的纵接时，中间层层板也要进行上述的试验。

A.2.2.2.2.4 纵接层板的抗拉试验

从已分等最外层以及外层的纵接层板中，任意抽取30块以上的层板，试验方法按5.4抗拉试验方法进行。

纵接层板的抗拉试验结果的合格标准为抗拉强度的平均值和5%分位值应达到表2或表7规定的数值之上或乘以表3规定的调整系数得到的数值之上。其中，中间层层板与最外层和外层层板采用不同的纵接时，中间层层板也要进行上述试验。

A.2.2.2.2.5 纵接层板的煮沸剥离试验

A.2.2.2.2.5.1 试样的抽取

从最外层、外层、中间层以及内层用的纵接层板中，任意抽取纵接处于中央部位的试件各10块。

A.2.2.2.2.5.2 试件的制作

斜接层板，试件应包含接头的全长试样；指接层板，指接部位应处于试样的中央部位，试样长度为200 mm，从接头的中央处横截，制作成层板横截面上露出胶层的试件2个。但是，指接指榫长度小于16 mm时，对接头部位进行横截，每个试样只制作1个试件。

A.2.2.2.2.5.3 试验方法

试件在沸水中浸渍5 h，然后在室温水中浸泡1 h，从水中取出试件放入(60±3)℃的恒温干燥器中，干燥18 h。干燥后的含水率在19%以下。将该处理作为1个循环，反复处理2次。但是，对于使用环境3，上述处理重复进行3次。

A.2.2.2.2.5.4 试验结果的合格标准

测定试件的横截面胶层的剥离长度(3 mm以下不计)，每个试件的剥离率均应在15%以下，而且，全部试件的平均剥离率在10%以下。剥离率按式(A.7)计算。

$$\text{剥离率} = \text{两端面的剥离长度之和} / \text{两端面的胶层长度之和} \times 100\% \qquad \cdots\cdots\cdots(A.7)$$

A.2.2.2.2.6 通直集成材的抗弯试验

A.2.2.2.2.6.1 试件的制作

采用与实际集成材制造时同样的树种、同等级的层板、胶粘剂和机械设备。异等组合结构用集成材，厚度方向的边长在300 mm以上的集成材制作3根以上；同等组合结构用集成材，厚度方向的边长在100 mm以上的集成材制作10根以上。

A.2.2.2.2.6.2 试验方法

按5.3.1.2抗弯试验方法A进行试验。

A.2.2.2.2.6.3 试验结果的合格标准

通直集成材的抗弯试验结果合格标准见4.5.1的要求。

A.2.2.2.2.7 **弯曲集成材的抗拉和抗压试验**

A.2.2.2.2.7.1 **试样的采集**

使用与实际弯曲集成材制造时同样的树种、同等级层板、胶粘剂和机械设备，制作层积数为4层以上，厚度方向的边长在100 mm以上的弯曲集成材6个以上。

A.2.2.2.2.7.2 **试件的制作**

弯曲集成材的角度为两加载点的夹角在120°以上，结构用集成材两端加载点以外的长度为集成材高度 h 的2倍以上，显现胶粘剂的侧面要刨平。

A.2.2.2.2.7.3 **试验方法**

弯曲集成材的抗拉和抗压试验按图A.6所示进行。平均加载速度是抗拉应力的增加为每分钟0.25 MPa以下，弯曲应力的增加为每分钟2.5 MPa以下。

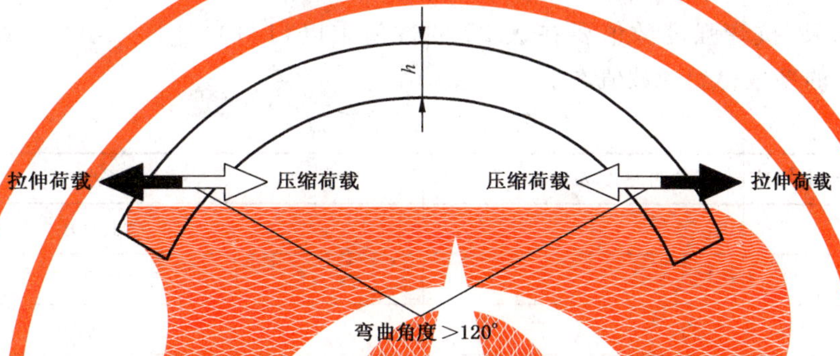

图 A.6 弯曲集成材的抗拉和抗压试验示意图

弯曲集成材半径方向的抗拉强度和轴向抗弯强度按式(A.8)和(A.10)计算，试验结果以含水率12%为准。

半径方向的抗拉强度：

$$\sigma_t = 1.5P_t a/Rbh \qquad \cdots\cdots(A.8)$$

式中：

σ_t——弯曲集成材试件半径方向的抗拉强度，单位为兆帕(MPa)；

P_t——最大抗拉载荷，单位为牛顿(N)；

a——矢高，单位为毫米(mm)；

R——曲率半径，单位为毫米(mm)；

b——试件宽度，单位为毫米(mm)；

h——试件厚度，单位为毫米(mm)。

试样含水率为12%时，阔叶材的顺纹抗拉强度应按式(A.9)计算，准确至0.1 MPa。

$$\sigma_{t12} = \sigma_t[1 + 0.015(W - 12)] \qquad \cdots\cdots(A.9)$$

式中：

σ_{t12}——试样含水率为12%时的顺纹抗拉强度，单位为兆帕(MPa)；

W——试样含水率，%。

对针叶材可取 $\sigma_{t12} = \sigma_t$。

轴向抗弯强度：

$$\sigma_b = 6P_c a/2bh \qquad \cdots\cdots(A.10)$$

式中：

σ_b——弯曲集成材试件轴向抗弯强度，单位为兆帕(MPa)；

P_c——最大抗压载荷，单位为牛顿(N)；

a——矢高，单位为毫米(mm)；

R——曲率半径，单位为毫米(mm)；

b——试件宽度，单位为毫米(mm)；

h——试件厚度，单位为毫米(mm)。

试样含水率为12%时的抗弯强度，应按式(A.11)计算，准确至0.1 MPa。

$$\sigma_{b12}=\sigma_{b}[1+0.04(W-12)] \quad \cdots\cdots(A.11)$$

式中：

σ_{b12}——试样含水率为12%时的抗弯强度，单位为兆帕(MPa)；

W——试样含水率，%。

A.2.2.2.2.7.4 试验结果的合格标准

弯曲集成材的抗拉试验结果，半径方向的抗拉强度要在表24的剪切强度数值的1/6以上。弯曲集成材的抗压试验结果，抗弯强度数值要在表22的数值乘以{1.13×[1－2 000×(层板厚度/曲率半径^2)]}和表A.1中的系数得到的数值之上。

表A.1 调整系数

同等组合结构用集成材试样的厚度 h/mm	系数
h<100	1.00
100≤h<150	0.96
150≤h<200	0.93
200≤h<250	0.90
250≤h<300	0.89
h≥300	0.85

A.2.2.2.2.8 集成材胶层的剪切试验

A.2.2.2.2.8.1 试样的采集

按A.2.2.2.2.6.1或A.2.2.2.2.7.1的方法采集试样。

A.2.2.2.2.8.2 试验方法

按5.1.2剪切强度试验方法进行试验。

A.2.2.2.2.8.3 试验结果的合格标准

试件的剪切强度和木破率要达到4.5.2.2的要求指标以及5.7试验结果合格判定标准。

A.2.2.2.2.9 集成材的浸渍剥离试验

A.2.2.2.2.9.1 试样的采集

与A.2.2.2.2.8.1同样，从用于A.2.2.2.2.6的通直集成材的抗弯试验或A.2.2.2.2.7弯曲集成材的抗拉和抗压试验所有试样的两端各采集一个试样。

A.2.2.2.2.9.2 试验方法

按5.1.1.2.1浸渍剥离进行试验。

A.2.2.2.2.9.3 试验结果的合格标准

试验结果要达到4.5.2.1的要求指标，以及5.7试验结果合格的判定标准。

A.2.2.2.2.10 集成材的煮沸剥离试验

A.2.2.2.2.10.1 试样的采集及试件的制作

同A.2.2.2.2.9集成材的浸渍剥离试验。

A.2.2.2.2.10.2 试验方法

按5.1.1.2.2煮沸剥离进行试验。

A.2.2.2.2.10.3 试样的合格标准

试验结果要达到4.5.2.1的要求指标，以及5.7试验结果合格的判定标准。

A.2.2.2.2.11 集成材的减压、加压剥离试验

A.2.2.2.2.11.1 试样的采集及试样的制作

同A.2.2.2.2.9集成材的浸渍剥离试验。

A.2.2.2.2.11.2 试验方法

按5.1.1.2.3减压加压剥离进行试验。

A.2.2.2.2.11.3 试验结果的合格标准

试验结果要达到4.5.2.1的要求指标，以及5.7试验结果合格的判定标准。

A.2.2.2.2.12 集成材的含水率试验

A.2.2.2.2.12.1 试样的采集与试件的制作

按A.2.2.2.2.6通直集成材抗弯试验或A.2.2.2.2.7弯曲集成材弯曲和抗压试验的各试样两端附近各采集1个适当大小的试件。

A.2.2.2.2.12.2 试验方法

按5.2含水率试验方法进行试验。

A.2.2.2.2.12.3 试验结果的合格标准

试验结果要达到4.5.3的要求，以及5.7试验结果合格的判定标准。

A.2.2.2.2.13 集成材甲醛释放量试验

A.2.2.2.2.13.1 试样的采集

同A.2.2.2.2.6或A.2.2.2.2.7的方法采集试样。

A.2.2.2.2.13.2 试验方法

按5.5甲醛释放量试验方法进行试验。

A.2.2.2.2.13.3 试验结果的合格标准

甲醛释放量要达到4.5.4要求的指标。

A.2.2.3 全数检验

A.2.2.3.1 检验规则

集成材工厂制造结构用集成材要进行层板的外观检验或抗弯性能检验，纵接层板的抗弯保证荷载检验或抗拉保证荷载检验，以及集成材的外观检验。在实施层板抗弯性能检验以及纵接层板的抗弯保证荷载或抗压保证荷载检验时，要根据A.2.2.3.2.2～A.2.2.3.2.4的要求进行。对强度分等机以及弯曲保证荷载力学试验机，或者抗拉保证荷载力学试验机的精度进行调整，定期校准，确保在合格的精度范围内运行。通过保证荷载检验的层板，可以不进行后面所述的A.2.2.4抽样试验（未纵接层板抗弯试验或抗拉试验，以及纵接层板的抗弯试验或抗拉试验）。

A.2.2.3.2 检验方法

A.2.2.3.2.1 层板的外观检验

A.2.2.3.2.1.1 检验规则

未经分等机测定抗弯弹性模量的所有层板都要根据表1的标准实施目测分等，分为Ⅰ等、Ⅱ等、Ⅲ等、Ⅳ等及等外品。对于分等机通过测定抗弯弹性模量分等的MSR层板两端检测不到的部分要进行宽面材边节径比、腐朽、开裂、变色、逆纹理以及其他缺陷的外观检验，将其分为最外层层板、外层层板、中间层层板、内层层板以及等外品。分等机（连续测定式）测定不到的MSR两端的节子和孔洞等缺陷的相对节径比（缺陷在层板横截面上的投影面积与层板横截面积之比）应不大于中部（通过分等机测定的部分）的相对节径比。

为确保外观检验员的技术水平，要进行适当次数的考试。

A. 2. 2. 3. 2. 1. 2 检验方法和判定标准

a) 试样的采集:对于异等组合结构用集成材的最外层、外层、中间层层板,或者同等组合结构用集成材的层板,各等级层板分别抽取 10 块。

b) 检查方法:各等级的层板按表 1、表 5 的层板等级分等标准进行再检验,重新分等。

c) 合格标准:检验的层板分等等级与实际生产的层板分等等级的误差应在 10%之内。另外,检验的层板等级与生产的层板等级的误差不能超过两个等级。

A. 2. 2. 3. 2. 2 层板的弹性模量检验

A. 2. 2. 3. 2. 2. 1 一般规则

采用分等机测定所有层板的弹性模量时,包括采用分等机静态测定或通过振动法、应力波法、声波法等动态测定方法,测定所有层板的平均弹性模量,按表 6 确定层板机械分等等级:M_E3,M_E4,M_E5,M_E6,M_E7,M_E8,M_E9,M_E10,M_E11,M_E12,M_E14,M_E16,M_E18。为确保分等机的测定精度,在工厂开始生产和结束时确认弹性模量的测定精度要在±3%以内。

A. 2. 2. 3. 2. 2. 2 检验方法和判定标准

a) 试样的采集和试件的制作

每班次生产开始时和结束时各采集试样 1 块,层板的树种及尺寸发生变更前后各采集试样 1 块,以及在连续生产过程中每 2 000 m 采集试样 1 块。试样的采集应从高等级到低等级逐等采集。层板的长度是厚度的 100 倍。

b) 试验方法

抗弯强度和抗弯弹性模量可根据 5. 3. 2 中的方法 B 确定,也可根据图 A. 7 所示方法确定。按图 A. 7 所示,面对较宽材面,从两端大约 75 mm 的部分作两个辊轴,两个辊轴其中之一为自由轴,在长度方向上可实现垂直材轴向方向的回转。加载是在跨距中央±1. 0%以内精度的施加砝码或其他加载方法,挠度是在同一中央点用 1/100 mm 精度的千分表来测定。测定时,先施加适当的初期载荷在千分表设定为 0 后开始加载,挠度值读数至 1/100 mm 刻度精度。由挠度和最终载荷计算抗弯弹性模量。

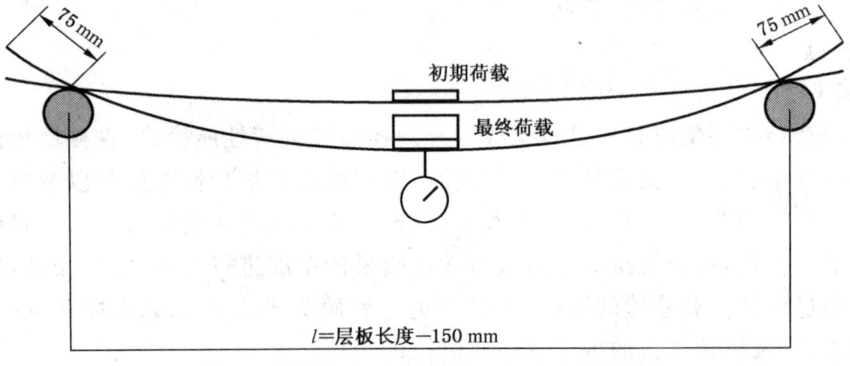

图 A. 7 层板弹性模量试验示意图

最终载荷应为式(A. 12)计算值的±25%以内。

$$最终荷载(N)=\frac{2F_b bh^2}{3l} \quad \cdots\cdots(A.12)$$

式中:

F_b——表 7 中各机械分等层板等级对应的弯曲应力,单位为兆帕(MPa);

b——层板试件的宽度,单位为毫米(mm);

h——层板试件的厚度,单位为毫米(mm);

l——跨距,单位为毫米(mm)。

抗弯弹性模量按式(A. 13)计算,试验结果以含水率 12%为准。

$$E=\frac{\Delta Pl^3}{4bh^3\Delta y} \qquad \cdots\cdots(A.13)$$

式中：

E——层板试件的抗弯弹性模量，单位为兆帕(MPa)；

ΔP——弹性范围内上下限载荷之差，单位为牛顿(N)；

l——跨距，单位为毫米(mm)；

b——层板试件的宽度，单位为毫米(mm)；

h——层板试件的厚度，单位为毫米(mm)；

Δy——ΔP 对应跨距中央的挠度，单位为毫米(mm)。

试样含水率为12%时的抗弯弹性模量，应按式(A.14)计算，准确至10 MPa。

$$E_{12}=E[1+0.015(W-12)] \qquad \cdots\cdots(A.14)$$

式中：

E_{12}——试样含水率为12%时的抗弯弹性模量，单位为兆帕(MPa)；

W——试样含水率，%。

c) 试验结果的合格标准

层板的弹性模量试验结果，各等级的抗弯弹性模量的平均值及5%分位值要达到表2或表6的数值以上。

A.2.2.3.2.3 层板的机械强度检验(MSR)

A.2.2.3.2.3.1 一般规则

分等机测定弹性模量的MSR层板，采用连续送料的分等机进行层板各部位的弹性模量测定。由每块层板的平均弹性模量数值按表2分为M_E3、M_E4、M_E5、M_E6、M_E7、M_E8、M_E9、M_E10、M_E11、M_E12、M_E14、M_E16、M_E18。或者由对应最小值的抗弯强度或抗拉强度按表7的抗弯强度或抗拉强度分为M_E3～M_E18等级。根据平均值和最小值进行分等，如出现不一致时，按较低等级判定。

为确保MSR层板分等机的测定精度，在工厂开始生产和结束时确认弹性模量的测定精度要在±3%以内。

为了确认上述层板弹性模量的最小值和抗弯强度或抗拉强度的关系式，确保分等水平，进行机械强度测试的层板还需进行A.2.2.3.2.3.2试验与判定。

A.2.2.3.2.3.2 试验方法和判定标准

a) 试样的采集和试件的制作

每班次生产开始时和结束时各采集1块试样，层板的树种及尺寸发生变更前后，也要各采集1块试样，以及在连续生产过程中每500 m(根据生产实际情况，也可以每2 000 m)采集试样1块。试样的采集应从高等级到低等级逐等采集。层板的长度是厚度的100倍。

b) 试验方法

首先，根据A.2.2.3.2.2层板弹性模量检验方法测定试样层板的平均弹性模量。然后，截取包含通过机械强度检验的最小弹性模量部分，按A.2.2.2.2.1未纵接层板抗弯强度试验或A.2.2.2.2.2未纵接层板抗拉强度的方法测定抗弯强度和抗拉强度。

c) 试验结果的合格标准

层板的弹性模量试验结果，各等级的抗弯弹性模量的平均值及5%分位值要达到表6所列数值以上。层板的抗弯强度试验或抗拉强度试验，各等级的平均值和5%分位值要达到表7所列数值之上。

另外，层板的抗弯弹性模量的最小值和抗弯强度或抗拉强度的关系要经常检验，如与表6和表7的数值差异较大时，要修正其基础回归方程以及5%分位值直线式。

A.2.2.3.2.4 纵接层板的保证荷载检验

A.2.2.3.2.4.1 一般规则

对所有层板或最外层及外层层板的纵接部位，通过连续式或间断式的弯曲方式，或抗拉方式的试验荷载，施加保证载荷，确认纵接部位具有足够的强度。通常，在胶合固化的纵接层板上施加表7抗弯强度的5%分位值或表7抗拉强度的5%分位值所对应的载荷，在负载测试中纵接部位及其他部位未发生损坏的层板用于集成材制造。其中，高频加热胶层方式的纵接层板在固化过程中负载时，保证载荷可减少至表2所列数值对应载荷的70%。

为确保纵接层板保证载荷检查机的测定精度，在工厂生产开始和结束时确认检查机的保证载荷的测定精度要在±3%以内。

为了确保纵接层板的品质保证水平，采用高频加热方式进行纵接层板，在其固化过程中负载时，可通过A.2.2.3.2.4.2试验来决定保证载荷的减轻率。

A.2.2.3.2.4.2　试验方法和判定标准

a）试样的采取和试件的制作

从最外层以及外层纵接层板中，抽取包含纵接部位的60个以上层板试样，平分两份按下述b)的规定进行试验。试件的制作方法同A.2.2.2.2.3的纵接层板的抗弯试验或A.2.2.2.2.4纵接层板的抗拉试验。

b）试验方法

纵接试件总数的1/2，纵接24 h后，按A.2.2.2.2.3纵接层板的抗弯试验或A.2.2.2.2.4纵接层板的抗拉试验。剩下的1/2，进行高频加热胶层的保证载荷负载试验，分别测定各自的抗弯强度或抗拉强度。

c）试验结果的合格标准

纵接层板经过24 h后的抗弯强度或抗拉强度的平均值及5%分位值要达到表7的数值之上。

求出保证载荷加载后的抗弯强度或抗拉强度的平均值与纵接24 h后的抗弯强度和抗拉强度的平均值的比率，该比率乘以表7的5%分位值决定保证载荷的数值。其中比率要在0.70以上。

A.2.2.4　抽样试验

A.2.2.4.1　检验规则

从集成材工厂使用的层板以及制造的集成材中，根据生产量抽取必要的试样，进行下列各项试验以保证集成材的质量。

对最外层以及外层的层板进行抗弯试验或抗拉试验，对纵接层板进行抗弯试验或抗拉试验。但是，进行过层板的弹性模量检验或机械强度检验(MSR)、纵接层板的弯曲保证载荷检验或抗拉保证载荷检验时，可不进行该项抽样检验。上述3个试验的试样，应根据检验批层板的数量，按表28所示数量任意抽取。

对集成材进行剪切试验、浸渍剥离试验、煮沸剥离及减压加压试验、含水率试验。试样的抽取应根据检验批的集成材根数来抽取，每批抽取试样数量见表27。

A.2.2.4.2　检验方法

A.2.2.4.2.1　最外层和外层层板的抗弯试验

试件的制作、试验方法以及试验结果的合格标准同A.2.2.3.2.2层板的弹性模量检验。

A.2.2.4.2.2　最外层和外层层板的抗拉试验

试件的制作、试验方法以及试验结果的合格标准同A.2.2.3.2.3层板的机械强度检验。

A.2.2.4.2.3　纵接层板的抗弯试验

试件的制作、试验方法以及试验结果的合格标准同A.2.2.2.2.3纵接层板的抗弯试验。

A.2.2.4.2.4　纵接层板的抗拉试验

试件的制作、试验方法以及试验结果的合格标准同A.2.2.2.2.4纵接层板的抗拉试验。

A.2.2.4.2.5　集成材胶层的剪切试验

试件的制作、试验方法以及试验结果的合格标准同A.2.2.2.2.8集成材胶层的剪切试验。

A.2.2.4.2.6 集成材的浸渍剥离试验

试件的制作、试验方法以及试验结果的合格标准同 A.2.2.2.2.9 集成材的浸渍剥离试验。

A.2.2.4.2.7 集成材的煮沸剥离试验

试件的制作、试验方法以及试验结果的合格标准同 A.2.2.2.2.10 集成材的煮沸剥离试验。

A.2.2.4.2.8 集成材的减压加压试验

试件的制作、试验方法以及试验结果的合格标准同 A.2.2.2.2.11 集成材的减压加压试验。

A.2.2.4.2.9 集成材的含水率试验

试件的制作、试验方法以及试验结果的合格标准同 A.2.2.2.2.12 集成材的含水率试验。

A.2.3 结构用集成材的生产记录

集成材工厂制造的所有集成材的制造记录按下列内容记载，所有资料要保存 10 年以上。

1 生产工厂名称
2 生产年月日
3 集成材制品编号
4 生产负责人姓名
5 检验负责人姓名
6 集成材概要
6.1 品名(组合、用途)
6.2 强度等级(M_E 等级、外观等级)
6.3 胶合等级(使用环境)
6.4 树种名称(各树种顺序)
6.5 形状、尺寸(厚度、宽度、长度、曲率半径、斜度)
6.6 层板层积数
6.7 检验方法(A 试验)
7 层板加工
7.1 含水率、温度
7.2 表面精加工
7.3 尺寸(厚度、宽度)
7.4 拼宽(宽度、块数、相邻层板拼缝距离、胶粘剂)
7.5 纵接
纵接方式(斜接、指接)
接头长度
接头斜度
齿距
齿顶宽度
齿底宽度
指接嵌合度
胶粘剂种类
胶合压力
8 层板的组坯(见表 A.2)
9 层板胶合
9.1 工厂内温度
9.2 工厂内湿度
9.3 胶粘剂
种类
配比
粘度
温度
涂胶量
9.4 从固化剂混合到涂胶时的时间
9.5 组坯时间
9.6 胶压作业时间
9.7 胶合压力
9.8 胶压时间
9.9 固化温度
9.10 养生温度
9.11 养生时间
10 其他

表 A.2 层板的组坯

项目	抗拉侧				抗压侧			
	最外层	外层	中间层	内层	内层	中间层	外层	最外层
树种								
等级								
块数								

A.2.4 工厂生产控制的机构

A.2.4.1 责任和权力

应确定管理、执行和审查影响质量工作的所有人员的责任、权利和相互关系，特别是需要相关责任人员：

a) 采取措施防止生产不符合标准的集成材；

b) 鉴定和记录任何有关集成材的质量问题。

A.2.4.2 生产负责人的委任

在每个工厂部门，制造商都应委任一个拥有适当权利和对集成材生产有足够的知识和经验的人员，负责管理和监督工厂生产控制过程，确保生产按照本标准的要求执行。

A.2.4.3 制造商审核

制造商应定期审核生产控制系统是否满足本标准的要求，保证执行标准的连续性和有效性，应保存审核记录。

A.2.5 质量控制系统文件

A.2.5.1 制造商的文件、生产过程和生产说明应与结构用集成材的生产和加工控制过程相关，并应在工作质量手册中适当描述：

a) 质量目标和组织结构，关于符合结构用集成材生产标准管理的责任和权利；

b) 检测和验证木材质量和胶粘剂的过程；

c) 制造、生产控制和应用的其他技术、加工工艺和系统；

d) 应在生产前、生产中和生产后定期审核和检测。

注：纵接的测试文件、胶合记录和胶层测试应分别记录和保存。

A.2.5.2 所有文件应保存至少十年。

A.2.5.3 应登记所有的文件，以便至少每块结构用集成材在生产周和生产年的原材料和生产条件有据可查。

A.2.6 审核和测试

A.2.6.1 概述

应具备审核和检测所必需的设施、设备和人员。如果次级承包商有必要的设施、设备和人员，制造商或其代理也可与其签订合同执行本标准的要求。无论制造商是否拥有或者租用相关的设施、设备和人员，都应保持控制、校正和审核；测量和检测设备，证明其生产的集成材符合本标准的规定。确保使用的设备的测量公差是经过认证的，并符合所需要的测量能力。

A.2.6.2 不符合本标准时应采取的行动

如果有理由怀疑生产操作或是使用的原材料的质量，应加强内部质量控制。

A.2.6.3 质量监督

如果一根结构用集成材的测试和审核结果不满足要求，制造商应立即采取必要的措施纠正。应将不符合本标准的结构用集成材挑出并做相应的标记。如果技术上可以，纠正不足之处以后应立即重复有疑问的测试或审核，重新测试和审核的结果作为纠正不足的证据。

如果在得知测试结果之前发走结构用集成材，应立即通知客户，避免因此产生的损失。

附 录 B
（资料性附录）
部分国家和地区结构用集成材强度等级对应关系

部分国家和地区结构用集成材强度等级对应关系见表 B.1、表 B.2 和表 B.3。

表 B.1 同等组合强度等级对应关系

中国	欧洲	日本	美国
TC_T30		E135-F405	
TC_T27	GL36h	E120-F375	NO. 5DF/NO. 50SP
TC_T24	GL32h	E105-F345	NO. 3DF/NO. 48SP
TC_T21	GL28h	E95-F315	NO. 3DF/NO. 48SP
TC_T18	GL24h	E85-F300	

表 B.2 对称异等组合强度等级对应关系

中国	欧洲	日本	美国
TCYD30		E150-F435	30F-2.1E
TCYD27	GL36c	E135-F375	26F-1.9E
TCYD24	GL32c	E120-F330	24F-1.8E
TCYD21	GL28c	E105-F300	20F-1.6E
TCYD18	GL24c	E75-F240	

表 B.3 非对称异等组合强度等级对应关系

中国	日本	美国
$TC_{YF}28$	E140-F420	28F-2.1E
$TC_{YF}25$	E125-F360	24F-1.8E
$TC_{YF}23$	E110-F315	20F-1.6E
$TC_{YF}20$	E100-F285	20F-1.5E
$TC_{YF}17$	E70-F225	16F-1.3E

参 考 文 献

[1] GB/T 17657 人造板及饰面人造板理化性能试验方法
[2] GB/T 1936.1—2009 木材抗弯强度试验方法
[3] GB/T 1936.2—2009 木材抗弯弹性模量测定方法
[4] GB/T 1937—2009 木材顺纹抗剪强度试验方法
[5] GB/T 1938—2009 木材顺纹抗拉强度试验方法
[6] GB/T 20000.2—2009 标准化工作指南 第2部分:采用国际标准
[7] LY/T 1601 水基聚合物-异氰酸酯木材胶粘剂
[8] ISO/DIS 12578 结构用集成材 性能和生产要求
[9] ISO/CD 12579 结构用集成材 胶层剪切试验
[10] ISO/CD 12580 结构用集成材 胶层剥离试验
[11] ISO/CD 8375 结构用集成材 测试方法:物理和机械性能的测定
[12] ANSI/AITC A 190.1—2002 结构用集成材美国国家标准
[13] ASTM D 905 压缩载荷下胶粘剂剪切性能的标准测试方法
[14] ASTM D 2559 在户外(潮湿)露天条件下使用的结构用集成材胶粘剂标准规范
[15] ASTM D 3737 结构用集成材许用值确定标准规范
[16] DIN 1052—2004 结构用集成材 性能
[17] EN 301 承重木结构用胶粘剂 酚醛和氨基类胶粘剂 分类和性能要求
[18] EN 385 结构用指接材 性能要求和最低生产要求
[19] EN 386 结构用集成材 性能要求和最低生产要求
[20] EN 390 结构用集成材 规格 许用偏差
[21] EN 408 木结构 结构材和结构用集成材 物理力学性能的测定
[22] EN 14080 结构用集成材 性能要求和最低生产要求
[23] JAS 集成材日本农林标准(1152号)
[24] JAS 结构用集成材生产工艺规程

ICS 79.040
B 67

中华人民共和国国家标准

GB/T 26900—2011

空气净化用竹炭

Bamboo charcoal for air-purification

2011-09-29 发布　　　　2011-12-01 实施

中华人民共和国国家质量监督检验检疫总局
中国国家标准化管理委员会　发布

前　言

本标准由国家林业局提出。

本标准由全国竹藤标准化技术委员会归口。

本标准起草单位:南京林业大学、衢州民心炭业有限公司、遂昌文照竹炭有限公司、安吉建中竹炭有限公司、浙江富来森中竹科技股份有限公司、江西青晶科技有限公司、余姚市紫竹工贸有限公司、浙江卖炭翁生态开发有限公司、遂昌碧岩竹炭有限公司、浙江衢州净力竹炭厂、衢州现代炭业有限公司、遂昌县竹炭厂、福建省建瓯特艺竹木有限公司。

本标准主要起草人:张齐生、周建斌、包立根、陈文照、丁建中、王正郁、熊志军、王剑雨、方云剑、涂志龙、宁静、吴泉生、李金明、周娟。

空气净化用竹炭

1 范围

本标准规定了空气净化用竹炭的定义、要求、试验方法、检验规则、包装、标志、运输和贮存。

本标准适用于净化空气中甲醛、苯、总挥发性有机气体(TVOC)等有害气体用竹炭,本标准不适用于经过特殊加工的空气净化用竹炭,如各种改性的竹炭。

2 术语和定义

下列术语和定义适用于本标准。

2.1

空气净化用竹炭 bamboo charcoal for air-purification

竹材在高温并限制性通入氧气(或隔绝氧气)的条件下通过热解而得到的黑色固体。

2.2

固定碳 fixed carbon

竹炭在高温下灼烧后剩余的有效碳素。

2.3

吸附率 formaldehyde adsorption rate

一定质量的干燥试样置于充满被吸附气体的吸附仪中,于20℃下恒温吸附24h,试样的增重占原试样质量的百分数。

3 要求

3.1 外观:黑色、无臭、无味、不定型固体。

3.2 空气净化用竹炭分为一级品、二级品,共计两个级别。

3.3 各级空气净化用竹炭应符合表1规定的要求。

表1 空气净化用竹炭质量技术指标要求

项目	单位	指标	
		一级	二级
水分含量 ≤	%	9.00	11.00
灰分含量 ≤	%	4.00	6.00
固定碳含量 ≥	%	85.00	75.00
甲醛吸附率 ≥	%	10.00	8.00
	mg/g	100.00	80.00
苯吸附率 ≥	%	6.00	5.00
	mg/g	60.00	50.00
TVOC 吸附率 ≥	%	4.00	3.00
	mg/g	40.00	30.00

4 检验方法

4.1 水分含量的测定

4.1.1 方法提要

一定质量的试样，在(105±5)℃下干燥至恒重，以质量减少量占原试样质量的百分数作为水分含量。

4.1.2 仪器

4.1.2.1 电热恒温干燥箱，带有自动调温装置，并附有鼓风机或自然通风装置。

4.1.2.2 分析天平，感量0.1 mg。

4.1.2.3 干燥器，内装干燥剂(未潮解的块状氯化钙或硅胶)。

4.1.2.4 称量瓶，70 mm×35 mm。

4.1.3 操作方法

称取1 g～5 g(称准至0.5 mg)试样，要求颗粒小于1 mm(过18目筛)，放入预先干燥至恒重的称量瓶中，试样在称量瓶底面厚度均匀。置于温度调节至(105±5)℃的电热恒温干燥箱内，干燥3 h～4 h，取出，放入干燥器中，冷却到室温(大约需30 min)后称量。

然后进行检查性试验，每次干燥时间为30 min，直到试样的减量小于0.005 0 g或质量增加时为止，在后一种情况下，应采用增重前的一次质量作为计算的依据。

4.1.4 结果计算

空气净化用竹炭水分含量测定结果按式(1)计算：

$$w=\frac{m-m_1}{m-m_2}\times 100\% \qquad \cdots\cdots(1)$$

式中：

w——试样的水分含量，%；

m——干燥前试样加称量瓶的质量，单位为克(g)；

m_1——干燥后试样加称量瓶的质量，单位为克(g)；

m_2——称量瓶的质量，单位为克(g)。

4.1.5 允许误差

水分的两次平行测定结果误差不得超过0.2%。

4.2 灰分含量的测定

4.2.1 方法提要

一定质量的试样于(800±20)℃下，灼烧至恒重(冷却后称重)，以残留物的质量占原试样质量的百分数表示灰分含量。

4.2.2 仪器

4.2.2.1 高温电炉，带有能保持(800±20)℃的调温装置，附有热电偶和高温表。

4.2.2.2 带盖瓷坩埚，30 mL。

4.2.2.3 分析天平，感量0.1 mg。

4.2.2.4 干燥器，内装干燥剂(未潮解的块状氯化钙或硅胶)。

4.2.3 操作方法

将符合规格的瓷坩埚置于(800±20)℃高温电炉中灼烧至恒重，将坩埚置于干燥器中冷却至室温(大约需30 min)，称量(称准至0.1 mg)。再称取经粉碎至全部通过0.25 mm(60目)筛的干燥试样1 g(称准至0.1 mg)，置于已恒重的瓷坩埚中，并送入温度不超过300 ℃的高温电炉中，打开坩埚盖，缓慢升到500 ℃，并保持30 min，继续升高温度，在(800±20)℃的条件下灼烧3 h～4 h。取出坩埚置于瓷板上，盖上坩埚盖，在空气中冷却约5 min后，放入干燥器，冷却到室温，称重。

然后进行检查性灼烧，每次灼烧 30 min，直到试样的减量小于 0.001 0 g 或者质量增加时为止，在后一种情况下，应采用增重前的一次质量作为计算的依据。

4.2.4 **结果计算**

空气净化用竹炭灰分含量测定结果按式(2)计算：

$$A=\frac{m_2-m_1}{m}\times 100\% \qquad \cdots\cdots(2)$$

式中：

A——试样的灰分含量，%；

m_2——灰分和坩埚的质量，单位为克(g)；

m_1——坩埚的质量，单位为克(g)；

m——试样的质量，单位为克(g)。

4.2.5 **允许误差**

灰分的两次平行测定结果误差不得超过 0.3%。

4.3 **挥发分含量的测定**

4.3.1 **方法提要**

一定质量的试样，在(850±20)℃的温度下，隔绝空气加热 7 min，以所失去的质量占原试样质量的百分数表示挥发分含量。实验中如果发现有明显的火星时，则应重做。

4.3.2 **仪器**

4.3.2.1 瓷坩埚：高 40 mm，上口直径 30 mm，底外径 18 mm，盖外径 35 mm，槽外径 29 mm，外槽深 4 mm。

4.3.2.2 高温电炉：带有能保持(850±20)℃的调温装置。

4.3.2.3 坩埚架：由镍铬丝制成，其大小以放入高温炉中的坩埚不超过恒温区为限，并使放在坩埚架上的坩埚底部距炉底 10 mm～15 mm。

4.3.2.4 分析天平，感量 0.1 mg。

4.3.2.5 秒表或定时钟。

4.3.2.6 干燥器，内装干燥剂(未潮解的块状氯化钙或硅胶)。

4.3.3 **操作方法**

称取经粉碎至全部通过 0.25 mm(60 目)筛子的干燥试样 1g(称准至 0.1 mg)，置于已于(850±20)℃烧至恒重的瓷坩埚中，将坩埚盖好，轻轻振动以使试样铺平，放在坩埚架上。然后，迅速送入事先加热到 850 ℃的高温电炉中，使坩埚位于热电偶测点的上方或下方，继续加热 7 min。开始时炉温下降，但在3 min 内应恢复到(850±20)℃，如发现有明显火星，则应重做。

最后，取出坩埚置于瓷板上，在空气中冷却 5 min 后，放入干燥器冷却到室温，称重。

4.3.4 **结果计算**

空气净化用竹炭挥发分含量测定结果按式(3)计算：

$$V=\frac{m_1-m_2}{m_1}\times 100\% \qquad \cdots\cdots(3)$$

式中：

V——试样的挥发分含量，%；

m_1——试样的质量，单位为克(g)；

m_2——试样加热后的质量，单位为克(g)。

4.3.5 **允许误差**

挥发分的两次平行测定结果误差不得超过 0.5%。

4.4 固定碳含量的测定

4.4.1 方法提要

固定碳含量以经过干燥后的竹炭质量，减去其所含灰分含量及挥发分含量来计算。

4.4.2 仪器

4.4.2.1 灰分测定用仪器，同4.2.2。

4.4.2.2 挥发分测定用仪器，同4.3.2。

4.4.3 操作方法

4.4.3.1 将分析试样粉碎到全部通过0.25 mm(60目)的筛子，在102 ℃～105 ℃下干燥至恒重。试样质量不得少于30 g，供测试灰分和挥发分使用。

4.4.3.2 灰分测定的操作方法同4.2.3。

4.4.3.3 挥发分测定的操作方法同4.3.3。

4.4.4 结果计算

空气净化用竹炭固定碳含量测定结果按式(4)计算：

$$C = 100 - (A + V) \quad \cdots\cdots(4)$$

式中：

C——固定碳含量，%；

A——试样的灰分含量(计算方法见4.2.4)，%；

V——试样的挥发分含量(计算方法见4.3.4)，%。

4.4.5 允许误差

固定碳的两次平行测定结果误差不得超过0.5%。

4.5 甲醛吸附率的测定

4.5.1 方法提要

一定质量的干燥试样置于充满甲醛气体的吸附仪中，于20 ℃下恒温吸附24 h，以试样的增重占原试样质量的百分数表示竹炭对甲醛的吸附率。

4.5.2 试剂

甲醛，分析纯。

4.5.3 仪器

4.5.3.1 竹炭气体吸附专用测定仪(如图1所示)。

单位为毫米

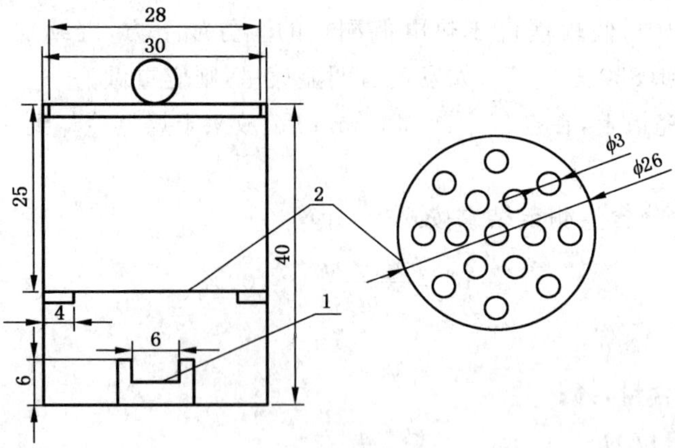

1——吸附仪中的指定位置；

2——格栅。

图1 竹炭气体吸附专用测定仪

4.5.3.2 电热恒温干燥箱，带有自动调温装置，并附有鼓风机或自然通风装置。

4.5.3.3 气候箱，1 m^3。

4.5.3.4 称量瓶，60 mm×30 mm。

4.5.3.5 分析天平，感量 0.1 mg。

4.5.3.6 干燥器，内装干燥剂(未潮解的块状氯化钙或硅胶)。

4.5.4 操作方法

称取经粉碎至全部通过 0.25 mm(60 目)筛子的干燥试样 1 g(称准至 0.1 mg)，放入预先恒重的称量瓶中，试样在称量瓶的底面厚度要均匀。

然后将装有甲醛的称量瓶置于吸附仪底部指定位置，甲醛的挥发量应大于试样的吸附量。同时将装试样的称量瓶放入吸附仪的格栅上，并将吸附仪置于 20 ℃的气候箱中恒温吸附 24 h，待测。同时做空白试验。

4.5.5 结果计算

4.5.5.1 甲醛吸附率可以%表示，按式(5)计算：

$$X=\frac{m_2-m_1-m_3}{m}\times 100\% \qquad (5)$$

式中：

X——竹炭对甲醛的吸附率，%；

m_1——吸附前试样和称量瓶的质量，单位为克(g)；

m_2——吸附 24 h 后试样和称量瓶的质量，单位为克(g)；

m_3——空白试验增重，单位为克(g)；

m——试样的质量，单位为克(g)。

4.5.5.2 甲醛吸附率可以 mg/g 为单位表示，按式(6)计算：

$$B=X\times 10 \qquad (6)$$

式中：

B——竹炭对甲醛的吸附率，单位为毫克每克(mg/g)；

X——竹炭对甲醛的吸附率，%。

4.5.6 允许误差

甲醛吸附率的两次平行测定结果误差不得超过 0.5%。

4.6 苯吸附率的测定

4.6.1 方法提要

一定质量的干燥试样置于充满苯的吸附仪中，于 20 ℃下恒温吸附 24 h，以试样的增重占原试样质量的百分数表示吸附率。

4.6.2 试剂

苯，分析纯。

4.6.3 仪器

4.6.3.1 竹炭气体吸附专用测定仪(如图 1 所示)。

4.6.3.2 电热恒温干燥箱，带有自动调温装置，并附有鼓风机或自然通风装置。

4.6.3.3 气候箱，1 m^3。

4.6.3.4 称量瓶，60 mm×30 mm。

4.6.3.5 分析天平，感量 0.1 mg。

4.6.3.6 干燥器，内装干燥剂(未潮解的块状氯化钙或硅胶)。

4.6.4 操作方法

称取经粉碎至全部通过 0.25 mm(60 目)筛子的干燥试样 1 g(称准至 0.1 mg)，放入预先恒重的称量瓶中，试样在称量瓶的底面厚度要均匀。

然后将装有苯的称量瓶置于竹炭气体吸附专用测定仪底部的指定位置，苯的挥发量应大于试样的吸附量。同时将装试样的称量瓶放入吸附仪的格栅上，并将干吸附仪置于 20 ℃的气候箱中恒温吸附 24 h 待测，同时做空白试验。

4.6.5　**结果计算**

4.6.5.1　苯吸附率可以%表示，按式(7)计算：

$$X=\frac{m_2-m_1-m_3}{m}\times 100\% \quad \cdots\cdots(7)$$

式中：

X——竹炭对苯的吸附率，%；

m_1——吸附前试样和称量瓶的质量，单位为克(g)；

m_2——吸附 24 h 后试样和称量瓶的质量，单位为克(g)；

m_3——空白试验增重，单位为克(g)；

m——试样的质量，单位为克(g)。

4.6.5.2　苯吸附率可以 mg/g 为单位表示，按式(8)计算：

$$B=X\times 10 \quad \cdots\cdots(8)$$

式中：

B——竹炭对苯的吸附率，单位为毫克每克(mg/g)；

X——竹炭对苯的吸附率，%。

4.6.6　**允许误差**

苯吸附率的两次平行测定结果误差不得超过 0.4%。

4.7　**TVOC 吸附率的测定**

4.7.1　**方法提要**

一定质量的干燥试样置于充满总挥发性有机气体的吸附仪中，于 20 ℃下恒温吸附 24 h，以试样的增重占原试样质量的百分数表示吸附率。

4.7.2　**试剂及其制备**

4.7.2.1　氨水，分析纯。

4.7.2.2　苯，分析纯。

4.7.2.3　甲苯，分析纯。

4.7.2.4　二甲苯，分析纯。

4.7.2.5　乙苯，分析纯。

4.7.2.6　乙酸乙酯，分析纯。

4.7.2.7　苯乙烯，分析纯。

4.7.2.8　总挥发性有机物试验液的配制：将氨水、苯、甲苯、二甲苯、乙苯、乙酸乙酯、苯乙烯按等体积比混合制成。

4.7.3　**仪器**

4.7.3.1　竹炭气体吸附专用测定仪(如图 1 所示)。

4.7.3.2　电热恒温干燥箱，带有自动调温装置，并附有鼓风机或自然通风装置。

4.7.3.3　气候箱，1 m^3。

4.7.3.4　称量瓶，60 mm×30 mm。

4.7.3.5　分析天平，感量 0.1 mg。

4.7.3.6　干燥器，内装干燥剂(未潮解的块状氯化钙或硅胶)。

4.7.4　**操作方法**

称取经粉碎至全部通过 0.25 mm(60 目)筛子的干燥试样 1 g(称准至 0.1 mg)，放入预先恒重的称量瓶中，试样在称量瓶的底面厚度要均匀。然后将装有挥发性有机试验液的称量瓶置于竹炭气体吸附专用测定仪底部指定位置，有机气体的挥发量应大于试样的吸附量。同时将装试样的称量瓶放入竹炭气体吸附专用测定仪的格栅上，并将竹炭气体吸附专用测定仪置于20℃的气候箱中恒温吸附24 h待测。同时做空白试验。

4.7.5 结果计算

4.7.5.1 TVOC吸附率可以%表示，按式(9)计算：

$$X=\frac{m_2-m_1-m_3}{m}\times 100\% \quad \cdots\cdots (9)$$

式中：

X——竹炭对TVOC的吸附率，%；

m_1——吸附前试样和称量瓶的质量，单位为克(g)；

m_2——吸附24 h后试样和称量瓶的质量，单位为克(g)；

m_3——空白试验增重，单位为克(g)；

m——试样的质量，单位为克(g)。

4.7.5.2 TVOC吸附率可以mg/g为单位表示，按式(10)计算：

$$B=X\times 10 \quad \cdots\cdots (10)$$

式中：

B——竹炭对TVOC的吸附率，单位为毫克每克(mg/g)；

X——竹炭对TVOC的吸附率，%。

4.7.6 允许误差

TVOC吸附率的两次平行测定结果误差不得超过0.3%。

5 检验规则

5.1 检验分类

5.1.1 出厂检验

5.1.1.1 空气净化用竹炭产品应按本标准规定的方法经工厂检验部门进行检验合格，并附有产品质量合格证方可出厂。出厂检验项目为：水分含量、甲醛吸附率、苯吸附率、TVOC吸附率。

5.1.1.2 客户要求时，固定碳含量可列入出厂检验项目。

5.1.2 型式检验

型式检验包括第3章表1所列的全部检验项目。

有下列情况之一时，应进行型式检验：

a) 当原材料及生产工艺发生较大变动时；

b) 长期停产恢复生产时；

c) 正常生产时，每两个月不少于一次；

d) 质量技术监督机构提出型式检验要求时。

5.2 级别的判定

5.2.1 各级空气净化用竹炭检验结果如有一项指标不符合本标准要求时，应重新多点采样进行检验，重新检验的结果有一项不符合本标准要求，则判该级别的整批产品为不合格产品。

5.2.2 若供需双方对检验结果发生异议需仲裁时，可由双方协议选定国家认可的仲裁机构进行仲裁。仲裁应按本标准规定的检验规则和检验方法进行。

5.3 批次及批号

5.3.1 生产当日0时至24时收集的空气净化用竹炭为一批次。

5.3.2 批号用九位数字表示，前面六位数分别代表年、月、日，末尾三位数代表生产当日0时至24时收集空气净化用竹炭的流水编号(001～999)。

示例:批号 080808001,表示这是 2008 年 8 月 8 日生产的第一炉空气净化用竹炭。

5.4 取样方法

5.4.1 空气净化用竹炭的检验按同一批次任意抽检,每个抽检质量不少于 1 000 g。

5.4.2 散装运输时,于装卸之始、中间和最后阶段分三次按总量的 3%～5%均分采样,汇集后混合均匀,按四分法缩分取总样品。包装运输时,在垛高 1/4 或 3/4 处的两个水平面上各取三点,按总包装件数的 3%～5%均分整包采样(取样点距离表面至少 0.5 m),汇集后混合均匀,按四分法缩分取总样品。

5.4.3 总样品用于检验时,均匀混合,立即均分后,分别装入三个清洁干燥的广口瓶内,随即贴上标签。标签内容包括:样品名称及样品编号、生产单位、炭种、批号、等级、采样日期、采样人姓名。然后一瓶供作分析试验,一瓶供作水分含量测定,一瓶保存两个月以备复检和仲裁分析用。

6 标志、包装、运输和贮存

6.1 标志

6.1.1 产品包装上应有牢固的标志,其内容包括:产品名称、本标准编号、批号、净重、级别、厂名、厂址、出厂日期。

6.1.2 用于出口的空气净化用竹炭产品按照出口要求进行标志。

6.2 包装

空气净化用竹炭包装的内层应密封防潮,并加以适当的外包装,也可根据用户需求并经双方协商,采用其他形式包装。

6.3 运输

运输中应防雨淋、积雪、冰冻等,注意轻装、轻卸,如系软包装不得用铁钩拖运。

6.4 贮存

空气净化用竹炭应贮存于阴凉通风、干燥的库房内,远离火源并防止日晒雨淋,库房内不应有任何有毒、有害气体。新烧制的竹炭摊放三天后再进行包装、堆集、发运。

ICS 65.020.01
B 08

中华人民共和国国家标准

GB/T 26901—2011

李贮藏技术规程

Storage practice for plums

2011-09-29 发布　　2011-12-01 实施

中华人民共和国国家质量监督检验检疫总局
中国国家标准化管理委员会　发布

前　言

本标准由国家林业局提出并归口。

本标准起草单位：中国林业科学研究院林业研究所、中国人民大学环境学院、北京亿事达都尼制冷设备有限公司。

本标准主要起草人：王贵禧、李江华、梁丽松、杜玉宽、阿然、刘振宇。

李贮藏技术规程

1 范围

本标准规定了李的采收与质量要求、贮藏前准备、采后处理与入库、贮藏方式与贮藏条件、贮藏管理、贮藏期限、出库、包装与运输等的技术要求。

本标准适用于李果实的商业贮藏。

2 规范性引用文件

下列文件中的条款通过本标准的引用而成为本标准的条款。凡是注日期的引用文件，其随后所有的修改单(不包括勘误的内容)或修订版均不适用于本标准，然而，鼓励根据本标准达成协议的各方研究是否可使用这些文件的最新版本。凡是不注日期的引用文件，其最新版本适用于本标准。

GB 2762 食品中污染物限量

GB 2763 食品中农药最大残留限量

NY/T 839—2004 鲜李

3 采收与质量要求

3.1 品种

短期贮藏适用于所有品种，中长期贮藏应选择中、晚熟耐贮品种。

3.2 采收

应选择栽培管理规范、果实发育正常、病虫害少的果园。

应在果实达到采收成熟度时采收，参照 NY/T 839—2004 的 3.11。宜选择晴天和露水干后的早晚进行采收。应人工采摘，保留果柄。采收后的果实应放在阴凉处，并尽快预冷、入库。

采后的运输包装宜采用塑料周转箱，采收和运输过程中应避免机械损伤。

3.3 质量要求

质量应符合 NY/T 839—2004 中 4.1 特等果和一等果的要求。

卫生指标应符合 GB 2762 和 GB 2763 的有关规定。

4 贮藏前准备、采后处理与入库

4.1 库房准备

贮藏前应对贮藏场所和用具(如贮藏箱、托盘等)进行彻底的清扫(清洗)和消毒，并进行通风。

检修所有的设备。在入库前 2 d～3 d 开机降温，使库温降至 0 ℃左右。

4.2 挑选

李采收后应进行挑选，剔除病虫果、软化果、畸形果、机械损伤果及残次果，同时去除杂质。挑选应在阴凉通风处进行。应轻拿轻放，避免果实的机械损伤。

4.3 预冷

挑选后的李宜在预冷库内进行预冷，预冷库温度为 1 ℃～3 ℃，预冷至果温 3 ℃。预冷后的李应及时转移至贮藏库贮藏。

4.4 包装、入库

李宜用洁净的塑料周转箱、木箱或硬质纸箱包装，每箱 5 kg～10 kg。采用硬质纸箱包装时，果层之间加一纸板。

若无预冷库，应控制每天入库量为贮藏库单库容量的20%左右，在3 d～5 d内将果实温度降至贮藏温度。当天采收的果实要当天预冷或入库。

4.5 堆码

垛的走向、排列方式应与库内空气循环方向一致，垛底加10 cm～20 cm的垫层(如托盘等)。垛与垛间、垛与墙壁间应留有40 cm～60 cm间隙，码垛高度应低于蒸发器的冷风出口60 cm以上。靠近蒸发器和冷风出口的部位应遮盖防冻。

每垛应标明品种、来源、采收及入库时间、果实质量等。

5 贮藏方式与贮藏条件

5.1 贮藏方式

短期贮藏采用冷藏贮藏方式。

中期贮藏采用自发气调(MA)贮藏方式。将经过预冷的李装入衬有聚乙烯塑料保鲜袋的木箱或塑料周转箱内，袋口对折。

长期贮藏采用气调(CA)贮藏方式或大帐气调贮藏方式。

5.2 贮藏条件

5.2.1 温度

贮藏库内的温度为0 ℃～1 ℃。

5.2.2 湿度

贮藏库内的相对湿度为90%～95%。

5.2.3 气体成分

气调贮藏库内的气体成分为氧气3%～5%，二氧化碳3%～5%。

6 贮藏管理

定时观测和记录贮藏温度、湿度、气体成分，维持贮藏条件在规定的范围内。

贮藏库内的气流应畅通，适时对库内气体进行通风换气。

7 贮藏期限

冷藏适宜短期贮藏，贮藏期限7 d～14 d；自发气调(MA)适宜中期贮藏，贮藏期限14 d～30 d；气调(CA)贮藏或大帐气调贮藏适宜长期贮藏，贮藏期限30 d～50 d。

8 出库、包装与运输

8.1 出库

李出库时应保持该品种应有的商品性状。当外界气温超过20 ℃时，出库后应在10 ℃左右环境条件下回温12 h后再进行分选和包装处理。

8.2 分选和包装

运输和销售前应进行分选、贴商标和销售包装。分选时应剔除软烂果。

8.3 运输

中远距离(500 km以上)运输销售的李宜采用低温(0 ℃～4 ℃)运输。低温运输的李在出库时不需要回温处理。

ICS 65.020.40
B 64

中华人民共和国国家标准

GB/T 26902—2011

热带、亚热带生态风景林建设技术规程

Technical regulation for tropical and subtropical landscape ecological forest

2011-09-29 发布　　2011-12-01 实施

中华人民共和国国家质量监督检验检疫总局
中国国家标准化管理委员会　发布

前　言

本标准的附录A为资料性附录。

本标准由国家林业局提出并归口。

本标准起草单位:广东省林业科学研究院、中山市林业科学研究所。

本标准主要起草人:周毅、张卫强、郭乐东、甘先华、李召青、钟锡均、蒋谦才。

热带、亚热带生态风景林建设技术规程

1 范围

本标准规定了热带、亚热带生态风景林建设原则、建设类型、规划设计、建设技术、检查验收及档案管理等技术要求。

本标准适用于热带、亚热带地区生态风景林建设。

2 规范性引用文件

下列文件中的条款通过本标准的引用而成为本标准的条款。凡是注日期的引用文件，其随后所有的修改单(不包括勘误的内容)或修订版均不适用于本标准，然而，鼓励根据本标准达成协议的各方研究是否可使用这些文件的最新版本。凡是不注日期的引用文件，其最新版本适用于本标准。

GB 2772—1999 林木种子检验规程

GB 6000—1999 主要造林树种苗木质量分级

GB 7908—1999 林木种子质量分级

GB/T 15163—2004 封山(沙)育林技术规程

GB/T 15776—2006 造林技术规程

GB/T 18337.1—2001 生态公益林建设 导则

GB/T 18337.2—2001 生态公益林建设 规划设计通则

GB/T 18337.3—2001 生态公益林建设 技术规程

LY/T 1000—1991 容器育苗技术

LY/T 1607—2003 造林作业设计规程

NY/T 496—2000 肥料合理使用准则 通则

3 术语和定义

下列术语和定义适用于本标准。

3.1

生态风景林 landscape ecological forest

以专门的生态功能为主，将景观美学与生态功能和谐统一的森林、林地，是以生态公益林为主体的绿化体系和森林生态系统。

3.2

景观 landscape

由不同土壤单元镶嵌组成，具有明显视觉特征的地理实体；它处于生态系统之上，大地理之下的中间尺度，兼具有经济价值、生态价值和美学价值。

4 原则

4.1 总则

以群落生态学和森林美学为指导，将生态功能与景观功能优化配置，坚持因地制宜、适地适树、分类设计、突出重点、全面覆盖的原则，再现“近自然”热带、亚热带森林景观。

4.2 树种选择原则

坚持因地制宜、适地适树和生物多样性的原则；坚持地带性树种为主，地带性树种与非地带性树种相结合的原则;坚持乔木树种为主,乔、灌、草相结合的原则。

4.3 景观构建原则

生态风景林有近景林、中景林和远景林之分。近景林要求利用有关树种的花、叶、果、冠等丰富的色彩、紧密的结构和季相变化,突出自然美感。中、远景林重点突出绿色,不过分追求色彩变化,起大背景的作用。对特殊的敏感区段,如重点城镇周边、铁路、高速公路及Ⅰ、Ⅱ类干线道路沿线,运用大尺度、大色块的手法,采用花、叶富于季相色彩变化及冠型丰富的树种。

4.4 建设原则

生态风景林建设应按规划设计,按作业设计施工,按项目组织管理,按技术标准检查验收。同时,按建设工程规模委托具有相应资质的设计单位承担或负责技术指导。

5 建设类型

5.1 人工更新型

在宜林荒山荒地、未利用地、采伐迹地及火烧迹地更新造林,郁闭度小于0.2的疏林地改造,郁闭度小于0.3的经济林改造,新造林中成活率未达到40%的未成林地的造林。

5.2 林分改造型

根据林分类型和林相状况,分别采取疏伐改造和林下补植方式改造,使林分结构趋向合理。

5.2.1 疏伐改造型

郁闭度0.5以上,生长已经衰退或景观效果不好的疏残林,如杉木、马尾松等林分。

5.2.2 林下补植型

郁闭度0.5以下,生长发育较好的林分,如相思林、桉树林等。采用与原树种种间关系和谐、多功能的阔叶树种,进行冠下补植造林,以改善现有植被的林分结构。

5.3 封育管护型

包括山顶矮林、常绿阔叶灌丛、针阔混交林、常绿阔叶次生林、成活率85%以上的乡土阔叶树种未成林造林地。

6 规划设计

6.1 规划

规划内容包括生态风景林的建设范围、建设条件、建设目的、建设方式、生态景观现状、投资概算、效益分析等。

其他事项根据LY/T 1607—2003的要求进行。

6.2 作业设计调查

6.2.1 资料收集

在全面了解生态风景林建设区的自然环境条件、社会经济条件以及植被状况的基础上,对生态风景林建设区进行调查。

6.2.2 小班区划

按照界限明显、林地权属不同、林地类别不同、面积适中等原则,将立地条件基本一致,造林技术措施相同、地域相连的林地区划为一个小班进行调查。

6.2.3 样方调查

在小班内机械或随机布置样方,样方面积按最小面积法确定,数量按小班面积确定,如小班面积7 hm^2以下的,设立1个～2个样方;面积7 hm^2～35 hm^2的设立3个～5个样方;小班面积35 hm^2～70 hm^2的设立5个～8个样方,面积70 hm^2以上的设立10个样方。样方调查内容参考GB/T 15163—2004中附录A的表A.1。

7 建设技术

7.1 树种选择和配置

7.1.1 树种选择

树种选择参考附录 A 中的表 A.1。

7.1.2 树种配置

以混交方式为主，采取慢生树种（以地带性建群种为主）与速生、伴生树种相结合，耐阴性树种与中性、阳性树种相匹配，上层树种与下层树种相配套，生态型树种与景观型树种合理配置，在可能的污染源附近配置相应的抗污染树种，进行施工作业设计。

7.2 造林密度

更新造林型一般采用 2 m×2.5 m 的株行距，疏伐改造型和林下补植型分别采用 2 m×4 m 和 3 m×3 m 的株行距。

7.3 林地清理

宜采用环山带状疏伐和环山带状割带两种方式，具体执行 GB/T 15776—2006 中的 8.3.2 规定。

7.4 整地

穴规格宜采用(40 cm×40 cm×30 cm)～(60 cm×60 cm×50 cm)，大小因林种、苗木和立地条件而异。

7.5 基肥

种植苗木前，先将风化后的种植土回入种植穴，待回土至 20 cm 深时，放入林木专用肥 1.0 kg、复合肥 0.15 kg 和磷肥 0.25 kg，这些肥料与回放的种植土充分拌匀，置于穴底备栽。

其他事项执行 NY/T 496—2000 和 GB/T 15776—2006 中的规定。

7.6 种子和苗木

检验林木种子质量执行 GB 2772—1999 的规定；

播种造林执行 GB 7908—1999 的规定；

裸根苗执行 GB 6000—1999 规定的Ⅰ、Ⅱ级苗木；

容器苗执行 LY/T 1000—1991 的规定；

未制定国家标准的苗木类型和树种，以及有条件或需特殊处理的种子、苗木另行规定。

7.7 种植

执行 GB/T 15776—2006 中的规定。

7.8 抚育管理

造林后实行“二二一”抚育措施，即共进行三年五次抚育。造林当年及第二年各抚育两次，分别在 4 月～5 月和 8 月～10 月进行，第三年的 4 月～5 月进行最后一次抚育，主要内容是检查造林成活率，补苗、培土、除草、追肥，同时要做好防人畜破坏、防火和防治病虫害等工作。

7.9 更新

7.9.1 原则

当生态风景林效能下降时，应进行更新；需要更新时，报请主管部门鉴定审批后方可执行。更新规划宜贯彻先内后外，要求不产生明显的破碎斑块。

其他事项参照 GB/T 18337.3—2001 的规定。

7.9.2 更新方式

更新宜采用择伐或小块皆伐，皆伐面积不超过 1 hm^2。

7.9.3 营林措施

要求采伐前在林地附近育好小苗，迹地撂荒不超过一年。

其他事项参照本标准 7.1～7.8 方法进行。

8 检查验收

8.1 更新造林检查

应及时对每个环节进行监督和检查。造林成效检查于年底进行，造林当年成活率应在90%以上，造林第二年保存率应在85%以上，第三年保存率应达到80%以上。造林后第二年郁闭度0.2以上，第三年郁闭度达0.5以上。

8.2 林分改造检查

林分改造检查验收执行GB/T 18337.1—2001、GB/T 18337.2—2001的规定，一般于造林后3年～5年进行造林检查，按作业设计管理。合格标准见表1。

表1 林分成林改造验收标准

保存率	林分郁闭度	林下植被盖度	林分密度	群落层次	物种多样性
≥80%	≥0.2	≥0.4	乔灌1 350株(丛)/hm^2以上	多层次森林群落，结构较完整	阔叶林、阔叶为主的针阔混交林，混交比≥30%，物种较丰富，且分布较均匀或均匀
注：混交比指单位面积林地上，混交树种(伴生树种)株数或面积与实际总株数或面积之比。					

8.3 封育管护检查

8.3.1 检查方法

封育期满后，分别封育类型，在小班内随机或机械布设样方进行调查。样方面积和数量按本标准6.2.3方法进行。

8.3.2 验收标准

以小班为单位，合格标准见表2。

表2 封育管护成林验收标准

封育类型	合格标准
乔木型	郁闭度≥0.2；或平均有乔木1 050株/hm^2以上，且分布均匀
乔灌型	乔木郁闭度≥0.2；或灌木覆盖度大于30%；或有乔灌木1 350株(丛)/hm^2以上，且分布均匀
灌木型	灌木覆盖度≥30%；或有乔灌木1 350株(丛)/hm^2以上，且分布均匀
灌草型	灌草综合覆盖度≥50%，其中灌木覆盖度≥20%；或有灌木900株(丛)/hm^2以上，且分布均匀

8.4 档案管理

8.4.1 以小班为单位建立档案资料。

8.4.2 生态风景林涉及的文件均需归档，包括纸质和电子文档两种，并由专人负责管理。

8.4.3 生态风景林建设的档案材料应包括：

a) 小班档案记录卡；

b) 各类审批文件；

c) 调查规划设计文件，包括林地基本情况、苗木定植情况、病虫害防治以及规划设计的图、表等；

d) 成效调查和检查验收成果；

e) 生态风景林成林汇总图、表。

附 录 A
（资料性附录）
热带、亚热带生态风景林主要树种名录

表 A.1 热带、亚热带生态风景林主要树种名录

序号	树种名	科名	形态特征	主要用途	习 性	观赏特性	适应地区
1	南亚松 *Pinus latteri*	松科	常绿大乔木	热带地区荒山造林先锋树种，用材及造松脂的良好树种	最喜光、耐高温、耐旱性强、抗火烧，对土壤要求不高，多分布于海拔 50 m～1 200 m。	树冠塔形；叶二针一束、苍绿色；果熟期次年 9 月，果长卵形。	海南、广东南部、广西南部
2	福建柏 *Fokienia hodginsii*	柏科	常绿乔木	用材、荒山造林先锋树种、园林绿化树种	较耐荫、喜温暖湿润、耐干旱瘠薄、浅根性，对土壤要求不高，适宜的海拔 600 m～1 500 m。	树形美观，树干通直；鳞叶交互对生、深绿色；果熟期 9 月～10 月，果球形、红褐色。	福建、江西、浙江、四川、广东、湖南南部、广西北部和贵州东南部
3	圆柏 *Sabina chinensis*	柏科	常绿乔木	用材、城镇绿化、"四旁"绿化树种	中性、耐寒、稍耐湿，对土壤要求不高。	树冠整齐圆锥形，干枝虬曲，姿态奇古。鳞叶交对生，刺叶轮生。	内蒙古及沈阳以南，南达两广北部，西南至四川西部、云南、贵州等省，西北至陕西、甘肃南部
4	柏木 *Cupressus funebris*	柏科	常绿乔木	用材、城镇绿化、"四旁"绿化树种、药用植物	较喜光、耐干旱瘠薄、稍耐水湿，对土壤要求不严，但以石灰岩土或钙质紫色土生长最好。海拔分布在 300 m～1 000 m 之间。	枝叶浓密，树姿优美；小枝着生鳞叶成四菱形或圆柱形；叶鳞形，交互对生。	长江流域及以南地区
5	竹柏 *Podocarpus nagi*	罗汉松科	常绿乔木	优良用材树种	耐阴树种、喜肥、湿润，喜土层深厚、土壤湿润、肥沃疏松带微酸性沙壤土至轻粘土，适于海拔 800 m～900 m。	叶卵形或卵状披针形、椭圆形或椭圆状披针形、厚革质绿色；果球形、紫黑色。	广东、广西、海南、云南
6	鹅掌楸 *Liriodendron chinense*	木兰科	落叶乔木	优质用材、观赏树种，我国特有珍惜植物	喜光、喜温暖湿润气候，生长快，耐旱，抗二氧化硫等有毒气体，多分布在海拔 1 100 m～1 700 m 以下地带。	叶形奇特，秋季叶色金黄，似黄马褂；花为绿色，色彩艳丽，形似郁金香，大而美丽，花期 4 月～6 月；果熟期 9 月～10 月。	长江流域以南各省

表 A.1（续）

序号	树种名	科名	形态特征	主要用途	习　性	观赏特性	适应地区
7	荷花玉兰 *Magnolia grandiflora*	木兰科	常绿乔木	观赏绿化树种	适于土层深厚、土壤湿润、肥沃疏松土壤。对二氧化硫抗性强。	树姿优美；叶长16 cm～20 cm、厚革质绿色；春季开花、花大、白色。花期6月～7月。	长江流域，及以南各省份
8	紫玉兰 *Magnolia liliflora*	木兰科	落叶小乔木	药用、观赏绿化树种	喜光，较耐寒，喜肥沃、湿润、排水良好土壤，忌黏质土壤和盐碱土。	叶椭圆状卵形；先花后叶或花叶同放，花钟状，紫红色，味极香，花期4月～5月。	原产河南和湖北，现广为栽培
9	厚朴 *Magnolia officinalis*	木兰科	落叶乔木	药用、观赏绿化树种	喜光，喜温凉湿润气候及排水良好的酸性土壤。	叶大阴浓，花白色，芳香，美丽，花茎长10 cm～15 cm，花期4月～5月。	我国中西部地区及华南地区
10	木莲 *Manglietia fordiana*	木兰科	常绿乔木	观赏、木本花卉、优质用材树种	中性树种，喜湿润，适宜在土壤深厚、肥沃的红壤和黄壤地生长。	干形通直，树形美，枝叶浓绿；花大而洁白，花期5月；果熟时艳红色，果熟期8月～9月。	长江中下游地区
11	海南木莲 *Manglietia hainanensis*	木兰科	常绿乔木	用材、绿化树种	中性树种，幼时较耐荫，主根浅，喜湿润和肥沃、疏松土壤。	树冠优美；叶倒披针形，枝及叶芽被红褐色毛；花大白色，幽香，花期4月～5月；聚合果，卵球形，熟时红褐色。	海南、两广南部
12	灰木莲 *Manglietia glauca*	木兰科	常绿乔木	行道、庭园观赏树种，国家一级保护植物	喜温暖气候，不耐干旱，深根性。	树冠伞形美观，花大，繁茂，清香，似白玉兰花；果熟时灰黄色，果期9月～10月。	广西、广东、海南、福建、四川、江西等地
13	广西木莲 *Manglietia tenuipes*	木兰科	常绿乔木	观花、观果、观树形的园林绿化树种	较喜光，喜温暖湿润气候，较耐低温，在强风和干旱地生长不良。	树干通直圆满；枝及叶芽被红褐色毛；花白色，大而清香；聚合果果熟时黄红色，花期4月～5月，果期9月～10月。	广西
14	乳源木莲 *Manglietia yuyuanensis*	木兰科	常绿乔木，半落叶	用材林、园林绿化和防护林带树种	喜温暖湿润气候，耐寒；喜光，幼树稍耐荫，萌芽力强，适较高海拔山地，速生。	树形优美；花大芳香；果熟期9月～10月，熟时紫红色。	安徽、浙江、江西、湖南、福建、广东及福建

表 A.1（续）

序号	树种名	科名	形态特征	主要用途	习　性	观赏特性	适应地区
15	白兰 *Michelia alba*	木兰科	常绿乔木	木本花卉、园林绿化树种	喜温暖至高温湿润气候，耐半荫，抗风，不耐寒和干旱。	树姿端庄，花洁白素雅，芳香，结实少。	华南各省，长江流域及华北地区
16	黄兰 *Michelia champaca*	木兰科	常绿乔木	用材、木本花卉、园林绿化树种	适于土层深厚、湿润、肥沃、疏松土壤。	树姿优美；夏季开花、橙黄色、芳香。	华南各省，长江流域及华北地区
17	乐昌含笑 *Michelia chapensis*	木兰科	常绿乔木	绿化树种	喜温暖湿润，速生，耐干旱，适于深厚、肥沃土壤，抗大气污染。	树冠圆锥状；叶倒卵形或长倒卵形、革质绿色；花期4月～5月、黄白色；果成熟时浅红色，果期9月～10月。	江西南部、湖南西部及南部、广东西部及北部、广西东北部及东南部
18	金叶含笑 *Michelia foveolata*	木兰科	常绿乔木	观赏树种、优质用材	喜光、喜温暖湿润及酸性土，耐寒，耐旱，耐瘠薄，抗大气污染。	树冠宽阔、圆伞形；芽鳞和幼枝被铜色的丝质绒毛；叶椭圆形，厚革质、亮绿色；花期4月～5月，花黄白或黄绿色，果鲜红欲滴。	江西、湖南、湖北、贵州、广东、广西、云南
19	含笑 *Michelia figo*	木兰科	常绿灌木或小乔木	药用、保健、观赏树种	喜温湿，耐阴，不耐寒。	花香袭人，有香蕉香味，花常不全开，如含笑美人，花期4月～5月。	我国南部
20	火力楠 *Michelia macclurei*	木兰科	常绿乔木	用材、防火林	耐荫、耐寒、耐火、抗风能力、速生，喜土层深厚、土壤湿润、肥沃疏松，微酸性沙质土，适宜海拔500 m～600 m以下山谷地带。	叶倒卵形或椭圆形，厚革质被灰或淡褐色细毛；花白色芳香，花期3月～4月；果熟10月，聚合果、倒卵状椭圆形，种子红色。	广东、广西
21	深山含笑 *Michelia maudiae*	木兰科	常绿乔木	药用、用材、观赏绿化树种	喜光、喜温暖湿润及酸性土、耐寒、耐旱、耐瘠薄、抗大气污染。	树干直，树形整齐美观，枝叶茂密，叶深绿亮泽；花大、白色、香，花期3月～4月。	浙江南部、福建、湖南、广东（北部、中部及南部沿海岛屿）、广西、贵州
22	石碌含笑 *Michelia shiluensis*	木兰科	常绿乔木	木本花卉、用材林和风景林树种。珍稀濒危植物	喜光、喜温暖湿润，耐寒、耐旱、耐瘠薄、抗大气污染。	树干通直，塔形树冠；叶革质，四季亮泽；花大，洁白；果熟期10月～11月，褐绿色。	海南

表 A.1(续)

序号	树种名	科名	形态特征	主要用途	习 性	观赏特性	适应地区
23	乐东拟单性木兰 *Parakmeria lotungensis*	木兰科	常绿乔木	木本花卉、园林风景树种和行道树	喜光和温暖湿润至高温多湿气候,较耐寒,喜深厚湿润、肥沃和排水良好土壤,速生,抗大气污染。	树形优美,叶色富季相变化,春末夏初,花洁白芳香,花大而多;聚合果9月～10月成熟。	浙江、福建、江西、湖南、广东、海南
24	观光木 *Tsoongiodndron odorum*	木兰科	常绿乔木	观赏、用材树种,为国家二级保护植物	喜温暖、湿润、肥沃、疏松土壤。	叶椭圆形或长圆形、绿色;花期3月～4月,花淡紫红色;聚合果长椭圆形。	江西、福建、广东、广西、云南、海南
25	阴香 *Cinnamomum burmanii*	樟科	常绿乔木	用材、芳香、药用及观赏绿化树种	较喜光,喜温暖湿润、肥沃深厚酸性土。	树冠近圆球形、树姿优美;夏秋季新叶淡红色;花期3月～4月,花淡黄色。	我国南部
26	樟树 *Cinnamomum camphora*	樟科	常绿乔木	国家二级重点保护野生植物,珍贵用材、"四旁绿化"及芳香油料树种	较喜光、喜温、土壤要求深厚、湿润、肥沃和排水良好的中性或酸性土,不耐瘠薄,耐盐碱,抗风,抗烟尘,吸收有毒气体,根深,长寿。	树冠宽阔;叶卵形或椭圆状卵形、绿色;全株散发樟脑香气;花期4月～5月,花淡黄绿色;果熟10月～11月,浆果球形、紫黑色。	我国东南部及中南部
27	肉桂 *Cinnamomum cassia*	樟科	常绿乔木	药用、香料用、提取桂油及观赏绿化树种	中性偏阴性树种,能耐荫,喜湿热气候,忌干风,不耐干旱贫瘠,对土壤要求较高,深根性,萌芽性强,抗风性强,生长较慢。	树冠碧绿圆美,枝叶浓密,叶长椭圆有香味;圆锥花序花小,绿白色,浆果卵形,成熟时浅红色至紫黑色。	华南地区
28	黄樟 *Cinnamomum parthenoxylon*	樟科	常绿乔木	优良用材、绿化树种及芳香油料树种	较喜光、幼年耐荫、喜温暖湿润气候和深厚、疏松土壤。	叶绿色革质;花期3月～5月,花黄绿色;果熟7月～10月,果球形。	台湾、福建、江西、广东、广西、湖南、湖北、云南、浙江等省
29	厚壳桂 *Cryptocarya chingii*	樟科	常绿乔木	用材林、风景树	能耐荫,更需光照,喜温暖湿润气候,适应性颇强,较耐低温,抗大气污染。	树冠伞形,枝叶茂密开展;叶椭圆形,下面苍白色,离基三出脉;春夏开出淡黄色的花朵;果期秋冬季;果球形,熟时紫黑色。	广东、广西、江西、福建、浙江、海南

表 A.1（续）

序号	树种名	科名	形态特征	主要用途	习　性	观赏特性	适应地区
30	山苍子 *Litsea cubeba*	樟科	落叶乔木	重要药用及芳香油料树种	喜光、稍耐荫、浅根性、萌芽性强，适于向阳而侧方稍荫蔽的南坡，适宜土壤较湿润且排水良好的山中下部。	叶薄革质、绿色；花期4月～5月，花淡绿色；果熟9月～11，聚合果卵形或椭圆状卵形，暗褐色。	湖南、浙江、江西、云南、安徽、四川、湖北、贵州、广西、广东、福建、江苏、台湾等地
31	潺槁木姜子 *Litsea glutinosa*	樟科	常绿小乔木或灌木	药用、用材、制皂、制硬化油及观赏绿化树种	阳性树种，喜温暖湿润气候，能耐高温，不耐寒，耐干旱瘠薄，要求中等土壤肥力，海拔500 m～1 900 m。	叶倒卵形，分枝多，枝叶茂密，树姿优美；花黄白色，复伞花序，花期5月～6月；浆果球形，成熟时黑色，果期9月～10月。	广东、广西、福建
32	中华楠 *Machilus chinensis*	樟科	常绿乔木	用材林、风景树	偏阳性树，要求中等湿润肥沃土壤，生长颇速。	树干挺直，树冠宽阔，树姿端雅，枝叶深绿亮泽。	湖北、广西、海南、香港
33	广东润楠 *Machilus kwangtungensis*	樟科	常绿乔木	观赏、用材树种、防护林树种	喜光、不耐庇荫、不耐寒、深根性、萌芽力强、速生。	叶革质条状披针形；花期3月～4月，花小；果熟5月～7月、果近球形。	广东、广西、湖南南部、贵州南部
34	柳叶润楠 *Machilus salicina*	樟科	常绿乔木	用材、观赏树种	喜光、不耐庇荫、不耐寒、深根性、萌芽力强、速生。	树姿优美，叶革质条状披针形；花期2月～3月，花黄色或淡黄色；果熟4月～6月，果球形、紫黑色。	湖北西部、贵州西北部、及四川西部等地区
35	红楠 *Machilus thunbergii*	樟科	常绿乔木	防风，用材，及绿化树种	喜温暖至高温，幼株耐阴，耐风力强，壤土或砂质土为佳，需排水良好，较强的耐盐性和抗海潮风能力，生长较快，寿命较长。	叶倒卵形至倒卵披针形，革质，浓绿富光泽，新芽暗红色，花顶生，黄绿色，果期9月～11月，熟时为暗紫色。	我国东部及东南部
36	椤木石楠 *Photinia davidsoniae*	蔷薇科	常绿灌木或小乔木	观赏绿化树种	喜温暖、湿润和阳光充足的环境。耐寒，耐阴，耐干旱，不耐水湿，萌芽力强，耐修剪，抗大气污染。	树冠整齐，枝繁叶茂，早春嫩叶绛红，初夏白花点点，秋末红果累累，艳丽夺目。花期5月，果期9月～10月。	浙江、江西、福建、湖北、湖南、广东、广西、陕西、贵州、四川、云南等

表 A.1（续）

序号	树种名	科名	形态特征	主要用途	习　性	观赏特性	适应地区
37	石楠 *Photinia serrulata*	蔷薇科	常绿灌木或乔木	药用，抗污染，隔音，观赏绿化树种	喜温暖湿润气候，喜光也耐阴，不耐寒，对土壤要求不严，以砂质土壤最宜，抗烟尘和有毒气体，具隔音功能。	树冠圆整，春新梢和嫩叶鲜红，夏季转为亮绿色，秋冬两季又变红，色彩艳丽持久；春末开白花，秋日红果累累，极富观赏价值。	华东、中南及西南
38	羊蹄甲 *Bauhinia blakeana*	苏木科	常绿乔木	药用，观赏绿化树种	喜光，喜温暖、湿润气候，适酸性土壤，不耐寒。	叶状如羊蹄，满树繁花，花朵大，玫瑰红或紫红，清香。花期10月。	华南
39	洋紫荆 *Bauhinia uariegata*	苏木科	常绿乔木	热带优良观赏树种	喜光，喜温暖、湿润和酸性土壤。	春末夏初开花，花大，花姿浓艳瑰丽，有白色、粉红色或暗紫色，花期持久。	广东、云南、广西、福建、海南、台湾等地
40	腊肠树 *Cassia fistula*	苏木科	落叶乔木	热带优良观赏树种	喜光和温暖湿润气候，及湿润肥沃排水良好的中性冲击土，忌积水。适温23 ℃～32 ℃。耐旱，耐瘠薄，怕霜冻。	偶数羽状复叶，腋生总状花序。初夏满树长串状金黄色花朵，极为美观，荚果柱型如腊肠，花期6月～8月，果期10月。	华南
41	黄槐 *Cassia surattensis*	苏木科	半落叶小乔木	观赏绿化树种	性喜高温，日照需充足，耐旱，阳性且耐半阴，耐干旱和耐寒，对土壤要求不苛，浅根性，强风易倒伏，抗风力弱，萌生力强。	枝叶茂密，树姿美观，几乎常年开花，花色金黄灿烂，花团锦簇，甚美观。	福建、广东、广西、云南、海南
42	凤凰木 *Delonix regia*	苏木科	落叶乔木	药用，观花，观形绿化树种	喜光、高温和湿润气候，需排水良好，不耐干旱和瘠薄，不耐寒，抗风，抗污染。	二回羽状复叶，叶青绿色。花期5月～7月，花五瓣，红色，满树如火。	华南及云南南部
43	金凤花 *Caesalpinia pulcherrima*	苏木科	落叶灌木或小乔木	观赏绿化树种	喜光，喜排水良好，适度湿润而富含腐殖质的砂质壤土。	花大，花瓣橙色或黄色，具爪，花丝长而红色。	华南等热带地区
44	海红豆 *Adenanthe rapavonia*	含羞草科	落叶乔木	用材、观果型绿化树种	喜温暖湿润气候，强光和土层深厚、肥沃、排水良好的沙壤土，稍耐阴。	树姿优美，果期8月～9月，种子阔卵形，鲜红，光亮。	华南及西南

表 A.1（续）

序号	树种名	科名	形态特征	主要用途	习　性	观赏特性	适应地区
45	合欢 *Albizia julibrissin*	含羞草科	落叶乔木	药用、绿化观赏树种	喜光、较耐寒，耐干旱瘠薄和砂质土壤，不耐水湿。	树形优美，羽叶雅致；花期6月～7月，红色的绒花开满树。	黄河流域及其以南地区
46	印度紫檀 *Pterocarpus indicus*	蝶形花科	落叶大乔木	用材、观赏绿化树种	喜高温多湿，耐旱，需日照充足，生根易，萌芽力强，抗风力强，抗污染。	羽状复叶，叶序整齐，树冠伞形，落叶后枝丫优美，嫩叶翠绿，春夏开花，色鲜黄，芳香味。	广东、广西、海南及云南，引种栽培
47	枫香 *Liquidambar formosana*	金缕梅科	落叶乔木	药用、用材、制栲胶、林区防火、抗污染及绿化观赏树种	喜光，幼树稍耐阴，喜温暖湿润气候，在湿润深厚的红黄壤生长良好，耐干旱瘠薄，忌涝和寒冷。适宜海拔1 000 m～1 500 m以下的丘陵及平原。	树高干直，树冠宽阔；叶掌状三裂，幼叶紫红色，秋季叶变红、黄、橙红，美丽壮观。	长江流域及其以南地区，西至四川、贵州、南至广东，东到台湾
48	红苞木 *Rhodoleia championii*	金缕梅科	常绿乔木	药用、用材，观赏绿化树种	幼树耐阴，成年后喜光，年均温19 ℃～22 ℃，适宜花岗岩、沙页岩产生的酸性至微酸性土壤。	叶片质感坚硬，光滑，叶面深绿色且带有光泽，花期12月至翌年3月，花紫红，呈吊钟状，花美色艳，花期较长。	广东、广西
49	垂柳 *Salix babylonica*	杨柳科	乔木	药用、用材、防浪、护岸的水土保持树种和庭院绿化树种、防浪树种	喜光、不耐荫、发芽早，耐水性很强。能吸收二氧化硫等有毒气体。	枝条细长，柔软下垂，姿态优美，别有风致；先开花后放叶。	长江流域及其以南各省
50	锥栗 *Castanea henryi*	壳斗科	落叶乔木	木本粮食树种、珍贵树种	喜温暖湿润、不耐低温、萌生力强，适于土层深厚、土壤湿润、肥沃、疏松、排水良好的酸性土壤。	叶披针形、矩圆状披针形、卵状矩圆形，绿色；果熟10月，壳斗径约2 cm～2.5 cm，坚果卵形。	河南、陕西、安徽、江苏、浙江、江西、湖北、湖南、四川、贵州、福建、广东、广西、云南
51	米锥 *Castanopsis carlesii*	壳斗科	常绿乔木	用材树种	中性偏荫、喜温暖湿润，适于土层深厚、土壤湿润、肥沃。	叶绿色；果熟9月～11月、果黄白色。	江南等地

表 A.1（续）

序号	树种名	科名	形态特征	主要用途	习　性	观赏特性	适应地区
52	甜锥 *Castanopsis eyrei*	壳斗科	常绿乔木	用材树种	喜温暖湿润气候，适应性中等，深根性，耐荫，萌芽性强。	树姿优美，叶色浓绿；夏季开花，雄花序穗状或圆锥花序，壳斗有1坚果，阔卵形，壳斗外密被短刺，坚果阔圆锥形。	长江以南各地，但云南，海南不产
53	罗浮栲 *Castaneopsi fabri*	壳斗科	常绿乔木	绿化树种	中性树种、早期耐荫，对土壤要求不严，常生于海拔1 000 m～2 000 m的山地湿润森林中。	叶卵状披针形或窄椭圆形，叶缘裂齿从浅至深；花雌雄异序，每壳斗有雌花2朵～3朵，夏季开花，坚果圆锥形，光滑无毛。	贵州、广西、广东、湖南、福建、江西、安徽、浙江等地
54	栲 *Castaneopsi fargesii*	壳斗科	常绿乔木	优质硬材、工业用材树种	较耐荫性，耐低温，喜湿润，不耐干旱，萌生力强，速生，适于土层深厚，土壤疏松，肥沃，湿润为好。	叶卵状披针形、绿色。	安徽、江苏、浙江、江西、湖南、湖北、四川、贵州、福建、台湾、广东、广西
55	黧蒴 *Castanopsis fissa*	壳斗科	常绿乔木	一般用材、薪材树种	有一定耐荫性，幼时喜庇荫环境下生长；较耐寒，不耐干旱贫瘠，抗风，对土壤肥力要求较高。	叶倒卵状长椭圆形，绿色，有锯齿；花期4月～5月，花白黄色；坚果圆锥形，林木生长快，具萌芽能力。	贵州南部、广西、广东、湖南、福建、江西等省区
56	红锥 *Castanopsis hystrix*	壳斗科	常绿乔木	优质硬材、工业用材树种	稍耐荫，幼时耐荫性强，不耐低温，喜湿润，不耐干旱，萌生力强，速生，适于土层深厚、疏松、肥沃、湿润生境。	叶卵状披针形、薄革质、被棕色细毛，老则成淡黄色；花期4月～6月，花白色；果熟8月～10月，壳斗球形，坚果卵状，深褐色。	广西、广东、福建、海南
57	鹿角锥 *Castanopsis lamontii*	壳斗科	常绿乔木	水源涵养林、用材树种	喜温暖湿润气候。	树皮厚，网状交互纵裂；叶椭圆形，较厚，顶端常偏斜，老叶背面灰白色；雄花穗腋生，雌花序通常位于叶腋，每壳斗有雌花3朵，3月～5月开；壳壁上部呈鹿角状。	贵州、广西、广东、湖南、福建、江西等省区

表 A.1（续）

序号	树种名	科名	形态特征	主要用途	习　　性	观赏特性	适应地区
58	秀丽青冈 *Cyclobalanopsis pachyloma*	壳斗科	常绿乔木	水土保持林树种	中性偏阴树种，喜阴凉气候，能耐高温和霜冻，耐荫，对土壤肥力要求较低，耐干旱贫瘠，石砾地均能生长良好。	叶长卵形两端尖，嫩叶密被绒毛，老叶仅背脉具有少数褐色绒毛，花白色，坚果。	福建、广东、广西、四川、湖南、江西、台湾、云南
59	厚斗稠 *Lithocarpus elizabethae*	壳斗科	常绿乔木	优良用材树种	喜光、耐贫瘠，对土壤要求不严。	叶革质绿色，花期7月～9月，花序顶生或排成圆锥状。	贵州、福建、广东、广西、云南
60	石砾 *Lithocarpus glaber*	壳斗科	常绿乔木	特优用材树种	喜光、耐干旱瘠薄，对土壤要求不严；深根性，萌芽性强。	叶卵形，先端尖，花白色，花期9月～10月，花序顶生或圆锥状。	我国东南部中亚热带常绿、落叶阔叶林区
61	槲栎 *Quercus aliena*	壳斗科	落叶乔木	用材、水保树种	喜光、耐干旱瘠薄、深根性、萌芽性强。	叶长椭圆状倒卵形、绿色；壳斗杯状、坚果卵形。	江苏、浙江、江西、湖南、湖北、四川、广东、广西、云南等
62	麻栎 *Quercus acutissima*	壳斗科	落叶乔木	用材、防火林、水土保持树种	喜光、深根性、根系发达、萌芽力强，耐干旱瘠薄，抗风、防火、防蚀；具有护坡、保水、保土效益，不耐水湿，对土壤要求不严。	叶长椭圆状披针形或矩圆状披针形、绿色；果熟9月～10月，壳斗碗状、坚果卵状短圆柱形。	辽宁南部、河南、山西、陕西及甘肃以南，东自福建，西自四川西部，南至海南、广西、云南等地
63	栓皮栎 *Quercus variabilis*	壳斗科	落叶乔木	用材、防火林、薪碳林、水源涵养林树种	喜光、深根性、根系发达、萌芽力强，耐干旱瘠薄，抗风、防火，对土壤要求不严。	叶长椭圆状披针形或矩圆状披针形、浅绿色；果熟8月～10月，壳斗杯状、坚果球形或短圆柱状球形。	辽宁、河北、山西、陕西、甘肃和以南各省区
64	菠萝蜜 *Artocarpus heterophyllus*	桑科	常绿乔木	果品、木本粮食、观赏绿化树种	喜光，喜高温多湿气候，不耐干旱和瘠薄，畏寒，适于在无霜冻的地区生长。以土层深厚、排水良好的微酸性土壤为宜，喜通风条件好的环境。抗风，抗大气污染。	树形端庄，树冠呈伞状或圆锥形，树大浓荫，生板状根，叶色浓绿亮泽，花有芳香，有老茎开花、结果的奇特景观，极富热带色彩。	广东、广西、海南、云南等

表 A.1（续）

序号	树种名	科名	形态特征	主要用途	习　性	观赏特性	适应地区
65	大叶榕 *Ficus lacor*	桑科	落叶乔木	观赏绿化树种	强阳性树种，根系发达，喜钙质土。耐旱和瘠薄，体多浆，抗高温，长寿，易移植，较耐寒。	形态优美，树冠均匀，枝叶茂盛，春季幼叶浅绿，新叶展开后鲜红色的托叶纷纷落地，甚为美观，其后叶转深绿。果熟期9月～10月，果熟时为黄色或红色。	我国南部
66	印度橡胶榕 *Ficus elastica*	桑科	常绿乔木	制橡胶、观赏绿化树种	中性，宜肥沃湿润土壤，喜酸性土。	树冠宽阔，叶大如扇，厚革质，有光泽，有气根。	华南地区
67	菩提榕 *Ficus religiosa*	桑科	常绿或半落叶大乔木	佛教文化、观赏绿化树种	性喜高温多湿和充足日照，耐旱性强，只要表土深厚、排水良好之地均能生长，生长快，寿命长，抗二氧化硫、氟化氢、氨性强。	树形优美，树冠凹凸不平，给人以老态龙钟又苍劲之感觉；侧枝多，广展，叶色深绿；枝叶扶疏，浓阴盖地；叶形美，叶脉细致。	华南、东南沿海一带
68	银桦 *Grevillea robusta*	山龙眼科	常绿大乔木	用材、“四旁”绿化、观赏树种	喜光，喜温暖，不耐寒，耐干旱和水湿，根系发达，生长快，对有害气体有一定的抗性，耐烟尘，少病虫害。	树冠圆硕，树干通直，树冠呈圆锥形，小枝、芽、叶柄密被银色绢状毛，嫩叶浅绿色，花色橙黄，叶簇飒爽英姿。	台湾、香港、广东、广西、云南
69	大花五桠果 *Dillenia turbinata*	第伦桃科	常绿乔木	果树及绿化观赏树种	喜高温、湿润、阳光充足的环境，生长适温18 ℃～30 ℃，不适砾土或碱性土。生长迅速，抗风。	树冠开展如盖，下垂至地面；叶形优美，叶脉清晰，叶色青绿。	广东、广西、福建、海南和云南等各省
70	尖叶杜英 *Elaeocarpus apiculatus*	杜英科	常绿乔木	观赏绿化树种	喜光，喜温暖湿润气候，耐半阴，不耐旱瘠，喜疏松肥沃和排水良好的壤土，抗风力强，略抗二氧化硫和氯气污染。	树干耸直，具板根。树枝层次分明，构成圆锥状塔形树冠。开花时，白色的花朵悬挂于绿叶丛中，散发幽香，花期4月～5月。	长江以南各省区中低海拔山区
71	山杜英 *Elaeocarpus sylvestris*	杜英科	常绿乔木	抗二氧化硫，及观赏绿化树种	较速生，萌芽强，喜温暖湿润环境，适宜排水良好的酸性黄壤或红壤，较耐阴、耐寒。	叶革质，倒卵形，秋冬部分枝叶转为绯红，红绿相间，鲜艳悦目。	广东、海南、广西、福建、浙江、江西、湖南、贵州、四川及云南

表 A.1（续）

序号	树种名	科名	形态特征	主要用途	习　性	观赏特性	适应地区
72	海南杜英 *Elaeocarpus hainanensis*	杜英科	常绿小乔木	观赏绿化树种	喜半阴，喜高温多湿气候，不耐寒，不耐旱，忌积水。以肥沃和富含有机质壤土为佳，深根性，抗风力较强。	树冠整齐成层，分枝多而密，形成圆锥形的树冠。花期长，花冠洁白淡雅，可观花、观叶。	海南、广西、广东和云南地区
73	猴欢喜 *Sloanea sinensis*	杜英科	常绿乔木	用材，观赏绿化树种	偏阳性树种，喜温暖湿润气候，在深厚、肥沃、排水良好的酸性土壤生长良好。	树冠浓绿，果期9月～11月，果熟时为红色，色艳形美。	长江以南各省
74	苹婆 *Sterculia nobilis*	梧桐科	常绿乔木	药用、观赏绿化树种	喜温耐湿，适宜温暖、湿润的亚热带栽植，在深厚、肥沃、湿润的土壤上生长良好。	树冠宽阔，树姿、花形俱美，叶大而碧绿。遮阴性好。叶绿，花白，果红，颇具特色。花期3月～5月，果熟7月～8月。	广东、广西、福建、云南、贵州、台湾等地
75	木棉 *Bombax malabaricum*	木棉科	落叶大乔木	药用、食用及观赏绿化树种	阳性树种，速生，喜光和干热气候，在酸性红黏土中生长不良。	树形具阳刚之美，春先花后叶，一树橙红，夏绿叶成荫，秋枝叶萧瑟，冬秃枝寒树。	云南、贵州、广西、广东南部、海南
76	石栗 *Aleurites moluccana*	大戟科	常绿乔木	用材、观赏绿化树种	喜光线充足和高温、多湿气候，以排水良好的砂质壤土为佳。萌生力强。生长快，易移植。枝脆易折断，抗风力差。	树干粗大，树身笔直，形态美观；嫩叶上的茸毛像一层白霜，极具特色；花白色，果形像栗子；花期3月～4月，果期10月～11月。	广东、广西、福建、台湾
77	千年桐 *Aleurites montana*	大戟科	落叶乔木	油料植物、优良的园景树种	阳性，需强光，幼树耐阴，生长快，萌芽力强，耐旱和贫瘠，不耐寒。	树姿优美，花色雪白，开花能诱蝶，花期3月～5月。	长江流域以南
78	山乌桕 *Sapium discolor*	大戟科	落叶乔木或灌木	油料、药用、制皂、观赏绿化树种	喜深厚湿润土壤，耐旱，病虫少，适应性强。	叶互生，椭圆状卵形，秋、冬、春三季，均有红叶，观赏时间长。	广东、广西、云南、贵州、江西、浙江、福建及台湾
79	秋枫 *Bischofia javanica*	大戟科	常绿或半常绿乔木	用材、药用、观赏绿化树种	生性强健，喜光，耐旱、耐热、耐湿、耐阴，在湿润、肥沃砂质壤土中生长快。寿命长，深根性，抗风，抗大气污染能力强。	树冠圆盖形。树形整齐美观，树冠壮观，阴浓，入秋叶色红艳，十分亮丽。	我国南部地区

表 A.1(续)

序号	树种名	科名	形态特征	主要用途	习　性	观赏特性	适应地区
80	重阳木 *Bischofia polycarpa*	大戟科	落叶乔木	用材、观赏绿化树种	暖温带树种。喜光稍耐荫,喜温暖湿润的气候和深厚肥沃的砂质土壤。较耐水湿,耐寒能力弱,抗风、抗有毒气体。	树姿优美,冠如伞盖,花叶同放,花色淡绿,秋叶转红,艳丽夺目,花期4月～5月,果期10月～11月。	秦岭、淮河流域以南至两广,海南等地
81	肖蒲桃 *Acmena acuminatissima*	桃金娘科	常绿乔木	用材、海岸防护林树种	中性树种,喜高温湿润气候,不耐干旱瘠薄,要求较好的土壤肥力。林木生长快,天然更新能力强。	叶椭圆形,花白色,圆锥花序,浆果近球形,成熟时果皮紫红色至紫黑色。	广东、广西、海南
82	红千层 *Callistemon rigidus*	桃金娘科	常绿乔木	观赏绿化树种	喜光、喜高温、高湿、不耐荫、不耐寒。	树冠球形,飒爽美观;叶条形革质、绿色;花期6月～8月,开花时满树红花,形态奇特美丽。	华南
83	白千层 *Melaleuca leucadendra*	桃金娘科	常绿大乔木	防风、观赏绿化树种	阳性,喜高温、湿润气候,稍耐低温,较旱瘠的沙土和壤土均适生,喜排水良好的肥沃土壤,抗风,抗二氧化硫等大气污染力强。	树干挺拔、灰白,多层树皮,逐层剥落。枝叶浓密,树姿整齐美观,开花时,白色的花挂满树冠,如鸟如蝶,引人入胜。	华南和台湾地区
84	乌墨 *Syzygium cumini*	桃金娘科	常绿乔木	用材、防火林树种	耐高温干旱、耐火烧、根系发达、抗风性强、耐贫瘠、萌生力强、抗病虫害,土壤环境要求不严。	树冠倒卵形;叶椭圆形至长椭圆形、革质绿色;花期2月～3月、白色、芳香;果熟期6月～7月,浆果、橄榄形,紫红色至紫黑色。	华南、福建、台湾、云南、海南
85	红鳞蒲桃 *Syzygium hancei*	桃金娘科	常绿乔木	用材树种、工业原料	喜湿热、耐贫瘠、耐荫。	树形雅致,枝繁叶茂,叶厚光亮,嫩枝嫩叶鲜红,花期6月～8月。	福建、广东、广西、海南等省区
86	蒲桃 *Syzygium jambos*	桃金娘科	常绿乔木	用材、海岸防护林树种	阳性树种,喜高温湿润气候,喜河旁水生,能耐水渍,不耐干旱瘠薄,对土壤要求高。	树冠丰满浓郁,叶披针形,花期3月～4月,花白色;果熟期6月～7月,浆果状核形,熟时艳红色,种子结构奇特。	华南至中印半岛

表 A.1（续）

序号	树种名	科名	形态特征	主要用途	习　　性	观赏特性	适应地区
87	红枝蒲桃 *Syzygium rehderianum*	桃金娘科	常绿乔木	用材、海岸防护林树种	喜湿热、耐贫瘠、耐荫。	新叶红润鲜亮，随生长呈现橙红或橙黄色，老叶则为绿色，非常美丽；花期6月～9月。	福建、广东、广西、海南
88	红胶木 *Tristania conferta*	桃金娘科	常绿乔木	用材、绿化树种	阳性树种，喜高温湿润气候，能耐干旱瘠薄，对土壤要求不苛，林木生长快，具萌芽能力。	树冠优美，叶披针形，嫩叶有白绒毛，花白色，聚伞形圆锥花序，蒴果杯状，成熟时果木质。	广西，广东
89	毛冬青 *Ilex pubescens*	冬青科	灌木	观赏、药用、工业原料树种	喜光、喜温暖湿润、抗风、根系发达、耐寒、耐潮湿、喜肥沃。	叶卵形或长圆形，绿色；花淡紫色或白色。	主产广东、广西、福建、江西
90	铁冬青 *Ilex rotunda*	冬青科	常绿乔木	观赏、药用树种	喜光、耐潮湿、耐寒、深根性、萌芽力强，适于肥沃土壤。	树冠伞形；单叶互生、叶色终年浓绿亮泽；花期4月～5月、花淡红色；果熟冬季、深红。	香港、江苏，安徽、浙江、江西、福建、台湾
91	罗伞树 *Ardisia quinquegona*	紫金牛科	常绿灌木	药用、观赏绿化树种	喜温暖、湿润、肥沃、疏松土壤。	树冠伞形，叶互生，叶片长圆状披针形，侧脉连成边缘脉；春夏开花，白色；果扁球形，具5个角，果于冬季成熟。	云南、广西、广东、福建、台湾
92	密花树 *Rapanea neriifolia*	紫金牛科	常绿小乔木	药用、用材和园林绿化树种	喜温暖、湿润、肥沃、疏松土壤。	叶簇生于枝顶，叶片圆状倒披针形，叶柄长约1 cm；夏季开出白色或淡绿色，有时紫红色的花；果球形或近卵形。	从西南各省、华东至台湾等均有分布
93	臭椿 *Ailanthus altissima*	苦木科	落叶乔木	用材、荒山造林、庭园和工矿区绿化树种	喜光、喜温暖湿润、耐旱、耐盐碱、不耐水淹、根系发达、抗风力强、速生、萌芽性强。	树冠阔卵形；羽状复叶、卵状披针形、绿色；圆锥花序顶生；翅果扁平、纺锤形。速生用材、"四旁"树。	除黑龙江、吉林、新疆、青海、宁夏、甘肃和海南外，各地均适应

表 A.1（续）

序号	树种名	科名	形态特征	主要用途	习　性	观赏特性	适应地区
94	麻楝 *Chukrasia tabularis*	楝科	落叶大乔木	用材林树种、"四旁"树种	喜光、喜温暖湿润气候，适于湿润、疏松、肥沃土壤，不耐寒，抗风，抗大气污染，生长快。	树形美观，叶秀花香。初春，叶片嫩红或紫红；入夏转绿，开黄中带紫的花朵；秋季嫩叶又变成红色。	广东、广西、云南、海南等东南亚地区
95	楝树 *Melia azedarach*	楝科	落叶乔木	用材林树种、"四旁"树种	喜光、喜温暖湿润、不耐寒、不耐旱、怕积水、萌芽力强，对土壤要求不高。	小叶卵形至椭圆形、紫褐色；花紫色或淡紫色；立冬果熟，果近球形，淡黄色。	河北、湖北、山西、陕西、甘肃、台湾、四川、云南、海南等省
96	大叶桃花心木 *Swietenia macrophylla*	楝科	常绿大乔木	世界名贵木材树种	喜光、较耐干旱、抗风、速生、易成活、耐贫瘠，适于土层深厚、土壤湿润、肥沃疏松、微酸性冲积沙壤土。	枝叶浓绿繁茂，树形美观；叶卵形或卵状披针形，革质绿色；花期 3 月～4 月，绿黄色；果熟 4 月～6 月。	原产南美洲，现海南、广东、广西、福建、云南、台湾等地有栽培
97	毛红椿 *Toona ciliata*	楝科	半常绿大乔木	珍贵用材树种，国家二级保护植物	喜光、不耐庇荫，喜温暖湿润气候，喜土壤肥沃、湿润、排水良好。耐寒，速生，适于低山缓坡谷地。	树形优美，羽状复叶；花期 3 月～4 月，花白色，蜜香；果熟 10 月～11 月，蒴果倒卵状椭圆形。	江西、云南、四川、安徽、湖南、广西、广东、贵州等省
98	香椿 *Toona sinensis*	楝科	落叶乔木	速生用材、"四旁"绿化树种	喜光，喜温暖湿润气候，不耐寒，耐旱，喜深厚肥沃土壤，较耐水湿。	叶卵形或矩圆状披针形；花期 6 月，花白色、芳香；果熟 10 月，蒴果椭圆形或近卵形、由绿色变黄绿色。	华北、华东、中部、南部和西南各省
99	复羽叶栾树 *Koelreuteria bipinnata*	无患子科	落叶乔木	药用、观赏绿化树种	喜光和温暖湿润气候，深根性，适应性强，耐干旱，速生，抗风，抗大气污染和烟尘。	春嫩叶红色，夏叶羽状浓绿，秋叶鲜黄色，开花时，满树黄花，果如小灯笼，呈串，鲜红色。优良的庭荫树、风景树。	分布于中南及西南地区，是广东、广西北部的乡土树种
100	芒果 *Mangifera indica*	漆树科	常绿乔木	水果、染料、观赏绿化树种	喜光，喜温暖湿润气候，以土层深厚、地下水位低、有机质丰富、排水良好、微酸性至中性、质地疏松的壤土和沙质壤土为理想。	嫩叶紫色，寓意吉祥，绿紫相映，相得益彰，圆锥花序淡黄色，芳香。	台湾、广东、广西、海南和福建南部，云南南部、东南部和西南部

表 A.1（续）

序号	树种名	科名	形态特征	主要用途	习　性	观赏特性	适应地区
101	扁桃 *Mangifera persiciformis*	漆树科	常绿乔木	用材、“四旁”、工矿区观赏绿化优良树种	喜光，喜温暖湿润气候，耐阴、耐烈日，较耐干旱，适宜肥沃、排水良好酸性或微碱性土壤，不耐寒。消噪防尘，抗二氧化硫和氯气等空气污染较强。	树干通直，高大常绿，枝繁叶茂，树冠宽广，树形美丽。常绿青翠，挺拔英姿，并有热带亚热带树木的独特风光。	贵州南部、云南东南部及海南，华南地区
102	三角槭 *Acer buergerianum*	槭树科	落叶大乔木	观赏绿化树种	喜温暖湿润气候，稍耐荫，较耐水湿，耐修剪，萌芽力强。	秋叶暗红色，颇为美观，宜作庭荫树、行道树、护岸林及绿篱。	长江中下游各地
103	青榨槭 *Acer davidii*	槭树科	落叶乔木	用材、药用、制栲胶、观赏绿化树种	耐半阴，喜生于湿润溪谷。	树形优美，树姿苍劲挺拔，树皮为竹绿或蛙绿色，独具一格；枝条银白色；叶深绿阔大，入秋变黄紫，颇为美观。	黄河流域至华东、中南及西南各地
104	鸡爪槭 *Acer palmatum*	槭树科	落叶灌木或小乔木	药用、观赏绿化树种	喜半荫环境和温暖湿润气候，要求土壤疏松肥沃，较耐旱，不耐水涝，不耐寒，对二氧化硫和烟尘抗性强。	树冠伞形，姿态雅丽，树皮平滑，小枝红棕色，秋叶红艳，花紫红色，翅果棕黄色。花期4月，果期10月成熟。园艺变种多达数十种，观赏价值高。	我国长江流域各省，北至山东，南达浙江
105	元宝槭 *Acer truncatum*	槭树科	落叶小乔木	观赏绿化树种	喜温凉气候和侧方庇荫，常生于阴坡湿润山谷中，深根性，抗风力强，生长速度中等，寿命较长。	树形优美阔，叶形秀丽，秋叶变黄色或红色，宜作庭荫树、行道树或风景林。	主产黄河流域，东北、内蒙古及江苏、安徽、江西
106	野鸦椿 *Euscaphis japonica*	省沽油科	落叶小乔木或灌木	制皂、药用、观赏绿化树种	喜环境湿度大、日照时间短、土壤肥沃、疏松、排水良好的典型山区环境，在贫瘠的酸性土壤中也能生长，但长势较差。	树形优美，冠形舒展，叶色浓绿；开花时满树银花，果熟后露出鲜红色的内果皮和黑色的种子，可谓花雅果艳。花期5月～6月，果期8月～10月。	河南、江苏、浙江、四川、福建、湖南、贵州、云南、台湾、广东、广西等地

表 A.1（续）

序号	树种名	科名	形态特征	主要用途	习　性	观赏特性	适应地区
107	白蜡树 *Fraximus chinensis*	木樨科	落叶乔木	用材、药用、制白蜡、观赏绿化树种	喜光，稍耐阴，喜温暖湿润气候，颇耐寒，喜湿耐涝，也耐干旱。对土壤要求不严，抗烟尘，对二氧化硫、氯气、氟化氢有较强的抗性。萌蘖力强，耐修剪，生长较快，寿命长。	树体端庄，树干通直，枝繁叶茂而鲜绿，秋叶橙黄。花金黄色，灿烂缤纷，花期 3 月～5 月，果熟 10 月。	北自东北中南部，经黄河流域、长江流域，南达广东，广西，东南至福建，西至甘肃
108	蓝花楹 *Jacaranda mimosifolia*	紫葳科	落叶大乔木	观赏绿化树种	喜温暖湿润、阳光充足环境。不耐霜雪。耐干旱，抗风，在土层疏松且排水良好的土壤中生长迅速。	树形优美，春末夏初和秋季两次开花，花极繁多，漏斗状，深蓝色或紫色，布满枝头，极为壮观。花期长达 2 个月。	华南地区
109	吊瓜树 *Kigelia africana*	紫葳科	常绿乔木	观赏绿化树种	喜高温，湿润、阳光充足环境。生长适温 22 ℃～30 ℃，对土壤要求不严，在土层深厚、肥沃、排水良好的砂质壤土中生长良好。	树冠宽阔圆伞形，花巨大，深紫褐色，序的轴可长至 2 m，如风铃，十分迷人，果形似吊瓜，新奇有趣。花期 4 月～5 月，果期 9 月～10 月。	广东、云南、海南等热带地区
110	火焰树 *Spathodea nilotica*	紫葳科	常绿乔木	观赏绿化树种	喜光，耐热、耐旱、耐水湿、耐瘠薄，以排水良好的壤土或砂质壤土为佳；不耐风，不耐寒。	枝叶繁茂，亭亭如盖，叶青翠欲滴，浓荫匝地，花朵杯形硕大，群花盛开，艳红无比，十分壮观；花期 3 月～6 月。	广东、云南、海南、台湾等热带地区
111	紫薇 *Lagerstroemia indica*	千屈菜科	落叶小乔木	药用，观赏绿化树种	喜光、温暖、湿润环境，稍耐阴，抗寒和抗旱，忌涝，长寿。对二氧化硫、氟化氢及氮气的抗性强，能吸收有害气体和吸滞粉尘。	圆锥花序，簇生枝端，花期 6 月～9 月，花呈白、堇、红、紫等色，花开满树，艳丽如霞。	各地普遍栽培，我国华东、华中、华南及西南均有分布

表 A.1（续）

序号	树种名	科名	形态特征	主要用途	习　性	观赏特性	适应地区
112	大叶紫薇 *Lagetstroemia speciosa*	千屈菜科	落叶小乔木	用材、观赏绿化树种	阳性，需强光，耐热、耐干旱、耐碱土、耐修剪，对土壤选择不严，抗风，抗大气污染。	树姿飘逸；叶长椭圆形，质感平滑，冬季变红；花期5月～7月，紫色，形大，布满枝头，优雅华丽。	广东、广西、湖南、福建、江西、浙江、河南、河北、山东等地
113	泡桐 *Paulownia fortunei*	玄参科	落叶乔木	药用、优良用材、观赏绿化树种	强阳性，不耐荫庇，酸性或碱性土都生长良好，但要求土层深厚、疏松、湿润、肥沃的壤土或沙壤土，对二氧化硫、氯气等有较强的抗性。	树冠圆形，树姿优美，生长迅速，叶阔阴浓；花色一串串，美丽鲜艳，花期3月～4月。	云南东北部、河南、湖北、浙江、江西、贵州等省
114	台湾泡桐 *Paulownia kawakamii*	玄参科	落叶乔木	优良用材树种	最喜光、喜水肥，耐旱，不耐庇荫和盐碱，怕水淹，适于土层深厚、湿润肥沃、排水良好、无风害山地。	树冠扩展、叶大枝疏；叶长椭圆型，黄棕色；瘾头花序簇生于老茎上，花、果熟全年。	浙江、江西、福建、台湾、湖北、湖南、广东、广西、贵州
115	假槟榔 *Archontophoenix alexandrae*	棕榈科	常绿乔木	行道、庭院等观赏绿化树种	阳性，喜高温多湿气候，不耐寒，土壤以深厚、疏松、肥沃和排水良好的微酸性沙壤土或冲积土为佳，抗风，抗二氧化硫、氯气和氟化氢能力强。	茎干单生通直，亭亭玉立，叶冠扩展如伞，叶片整齐，婀娜多姿，树形清幽秀雅，果穗鲜红，为热带风光园林树种。	广东、海南、台湾等地
116	蒲葵 *Livistona chinensis*	棕榈科	常绿大乔木	观赏绿化树种	喜光又耐阴，喜高温，多湿气候，能耐低温，土壤以肥沃，湿润的沙壤土至黏壤土或冲积土为佳。耐水湿和咸潮。生长缓慢，寿命常，抗风力和抗大气污染的能力较强。	树干耸直，树形粗放如伞盖，叶簇高雅，浓密婆娑。	东南部至西南部地区
117	大王椰子 *Roystonea regia*	棕榈科	常绿乔木	行道、庭院等观赏绿化树种	喜高温多湿，日照需充足，只要表土深厚、排水良好皆适宜，不耐寒。抗风，抗氟化氢等污染。	高大雄伟，美丽壮观，充满热带风光。	华南、福建和云南等地

表 A.1（续）

序号	树种名	科名	形态特征	主要用途	习　性	观赏特性	适应地区
118	棕榈 *Trachycarpu fortunei*	棕榈科	常绿乔木	观赏绿化树种	对光照要求不严，喜肥沃湿润，排水良好的土壤。耐旱，耐湿，较耐寒和盐碱，对烟尘、二氧化硫、氟化氢等有毒气体的抗性较强。	树干挺拔，叶色葱茏，叶形如扇，清姿优雅，适宜四季观赏。	遍及长江以南各个省区
119	丝葵 *Washingtonia filifera*	棕榈科	常绿乔木	观赏绿化树种	喜光和温暖湿润气候，耐阴，耐咸潮，耐旱，耐低温。喜湿润、肥沃的黏性土壤，抗风。	树冠优美，叶大如扇，生长迅速，四季常青，干枯的叶子下垂覆盖于茎干之上，犹如老翁的白发，奇特有趣。	长江以南地区

ICS 65.020.40
B 60

中华人民共和国国家标准

GB/T 26903—2011

水源涵养林建设规范

Technical regulation on conserving water forests construction

2011-09-29 发布　　2011-12-01 实施

中华人民共和国国家质量监督检验检疫总局
中国国家标准化管理委员会　发布

前　言

本标准的附录A、附录B均为资料性附录。

本标准由国家林业局提出并归口。

本标准负责起草单位:国家林业局调查规划设计院。

本标准参与起草单位:中南林业科技大学、北京林业大学、华南农业大学、河南林业调查规划院、青海林业调查规划院。

本标准主要起草人:唐小平、王瑞辉、马履一、王志臣、程小玲、奚如春、张泉来、刘建军。

水源涵养林建设规范

1 范围

本标准规定了水源涵养林造林、抚育、改造、林地配套设施建设及档案管理等技术要求。

本标准适用于全国范围内的水源涵养林建设和管理。

2 规范性引用文件

下列文件中的条款通过本标准的引用而成为本标准的条款。凡是注日期的引用文件，其随后所有的修改单(不包括勘误的内容)或修订版均不适用于本标准，然而，鼓励根据本标准达成协议的各方研究是否可使用这些文件的最新版本。凡是不注日期的引用文件，其最新版本适用于本标准。

GB/T 15162 飞播造林技术规程

GB/T 15163 封山(沙)育林技术规程

GB/T 15776 造林技术规程

GB/T 18337.1 生态公益林建设 导则

GB/T 18337.3—2001 生态公益林建设 技术规程

LY/T 1186 飞机播种治沙技术要求

3 建设区位和分类

3.1 源区水源涵养林

江河源头集水区域内，以涵养水源、防止水土流失为主要目的的水源涵养林。

3.2 岸线水源涵养林

河流主流、一级和二级支流两岸山地，自然地形中第一重山脊内以滞缓径流、阻挡泥沙为主要目的的水源涵养林。

3.3 库区水源涵养林

水库、湖泊周边第一重山脊线内以改善水质、涵养水源为主要目的的水源涵养林。

3.4 饮用水源地保护林

城乡居民饮用水引水源区、引水沿线及蓄水区周边第一重山脊以内，以涵养水源、保护水质为主要目的的水源涵养林。

4 造林

4.1 树种选择

树种选择遵照以下原则：

a) 树种生态学特性与造林地立地条件相适应；

b) 树种枝叶茂盛、根系发达；

c) 树种适应性强、稳定性好、抗性强；

d) 充分利用优良乡土树种、适当推广引进取得成功的优良树种。

具体选择可参见附录A中的表A.1～表A.2。

4.2 造林方式

对于有林地以封山育林为主。

对于大面积无林地进行人工造林(种草)或飞播造林(草)。

对于源区水源涵养林和饮用水源地保护林一般只进行封山(沙)育林(草)。

4.3 造林模式

4.3.1 混交类型

水源涵养林以营造复层混交林为主,混交类型分为:

a) 在立地条件好的地方优先采用主要树种与主要树种混交。

b) 在立地条件较好的地方优先采用主要树种与伴生树种混交;在立地条件较差的地方优先采用主要树种与灌木树种混交。

c) 在立地条件较好,通过封山育林或人工林与天然林混交形成的水源涵养林优先采用主要树种、伴生树种和灌木树种综合混交。

4.3.2 混交方法与适用范围

不同混交方法的适用范围为:

a) 行间混交:适用于大多数立地条件的乔灌混交、耐荫树种与阳性树种混交。

b) 带状混交:适用于种间矛盾大、初期生长速度悬殊的乔木树种混交,也适用于乔木与耐荫亚乔木混交。

c) 块状混交:适用于种间竞争性较强的主要树种与主要树种混交,规则式块状混交适用于平坦或坡面规整的造林地,不规则式块状混交适用于地形破碎、不同立地条件镶嵌分布的地段。

d) 植生组混交:适用于立地条件差及次生林改造地段。

4.3.3 模式配置

以小班为单位配置造林模式。地形破碎的山地提倡采用局部造林法,形成人工林与天然林块状镶嵌的混交林分。

模式配置参见附录 B。

4.4 营造技术

4.4.1 造林

封山(沙)育林技术要求执行 GB/T 15163 的规定;飞播造林(草)技术执行 GB/T 15162 和 LY/T 1186 的规定;人工造林除整地、造林密度要求外,具体执行 GB/T 15776 的规定。

4.4.2 整地

人工造林禁止采用全面整地,一般采用穴状整地,下列情况可采用带状整地:

a) 伐根和其他障碍物少的采伐迹地;

b) 无风蚀或风蚀轻微的造林地;

c) 采用机械化整地的平原地区或平坦地段。

4.4.3 造林密度

适宜密度范围参见 GB/T 18337.3—2001 的附录 D。

4.5 种植点配置

4.5.1 种植行的走向

种植行走向按不同地段分别确定:

a) 在平地造林时,种植行宜南北走向;

b) 在坡地造林时,种植行宜选择沿等高线走向;

c) 在沟谷造林时,种植行应呈雁翅形。

4.5.2 配置方式

不同配置方式的适用条件为:

a) 长方形配置:相邻株连线成长方形,通常行距大于株距。适宜于平缓坡地或平原地区水源涵养林的营造。

b) 三角形配置:相邻两行的各株相对位置错开排列成三角形,种植点位于三角形的顶点。适宜于坡地水源涵养林的营造。

c) 群状配置:植株在造林地上呈不均匀的群丛状分布,群内植株密集(3 株~20 株),群间距离较大。适宜于坡度较大、立地条件较差的地方水源涵养林的营造,也适宜次生林改造。

d) 自然配置:在造林地上随机地配置种植点。适宜于地形破碎地水源涵养林的营造。

4.6 未成林抚育管护与保护

执行 GB/T 15776 的规定。

4.7 检查验收

执行 GB/T 15776 的规定。

5 封育

水源涵养林营造后应封山育林。

饮用水源保护林和下列地段的水源涵养林应划建封禁管护区:

a) 坡度大于 35°、岩石裸露的陡峭山坡的水源涵养林;

b) 分水岭山脊的水源涵养林;

c) 大江大河上游及一级支流集水区域的水源涵养林;

d) 河流、湖泊和水库第一重山脊线内的水源涵养林。

6 抚育与改造

6.1 抚育

6.1.1 抚育条件

饮用水源保护林一般不允许抚育。

其他水源涵养林除 GB/T 18337.1 确定的特殊保护地段外,可以适当开展抚育活动。

一般源区水源涵养林和库区水源涵养林可以进行轻度抚育。

岸线水源涵养林可以根据立地条件进行必要的抚育活动。

6.1.2 抚育方法

当郁闭度大于 0.8 时,可进行适当疏伐,伐后郁闭度保留在 0.6~0.7。

遭受严重自然灾害的水源涵养林应进行卫生伐,伐除受害林木。

6.2 低效林改造

6.2.1 改造对象

因人为干扰或经营管理不当而形成的人工低效林,符合下列条件之一时可以进行改造:

a) 林木分布不均,林隙多,郁闭度低于 0.2;

b) 年近中龄而仍未郁闭,林下植被盖度小于 30%;

c) 病虫鼠害或其他自然灾害危害严重的林地。

6.2.2 改造方式

6.2.2.1 补植改造

主要适用于林相残破的低效林,根据林分内林隙的大小与分布特点,采用下列补植方式:

a) 均匀补植:用于林隙面积较大,且分布相对均匀的低效林;

b) 局部补植:用于林隙面积较小、形状各异,分布极不均匀的林分。

6.2.2.2 综合改造

主要用于林相老化和自然灾害引起的低效林。带状或块状伐除非适地适树树种或受害木,引进与气候条件、土壤条件相适应的树种进行造林。乔木林一次改造强度控制在蓄积的 20%以内,灌木林一次改造强度控制在面积的 20%以内。

7 林地基础设施建设

执行 GB/T 18337.3—2001 的规定。

8 档案管理

水源涵养林建设档案应以经营小班为基本单元建档，纳入建设单位森林资源档案和经营档案共同管理。

附　录　A
（资料性附录）
水源涵养林主要适宜乔灌草种

表 A.1　水源涵养林主要适宜乔木树种表

区域	主要造林树种
东北区	兴安落叶松、长白落叶松、日本落叶松、红松、樟子松、红皮云杉、鱼鳞云杉、冷杉、白桦、蒙古栎、辽东栎、槲栎、白榆、黄榆、朝鲜柳、旱快柳、紫椴、糠椴 水曲柳、黄菠萝、胡桃楸、色木、白城杨、山杨、青杨、毛赤杨
三北区	兴安落叶松、华北落叶松、樟子松、油松、云杉、侧柏、祁连圆柏、山杨、白榆、白蜡、槭、刺槐、大叶榆、复叶槭、臭椿、心叶椴、悬铃木、胡杨、河北杨、小青杨、小黑杨、中黑防 1 与 2 号、中绥 12 号与 4 号、旱柳、旱布 329 柳、垂暴 109 柳、青杨、桦树
黄河区	油松、侧柏、华北落叶松、白皮松、华山松、杜松、云杉、白榆、文冠果、茶条槭、胡桃楸、山杏、刺槐、泡桐、臭椿、麻栎、栓皮栎、槲栎 大果榆、蒙椴、旱柳、河北杨、槭树、红桦、苦楝、中林 46 杨、沙兰杨、白毛杨、黄连木、山茱萸、莘荑、板栗、核桃、油桐、漆树、香椿
北方区	油松、侧柏、臭椿、刺槐、麻栎、栓皮栎、黄栌、元宝枫、辽东栎、板栗、槲栎、赤松、华山松、华北落叶松、云杉、冷杉、蒙古松、白桦、色木、桦树、山杨、槭、椴树、杨、槐、泡桐、毛白杨、青杨、沙兰杨、旱柳、漆树、白檀、八角枫、中林 46 杨、黄连木、香椿
长江区	马尾松、云南松、华山松、思茅松、高山松、落叶松、杉木、云杉、冷杉、柳杉、秃杉、黄杉、滇油杉、柏木、藏柏、滇柏、墨西哥柏、冲天柏、麻栎、栓皮栎、青冈栎、滇青冈、高山栎、高山栲、元江栲、樟树、桢楠、檫木、光皮桦、白桦、红桦、西南桦、响叶杨、滇杨、意大利杨、红椿、臭椿、苦楝、旱冬瓜、桤木、榆树、朴树、旱莲、木荷、黄连木、珙桐、山毛榉、鹅掌楸、川楝、楸树、滇楸、梓木、刺槐、昆明朴、柚木、银桦、相思、女贞、铁刀木、银荆、枫香、毛竹
南方区	马尾松、华山松、黄山松、湿地松、火炬松、柳杉、池杉、水杉、落羽杉、柏木、侧柏、栓皮栎、茅栗、麻栎、小叶栎、槲树、化香树、川桦、光皮桦、红桦、毛红桦、杉木、青冈栎、青檀、刺槐、银杏、茶杆竹、孝顺竹、杜仲、旱柳、苦楝、樟树、朴树、白榆、楸树、檫木、小叶杨、意大利杨、黄连木、木荷、榉树、枫香、南酸枣、朴树、乌桕、喜树、枫杨、泡桐、毛竹、漆树
热带区	马尾松、湿地松、火炬松、黄山松、南亚松、杉木、柳杉、木荷、红荷、枫香、藜蒴、红椎、鸭脚木、台湾相思、大叶相思、马占相思、粗果相思、窿缘桉、赤桉、雷林一号桉、尾叶桉、巨尾桉、刚果桉、山乌桕、麻栎、苦栎、杜英、马蹄荷、槠类、栲类、构类、石梓、格木、阿丁枫、红苞木、拟赤杨、任豆、杜英、火力楠、蝴蝶果、黄樟、阴香、南酸枣、木莲属、南岭黄檀、泡桐、榕属、毛竹

表 A.2　水源涵养林造林主要适宜灌草种

区域	主要灌木树种	主 要 草 种
东北区	胡枝子、沙棘、小叶锦鸡儿、树锦鸡儿、柠条锦鸡儿、柽柳、小叶黄杨、辽东水蜡、紫穗槐、榆叶梅、东北连翘、卫矛、金银忍冬、越橘、杜鹃、杜香、柳叶绣线菊、杞柳、蒙古柳、兴安刺玫、刺五加、毛榛、小黄柳、茶条槭、六道木	苔草、小叶樟、芍药、地榆、沙参、线叶菊、针茅、野豌豆、隐子草、冷蒿、冰草、早熟禾、紫羊茅、防风、碱草、艾蒿、苜宿、驼绒藜、鹅冠草
三北区	锦鸡儿、柠条、毛条、山竹子、花棒、杨柴、黄柳、沙柳、杞柳、柽柳、沙拐枣、梭梭、胡枝子、沙棘、沙木蓼、紫穗槐、白刺、沙冬青、沙枣、四翅滨藜、白梭梭	沙蒿、沙打旺、甘草、苜宿、羊草、打针茅、鸭茅

表 A.2（续）

区域	主要灌木树种	主 要 草 种
黄河区	绣线菊、虎榛子、黄蔷薇、狼牙齿、柄扁桃、沙棘、胡枝子、金银忍冬、连翘、麻黄、胡颓子、多花木兰、白刺花、山楂、柠条、荆条、黄栌、六道木、金露梅、酸枣、山皂角、花椒、枸杞、紫穗槐、山杏、山桃、四翅滨藜	黑麦草、毛尾草、早熟禾、驼绒藜、无芒雀麦、羊草、苜宿、黄背草、白草、龙须草、沙打旺、冬棱草、小冠花、蒿类
北方区	紫穗槐、山杏、荆条、山桃、黄荆、柽柳、杞柳、绣线菊、照山白、胡枝子、金露梅、杜鹃、高山柳、尖叶锦鸡儿、鹅耳枥、山皂角、花椒、枸杞	蒿草、蓼、紫花针、羽柱针茅、昆仑针茅、苔草、驼绒藜、黄背草、白草、龙须草、沙打旺、冬棱草、小冠花
长江区	马桑、紫穗槐、化香、绣线菊、月月青、车桑子、盐肤木、狼牙齿、绢毛蔷薇、报春、爬柳、密枝杜鹃、山胡椒、乌药、箭竹、白花刺、火棘	芒草、野古草、蕨、白三叶、红三叶、黑麦草、苜宿、雀麦
南方区	爬柳、密枝杜鹃、紫穗槐、胡枝子、夹竹桃、孛孛栎、枹树、茅栗、化香、白檀、海棠、野山楂、冬青、红果钓樟、绣线菊、马桑、水马桑、蔷薇、黄荆	香根草、芦苇、水烛、菖蒲、莲藕、芦竹、芒草、野古草
热带区	蛇藤、米碎叶、龙须藤、小果南竹、杜鹃	金茅、野古草、绒毛鸭子嘴、海芋、芭蕉、蕨类

附　录　B
（资料性附录）
水源涵养林主要营造配置模式

表 B.1　水源涵养林主要营造配置模式表

区域	配置模式	适用条件	整地方法，规格（长 cm×宽 cm×深 cm）	密度/（穴或株/hm^2）	混交方式 适宜混交比
北方区	侧柏与栓皮栎、黄栌、火炬树混交	低山阳坡中薄土（土层小于 50 cm）	穴状整地 规格 50×50× 40	1 650	块状混交，针阔混交比 1∶2
	油松与栓皮栎混交	低山厚土（土层大于 50 cm）	穴状整地 规格 80×80×60	1 110	不规则块状混交，针阔混交比 8∶2
	侧柏与五角枫混交	低山阳坡中厚土	鱼鳞坑整地 规格 60×60×60	1 245	带状混交，针阔混交比 1∶2
	侧柏与黄栌混交	低山阳坡中薄土（土层小于 50 cm）	穴状整地 规格 60×60×40	1 650	块状混交，针阔混交比 1∶2
	侧柏与刺槐混交	低山阴坡薄土（土层小于 25 cm）	穴状整地 规格 70×70×40	1 650	块状混交，上部栽侧柏，下部栽刺槐，针阔混交比 1∶2
	侧柏与山杏混交	低山阳坡厚土（土层大于 50 cm）	鱼鳞坑整地 规格 60×60×40	1 650	块状混交，上部栽侧柏，下部栽山杏，针阔混交比 1∶2
	黄栌纯林	低山阳坡中土（土层 25 cm ～50 cm）	鱼鳞坑整地 规格 60×60×40	1 650	
	油松纯林	低山阳坡中厚土（土层大于 25 cm）	穴状整地 规格 60×60×40	1 650	
	油松与黄栌混交	低山阴坡厚土（土层大于 50 cm）	穴状整地 规格 80×80×60	1 110	不规则块状混交，针阔混交比 8∶2
	油松、侧柏与栾树混交	低山阳坡厚土（土层大于 50 cm）	鱼鳞坑整地 规格 100×80×80	825	不规则块状混交，针阔混交比 2∶1

表 B.1（续）

区域	配置模式	适用条件	整地方法，规格 （长 cm×宽 cm×深 cm）	密度/ （穴或株/hm²）	混交方式 适宜混交比
黄河区	侧柏或油松、野皂荚混交	石质山地或石灰岩干石山地	穴状整地	乔木 1 650，隔行同密度播种或栽植野皂荚	行间混交
	侧柏或油松、山桃或山杏混交	石质山地或土石山地	侧柏或油松大穴整地；山桃或山杏小穴整地；在石质山地同密度全部小穴	大穴植苗 825；小穴播种或栽植 1 650	行间混交
	侧柏或五角枫、锦鸡儿或荆条或狼牙刺	石质山地	侧柏或五角枫采用大穴整地	乔木密度 825，行间种植同等或多一倍的灌木	行间混交
	青杨或刺槐、沙棘混交	高海拔黄土丘陵（青杨沙棘林），低海拔黄土丘陵（刺槐沙棘）	乔木大穴整地，灌木小穴整地	乔木植苗 825～1 650，灌木隔行同密度栽植	行间混交
	樟子松、杜松或油松、柠条或紫穗槐混交	太行山北端沙化地，高海拔种柠条，低海拔种紫穗槐	水平带整地	乔木植苗，灌木直播，密度 1 650	宽带状混交方式
	侧柏、黄栌或陕西荚迷混交	石质山或土石山地	侧柏大穴整地，黄栌和陕西荚迷小穴整地	侧柏 1 650，隔行小穴栽植等量黄栌和陕西荚迷	行间混交
	落叶松、沙棘混交	海拔 1 500 m～2 000 m的土石山地	水平带整地	1 650	带状混交
	油松或侧柏、天然灌木混交	宜林荒山，阴坡种油松、阳坡种侧柏	穴状整地	乔木 825，灌木保留 3 300	不规则块状混交
	油松、辽东栎混交	海拔 1 500 m～2 000 m的土石山地	小穴整地，辽东栎可在秋季直播	3 300	行间或小块状混交，比例 1∶1
	油松、五角枫混交	海拔 1 500 m～2 000 m的土石山地阴坡	小穴整地	3 300	行间混交或带状混交，比例 1∶1

表 B.1（续）

区域	配置模式	适用条件	整地方法，规格（长 cm×宽 cm×深 cm）	密度/（穴或株/hm^2）	混交方式适宜混交比
黄河区	油松、山杨或白桦混交	海拔 1 500 m～2 000 m 的土石山地阴坡	穴状整地	3 300	人工块状混交或油松与天然更新的山杨、白桦组成混交林
	华北落叶松、五角枫或北京花楸	海拔 1 500 m 以上的土石山阴坡	穴状整地	3 300	块状或行间混交，针阔比例 2∶1
	华北落叶松或日本落叶松、白桦或山杨混交	海拔 1 500 m 以上的土石山阴坡	穴状整地	3 300	行间混交，或白桦、山杨小块状混交于落叶松林中
	侧柏、五角枫混交	海拔 1 500 m 以下的石质山地和土石山地	干石山大穴整地，土石山小穴整地	1 650～3 300	行间、带状（带宽 3m）或块状混交
	侧柏、刺槐混交	海拔 1 500 m 以下的土石山地	小穴整地	3 300	带状或块状混交，比例 1∶1 或 2∶1
	油松、刺槐混交	1 500 m 以下的土石山地	小穴整地	3 300	带状或块状混交，比例 1∶1 或 2∶1
	野皂荚、荆条混交	石质山地	小穴整地	直播 4 950，栽植 3 300	带状或块状混交，比例 1∶1
	山桃、山杏、黄刺玫混交	土层薄的土石山或石质山地	小穴整地	直播 4 950，栽植 3 300	带状或块状混交，比例 1∶1∶1
	黄栌、狼牙刺、陕西荚迷混交	海拔 1 600 m 以下干石山或石质山地	小穴整地	直播 4 950，栽植 3 300	带状或块状混交，比例 1∶1∶1
	酸枣、锦鸡儿混交	海拔 1 200 m 以下黄土丘陵侵蚀沟、陡坡	小穴整地	直播 3 300～4 950	不规则块状混交
	沙棘、柠条混交	海拔 1 500 m 以下的沙化土地	小穴整地	3 300	块状混交
东北区	山杏、刺槐	科尔沁沙地南缘	竹节壕整地	3 300	带状混交 7∶3
	山杏、大扁杏	半干旱山区	小穴整地	2 505	行状混交 1∶1

表 B.1（续）

区域	配置模式	适用条件	整地方法，规格 （长 cm×宽 cm×深 cm）	密度/ （穴或株/hm^2）	混交方式 适宜混交比
东北区	落叶松、红松	长白山中低山区	穴状整地	3 300	行状混交 1∶4
	落叶松、樟子松、小黑杨与紫穗槐、胡枝子、沙棘混交	黑龙江东南部低山丘陵区	鱼鳞坑整地	3 300	星状混交 18∶1
三北区	落叶松、油松与山杏、柠条	阴山山脉中低山区	鱼鳞坑整地	乔木 833 株，灌木 833 丛	植生组混交
	落叶松、油松、侧柏与山杏、柠条、沙棘、荆条	半干旱丘陵区	鱼鳞坑整地	1 650	不规则块状混交
	山杏与柠条或沙棘、荆条混交	华北石质丘陵山地干旱阳坡	鱼鳞坑整地	3 300	不规则块状混交
	落叶松、山楂（忍冬）、红豆草混交	天山北坡陡坡	鱼鳞坑整地	乔灌木 1 650	3∶2∶5
	杏树、黑穗醋栗、苜蓿草	天山丘陵区	鱼鳞坑整地	乔灌木 1 250	行间混交 3∶3∶4
	刺槐与侧柏或白榆、杨树、紫穗槐混交	干旱、半干旱黄土丘陵沟壑区	鱼鳞坑或穴状整地	刺槐、侧柏、白榆 2 400～3 000，杨树 1 200，紫穗槐 4 500	带状或块状
长江区	青海云杉或桦树、山杨、圆柏与沙棘混交	长江源头区	鱼鳞坑或穴状整地	乔木植苗 2 500，沙棘点播 4 500	不规则块状混交
	川西云杉、高山松、青冈栎、冷杉	高山峡谷	鱼鳞坑或穴状整地	3 300	行间混交 1∶1
	马尾松或湿地松、杉木与木荷或枫香、栎类、桤木等混交	中低山丘陵区	穴状整地	2 500	行间混交 1∶1

表 B.1(续)

区域	配置模式	适用条件	整地方法,规格 (长 cm×宽 cm×深 cm)	密度/ (穴或株/hm^2)	混交方式 适宜混交比
长江区	毛竹	中低山厚土	大穴整地	母竹栽植 330～900	
	滇柏或柏木、侧柏、藏柏与龙须草	白云质砂石山地	小穴整地	6 000～9 000	
	华山松或云南松(栽针保阔)	中山黄棕壤高原山地	小穴整地	4 000～6 000	不规则块状混交
南方区	杉木或马尾松与木荷或枫香、栎类、桤木、南酸枣等混交	中低山区	穴状整地	2 500	1∶1
	湿地松或火炬松与木荷、枫香、栎类、桤木混交	丘陵区	穴状整地	3 300	1∶1
	杉木或马尾松与毛竹混交	中低山厚土	穴状整地	杉木 1 875, 毛竹 630	3∶1
	喜树、任豆与吊丝竹或木豆混交	石灰岩山地	穴状整地	1 350～1 800	带状混交 2∶1
热带区	马尾松、木荷、麻栎混交	山坡上部、山脊、山顶	穴状整地	3 450	随机混交 5∶3∶2
	马尾松、红荷木、台湾相思	山坡上部、山脊、山顶	穴状整地	3 450	随机混交 4∶3∶3
	青冈栎、石栎、酸枣、化香、石斑木	山坡中下部、谷地厚土	穴状整地	3 900	4∶3∶1∶1∶1
	刺栲、台湾相思、鸭脚木、红荷木	山坡中下部、谷地厚土	穴状整地	3 900	3∶4∶1∶2
	马尾松或湿地松与台湾相思混交	丘陵红赤壤	穴状整地	3 705	带状混交 3∶2

参 考 文 献

［1］ LY/T 1607 造林作业设计规程.
［2］ “国家特别规定的灌木林地”的规定.林资发［2004］14号.
［3］ 森林资源规划设计调查主要技术规定.林资发［2003］61号.
［4］ 余新晓,等.水源涵养林研究与示范.中国林业出版社,2007.4.
［5］ 余新晓,等.土壤侵蚀过程与机制.科学出版社,2009.3.